JN244436

獣医学教育モデル・コア・カリキュラム準拠

# 獣医解剖・組織・発生学

第2版

日本獣医解剖学会 編

監修
九郎丸正道　小川和重　尼崎 肇

獣医学共通テキスト編集委員会認定

学窓社

# 執筆者一覧

## 獣医解剖学

### 監修者

九郎丸正道　岡山理科大学獣医学部獣医学科形態学講座教授

### 執筆者（五十音順）

市居　修　北海道大学大学院獣医学研究院基礎獣医科学分野解剖学教室准教授
植田　弘美　酪農学園大学獣医学部生体機能教育群組織解剖学ユニット准教授
大石　元治　麻布大学獣医学部解剖学第一研究室講師
九郎丸正道　岡山理科大学獣医学部獣医学科形態学講座教授
五味　浩司　日本大学生物資源科学部獣医学科獣医解剖学研究室教授
佐々木基樹　帯広畜産大学獣医学研究部門基礎獣医学分野形態学系解剖学教室教授
柴田　秀史　東京農工大学大学院農学研究院動物生命科学部門獣医解剖学研究室教授
恒川　直樹　日本大学生物資源科学部くらしの生物学科動物のいるくらし研究室教授
中島　崇行　大阪府立大学大学院生命環境科学研究科獣医解剖学研究室准教授
中牟田信明　岩手大学農学部共同獣医学科獣医解剖学教室准教授
安井　禎　日本大学生物資源科学部獣医学科獣医解剖学研究室准教授
保田　昌宏　宮崎大学農学部獣医学科獣医解剖学研究室教授

## 獣医組織学


### 監修者

小川　和重　　大阪府立大学大学院生命環境科学研究科獣医解剖学研究室教授

### 執筆者（五十音順）

小川　和重　　大阪府立大学大学院生命環境科学研究科獣医解剖学研究室教授
金井　克晃　　東京大学大学院農学生命科学研究科獣医解剖学教室准教授
金田　正弘　　東京農工大学大学院農学研究院動物生命科学部門獣医解剖学研究室准教授
日下部　健　　山口大学共同獣医学部生体機能学講座獣医解剖学研究室教授
齋藤正一郎　　岐阜大学応用生物科学部共同獣医学科獣医解剖学研究室准教授
坂上　元栄　　麻布大学獣医学部解剖学第二研究室教授
谷口　和美　　北里大学獣医学部獣医解剖学研究室准教授
辻尾　祐志　　鹿児島大学共同獣医学部基礎獣医学講座解剖学分野助教
保坂　善真　　鳥取大学農学部基礎獣医学講座獣医解剖学教室教授
渡邉　敬文　　酪農学園大学獣医学群獣医学類獣医解剖学ユニット准教授

## 獣医発生学

### 監修者

尼崎　　肇　　日本獣医生命科学大学獣医学科獣医解剖学研究室名誉教授

### 執筆者（五十音順）

尼崎　　肇　　日本獣医生命科学大学獣医学科獣医解剖学研究室名誉教授
昆　　泰寛　　北海道大学大学院獣医学研究院基礎獣医科学分野解剖学教室教授
坂上　元栄　　麻布大学獣医学部解剖学第二研究室教授
添田　　聡　　日本獣医生命科学大学獣医学科獣医解剖学研究室准教授
松元　光春　　鹿児島大学共同獣医学部基礎獣医学講座解剖学分野教授

# 序　文

本書は、獣医学教育モデル・コア・カリキュラムの内容に準拠した共通テキストの一つとして2012年5月に刊行された『獣医解剖・組織・発生学』を改訂した第二版になります。

第一版の出版当初は、4～5年くらいでの改訂を考えていましたが、諸般の事情により改訂まで7年近い歳月が経過してしまいました。第一版の執筆は、監修者の3名を除いて、長く将来に渡って当分野の教育を担っていただきたいという思いから、全国の獣医（家畜）解剖学研究室の若手の先生にお願いしましたが、今回の改訂では第一版と同じ先生方の他に新たに数名の先生に執筆陣に加わっていただきました。

第二版の刊行に当たっては、まずコアカリ本体の修正（主にキーワード）を行い、このコアカリ修正版に基づいての改訂を各章の執筆者にお願いしました。また、第一版では細かいミスや不備が散見されましたが、第二版ではこれらを可能な限り修正いたしました。

本書では、各章の冒頭に「到達目標」と「キーワード」が記載され、章ごとに理解すべき内容が明示されています。また、豊富でわかりやすいイラストとコンパクトにまとまった文章が各章の内容の理解に大いに役立つと思います。

本書を共用試験の対策テキストとして、また授業におけるサブテキストとして活用していただけることを願ってやみません。

最後に、本書の執筆をご快諾いただいた先生各位と、本書の刊行に多大なご尽力をいただいた学窓社の山口啓子社長ならびに山口勝士様をはじめとした編集部の方々に厚くお礼申し上げます。

『獣医解剖・組織・発生学　第二版』の監修者を代表して
九郎丸正道

# 目　次

獣医解剖学

# 目　次

## 獣医解剖学



**全体目標（解剖学）**

ウシ，ウマ，ブタ，イヌ，ウサギおよびニワトリを対象動物とし，動物体を構成する骨格系，筋系，消化器系，呼吸器系，泌尿器系，生殖器系，内分泌系，脈管系，神経系，および感覚器系について主要な器官の肉眼的構造を理解し，代表的な解剖学用語を修得する。また，対象動物間の解剖学的な差異，器官が担う機能と構造の対応関係，器官の臨床上の重要性を理解する。

# 1章　体の部位，断面，体位を示す用語

一般目標：動物体の位置関係を表す方向用語を理解する。

解剖学では，動物体の部位，断面，体位を正確かつ明瞭に示すために，さまざまな用語が規定されている。それらについて概説する。

## 1-1　体の部位

到達目標：体の部位，ならびに体腔と関連する構造，位置関係，および器官との関係を説明できる。
キーワード：頭部，頸部，胸部，腰部，尾部，前肢，後肢，キ甲，胸腔，縦隔，心膜腔，腹腔，骨盤腔，漿膜（胸膜，心膜，腹膜），壁側胸膜，胸膜腔，臓側胸膜（肺胸膜），壁側腹膜，臓側腹膜，腸間膜，大網，小網，網嚢，尿生殖ヒダ，直腸生殖窩，膀胱生殖窩

体の部位は頭部 head と，頸部 neck，胸部 thorax，腰部 loin および尾部 tail に区分される体幹，および四肢（前肢 forelimb，後肢 hindlimb）の各部に分けられる。頸部と胸部の境あたりには，胸椎の棘突起が最も高く（ウマでは第四ないし五，ウシでは第三胸椎），膨らんだ部分（キ甲 withers）が見られる。

体幹には体腔 coelom が含まれ，胸腔 thoracic cavity，腹腔 abdominal cavity，骨盤腔 pelvic cavity の3つの領域に区分される。体腔は漿膜 serosal membrane，すなわち胸膜 pleura，腹膜 peritoneum，心膜 pericardium によってその全体がおおわれ，左右の胸膜腔 left and right pleural cavities，腹膜腔 peritoneal cavity，心膜腔 pericardial cavity の4つの漿膜腔が形成される（図1-1, 2）。

胸腔は胸郭内に位置する腔所で，左右2つの胸膜腔を含む。それらはそれぞれ左右の肺を取り囲み，胸膜で裏打ちされる。胸膜はその位置によって，直接胸腔内面をおおう壁側胸膜 parietal pleura と，肺の表面をおおう臓側胸膜 visceral pleura（肺胸膜 pulmonary pleura）に区分される。さらに壁側腹膜は肋骨胸膜，縦隔胸膜，横隔胸膜の3部に分かれ，左右の縦隔胸膜の間に存在する腔所を縦隔 mediastinum

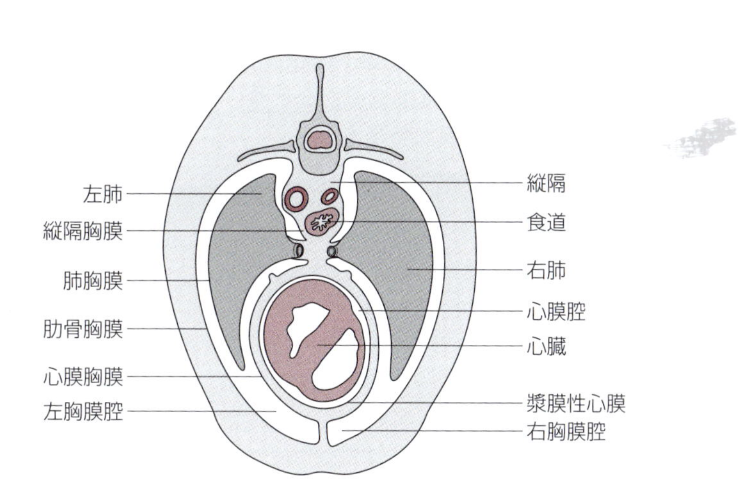


図1-1　イヌの胸腔の横断像

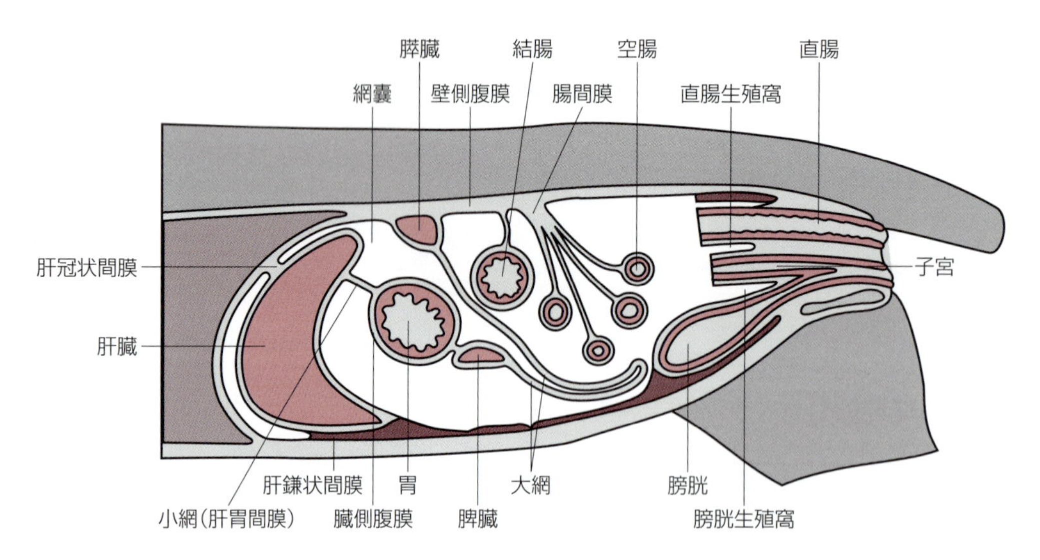


**図1-2　ネコの腹腔および骨盤腔の縦断像**

という。縦隔は心臓，大血管，胸管，気管および気管支，食道，迷走神経などを含む（**図1-1**）。

腹腔と骨盤腔の前部は腹膜で裏打ちされる。腹膜は1つの嚢状構造である腹膜腔を形成し，その位置によって壁側腹膜parietal peritoneumと臓側腹膜visceral peritoneumに区分される。壁側腹膜は体壁内面をおおい，臓側腹膜は壁側腹膜が反転して内臓を包んだもので，反転部には長短種々の二重の腹膜が形成され，器官を腹膜腔中に吊り下げる。特に，腸間膜mesenteryは，隣接の壁側腹膜が二重となって体壁より離れ垂れ下がった後，再び2枚に分かれて腸管を取り囲む。また，胃の原基に付着する背および腹側胃間膜は，胃の発生途中でねじれて，前者から大網greater omentumが，後者から小網lesser omentumが形成され，陥凹部が網嚢omental bursaとなる。大網は胃の大彎にはじまり，脾臓，左側腎臓，横隔膜に伸び，膵臓，結腸に達する。小網は胃の小彎，十二指腸の基部，肝臓を結び，肝胃間膜と肝十二指腸間膜を作る（**図1-2**）。横隔膜の腹腔側の表面を被う壁側腹膜は，肝冠状間膜coronary ligament of liverを介して肝臓の横隔面を被い，左右の三角間膜triangular ligamentに移行する。左右三角間膜は，後大静脈下縁で合し鎌状の肝鎌状間膜falciform ligament of liverを形成して下腹壁に至る（**図1-2**）。

骨盤腔の前部は腹膜で裏打ちされ，その腹膜の後方では生殖器と直腸および膀胱との間で嚢状の陥凹が形成され，それぞれ直腸生殖窩rectogenital pouchおよび膀胱生殖窩vesicogenital pouchという（**図1-2**）。尿生殖ヒダgenital foldは，卵巣や子宮など雌の生殖器を包む二重の腹膜（間膜）であって，それらを吊り下げ，そこから子宮広間膜が発達する。

# 1-2　動物体の断面

到達目標：動物体の断面を示す用語を説明できる。
キーワード：正中断面，矢状断面，横断面

動物体の断面として下記のものがある（図1-3）。

## 1. 正中断面

正中断面 median plane は，体を左右対称の半分に分ける断面をいう。

## 2. 矢状断面

矢状断面 sagittal plane は，正中断面に平行し，より外側を走るすべての断面をいう。

## 3. 横断面

横断面 transverse plane は，矢状断面および水平面に垂直に走るすべての断面をいう。

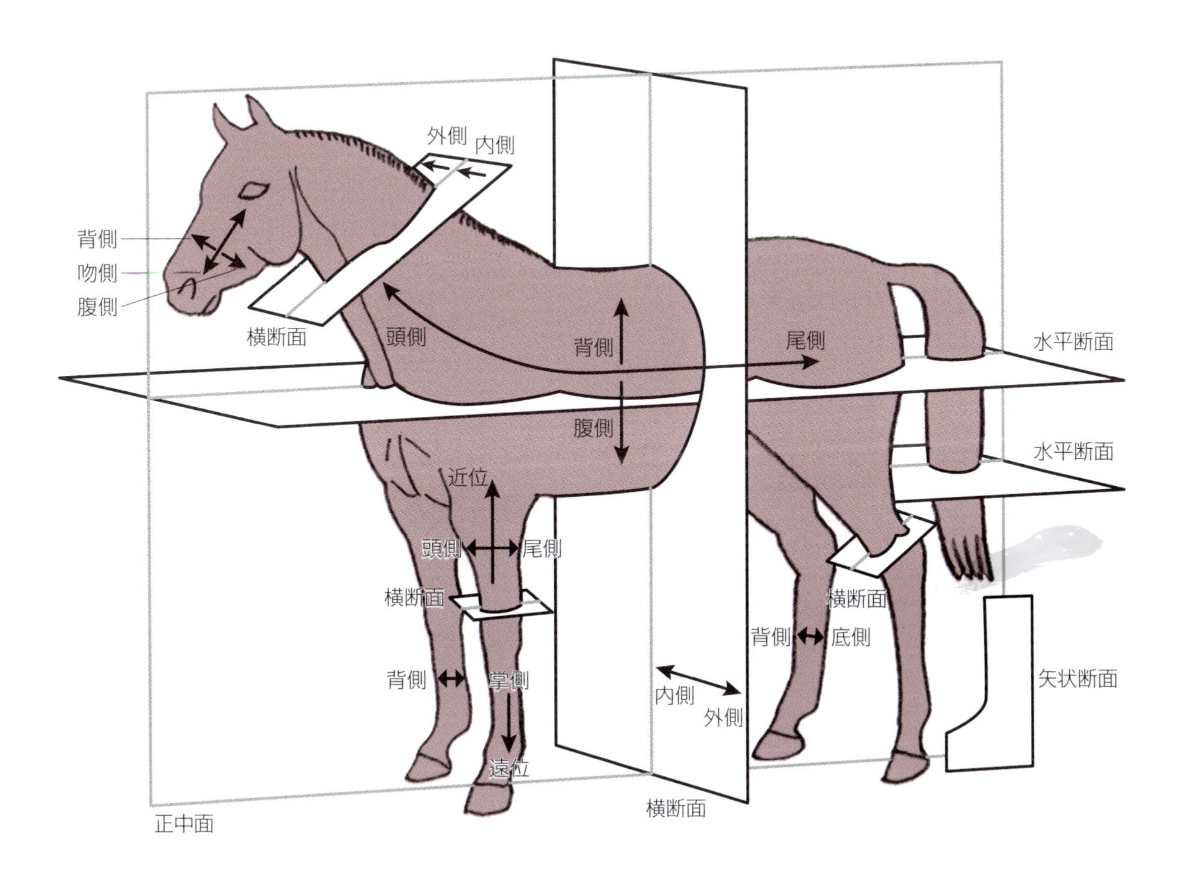


図1-3　動物体の方向と切断面を表す解剖学用語

# 1-3　体位を示す用語

到達目標：動物体や器官の位置関係を示す用語を説明できる。
キーワード：正中-矢状-横，内側-外側-中間-中心，頭側-尾側，吻側-尾側，前方-後方，前-後，上-下，内-外，浅-深，左-右，横-縦

動物体の種々の部位を記載する際，正確明瞭にするため，方向を表す用語が規定されている（図1-3参照）。

## 1. 正中-矢状-横

正中median：動物体を前後に貫く体軸の方向。
矢状sagittal：体軸または体軸に平行な方向。
横transverse：体軸に垂直な方向。

## 2. 内側-外側-中間-中心

内側medial：動物体を左右対称に半分に分けている，正中断面に向かっている方向。
外側lateral：動物体の側面に向かっている方向。
中間intermediate：内側と外側の間の狭まった部分。
中心central：動物体または器官の中心部。

## 3. 頭側-尾側

頭側cranial：頭の方向，すなわち前方を意味し，体幹および手根，足根より近位の四肢で前面を呼ぶのに用いられる。
尾側caudal：尾の方向，すなわち後方を示し，頭部でも用いられる。手根，足根より近位の四肢で後面を呼ぶのに用いられる。

## 4. 吻側-尾側

吻側rostral：吻の方向，すなわち前方を意味する。
尾側caudal：尾の方向，すなわち後方を意味する。

## 5. 前方-後方

前方oral：口のある方向，すなわち前方を意味する。
後方aboral：口と反対の方向。

## 6. 前-後

前anterior：四足獣では頭の方向。
後posterior：四足獣では尾の方向。

## 7. 上-下

上superior：垂直線の上部。
下inferior：垂直線の下部。

### 8. 内-外

内internal：動物体または器官の内部。

外external：動物体または器官の外部。

### 9. 浅-深

浅superficial：動物体または器官の表面ないしこれに近い部分。

深deep：上記に比べて深い部分。

### 10. 左-右

左left：動物体の体軸または器官の中心より左側。

右right：上記の中心より右側。

### 11. 横-縦

横transverse：動物体の体軸または器官に直角に交わる方向。

縦longitudinal：動物体の体軸または器官に平行する方向。

# 1-4　四肢に使われる方位用語

到達目標：動物の体肢の方位用語を説明できる。
キーワード：近位-遠位，内側-外側，軸側-反軸側，背側-腹側，尺側-橈側

四肢に使われる方位用語として下記のものがある(図1-3参照)。

## 1. 近位-遠位

近位 proximal：動物体の体軸または体幹に近い方向。
遠位 distal：動物体の体軸または体幹に遠い方向。

## 2. 内側-外側

内側 medial：肢軸の内側。
外側 lateral：肢軸の外側。

## 3. 軸側-反軸側

軸側 axial：ウシ，ブタ，イヌのように，第三～四指(趾)の間を肢の機能軸が通る家畜で，軸に近い側をいう。
反軸側 abaxial：上記の意味で軸に遠い側。

## 4. 背側-腹側

背側 dorsal：前肢，後肢で中手骨，中足骨以下で前方または上方を意味する。
腹側 palmar または底側 plantar：手のヒラ，足のウラの面をいい，後方または下方を意味する。

## 5. 尺側-橈側

尺側 ulnar：尺骨のある側，すなわち大体において外側を意味する。
橈側 radial：橈骨のある側，すなわちほぼ内側を意味する。

# 1-5　器官とその系統

到達目標：動物体を構成する基本的な器官・系について，その名称を挙げ説明できる。
キーワード：骨格，関節，骨格筋，消化器系，呼吸器系，泌尿器系，生殖器系，リンパ系，内分泌系，感覚器系，外皮，循環器系，神経系

動物体の体を構成する要素で，一定の形態と機能を備えるものを器官という。また，いくつかの器官が一連の働きをすると，その系統を器官系と呼ぶ。

## 1. 骨格系

骨格系skeletal systemは体の支柱をなす骨組み（骨格skeleton）であって，骨と軟骨がその構成単位をなす器官であり，多くは関節articulationによって可動的に連結される。

## 2. 筋系

筋系muscle systemは，全身のさまざまな筋よりなる系統である。その大多数は骨格に結びついており（骨格筋skeletal muscles），これを動かす。

## 3. 消化器系

消化器系digestive systemは栄養分を取り込む器官系であって，口腔，食道，小腸，大腸などからなる消化管と，これに付属する消化腺（唾液腺，膵臓，肝臓など）からできている。

## 4. 呼吸器系

呼吸器系respiratory systemは，肺とこれに空気を通わせる気道（鼻腔，咽頭，喉頭，気管，気管支）からなり，肺で空気中の酸素を血液中に取り込み，血液中の炭酸ガスを空気中に放出する。

## 5. 泌尿器系

泌尿器系urinary systemは尿を作り，それを体外に排出する器官系であって，尿を作る腎臓とそれを輸送，蓄える尿路（尿管，膀胱，尿道など）から構成される。

## 6. 生殖器系

生殖器系reproductive systemは，子孫の増殖を図る器官系である。雄は精子を作る精巣と精液を運ぶ精路（精巣上体，精管と尿道），精路に付属する腺（付属生殖腺），精液を雌の生殖器内に注入する交接器（陰茎）から，雌は卵子を作る卵巣，卵子が通過する卵管，受精した卵子を容れて育てる子宮，交接器の膣と外陰部からなる。

## 7. 内分泌系

内分泌系endocrine systemは，ホルモンを分泌する器官（内分泌腺）からなる系統である。

## 8. 循環器系

循環器系circulatory systemは，全身の細胞に血液を運ぶ血管と，血液を送り出すポンプ（心臓）とによってなる系統である。また，組織中の体液を運んで血管系に回収するために，リンパ管の系統（リンパ系lymphatic system）がある。2つの系統が協同して体液の循環が行われるので，まとめて循環器系という。

## 9. 神経系

神経系nervous systemは，脳と脊髄からなる中枢神経と，中枢神経に刺激を伝えたり，中枢神経からの興奮を末梢へ伝える末梢神経からなる。

## 10. 感覚器系

感覚器系sensory systemは外界の刺激を受け取って，それを神経系に伝える器官であって，外皮integument，味覚器gustatory organ，嗅覚器olfactory organ，視覚器visual organ，平衡聴覚器vestibulocochlear organの5種類に区分される。

## 演習問題

**1. 動物体の方向を示す用語で，「体軸に垂直な方向」を示す用語はどれか。**

a. 矢状
b. 横
c. 外側
d. 頭側
e. 尾側

**2. 次の組み合わせで誤っているのはどれか。**

a. 骨格系 — 軟骨
b. 消化器系 — 膵臓
c. 呼吸器系 — 咽頭
d. 内分泌系 — 脾臓
e. 循環器系 — リンパ管

## 解　答

**1.**

**正解**　b

**解説**　体軸に垂直な方向を示す用語は「横」である。

**2.**

**正解**　d

**解説**　脾臓は循環器系に含まれる。

（植田 弘美）

# 2章　頭部，体幹の骨

一般目標：動物体の骨の一般的な構造，分類を理解し，続いて頭部，体幹を構成する骨および骨各部の名称を理解する。

動物体の骨格は，数多くの骨によって構成されている。それらの骨はさまざまな形態を示し，筋や靱帯に対し付着点を与えることで機械的運動に関与している。本章では，はじめに骨や骨格の分類に関して解説し，次いで頭部と体幹を構成する各骨の形態学的特徴を概説する。

## 2-1　骨および骨格の分類

到達目標：骨および骨格の構造による分類を説明できる。
キーワード：長骨，短骨，含気骨，扁平骨，骨端，骨幹，骨端軟骨，海綿骨，緻密骨，軸性骨格，頭蓋，脊柱，胸郭骨格，付属骨格，前肢骨，後肢骨

### 1. 骨の分類

骨boneは形態的に長骨long bone，短骨short bone，扁平骨flat bone，不整骨そして含気骨pneumatic boneなどに区分される。長骨は長い円筒状の骨で，両端の骨端epiphysisとその間の骨幹shaftに区分される（図2-1）。骨幹の表層では，密で硬い緻密骨compact boneが厚く発達し，その外側表面には結合組織性の骨膜が存在する。この緻密骨は，骨幹中央部から骨幹両端の骨幹端に向かうに従って薄くなる。骨端と骨幹の間には硝子軟骨によって構成された骨端軟骨epiphyseal cartilage（骨端板）

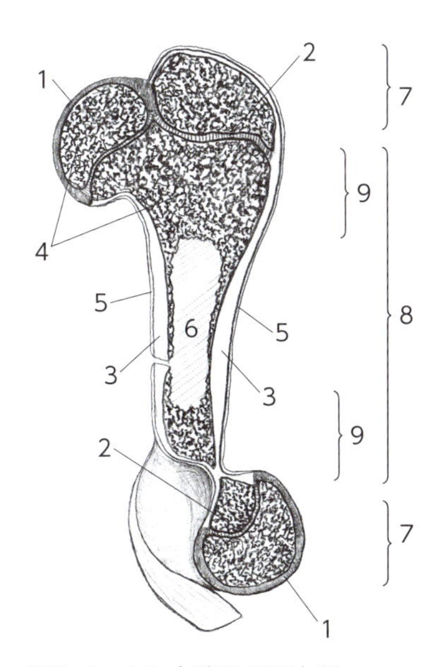


図2-1　ウシ上腕骨の正中断

1. 関節軟骨，2. 骨端軟骨，3. 緻密骨，4. 海綿骨，5. 骨膜，6. 髄腔，7. 骨端，8. 骨幹，9. 骨幹端

が認められ，長軸方向の骨の成長に関与している。また，骨端の関節面には硝子軟骨によって構成された関節軟骨が存在する。この関節軟骨の表層には骨膜は認められない。骨幹や骨端の内部には薄板状に組み合わさった無数の骨小柱である海綿骨spongy boneが存在し，それは骨幹端や骨端で多く認められる。また骨内部には骨髄で満たされた髄腔と呼ばれる空所が認められる。この長骨は，大腿骨や上腕骨など主として四肢の骨に認められる。短骨は，幅，長さ，厚さが同じような小骨で，手根骨や足根骨などがこの骨にあたる。短骨では骨質の多くが海綿骨によって構成され，その表面を薄い緻密骨がおおっている。扁平骨は板状の薄い骨で，内外の緻密骨の層板から構成され，その間に海綿骨を認める。肩甲骨そして頭頂骨や側頭骨といった一部の頭蓋骨などが扁平骨に相当する。さらに，長骨，短骨，扁平骨のいずれにも分類されない構造の骨は不整骨に分類され，前蝶形骨や底蝶形骨などがこれに相当する。また，骨質内に空気を満たした含気洞を保有する骨を含気骨といい，例えば前頭骨，上顎骨，篩骨などがこれに含まれる。また，含気骨は鳥類の全身の多くの骨で認められる。

## 2. 骨格の分類

骨が集まり関節によって組み上がったものを骨格skeletonといい，軸性骨格axial skeleton，胸郭骨格thoracic skeleton，付属骨格appendicular skeletonに区分される。軸性骨格は体の中軸の骨格を形成し，頭蓋craniumと脊柱vertebral columnがこれに含まれる。胸郭骨格は，胸郭の側壁と腹側部分を形成し肋骨ribsと胸骨sternumから構成される。また付属骨格は，軸性骨格や胸郭骨格といった体幹の骨格に関節や筋によって連結する四肢の骨格で，前肢骨skeleton of forelimbと後肢骨skeleton of hindlimbによって構成される（3章参照）。

# 2-2　頭蓋

到達目標：頭部の骨の構造，位置関係および動物間の差異を説明できる。
キーワード：頭蓋，頭蓋骨(前頭骨，側頭骨，頭頂骨，頭頂間骨，後頭骨，前蝶形骨，底蝶形骨，鋤骨，篩骨，翼状骨)，顔面骨(鼻骨，涙骨，上顎骨，下顎骨，切歯骨，口蓋骨，頬骨，舌骨装置，吻鼻骨)，眼窩，側頭窩，涙嚢窩，眼窩下孔，上顎孔，下顎孔，茎乳突孔，卵円孔，正円孔，舌下神経管，視神経管，眼窩裂，前翼孔，後翼孔，大(後頭)孔，破裂孔，頸動脈管，頸静脈孔，下顎角，下顎体，下顎枝，下顎切痕，頬骨弓，外矢状稜，項稜，外後頭隆起，顔稜，顔結節，外耳道，乳様突起，顆傍突起，後頭顆，鼓室胞，口蓋裂，茎状舌骨，上舌骨，角舌骨，底舌骨，甲状舌骨，鼓室舌骨，舌突起，泉門，鼻骨切痕，鼻突起，鼻切歯切痕，槽間縁，角突起，角憩室，筋突起，関節突起

## 1. 頭蓋の分類

頭蓋 cranium は系統解剖学的に，脳や感覚器を取り囲む頭蓋骨 cranial bones と消化器や気道のはじめの部分を囲む顔面骨 facial bones に大別される。頭蓋骨は，さらに前頭骨，側頭骨，頭頂骨，頭頂間骨，後頭骨，前蝶形骨，底蝶形骨，鋤骨，篩骨，翼状骨に，顔面骨は鼻骨，涙骨，上顎骨，下顎骨，腹鼻甲介骨，切歯骨，口蓋骨，頬骨，舌骨装置(舌骨)，吻鼻骨に区分される。

### 1) 前頭骨

前頭骨 frontal bone は鼻骨と頭頂骨との間にある左右対の骨で，ウシでは著しく発達し頭蓋の後縁にまで達する。そのためウシでは背側からは前頭骨と頭頂骨の間の冠状縫合は認められない。また，ウシの前頭骨には角突起 cornual process が認められ，中には前頭洞(後前頭洞角憩室 cornual diverticulum)が存在するため中空構造になっている。ウマ，ウシそしてブタの前頭骨には眼窩上孔が認められるが，イヌ，ネコ，ウサギでは眼窩上孔は認められない。眼球が収まる頭蓋側面のくぼみである眼窩 orbit の開口部である眼窩口は，ウシでは前頭骨の頬骨突起が頬骨の前頭突起と，ウマでは前頭骨の頬骨突起が側頭骨の頬骨突起と結合することによって完全に骨で囲まれている。イヌ，ネコ，ブタでは前頭骨の頬骨突起は頬骨の前頭突起と結合せず眼窩口の後部は開放し，側頭筋を収めるくぼみである側頭窩 temporal fossa と連絡する。イヌ，ネコ，ブタではこれらの突起間は眼窩靱帯によって繋がれている。ウサギでは前頭骨頬骨突起は前方(前眼窩上突起)と後方(後眼窩上突起)に分かれるが，これらは他の骨とは結合しない(**図2-2, 3**，図2-6参照)。前頭骨と頭頂骨の間の中央領域に泉門 fontanelle(前頭頭頂泉門)と呼ばれる間隙が存在する。生後，泉門は通常閉鎖するが，ある小型犬種などでは閉鎖しない場合がある。

### 2) 側頭骨

側頭骨 temporal bone は頭蓋側壁を構成する対の骨で，鱗部，鼓室部，岩様部の3部から構成される。鱗部には頬骨突起が認められ，頬骨の側頭突起とともに頬骨弓 zygomatic arch を形成する。ただし，ウサギでは上顎骨の頬骨突起，頬骨そして側頭骨の頬骨突起が頬骨弓を形成している。また鱗部には下顎骨の関節突起 condylar process 先端の下顎頭と関節する下顎窩というへこみが存在し，その後方には関節後突起が，前方には関節結節が認められる。

鼓室部は薄板状の骨包で，そこには鼓室胞 tympanic bulla が存在し耳小骨を収納している。ネコの鼓室胞では胞中隔によって鼓室内部が区分される。鼓室部には耳管の起始となる筋耳管(耳管半管)が認

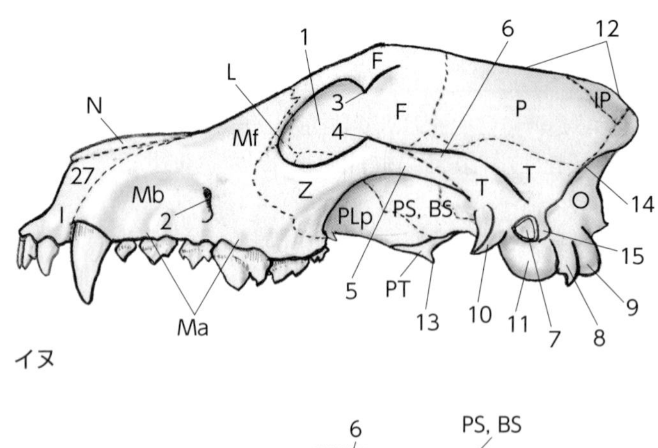


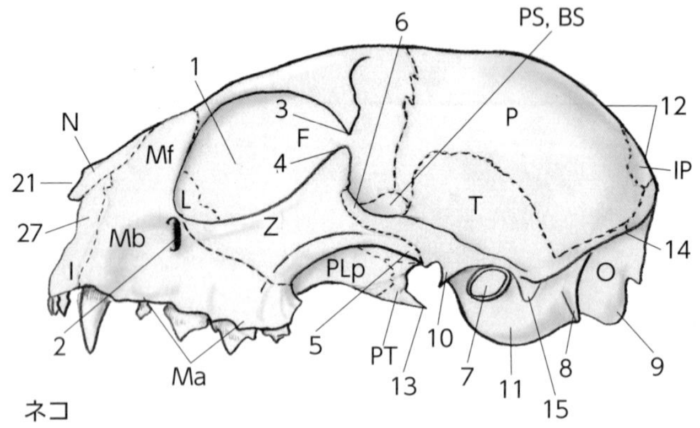


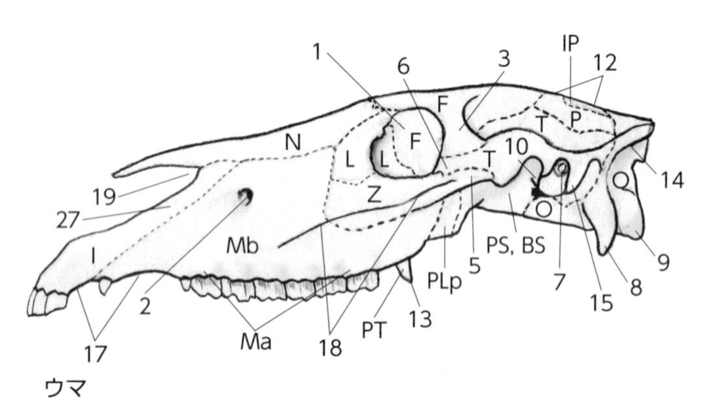


**図2-2　頭蓋(左外側観)**（続く）

I. 切歯骨，N. 鼻骨，L. 涙骨，Z. 頬骨，F. 前頭骨，P. 頭頂骨，IP. 頭頂間骨，O. 後頭骨，T. 側頭骨，BS. 底蝶形骨，PS. 前蝶形骨，PT. 翼状骨，PLp. 口蓋骨垂直板，Mb. 上顎骨体，Ma. 上顎骨歯槽突起，Mf. 上顎骨前頭突起，Mz. 上顎骨頬骨突起，R. 吻鼻骨，$I_2$．第二切歯，$I_3$．第三切歯
1. 眼窩，2. 眼窩下孔，3. 前頭骨頬骨突起，3'. 前眼窩上突起，3''．後眼窩上突起，4. 頬骨前頭突起，5. 頬骨側頭突起，6. 側頭骨頬骨突起，7. 外耳孔，8. 顆傍突起，9. 後頭顆，10. 関節後突起，11. 鼓室胞，12. 外矢状稜，13. 翼突鉤，14. 項稜，15. 乳様突起，16. 項突起，17. 槽間縁，18. 顔稜，19. 鼻切歯切痕，20. 顔結節，21. 鼻骨切痕，22. 鼻上顎裂，23. 鼻涙裂，24. 前頭骨角突起，25. 筋突起，26. 茎状突起，27. 切歯骨鼻突起，28. 視神経管，29. 前眼窩上切痕，30. 後眼窩上切痕，31. 涙孔(図説は次頁と共有)

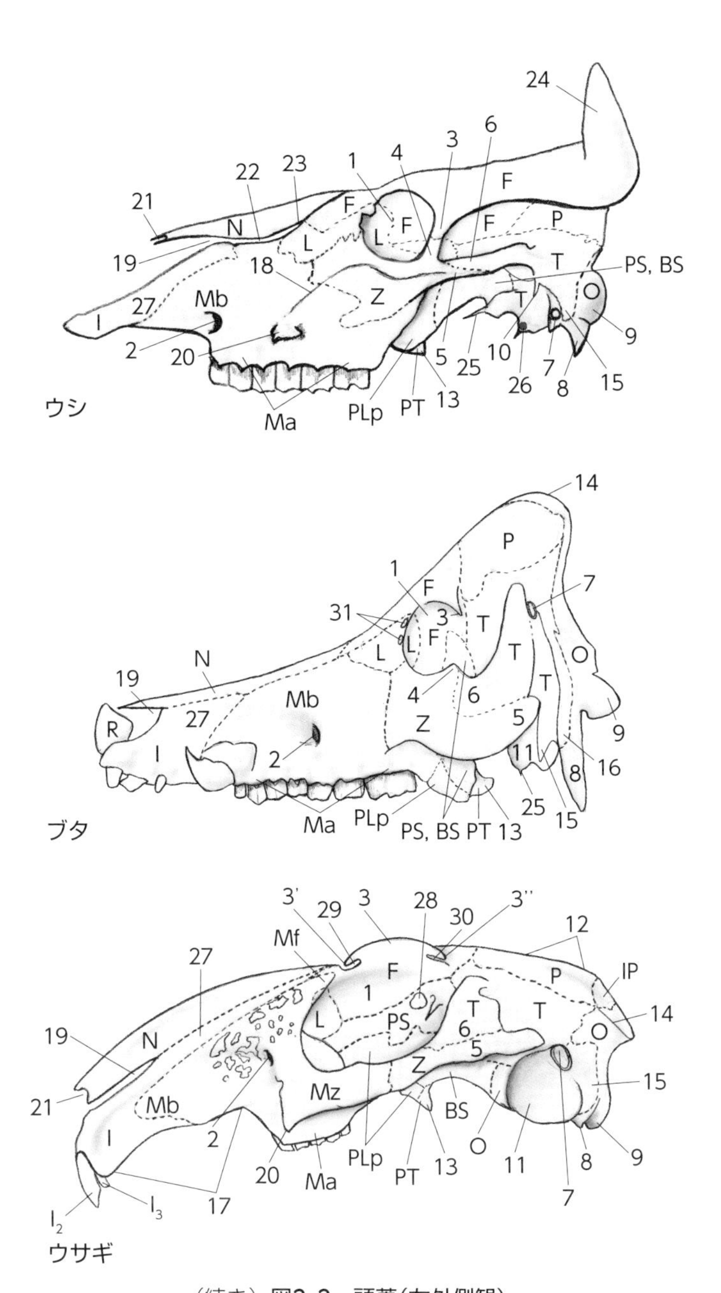


（続き）**図2-2　頭蓋（左外側観）**

I. 切歯骨，N. 鼻骨，L. 涙骨，Z. 頬骨，F. 前頭骨，P. 頭頂骨，IP. 頭頂間骨，O. 後頭骨，T. 側頭骨，BS. 底蝶形骨，PS. 前蝶形骨，PT. 翼状骨，PLp. 口蓋骨垂直板，Mb. 上顎骨体，Ma. 上顎骨歯槽突起，Mf. 上顎骨前頭突起，Mz. 上顎骨頬骨突起，R. 吻鼻骨，$I_2$. 第二切歯，$I_3$. 第三切歯

1. 眼窩，2. 眼窩下孔，3. 前頭骨頬骨突起，3'. 前眼窩上突起，3''. 後眼窩上突起，4. 頬骨前頭突起，5. 頬骨側頭突起，6. 側頭骨頬骨突起，7. 外耳孔，8. 顆傍突起，9. 後頭顆，10. 関節後突起，11. 鼓室胞，12. 外矢状稜，13. 翼突鉤，14. 項稜，15. 乳様突起，16. 項突起，17. 槽間縁，18. 顔稜，19. 鼻切歯切痕，20. 顔結節，21. 鼻骨切痕，22. 鼻上顎裂，23. 鼻涙裂，24. 前頭骨角突起，25. 筋突起，26. 茎状突起，27. 切歯骨鼻突起，28. 視神経管，29. 前眼窩上切痕，30. 後眼窩上切痕，31. 涙孔（図説は前頁と共有）

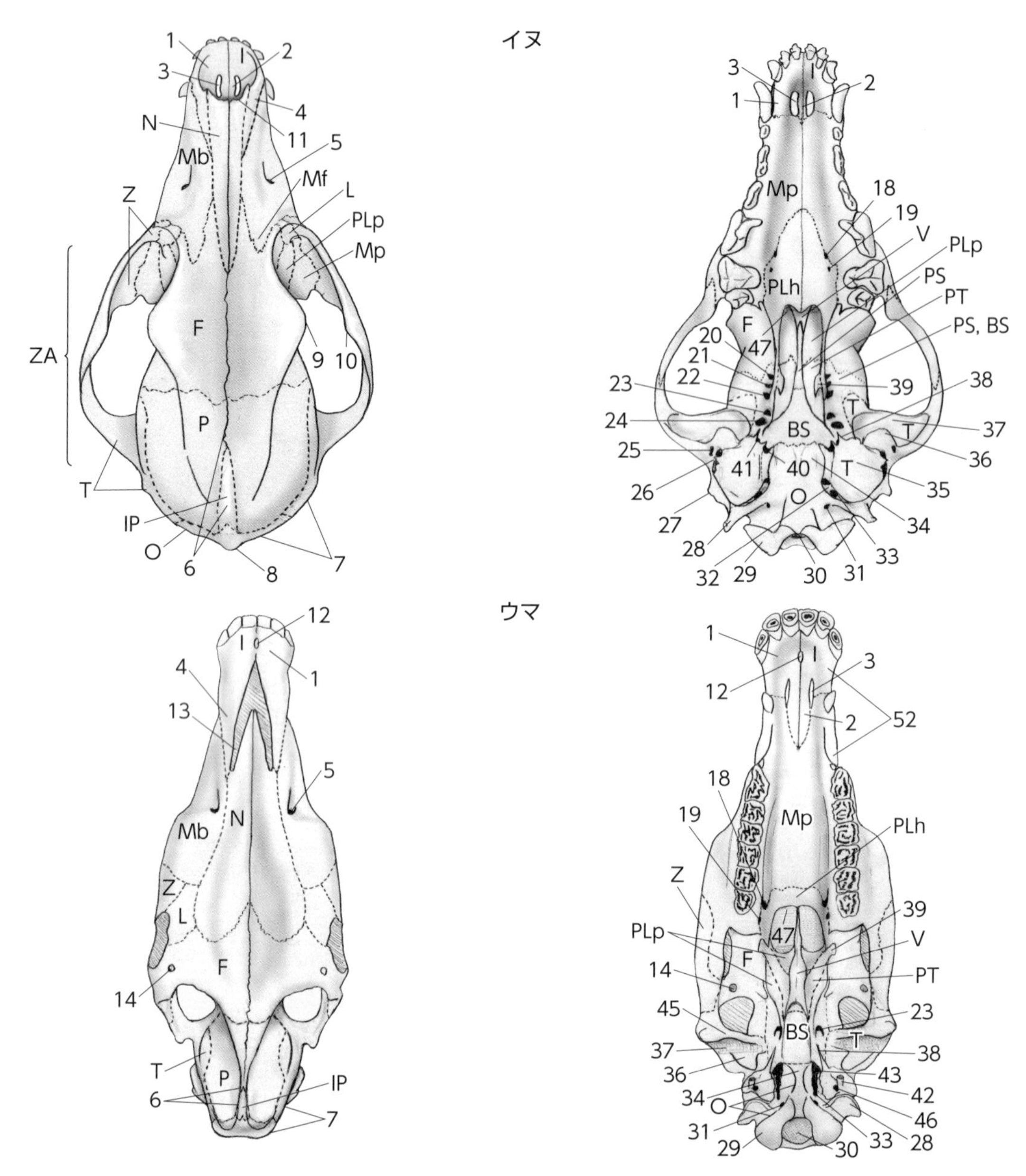


**図2-3　頭蓋（左．背側観，右．腹側観）**（続く）

I. 切歯骨，N. 鼻骨，L. 涙骨，Z. 頬骨，F. 前頭骨，P. 頭頂骨，IP. 頭頂間骨，O. 後頭骨，T. 側頭骨，BS. 底蝶形骨，PS. 前蝶形骨，PT. 翼状骨，PLp. 口蓋骨垂直板，PLh. 口蓋骨水平板，V. 鋤骨，Mb. 上顎骨体，Mf. 上顎骨前頭突起，Mp. 上顎骨口蓋突起，ZA. 頬骨弓

1. 切歯骨体，2. 切歯骨口蓋突起，3. 口蓋裂，4. 切歯骨鼻突起，5. 眼窩下孔，6. 外矢状稜，7. 項稜，8. 外後頭隆起，9. 前頭骨頬骨突起，10. 頬骨前頭突起，11. 鼻骨切痕，12. 切歯間管，13. 鼻切歯切痕，14. 眼窩上孔，15. 顔結節，16. 切歯間裂，17. 前頭骨角突起，18. 大口蓋孔，19. 小口蓋孔，20. 視神経管，21. 眼窩裂，22. 前翼孔，23. 後翼孔，24. 卵円孔，25. 関節後孔，26. 外耳孔，27. 乳様突起，28. 顆傍突起，29. 後頭顆，30. 大(後頭)孔，31. 舌下神経管，32. 鼓室後頭裂，33. 頸静脈孔，34. 筋結節，35. 鼓室胞，36. 関節後突起，37. 下顎窩，38. 筋突起，39. 翼突鉤，40. 頸動脈管，41. 筋耳管，42. 茎状突起，43. 破裂孔，44. 錐体後頭裂，45. 関節結節，46. 茎乳突孔，47. 後鼻孔，48. 後口蓋孔，49. 涙胞，50. 鼻上顎裂，51. 鼻涙裂，52. 槽間縁（図説は次頁と共有）

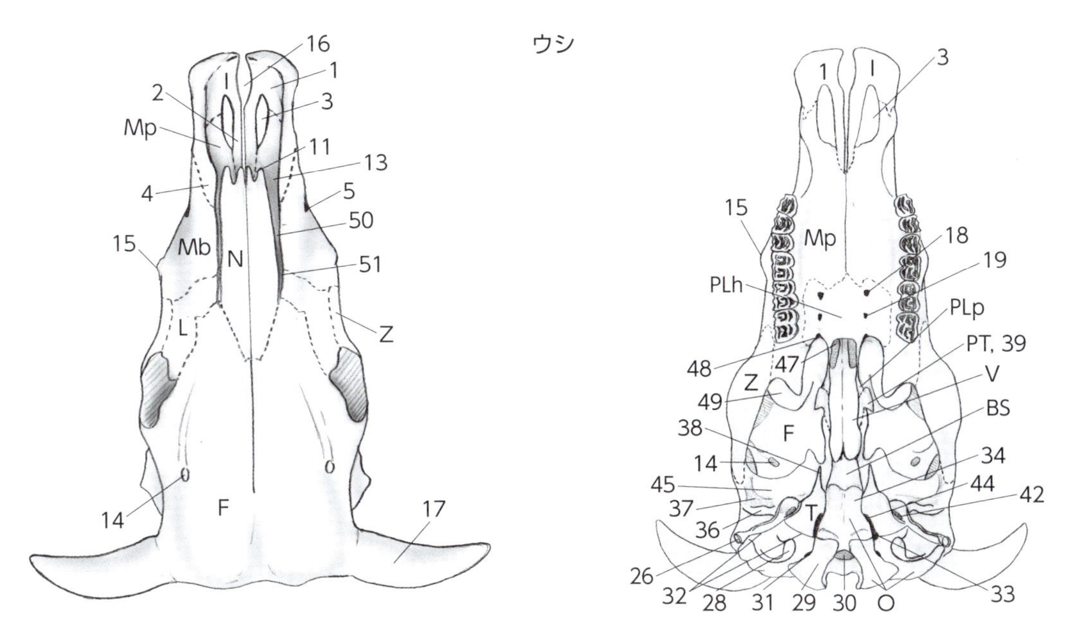


（続き）**図2-3　頭蓋（左. 背側観，右. 腹側観）**

I. 切歯骨，N. 鼻骨，L. 涙骨，Z. 頬骨，F. 前頭骨，P. 頭頂骨，IP. 頭頂間骨，O. 後頭骨，T. 側頭骨，BS. 底蝶形骨，PS. 前蝶形骨，PT. 翼状骨，PLp. 口蓋骨垂直板，PLh. 口蓋骨水平板，V. 鋤骨，Mb. 上顎骨体，Mf. 上顎骨前頭突起，Mp. 上顎骨口蓋突起，ZA. 頬骨弓

1. 切歯骨体，2. 切歯骨口蓋突起，3. 口蓋裂，4. 切歯骨鼻突起，5. 眼窩下孔，6. 外矢状稜，7. 項稜，8. 外後頭隆起，9. 前頭骨頬骨突起，10. 頬骨前頭突起，11. 鼻骨切痕，12. 切歯間管，13. 鼻切歯切痕，14. 眼窩上孔，15. 顔結節，16. 切歯間裂，17. 前頭骨角突起，18. 大口蓋孔，19. 小口蓋孔，20. 視神経管，21. 眼窩裂，22. 前翼孔，23. 後翼孔，24. 卵円孔，25. 関節後孔，26. 外耳孔，27. 乳様突起，28. 顆傍突起，29. 後頭顆，30. 大（後頭）孔，31. 舌下神経管，32. 鼓室後頭裂，33. 頸静脈孔，34. 筋結節，35. 鼓室胞，36. 関節後突起，37. 下顎窩，38. 筋突起，39. 翼突鉤，40. 頸動脈管，41. 筋耳管，42. 茎状突起，43. 破裂孔，44. 錐体後頭裂，45. 関節結節，46. 茎乳突孔，47. 後鼻孔，48. 後口蓋孔，49. 涙胞，50. 鼻上顎裂，51. 鼻涙裂，52. 槽間縁（図説は前頁と共有）

められ，その部位から筋突起が前方へと突出している。この筋突起はウマやウシで細長く発達する。イヌでは鼓室胞の内側に頸動脈管carotid canalが認められ，内頸動脈がこの中を走行する。さらに外耳孔や外耳道external acoustic meatusも鼓室部に認められる。

岩様部は内耳を収める頑丈な部分で，外耳孔の後方には乳頭状に腹側へと突出する乳様突起mastoid processが認められる。この乳様突起には，鎖骨頭筋や胸骨頭筋の乳突部が終止する。また，岩様部には茎状突起が存在し，ウシやウマでは鼓室舌骨が関節する。岩様部では，顔面神経が頭蓋内から走出する顔面神経管開口部である茎乳突孔stylomastoid foramenが形成される。また，岩様部と後頭骨との間には舌咽神経，迷走神経そして副神経が通過する頸静脈孔jugular foramenが形成される（図2-2～6参照）。

### 3）頭頂骨，頭頂間骨

頭頂骨parietal boneは前頭骨と後頭骨の間に位置する対の骨で，背側の頭頂平面，外側の側頭平面が認められるが，ウシでは前頭骨が頭蓋の後縁にまで達するため頭頂平面は認められず項平面が存在する。ウマ，イヌ，ネコそしてウサギでは，左右の頭頂骨が結合する矢状縫合の部分は後部で隆起して稜線状の外矢状稜external sagittal crestを形成する。

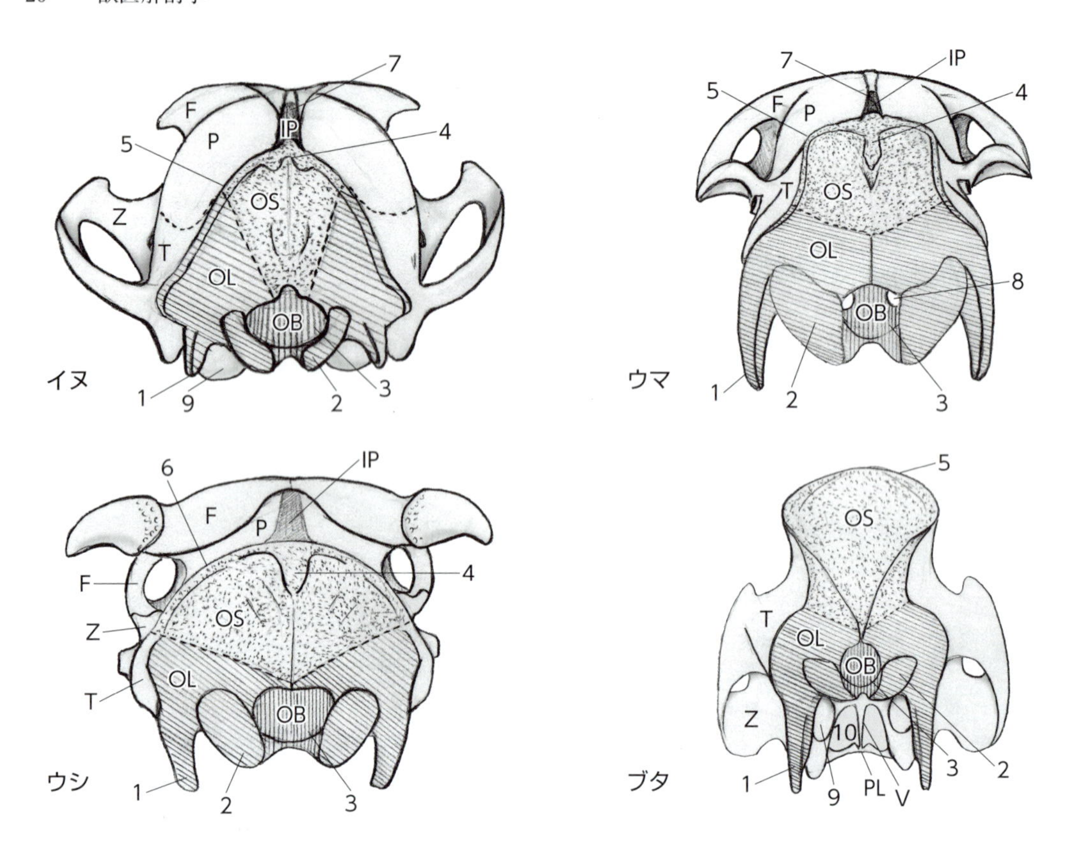


図2-4　頭蓋(尾側観)

OS. 後頭骨後頭鱗，OL. 後頭骨外側部，OB. 後頭骨底部，P. 頭頂骨，IP. 頭頂間骨，T. 側頭骨，Z. 頬骨，F. 前頭骨，PL. 口蓋骨，V. 鋤骨

1. 顆傍突起，2. 後頭顆，3. 大(後頭)孔，4. 外後頭隆起，5. 項稜，6. 項線，7. 外矢状稜，8. 舌下神経管，9. 鼓室胞，10. 後鼻孔

頭頂間骨interparietal boneは頭頂骨と後頭骨の間にこれらの骨に囲まれて出現する不対の骨で，多くの哺乳類家畜(以下家畜)では成長に伴って周囲の頭頂骨や後頭骨と癒合して結合部が不明瞭になる。しかし，ウサギやネコでは成獣になっても縫合線が明瞭に確認できる。一方，ブタの頭頂間骨は，頭蓋の外側表面には現れない。イヌとウマの頭頂間骨内側にはテント突起が認められ，頭頂骨と後頭骨のテント突起とともに骨性小脳テントを形成して大脳と小脳の間に突出する。また，頭頂間骨も外矢状稜の形成に関与する(図2-2～4, 6参照)。

### 4) 後頭骨

後頭骨occipital boneは頭蓋の後壁と頭蓋底の後部を構成する不対の骨で，後頭鱗，外側部，底部に区分される。後頭鱗は頭蓋後壁を形成する後頭骨の最上部の領域で，頭頂骨や頭頂間骨と関節する。後頭鱗には両外側に向かって横断する，鋭く稜状に隆起した項稜nuchal crestが認められる。しかし，ウシでは稜状に隆起せず平坦な項線が形成される。また，項稜の中央には外後頭隆起external occipital protuberanceと呼ばれる隆起が認められ，ウマやウシではそこに項靱帯が付着する。外後頭隆起はブタには認められない。

後頭骨外側部は後頭鱗の腹側に位置し，外側部には第一頸椎(環椎)の前関節窩と関節する後頭顆occipital condyleが，脊髄の頭蓋腔からの出口である大(後頭)孔magnum foramenの左右外側に認め

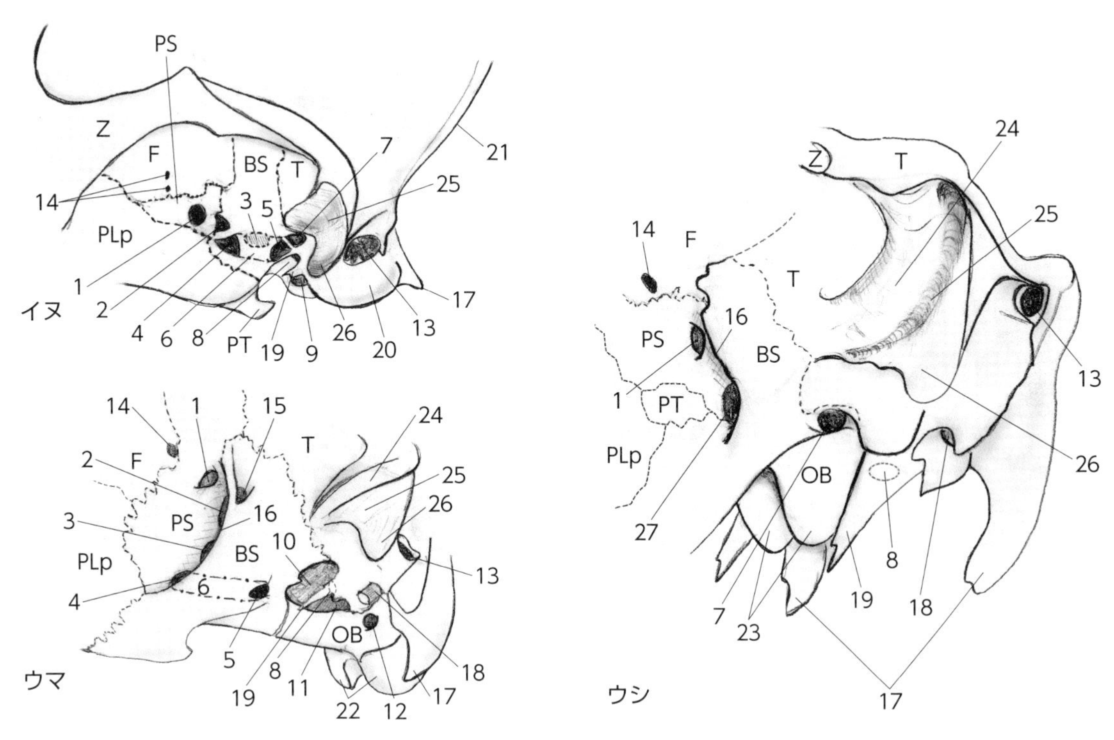


図2-5　頭蓋(左頭腹外側観)

F. 前頭骨，T. 側頭骨，PLp. 口蓋骨垂直板，Z. 頰骨，BS. 底蝶形骨，PS. 前蝶形骨，PT. 翼状骨，OB. 後頭骨底部

1. 視神経管，2. 眼窩裂，3. 正円孔，4. 前翼孔，5. 後翼孔，6. 翼管，7. 卵円孔，8. 筋耳管，9. 頸動脈管，10. 破裂孔，11. 頸静脈孔，12. 舌下神経管，13. 外耳孔，14. 篩骨孔，15. 小翼孔，16. 翼突稜，17. 顆傍突起，18茎状突起．19. 筋突起，20. 鼓室胞，21. 項稜，22. 後頭顆，23. 筋結節，24. 関節結節，25. 下顎窩，26. 関節後突起，27. 眼窩正円孔

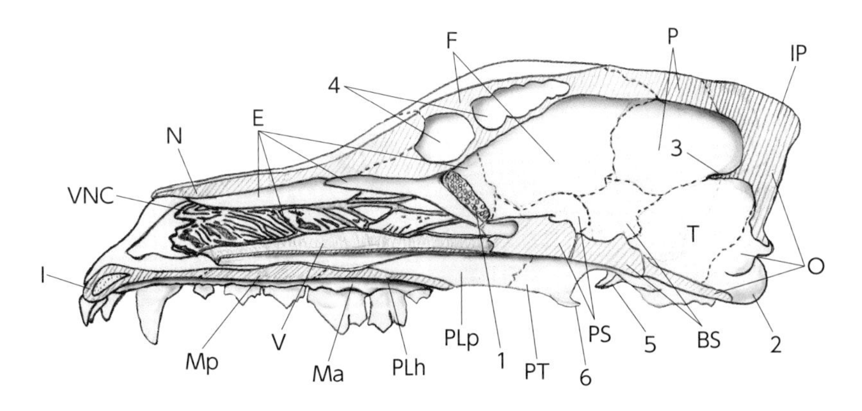


図2-6　イヌの頭蓋(矢状断面)

I. 切歯骨，N. 鼻骨，E. 篩骨，VNC. 腹鼻甲介骨，F. 前頭骨，P. 頭頂骨，IP. 頭頂間骨，O. 後頭骨，T. 側頭骨，BS. 底蝶形骨，PS. 前蝶形骨，PT. 翼状骨，PLp. 口蓋骨垂直板，PLh. 口蓋骨水平板，Ma. 上顎骨歯槽突起，Mp. 上顎骨口蓋突起，V. 鋤骨

1. 篩板，2. 後頭顆，3. 骨性小脳テント(テント突起)，4. 前頭洞，5. 関節後突起，6. 翼突鉤

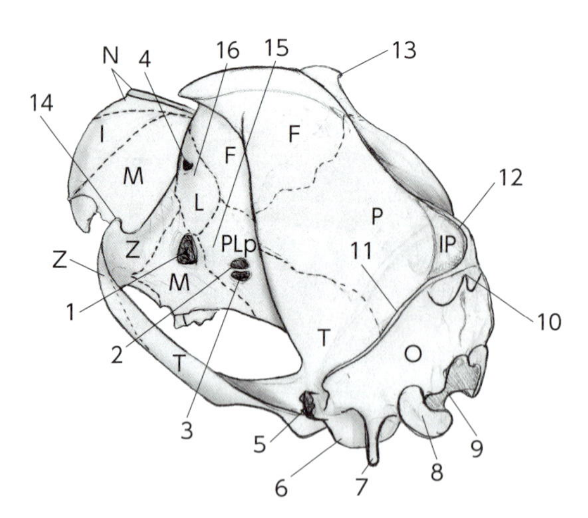


**図2-7　イヌの頭蓋（左尾背外側観）**

I. 切歯骨，N. 鼻骨，F. 前頭骨，P. 頭頂骨，IP. 頭頂間骨，L. 涙骨，O. 後頭骨，T. 側頭骨，PLp. 口蓋骨垂直板，Z. 頬骨，M. 上顎骨

1. 上顎孔，2. 蝶口蓋孔，3. 後口蓋孔，4. 涙孔，5. 外耳孔，6. 鼓室胞，7. 顆傍突起，8. 後頭顆，9. 大（後頭）孔，10. 外後頭隆起，11. 項稜，12. 外矢状稜，13. 前頭骨頬骨突起，14. 頬骨前頭突起，15. 翼口蓋窩，16. 涙嚢窩

られる。また，後頭顆と顆傍突起paracondylar processとの間にある腹顆窩には，舌下神経が通過する舌下神経管hypoglossal canalの腹側開口部が認められる。顆傍突起は顎二腹筋や後頭舌骨筋などの筋の起始部となり，ブタでは顕著に長く発達している。ウシそしてイヌ，ネコの側頭骨鼓室部と後頭骨の間には鼓室後頭裂という裂隙が認められる。

後頭骨底部は頭蓋底の後部を構成し，底蝶形骨と関節している。底部の腹側表面には一対の筋結節が認められ，頭長筋や腹頭直筋などの筋が終止する（**図2-4**，図2-2, 3, 5～7参照）。

### 5）前蝶形骨，底蝶形骨

蝶形骨は頭蓋底の大部分を占める不対の骨で，前位の前蝶形骨presphenoid boneと後位の底蝶形骨basisphenoid boneから形成される。しかし，ブタやヒトでは前蝶形骨と底蝶形骨は早期に癒合する。前蝶形骨には視神経が通過する視神経管optic canalが認められる。ウマやイヌ，ネコでは，前蝶形骨の翼と底蝶形骨の翼と間に眼窩裂orbital fissureが形成されるが，ウシやブタではこの眼窩裂は底蝶形骨の正円孔と癒合して眼窩正円孔foramen orbitorotundumを形成する。また，底蝶形骨には卵円孔oval foramen（ウマやブタでは卵円切痕），ウマやイヌ，ネコでは正円孔round foramen，ウマやイヌでは前翼孔rostral alar foramenと後翼孔caudal alar foramenといった孔が存在し，さらにウマやブタの底蝶形骨は，側頭骨，後頭骨とともに破裂孔lacerum foramenを形成している。そして，この破裂孔は側頭骨と後頭骨が形成する頸静脈孔と連続する。また，底蝶形骨には下垂体窩が認められ，下垂体を収めている（**図2-5**，図2-2, 3, 6参照）。

### 6）鋤骨

鋤骨vomerは鼻腔底の正中に認められる不対の骨で，その背側に認められる鋤骨溝（中隔溝）には鼻中隔軟骨がはまり込み軟骨性の鼻中隔が形成される（**図2-6**，図2-3参照）。

### 7）篩骨

篩骨ethmoid boneは，鼻腔と頭蓋腔との間にある不対の骨で，篩板，垂直板，篩骨迷路といった構造が認められる。篩板は頭蓋腔の前壁を構成し，嗅球を収めるくぼみである篩骨窩が認められ，そこには嗅神経が通過する多数の小孔である篩板孔（篩孔）が認められる。また，左右の篩板に挟まれ，これとは垂直に位置した骨板で，鼻中隔の後部を形成する垂直板が存在する。篩骨迷路は薄い渦巻状の骨板である篩胞によって構成され，それは鼻粘膜によっておおわれている。さらに，背鼻甲介や中鼻甲介といった構造も篩骨によって構成されている（図2-6参照）。

### 8）翼状骨

翼状骨pterygoid boneは後鼻孔の側面に位置する薄い板状の対の骨で，口蓋骨や蝶形骨と接している。翼状骨腹側端の自由縁は鉤状の翼突鉤を形成している（図2-2, 3, 6参照）。

### 9）鼻骨

鼻骨nasal boneは前頭骨前位の長板状の対の骨で，ウシではその先端が深く切れ込んだ鼻骨切痕を形成している。この鼻骨切痕はイヌ，ネコ，ウサギにも認められるがウシほど顕著ではない。ウマ，ウシ，ブタ，ウサギでは鼻骨と切歯骨の鼻突起nasal processの間に鼻切歯切痕nasoincisive notchが形成されるが，イヌやネコでは鼻骨外縁と切歯骨鼻突起が全体に接するため鼻切歯切痕は形成されない。また，ウシでは鼻骨と上顎骨や涙骨との間には骨間隙が認められ，それぞれ鼻上顎裂と鼻涙裂と呼ばれる（図2-2, 3, 6参照）。

### 10）涙骨

涙骨lacrimal boneは尾側の前頭骨などとともに眼窩の一部を形成する対の骨で，涙嚢を収める涙嚢窩fossa for lacrimal sacや鼻涙管の開口部である涙孔が認められる。ウシでは眼窩内の涙骨が膨隆した涙胞を形成し，内部の空所は上顎洞にあたる。また，ウシやブタの涙骨には涙骨洞が認められる（図2-2, 3, 7参照）。

### 11）上顎骨

上顎骨maxillaは対の骨で，上顎骨体と頬骨突起，口蓋突起，歯槽突起そして前頭突起といった4つの突起が区別される。上顎骨体外側面には頬骨から続く骨隆起である顔稜facial crestが認められ，ウマでは顕著である。また，ウシでは上顎骨体に顔結節facial tuberと呼ばれる明瞭な結節が確認できる。ウサギにも明瞭な顔結節は認められるが，それは他の家畜と異なり頬骨弓を形成する上顎骨頬骨突起上に認められる。また，上顎骨体には眼窩下孔infraorbital foramenという孔が存在し，眼窩前腹側の翼口蓋窩に開口する上顎孔maxillary foramenに眼窩下管によって連絡している。口蓋突起は尾側で口蓋骨水平板と結合することで硬口蓋の基礎が形成される。歯槽突起は口蓋突起に直交して腹側に突出し，犬歯や前臼歯，臼歯を収める歯槽を保有する。また，歯槽突起の犬歯と第一前臼歯との間の歯槽のない吻側領域を槽間縁interalveolar spaceと呼んでいる。上顎骨には副鼻腔である上顎洞が認められるが，イヌやネコでは上顎洞は認められず，上顎骨の一部が口蓋骨などとともに上顎陥凹を形成している（図**2-7**，図2-2, 3, 6参照）。

### 12）腹鼻甲介骨

腹鼻甲介骨は腹鼻甲介を構成する独立した薄い渦巻状の対の骨板で，上顎骨の鼻甲介稜に関節している。一方，背鼻甲介や中鼻甲介，そして篩骨甲介は，篩骨によって構成されている（図2-6参照）。

### 13）切歯骨

切歯骨 incisive boneは上顎骨の吻側に位置する対の骨で，上顎切歯に対する歯槽を保有するがウシでは上顎切歯を欠損するため歯槽は認められない。切歯骨の歯槽後方に位置する歯槽のない領域は上顎骨と同様に槽間縁と呼ばれる。切歯骨口蓋突起とその外側の切歯骨体の間には口蓋裂 palatine fissureが認められる。また，左右の切歯骨の間にはウシやブタでは切歯間裂が，イヌやウマでは切歯間管が存在する（図2-2, 3, 6参照）。

### 14）口蓋骨

口蓋骨 palatine boneは上顎骨後方に位置する対の骨で，上顎骨口蓋突起と結合して硬口蓋の基礎をなす水平板と，それに垂直で後鼻孔の外側壁の一部を形成する垂直板に区分される。口蓋骨垂直板は，翼口蓋窩に認められる蝶口蓋孔や後口蓋孔の形成に関与している。ウシやウマの口蓋骨には副鼻腔の口蓋洞が認められ，ウシでは上顎骨の口蓋突起にも口蓋洞が形成される。また，ウマでは蝶形骨の蝶形骨洞と口蓋骨の口蓋洞があわさり，蝶口蓋洞が形成される（図2-2, 3, 5～7参照）。

### 15）頬骨

頬骨 zygomatic boneは頬骨弓の一部を形成する対の骨である（15頁「2）側頭骨」参照）。頬骨は前方で上顎骨や涙骨と関節し，後方では側頭突起が側頭骨の頬骨突起と関節する。ウシでは頬骨前頭突起が前頭骨の頬骨突起と関節する（15頁「1）前頭骨」参照）。頬骨の外側面にも上顎骨と同様に顔稜と呼ばれる骨隆起が認められ，上顎骨の顔稜に続いている。顔稜はウマで発達するが，イヌ，ネコ，ブタでは発達が悪い（図2-2, 3参照）。

### 16）吻鼻骨

吻鼻骨 rostral boneはブタの鼻中隔吻側端に認められる不対の骨で，時にウシにも認められる（図2-2E参照）。

### 17）下顎骨

下顎骨 mandibleは下顎を形成する対の骨で，下顎体 body of mandibleと下顎枝 ramus of mandibleに区分される。左右の下顎骨は線維軟骨結合である下顎間軟骨結合によって関節しているが，ウマやブタではこの結合部は生後約1年で完全に骨化してしまい可動性を失う。下顎体は吻側端から後方の臼歯が存在する部位までの領域をいい，切歯部と臼歯部に分けられる。切歯と第一前臼歯の間の歯槽の存在しない部分を槽間縁と呼んでいる。下顎体のオトガイ部分の外側にはオトガイ孔という孔が認められ，それは下顎管によって下顎枝内側の下顎孔 mandibular foramenに連絡する。ブタでは下顎体内側にもオトガイ孔が認められるため，外側のものを外側オトガイ孔，内側のものを内側オトガイ孔と呼んでいる。イヌやネコ以外の家畜の下顎体腹縁には顔面血管切痕と呼ばれる切れ込みが認められ，顔面動・静脈や耳下腺管が内側から外側に抜け出る。

下顎枝は下顎体後方の領域で，下顎体と直交し背側に突出している。下顎枝背側には，側頭骨の下顎窩と関節する関節突起と側頭筋の付着部位である筋突起 coronoid processという2つの突起が認められ，その間は下顎切痕 mandibular notchと呼ばれる切れ込みによって隔てられている。下顎枝の尾腹側縁は下顎角 angle of mandibleを形成し，イヌやネコ，そしてウサギではそこから角突起が突出する。そして，イヌやネコの角突起は鉤状を呈している。また，下顎枝外側面には咬筋が付着する咬筋窩というくぼみが，内側面には翼突筋が付着する翼突筋窩が認められる（図2-8）。

### 18）舌骨装置（舌骨）

舌骨装置 hyoid apparatus（舌骨 hyoid bone）は複数の小骨から構成され，舌や喉頭を頭蓋から懸垂し

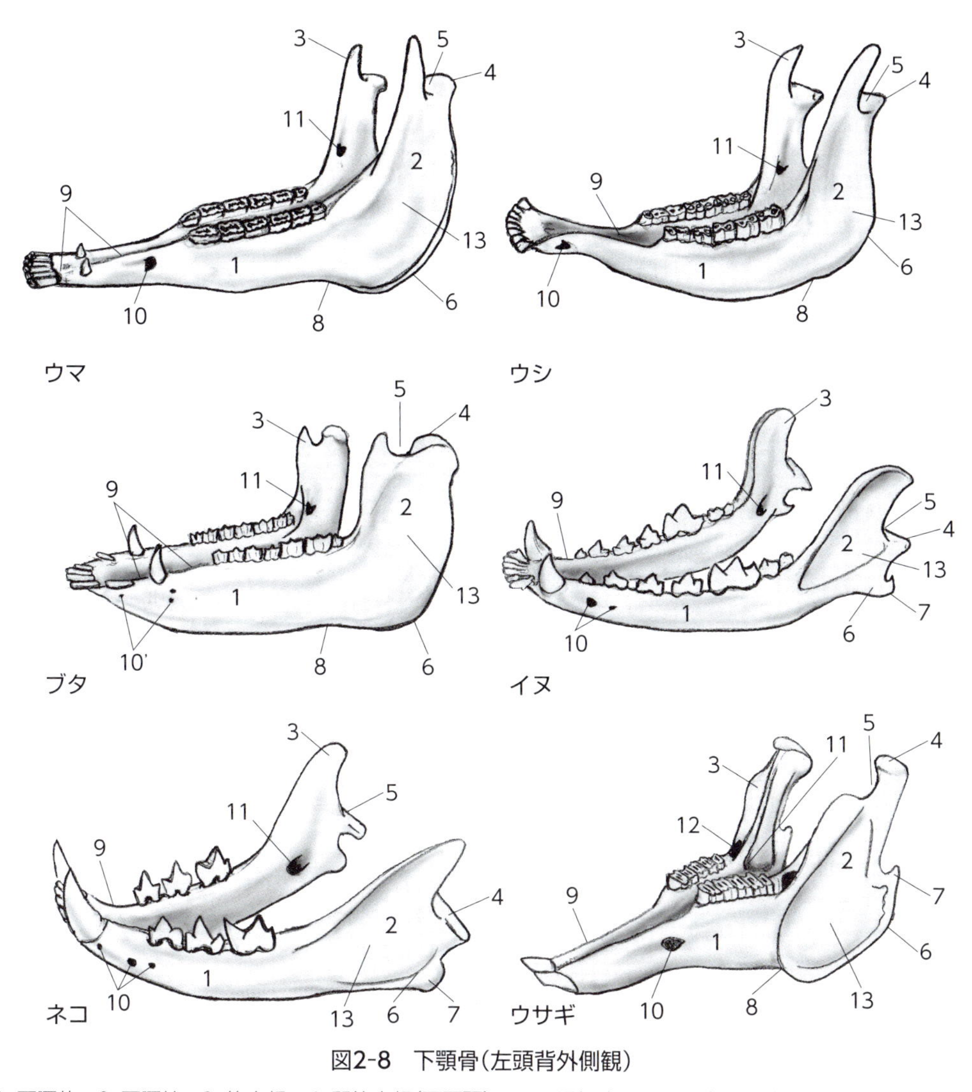


**図2-8　下顎骨（左頭背外側観）**

1. 下顎体，2. 下顎枝，3. 筋突起，4. 関節突起（下顎頭），5. 下顎切痕，6. 下顎角，7. 角突起，8. 顔面血管切痕，9. 槽間縁，10. オトガイ孔，10'. 外側オトガイ孔，11. 下顎孔，12. 歯槽後孔，13. 咬筋窩

ている。舌骨装置は，軟骨性の鼓室舌骨 tympanohyoid boneによって側頭骨と関節している。鼓室舌骨は，ウシやウマでは茎状突起，イヌやネコでは乳様突起，ブタでは項突起に関節している。鼓室舌骨の遠位端は茎状舌骨 stylohyoid boneと関節し，茎状舌骨はさらに遠位で上舌骨 epihyoid boneと関節する。上舌骨は，ブタでは骨ではなく弾性靱帯である上舌骨靱帯に置き換わる。上舌骨は次に角舌骨 keratohyoid boneと関節し，左右の角舌骨は遠位端で不対の底舌骨 basihyoid boneに関節する。底舌骨は舌根部に位置し，ウマ，ウシそしてウサギでは底舌骨の前縁中央から前方に向かって舌突起 lingual processが突出する。ウマの舌突起は長いが，一方ウシやウサギの舌突起はそれに比べると短い。底舌骨の両側からは甲状舌骨 thyrohyoid boneが後方に伸長し，遠位端の軟骨を介して甲状軟骨の前角と関節する（図2-9）。

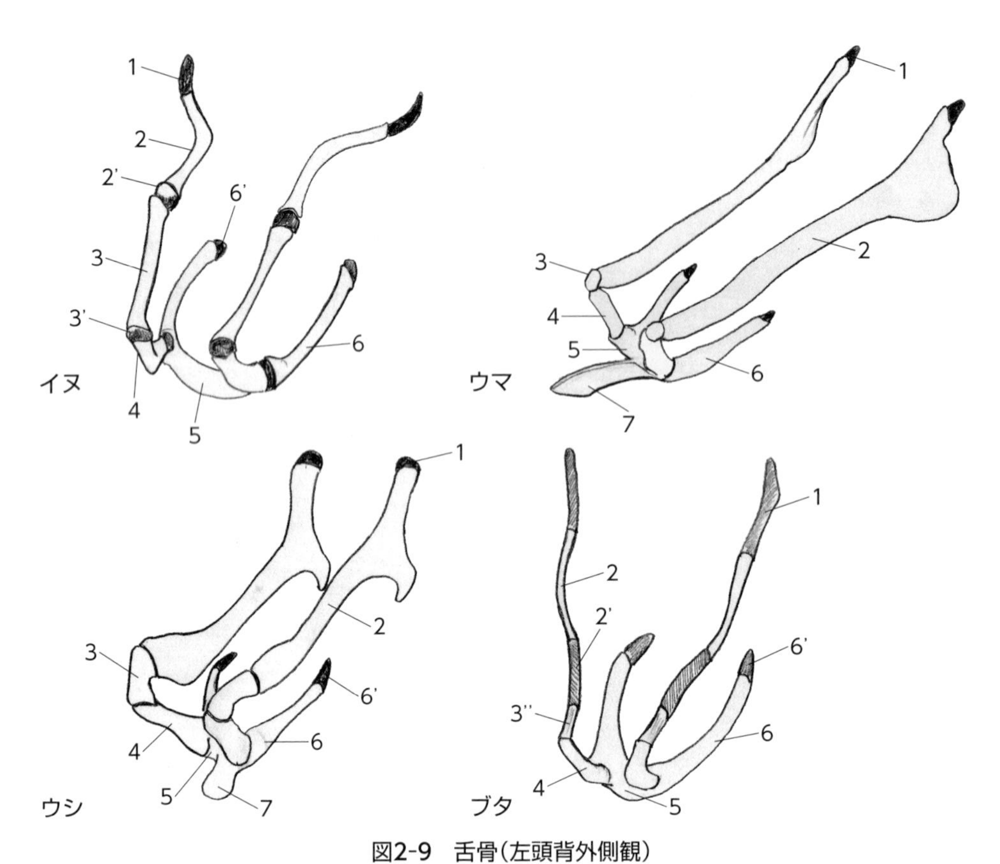


図2-9　舌骨（左頭背外側観）

1. 鼓室舌骨，2. 茎状舌骨，2'. 茎状舌骨の軟骨部，3. 上舌骨，3'. 上舌骨の軟骨部，3''. 上舌骨靱帯，4. 角舌骨，5. 底舌骨，6. 甲状舌骨，6'. 甲状舌骨の軟骨部，7. 舌突起

# 2-3　体幹の骨

到達目標：体幹の骨の構造，位置関係および動物間の差異を説明できる。
キーワード：脊柱，椎骨，頸椎，胸椎，腰椎，仙椎，仙骨，尾椎，肋骨，胸骨，環椎，軸椎，背結節，腹結節，環椎翼，歯突起窩，外側椎孔，翼孔，横突孔，椎間孔，棘突起，横突起，前関節突起，後関節突起，歯突起，椎体，椎孔，椎弓，前椎切痕，後椎切痕，乳頭突起，乳頭関節突起，横突起肋骨窩，前肋骨窩，後肋骨窩，椎間円板，仙骨翼，岬角，耳状面，背側仙骨孔，腹側仙骨孔，正中仙骨稜，中間仙骨稜，外側仙骨稜，肋骨頭，肋骨頸，肋骨角，肋骨結節，肋骨体，肋骨溝，肋軟骨，肋骨弓，真肋，仮肋，浮肋，胸骨柄，胸骨体，胸骨片，剣状突起，剣状軟骨，血管弓，背弓，腹弓

## 1. 脊柱

### 1）椎骨の基本構造と区分

脊柱vertebral columnは，椎骨vertebraが関節によって繋がり連続的に配列した軸性骨格の一部で，椎骨は頭側から頸椎，胸椎，腰椎，仙椎，尾椎に区分されている。各部位の脊柱の椎骨の数は動物種によって異なっているが，哺乳動物では頸椎の数は一般に7個である（表2-1）。

椎骨には，椎体body of vertebraや椎弓vertebral arch（神経弓）と呼ばれる構造が確認できる。椎体は椎骨の腹側部分を占める円柱形の部分で，突出した頭側部は前端（椎頭），へこんだ尾側部は後端（椎窩）と呼ばれる。隣接する椎骨の後端と前端の間には線維軟骨によって形成された椎間円板intervertebral discが認められ，椎間線維軟骨結合によって前後の椎体は関節している。また，椎間円板の中心には脊索の痕跡である髄核が認められ，その周囲を線維輪が取り囲んでいる。椎体の両背外側部からは弓状の突起が背側方向に伸長し，遊離端が結合してドーム状の椎弓が形成される。椎弓によって囲まれてできた孔は椎孔vertebral foramenと呼ばれ，各椎骨の椎孔が連続して脊柱管という一連の管が形成される。この脊柱管には脊髄が収まっている。

さらに，椎骨にはいくつかの突起が認められる。左右椎弓の結合部からは棘突起spinous processが背側に向かって突出し，椎弓の基部からは左右外側に向かって横突起transverse processが突出する。また，棘突起基部の前部には1対の前関節突起cranial articular processが認められ，後部には後位の椎骨の前関節突起と関節する後関節突起caudal articular processが認められる。また胸椎や腰椎では，椎弓前縁の前関節突起と横突起の間に乳頭突起mamillary processが認められ，後位の胸椎や腰椎では前関節突起と乳頭突起が癒合して乳頭関節突起mamilloarticular processが形成される。さらに，イヌやネコの後位胸椎や腰椎，ブタの後位胸椎そしてウサギの腰椎などでは，椎弓後縁で後関節突起と横突起

**表2-1　家畜の椎骨の数**

| 椎骨 | ウマ | ウシ | ブタ | イヌ | ネコ | ウサギ |
|---|---|---|---|---|---|---|
| 頸椎 | 7 | 7 | 7 | 7 | 7 | 7 |
| 胸椎 | 18* | 13 | 14～16* | 13 | 13 | 12 |
| 腰椎 | 5～6* | 6 | 6* | 7* | 7* | 7 |
| 仙椎 | 5* | 5 | 4 | 3 | 3 | 4 |
| 尾椎 | 15～19 | 18～20 | 20～23 | 16～23 | 21～24 | 15～18 |

『新編　家畜比較解剖図説　上巻』8頁の表より改変。
*稀に表記の数よりも多い，または少ない場合がある。

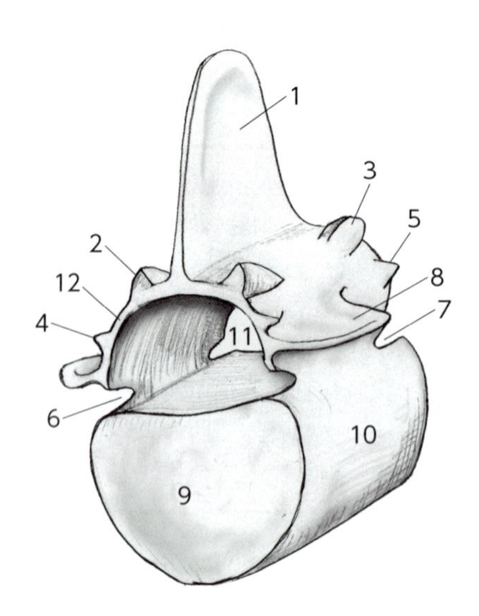


**図2-10　椎骨の基本構造**

1. 棘突起，2. 前関節突起，3. 後関節突起，4. 乳頭突起，5. 副突起，6. 前椎切痕，7. 後椎切痕，8. 横突起，9. 前端（椎頭），10. 椎体，11. 椎孔，12. 椎弓

の間から尾側方向に突出する副突起が認められる。

椎弓の前端と後端には深い切れ込みが認められ，前端の切れ込みは前椎切痕cranial vertebral notch，後端は後椎切痕caudal vertebral notchと呼ばれる。この両者の切痕によって椎間孔intervertebral foramenが形成され，脊髄神経の通路となる。また部位や動物種によって違いが認められるが，椎骨には前椎切痕または後椎切痕が細い骨稜によって仕切られることによって形成された独立した孔である外側椎孔lateral vertebral foramenが形成される（**図2-10**）。

### 2）頸椎

哺乳類家畜の頸椎cervical vertebraeは7個から構成され，第一頸椎（環椎atlas）と第二頸椎（軸椎axis）は，他の頸椎と比較すると特異な形態を示している。環椎と軸椎以外の頸椎の基本構造は椎骨の基本構造に従うが，第二～六頸椎の横突起基部には，前後に貫通する横突孔transverse foramenが認められる（環椎の横突孔に関しては後述）。そして，この横突孔が一列に配列することで横突管が形成され，ここを椎骨動・静脈や椎骨神経が通過する。しかし，第七頸椎ではこの横突孔は認められない。さらに第七頸椎では，椎体後端に第一肋骨の肋骨頭head of ribと関節するための後肋骨窩caudal costal foveaが存在している。また，頸椎には横突起の後背側枝である背結節，さらに横突起の前腹側枝である腹結節が認められる。背結節は第三頸椎から第六頸椎に認められ，腹結節は第三頸椎から第五頸椎に認められる。第六頸椎では腹結節は幅広く板状になり腹板を形成する。この腹結節や腹板は肋骨（頸肋）の遺残形態と考えられている。一方，第七頸椎では横突起は存在するが背結節や腹結節といった分枝は形成されない（**図2-11**）。

第一頸椎は環椎とも呼ばれ，後頭骨の後頭顆と関節する。環椎には椎体がなく，背側の背弓dorsal archと腹側の腹弓ventral archが結合してできた環状構造を呈している。背弓の正中頭側部には棘突起の痕跡である背結節dorsal tubercleが認められる。また，腹弓にも結節が存在しており，腹結節ventral tubercleと呼ばれる。環椎の横突起は両外側にせりだし環椎翼wing of atlasと呼ばれる。環椎の頭側には後頭骨の後頭顆と関節する前関節窩が認められ，また尾側には第二頸椎（軸椎）の歯突起と関節する歯突起窩facet for densが存在する。さらに，環椎は歯突起窩両外側に認められる後関節窩によっ

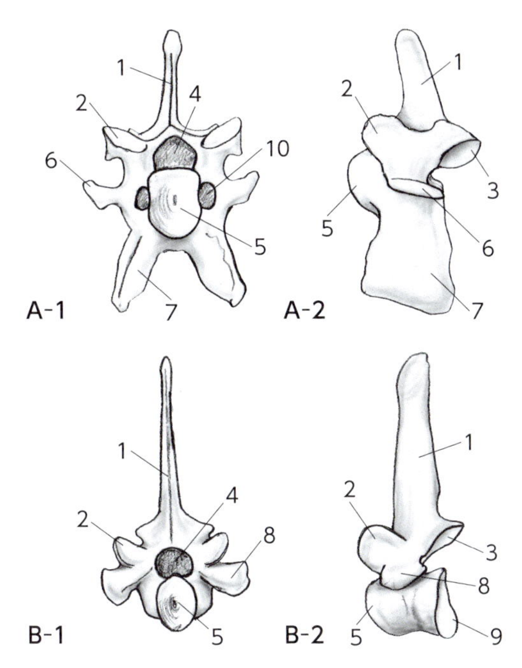


図2-11　ウシの第六頸椎と第七頸椎の比較

A-1. 第六頸椎頭側観，A-2. 第六頸椎左外側観，B-1. 第七頸椎頭側観，B-2. 第七頸椎左外側観
1. 棘突起，2. 前関節突起，3. 後関節突起，4. 椎孔，5. 前端(椎頭)，6. 横突起背結節，
7. 横突起腹板(第三～五頸椎では横突起腹結節)，8. 横突起，9. 後肋骨窩，10. 横突孔

て軸椎の前関節突起と関節する。環椎翼にはウマ，ウシ，ブタでは対の翼孔alar foramenが認められるが，イヌ，ネコそしてウサギでは翼孔の前壁が欠損して翼切痕となる。また，ウマやイヌ，ネコでは環椎翼の基部に，ブタやウサギでは環椎翼基部の後面に横突孔が認められる。しかし，ウシの環椎には横突孔は存在しない。さらに，背弓には1対の外側椎孔が開口し，そこを第一頸神経が通過する。そのため頸神経は7対ではなく8対存在することになる(図2-12)。

第二頸椎は軸椎とも呼ばれ，前位で環椎と，後位で第三頸椎と関節する。第二頸椎の前端部には前方に突出する歯突起densが存在し，環椎の歯突起窩と関節する。歯突起は，ウマではシャベル状，ウシでは半円筒状，ブタ，イヌ，ネコ，ウサギなどでは円錐状を呈している。この歯突起は，発生学的には環椎の椎体が付着，癒合したものと考えられている。また，ウマ，ウシ，ブタの軸椎には外側椎孔が存在し，これらの家畜ではここを第二頸神経が通過する。イヌ，ネコそしてウサギでは，外側椎孔は認められず前椎切痕が深く入り込んでいる(図2-13)。

### 3) 胸椎

胸椎thoracic vertebraeは，肋骨に対する関節面を持ち，長く発達した棘突起を有している。胸椎椎体の外側前端には肋骨頭の尾側領域(後肋骨頭関節面)と関節する前肋骨窩cranial costal foveaが，椎体の外側後端には肋骨頭の頭側領域(前肋骨頭関節面)と関節する後肋骨窩が存在している。しかし，最後胸椎には前肋骨窩は存在するが後肋骨窩は存在しない。また，胸椎の横突起には肋骨の肋骨結節と関節する横突起肋骨窩transverse costal facetが認められる。ウシの胸椎では，後椎切痕が骨稜によって仕切られてできた外側椎孔が顕著に認められ，時にウマでも部分的に存在する。さらにブタでは，しばしば背腹2つの外側椎孔が認められる。また前述のように，胸椎には乳頭突起や乳頭関節突起が認められ，ブタやイヌ，ネコには副突起が存在する(図2-14)。

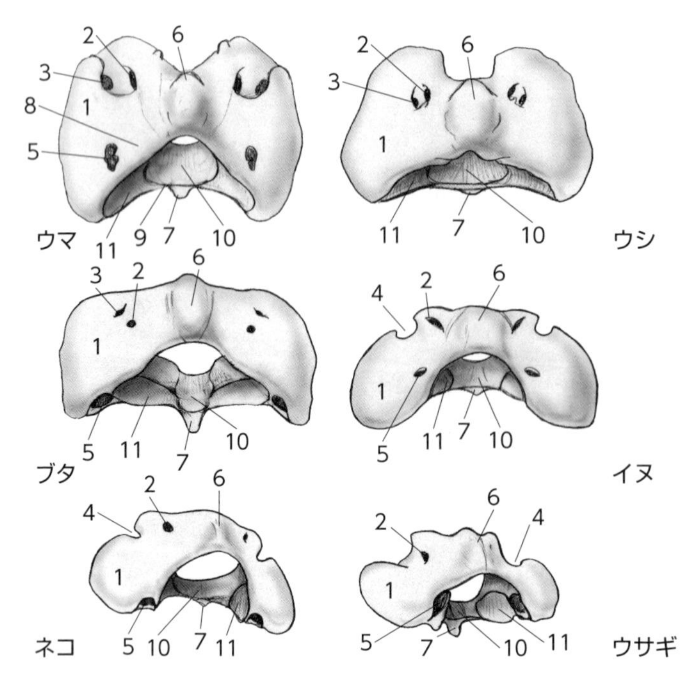


図2-12　環椎

1. 環椎翼，2. 外側椎孔，3. 翼孔，4. 翼切痕，5. 横突孔，6. 背結節，7. 腹結節，8. 背弓，9. 腹弓，10. 歯突起窩，11. 後関節窩
（ウマ，ウシ，ブタ，イヌは背側観，ネコ，ウサギは左尾背外側観）

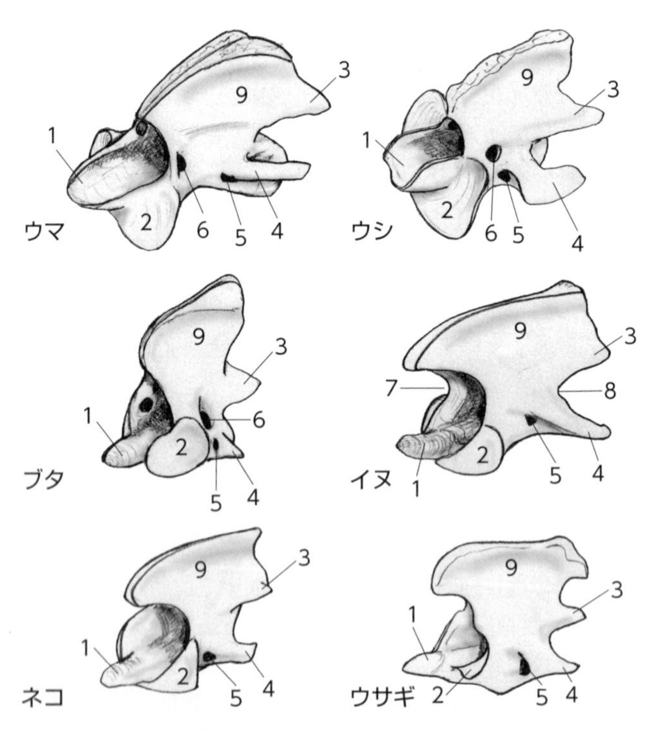


図2-13　軸椎（左頭背外側観）

1. 歯突起，2. 前関節突起，3. 後関節突起，4. 横突起，5. 横突孔，6. 外側椎孔，7. 前椎切痕，8. 後椎切痕，9. 棘突起

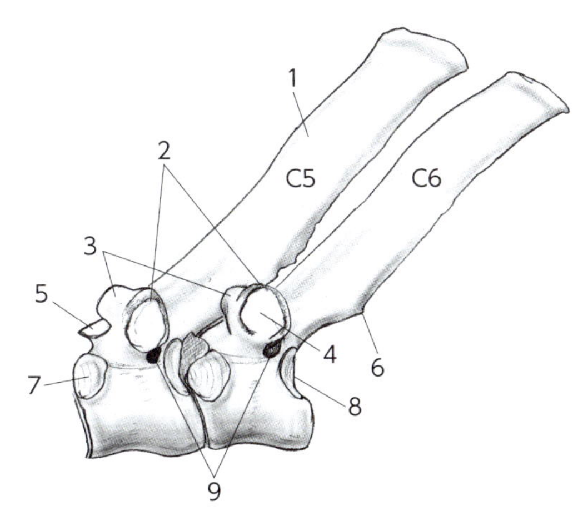


**図2-14　ウシの胸椎（左外側観）**

C5. 第五胸椎，C6. 第六胸椎
1. 棘突起，2. 横突起，3. 乳頭突起，4. 横突起肋骨窩，5. 前関節突起，6. 後関節突起，7. 前肋骨窩，8. 後肋骨窩，9. 外側椎孔

### 4）腰椎

腰椎 lumbar vertebraeでは横突起が長く，椎孔は脊髄の腰膨大を収納するために広くなっている。また，腰椎では前関節突起と乳頭突起が癒合して乳頭関節突起が形成され，イヌ，ネコ，ウサギでは副突起が認められる。横突起はウシやウマ，ブタでは外側に，イヌ，ネコそしてウサギでは前外腹側方向に突出している。この長い腰椎横突起は肋骨の痕跡であることから肋骨突起と呼ばれることもある。ウマの腰椎では，後位2～3個の腰椎の横突起基部に関節面が存在し，互いに関節している。さらに，最後位のウマの腰椎の横突起後縁基部には仙骨翼との関節面が認められる（**図2-15**）。

### 5）仙椎

仙椎 sacral vertebraeは，癒合して仙骨 sacrumとなり寛骨と関節している。第一仙椎の横突起，または第一と第二仙椎の横突起は翼状に広く発達して仙骨翼 wing of sacrumを形成する。この仙骨翼の背側面には耳状面 auricular surfaceが存在し，寛骨の構成骨である腸骨の腸骨翼腹内側面にある同名の耳状面と仙腸関節を形成する。また，ウマでは仙骨翼の前面に最後腰椎の横突起と関節する関節面を保有している。仙骨前端の腹縁には岬角 promontoryと呼ばれる突出部が認められる。仙骨の背側と腹側には，それぞれ背側仙骨孔 dorsal sacral foraminaと腹側仙骨孔 ventral sacral foraminaと呼ばれる椎間孔に相当する孔が認められ，背側仙骨孔を仙骨神経（脊髄神経）の背枝が，腹側仙骨孔を腹枝が通過する。ウシでは仙椎の棘突起が癒合して正中仙骨稜 median sacral crestが，さらに関節突起が癒合して中間仙骨稜 intermediate sacral crestが形成される。また，ウマやブタの仙骨では，横突起の癒合によって形成される外側仙骨稜 lateral sacral crestが顕著である（**図2-16, 17**）。

### 6）尾椎

尾椎 caudal vertebraeは遠位になるに従って椎骨の一般的な形態を失い，単純化して小さな棒状の小骨になっていく。ウシやイヌ，ネコの尾椎では腹側傍正中部分に血管突起が確認でき，イヌやネコのいくつかの尾椎ではこの血管突起に左右2つの，または癒合して1つになった血管弓骨が付着している。ウシでは左右の血管突起の癒合によって，イヌ，ネコでは血管突起とそれに付着する左右の血管弓骨の癒合によって血管弓 hemal archが形成される（**図2-18**）。

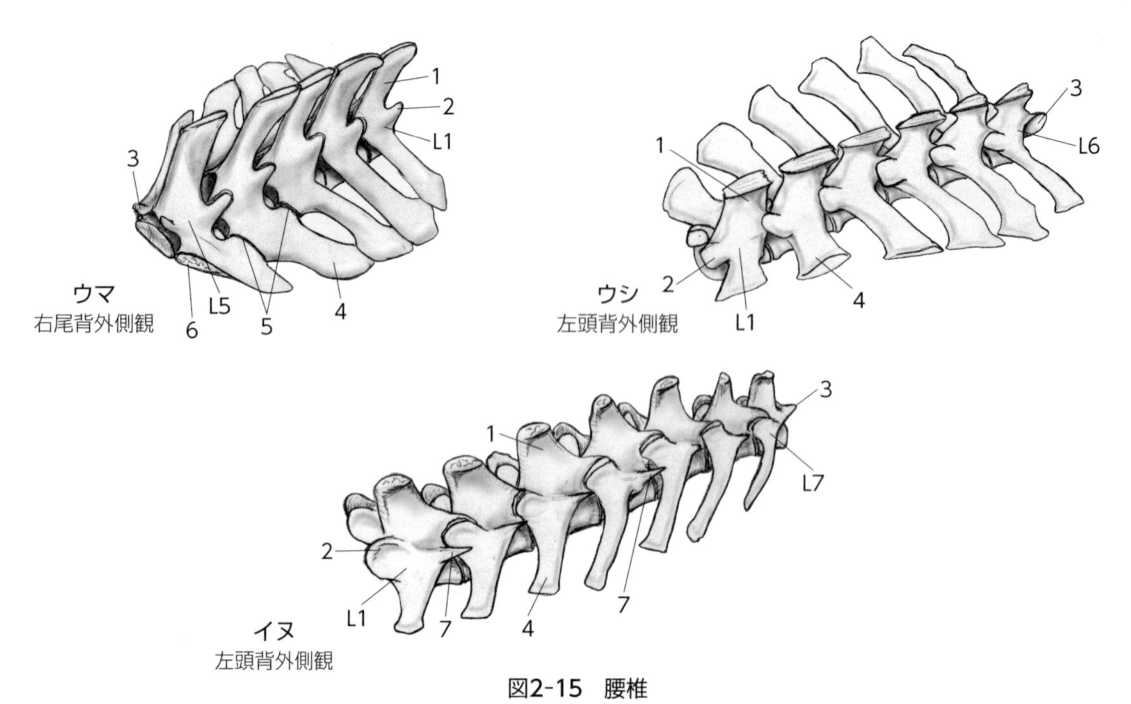


図2-15　腰椎

L1. 第一腰椎，L5. 第五腰椎，L6. 第六腰椎，L7. 第七腰椎
1. 棘突起，2. 乳頭関節突起，3. 後関節突起，4. 横突起，5. 横突起間の関節部，6. 仙骨翼との関節面，7. 副突起

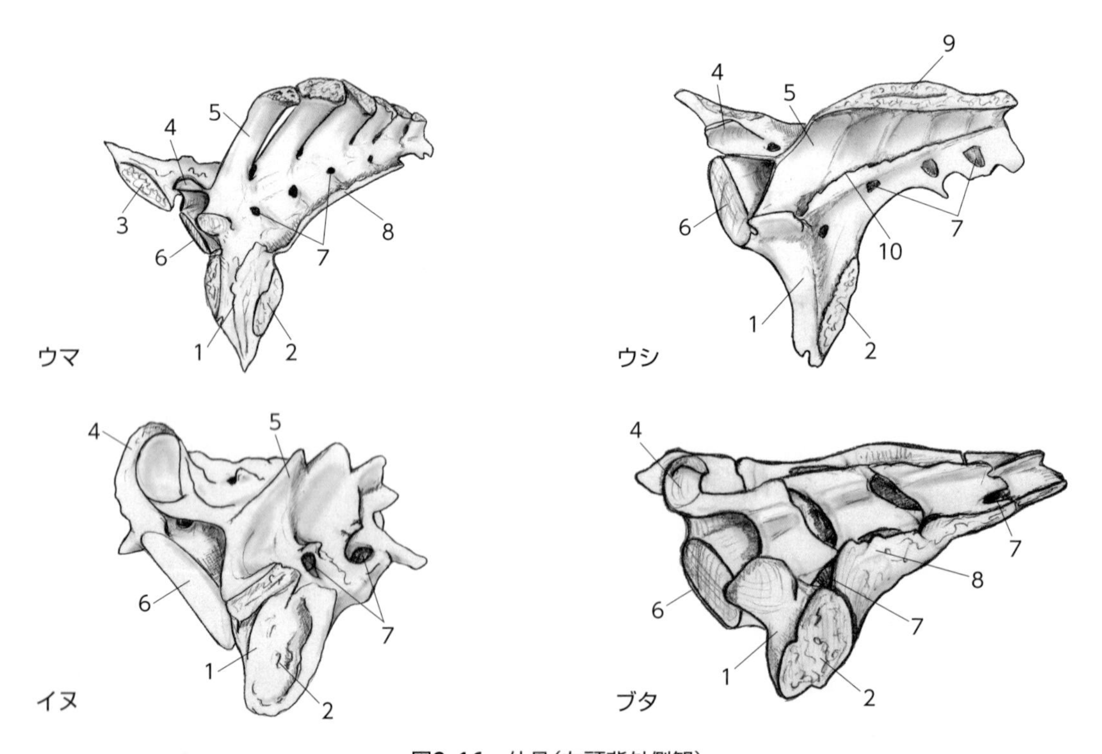


図2-16　仙骨（左頭背外側観）

1. 仙骨翼，2. 耳状面，3. 腰椎横突起との関節面，4. 前関節突起，5. 棘突起，6. 前端（椎頭），7. 背側仙骨孔，8. 外側仙骨稜，9. 正中仙骨稜，10. 中間仙骨稜

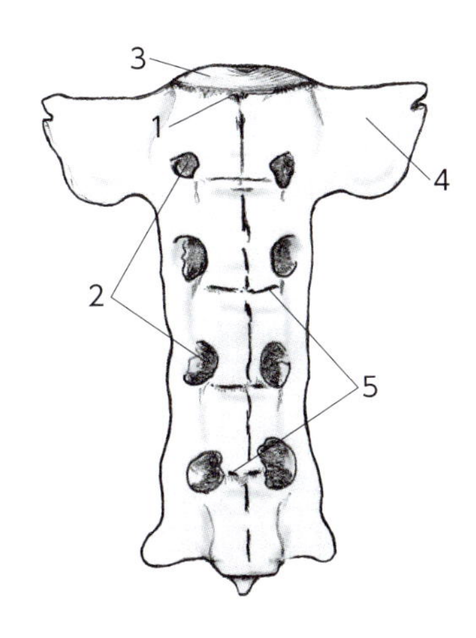


図2-17　ウシ仙骨(腹側観)

1. 岬角，2. 腹側仙骨孔，3. 前端(椎頭)，4. 仙骨翼，5. 横線

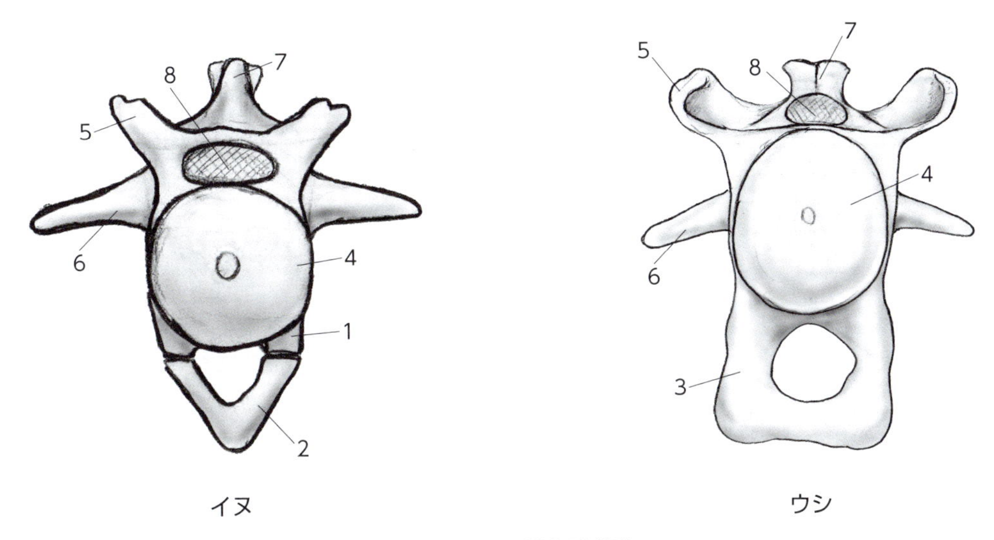


図2-18　尾椎(頭側観)

1. 血管突起，2. 血管弓骨，3. 血管弓，4. 前端(椎頭)，5. 前関節突起，6. 横突起，7. 後関節突起，8. 椎孔

## 2. 胸郭骨格

### 1) 肋骨

肋骨ribsは頸椎では腹結節や腹板として，腰椎では横突起の一部として痕跡的に存在するが，胸椎では退化することなく顕著に発達しており，胸椎や胸骨と関節している。肋骨は近位の肋硬骨(狭義の肋骨)と遠位の肋軟骨costal cartilageによって構成される。肋骨の近位端は肋骨頭と呼ばれ，そこに位置する肋骨頭関節面が椎骨の前肋骨窩と後肋骨窩に関節する。肋骨頭の遠位隣接部は細くくびれて肋骨頸neck of ribと呼ばれ，肋骨頸と肋骨の骨幹部である肋骨体body of ribとの境界部分には胸椎横突起の横突起肋骨窩と関節する肋骨結節tubercle of ribが存在する。また，肋骨体は近位部で湾曲して肋骨角angle of ribが形成される。肋骨体の後縁内側には肋骨溝costal grooveと呼ばれる溝があり，背側肋間動・静脈や肋間神経が走行する。肋骨体は遠位端で肋軟骨と肋骨肋軟骨関節によって結合する。肋骨は，遠位の肋軟骨が胸骨と直接関節する真肋true ribs(胸肋骨)と肋軟骨が胸骨と直接関節しない仮肋false

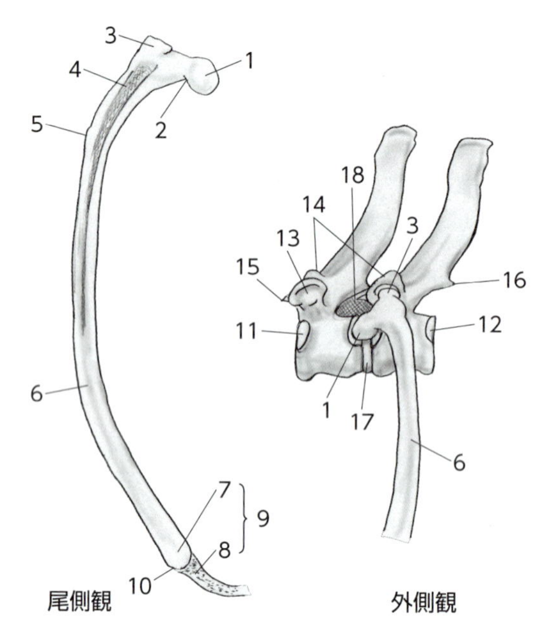


図2-19　イヌの左肋骨

1. 肋骨頭，2. 肋骨頸，3. 肋骨結節，4. 肋骨溝，5. 肋骨角，6. 肋骨体，7. 肋硬骨，8. 肋軟骨，9. 肋骨，10. 肋骨肋軟骨関節，11. 前肋骨窩，12. 後肋骨窩，13. 横突起肋骨窩，14. 乳頭突起，15. 前関節突起，16. 後関節突起，17. 椎間円板，18. 椎間孔
（外側観は胸椎を含む）

ribs（非胸肋骨）に分けられる。さらに，仮肋の肋軟骨はまとまって最後位の真肋の肋軟骨とともに弓状に配列する肋骨弓 costal archを形成する。また，仮肋のうち肋骨弓の形成に関与せず，腹側端が自由端になっている肋骨を浮肋 floating ribsという（**図2-19, 20**）。

### 2）胸骨

胸骨 sternumは分節的な数個の胸骨片 sternal bonesによって構成され，頭側から胸骨柄 manubrium of sternum（1個の胸骨片），胸骨体 body of sternum（数個の胸骨片），剣状突起 xiphoid process（1個の胸骨片）が区分される。胸骨柄と剣状突起の自由端にはそれぞれ，軟骨部である柄軟骨と剣状軟骨 xiphoid cartilageが認められる。しかし，ウシでは柄軟骨は存在しないか，またはあっても頭側縁にわずかに認められるだけである。胸骨の肋軟骨結合部には肋骨切痕が認められる。また，ウマの胸骨では，胸骨稜と呼ばれる軟骨性の腹側の稜構造が存在する（**図2-21**，図2-20参照）。

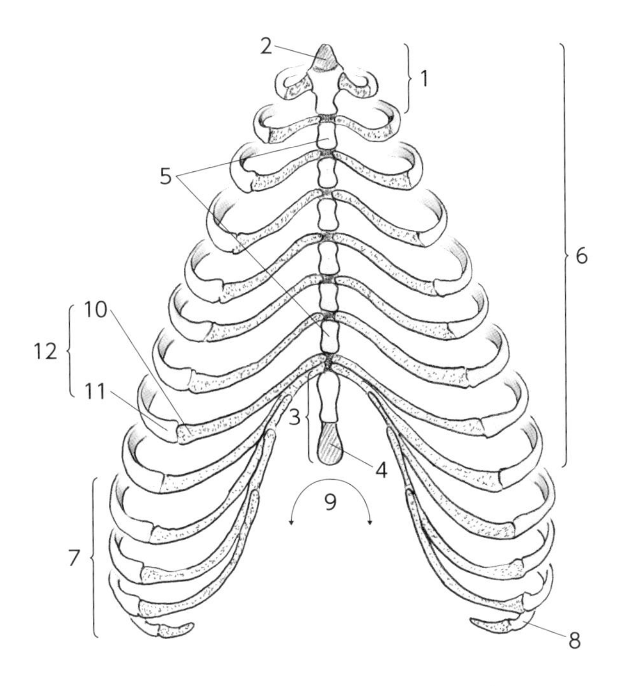


図2-20　イヌの胸郭骨格（腹側観）

1. 胸骨柄，2. 柄軟骨，3. 剣状突起，4. 剣状軟骨，5. 胸骨体，6. 真肋，7. 仮肋，8. 浮肋，9. 肋骨弓，10. 肋軟骨，11. 肋硬骨，12. 肋骨

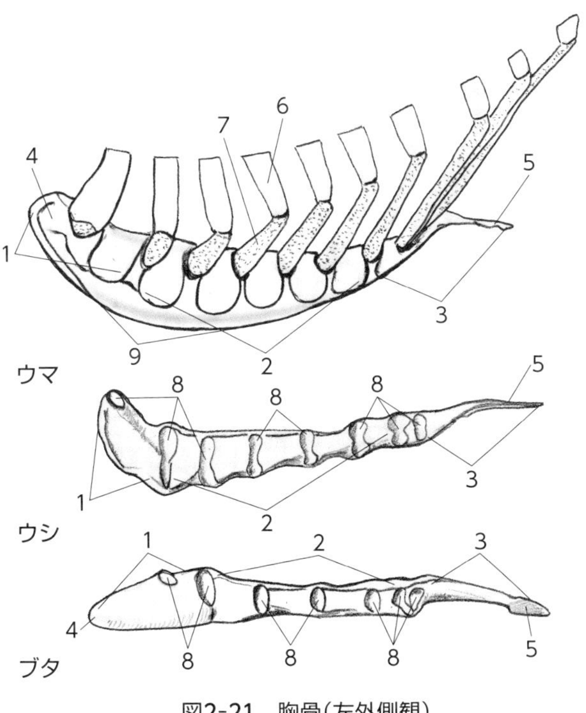


図2-21　胸骨（左外側観）

1. 胸骨柄，2. 胸骨体，3. 剣状突起，4. 柄軟骨，5. 剣状軟骨，6. 肋硬骨，7. 肋軟骨，8. 肋骨切痕，9. 胸骨稜

（ウマは肋骨を含む）

## 演習問題

**1. 頭蓋の形態に関する記載で誤っているのはどれか。**

a. 眼窩上孔は前頭骨に存在する。
b. 前蝶形骨には視神経管が認められる。
c. 上顎骨と口蓋骨は関節している。
d. 下顎骨には筋突起や関節突起が認められる。
e. 側頭骨には顆傍突起が存在する。

**2. 椎骨に関する記載で正しいのはどれか。**

a. ウシやウマの環椎には翼切痕が認められる。
b. イヌやウマの仙骨には正中仙骨稜が存在する。
c. イヌやネコの第七頸椎には後肋骨窩が認められる。
d. 環椎には前関節突起，後関節突起そして歯突起窩が存在する。
e. 後位胸椎などでは乳頭突起は後関節突起と癒合して乳頭関節突起を形成する。

**3. 次の骨や骨格に関する記述で正しいのはどれか。**

a. 肋骨の肋骨頭は胸椎の横突起肋骨窩に関節する。
b. 肋骨や胸骨は付属骨格に分類される。
c. 遠位の肋軟骨が胸骨と直接関節しない肋骨を浮肋という。
d. 胸骨片の最も頭側は剣状突起，最も尾側は胸骨柄である。
e. ウマやイヌの胸骨柄には柄軟骨が認められる。

## 解　答

**1.**

正解　e

**解説**　顆傍突起は後頭骨に存在する。

**2.**

正解　c

**解説**　a. ウシやウマの環椎には翼孔が存在し，翼切痕はイヌ，ネコ，そしてウサギに認められる。b. 正中仙骨稜はウシに認められる。d. 環椎には前関節窩，後関節窩そして歯突起窩が認められる。e. 乳頭関節突起は乳頭突起と前関節突起との癒合によって形成される。

**3.**

正解　e

**解説**　a. 肋骨頭は前および後肋骨窩と関節し，胸椎の横突起肋骨窩には肋骨結節が関節する。b. 肋骨や胸骨は胸郭骨格に分類される。c. 胸骨と直接関節しない肋骨は仮肋で，そのうち肋骨弓の形成に関与しないものを浮肋という。d. 胸骨の最も頭側には胸骨柄が，最も尾側には剣状突起が存在する。e. ウシには柄軟骨が認められないことがある。

（佐々木 基樹）

# 3章　前肢，後肢の骨

一般目標：動物の前肢と後肢の構成骨の構造を理解する。

2章では頭部と体幹を構成する軸性骨格と胸郭骨格の骨の形態学的特徴を解説した。本章では，付属骨格である前肢骨と後肢骨を構成する各骨の形態学的特徴を概説する。

## 3-1　前肢骨

到達目標：前肢の構成骨の構造と位置関係および動物間の差異を説明できる。

キーワード：前肢骨，前肢帯，自由前肢骨，上腕骨格，前腕骨格，手骨格，肩甲骨，鎖骨，上腕骨，橈骨，尺骨，手根骨，中手骨，指骨，肩甲棘，肩峰，棘上窩，棘下窩，肩甲棘結節，肩甲下窩，鋸筋面，関節窩，関節上結節，烏口突起，肩甲軟骨，上腕骨頭，上腕骨頸，大結節，小結節，結節間溝，上腕骨体，上腕筋溝，上腕骨顆，上腕骨滑車，内側上顆，外側上顆，外側顆上稜，肘頭窩，中間結節，前腕骨間隙，橈骨頭，橈骨体，橈骨滑車，手根関節面，内側茎状突起，外側茎状突起，尺骨切痕，肘頭，肘突起，滑車切痕，尺骨体，茎状突起，基節骨，中節骨，末節骨，種子骨

### 1. 前肢骨の構成

前肢forelimbの付属骨格を形成する骨は前肢骨skeleton of forelimbと呼ばれ，前肢帯と自由前肢骨skeleton of free appendage of forelimbに分けられる。そして，自由前肢骨は上腕骨格，前腕骨格そして手骨格に区分される。哺乳類家畜(以下家畜)の前肢帯は肩甲骨scapulaと鎖骨clavicleによって構成され，上腕骨格は上腕骨humerus，前腕骨格は橈骨radiusと尺骨ulna，手骨格は手根骨carpal bones，中手骨metacarpal bonesそして指骨digital phalangesによって構成される。ニワトリでは，前肢帯は肩甲骨，烏口骨，癒合鎖骨，上腕骨格は上腕骨，前腕骨格は橈骨と尺骨，手骨格は手根骨，手根中手骨，指骨によって構成される(詳細は20章参照)。以下に家畜の前肢骨に関して説明する。

#### 1) 前肢帯

前肢帯thoracic girdleは，肩甲骨と鎖骨によって構成され，烏口骨は一般的な哺乳動物では肩甲骨に癒合して烏口突起として肩甲骨の一部となり，独立した骨は存在していない。しかし，原始的な哺乳動物であるカモノハシやハリモグラといった単孔類には完全な烏口骨(前烏口骨と後烏口骨)が認められる。家畜では，ネコとウサギの鎖骨は退化傾向を示し，上腕頭筋内に細い棒状の小骨として存在している。しかし，これら家畜の鎖骨は，ヒトの発達した鎖骨のように肩甲骨の肩峰や胸骨の胸骨柄に関節することはない。また，イヌ，ウシ，ウマそしてブタといった家畜では鎖骨は消失して上腕頭筋内に鎖骨画として痕跡を残すだけとなる。ただし，イヌの場合には，鎖骨は完全に退化消失しないで鎖骨画中に小骨片として確認されることがある。このようなことから，家畜の前肢骨は体幹とは関節ではなく，筋(前肢帯筋)によってのみ結合する。

肩甲骨は逆三角形をした扁平骨で，外側面には長軸方向に稜線状に隆起した肩甲棘spine of scapulaが認められ，それが肩甲骨の外側面を頭側の棘上窩supraspinous fossaと尾側の棘下窩infraspinous fossaに区分している。イヌ，ネコ，ウシ，ウサギの肩甲棘は遠位部では隆起突出して肩峰acromionを

シやウマでは小結節も前部と後部に区分される。大結節の外腹側領域には棘下筋の一部が終止する棘下筋面が認められる。

上腕骨頸から三頭筋線が上腕骨外側を遠位に向かって走行し，上腕骨体外側にあり三角筋が終止する三角筋粗面に至る。三頭筋線からは上腕三頭筋の外側頭が起始する。三頭筋線背端には，小円筋が終止する小円筋粗面が認められる。三角筋粗面からは遠位に向かって明瞭な上腕骨稜が伸びる。上腕骨体の外側面にはラセン状に走行する上腕筋溝brachial grooveが認められ，そこからは上腕筋が起始する。有蹄類家畜では，上腕骨体の内側面中央付近に大円筋や広背筋が終止する大円筋粗面が確認でき，イヌ，ネコそしてウサギではそれらの筋は小結節稜に終止する。

上腕骨の遠位端は幅が広くなった上腕骨顆condyle of humerusを形成する。上腕骨顆の内外側には結節状の隆起が認められ，それぞれ内側上顆medial epicondyle，外側上顆lateral epicondyleと呼ばれる。内側上顆は外側上顆よりも大きく発達し指屈筋の起始部となり，外側上顆は指伸筋の起始部となる。また外側上顆から背側に向かって外側顆上稜lateral supracondylar crestが認められ，ここから橈側手根伸筋が起始する。上腕骨遠位端は，前腕骨格と関節する滑車状の関節面を持っており上腕骨滑車trochlea of humerusと呼ばれる。上腕骨滑車の後位には深い陥凹である肘頭窩olecranon fossaが認められ，イヌやウサギでは上腕骨滑車背側のくぼみである橈骨窩とこの肘頭窩が貫通してできた滑車上孔が認められる。この滑車上孔は時にブタでも認められる。また，ネコでは橈骨窩の内側に鉤突窩というくぼみが存在する。さらにネコでは，内側上顆の背側に顆上孔と呼ばれる貫通孔が存在し，上腕動脈と正中神経がここを通過する。しかし，上腕静脈はこの顆上孔を通過しない（図3-4）。

### 3）前腕骨格

前腕骨格skeleton of forearmは，橈骨と尺骨という2種の骨から構成されている。イヌ，ネコそしてウサギでは，これら2種の骨はヒトと同様に完全に独立しており，お互いに遠位部と近位部で関節結合し可動的であるが，一方，有蹄類家畜では橈骨と尺骨は骨結合により癒合するため不動性である。ウマの尺骨の骨幹部分である尺骨体shaft of ulnaの遠位部は著しく退化し，細く短くなって橈骨の骨幹部分である橈骨体shaft of radiusに癒合する。また尺骨遠位端の尺骨頭の突起部分である（尺骨の）茎状突起styloid processは，ウマでは橈骨の一部分となり外側茎状突起lateral styloid processと呼ばれる。そのためウマでは他の家畜の橈骨遠位端内側部分に認められる（橈骨の）茎状突起は，外側茎状突起に対応して内側茎状突起medial styloid processと呼ばれる。橈骨体と尺骨体の間には間隙または小孔が認められ，これを前腕骨間隙interosseous space of forearmという。橈骨の近位端の肥厚した部分は橈骨頭head of radiusと呼ばれ，ここに上腕骨との関節面である橈骨頭窩が認められる。橈骨頭窩と尺骨の滑車切痕trochlear notchは，上腕骨の上腕骨滑車と関節して肘関節を形成している。尺骨の滑車切痕近位端は頭側に突出し肘突起anconeal processと呼ばれる。また，尺骨の近位は肘頭olecranonと呼ばれ，その上端には上腕三頭筋が終止する肘頭隆起が認められる。尺骨の近位部分には橈骨の関節環状面と関節する橈骨切痕が認められ，イヌ，ネコそしてウサギでは典型的な車軸関節を形成する。橈骨の遠位端の肥厚部分は橈骨滑車trochlea of radiusと呼ばれ，この橈骨滑車と尺骨の茎状突起は手根骨との関節面である手根関節面carpal articular surfaceを保有する。イヌ，ネコ，ウサギそしてブタの橈骨の遠位外側部には，尺骨の関節環状面との関節部である尺骨切痕ulnar notchが認められる（図3-5）。

### 4）手骨格

手骨格skeleton of manusは，近位から手根骨，中手骨そして指骨によって構成される。手根骨は近位列，中間列，遠位列に区別される。中間列は家畜ではウサギにだけ認められ，中心手根骨1つが存在する。その他の家畜では近位列と遠位列だけが認められ，近位列には橈側手根骨（舟状骨），中間手根骨（月状骨），尺側手根骨（三角骨），副手根骨（豆状骨）の4種類の手根骨が，遠位列には第一手根骨（大菱形骨），第二手根骨（小菱形骨），第三手根骨（有頭骨），第四手根骨（有鉤骨）の4種類の手根骨が存在し

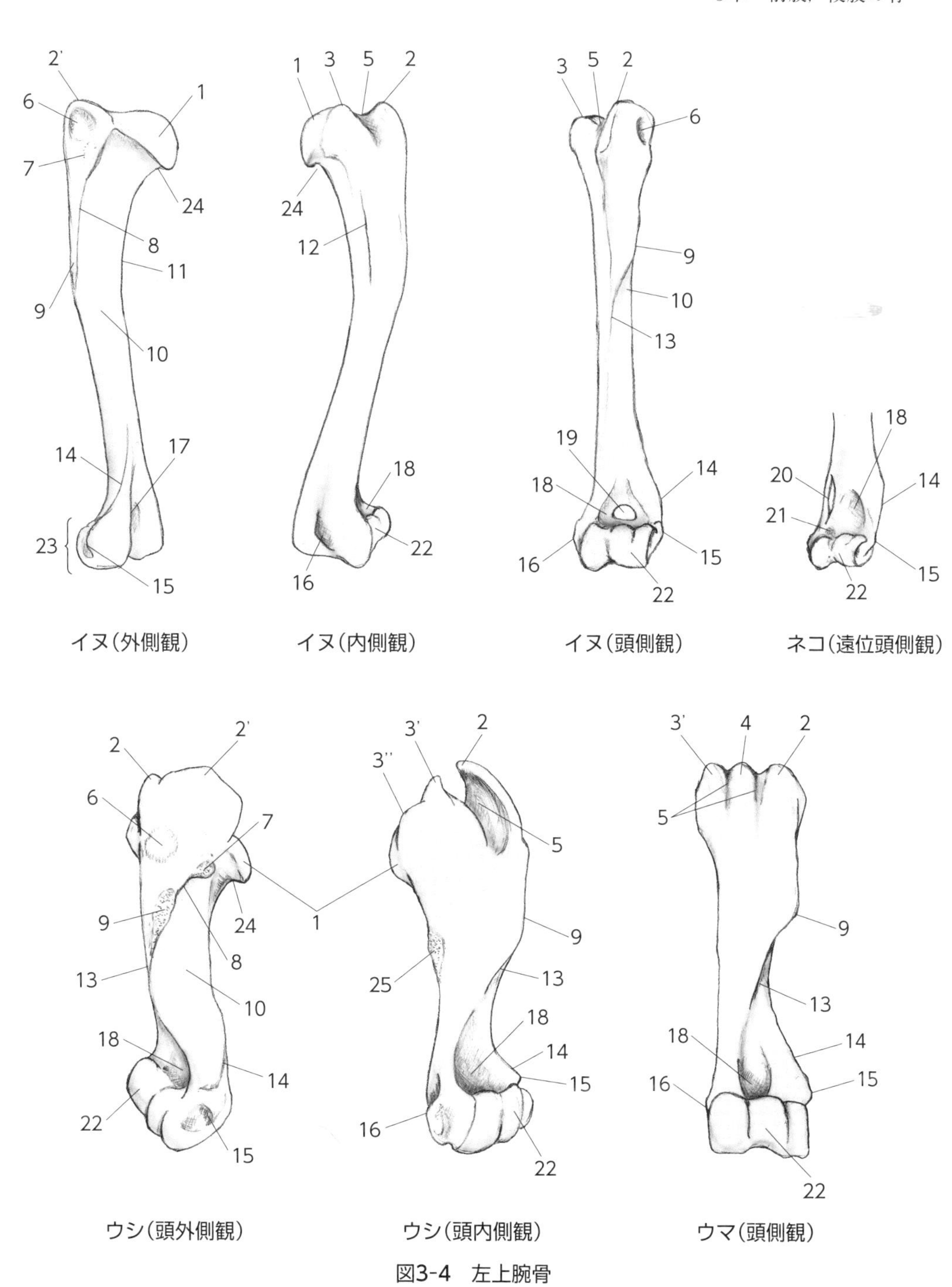


図3-4　左上腕骨

1. 上腕骨頭，2. 大結節前部，2'. 大結節後部，3. 小結節，3'. 小結節前部，3''. 小結節後部，4. 中間結節，5. 結節間溝，6. 棘下筋面，7. 小円筋粗面，8. 三頭筋線，9. 三角筋粗面，10. 上腕筋溝，11. 上腕骨体，12. 小結節稜，13. 上腕骨稜，14. 外側顆上稜，15. 外側上顆，16. 内側上顆，17. 肘頭窩，18. 橈骨窩，19. 滑車上孔，20. 顆上孔，21. 鉤突窩，22. 上腕骨滑車，23. 上腕骨顆，24. 上腕骨頸，25. 大円筋粗面

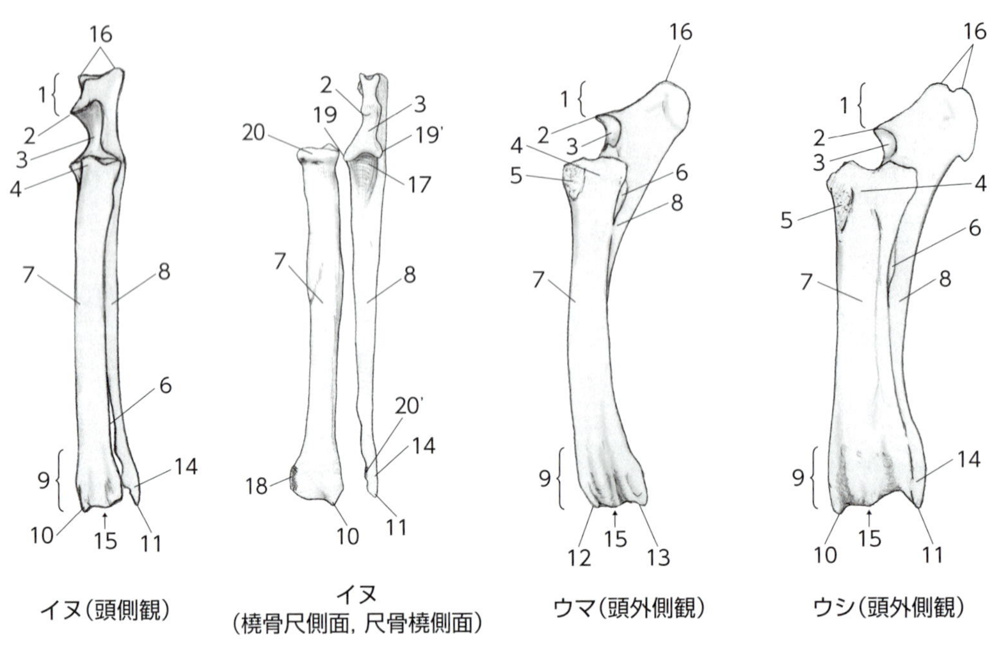


**図3-5　左前腕骨格**

1. 肘頭，2. 肘突起，3. 滑車切痕，4. 橈骨頭，5. 橈骨粗面，6. 前腕骨間隙，7. 橈骨体，8. 尺骨体，9. 橈骨滑車，10. 茎状突起（橈骨），11. 茎状突起（尺骨），12. 内側茎状突起，13. 外側茎状突起，14. 尺骨頭，15. 手根関節面，16. 肘頭隆起，17. 橈骨切痕，18. 尺骨切痕，19. 内側鉤状突起，19'. 外側鉤状突起，20. 関節環状面（橈骨），20'. 関節環状面（尺骨）

ている。イヌやネコでは近位列の橈側手根骨と中間手根骨が癒合して中間橈側手根骨（舟状月状骨）が形成される。ウシでは遠位列の第二手根骨と第三手根骨が癒合して第二・三手根骨（小菱形有頭骨）が形成され，さらにウシでは第一手根骨が欠損している。またウマでも第一手根骨が欠損する場合がある。

中手骨はイヌ，ネコそしてウサギでは第一～五中手骨までの5本の中手骨すべてが存在しているが，ブタでは第一中手骨を欠損している。ウマでは第三中手骨が大きく発達し，第二中手骨と第四中手骨は退化した細い骨として第三中手骨の両側後面に付着している。ウシでは第三中手骨と第四中手骨が癒合して1本の骨のようになった第三・四中手骨を形成し，第五中手骨は著しく退化した小骨として第三・四中手骨の外側に付着する。ウマの第三中手骨やウシの第三・四中手骨は大中手骨large metacarpal boneと呼ばれることがある（**図3-6**）。

中手骨に続き，指骨が手骨格の遠位部分を構成する。手の指の基本数は5指列で，イヌ，ネコ，ウサギではすべての指列が認められる。ブタは4指列で第一指は消失し，第三指と第四指が他の第二指と第五指に比べると長い。ウシでは第三指と第四指の2指列が存在し，第二指と第五指は退化して副蹄内に骨小片として存在しているだけである。ウマでは第三指の1指列しか存在しない。指骨格は，第一指以外は近位から基節骨proximal phalanx，中節骨middle phalanx，末節骨distal phalanxという3種の指骨から構成されており，イヌ，ネコそしてウサギに認められる第一指は基節骨と末節骨の2種の指骨から構成されている。基節骨と中節骨は有蹄類家畜ではそれぞれ繋骨そして冠骨と呼ばれることがあり，末節骨は有蹄類家畜では蹄骨，イヌ，ネコ，ウサギでは鉤爪骨と呼ばれることがある。末節骨には，前位の指骨と関節する関節面，壁面の壁側面，底面の床側面が存在し，床側面には深指屈筋の腱が終止する屈筋面（ウマ，ブタ）または屈筋結節（ウシ，イヌ，ネコ，ウサギ，ブタ）が認められる。有蹄類家畜では関節面と壁側面を分ける冠縁に総指伸筋の終止する伸筋突起という隆起が認められる。

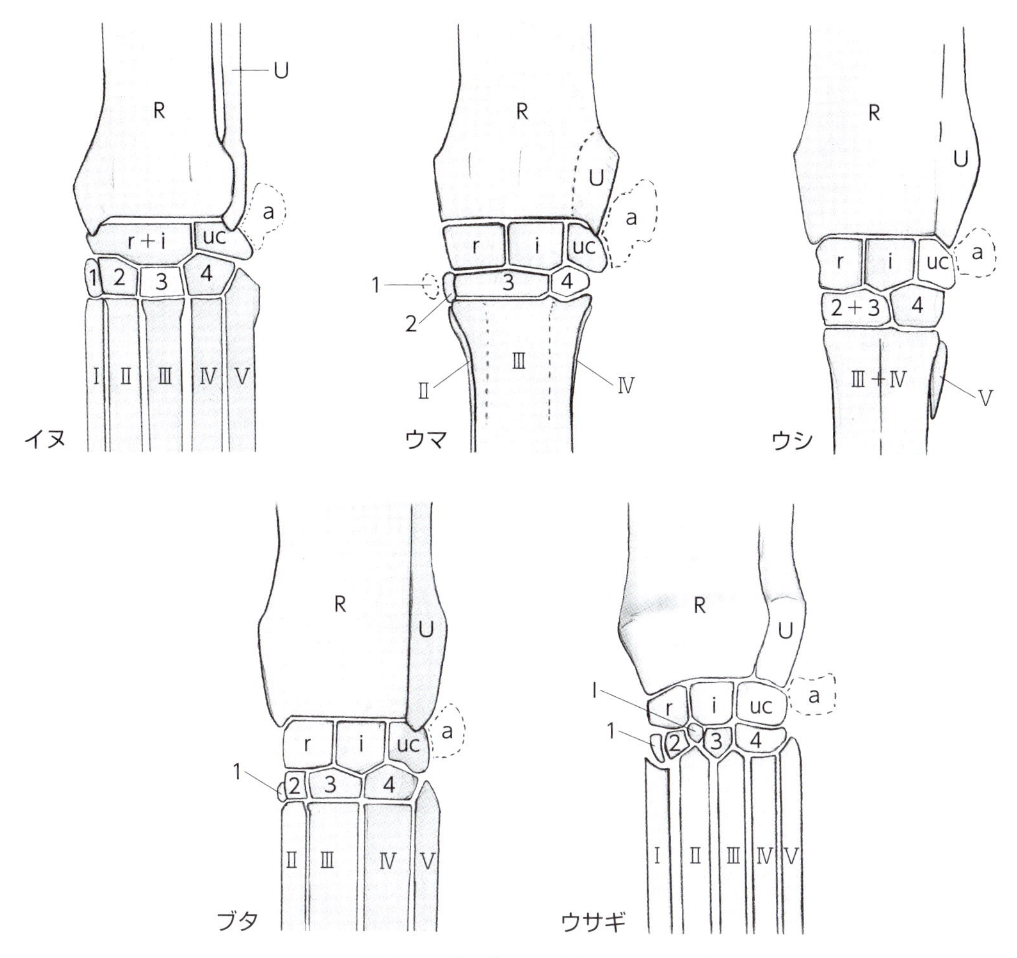


**図3-6　左手根骨の模式図（背側観）**

R. 橈骨，U. 尺骨，r. 橈側手根骨，i. 中間手根骨，uc. 尺側手根骨，a. 副手根骨，I. 中心手根骨，
1～4. 第一～四手根骨，Ⅰ～Ⅴ. 第一～五中手骨，r+i. 中間橈側手根骨，2+3. 第二・三手根骨，
Ⅲ＋Ⅳ. 第三・四中手骨

指骨格には種子骨 sesamoid bone と呼ばれる膜性骨が付帯し，腱の付着面を広くしている。種子骨には，中手指節関節の掌側面に近位種子骨，遠位指節間関節の掌側面に遠位種子骨が存在している。近位種子骨は第一指以外の各指に2個存在し，イヌでは第一指にも1個の近位種子骨が認められる。遠位種子骨は，有蹄類家畜では各指に1個存在しているが，イヌやネコでは第一指以外の指に軟骨として認められる。さらに，イヌでは第一指以外の各指の中手指節関節と近位指節間関節の背側面に背側種子骨を保有するが，近位指節間関節のものは骨ではなく軟骨である。またイヌやネコには第一中手骨基部に長第一指外転筋種子骨が認められる（図3-7）。

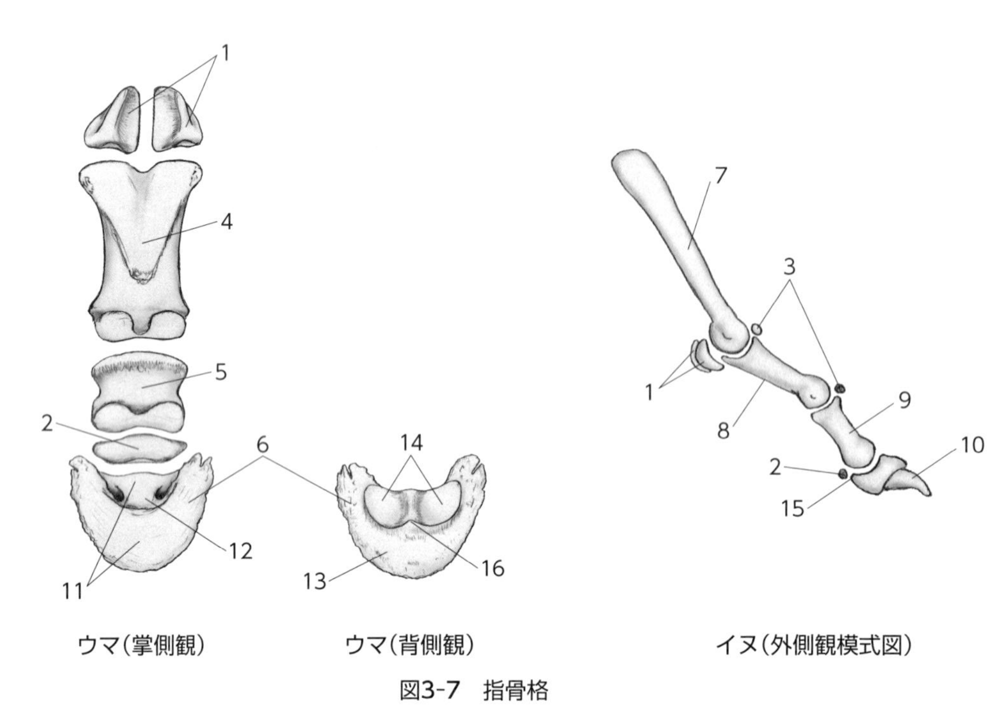


図3-7　指骨格

1. 近位種子骨，2. 遠位種子骨，3. 背側種子骨，4. 基節骨（繋骨），5. 中節骨（冠骨），6. 末節骨（蹄骨），7. 中手骨，8. 基節骨，9. 中節骨，10. 末節骨（鉤爪骨），11. 床側面，12. 屈筋面，13. 壁側面，14. 関節面，15. 屈筋結節，16. 伸筋突起

# 3-2　後肢骨

到達目標：後肢の構成骨の構造と位置関係および動物間の差異を説明できる。
キーワード：後肢骨，後肢帯，自由後肢骨，大腿骨格，下腿骨格，足骨格，腸骨，恥骨，坐骨，大腿骨，膝蓋骨，脛骨，腓骨，足根骨，中足骨，趾骨，腸骨翼，腸骨稜，殿筋面，耳状面，腸骨粗面，腸骨体，坐骨棘，仙結節，寛結節，恥骨体，恥骨前枝・後枝，恥骨結合，坐骨体，坐骨枝，坐骨結合，閉鎖孔，坐骨弓，坐骨結節，寛骨臼窩，寛骨臼切痕，骨盤，骨盤前口，骨盤後口，骨盤軸，骨盤腔，大腿骨頭，頭窩，大腿骨頸，大転子，転子窩，第三転子，殿筋粗面，小転子，大腿骨体，内側・外側顆，大腿骨滑車，内側・外側上顆，顆間隆起，脛骨粗面，脛骨体，脛骨ラセン，内・外果，腓骨頭，腓骨体，距骨，距骨滑車，踵骨，踵骨隆起

## 1. 後肢骨の構成

後肢hindlimbの付属骨格を形成する骨は後肢骨skeleton of hindlimbと呼ばれ，後肢帯と自由後肢骨skeleton of free appendage of hindlimbに分けられている。そして，自由後肢骨は大腿骨格，下腿骨格そして足骨格に区分されている。家畜の後肢帯は腸骨ilium，恥骨pubis，坐骨ischiumという3種の骨によって構成され，癒合して寛骨が形成される。大腿骨格は大腿骨femurと膝蓋骨patella，下腿骨格は脛骨tibiaと腓骨fibula，足骨格は足根骨tarsal bones，中足骨metatarsal bonesそして趾骨pedal phalangesによって構成される。ニワトリでは，後肢帯と大腿骨格の構成は家畜と変わらないが，下腿骨格では脛骨が足根骨と癒合して脛足根骨が，足骨格では足根骨と中足骨が癒合して足根中足骨が形成される（詳細は20章参照）。以下に家畜の後肢骨に関して説明する。

### 1）後肢帯

後肢帯pelvic girdleは腸骨，恥骨そして坐骨から構成され，これら3種の骨は大腿骨の大腿骨頭head of femurと関節する寛骨臼の部分でお互いに癒合し，さらに左右の恥骨と坐骨は正中で癒合してそれぞれ恥骨結合pubic symphysisと坐骨結合ischial symphysisを形成する。この恥骨結合と坐骨結合は，あわせて骨盤結合と呼ばれる。

腸骨において，頭側で板状に広がる部分は腸骨翼wing of iliumと呼ばれ，そこから尾側の寛骨臼へと伸びる柱状の部分は腸骨体body of iliumと呼ばれる。腸骨翼の前縁は腸骨稜iliac crestと呼ばれ，この腸骨稜と腸骨外縁の会合部（外角）には寛結節coxal tuberが，腸骨内縁の会合部（内角）には仙結節sacral tuberが認められる。イヌ，ネコそしてウサギの仙結節には2つの隆起部が存在し，前端部の隆起は前背側腸骨棘，後端部の隆起は後背側腸骨棘と呼ばれる。また，これら動物の寛結節には前腹側腸骨棘という隆起部が存在し，さらにこの前腹側腸骨棘後方の腸骨翼には翼棘と呼ばれる突出部が認められる。腸骨翼の背外側面は殿筋面gluteal surfaceと呼ばれ殿筋の起始部となっている。腸骨翼の腹内側面には粗造な靱帯付着面である腸骨粗面iliac tuberosityや仙骨の耳状面と仙腸関節を形成する同名の耳状面auricular surfaceという粗面が存在する。この耳状面から後方の恥骨に向かう線状の小隆起を弓状線といい，有蹄類家畜ではそこに小腰筋が終止する小腰筋結節が認められる。また，恥骨前縁には腸恥隆起という隆起が認められ，この部分からは恥骨筋が起始する。寛骨臼の背側部分には粗造な稜線である坐骨棘ischiatic spineが形成され，その頭側には深く大きな切痕である大坐骨切痕が，尾側には浅くくぼんだ小坐骨切痕が認められる。

腸骨体は尾側方向で坐骨体body of ischiumと癒合し，坐骨体は尾側方向に伸長して板状に広がった坐骨板に連続する。坐骨板から頭側に伸長した坐骨の内側部分は坐骨枝ramus of ischiumと呼ばれ，

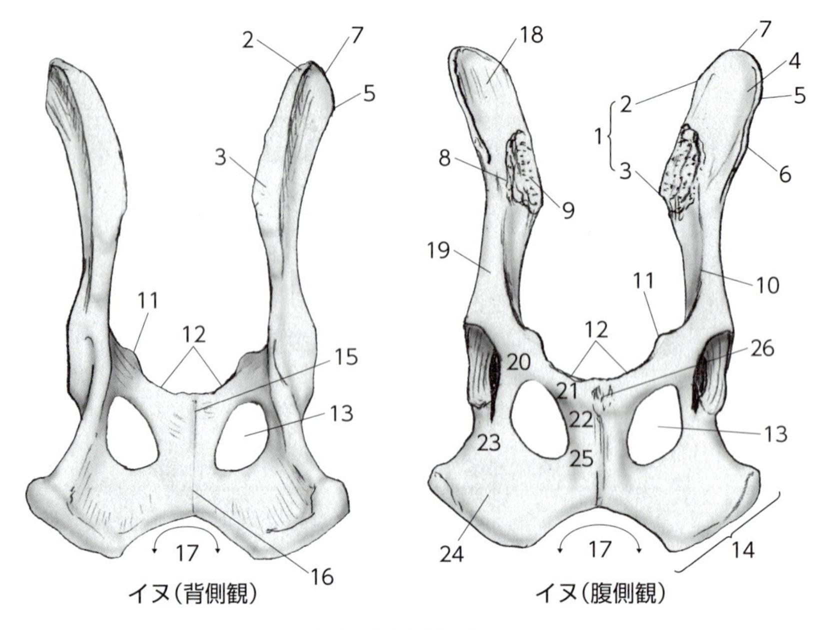


**図3-8　寛骨**（続く）

1. 仙結節，2. 前背側腸骨棘，3. 後背側腸骨棘，4. 寛結節，5. 前腹側腸骨棘，6. 翼棘，7. 腸骨稜，8. 腸骨粗面，9. 耳状面，10. 弓状線，11. 腸恥隆起，12. 恥骨櫛，13. 閉鎖孔，14. 坐骨結節，15. 恥骨結合，16. 坐骨結合，17. 坐骨弓，18. 腸骨翼，19. 腸骨体，20. 恥骨体，21. 恥骨前枝，22. 恥骨後枝，23. 坐骨体，24. 坐骨板，25. 坐骨枝，26. 恥骨結節，27. 小腰筋結節，28. 大坐骨切痕，29. 坐骨棘，30. 小坐骨切痕，31. 月状面，31'. 月状面大部，31''. 月状面小部，32. 寛骨臼窩，33. 寛骨臼切痕，34. 殿筋面（図説は次頁と共有）

恥骨後枝と癒合して閉鎖孔obturator foramenの内側縁を形成する。恥骨は寛骨臼部分の恥骨体body of pubisにはじまり，そこから恥骨前枝cranial ramus of pubisが正中に向かって走行し閉鎖孔の前縁を形成する。そして正中部分で直角に尾側方向へと曲がり恥骨後枝caudal ramus of pubisへと移行する。このように，閉鎖孔の形成には，坐骨と恥骨は関与するが，腸骨は関与しない。左右の坐骨板の後縁は坐骨結合部分に向かって弓状に湾入し坐骨弓ischial archを形成する。また，坐骨板の尾外側部は厚く結節状になり坐骨結節ischial tuberosityと呼ばれている。大腿骨と関節する寛骨臼には，直接大腿骨頭と関節する関節面である月状面や中央のくぼみで大腿骨頭靱帯の付着部位である寛骨臼窩acetabular fossaが存在している。また，月状面には閉鎖孔に面して一部欠損領域が存在し，その部分は寛骨臼切痕acetabular notchと呼ばれ大腿骨頭靱帯の一部，またウマでは大腿骨副靱帯もこの領域を通過する。ウシではさらに，頭側にも切痕が認められ，それによって月状面は大部と小部に分けられる。

骨盤pelvisは，左右の寛骨と仙骨，前位尾椎から構成され，そして仙骨の岬角から腸骨翼に沿って走り弓状線を経て恥骨前枝前縁の恥骨櫛に至る線を分界線という。この分界線で囲まれた骨盤の入口を骨盤前口cranial pelvic apertureといい，さらに背縁を前位尾椎，腹縁を坐骨弓や坐骨結節，そして外側面を広仙結節靱帯や仙結節靱帯によって囲まれた部分を骨盤後口caudal pelvic apertureという。また，骨盤前口と骨盤後口の間の腔所は骨盤腔pelvic cavityと呼ばれ，骨盤前口，骨盤腔そして骨盤後口の中心点を通過する仮想線は骨盤軸pelvic axisと呼ばれる（**図3-8**）。

### 2）大腿骨格

大腿骨格skeleton of thighは，大腿骨と膝蓋骨によって構成されている。大腿骨の近位端には寛骨臼と関節する半球状の大腿骨頭が存在し，そこに大腿骨頭靱帯が付着する小窩である頭窩fovea of head

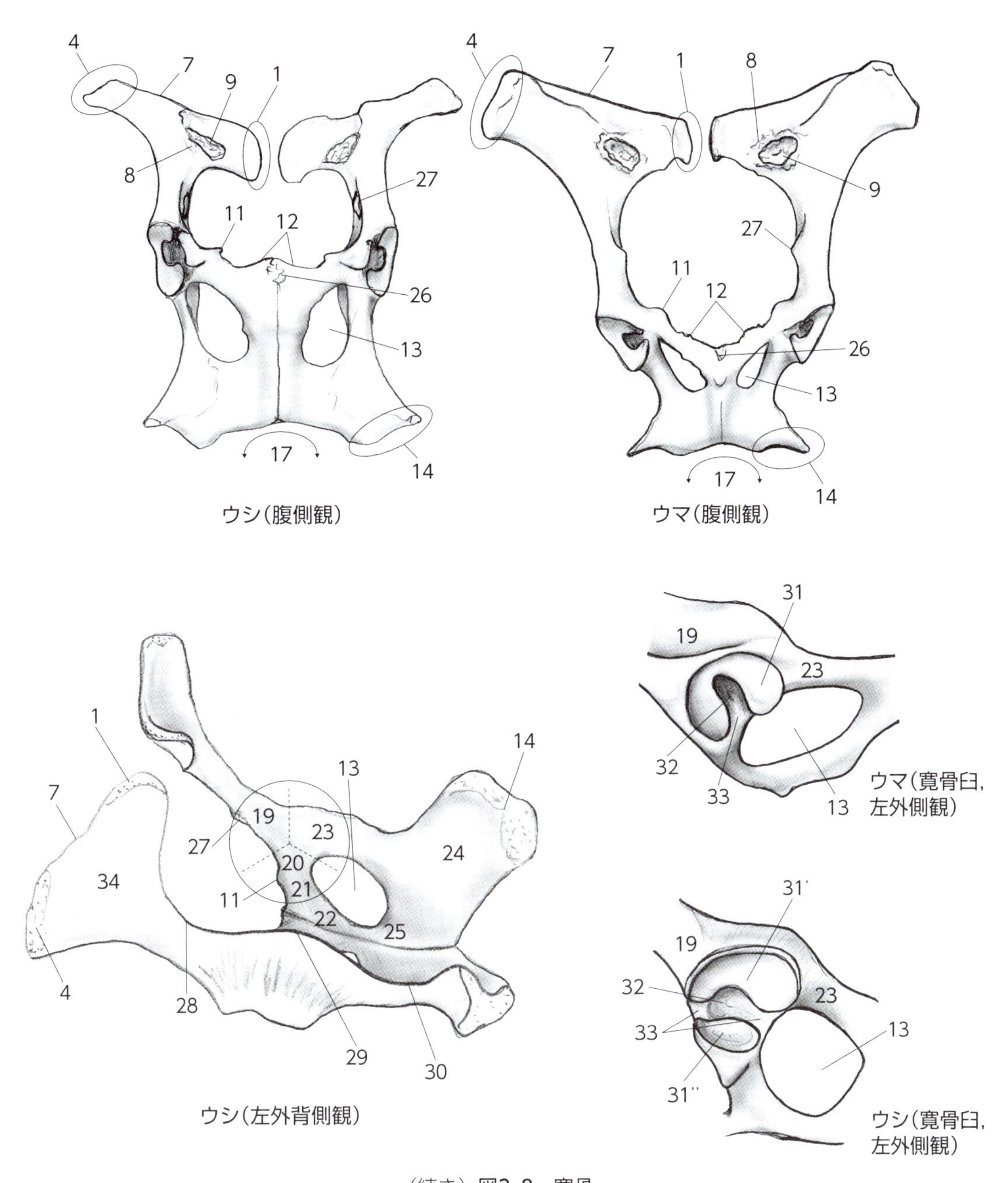


（続き）**図3-8　寛骨**

1. 仙結節，2. 前背側腸骨棘，3. 後背側腸骨棘，4. 寛結節，5. 前腹側腸骨棘，6. 翼棘，7. 腸骨稜，8. 腸骨粗面，9. 耳状面，10. 弓状線，11. 腸恥隆起，12. 恥骨櫛，13. 閉鎖孔，14. 坐骨結節，15. 恥骨結合，16. 坐骨結合，17. 坐骨弓，18. 腸骨翼，19. 腸骨体，20. 恥骨体，21. 恥骨前枝，22. 恥骨後枝，23. 坐骨体，24. 坐骨板，25. 坐骨枝，26. 恥骨結節，27. 小腰筋結節，28. 大坐骨切痕，29. 坐骨棘，30. 小坐骨切痕，31. 月状面，31'. 月状面大部，31''. 月状面小部，32. 寛骨臼窩，33. 寛骨臼切痕，34. 殿筋面（図説は前頁と共有）

が認められる。大腿骨頭は細くくびれた大腿骨頸neck of femurを介して骨幹部分である大腿骨体body of femurに続く。大腿骨頭の外側には大転子greater trochanterという大きな突起が突出しており，ウマでは転子切痕によって前部と後部に分かれる。この大転子には中殿筋，副殿筋，深殿筋，梨状筋など

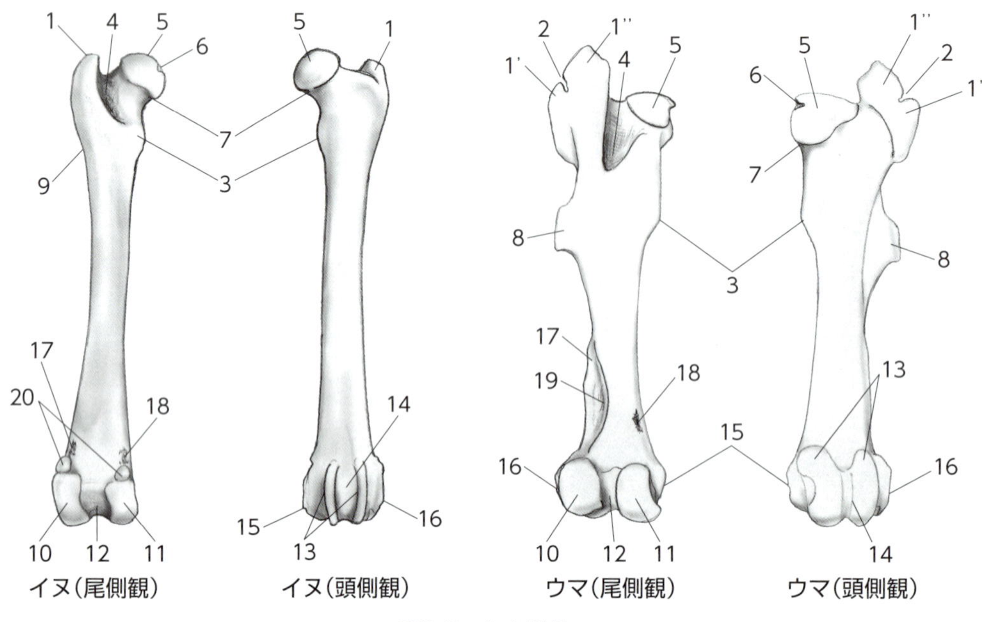


**図3-9　左大腿骨**

1. 大転子，1′. 大転子前部，1″. 大転子後部，2. 転子切痕，3. 小転子，4. 転子窩，5. 大腿骨頭，6. 頭窩，7. 大腿骨頸，8. 第三転子，9. 殿筋粗面，10. 外側顆，11. 内側顆，12. 顆間窩，13. 大腿骨滑車，14. 滑車溝，15. 内側上顆，16. 外側上顆，17. 外側顆上粗面，18. 内側顆上粗面，19. 顆上窩，20. 腓腹筋種子骨

の筋が終止する。大腿骨の内側近位には小転子lesser trochanterという隆起が認められ，腸腰筋(大腰筋と腸骨筋の内側頭と外側頭)が終止している。大転子の内側で，大腿骨頸との間には転子窩trochanteric fossaと呼ばれるくぼみが存在している。ウマやウサギでは，大転子の下方に第三転子third trochanterと呼ばれる発達した骨隆起が存在しており，浅殿筋の終止部となる。また，イヌやネコでは大転子の下方に殿筋粗面gluteal tuberosityが認められ，そこに浅殿筋が終止する。

大腿骨の遠位端頭側面には，膝蓋骨が関節する大腿骨滑車femoral trochleaが認められ，尾側面には脛骨の内側顆medial condyleと外側顆lateral condyleにそれぞれ関節する同名の内側顆と外側顆が存在する。大腿骨の内側顆と外側顆の間には深いくぼみが認められ，顆間窩と呼ばれる。また，大腿骨の内側顆と外側顆の側方には靱帯が付着する小隆起が認められ，それぞれ内側上顆medial epicondyle，外側上顆lateral epicondyleと呼ばれる。内側上顆と外側上顆の背側にはそれぞれ内側顆上粗面と外側顆上粗面が認められ，腓腹筋の内側頭，外側頭がそれぞれ付着する。ウマやウシ，そしてブタでは外側顆の背側領域に顆上窩と呼ばれるくぼみが認められ，浅趾屈筋に広い起始部を与えている。このくぼみは，ウマで深く顕著である。その他の家畜では浅趾屈筋は外側顆上粗面より起こる。また，大腿骨外側顆には2つのくぼみが存在し，大腿骨滑車に近い前方のくぼみは伸筋窩と呼ばれ長趾伸筋や第三腓骨筋が起始する。後方のくぼみは膝窩筋窩と呼ばれ膝窩筋の起始部となっている(**図3-9, 10**)。

膝蓋骨は大型の種子骨と考えられており，大腿骨の大腿骨滑車と関節し，大腿四頭筋に付着点を与えている。また，膝蓋靱帯が膝蓋骨と脛骨の脛骨粗面tibial tuberosityを繋いでいる。膝蓋骨の腹側の尖った部分を膝蓋骨尖といい，大腿四頭筋の付着する背側部分を膝蓋骨底という。さらに，ウマとウシでは内側方向に膝蓋軟骨が付着する軟骨突起を突出させる。イヌ，ネコそしてウサギでは，各大腿骨の遠位部には2つの腓腹筋種子骨と1つの膝窩筋種子骨が存在している(**図3-11, 12**)。

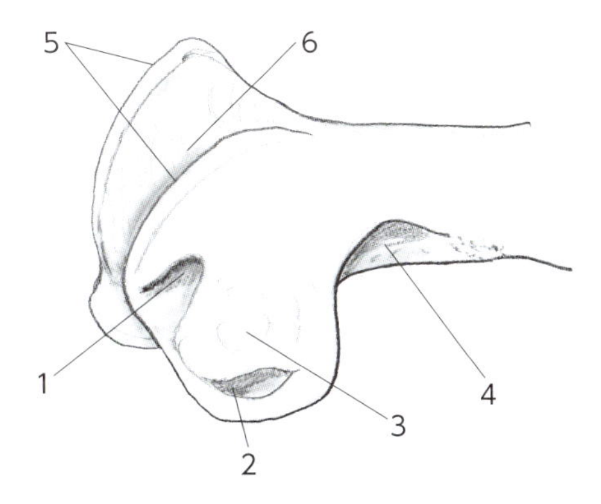


**図3-10　ウマの左大腿骨遠位部（外腹側観）**

1. 伸筋窩，2. 膝窩筋窩，3. 外側上顆，4. 顆上窩，5. 大腿骨滑車，6. 滑車溝

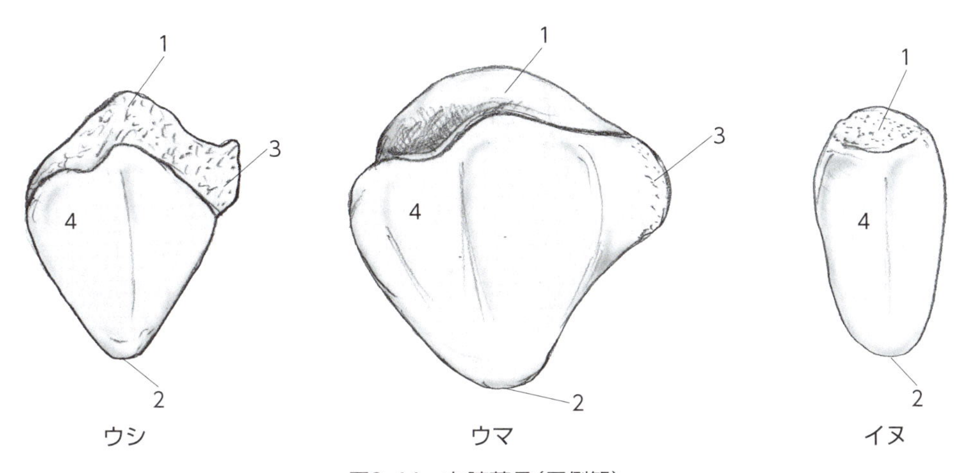


**図3-11　左膝蓋骨（尾側観）**

1. 膝蓋骨底，2. 膝蓋骨尖，3. 軟骨突起，4. 関節面

### 3）下腿骨格

下腿骨格skeleton of legは，脛骨と腓骨によって構成されている。脛骨の近位端には大腿骨と関節する内側顆と外側顆が認められ，その間には顆間隆起intercondylar eminenceと呼ばれる小隆起が存在している。さらに，この顆間隆起は，内側顆間結節と外側顆間結節とに分けられる。脛骨近位端の頭側には膝蓋靱帯の付着部である脛骨粗面が認められる。脛骨の骨幹部は脛骨体shaft of tibiaと呼ばれる。脛骨の遠位端には，距骨との関節面で2つの関節溝からなる脛骨ラセンtibial cochleaが存在している。脛骨ラセンの内側には隆起した内果medial malleolusが認められる。しかし，脛骨ラセンの外側部分は家畜の種類によってその構造は異なっている。腓骨が退化，癒合していないイヌ，ネコ，ブタなどではその部位には腓骨の外果lateral malleolusが位置している。また，ウシでは退化した腓骨の遠位端が遺残してできた独立した骨（果骨）がその部位に存在し，脛骨の遠位外側部はその骨に対する関節面を保有している。ウマやウサギでは腓骨の遠位端が完全に癒合し脛骨の一部となってしまうため，ウマやウサギの脛骨には外果が存在する。

腓骨では，近位端の肥厚部分は腓骨頭head of fibulaと呼ばれ脛骨と関節する。腓骨頭に続き細くなった部分を腓骨頸，そしてそこから遠位に細く伸長した部分を腓骨体shaft of fibula，さらにその遠位端を外果と呼んでいる。イヌ，ネコそしてブタでは腓骨は退化，癒合することなく全長が維持されている

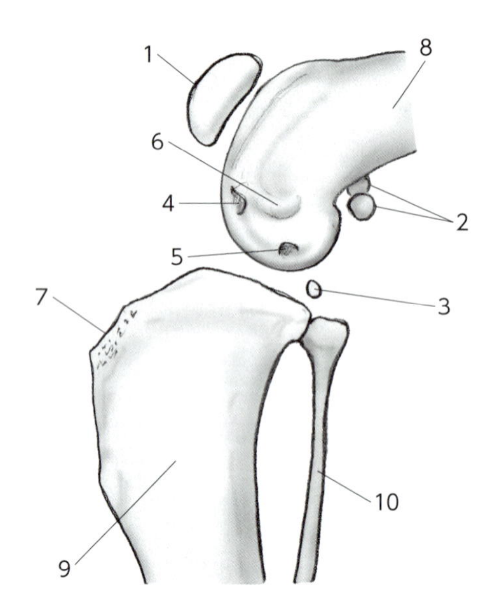


図3-12　イヌ膝関節(外側観模式図)

1. 膝蓋骨，2. 腓腹筋種子骨，3. 膝窩筋種子骨，4. 伸筋窩，5. 膝窩筋窩，6. 外側上顆，7. 脛骨粗面，8. 大腿骨，9. 脛骨，10. 腓骨

が，ウシでは腓骨の退化は著しく，一般に近位端は脛骨と癒合して脛骨の外側顆から小突起状に下方に突出するだけである。また，遠位端は前述のように果骨として遺残するだけである。ウマやウサギでは近位部分だけが独立して存在し，遠位部は脛骨と癒合消失する(図3-13)。

### 4) 足骨格

足骨格skeleton of pesは，足根骨，中足骨そして趾骨によって構成されている。足根骨は近位列，中間列，遠位列に区分される。近位列には距骨talusと踵骨calcaneusの2種類の足根骨が，中間列には中心足根骨(舟状骨)という1種類の足根骨が，遠位列には第一足根骨(内側楔状骨)，第二足根骨(中間楔状骨)，第三足根骨(外側楔状骨)，第四足根骨(立方骨)の4種類の足根骨が存在している。イヌ，ネコそしてブタではこれらすべての足根骨は独立して存在している。一方，ウマでは第一足根骨と第二足根骨が癒合して第一・二足根骨(内側中間楔状骨)を形成する。また，ウシでは第二足根骨と第三足根骨が癒合して第二・三足根骨(中間外側楔状骨)を，さらに中心足根骨と第四足根骨が癒合して中心第四足根骨(舟状立方骨)が形成される。ウサギでは第一足根骨を欠損している。

距骨には脛骨ラセンと関節する距骨滑車trochlea of talusが存在しており，ウシやブタといった偶蹄類では遠位部にも滑車構造が存在することから，脛骨ラセンと関節する滑車を近位距骨滑車，遠位の滑車を遠位距骨滑車と呼んでいる。踵骨には踵骨隆起calcaneal tuberと呼ばれる遊離端の突出部が存在し，ここに下腿三頭筋などの筋が終止している。

中足骨および趾骨の構成や形態は基本的に前肢の中手骨や指骨と変わらないが，ウシやブタの第三中足骨の基部には中足種子骨が認められる。また，イヌやネコでは第一中足骨は退化し痕跡的で，ウサギでは第一中足骨を完全に欠如している。一般には，イヌ，ネコ，ウサギの趾では第二～五趾までの4趾列が認められるが，イヌの場合に第一中足骨に続いて趾骨が認められ5趾列を形成するものもある。趾骨格の種子骨の構成は，指骨格のものと基本的には変わらないが，イヌ，ネコに認められた長第一指外転筋種子骨は後肢には認められない(図3-14)。

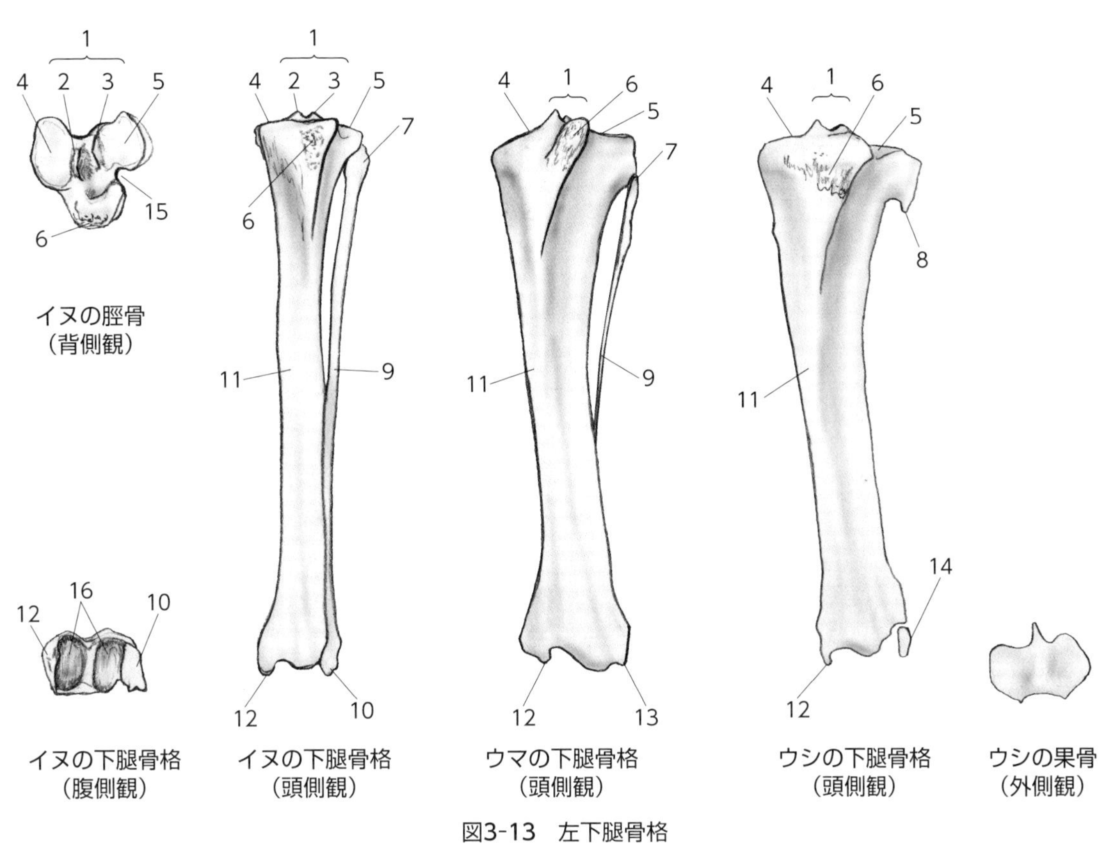


図3-13　左下腿骨格

1. 顆間隆起，2. 内側顆間結節，3. 外側顆間結節，4. 内側顆，5. 外側顆，6. 脛骨粗面，7. 腓骨頭，8. 退化した腓骨，9. 腓骨体，10. 外果（腓骨），11. 脛骨体，12. 内果，13. 外果（脛骨），14. 果骨，15. 伸筋溝，16. 脛骨ラセン

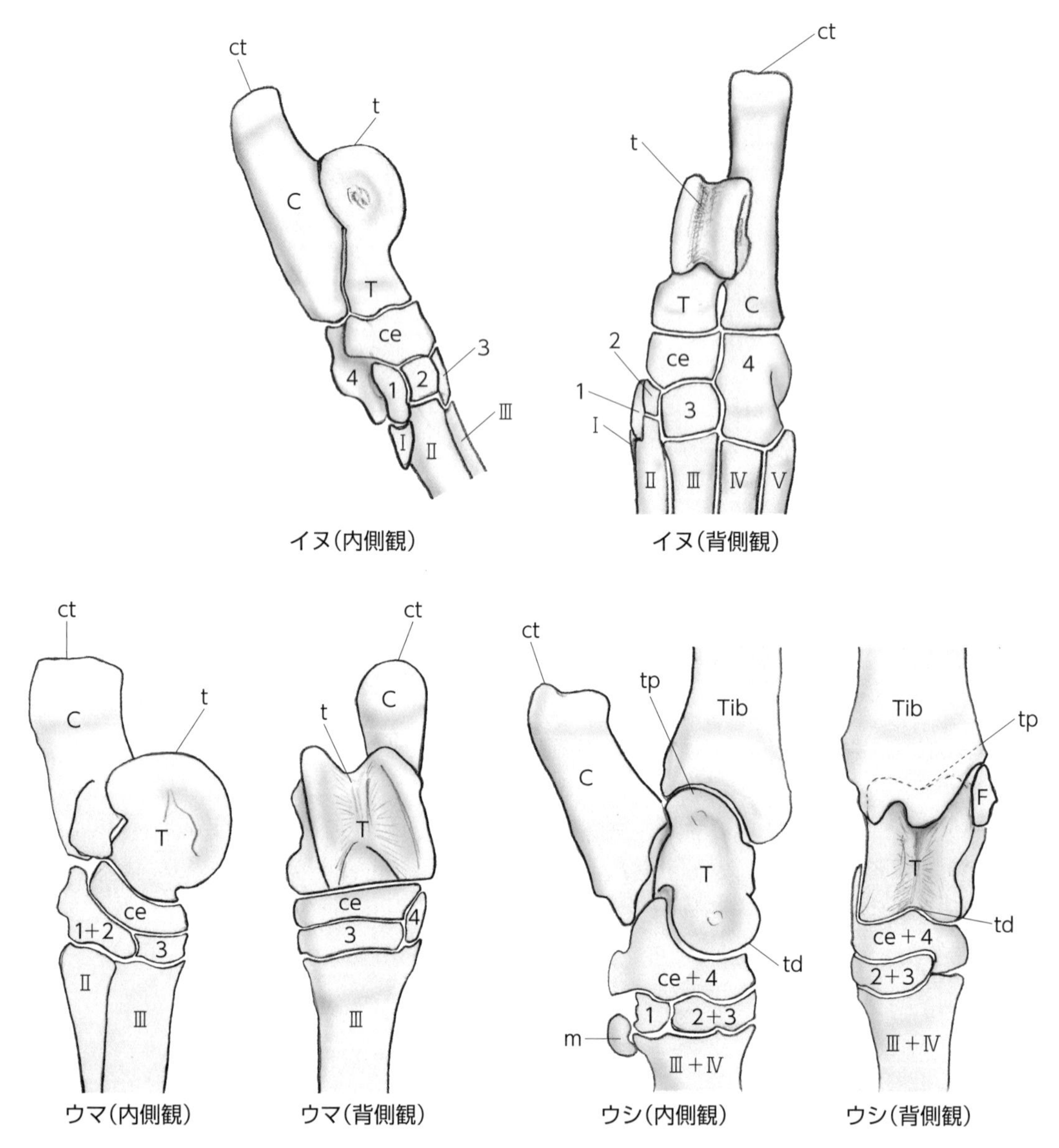


**図3-14　左足根骨の模式図**(続く)

Tib. 脛骨，F. 腓骨遠位端(果骨)，C. 踵骨，T. 距骨，ce. 中心足根骨，m. 中足種子骨，ct. 踵骨隆起，t. 距骨滑車，tp. 近位距骨滑車，td. 遠位距骨滑車，1～4. 第一～四足根骨，Ⅰ～Ⅴ. 第一～五中足骨，ce+4. 中心第四足根骨，1+2. 第一・二足根骨，2+3. 第二・三足根骨，Ⅲ＋Ⅳ. 第三・四中足骨(図説は次頁と共有)

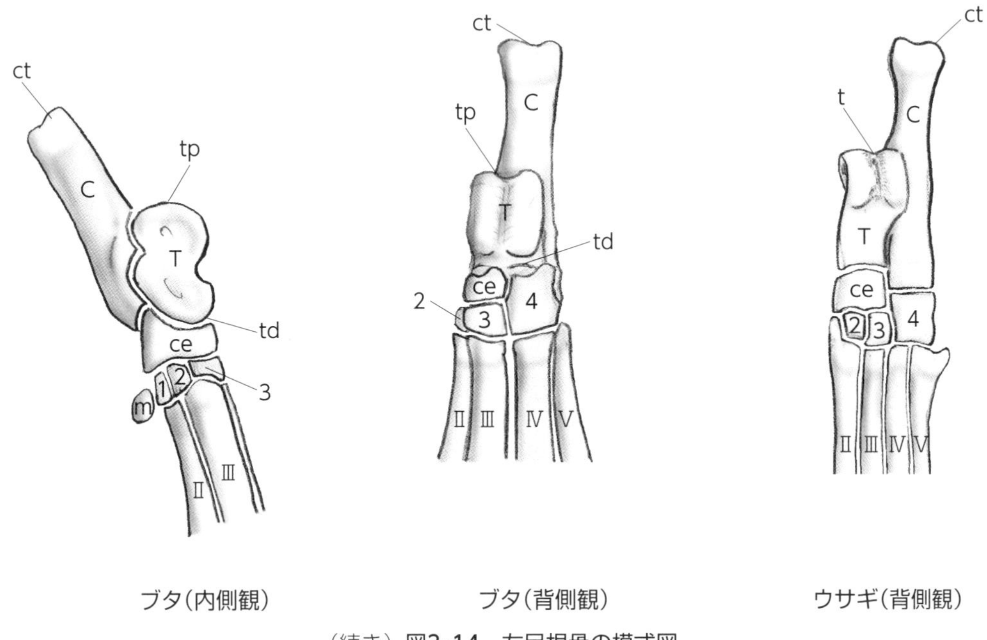


（続き）**図3-14　左足根骨の模式図**

Tib. 脛骨，F. 腓骨遠位端(果骨)，C. 踵骨，T. 距骨，ce. 中心足根骨，m. 中足種子骨，ct. 踵骨隆起，t. 距骨滑車，tp. 近位距骨滑車，td. 遠位距骨滑車，1～4. 第一～四足根骨，Ⅱ～Ⅴ. 第二～五中足骨，ce+4. 中心第四足根骨，1+2. 第一・二足根骨，2+3. 第二・三足根骨，Ⅲ＋Ⅳ. 第三・四中足骨(図説は前頁と共有)

## 演習問題

**1. 前肢骨の形態に関する記述で正しいのはどれか。**

a. ブタの肩甲骨には肩峰が認められる。
b. ウシの手根骨では遠位列の第二手根骨と第三手根骨が癒合する。
c. 上腕骨には大転子と小転子が存在する。
d. ウシの橈骨には外側茎状突起が認められる。
e. ウマで各指の遠位指節間関節の掌側面に2個の遠位種子骨が認められる。

**2. 後肢帯に関する記述で正しいのはどれか。**

a. 腸骨，恥骨，坐骨という3種の骨の癒合によって骨盤という1つの骨が形成される。
b. 坐骨の坐骨板には仙骨翼の耳状面と関節する同じ名前の耳状面が存在する。
c. 大坐骨切痕と小坐骨切痕の間には坐骨結節が認められる。
d. イヌの寛結節には前背側腸骨棘と後背側腸骨棘という2つの隆起部が存在する。
e. 閉鎖孔の形成には恥骨，坐骨の2つの骨が関与し，腸骨は関与しない。

**3. 次の骨や骨格に関する記述で正しいのはどれか。**

a. 大腿骨は大腿骨滑車で脛骨と関節する。
b. イヌ，ネコそしてブタの脛骨には外果が存在する。
c. 単独の中心足根骨はウマ，ブタ，イヌ，ネコ，ウサギのすべてで認められる。
d. ウシでは第一足根骨と第二足根骨が癒合して第一・二足根骨を形成する。
e. 腓腹筋種子骨はウマやウシに存在する。

## 解答

**1.**

正解　b

解説　a. ブタやウマの肩甲骨には肩峰は認められない。c. 大転子と小転子は大腿骨に存在する。d. ウシの橈骨には茎状突起が認められ，内側外側の区別はない。外側茎状突起はウマにのみ認められる。e. 遠位種子骨は1個である。

**2.**

正解　e

解説　a. 腸骨，恥骨，坐骨の癒合によって寛骨が形成される。b. 耳状面は腸骨の腸骨翼に存在する。c. 大坐骨切痕と小坐骨切痕の間には坐骨棘が認められる。d. 前背側腸骨棘と後背側腸骨棘は仙結節に認められる。

**3.**

正解　c

解説　a. 大腿骨滑車は膝蓋骨と関節し，脛骨とは内側顆と外側顆によって関節する。b. イヌ，ネコ，ブタには腓骨の外果が認められ，脛骨に外果が認められるのはウマとウサギである。c. 中心足根骨はウシでは第四足根骨と癒合して中心第四足根骨を形成する。また，中心手根骨はウサギに認められる。d. 第一・二足根骨を形成するのはウマである。e. 腓腹筋種子骨は，イヌ，ネコそしてウサギに認められる。

（佐々木 基樹）

# 4章 関節

一般目標：関節の基本的な構造，各部の名称および種類を理解する。

隣接し互いに向き合った骨は，なめらかに擦れ合って自由な運動のできる構造を形成する。これが関節と呼ばれるものであって，ここでは概要を解説する。

## 4-1 骨の連結方法

到達目標：骨の連結方法および関節の構造と分類を説明できる。
キーワード：線維性関節，靱帯結合，縫合，釘植，軟骨性関節，軟骨結合，線維軟骨結合，骨結合，滑膜性関節，線維軟骨

骨boneは互いに連結して骨格が作られ，骨間に介在する組織の種類によって，以下のように分類される。

### 1. 線維性関節

線維性関節fibrous jointは，骨と骨とが線維性結合組織で連結されるものをいう。

#### 1）靱帯結合

靱帯結合syndesmosisは，靱帯で結合されるものをいう。

#### 2）縫合

縫合sutureは，骨間の狭い間隙を極少量の結合組織が満たすもの（例：頭蓋の大部分の骨）をいう。

#### 3）釘植

釘植gomphosisは，歯槽にはまっている歯の歯根が歯根膜によって結合している状態のものをいう。

### 2. 軟骨性関節

軟骨性関節cartilagenous jointは，骨と骨とが軟骨で連結されるものをいう。

#### 1）軟骨結合

軟骨結合synchondrosisは，骨間を満たす組織が硝子軟骨であるものをいう。

#### 2）線維軟骨結合

線維軟骨結合symphysisは，骨間を満たす組織が線維軟骨fibrocartilageであるものをいう。

#### 3）骨結合

骨結合synostosisは，上記のすべての結合物質が年齢とともに骨化する場合をいう。

## 3. 滑膜性関節

滑膜性関節 synovial joint は，骨と骨の間に関節腔が介在し，その内面に滑膜が見られるものをいう。狭義での関節は，しばしば滑膜性関節のみを指す。

# 4-2　関節の構造，分類，種類

到達目標：関節の種類を説明できる。
キーワード：椎間円板，髄核，線維輪，項靱帯，項索，項板，外側・内側側副靱帯，前・後十字靱帯，膝蓋靱帯，関節頭，関節窩，関節軟骨，関節唇，関節腔，関節半月，関節円板，関節包，線維層，滑膜層，滑液包，一軸性関節，二軸性関節，三軸性関節，球関節，臼状関節，顆状関節，鞍関節，蝶番関節，平面関節，車軸関節，単関節，腹関節，環椎後頭関節，環軸関節，肋椎関節，肋骨頭関節，肋横突関節，胸肋関節，肩関節，肘関節，橈尺関節，前腕手根関節，手根中手関節，中手指節関節，球節，骨盤結合，恥骨結合，坐骨結合，仙腸関節，(広)仙結節靱帯，股関節，膝関節，大腿脛関節，大腿膝蓋関節，脛腓関節，足根関節，足根中足関節，飛節，足根下腿関節，中足趾節関節，趾節間関節

## 1. 関節の構造(図4-1)

### 1) 関節頭，関節窩

相対する骨面は関節面といわれ，硝子軟骨層(関節軟骨articular cartilage)でおおわれており，その中の凸側を関節頭articular head，凹側を関節窩articular fossaという。

### 2) 関節唇

関節唇glenoid lipsは，関節窩の側縁から軟骨がせり出したものをいう。

### 3) 関節腔，関節包(線維層，滑膜層)

関節jointを形成する骨の骨膜は，互いに連続して関節包joint capsuleをなし，その内腔を関節腔joint cavityという。関節包は内外2層からなり，外層は骨膜の表層に続く丈夫な線維層fibrous layer，内層は血管に富み柔らかな膜で滑液を分泌する滑膜層synovial layerという。

### 4) 関節半月，関節円板

関節腔内には，多くは線維軟骨よりなり，関節腔を二分または不完全に二分する関節半月articular meniscusまたは関節円板articular discがある。

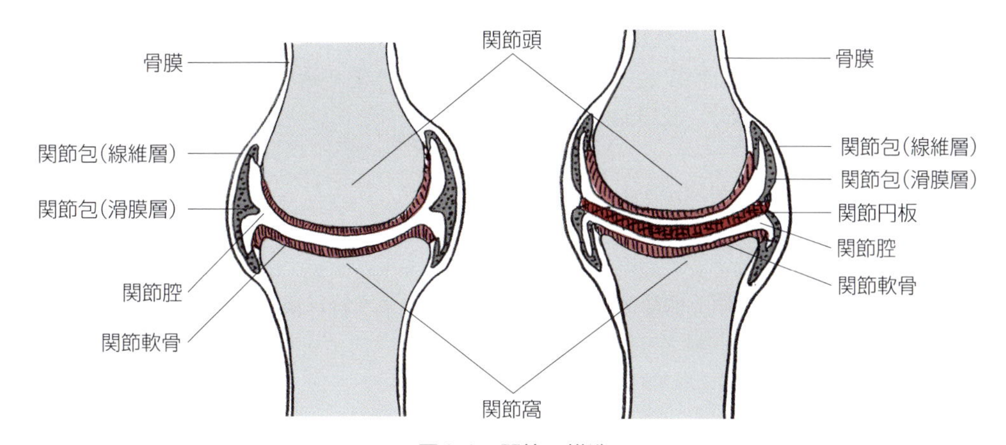


図4-1　関節の構造

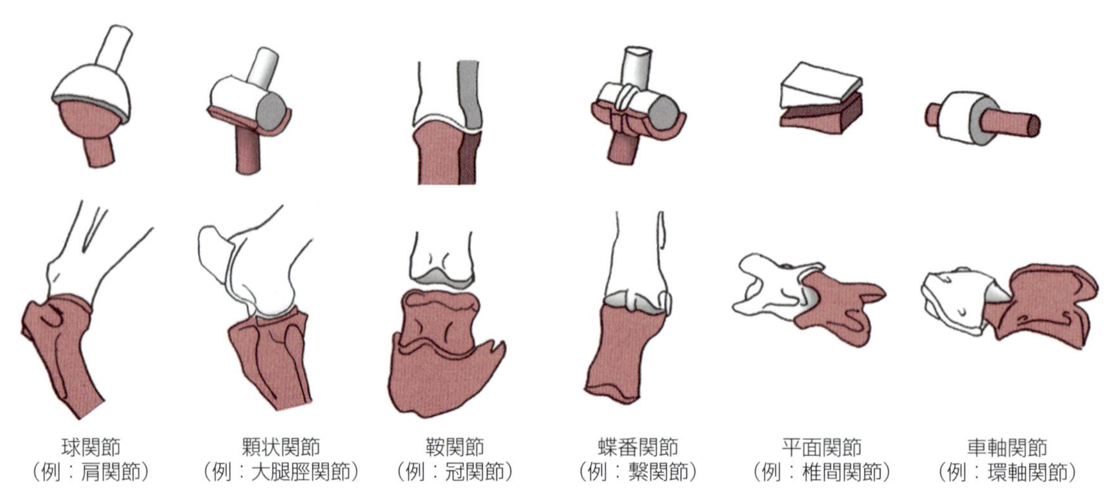


図4-2　関節の形態による分類

#### 5）滑液包

滑液包synovial bursaは，筋や腱が骨などに接して通過する際，その間にあって摩擦を軽減し円滑にする小嚢をいう。

## 2. 関節の分類

### 1）運動軸の数による分類

#### （1）一軸性関節

一軸性関節mono-axial jointは，骨が特定の1軸のみを中心として動くものをいう。

#### （2）二軸性関節

二軸性関節di-axial jointは，前後と側方のように2方向に運動ができ，互いに直交する2軸を中心として動くものをいう。

#### （3）三軸性関節

三軸性関節tri-axial jointは，前後と側方のほか，回旋も行い，いずれの方向にも動くものをいう。

### 2）関節の形態による分類（図4-2）

#### （1）球関節

球関節spheroid jointは，関節頭が球状で，関節窩もそれに応じた丸いくぼみを持つものをいう。また，この関節の一つの形で，関節窩が深く，関節頭の半分以上がはまり込むものを臼状関節enarthrodial jointという（例：肩関節〈球関節〉，股関節〈臼状関節〉）。

#### （2）顆状関節

顆状関節condylar jointは，関節頭が1方向に向かって伸びた楕円形の凸面をなし，関節窩もまたこれに応じて楕円形の凹面をなすものをいう（例：大腿脛関節）。

#### （3）鞍関節

鞍関節saddle jointは，関節頭と関節窩がともにウマの鞍のように双曲面で相対するものをいう（例：冠関節）。

#### （4）蝶番関節

蝶番関節hinge jointは，関節頭が骨の長軸と直交する円筒状で，その表面に溝があり滑車状を呈し，関節窩はそれに応じるようにくぼみ，表面には関節頭の溝に一致した隆起が見られるものをいう（例：

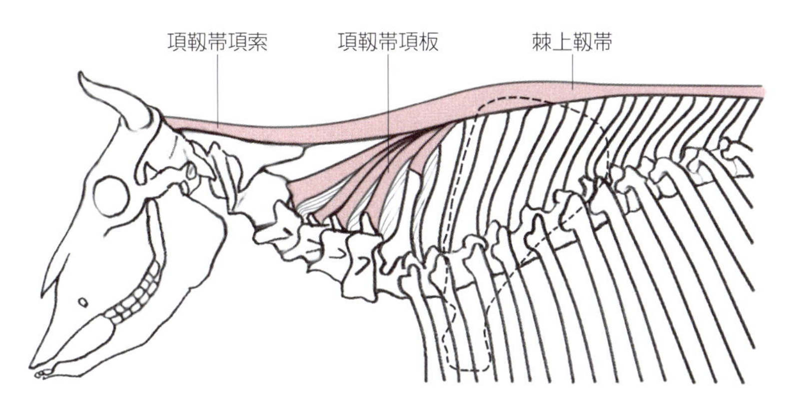


図4-3　ウシの項靱帯と棘上靱帯

繋関節や肘関節）。

#### (5) 平面関節

平面関節 plane joint は，向かい合う関節面がいずれも平面状であるものをいい，運動は制限され，極めてわずかに動くにすぎない（例：椎間関節）。

#### (6) 車軸関節

車軸関節 trochoid joint は，関節頭が骨の長軸に一致した円柱状ないし円盤状で，関節窩はその側面に応じて湾曲した痕跡となるものをいい，関節頭が運動軸となって，回旋のみが行われる（例：環軸関節）。

### 3) 関節構成に参加する骨の数による分類

#### (1) 単関節

単関節 simple joint は，隣接する2つの骨の骨端で形成されるものをいう。

#### (2) 複関節

複関節 compound joint は，3つ以上の骨が参加して形成されるものをいう。

## 3. 関節の種類

### 1) 脊柱の連結

#### (1) 環椎後頭関節

環椎後頭関節 atlantooccipital joint は，環椎の前関節窩と後頭骨の後頭顆との間の関節をいう。

#### (2) 環軸関節

環軸関節 atlantoaxial joint は，環椎の歯突起窩と軸椎の歯突起との間の関節をいう。

#### (3) 関節突起関節

関節突起関節 zygapophyseal joint は，各椎骨の関節突起によって形成される関節をいう。

脊柱の連結では，隣接する椎体間には線維軟骨からなる椎間円板が介在しており，椎体を互いに連結する。椎間円板 intervertebral disc は中心部の髄核 pulpy nucleus と周縁部の線維輪 fibrous ring とからなる。

脊柱の靱帯として，後頭骨外後頭隆起およびその付近から起こり，後方は棘上靱帯となって椎骨の棘突起遊離端を後方に走る項靱帯が見られる。項靱帯 nuchal ligament は項索 funicular part と項板 laminar part の2部よりなる（図4-3）。

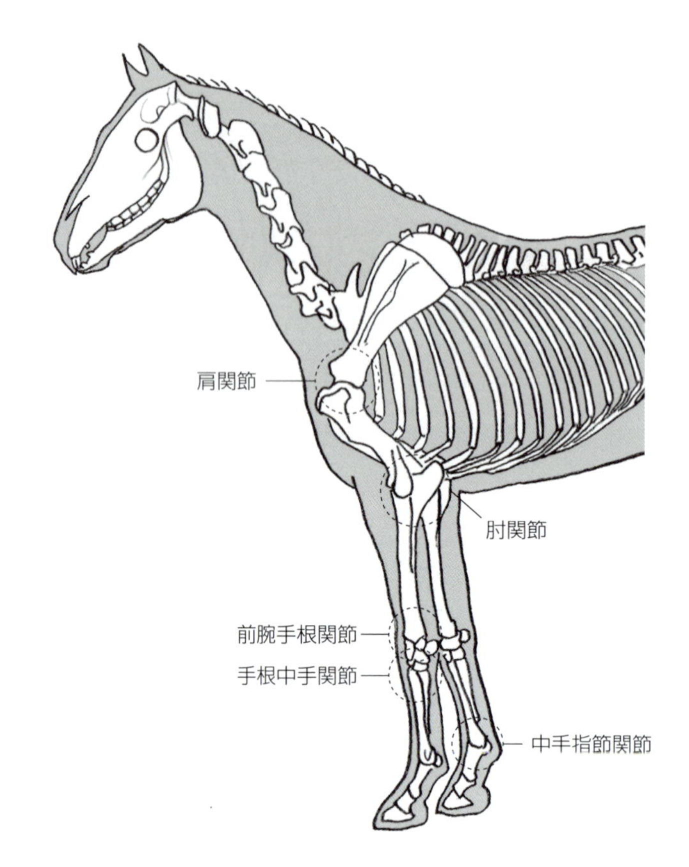


図4-4　ウマの前肢の関節

### 2) 肋骨，胸骨，脊柱間の連結

#### (1) 肋椎関節

肋椎関節costovertebral jointは，肋骨近位端と胸椎との間の関節で，さらに肋骨頭関節joints of costal headsと肋横突関節costotransverse jointsに分けられる。

#### (2) 胸肋関節

胸肋関節sternocostal jointは，胸骨の肋骨切痕と肋軟骨との間の関節をいう。

### 3) 肩甲骨と上腕骨の連結

肩関節shoulder jointは，肩甲骨の関節窩と上腕骨頭との間の関節をいう(図4-4)。

### 4) 上腕骨と前腕骨の連結

肘関節elbow jointは，上腕骨滑車と橈骨頭窩および尺骨の滑車切痕との間の関節をいう(図4-4)。

### 5) 橈骨と尺骨の連結

近位橈尺関節および遠位橈尺関節がある。

#### (1) 近位橈尺関節

近位橈尺関節proximal radioulnar jointは，橈骨の関節環状面と尺骨の橈骨切痕との間の関節をいう。

#### (2) 遠位橈尺関節

遠位橈尺関節distal radioulnar jointは，尺骨の関節環状面と橈骨の尺骨切痕との間の関節をいう。

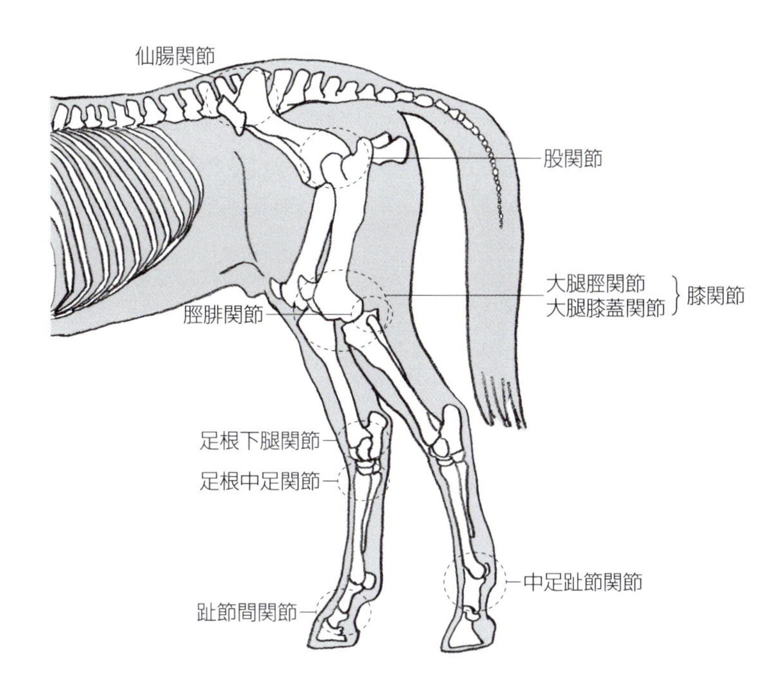


図4-5　ウマの後肢の関節

### 6）手根骨の連結

#### (1) 前腕手根関節

前腕手根関節antebrachiocarpal jointは，手根骨近位列と橈骨および尺骨の手根関節面との間の関節をいう（図4-4）。

#### (2) 手根中手関節

手根中手関節carpometacarpal jointは，手根骨遠位列と中手骨との間の関節をいう。

### 7）中手骨間の連結

中手指節関節metacarpophalangeal jointは，中手骨遠位端と基節骨近位端との間の関節をいう（図4-4）。ウマ，反芻動物，ブタでは別名として球節（繋関節）fetlock jointともいう。

### 8）寛骨間の結合

骨盤結合pelvic symphysisは，両側の寛骨の恥骨と坐骨縁での結合で，恥骨結合pubic symphysisと坐骨結合ischial symphysisを区分する。

### 9）寛骨と仙骨の連結

仙腸関節sacroiliac jointは，寛骨の耳状面と仙骨の耳状面との間の関節をいう（図4-5）。それらの骨の間には，仙骨側縁と坐骨棘，坐骨結節間を結ぶ広く大きい膜様の広仙結節靱帯broad sacrotuberous ligamentが見られる。イヌでは坐骨棘に向かう部分を欠くので，仙結節靱帯sacrotuberous ligamentという。

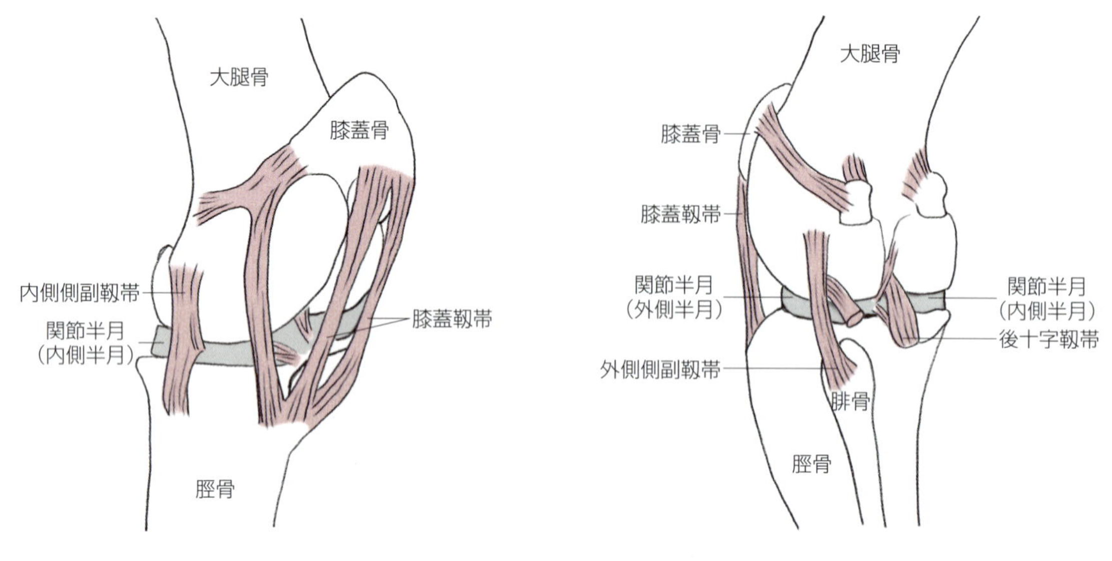


図4-6　ウマの左膝関節(内側面)

図4-7　イヌの左膝関節(尾外側面)

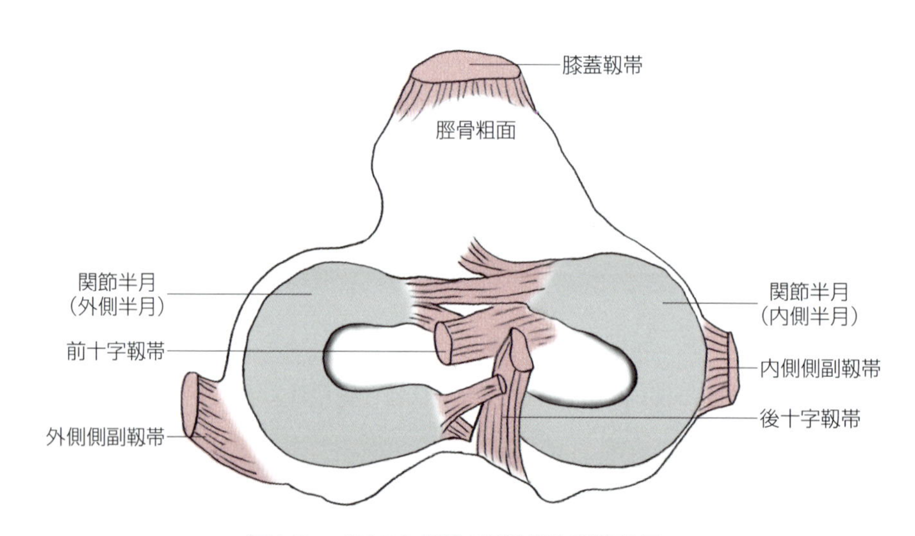


図4-8　イヌの左脛骨の近位端と関節半月

### 10) 寛骨と大腿骨の連結

股関節 hip joint は，寛骨臼と大腿骨頭との間の関節をいう(図4-5)。

### 11) 大腿骨，脛骨，膝蓋骨間の連結

膝関節 stifle joint を形成し，さらに大腿脛関節と大腿膝蓋関節に分けられる(図4-5～8)。

#### (1) 大腿脛関節

大腿脛関節 femorotibial joint は，大腿骨の遠位端と脛骨の近位端との間の関節であって，双方の関節面の間には関節半月が介在する。

#### (2) 大腿膝蓋関節

大腿膝蓋関節 femoropatellar joint は，大腿の骨滑車と膝蓋骨との間の関節をいう。

膝関節には，関節包の内側および外側に大腿骨と脛骨，一部腓骨とも結ぶ内側側副靱帯および外側側

副靱帯 medial and lateral collateral ligamentsがあって，関節包を補強する。

大腿骨と脛骨の関節面は，関節腔内にある2つの靱帯で強く結合されており，それらの靱帯は互いに交叉して膝十字靱帯cruciate ligamentといわれ，前側にある前十字靱帯cranial cruciate ligamentと後側にある後十字靱帯caudal cruciate ligamentとからなる。

膝蓋骨と脛骨上端部（脛骨粗面）は膝蓋靱帯patellar ligament（大腿四頭筋の腱の一部）によって結びつけられている。

### 12）脛骨と腓骨の連結

近位の脛腓関節と遠位の脛腓関節がある（図4-5）。

#### （1）近位脛腓関節

近位脛腓関節proximal tibiofibular jointは，脛骨の腓骨関節面と腓骨頭関節面との間の関節をいう。

#### （2）遠位脛腓関節

遠位脛腓関節distal tibiofibular jointは，脛骨の遠位端と腓骨の果関節面との間の関節をいう。

### 13）足根骨の連結

脛骨と腓骨および足根骨との間の関節で，足根関節tarsal jointを形成して，別名として飛節hock jointともいう（図4-5参照）。

#### （1）足根下腿関節

足根下腿関節tarsocrural jointは，足根骨の近位端と脛骨および腓骨の遠位端との間の関節をいう。

#### （2）足根中足関節

足根中足関節tarsometatarsal jointは，足根の骨遠位端と中足骨の近位端との間の関節をいう。

### 14）足根骨以下の連結

#### （1）中足趾節関節

中足趾節関節metatarsophalangeal jointは，中足骨と基節骨との間の関節をいう（図4-5）。

#### （2）趾節間関節

趾節間関節interphalangeal jointは，趾骨間の関節をいう（図4-5）。

## 演習問題

**1. 蝶番関節に相当する関節はどれか。**

a. 環椎後頭関節
b. 肩関節
c. 肘関節
d. 股関節
e. 膝関節

**2. 飛節に相当する関節はどれか。**

a. 前腕手根関節
b. 中手指節関節
c. 大腿脛関節
d. 仙腸関節
e. 足根関節

## 解　答

**1.**

正解　c

**解説**　蝶番関節には，肘関節や膝関節がある。

**2.**

正解　e

**解説**　足根関節をウマ，反芻動物，ブタでは別名として飛節ともいう。

（植田 弘美）

# 5章 頭部，体幹の筋

一般目標：筋学の総論として筋，腱，滑液鞘，滑液包の解剖学的な一般構造と名称について理解する。また，動物の頭部ならびに体幹の主要な筋について位置関係と作用を理解する。

骨とともに運動器を構成する筋の一般的形態，名称を理解するとともに，頭部，体幹を構成する筋群の名称，起始，終止，作用，神経支配を理解する。

## 5-1 筋，腱，滑液鞘，滑液包，筋膜，骨格筋の分類，皮筋，関節筋

到達目標：骨格筋の総論的な分類ならびに皮筋と関節筋を説明できる。
キーワード：骨格筋，皮筋，関節筋，起始，終止，筋腹，筋頭，筋尾，屈筋，伸筋，内転筋，外転筋，回旋筋，回内筋，回外筋，括約筋，散大筋，挙筋，下制筋，前引筋，後引筋，張筋，長筋，最長筋，短筋，広筋，最広筋，円筋，輪筋，三角筋，菱形筋，梨状筋，僧帽筋，紡錘状筋，半羽状筋，羽状筋，二腹筋，多腹筋，二頭筋，三頭筋，四頭筋，鋸筋，多裂筋

### 1. 筋，腱，滑液鞘，滑液包

筋：筋には横紋筋，心筋，および平滑筋の3種があるが，筋学で扱うのは横紋筋である。

腱：腱は規則的に平行配列した膠原線維束から構成される。骨格筋skeletal muscle(m.)は腱を介して骨に付着する。

滑液鞘：腱の周りを取り囲む結合組織性の構造。

滑液包：筋や腱と骨の間に位置し，運動を円滑にする。

### 2. 筋膜

筋膜fasciaは結合組織からなり，皮下に位置し，一部皮筋を含む浅筋膜と，深層に位置し，筋群をおおう深筋膜に区分される。

### 3. 骨格筋の総論的な分類，皮筋，関節筋

#### 1）筋学

筋学で扱うのは横紋筋であり，骨格筋，皮筋，関節筋がある。皮筋は皮膚に付着する少数の筋で，関節筋も関節包に付着する細小でごく少数の筋であり，扱う大部分の筋は，骨に付着し，200対以上ある骨格筋である。

皮筋cutaneous m.：皮膚の直下にあってこれに付着するか，骨に起こり，皮膚に終わる。皮膚の運動と緊張を司る。体幹皮筋，広頸筋などがある。

関節筋articularis m.：関節包を緊張させる。肩関節筋，股関節筋などがある。

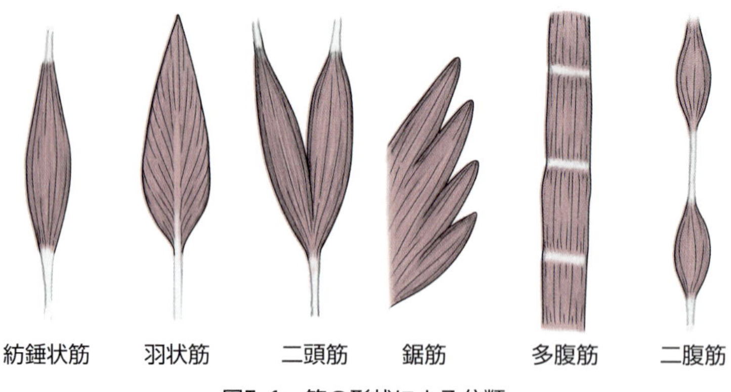


図5-1　筋の形状による分類

### 2) 筋の基本形

筋(骨格筋)の基本形は紡錘形である。筋の骨との付着部は起始 originと終止 insertionと呼ばれる。付着部のうち，可動性が低い方が起始で，高い方が終止であるが，可動性が変わらない場合は，近位を起始，遠位を終止と呼ぶ。筋は起始に近い筋頭 head of muscle，中央部の膨れた筋腹 belly of muscle，終止に近い筋尾 tail of muscleに区分される。

### 3) 筋の名称

筋の一般的名称は，形状，腱の結合状態，作用などにより命名されている。

#### (1) 筋の形状による名称

長筋 longus m.，最長筋 longissimus m.，短筋 brevis m.，広筋 latus m.，最広筋 latissimus m.，円筋 teres m.，輪筋 orbicularis m.，三角筋 deltoid m.，菱形筋 rhomboid m.，梨状筋 piriformis m.，僧帽筋 trapezius m.などがある。

#### (2) 腱の結合状態による名称

紡錘状筋，半羽状筋，羽状筋，二腹筋，多腹筋，二頭筋，三頭筋，四頭筋，鋸筋，多裂筋などがあり，以下の特徴を有する(図5-1)。

紡錘状筋 spindle-shaped m.：筋の基本形である。
半羽状筋 unipennate m.：腱の一側に筋が付着。
羽状筋 bipennate m.：腱の両側に筋が付着。
二腹筋 digastric m.：筋腹の途中に腱があり，筋腹が二分されたもの。
多腹筋 polygastric m.：腱画により区分された多数の筋腹を有するもの。
二頭筋 biceps m.，三頭筋 triceps m.，四頭筋 quadriceps m.：筋頭がそれぞれ2つ，3つ，4つに分かれたもの。
鋸筋 serrate m.：筋端が鋸歯状に多数に分かれたもの。
多裂筋 multifidus m.：筋端が鋸筋よりさらに細かく分かれたもの。

#### (3) 筋の作用による名称

屈筋 flexor m.：関節部を屈する(屈曲 flexion)。
伸筋 extensor m.：関節部を伸ばす(伸展 extension)。
内転筋 adductor m.：動点を体軸に近づける(内転 adduction)。
外転筋 abductor m.：動点を体軸から遠ざける(外転 abduction)。
回旋筋 rotator m.：体軸や関節軸を回す。
回内筋 pronator m.：関節軸を内側に回す(回内 pronation)。

回外筋 supinator m.：関節軸を外側に回す(回外supination)。
括約筋 sphincter m.：口などを狭める。
散大筋 dilatator m.：口などを広げる。
挙筋 levator m.：上に引く。
下制筋 depressor m.：下に引く。
前引筋 protractor m.：前方へ引く。
後引筋 retractor m.：後方へ引く。
張筋 tensor m.：筋膜を緊張させる。

# 5-2　顔面の筋，頭部の特殊筋，下顎の筋，舌骨・舌に終止する筋

到達目標：頭部の主要な筋として顔面の筋，頭部の特殊筋，下顎の筋と舌骨・舌に終止する筋の位置関係と作用を説明できる。

キーワード：耳下腺耳介筋，口輪筋，頬骨筋，眼輪筋，内側眼角挙筋，外側眼角後引筋，頬筋，鼻唇挙筋，上唇挙筋，犬歯筋，前頭筋，後頭筋，楯状間筋，浅頸耳介筋，咀嚼筋，咬筋，側頭筋，翼突筋，内側・外側翼突筋，顎二腹筋，顎舌骨筋，オトガイ舌骨筋，茎突舌骨筋，肩甲舌骨筋，胸骨舌骨筋，甲状舌骨筋，胸骨甲状筋，茎突舌筋，舌骨舌筋，オトガイ舌筋，大・小背頭直筋，前・後頭斜筋，頭長筋

## 1. 顔面の筋

顔面の表層に位置する筋群で，顔面神経に支配される。顔の表情を作るため，表情筋とも呼ばれる。耳下腺耳介筋，口輪筋，頬骨筋，眼輪筋，内側眼角挙筋，外側眼角後引筋，頬筋，鼻唇挙筋，上唇挙筋，犬歯筋，前頭筋，後頭筋などがある（図5-2, 3）。

耳下腺耳介筋 parotidoauricularis m.：耳下腺の筋膜に起こり，耳介基部に終わる筋で，耳介を下方に引く。

口輪筋 orbicularis oris m.：口裂を囲む口唇を構成する筋で，輪走する。口を閉じる筋である。

頬骨筋 zygomatic m.：楯状軟骨（肉食動物），頬骨（ウマ），咬筋筋膜（反芻動物）から起こり，口輪筋に終わる細く長い筋で，口角を後方に引く。

眼輪筋 orbicularis oculi m.：眼周囲の輪走する括約筋で，眼瞼を閉ざす。

内側眼角挙筋 medial levator muscle of angle of eye：前頭筋膜に起こり，眼瞼内側に終わる筋で，眼瞼内側部を挙上する。

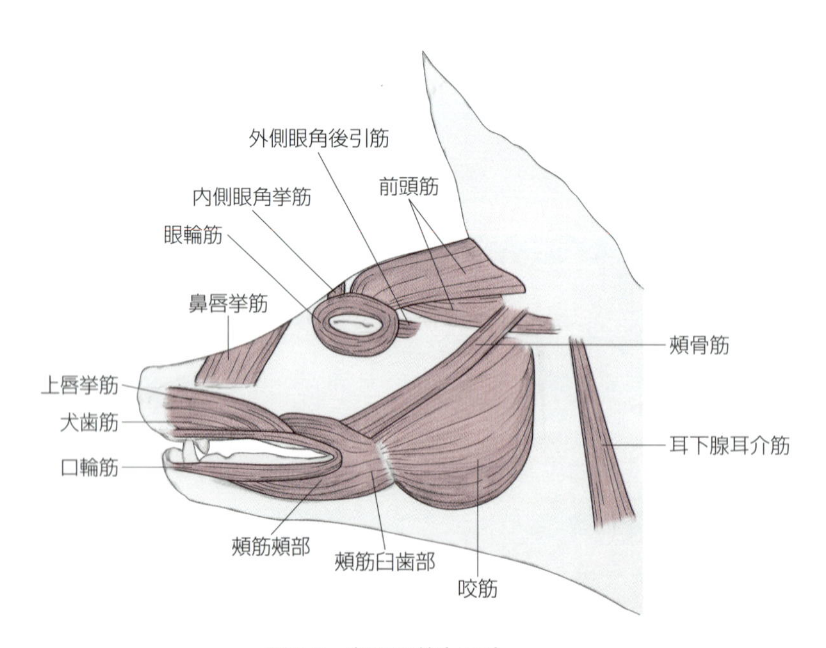


図5-2　顔面の筋（イヌ）

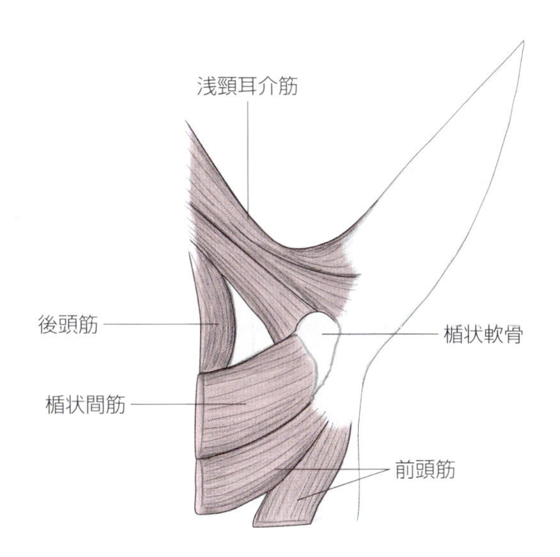


図5-3　頭部背側の筋（イヌ）

**外側眼角後引筋** lateral retractor muscle of angle of eye：側頭筋膜に起こり，外眼角に終わる筋で，眼瞼外側部を後方に引く。

**頬筋** buccinator m.：上顎，下顎の臼歯歯槽部から起こり，上顎骨，下顎骨に終わる。頬部と臼歯部に区分される。頬をすぼめ，食物を咀嚼面に戻す。

**鼻唇挙筋** nasolabial levator m.：鼻部，前頭部の筋膜に起こり，上唇，鼻翼に終わる。反芻動物やウマでは2枝に分かれ，間を犬歯筋が通過する。上唇の挙上と鼻孔の拡大を行う。

**上唇挙筋** levator muscle of upper lip：上顎骨眼窩下孔後腹方に起こり，上唇，鼻翼に終わる。上唇と鼻平面の挙上を行う。

**犬歯筋** canine m.：眼窩下孔付近（ウマで顔稜，反芻動物で顔結節）に起こり，上唇（ウマ，反芻動物で鼻翼）に終わる。上唇の後引，鼻孔の拡大を行う。

**前頭筋** frontalis m.：前頭部に位置する皮筋で，前頭部の皮膚を動かす。その他，頭部背側には，**後頭筋** occipitalis m.，**楯状間筋** interscutular m.，**浅頸耳介筋** superficial cervicoauricularis m. などが認められる。

## 2. 頭部の特殊筋

頭部の動きを調節する筋群で，主に第一，第二頸神経に支配される。大・小背頭直筋，前・後頭斜筋，頭長筋などがある（図5-4）。

**大背頭直筋** major dorsal straight muscle of head：軸椎棘突起に起こり，後頭鱗に終わる。環椎後頭関節を伸展する。

**小背頭直筋** minor dorsal straight muscle of head：環椎背結節に起こり，後頭鱗に終わる。環椎後頭関節を伸展する。

**前頭斜筋** cranial oblique muscle of head：環椎翼に起こり，側頭骨乳様突起，後頭骨項稜に終わる。環椎後頭関節を伸展し，また片側が収縮した場合は頭部を側方に曲げる。

**後頭斜筋** caudal oblique muscle of head：軸椎棘突起に起こり，環椎翼に終わる。環軸関節を固定し，また片側が収縮した場合は頭部を回転させる。

**頭長筋** longus capitis m.：頸椎横突起から起こり，後頭骨筋結節に終わる。環椎後頭関節を屈曲し，頭部を下方に曲げる。

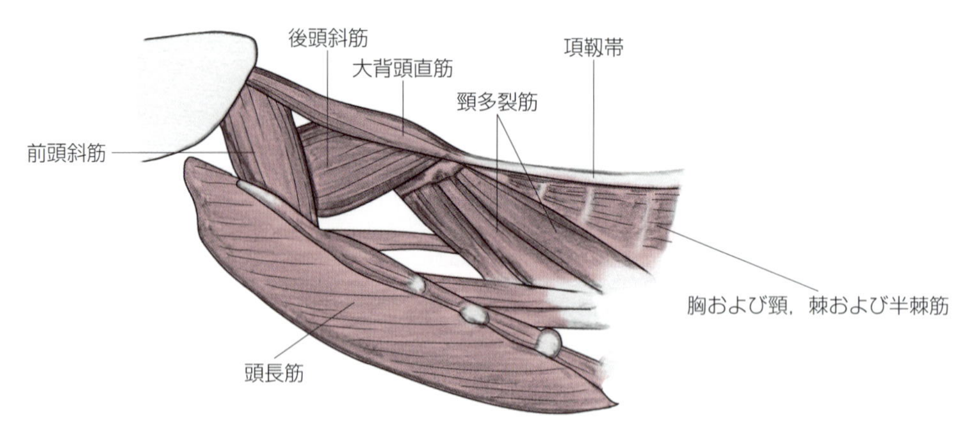


図5-4　頸部背側深層の筋（イヌ）

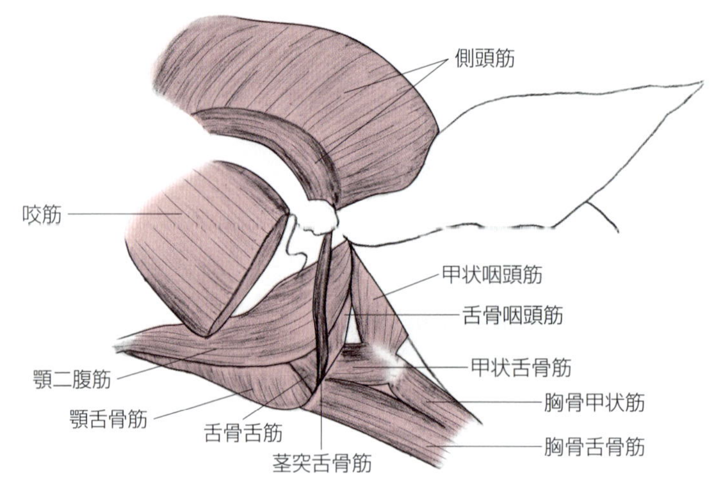


図5-5　咀嚼筋，舌骨に終止する筋 外側面（イヌ）

## 3. 下顎の筋

下顎の筋には，下顎骨に終わる強大な咀嚼筋 muscles of mastication 群（咬筋，側頭筋，内側・外側翼突筋）と下顎骨間の浅層に位置する筋（顎二腹筋，顎舌骨筋）があり，下顎神経に支配される（**図5-5**）。

咬筋 masseter m.：頬骨弓，顔稜から起こり，下顎骨咬筋窩に終わる。下顎を挙上し，側方に引く。肉食動物で3部（浅層，中間層，深層）に分かれる。

側頭筋 temporal m.：側頭窩，頬骨弓，外矢状稜などから起こり，下顎骨筋突起に終わる。下顎を挙上する。肉食動物でよく発達する。

翼突筋 pterygoid m.：蝶形骨，口蓋骨，翼状骨から起こり，下顎骨内側面に終わる。下顎を挙上する。内側翼突筋 medial pterygoid m. と外側翼突筋 lateral pterygoid m. に区分されるが，肉食動物では区分は明瞭ではない。

顎二腹筋 digastric m.：後頭骨顆傍突起から起こり，下顎骨内側面に終わる。下顎を下制する。筋腹はウマを除いて単一である。ウマの顎二腹筋は，中間腱を介して前腹と後腹に分かれ，後腹はさらに分かれて後頭下顎部を形成する。

顎舌骨筋 mylohyoid m.：下顎骨間隙の腹側表層に位置する薄板状の筋で，下顎骨内側面に起こり，正中縫線に終わる。舌を支持し，持ち上げる。反芻動物，ウマ，ブタでは前部と後部に分かれる。

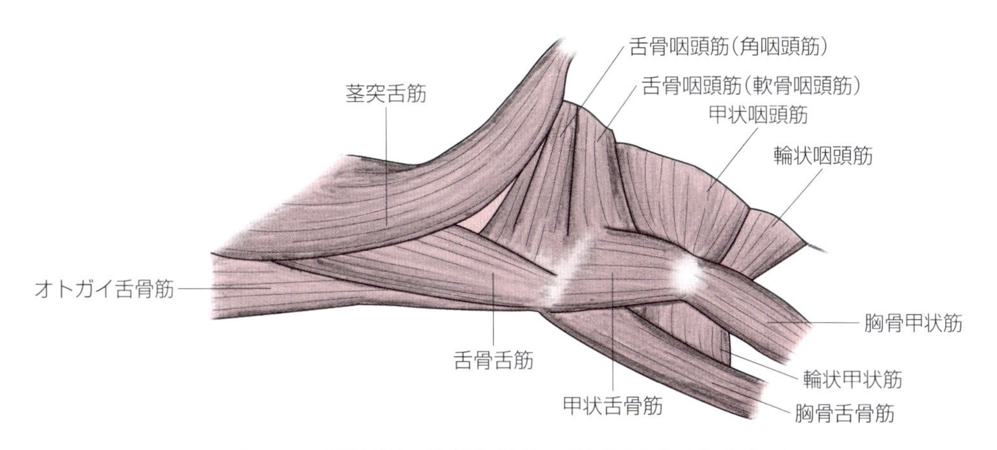


図5-6　舌骨周辺の筋（顎二腹筋，顎舌骨筋除去）（イヌ）

## 4. 舌骨・舌に終止する筋

舌骨に終止する筋として，胸骨舌骨筋，胸骨甲状筋，オトガイ舌骨筋，茎突舌骨筋，肩甲舌骨筋，および甲状舌骨筋がある。これらの筋は，オトガイ舌骨筋（舌下神経支配）を除いて，第一頸神経に支配される。また，骨から舌に終止する筋として，茎突舌筋，舌骨舌筋，およびオトガイ舌筋があり，外舌筋と呼ばれ，舌下神経に支配される（図5-5, 6）。

胸骨舌骨筋 sternohyoid m.：胸骨柄と第一肋骨（肉食動物）から起こり，舌骨に終わる筋で，舌骨，舌を後方に引く。

胸骨甲状筋 sternothyroid m.：舌骨に終わる筋ではなく，胸骨舌骨筋から途中で分岐し，喉頭の甲状軟骨に終わる筋である。舌骨，舌，喉頭を後方に引く。

オトガイ舌骨筋 geniohyoid m.：下顎骨オトガイ角に起こり，舌骨に終わる筋で，舌骨を前方に引く。

茎突舌骨筋 stylohyoid m.：茎状舌骨と側頭骨（肉食動物）から起こり，甲状舌骨に終わる。舌骨を後方に引く。

肩甲舌骨筋 omohyoid m.：肩甲下筋膜（ウマ，ブタ），深頸筋膜（反芻動物）から起こり，舌骨に終わる。肉食動物では欠如する。舌骨，舌，喉頭を後方に引く。

甲状舌骨筋 thyrohyoid m.：甲状軟骨に起こり，舌骨に終わる。舌骨を後方に引く。

茎突舌筋 styloglossus m.：茎状舌骨に起こる。舌を後方に引く。

舌骨舌筋 hyoglossus m.：底舌骨，甲状舌骨に起こる。舌を後方に引く。

オトガイ舌筋 genioglossus m.：下顎骨オトガイ角に起こる。舌を前方に引く。

その他，周辺には舌骨咽頭筋，甲状咽頭筋，輪状咽頭筋，輪状甲状筋などが存在する。

# 5-3 体幹の筋

到達目標：体幹の主要な筋の位置関係と作用および動物間の差異を説明できる。
キーワード：軸上筋，軸下筋，体幹皮筋，板状筋，腸肋筋，最長筋，棘筋，半棘筋，多裂筋，横突間筋，棘間筋，回旋筋，頸長筋，斜角筋，吸気性筋，呼気性筋，背鋸筋，肋間筋，肋骨挙筋，肋骨後引筋，胸直筋，胸横筋，横隔膜，腱中心，大静脈孔，筋部，腰椎部，食道裂孔，大動脈裂孔，肋骨部，胸骨部，白線，内・外腹斜筋，腹横筋，腹直筋，尾骨筋

## 1. 軸上筋，軸下筋

体幹trunkの筋は，横突起より背側に位置する軸上筋epaxial m.と腹側に位置する軸下筋hypaxial m.に区分される。軸上筋として，腸肋筋系，最長筋系，および横突棘筋系が挙げられる。

## 2. 頸胸部表層の筋

頸部，胸部の表層に位置する筋として，体幹皮筋，板状筋，腸肋筋，最長筋，頸長筋，および斜角筋が挙げられる。これらの筋は，頸神経，胸神経，ないし腰神経に支配される(図5-7, 8)。

体幹皮筋cutaneous muscle of trunk：胸部，腹部を幅広くおおう筋で，背方では胸腰筋膜，腹方では白線，後方では殿筋膜，大腿筋膜に合流する。肩上腕皮筋cutaneous omobrachialis m.は，体幹皮筋の前方への延長で，反芻動物やウマの肩，上腕部をおおう。肉食動物やブタでは肩上腕皮筋を欠く。

板状筋splenius m.：肉食動物を除いて，頭板状筋splenius capitis m.と頸板状筋splenius cervicis m.に区分される。胸腰筋膜，項靱帯から起こり，側頭骨，後頭骨(頭板状筋)，頸椎横突起(頸板状筋)に終わる。頭部，頸部を挙上し，片側が収縮した場合は頭部，頸部がその側に傾く。

腸肋筋iliocostal m.：主として腰腸肋筋lumbar iliocostal m.と胸腸肋筋thoracic iliocostal m.に区分される。腰腸肋筋は腸骨稜，腰椎横突起に起こり，第十一〜十三肋骨(肉食動物)，最後肋骨(反芻動物)，中位腰椎横突起(ウマ)に終わる。胸腸肋筋は腰腸肋筋が前方へ連続したもので，腰腸肋

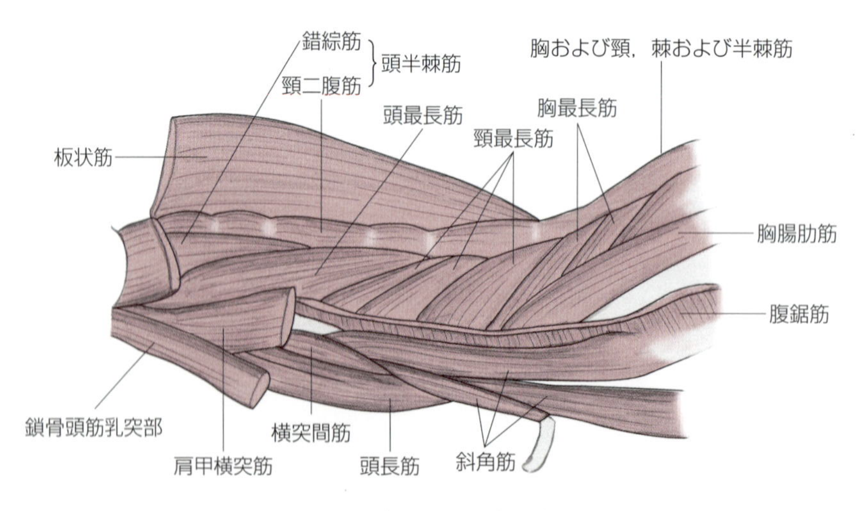


図5-7　頸部深層の筋(イヌ)

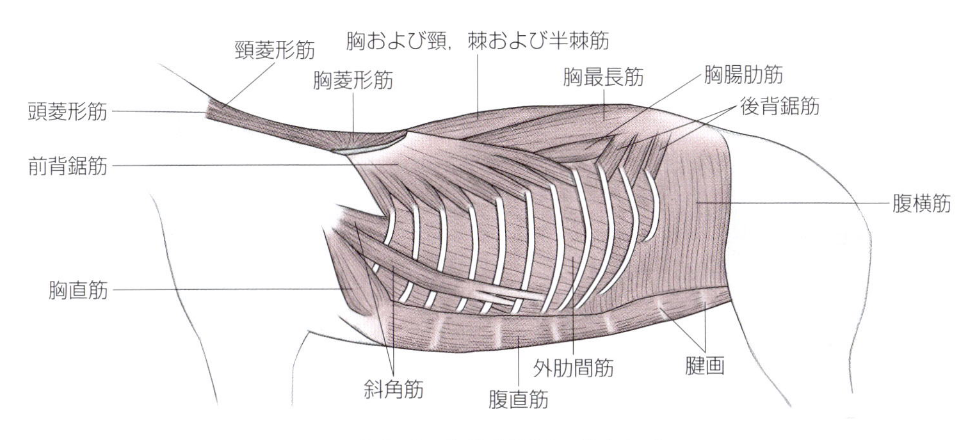


図5-8　胸腹部深層の筋(イヌ)

筋の腱から起こり，各肋骨に終わる。腸肋筋は脊柱を保定し，片側が収縮した場合はその側に曲げ，また呼気作用を補助する。

**最長筋** longissimus m.：腰最長筋 lumbar longissimus m.，胸最長筋 thoracic longissimus m.，頸最長筋 cervical longissimus m.，環椎最長筋 longissimus atlantis m.，および頭最長筋 longissimus capitis m. に区分される。腰および胸最長筋は，仙椎，腰椎，胸椎の棘突起，腸骨に起こり，腰椎，胸椎の関節突起，乳頭突起に終わる。脊柱を保定し，伸ばす。頸最長筋は，胸椎横突起に起こり，頸椎横突起に終わる。頸部を挙上し，片側が収縮した場合はその側に曲げる。環椎および頭最長筋は，胸椎，頸椎横突起に起こり，環椎翼および側頭骨に終わる。頭部を挙上し，片側が収縮した場合はその側に曲げる。

**頸長筋** longus colli m.：頸部と胸部に区分される。頸椎，胸椎の椎体，横突起に起こり，環椎，頸椎の横突起に終わる。頸部を下方に屈する。

**斜角筋** scalenus m.：背斜角筋 dorsal scalenus m.，腹斜角筋 ventral scalenus m.，および中斜角筋 middle scalenus m. に区分される。ただし，ウマでは背斜角筋を，肉食動物では腹斜角筋を欠く。第一，第三～八肋骨に起こり，第三～七頸椎横突起に終わる。腹斜角筋と中斜角筋は第一肋骨に起こり，両者は腕神経叢により隔てられる。頸部を下方に屈し，片側が収縮した場合はその側に曲げる。

## 3. 頸胸部深層の筋

頸部，胸部の深層に位置する筋として，棘筋，半棘筋，多裂筋，横突間筋，棘間筋，回旋筋，背鋸筋(以上，頸神経，胸神経，ないし腰神経支配)，肋間筋，肋骨挙筋，胸直筋，胸横筋(以上，肋間神経支配)，および肋骨後引筋(腸骨下腹神経支配)が挙げられる(図5-4, 7, 8)。

**棘筋** spinalis m.，**半棘筋** semispinalis m.：棘筋は棘突起間を結ぶ。半棘筋は横突起と棘突起を結ぶ。ブタ，ウマでは複数の棘筋が結合し，胸および頸棘筋 thoracic and cervical spinalis muscles(mm.)と呼ばれる。反芻動物，肉食動物ではこれに半棘筋が結合し，胸および頸，棘および半棘筋 thoracic and cervical, spinalis and semispinalis mm. と呼ばれる。頸部を挙上し，片側が収縮した場合はその側に曲げる。また，頭部，頸部には板状の頭半棘筋が位置する。頭半棘筋 semispinalis capitis m. は背側の頸二腹筋 biventer cervicis m. と腹側の錯綜筋 complexus m. に区分され，頭部の挙上と側方への屈曲を行う。

**多裂筋** multifidus mm.：椎骨の関節突起，乳頭突起，横突起から起こり，前方の棘突起に終わる。脊柱を保定する。

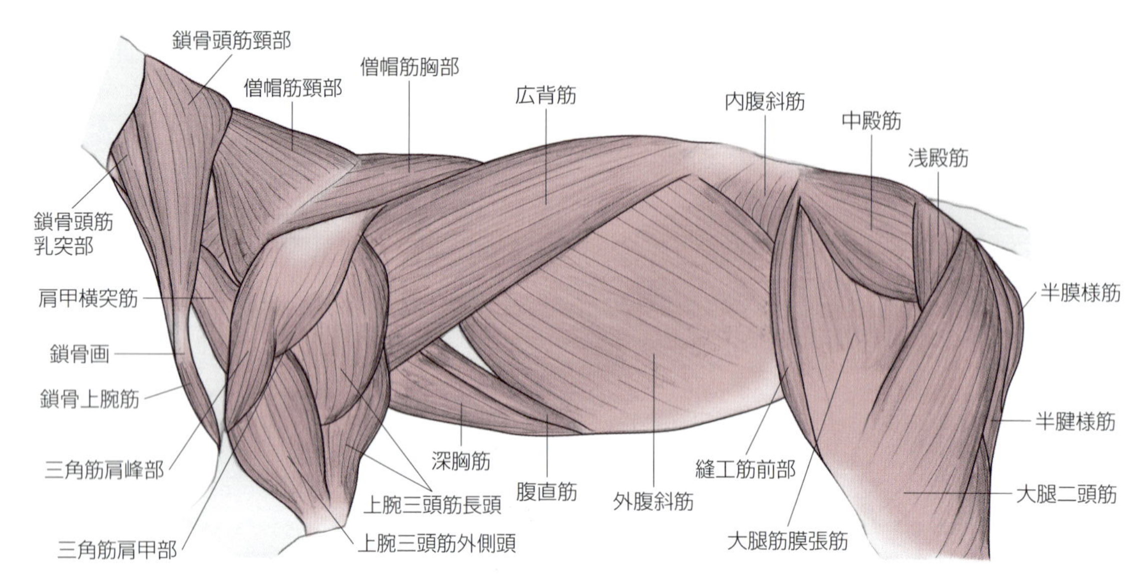


図5-9　体幹浅層の筋（体幹皮筋除去）

横突間筋intertransversarius mm.：椎骨の横突起間，横突起-関節突起，乳頭突起-副突起を結ぶ。頸部筋群，胸部筋群，および腰部筋群に区分される。脊柱を保定し，側方に曲げる。

棘間筋interspinalis mm.：棘突起間を結ぶ。脊柱を保定する。

回旋筋rotator mm.：胸椎の横突起と棘突起を結ぶ短い筋で，胸部を回旋し，保定する。

背鋸筋dorsal serrate m.：幅広い扁平な筋で，棘上靱帯，胸腰筋膜に起こり，肋骨近位部に終わる。前背鋸筋cranial dorsal serrate m.と後背鋸筋caudal dorsal serrate m.に区分される。前背鋸筋の筋線維は後下走し，肋骨を前方に引いて胸腔を広げる（吸気性筋（吸気筋）muscles of inspiration）。後背鋸筋の筋線維は前下走し，肋骨を後方に引いて胸腔を狭める（呼気性筋（呼気筋）muscles of expiration）。

肋間筋intercostal mm.：肋骨の間隙を埋める筋で，浅層の外肋間筋external intercostal m.と深層の内肋間筋internal intercostal m.に区分される。外肋間筋の筋線維は後下走し，肋骨を前方に引いて胸腔を広げる（吸気性筋）。内肋間筋の筋線維は前下走し，肋骨を後方に引いて胸腔を狭める（呼気性筋）。

肋骨挙筋levator muscles of ribs：胸椎横突起に起こり，肋骨近位部に終わる。筋線維は後下走し，肋骨を前方に引いて胸腔を広げる（吸気性筋）。

肋骨後引筋retractor muscle of ribs：胸腰筋膜に起こり，最後肋骨近位部に終わる。肋骨を後方に引いて胸腔を狭める呼気性筋である。

胸直筋rectus thoracis m.：前位三～四肋骨の外側面をおおう扁平な筋で，第一肋骨に起こり，第二～四肋軟骨に終わる。筋線維は後下走し胸腔を拡大させる吸気性筋である。

胸横筋transverse thoracic m.：胸骨，肋骨の内側面に存在する扁平な筋で，胸骨靱帯に起こり，肋軟骨結合部に終わる。胸腔を狭める呼気性筋である。

尾部では尾骨筋coccygeal m.などが存在する。

## 4. 腹部の筋

腹部を構成する筋として，内・外腹斜筋，腹横筋，および腹直筋が挙げられる。これらの筋は，腹圧を加え（呼吸，排尿，排便，分娩の際），背部を屈曲し，体幹を側方に曲げる。胸神経および腰神経に支配される（図5-9）。

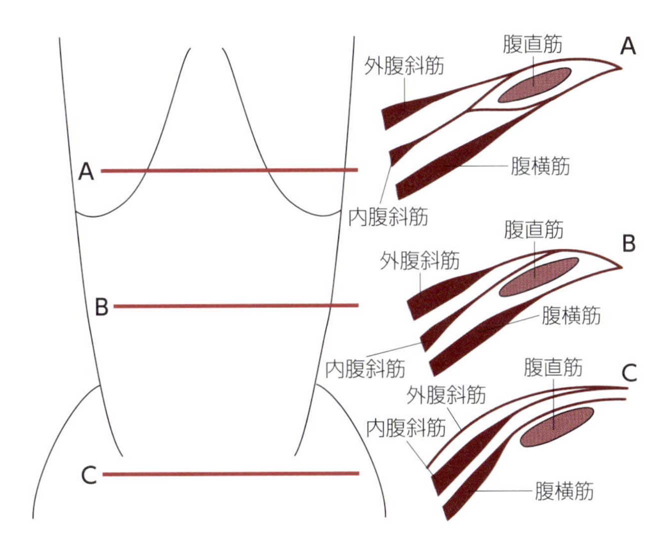


図5-10　腹部3個所の断面（イヌ）

外腹斜筋external oblique abdominal m.：腹部最外側にある筋で，肋骨外側面，胸腰筋膜に起こり，後下走して白線，鼠径靱帯に終わる。

内腹斜筋internal oblique abdominal m.：外腹斜筋の内側に位置し，寛結節，腰椎横突起，胸腰筋膜から起こり，白線，最後肋骨に終わる。

腹横筋transverse abdominis m.：腹筋の中では最深部に位置する。腰椎横突起，肋軟骨に起こり，白線に終わる。

腹直筋rectus abdominis m.：長く幅広い扁平な筋で，白線の両側に位置する。胸骨，肋軟骨に起こり，恥骨櫛に終わる。多くの腱画tendinous intersectionを有する多腹筋である。

白線linea alba：腹壁中央部に位置する一種の縫合線で，血管分布に乏しく白色を呈する。

## 5. 腹直筋鞘の構成

腹直筋の両面をおおう腹直筋鞘は，他の腹筋の腱膜により構成される。腹直筋鞘の外葉はA，Bの位置では外腹斜筋と内腹斜筋の腱膜により構成されるが，Cの位置では，これらに腹横筋の腱膜が加わる。また，内葉はAの位置では，内腹斜筋と腹横筋の腱膜により構成され，Bの位置では腹横筋の腱膜のみで構成される。Cの位置では腱膜を欠く（図5-10）。

## 6. 横隔膜

横隔膜diaphragmは吸気性筋の一つで，腱中心と筋部からなり，胸腔と腹腔を分ける。3つの貫通孔を持ち，横隔神経に支配される（図5-11）。

腱中心central tendon：3層（前層，中間層，後層）の腱線維層からなり，肉食動物ではY字型をなして狭く，ウシ，ウマ，ブタでは馬蹄形で広い。

筋部muscular part：以下の3部からなる。

腰椎部lumbar part：第三ないし第四腰椎腹側面に起こり，腱中心に延びる。右脚と左脚に分かれる。

肋骨部costal part：後位三ないし四肋骨内側面に起こり，腱中心に延びる。

胸骨部sternal part：剣状突起に起こり，腱中心に延びる。

貫通孔

大静脈孔caval foramen：腱中心の中央，右寄りに位置し，後大静脈が通過する。

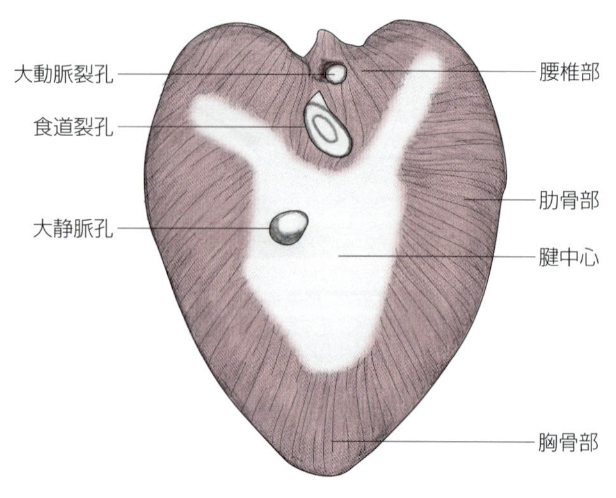


図5-11　横隔膜(イヌ)

食道裂孔esophageal hiatus：腰椎部の腹側部位に位置し，食道と迷走神経が通過する。
大動脈裂孔aortic hiatus：脊柱直下の正中面に位置し，大動脈，奇静脈，胸管が通過する。

## 演習問題

1. 次の筋肉のうち，咀嚼筋（下顎を挙上）でないのはどれか。

a. 顎舌骨筋
b. 咬筋
c. 側頭筋
d. 内側翼突筋
e. 外側翼突筋

2. 下記の筋肉のうち，多腹筋はどれか。

a. 肋間筋
b. 外腹斜筋
c. 内腹斜筋
d. 腹横筋
e. 腹直筋

## 解　答

**1.**

正解　a

**解説**　顎舌骨筋は下顎の挙上に関与しない。

**2.**

正解　e

**解説**　多くの腱画を持つ多腹筋は腹直筋である。

（九郎丸 正道）

# 6章　前肢，後肢の筋

**一般目標**：前肢，後肢を構成する筋の名称，位置および作用を理解する。

前肢 forelimb，後肢 hindlimb の種々の筋群について，その名称，起始，終止，作用，神経支配を理解する。

## 6-1　前肢の筋

**到達目標**：前肢の筋の位置関係と作用および動物間の差異を説明できる。

**キーワード**：鎖骨頭筋，鎖骨上腕筋，胸骨頭筋，僧帽筋，肩甲横突筋，広背筋，浅胸筋，深胸筋，鎖骨下筋，腹鋸筋，菱形筋，三角筋，小円筋，大円筋，棘上筋，棘下筋，肩甲下筋，前腕筋膜張筋，上腕二頭筋，烏口腕筋，上腕筋，肘筋，上腕三頭筋，腕橈骨筋，橈側手根伸筋，総指伸筋，外側指伸筋，尺側手根伸筋，回外筋，円回内筋，方形回内筋，長第一指外転筋，第一指および第二指伸筋，伸筋支帯，橈側手根屈筋，尺側手根屈筋，浅指屈筋，深指屈筋，屈筋支帯

### 1. 前肢帯の筋

前肢帯の筋として，鎖骨頭筋，鎖骨上腕筋，胸骨頭筋，僧帽筋，肩甲横突筋，広背筋，浅胸筋，深胸筋，鎖骨下筋，腹鋸筋，および菱形筋が挙げられる。これらの筋は前肢骨と脊柱を結び，前肢を全体として動かす(**図6-1**，図5-7, 8, 9参照)。

鎖骨頭筋 cleidocephalic m.：イヌでは，鎖骨画から側頭骨乳様突起に向かう鎖骨頭筋乳突部 cleidocephalic m. mastoid part と項靱帯および後頭骨に向かう鎖骨頭筋頸部 cleidocephalic m. cervical part に区

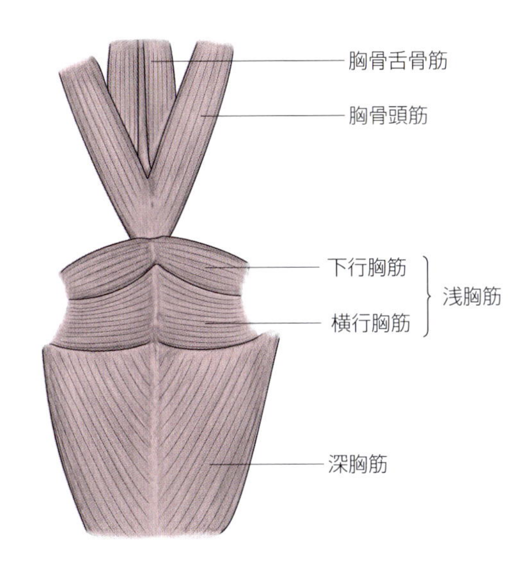


図6-1　胸部腹側の筋（イヌ）

分される。ウシ，ブタでは鎖骨頭筋乳突部と鎖骨頭筋後頭部cleidocephalic m. occipital partに区分されるが，ウマでは鎖骨頭筋乳突部のみである。頭部，頸部を後下方に引き，あるいは片側に曲げる。

鎖骨上腕筋cleidobrachialis m.：鎖骨画にはじまり，上腕骨稜に終わる。頸部を両側から固定する。鎖骨頭筋，鎖骨上腕筋は副神経，頸神経，および腋窩神経に支配される。

鎖骨画clavicular intersection：鎖骨頭筋と鎖骨上腕筋の間の肩の前位において横走する腱様の構造で，鎖骨の痕跡である。

胸骨頭筋sternocephalic m.：イヌでは，胸骨柄から側頭骨乳様突起に向かう胸骨頭筋乳突部sternocephalic m. mastoid partと項稜に向かう胸骨頭筋後頭部sternocephalic m. occipital partに区分される。ウシでは胸骨頭筋乳突部と下顎に向かう胸骨頭筋下顎部sternocephalic m. mandibular partに区分されるが，ブタでは胸骨頭筋乳突部のみで，ウマでは胸骨頭筋下顎部のみである。頭頸部を屈し，あるいは片側に引く。胸骨頭筋は副神経に支配される。

僧帽筋trapezius m.：薄く幅広い三角状の筋で，僧帽筋頸部trapezius m. cervical partと僧帽筋胸部trapezius m. thoracic partに区分される。項靱帯，棘上靱帯にはじまり，肩甲棘に終わる。前肢を挙上し，前方に引く。副神経に支配される。

肩甲横突筋omotransverse m.：幅の狭い扁平な筋で，環椎翼ないし軸椎横突起に起こり，肩甲棘に終わる。肩甲骨を前方に引く。副神経に支配される。

広背筋latissimus dorsi m.：扁平な三角状の筋で，胸腰筋膜に起こり，上腕骨大円筋粗面に終わる。前肢を後方に引く。胸背神経に支配される。

浅胸筋superficial pectoral m.：胸壁の腹側部と前肢の近位部を占める。下行胸筋descending pectoral m.と横行胸筋transverse pectoral m.からなる。下行胸筋は胸骨柄から上腕骨稜に向かい，横行胸筋は第一〜三ないし第六肋軟骨部の胸骨より上腕骨稜ないし前腕筋膜に向かう。前肢を前方または後方へ引く。胸神経に支配される。

深胸筋deep pectoral m.：胸部の腹側に位置する幅の広い筋で，第二(イヌ，ウシ)，第三(ブタ)，第四(ウマ)肋軟骨から剣状軟骨までの胸骨から起こり，上腕骨小結節に終わる。前肢を後方に引く。胸神経に支配される。

鎖骨下筋subclavius m.：第一肋骨(ウシ)ないし第二〜四肋骨(ウマ，ブタ)に起こり，棘上筋膜に終わる。肩甲骨を固定する。肉食動物ではこれを欠く。胸神経に支配される。

腹鋸筋ventral serrate m.：大きな扇状の筋で，頸腹鋸筋cervical ventral serrate m.と胸腹鋸筋thoracic ventral serrate m.に区分される。頸椎横突起と肋骨外側から起こり，肩甲骨鋸筋面に終わる。体幹を支える。前後に肩甲骨と体幹を移動させる。頸神経，長胸神経ないし胸背神経に支配される。

菱形筋rhomboid m.：僧帽筋におおわれる扇状の筋で，肩甲骨の背内側面に終わる。頸椎棘突起，項靱帯に起こる頸菱形筋cervical rhomboid m.と前位胸椎棘突起に起こる胸菱形筋thoracic rhomboid m.に区分され，さらにブタや肉食動物では頸部正中位の縫線より起こる頭菱形筋rhomboid capitis m.を認める。前肢を前方に引き，肩甲骨を固定する。頸神経および胸神経に支配される。

## 2. 肩部外側の筋

肩部外側の筋として，棘上筋，棘下筋，三角筋，および小円筋が挙げられる(図6-2，図5-9参照)。

棘上筋supraspinatus m.：肩甲骨棘上窩に起こり，上腕骨大結節，小結節に終わる。肩関節を伸ばす。肩甲上神経に支配される。

棘下筋infraspinatus m.：肩甲骨棘下窩に起こり，上腕骨大結節に終わる。肩関節を屈する。肩甲上神経に支配される。

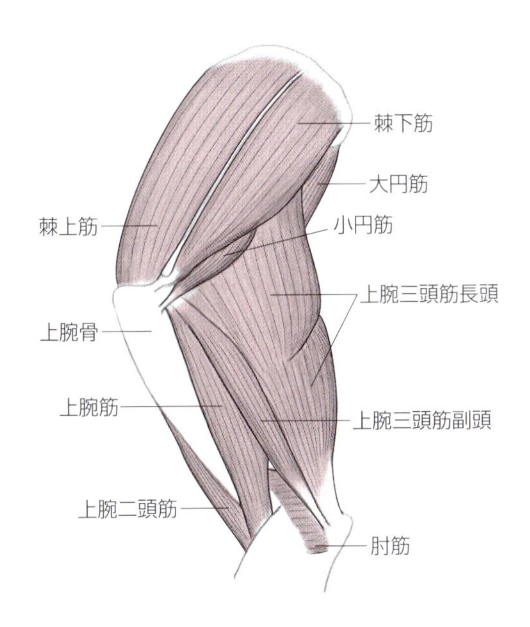


図6-2　肩・上腕外側の筋（イヌ）
（三角筋，上腕三頭筋外側頭除去）

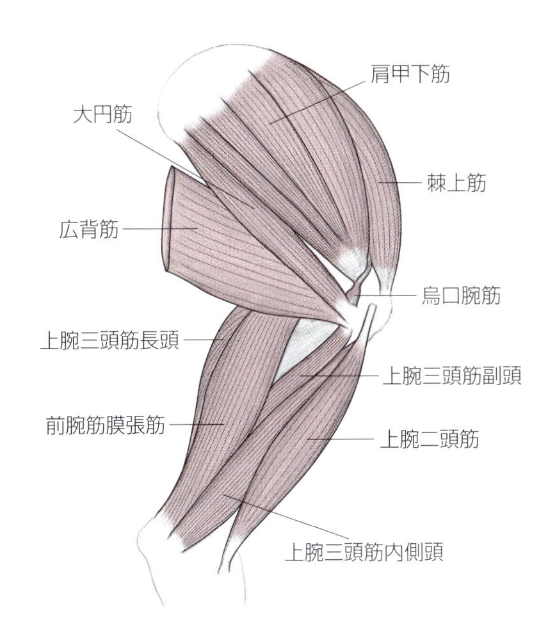


図6-3　肩・上腕内側の筋（イヌ）

**三角筋**deltoid m.：ウマ，ブタでは肩甲棘に起こり，上腕骨三角筋粗面に終わる。肉食動物，反芻動物では肩甲部scapular partと肩峰部acromial partに分かれ，前者は肩甲棘から，後者は肩峰から起こり，上腕骨三角筋粗面に終わる。肩関節の屈曲，上腕の外転を行う。腋窩神経に支配される。

**小円筋**teres minor m.：三角筋の深部に位置する。肩甲骨後縁に起こり，上腕骨小円筋粗面に終わる。肩関節を屈する。腋窩神経に支配される。

## 3. 肩部内側の筋

肩部内側の筋として，肩甲下筋と大円筋が挙げられる（図6-3）。

**肩甲下筋**subscapular m.：扁平な筋で，肩甲下窩を幅広く占める。肩甲下窩に起こり，上腕骨小結節に終わる。肩関節を伸ばす。上腕の内転作用も示す。肩甲下神経に支配される。

**大円筋**teres major m.：扁平な筋で，肩甲骨後縁に起こり，上腕骨大円筋粗面に終わる。肩関節を屈する。上腕の内転作用も示す。腋窩神経に支配される。

## 4. 上腕の筋

上腕の筋として，前腕筋膜張筋，上腕二頭筋，烏口腕筋，上腕筋，肘筋，および上腕三頭筋が挙げられる（図6-2, 3）。

**烏口腕筋**coracobrachialis m.：肩甲骨烏口突起に起こり，上腕骨内側面に終わる。肩関節を伸ばし，上腕を内転させる。筋皮神経に支配される。

**上腕二頭筋**biceps brachii m.：肩甲骨関節上結節に起こり，橈骨粗面などに終わる。肩関節を伸ばし，肘関節を屈する。筋皮神経に支配される。

**上腕筋**brachialis m.：上腕骨頸の後部に起こり，橈骨と尺骨の内側に終わる。肘関節を屈する。筋皮神経および橈骨神経に支配される。

**前腕筋膜張筋**tensor fasciae antebrachii m.：上腕三頭筋の内側表面に位置する扁平な筋で，肩甲骨後縁に起こり，前腕筋膜に終わる。肘関節を伸ばす。橈骨神経に支配される。

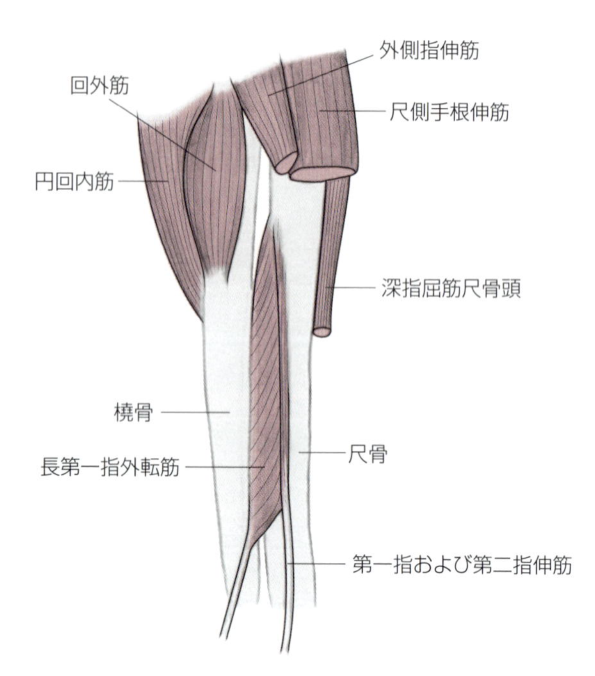


図6-4　前腕背側深層の筋（橈側手根伸筋，総指伸筋除去）（イヌ）

肘筋 anconeus m.：上腕骨遠位部に起こり，尺骨肘頭に終わる。肘関節を伸ばす。橈骨神経に支配される。

上腕三頭筋 triceps brachii m.：長頭long head，外側頭lateral head，および内側頭medial headが存在し，イヌではさらに副頭accessory headが認められる。長頭は肩甲骨後縁から，外側頭は上腕骨外側から，内側頭は上腕骨内側から，副頭は上腕骨頸後部から起こり，肘頭に終わる。肘関節を伸ばす。長頭はさらに肩関節を屈する。橈骨神経に支配される。

## 5. 前腕の回内，回外筋

前腕の回外筋として腕橈骨筋と回外筋が，前腕の回内筋として円回内筋と方形回内筋が挙げられる(図6-4)。

腕橈骨筋 brachioradialis m.：肉食動物で認められる細く扁平な筋で，上腕骨外側上顆稜に起こり，橈骨茎状突起に終わる。前腕の回外作用を示す。橈骨神経に支配される。

回外筋 supinator m.：肉食動物とブタに認められる。上腕骨外側上顆に起こり，橈骨内側面に終わる。前腕の回外作用を示す。橈骨神経に支配される。

円回内筋 pronator teres m.：肉食動物では認められるが，反芻動物とブタでは欠如することが多く，ウマでは弱小な筋である。上腕骨内側上顆に起こり，橈骨内側上部に終わる。上腕を内方に回す。正中神経に支配される。

方形回内筋 pronator quadratus m.：肉食動物に認められる。前腕骨間隙を埋めて，筋線維が横走する。上腕を内方に回す。正中神経に支配される。

## 6. 前腕手根関節(手根関節)の伸筋

前腕手根関節の伸筋として橈側手根伸筋と尺側手根伸筋(外側尺骨筋)が挙げられる(図6-5)。

橈側手根伸筋 extensor carpi radialis m.：前腕手根関節の伸筋群の中で最大の筋で，上腕骨外側上顆に起こり，第二および第三中手骨近位端に終わる。前腕手根関節を伸ばす。橈骨神経に支配される。

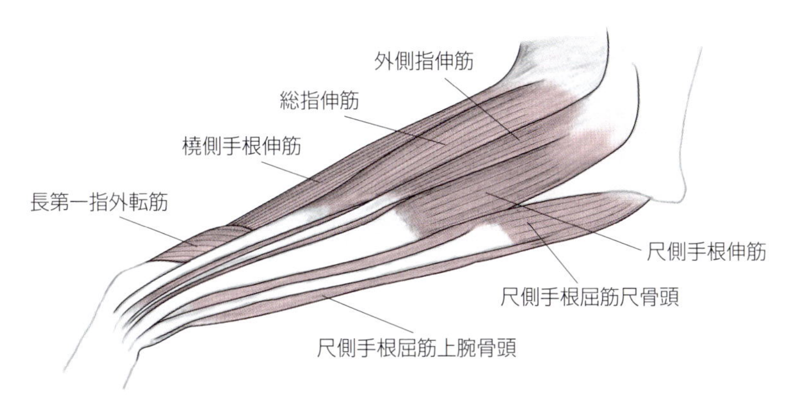


図6-5　前腕外側の筋(イヌ)

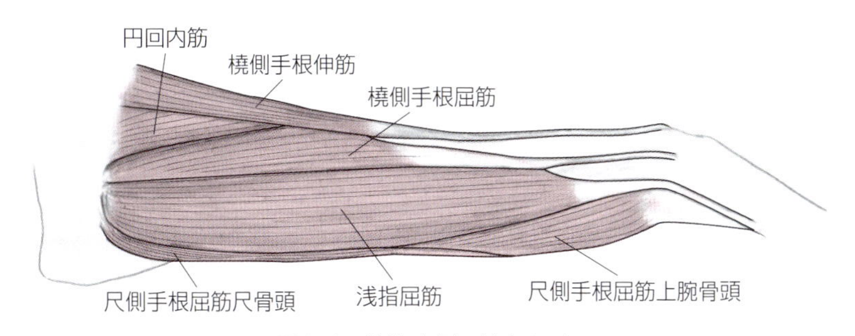


図6-6　前腕内側の筋(イヌ)

尺側手根伸筋extensor carpi ulnaris m.(外側尺骨筋ulnaris lateralis m.)：上腕骨外側上顆に起こり，副手根骨，第四および第五中手骨に終わる。肉食動物で前腕手根関節を伸ばす。他の家畜では前腕手根関節を屈する。橈骨神経に支配される。

## 7. 前腕手根関節(手根関節)の屈筋

前腕手根関節の屈筋として橈側手根屈筋と尺側手根屈筋が挙げられる(図6-6)。

橈側手根屈筋flexor carpi radialis m.：上腕骨内側上顆に起こり，第二および第三中手骨掌側面に終わる。前腕手根関節を屈する。正中神経に支配される。

尺側手根屈筋flexor carpi ulnaris m.：上腕骨内側上顆に起こる強大な上腕頭humeral headと，尺骨肘頭に起こる弱小な尺骨頭ulnar headからなり，両者は合して副手根骨に終わる。前腕手根関節を屈する。尺骨神経に支配される。

## 8. 指の伸筋

指の伸筋として総指伸筋，外側指伸筋，長第一指外転筋，ならびに第一および第二指伸筋が挙げられる。これらの筋は，橈骨神経に支配される(図6-4, 5)。

総指伸筋common digital extensor m.：上腕骨外側上顆に起こり，末節骨に終わる。前腕手根関節および指の関節を伸ばす。

外側指伸筋lateral digital extensor m.：上腕骨外側上顆，肘関節外側側副靱帯に起こり，第三～五指の中節骨，末節骨に終わる。前腕手根関節，指の関節を伸ばす。

長第一指外転筋abductor pollicis longus m.：橈骨外側，尺骨内側から起こり，第一(肉食動物)，第二(ブタ，ウマ)，および第三(反芻動物)中手骨に終わる。前腕手根関節を伸ばす。肉食動物では第一指を外転させる。

第一および第二指伸筋extensor pollicis and digit Ⅱ mm.：肉食動物において分離した筋として認められる。尺骨から起こり，第一指および第二指に終わる。第一指および第二指を伸ばす。

## 9. 指の屈筋

指の屈筋として浅指屈筋と深指屈筋が挙げられる。これらの筋は，尺骨神経および正中神経に支配される（図6-6）。

浅指屈筋superficial digital flexor m.：上腕骨内側上顆から起こり，指数に応じて腱が分かれ，各指の中節骨に終わる。前腕手根関節，指の関節を屈する。

深指屈筋deep digital flexor m.：上腕骨内側上顆から起こる上腕頭humeral head，橈骨から起こる橈骨頭radial head，および尺骨から起こる尺骨頭ulnar headからなる。3頭は1本の腱にまとまった後，指数に応じて腱に分かれ，浅指屈筋の腱の間をくぐって各指の末節骨に終わる。前腕手根関節，指の関節を屈する。

その他，指の短筋として，骨間筋，虫様筋などが存在する。

伸筋支帯extensor retinaculumは伸筋の腱を，屈筋支帯flexor retinaculumは屈筋の腱を囲み，固定する。

# 6-2　後肢の筋

到達目標：後肢の筋の位置関係と作用および動物間の差異を説明できる。
キーワード：腸腰筋，腸骨筋，大腰筋，小腰筋，腰方形筋，浅殿筋，中殿筋，深殿筋，副殿筋，梨状筋，大腿二頭筋，後下腿外転筋，半腱様筋，半膜様筋，縫工筋，薄筋，恥骨筋，内転筋，大腿筋膜張筋，大腿四頭筋，内閉鎖筋，外閉鎖筋，双子筋，大腿方形筋，前脛骨筋，第三腓骨筋，長趾伸筋，伸筋支帯，長腓骨筋，短腓骨筋，長第一趾伸筋，外側趾伸筋，腓腹筋，ヒラメ筋，浅趾屈筋，深趾屈筋，後脛骨筋，膝窩筋

## 1. 後肢帯の筋

後肢帯の筋として，腸腰筋（腸骨筋，大腰筋），小腰筋，および腰方形筋が挙げられる。これらの筋は，腰神経，大腿神経に支配される（図6-7）。

腸腰筋 iliopsoas m.：以下の腸骨筋と大腰筋が結合したもの。股関節を屈する。

腸骨筋 iliacus m.：腸骨翼，腸骨体から起こり，大腿骨小転子に終わる。外側頭 lateral head と内側頭 medial head に区分される。

大腰筋 psoas major m.：腰椎，胸椎，肋骨から起こり，腸骨筋と合して大腿骨小転子に終わる。

小腰筋 psoas minor m.：腰椎，胸椎から起こり，腸骨に終わる。腰部を屈する。

腰方形筋 quadratus lumborum m.：腰椎，肋骨から起こり，仙骨翼，腸骨翼に終わる。腰部を屈する。

## 2. 殿部の筋

殿部の筋として，浅殿筋，中殿筋，深殿筋，副殿筋，梨状筋，および大腿筋膜張筋が挙げられる。これらの筋は，浅殿筋（後殿神経支配）を除いて，前殿神経に支配される（図6-8，図5-9参照）。

浅殿筋 superficial gluteal m.：肉食動物では独立した筋として認められるが，他の家畜では周囲の筋

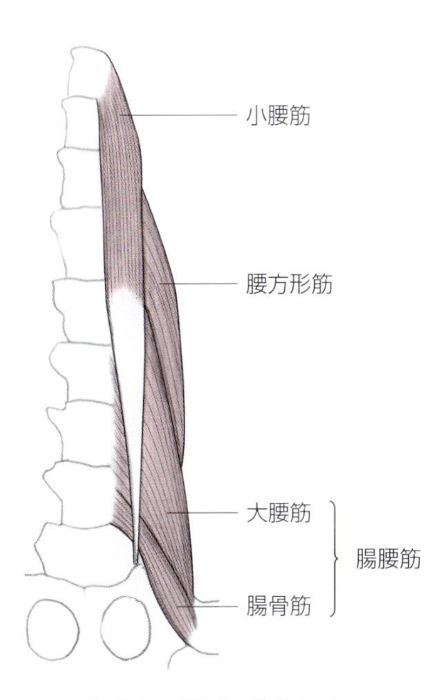


図6-7　腰部の筋（イヌ）

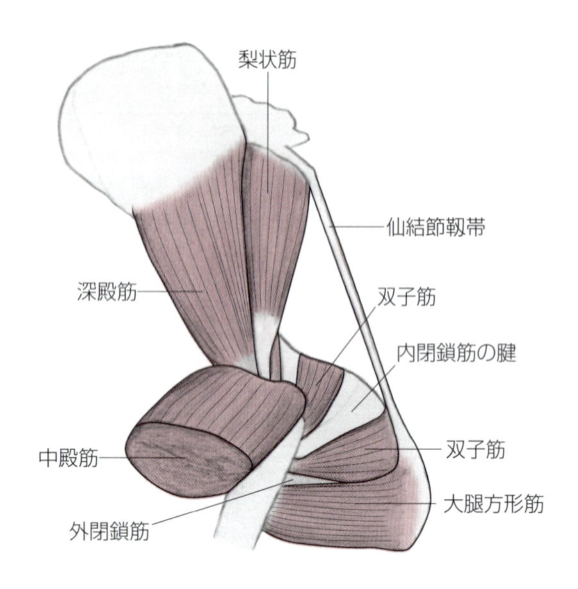


図6-8　殿部の筋（イヌ）

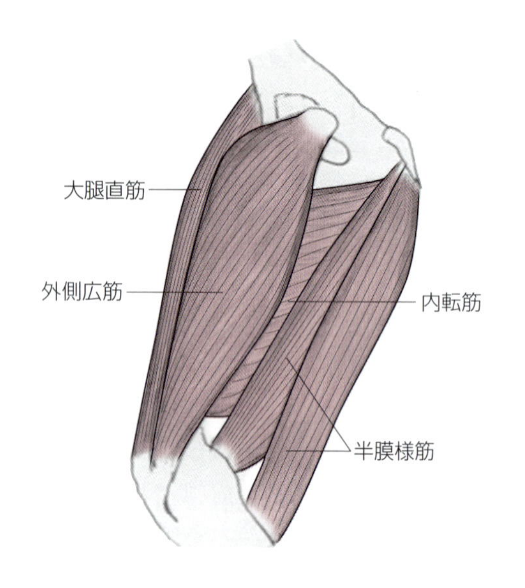


図6-9　大腿外側深層の筋（イヌ）
（大腿二頭筋，大腿筋膜張筋除去）

と融合する。殿筋膜，仙骨などから起こり，大腿骨大転子，第三転子に終わる。股関節を屈する。肉食動物では股関節を伸ばす。

中殿筋 middle gluteal m.：太い筋で，腸骨，仙骨，腰椎から起こり，大腿骨大転子に終わる。股関節を伸ばし，後肢を外転させる。

副殿筋 accessory gluteal m.：中殿筋の深部に相当し，腱膜で中殿筋と区別される。イヌではこれを欠く。

深殿筋 deep gluteal m.：坐骨棘から起こり，大腿骨大転子に終わる。股関節を伸ばし，後肢を外転させる。

梨状筋 piriformis m.：最後仙椎，仙結節靱帯から起こり，大腿骨大転子に終わる。股関節を伸ばし，後肢を外転させる。

大腿筋膜張筋 tensor fasciae latae m.：寛結節から起こり，大腿筋膜に終わる。大腿筋膜を緊張させ，股関節を屈する。

## 3. 大腿後部の筋

大腿後部の筋として，大腿二頭筋，後下腿外転筋，半腱様筋，および半膜様筋が挙げられる。これらの筋は，後下腿外転筋（腓骨神経支配）を除いて，後殿神経，脛骨神経に支配される（**図6-9**，図5-9参照）。

大腿二頭筋 biceps femoris m.：仙骨から起こる椎骨頭と坐骨から起こる骨盤頭に区分される。これらは合して，膝蓋骨，下腿筋膜などに終わる。反芻動物やブタでは，浅殿筋と結合して殿二頭筋 gluteobiceps m.を形成する。股関節を伸ばし，後肢を外転させる。また，膝関節を伸展（椎骨頭）/屈曲（骨盤頭）する。

後下腿外転筋 caudal abductor muscle of thigh：大腿二頭筋の後縁の下に位置するヒモ状の筋で，肉食動物に認められる。大腿二頭筋とともに後肢を外転させる。

半腱様筋 semitendinosus m.：坐骨結節から起こり，脛骨前縁，踵骨隆起に終わる。ウマとブタでは，坐骨結節から起こる骨盤頭と仙骨から起こる椎骨頭の二頭を持つ。股関節，膝関節を伸展する。

半膜様筋 semimembranosus m.：坐骨に起こり，大腿骨および脛骨の内側顆に終わる。ウマでは，

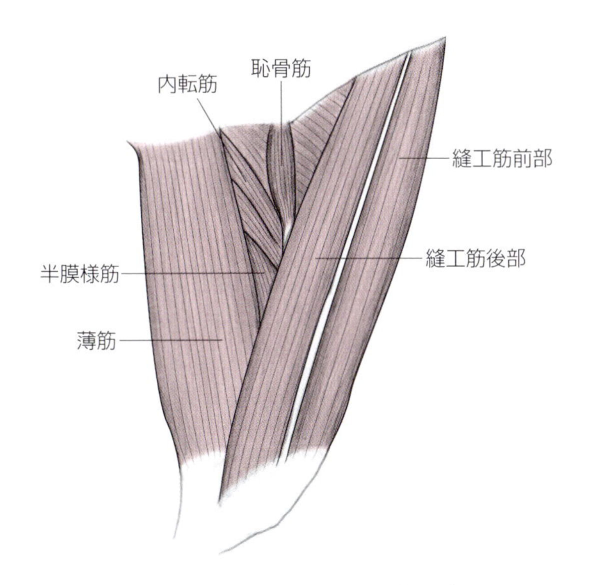


図6-10　大腿内側浅層の筋（イヌ）

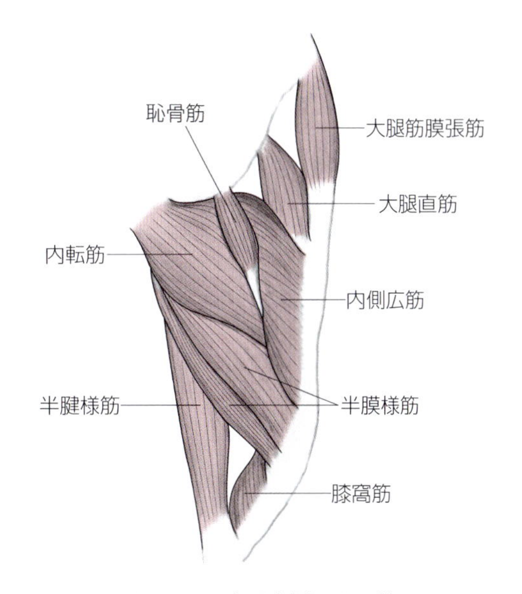


図6-11　大腿内側深層の筋
（薄筋，縫工筋除去）（イヌ）

坐骨に起こる骨盤頭と広仙結節靱帯から起こる椎骨頭の二頭を持つ。股関節，膝関節を伸ばし，後肢を内転させる。

## 4. 大腿内側の筋

大腿内側の筋として，縫工筋，薄筋，恥骨筋，および内転筋が挙げられる。これらの筋は，縫工筋（大腿神経支配）を除いて，閉鎖神経に支配される（**図6-10, 11**）。

縫工筋 sartorius m.：大腿前内側の表層を走る狭い扁平な筋で，ブタ，イヌ，反芻動物では二頭からなる（イヌでは前部 cranial part と後部 caudal part と称する）。寛結節，腸骨体，腸骨稜から起こり，下腿筋膜に終わる。後肢の外転と前引を行う。

薄筋 gracilis m.：大腿内側の表層に位置する幅広い筋で，骨盤結合部腱膜から起こり，下腿筋膜に終わる。後肢を内転させる。

恥骨筋 pectineus m.：小型の紡錘状筋で，寛骨の腸恥隆起に起こり，大腿骨内側縁に終わる。後肢を内転し，回外する。

内転筋 adductor m.：強大な筋で，骨盤腹側面に起こり，大腿骨内側縁に終わる。家畜によって，長内転筋 adductor longus m.，大および短内転筋 adductor magnus and brevis mm. に区分される。後肢の内転と後引を行う。

## 5. 骨盤内の筋

骨盤内の筋として，内閉鎖筋，外閉鎖筋，双子筋，および大腿方形筋が挙げられる。これらの筋は，外閉鎖筋（閉鎖神経支配）を除いて，坐骨神経に支配される（**図6-8**）。

内閉鎖筋 internal obturator m.：肉食動物とウマに認められる。閉鎖孔内表面から起こり，大腿骨転子窩に終わる。後肢を外転させる。

外閉鎖筋 external obturator m.：閉鎖孔の外表面から起こり，大腿骨転子窩に終わる。後肢を内転させる。

双子筋 gemelli mm.：ネコでは2本に分離するが，他の家畜では1本に融合している。坐骨に起こり，

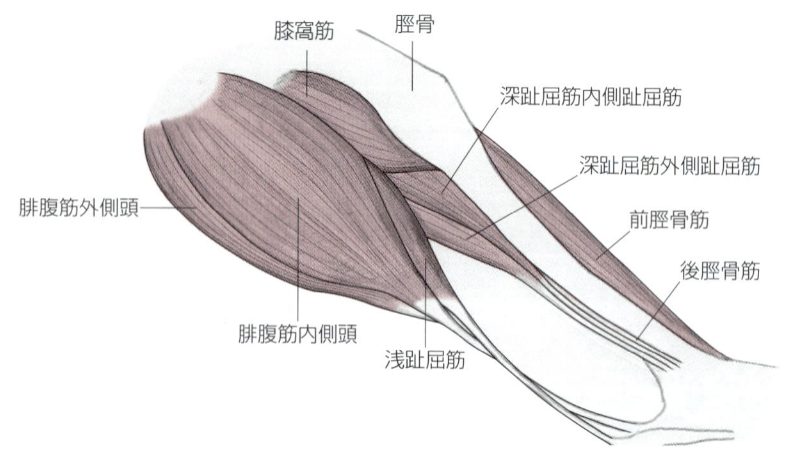


図6-12　下腿内側の筋(イヌ)

大腿骨転子窩に終わる。後肢を外転させる。

大腿方形筋 quadratus femoris m.：坐骨に起こり，大腿骨転子窩に終わる。後肢を外転させる。

## 6. 膝部の筋

膝部の筋として，大腿四頭筋と膝窩筋が挙げられる(図6-9, 11, 12)。

大腿四頭筋 quadriceps femoris m.：大腿骨前面に位置する強大な筋で，四頭からなる(大腿直筋 rectus femoris m.，外側広筋 lateral vastus m.，内側広筋 medial vastus m.，中間広筋 intermediate vastus m.)。大腿直筋は腸骨体から，外側広筋は大腿骨外側表面から，内側広筋は大腿骨内側表面から，中間広筋は大腿骨頭側表面から起こる。四頭は遠位部で合流し，腱となって膝蓋骨を包み込み，膝蓋靭帯として脛骨粗面に終わる。膝関節を強力に伸ばす。大腿神経に支配される。

膝窩筋 popliteal m.：膝関節の後面に位置する小筋で，大腿骨膝窩筋窩から起こり，脛骨後面に終わる。膝関節を屈し，下腿を回内する。脛骨神経に支配される。

## 7. 足根の屈筋

足根の屈筋として，前脛骨筋，長腓骨筋，短腓骨筋，および第三腓骨筋が挙げられる。これらの筋は，腓骨神経に支配される(図6-13)。

前脛骨筋 cranial tibial m.：肉食動物では脛骨前外側面の表層に位置するが，他の家畜では脛骨前外側面の内側に位置し，第三腓骨筋や長趾伸筋におおわれる。脛骨に起こり，足根骨，中足骨に終わる。足根関節を屈する。イヌの前脛骨筋の腱は，長趾伸筋の腱とともに近位伸筋支帯 proximal extensor retinaculum を通過する。

長腓骨筋 peroneus longus m.：下腿外側に位置する細長い筋で，ウマではこれを欠く。脛骨，腓骨に起こり，足根骨，中足骨に終わる。足根関節を屈する。

短腓骨筋 peroneus brevis m.：肉食動物に認められ，下腿外側の深層に位置する。腓骨に起こり，第五中足骨に終わる。足根関節を屈する。

第三腓骨筋 peroneus tertius m.：本筋はウマでは強大な腱からなり，反芻動物やブタでは筋質が発達する。肉食動物ではこれを欠く。大腿骨に起こり，足根骨，中足骨に終わる。足根関節を屈し，膝関節を伸ばす。

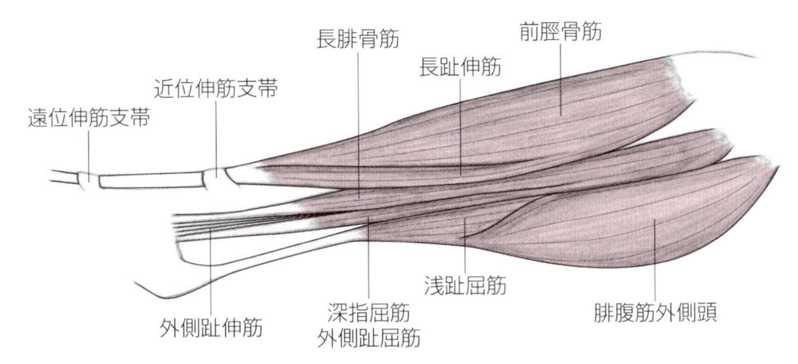


図6-13　下腿外側の筋（イヌ）

## 8. 趾の伸筋

趾の伸筋として，長趾伸筋，外側趾伸筋，および長第一趾伸筋が挙げられる。これらの筋は，腓骨神経に支配される（図6-13）。

長趾伸筋 long digital extensor m.：大腿骨外側顆に起こり，各趾の末節骨に終わる。趾を伸ばし，足根関節の屈曲に協力する。イヌの長趾伸筋の腱は，近位および遠位伸筋支帯distal extensor retinaculumを通過する。

外側趾伸筋 lateral digital extensor m.：腓骨，膝関節外側側副靱帯から起こり，第四趾中足骨（反芻動物），第五趾末節骨（イヌ），末節骨（ウマ）に終わる。ブタでは第四趾と第五趾に向かう２枝に分かれる。各趾を伸ばし，足根関節を曲げる。

長第一趾伸筋 extensor hallucis longus m.：肉食動物，ヒツジ，ブタでは，独立した細い筋であるが，他の家畜では前脛骨筋と融合する。腓骨に起こり，第二趾に終わる。第二趾を伸ばす。

## 9. 足根の伸筋

足根の伸筋として，腓腹筋とヒラメ筋が挙げられる。これらの筋は，脛骨神経に支配される（図6-12, 13）。

腓腹筋 gastrocnemius m.：外側頭lateral headと内側頭medial headからなる強力な筋で，大腿骨から起こり，総踵骨腱common calcaneal tendonの主要な腱となって踵骨隆起に終わる。足根関節を伸ばし，膝関節を屈する。

ヒラメ筋 soleus m.：ブタではやや発達するが，他の家畜では弱小な筋で，イヌでは欠如する。腓骨に起こり，踵骨隆起に終わる。足根関節を伸ばす。

## 10. 趾の屈筋

趾の屈筋として，浅趾屈筋と深趾屈筋が挙げられる。これらの筋は，脛骨神経に支配される（図6-12, 13）。

浅趾屈筋 superficial digital flexor m.：大腿骨に起こり，腱となって踵骨部では踵骨帽を形成した後，さらに遠位に向かい，各趾の中節骨に終わる。足根関節を伸ばし，膝関節と各趾を屈する。

深趾屈筋 deep digital flexor m.：後脛骨筋 caudal tibial m.，外側趾屈筋lateral digital flexor m.，内側趾屈筋medial digital flexor m.の三頭を持つ。これら3つの筋頭は脛骨，腓骨から起こり，合流して強大な腱を形成した後，分枝し，各趾の末節骨に終わる。足根関節を伸ばし，各趾を屈する。イヌでは，後脛骨筋は他の２筋から独立する。

その他，短趾筋群として，短趾伸筋，骨間筋，虫様筋などが存在する。

## 演習問題

**1. 鎖骨下筋を欠くのは，どの家畜か。**

a. イヌ
b. ウマ
c. ヤギ
d. ウシ
e. ブタ

**2. 下記の筋肉のうち，肘関節を伸ばすのはどれか。**

a. 大円筋
b. 上腕筋
c. 上腕二頭筋
d. 上腕三頭筋
e. 烏口腕筋

## 解　答

**1.**

正解　a

解説　イヌ以外の家畜では鎖骨下筋が認められる。

**2.**

正解　d

解説　上腕筋，上腕二頭筋は肘関節を屈する。大円筋，烏口腕筋は肘関節に関与しない。

（九郎丸 正道）

# 7章　口腔，歯，消化管

**一般目標：口腔，舌，咽頭，歯および消化管の構造を理解する。**

消化器系は水や食物の摂取ならびに消化吸収と排泄を担う器官系である。消化器系は口から肛門に至る消化管とそれに導管を通じて開口する消化腺（口腔腺，肝臓および膵臓）で構成されている。本章では口腔，歯，消化管の一般的な構造や位置関係および動物間の差異について概説する。

## 7-1　口腔，咽頭ならびに関連する器官

**到達目標：** 口腔と咽頭ならびに関連する器官・組織（口腔腺，扁桃，歯，舌）について，構造，位置関係および動物間の差異を説明できる。

**キーワード：** 口腔，口腔前庭，固有口腔，口唇，鼻唇平面，頬腺，口蓋，硬口蓋，口蓋縫線，口蓋ヒダ，切歯乳頭，切歯管，歯床板，軟口蓋，口蓋帆，口蓋舌弓，口蓋咽頭弓，扁桃，口腔底，舌下小丘，舌，舌尖，舌根，舌体，舌背，舌正中溝，舌小帯，舌乳頭，舌中隔，機械乳頭，味蕾乳頭，茸状乳頭，有郭乳頭，葉状乳頭，糸状乳頭，円錐乳頭，一代性歯，二代性歯，歯冠，歯肉，歯根，歯頸，歯体，歯式，切歯，犬歯，前臼歯，後臼歯，小口腔腺，大口腔腺，耳下腺，耳下腺管，下顎腺，下顎腺管，単孔舌下腺，多孔舌下腺，咽頭，咽頭口部，咽頭喉頭部，咽頭鼻部，耳管憩室（喉嚢）

### 1. 口腔

口腔 oral cavity とは口唇から咽頭に至る腔所をいい，側壁は頬 cheek，背壁は硬口蓋および軟口蓋，底部は舌で形成され，軟口蓋が咽頭との境界となる。さらに口腔は，口腔前庭 vestibule of oral cavity と固有口腔 oral cavity proper に区分される。口腔前庭は歯列の外側にあり，口唇と切歯との間にある唇前庭と，頬と臼歯との間にある頬前庭に区分される。固有口腔は歯列より内側の部分をいう。さらに後方で咽頭に接続する。

### 2. 口唇

口唇 lips は，口腔の入口を囲む筋肉性のヒダで，哺乳動物で発達する器官である。口裂で上唇と下唇に分かれ，口角によって両者は結合する。

#### 1）各動物での比較

上唇には上唇溝があり，ヒツジ・ヤギ・肉食動物で発達するが，ウマ・ウシでは不明瞭である。ウサギでは上唇溝の部分に縦裂があり，兎唇となっている。上唇の中央部分には，反芻動物で鼻唇平面 nasolabial plane を，ブタでは吻鼻平面 rostral plane を作る。これらは鼻唇腺からの分泌物で常に湿っており，鼻鏡と呼ばれる。

### 3. 口蓋

硬口蓋は固有口腔の背壁を形成し，後方で軟口蓋と連絡する。

### 1）硬口蓋

硬口蓋hard palateの正中にある浅い溝あるいは低い稜状隆起（肉食動物）を口蓋縫線palatine rapheといい，発生時の両側口蓋原基が癒合した跡である。口蓋縫線とほぼ直角に交差する多数の扁平な稜状隆起を口蓋ヒダpalatine ridgesといい，遊離縁が後方へ向かい食塊を咽頭へ送るのに役立つ。さらに切歯乳頭incisive papillaが切歯の後位正中線上にあり，反芻動物では歯床板dental padの後縁に見られる。また切歯乳頭の両側には，切歯管incisive duct（原始鼻腔の痕跡）が開口する。

### 2）軟口蓋

軟口蓋soft palateは，硬口蓋の後位に続く哺乳動物特有の筋膜性ヒダで，口蓋帆palatine velumとも呼ばれ口腔と咽頭を区別する。

### 3）扁桃

扁桃tonsilは，末梢リンパ器官であり，哺乳動物でよく発達し，形成される部位によって以下のように区分される。

口蓋扁桃palatine tonsil：扁桃窩（肉食動物）あるいは扁桃洞（反芻動物）を形成するが，ブタでは欠く。

舌扁桃lingual tonsil：舌の背面に散在的に認められる。

咽頭扁桃pharyngeal tonsil：咽頭鼻部の背壁に認められる。

口蓋帆扁桃tonsil of soft palate：軟口蓋にあり，ブタ・ウマで認められる。

## 4. 舌

舌tongueとは，前方は下顎切歯から後方は咽頭にまで及び，口腔底floor of oral cavityの大部分を占め，水をなめたり食物を摂取したり，哺乳を行う器官である。

### 1）舌

舌は舌尖tip of tongue，舌根root of tongueおよび舌体body of tongueに区別される（図7-1）。先端の遊離縁を舌尖，舌骨に付着する部位を舌根，舌尖と舌根の中間部を舌体という。また舌体の舌背側部を舌背dorsum of tongueといい，反芻動物・ウサギでは舌隆起torus linguaeを作る。イヌの舌背表面には，縦に舌正中溝median groove of tongueが認められる。さらに舌尖腹面正中には，舌小帯lingual frenulumと呼ばれるヒダがある。舌中隔lingual septumが正中内部にあり，組織を左右に分けるが，ウシ・ウマでは発達が良くない。ウマではこの部位に舌背軟骨があり，肉食動物では舌腹側面に，結合組織からなるリッサlyssaが認められる。さらにウマ・反芻動物・肉食動物では，舌小帯が口腔底に移行する部位の両側にある小隆起を舌下小丘sublingual caruncleといい，ここに下顎腺管mandibular ductと大舌下腺管（ウマ，ウサギは除く）が開口する。

### 2）舌乳頭

多くの舌乳頭lingual papillaeが舌粘膜表面に存在しているが，乳頭の分布，大きさ，数，形は動物間で差異が認められる。機能的には，咀嚼の際に用いられる機械乳頭mechanical papillaeと味蕾を備える味蕾乳頭gustatory papillaeに区別される。機械乳頭には，小型で最も数が多い糸状乳頭filiform papillaeや大型で反芻動物の舌背後方に認められる円錐乳頭conical papillaeなどがある。味蕾乳頭には，その形から茸状乳頭fungiform papillae，有郭乳頭vallate papillaeおよび葉状乳頭foliate papillaeが区別される。茸状乳頭は，味蕾乳頭の中で最小であり，舌尖や舌背で散在的に存在する。有郭乳頭は，大型の乳頭で舌背後方に認められる。葉状乳頭は口蓋舌弓にある最も大型の乳頭で，ウマ・ブタ・ウサギでよく発達するが，イヌでは発達が悪く，ネコ・反芻動物では瘢痕的あるいは欠く。

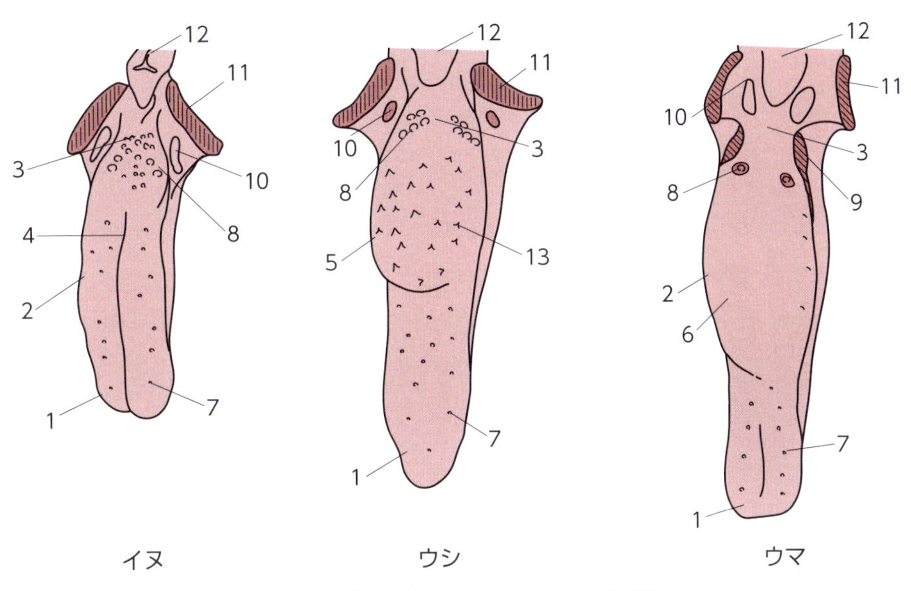


図7-1　イヌ，ウシおよびウマの舌(背側)

1. 舌尖，2. 舌体，3. 舌根，4. 舌正中溝，5. 舌隆起，6. 舌背軟骨を含む舌背，7. 茸状乳頭，8. 有郭乳頭，9. 葉状乳頭，10. 口蓋扁桃，11. 軟口蓋(切断)，12. 喉頭蓋，13. 円錐乳頭

## 5. 歯

哺乳動物の歯teethは，換歯の回数で一代性歯monophyodontと二代性歯diphyodontに区分される。一代性歯は，一度脱落すると代わりの歯が生えないものをいい，二代性歯は，最初に萌出した乳歯が加齢とともに脱落した後に，永久歯が生えるものをいう。

### 1）歯の一般形態と種類

表面を口腔粘膜でおおわれ，歯を強固に固定する組織を歯肉gingivaという(図7-2)。さらに歯肉から飛び出した歯の部位を歯冠crown of toothといい，歯肉より下部で歯槽中にある部位を歯根root of toothという。また歯冠と歯根の境界にあり，歯肉で囲まれた部位を歯頸neck of toothという。ただし草食動物の臼歯は，歯冠と歯頸の区別のできない稜柱状であるので歯体body of toothという。

歯の種類には二代性歯である切歯(食物を噛み切る)，犬歯(噛み裂く)，前臼歯(噛み砕く)と一代性歯である後臼歯(噛み砕く)がある。このように歯によって形や用途が違うものを異形歯性という。

### 2）哺乳動物の歯式

動物はそれぞれ固有の歯列および歯数を持ち，歯式dental formulaとして表される。それは歯の種類を示す略語(I：切歯incisors，C：犬歯canines，P：前臼歯premolarsおよびM：後臼歯molars)と，それぞれの歯の数を片側の上下歯数で表す(表7-1)。

## 6. 口腔腺

口腔腺salivary glandsはよく発達し，大口腔腺と小口腔腺に分類される。

### 1）小口腔腺

小口腔腺minor salivary glandsは口唇，頰，舌，口腔舌底面の粘膜下組織あるいは筋間に存在する。口唇腺labial glands，頰腺buccal glands，口蓋腺palatine glands，舌腺lingual glandsなどがある。

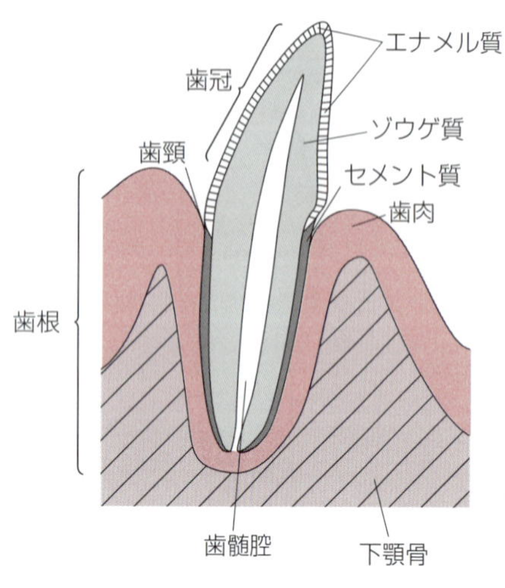

図7-2　歯の一般形態(切歯)

表7-1　各動物の永久歯の歯の数

| | 切歯 | 犬歯 | 前臼歯 | 後臼歯 |
|---|---|---|---|---|
| ウマ♂ | 3 | 1 | 3(4) | 3 |
| | 3 | 1 | 3 | 3 |
| 反芻動物 | 0 | 0 | 3 | 3 |
| | 3 | 1 | 3 | 3 |
| ブタ | 3 | 1 | 4 | 3 |
| | 3 | 1 | 4 | 3 |
| イヌ | 3 | 1 | 4 | 2 |
| | 3 | 1 | 4 | 3 |
| ネコ | 3 | 1 | 3 | 1 |
| | 3 | 1 | 2 | 1 |
| ウサギ | 2 | 0 | 3 | 3 |
| | 1 | 0 | 2 | 3 |

上段が上顎で下段が下顎である。

### 2) 大口腔腺

大口腔腺major salivary glandsは大型で口腔から離れた部位にあり，導管で口腔内へ開口し，耳下腺parotid gland，下顎腺mandibular gland，単孔舌下腺monostomatic sublingual gland，多孔舌下腺polystomatic sublingual glandがある(図7-3)。

耳下腺は耳介基部から顎間隙に至る大型の腺として認められ，ウマ・ブタ・ウサギでは最もよく発達し，口腔腺の中で最大である。本腺はほとんどの動物で純漿液腺であり，肉食動物では少量の粘液腺が混じる混合腺となる。導管である耳下腺管parotid ductは，ウマ・ウシ・ブタでは下顎角の内側を吻側に走行し，咬筋前縁で頬粘膜を貫通し耳下腺乳頭に開口する。しかし肉食動物・小型反芻動物・ウサギでは，導管が咬筋の外側表面上を走行する。

下顎腺は下顎角付近に位置し，ウシで最も発達し，口腔腺の中で最大となる。本腺は粘液と漿液の混じった分泌液を産生する混合腺であるが，終末部における漿液と粘液の組成は動物種によって異なる。ウサギでは純漿液腺である。下顎腺管は，舌腹側を走行し舌下小丘(ウマ・ウシ・肉食動物)あるいはそれに相当する部位に開口する。

単孔舌下腺(混合腺)は下顎腺管に沿って存在する扁平で細長い腺で，耳下腺や下顎腺よりも小型である。導管は舌下小丘あるいはそれに相当する部位へ開口する。なおウマ・ウサギは単孔舌下腺を欠く。

多孔舌下腺(混合腺)は散在的に分布し，複数の管で開口する。ウマで舌底のほぼ中辺，反芻動物で単孔舌下腺の背後方，ブタ・肉食動物では単孔舌下腺の前方，ウサギでは下顎腺の前方に認められる。

## 7. 咽頭

咽頭pharynxは空気と食塊の両方が通過する共通の腔所である。つまり咽頭は，前方で口峡を介して食道と口腔を結び，後鼻孔を介して鼻腔と後方の喉頭を結ぶ。背壁は頭蓋底と第一および第二頸椎で，側方は下顎骨，翼突筋，舌骨装置によって境界され，壁には裂隙状の耳管咽頭口pharyngeal opening of auditory tubeがある。ウマの耳管は，大型の憩室状構造をとり左右一対の耳管憩室(喉嚢)diverticulum of auditory tubeを形成する。

### 1) 咽頭の区分

咽頭は咽頭鼻部nasopharynx，咽頭口部oropharynxおよび咽頭喉頭部laryngopharynxに区分され

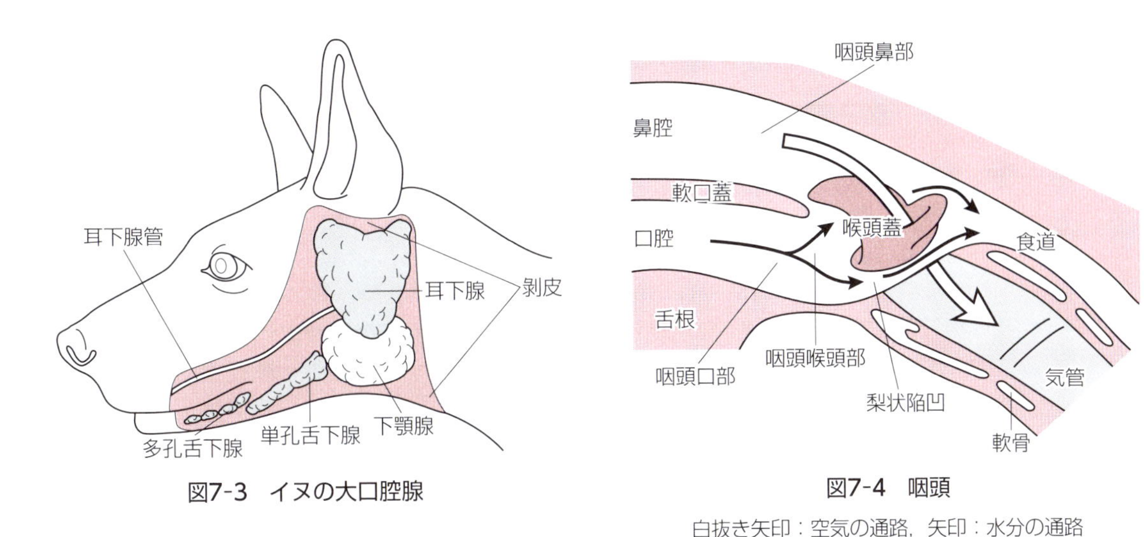


**図7-3　イヌの大口腔腺**

**図7-4　咽頭**

白抜き矢印：空気の通路，矢印：水分の通路

る(**図7-4**)。軟口蓋が咽頭の吻側部を背腹に区画し，軟口蓋の背位が咽頭鼻部，腹位が咽頭口部となり，両者は咽頭内口で接続する。咽頭鼻部と咽頭口部に続く後方の共通領域が咽頭喉頭部であり，喉頭の入口まで続いている。喉頭蓋epiglottisが咽頭喉頭部に突出しており，それによって液状物が通過する梨状陥凹piriform recessが形成される。

# 7-2　食道，胃，腸の構造と動物間の差異

**到達目標**：食道，胃，腸の構造，位置関係および動物間の差異を説明できる。
**キーワード**：食道，咽頭食道限，単胃，複胃，噴門，幽門，小彎，大彎，胃体，胃底，腺部，無腺部，前胃部，腺胃部，噴門部，胃底部，幽門部，幽門前庭，幽門管，角切痕，胃盲嚢，胃憩室，前胃，第一胃，第二胃，第三胃，腺胃，第四胃，背嚢，腹嚢，縦溝，冠状溝，第一胃前房，第二胃溝，第一胃乳頭，筋柱，第二胃乳頭，第二胃稜，第二胃小室，第三胃乳頭，第三胃葉，第三胃管，第三胃底，第三胃溝，第四胃ヒダ，小腸，十二指腸（十二指腸前部，前十二指腸曲，下行部，後十二指腸曲，横行部，上行部，十二指腸空腸曲），空腸，回腸，輪状ヒダ，大腸，盲腸（盲腸底，盲腸体，盲腸尖），虫垂，結腸（上行結腸，横行結腸，下行結腸），大結腸（右腹側結腸，〈腹側〉横隔曲，左腹側結腸，骨盤曲，左背側結腸，〈背側〉横隔曲，右背側結腸），小結腸，結腸膨起，円盤結腸，結腸近位ワナ，結腸ラセンワナ，結腸遠位ワナ，S状結腸，求心回，中心曲，遠心回，円錐結腸，直腸，肛門括約筋，肛門，肛門傍洞腺

## 1. 食道

食道esophagusは咽頭と胃を接続する管で，咽頭との境界部には肉食動物で咽頭食道限pharyngoesophageal junctionが明瞭に認められるが，ウマ・ブタ・反芻動物ではヒダ状である。食道は頸部cervical part，胸部thoracic part，腹部abdominal partに区分される。頸部では，はじめ気管の背面を走行し，後半は気管の左側に沿って走行し胸腔へ入る。胸部では，再び気管の背面を走行し，気管分岐部より後方では縦隔中を走行し横隔膜食道裂孔を貫く。腹部は短く，胃の噴門に連絡する。食道の粘膜下組織には食道腺esophageal glandsがあり，イヌで全長にわたって認められ，反芻動物・ウマでは食道前庭に限局し，ブタでは前半に多く認められる。ウサギでは散在的で数が少ないが，全長にわたって認められる。食道の筋層は動物種差があり，イヌ・反芻動物・ウサギの食道は全長にわたり横紋筋で構成されるが，ブタは食道末端のみ平滑筋でそれ以外は横紋筋からなり，ウマ・ネコは最初2/3が横紋筋で，残りは平滑筋からなる。

## 2. 胃

胃stomachは食道と小腸の間にある嚢状の器官であり，1つの腔所からなる単胃simple stomachと複数の腔所からなる複胃complex stomachに分類される。

### 1）単胃

胃の入口は噴門cardia，出口は幽門pylorusと呼ばれる（図7-5）。胃は横隔膜と肝臓の直後にあり，体の正中軸よりやや左側に偏在している。ウマの胃は完全に左半に位置する。胃はU字状に屈曲して，内側（背側）の小彎lesser curvatureと外側（腹側）の大彎greater curvatureを作る。大彎には大網が付着し，小彎は小網によって肝臓と連絡する。胃の中央部分を胃体body of stomachといい，大彎に沿った部位に胃底fundus of stomachがある。胃の粘膜は，食道粘膜と同じ上皮におおわれた無腺部（前胃部）non-glandular partと胃腺のある腺部（腺胃部）glandular partに分けられる。また胃体の横隔膜側を壁側面，その反対側を臓側面という。

### 2）単胃の動物間の差異

肉食動物：不規則なC字形を呈し，粘膜はすべて腺部で占められる。噴門部cardiac partは噴門口を

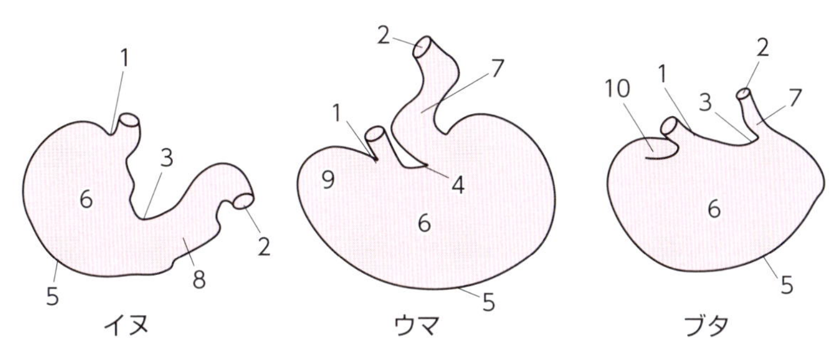


**図7-5 イヌ，ウマ，ブタの胃の外形**

1. 噴門，2. 幽門，3. 小彎，4. 角切痕，5. 大彎，6. 胃体，7. 幽門管，8. 幽門洞，9. 胃盲嚢，10. 胃憩室

取り囲む狭い部位をいう。噴門と幽門は離れ，小彎が形成される。胃底は広く全体の1/2から1/3を占める。幽門部pyloric partは細く円筒状を呈し，幽門管と呼ばれる。

ウマ：体に比較して小さく，噴門と幽門が接近し，小彎は深く陥入し角切痕angular notchを作る。噴門左方は拡張し，胃盲嚢blind sac of stomachを作る。粘膜は無腺部が胃盲嚢の部分を占め，腺部の境界となる部位にはヒダ状縁margo plicatusが明瞭に隆起する。ヒダ状縁に接して狭い噴門部がある。幽門部には狭窄輪が作られ，胃底に近い幽門洞と十二指腸に近い幽門管が形成される。

ブタ：無腺部が噴門から胃内へ漏斗状に広がる。噴門に近い部位に胃憩室diverticulum of stomachが形成される。ブタの噴門部は著しく発達しており，胃憩室を含む胃の左半前部を占める。粘膜は噴門口から無腺部が漏斗状に存在し，腺部へと移行する。

ウサギ：比較的ウマに似て噴門と幽門が接し，胃盲嚢が発達する。ただし胃盲嚢は胃底の続きで，粘膜はすべて腺部からなる。

### 3）複胃

反芻動物の複胃は4室からなり，前胃forestomach（無腺部）である第一胃，第二胃および第三胃と腺胃glandular stomachである第四胃からなる（**図7-6**）。

第一胃rumen：第一胃は左側腹腔のほとんどすべてを占め，複胃全体の約80％に及ぶ大嚢である。嚢の左側は横隔膜や左腹壁と接し壁側面といい，右側は肝臓，腸管，第三胃および第四胃に面するので臓側面と呼ばれる。壁側面と臓側面は腹腔の背側に位置する背彎dorsal curvatureで合流し，腹腔底において腹彎ventral curvatureで合する。第一胃は，第一胃筋柱という胃壁が内腔へ突出した構造によって区画され，それらは外側面からは溝として観察される。つまり第一胃の左右側壁を前後に走る左および右縦筋柱left and right longitudinal pillars（外側面からは左および右縦溝left and right longitudinal grooves）によって，腹嚢ventral sacと背嚢dorsal sacに分けられる。さらに右縦筋柱（およびそれらに対応する溝）は2枝に分岐し，第一胃島ruminal insulaを形成する。背嚢の前方には第一胃前房cranial sac of rumenが形成され第二胃と交通する。また背および腹冠状筋柱dorsal and ventral coronary pillarsによって，後背および後腹盲嚢caudodorsal and caudoventral blind sacsが区画され，それらは外面からも背冠状溝および腹冠状溝dorsal and ventral coronary groovesとして観察される。第一胃粘膜面には，特に嚢の盲端部で円錐形や舌状の第一胃乳頭ruminal papillaeが発達するが，筋柱pillarやその遊離縁および背嚢の背側中央付近では発達しない。

第二胃reticulum：第二胃は，楕円形で第一胃の前位にあり横隔膜に接し，後方は第一・二胃口ruminoreticular opening（外形からはその対応溝）で第一胃前房と接する。第二胃粘膜は，第二胃稜reticular crestsによって蜂巣状に区画され，4～6角形の第二胃小室reticular cellulesを作る。さ

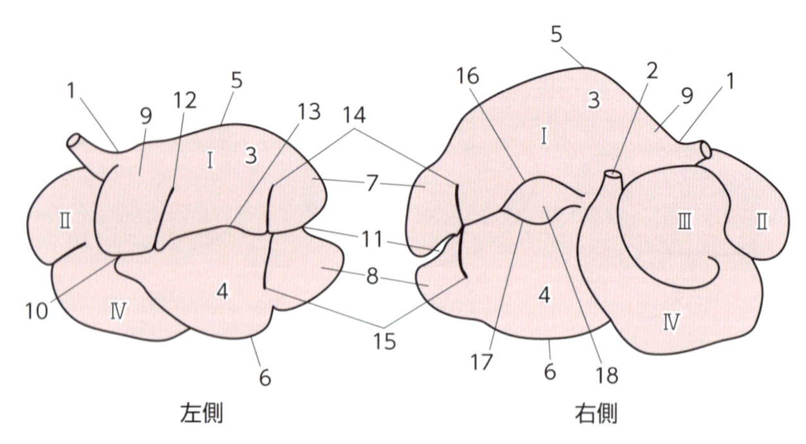


図7-6　複胃の外形

1. 噴門，2. 幽門，3. 背嚢，4. 腹嚢，5. 背彎，6. 腹彎，7. 後背盲嚢，8. 後腹盲嚢，9. 第一胃前房，10. 前溝，11. 後溝，12. 左副縦溝，13. 左縦溝，14. 背冠状溝，15. 腹冠状溝，16. 右副縦溝，17. 右縦溝，18. 第一胃島
I. 第一胃，II. 第二胃，III. 第三胃，IV. 第四胃

らに，それらの表面には短い第二胃乳頭reticular papillaeが密生する。

第三胃omasum：小球状や卵円状を呈し，第一胃の右前位，第二胃の右後位，第四胃の背位に位置する。粘膜面には，薄い粘膜ヒダである第三胃葉omasal laminaeが背外側から腹側へ放射状に配列し，第三胃管omasal canalの輪郭を形成し，第三胃底base of omasumにて第三胃溝omasal grooveへと続く。さらに，第三・四胃口omasoabomasal openingで第四胃と交通し，2枚の第四胃帆abomasal velaによって逆流防止弁が形成されている。胃葉の表面には無数の第三胃乳頭omasal papillaeが密生し，葉は大，中，小，最小葉の4種類を区別する。各葉は規則正しく配列され，大葉を挟み中葉，中葉を挟み小葉，小葉を挟み最小葉がある。各葉の狭い間隙を葉間陥凹interlaminar recessesという。

第四胃abomasum：長梨状で第一胃および第二胃の右側，第三胃の腹側にあり，左側壁は第三胃に沿って小彎を作り，反対側の大彎で腹腔下壁に接する。粘膜面にはラセン状に配置された第四胃ヒダabomasal spiral foldsが発達している。

第二胃溝reticular groove：第一・二胃口および第二・三胃口reticulo-omasal openingの縁に接してラセン状に走る2列の唇状の平滑筋でできたヒダで形成され，食道と第三胃管を繋ぐ。乳などが通過する場合に筋が収縮し管状となり，直接第四胃へ移動させる通路となる。

## 3. 腸管

腸管intestineは幽門以降から肛門anusまでの消化管後部を作り，幽門以降から盲腸直前までの小腸と，盲腸から肛門の直前までの大腸に区分される。さらに，小腸は十二指腸duodenum，空腸jejunumおよび回腸ileumに分けられ，大腸は盲腸cecum，結腸colonおよび直腸rectumからなる。腸intestineの長さは動物種，品種および個体差があるが，一般的に肉食動物では短く，草食動物では長い傾向がある（図7-7）。

### 1）小腸

イヌの小腸small intestineを例に説明すると，十二指腸は胃の幽門と空腸を接続する管である。十二指腸前部cranial part，前十二指腸曲cranial flexure of duodenum，下行部descending duodenum，後十二指腸曲caudal flexure of duodenum，上行部ascending duodenumに区分され，続く十二指腸空腸曲

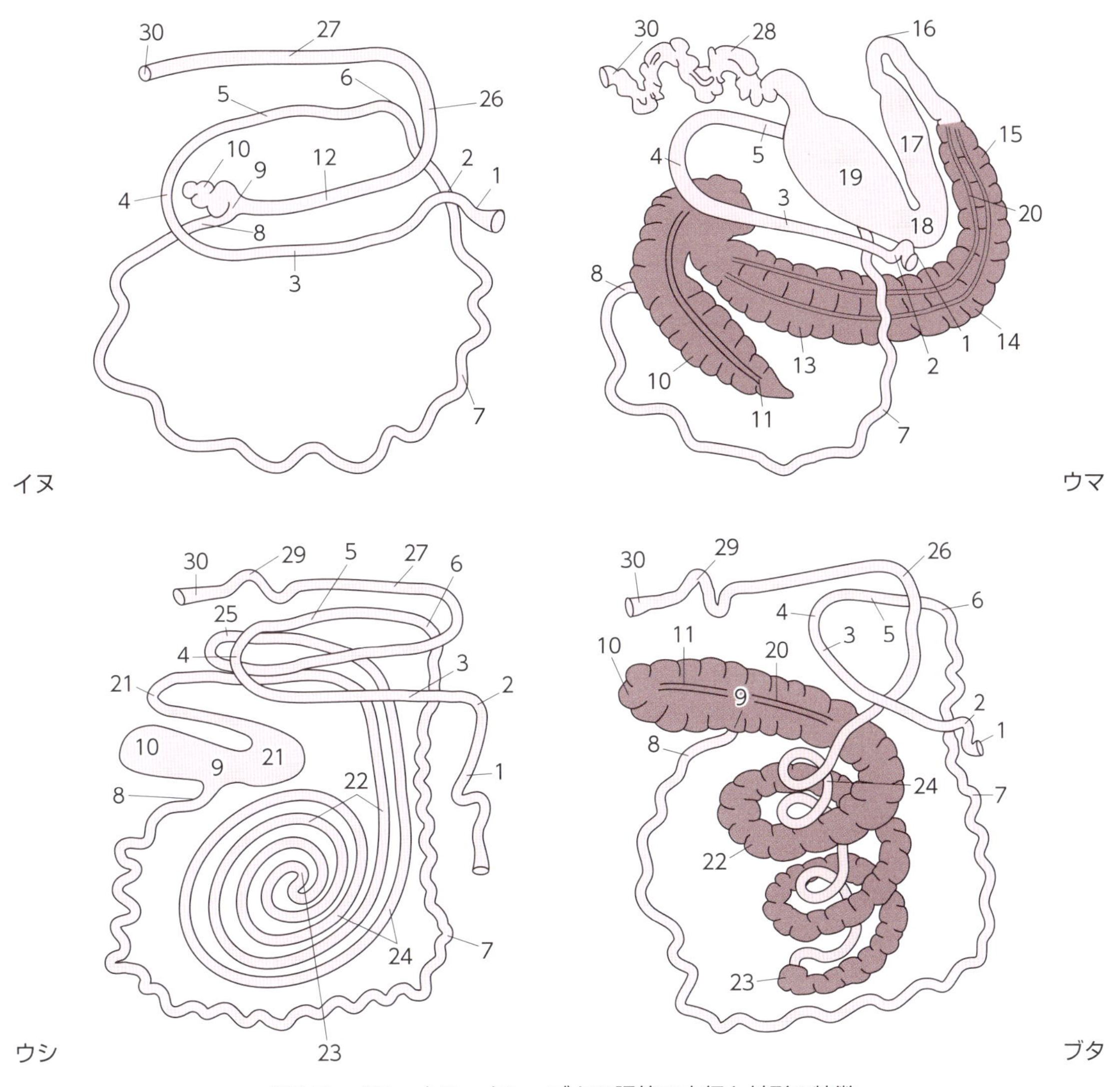


**図7-7　イヌ，ウマ，ウシ，ブタの腸管の走行と外形の特徴**

1. 十二指腸前部，2. 前十二指腸曲，3. 下行部，4. 後十二指腸曲，5.（横行部～）上行部，6. 十二指腸空腸曲（1～6. 十二指腸），7. 空腸，8. 回腸，9. 回腸口，10. 盲腸，11. 盲腸ヒモ，12. 上行結腸，13. 右腹側結腸，14. 胸骨曲（腹側横隔曲），15. 左腹側結腸，16. 骨盤曲，17. 左背側結腸，18.（背側）横隔曲，19. 右背側結腸（13～19. 大結腸），20. 結腸ヒモ，21. 結腸近位ワナ，22. 求心回，23. 中心曲，24. 遠心回（22～24. 結腸ラセンワナ），25. 結腸遠位ワナ，26. 横行結腸，27. 下行結腸，28. 小結腸，29. S状結腸，30. 直腸

duodenojejunal flexureで空腸に移行する。十二指腸前部は起始部で，肝臓の臓側面に沿い右腹壁に向かって走行する部位をいう。その後，前十二指腸曲を経て右側腹壁に沿って後走し下行部となる。十二指腸下行部は，右腎の後位で後十二指腸曲を作って旋回し上行部となり，盲腸と下行結腸の間を走行し，再び胃に接近し十二指腸空腸曲で空腸に移行する。また十二指腸前部は，肝十二指腸間膜によって肝臓と結合し，本間膜内には総胆管が走行する。十二指腸下行部の腸間膜内には膵右葉が観察される。空腸は十二指腸と回腸の間にあり，小腸の最も長い領域をいう。回腸は空腸間膜の遠位縁部に認められる。回腸とは回盲腸ヒダの付着する小腸遠位部の短い領域をいう。

### 2）小腸の動物間の差異

イヌ：1）を参照。

ウマ：胃の幽門を出て十二指腸膨大部duodenal ampullaとなった後，S状ワナsigmoid loopを作り，前十二指腸曲を経て後方へ向かう（前十二指腸曲までが前部）。後走する下行部を経て右腎に達すると後十二指腸曲を作る。次に，横行部transverse duodenumとして体軸を越え左腎に達し，上行部を経て空腸へ移行する。空腸はよく発達する小腸間膜に吊られ，回腸を経て盲腸へ接続する。

ウシ：十二指腸は肝臓の臓側面でS状ワナを形成し，前十二指腸曲を経て後方へ走行し，寛結節付近で後十二指腸曲を作って再び反転し，十二指腸空腸曲で空腸へ移行する。空回腸は著しく長く，空腸および回腸間膜に吊られ，屈折を繰り返しスプリング状に折り重なる。盲腸と結腸起部の境界に接続する。

ブタ：十二指腸前部は肝臓の臓側面に沿って走行し，後背方へ向かう下行部となり結腸背側を走行し，右腎に達したところで体軸を横切って左方へ向かい空腸に移行する。空回腸はウシに類似し，スプリング状に折り重なる。

ウサギ：十二指腸は比較的長く，前部，下行部および上行部が認められる。回腸が肥大し正円小嚢sacculus rotundusと呼ばれるリンパ組織が認められる。

### 3）大腸

盲腸は大腸large intestineのはじまりであり，回腸と大腸が接続することによって形成される盲管である。結腸は上行結腸ascending colon，横行結腸transverse colonおよび下行結腸descending colonに区分される。

### 4）大腸の動物間の差異

イヌ：大腸は小腸と大きさがほとんど変わらず，盲腸はラセン状を呈する。上行結腸は短く，右結腸曲を経て横行結腸となり体軸を越え，左結腸曲を経て下行結腸となり，次いで緩やかに湾曲するS状結腸sigmoid colonを経て直腸へ接続する。肉食動物の盲腸や結腸には，腸ヒモや膨起はない。

ウマ：盲腸はよく発達し，その起始部は腹腔の右背側にあり盲腸底base of cecumという。前腹方へ湾曲し紡錘形の盲腸体body of cecumを形成し，胸骨剣状突起に接近し盲端の盲腸尖apex of cecumで終わる。さらに盲腸表面には外，内，背および腹側に沿って4条の盲腸ヒモが走行し，盲腸尖に近づくにつれ数が減少する。各ヒモ間には多くの盲腸膨起が形成される。ウマの結腸は重複ワナ状を呈し，上行結腸と横行結腸は大結腸great colon，下行結腸は小結腸small colonと呼ばれる。大結腸の起始部は盲腸底から右腹側結腸right ventral colonが起こり，前腹方へ走行し，胸骨剣状突起に達し胸骨曲sternal flexure（腹側横隔曲ventral diaphragmatic flexure）を作り，左腹側結腸left ventral colonとして腹腔底を骨盤へ向かう。骨盤腔の入口で背方へ屈曲し骨盤曲pelvic flexureを作り，左背側結腸left dorsal colonとなる。左背側結腸は再び前方へ走行し横隔膜に接しここで横隔曲diaphragmatic flexure（背側横隔曲dorsal diaphragmatic flexure）を形成し右背側結腸right dorsal colonに移行する。右背側結腸は大腸で最大の太さとなり，次いで横行結腸を経て左腎の近くで小結腸へ接続する。結腸ヒモは最初4条あるが，徐々に数を減らし小結腸では2条となる。結腸ヒモbands of colon間には多数の結腸膨起haustra（sacculations）of colonが作られる。

ウシ：盲腸は円筒状の盲管で盲腸ヒモや盲腸膨起を形成しない。結腸は盲腸と境界なく接続し，回腸の接続部位を起点として区別されている。結腸は盲腸の背位で結腸近位ワナproximal loop of colonを形成した後，ラセン回転し結腸ラセンワナspiral loop of colonを作る。平面状を2～3回回転し求心回centripetal turnsとなりラセンの中心である中心曲central flexureで反転し遠心回centrifugal turnsを作り，その形から円盤結腸disk-shaped colonと呼ばれる。円盤結腸の終端で結腸遠位ワナdistal loop of colonを形成した後，後方を走行しS状結腸とそれに続く直腸へ至る。

結腸にも腸ヒモや膨起はない。

ブタ：盲腸は円筒状の盲管で，起始部は左腎後縁近くにあり左後腹方へ向かい，3条の盲腸ヒモと盲腸膨起が認められる。結腸は盲腸と明らかな境界がなく回腸の接続部位を基点にして区別する。結腸は円錐結腸conical colonと呼ばれている特有の結腸ラセンワナを作る。ラセンワナの下行部は求心回を形成し，3～4回右旋回し，円錐頂点に至り中心曲となって反転し，下行路の内側を上行する遠心回を作る。求心回には2条の結腸ヒモおよび結腸膨起が観察されるが，遠心回は腸ヒモや膨起を作らない。結腸ラセンは上行結腸であり，その後に横行結腸，下行結腸および直腸へと接続する。

ウサギ：虫垂vermiform appendixがよく発達するが，他の家畜には存在しない。盲腸は甚だ大きく，粘膜面がラセン状に突出する盲腸ラセンを形成し，外側にはラセン溝が認められる。結腸は上行結腸，横行結腸，下行結腸からなり直腸に接続する。結腸には腸ヒモと膨起が認められる。

### 5）肛門

消化管alimentary canalの末端部で肛門管anal canalを囲み，尾根の腹側に位置する。肉食動物では肛門皮帯に肛門傍洞腺anal sac glandsの導管が開口する。肛門粘膜は重層扁平上皮からなり，肛門直腸線を介して単層円柱上皮へ移行する。肛門は内肛門括約筋internal anal sphincter m.（平滑筋）と外肛門括約筋external anal sphincter m.（横紋筋）によって調整されている。

## 演習問題

**1. 唾液腺，咽頭および食道に関する記述として正しいものを選べ。**

a. 反芻動物では咽頭と食道の境に咽頭食道限を作る。
b. 食道の筋層が全長にわたり横紋筋でできているのは反芻動物とウマである。
c. 反芻動物の下顎腺は大唾液腺の中で最大となる。
d. 唾液腺の導管はすべて舌下小丘に開口する。
e. イヌの口蓋扁桃は扁桃洞を作る。

**2. 胃に関する記述として正しいものを選べ。**

a. ブタの胃には胃盲嚢があり，無腺部と腺部の境界にはヒダ状縁が隆起する。
b. イヌの胃の噴門部には，食道粘膜の連続部である無腺部が漏斗状に広がる。
c. 複胃の第四胃には粘膜ヒダが形成される。
d. 第一胃乳頭が発達するが，筋柱やその遊離縁および背嚢の背側中央付近で特によく発達する。
e. ウマの胃粘膜はすべて腺部からなる。

**3. 腸および肛門に関する記述として正しいものを選べ。**

a. イヌの結腸には腸ヒモと結腸膨起が形成される。
b. ウシの肛門には肛門傍洞があり，導管が肛門皮帯に開口する。
c. ウシの結腸は円盤結腸，ブタは円錐結腸と呼ばれる。
d. ウマの盲腸と大結腸には腸ヒモと結腸膨起が形成されるが，小結腸にはない。
e. ウサギの結腸には腸ヒモと結腸膨起が形成されない。

## 解　答

**1.**

正解　c

解説　a. 咽頭食道限を作るのは肉食動物。b. 食道の筋層が全長にわたり横紋筋でできているのは反芻動物，イヌ，ウサギ。c. 正解。d. 舌下小丘に開口するのは下顎腺管と単孔舌下腺の導管（大舌下腺管）。e. イヌの口蓋扁桃は扁桃窩であり，扁桃洞を作るのは反芻動物。

**2.**

正解　c

解説　a. ブタの胃には胃憩室がある，胃盲嚢とヒダ状縁があるのはウマ。b. イヌの胃の噴門部は噴門口を取り囲む狭い領域をいい，胃粘膜は腺部からなる。c. 正解。d. 複胃の第一胃粘膜には乳頭が形成され，特に筋柱のある部位では発達しない。e. ウマの胃粘膜は，無腺部と腺部からなり，境界にはヒダ状縁がある。

**3.**

正解　c

解説　a. イヌの結腸には腸ヒモや結腸膨起がない。b. 肛門傍洞があり，導管が肛門皮帯に開口するのは肉食動物。c. 正解。d. 小結腸にも腸ヒモと結腸膨起が形成される。e. ウサギの結腸には腸ヒモと結腸膨起が形成される。

（保田 昌宏）

# 8章　消化腺

**一般目標：肝臓，膵臓各部の構造，位置関係および名称を理解する。**

消化腺とは，消化液を分泌する腺の総称のことであり，口腔腺（唾液腺），胃腺，腸腺，肝臓，膵臓が含まれるが，本章では肝臓および膵臓について概説する。

## 8-1　肝臓

到達目標：肝臓各部の名称を説明できる。
キーワード：横隔面，臓側面，肝門，左葉（内側，外側），右葉（内側，外側），方形葉，尾状葉，葉間切痕，肝円索，乳頭突起，尾状突起，肝冠状間膜，三角間膜，肝鎌状間膜，総胆管，胆嚢管，肝管，総肝管，門脈，固有肝動脈，肝静脈，胆嚢

### 1. 肝臓の大きさと位置

肝臓liver（hepar）は体の中で最も大きな腺で，その大きさは動物種によってさまざまであるが，成犬では体重の約3～4%であり，中型犬で約1 kgある。草食動物では，体重の約1～1.5%であり，体重比は肉食動物に比べて小さい。胎生期では，造血機能を有しているために全体重に占める割合が大きい。

肝臓は前腹部の腹腔内に位置し，胃の前位を占めて直接横隔膜に接する。その大部分は正中軸より右側にある。肝臓前面で横隔膜に接する凸型状の表面を横隔面diaphragmatic surfaceと呼び，横隔膜の形状に一致している。反対に，肝臓後面では凹型状の臓側面visceral surfaceをなし，腹腔臓器に面している。臓側面には，肝動脈，門脈および肝管などが出入りする肝門hepatic portaがあり，胆嚢が隣接する。

### 2. 肝臓の形態

イヌを含むほとんどの哺乳動物の肝臓は基本的に，左葉left hepatic lobe，右葉right hepatic lobe，尾状葉caudate lobeおよび方形葉quadrate lobeの4つの肝葉に分かれるが，分葉の形態は動物種によって大きく異なっている（117頁「8-2　肝臓の比較解剖」参照）。イヌの肝葉は深い葉間切痕interlobar notchesによって明瞭に区分され，左葉および右葉はさらに内側および外側の2つの葉にそれぞれ分かれ，外側左葉left lateral hepatic lobeが最も大きい。尾状葉は尾状突起caudate processと乳頭突起papillary processがよく発達している（**図8-1**，臓側面）。イヌでは脊柱の可動性が高く，肝葉の数を多くすることで脊柱の屈曲あるいは伸展時に各肝葉が互いに滑りやすくしているためと考えられる。また，肝臓の表面には内臓との接触によるさまざまな圧痕や陥凹が見られるが，特に尾状葉背縁の食道圧痕と右側背縁の腎圧痕が顕著である。

### 3. 肝臓の保定と間膜

肝臓の間膜は主に肝臓を横隔膜に保定している。肝臓横隔面の中央には大静脈溝があり，これに沿って後大静脈が縦走し，肝静脈が合流した後，前方で横隔膜の大静脈孔を貫通する。大静脈溝の両側には，肝冠状間膜coronary ligament of liverが走り，イヌでは内側左葉および内側右葉を保定する。肝冠状間膜は左右両側の肝葉に移行し，その辺縁から左および右側の三角間膜triangular ligamentとなり外

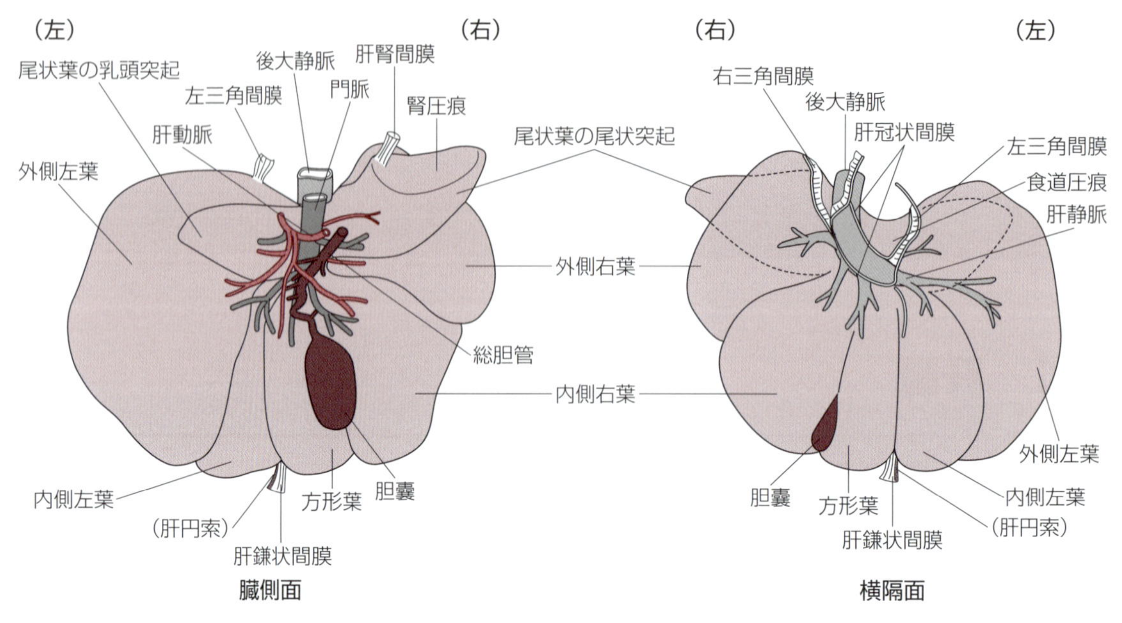


**図8-1　イヌの肝臓**

イヌの肝臓は６葉に区分される。臓側面には肝動脈，門脈および肝管などが出入りする肝門や腎圧痕が見られる。横隔面の背縁には肝静脈が流れ込む後大静脈や食道圧痕，肝臓を保定する間膜などが見られる。胆嚢は内側右葉と方形葉との間にある。

側左葉および外側右葉を保定する。左および右側の三角間膜が後大静脈の下縁で合流し，矢状軸を横隔膜に沿って下走し下腹壁に至ったものを肝鎌状間膜falciform ligament of liverと呼び，肝臓を横隔膜および腹側の体壁に結んでいる。肝鎌状間膜の遊離縁に線維状の肝円索round ligament of liver（腹側位）および静脈管索（背側位）があるが，これらは胎生期の臍静脈および臍静脈と後大静脈を連絡した静脈管が生後に萎縮した遺残物であって成犬では消失している。また，肝腎間膜は尾状突起と右腎を結んでいる（図8-1，横隔面）。肝臓横隔面には肝臓を通過する後大静脈の左右両側に広がる無漿膜部があるが，この領域には腹膜は存在せず，結合組織を介して横隔膜と接着している。

## 4. 胆道と胆嚢

### 1）胆道の構成

胆汁bileは肝細胞によって産生され，毛細胆管内に分泌された後，胆小管（ヘリング小管）に集められる。胆小管はさらに集まって小葉間胆管を経て集合胆管となり，胆汁は肝臓の外部で肝管hepatic ductへと送られる。イヌの肝臓では，それぞれの肝葉から肝管が走出し，胆汁は胆嚢管cystic ductを経て胆嚢gall bladderに貯蔵される。肝管が胆嚢管と結合する部位より先の十二指腸側の領域を総胆管common bile ductと呼ぶ。総胆管には括約筋（総胆管括約筋）があり，大十二指腸乳頭major duodenal papillaに開口し，消化管内に胆汁を分泌する（図8-2）。

### 2）胆嚢

胆汁を貯める胆嚢は肝臓の臓側面において内側右葉と方形葉との間にあるくぼみ（胆嚢窩）に位置する。胆嚢の形態はやや細長い袋状をしており，成犬では横隔膜まで伸びている。

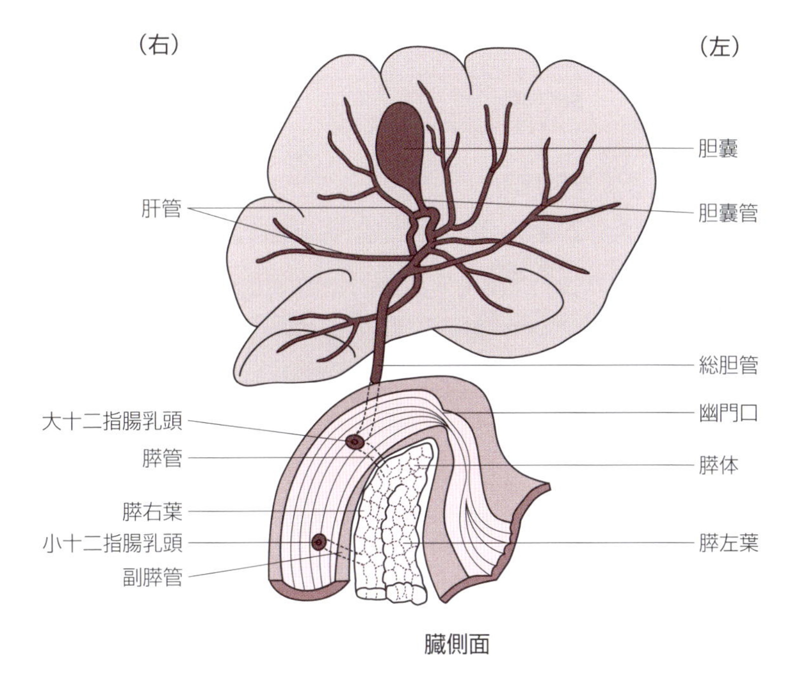


図8-2　イヌにおける胆道の構成と膵管および十二指腸開口部の位置(臓側面)

肝管は各肝葉から走出し，集められた胆汁が胆嚢管に注ぐ。胆嚢に貯められた胆汁を分泌する総胆管は膵液を分泌する膵管とともに大十二指腸乳頭に開口する。

### 3) 胆道の形態における動物種差

イヌやネコなどの肉食動物では，各肝葉から出た肝管が胆嚢管と連絡するため，左右の肝管および総肝管common hepatic ductを持たない。ウマや反芻動物では，各肝葉内の集合胆管が集まって左肝管および右肝管を作り，左右の肝管はさらに集合して総肝管となって胆嚢管と結合する。ブタは中間型であり，左葉内にある集合胆管は集まって左肝管を作るが，右葉の肝管は集まることなくに総肝管と連絡している。また，ウマでは胆嚢を欠くため，肝管は集合して総肝管(総胆管)となり，十二指腸粘膜面にある胆膵管膨大部hepatopancreatic ampullaに開口する(図8-3)。

## 5. 肝臓の血管系，リンパ系と神経支配

肝臓は腹腔動脈の1分枝である肝動脈hepatic arteryと門脈portal veinの2つの血管により血液供給を受け，血流は肝静脈hepatic veinから後大静脈へと送り出される。固有肝動脈proper hepatic arteryは肝動脈から分岐して肝臓内に侵入し，肝臓へ酸素を供給する。胃十二指腸静脈，脾静脈，総腸間膜静脈を経由して集められた胃，膵臓，腸管，脾臓からの血液は門脈によって肝臓に運び込まれる。肝動脈と門脈はともに肝門から肝臓内に侵入し，枝分かれして肝小葉間の結合組織内を走り，肝小葉内で肝類洞(肝洞様毛細血管)に注ぐ。肝洞様毛細血管からの静脈血は，肝小葉中央部にある中心静脈に集まり，中心静脈が合流して小葉下静脈となり，さらにそれらが集まって肝静脈となり，肝外へ流れ出る(図8-3)。

肝臓のリンパ管は肝門にある肝門リンパ節に流れ込む。

肝臓の神経支配は副交感神経と交感神経によりなされ，副交感神経線維は腹側迷走神経幹に由来し，交感神経線維は腹腔神経節に由来する(19章251頁「19-4　自律神経」参照)。

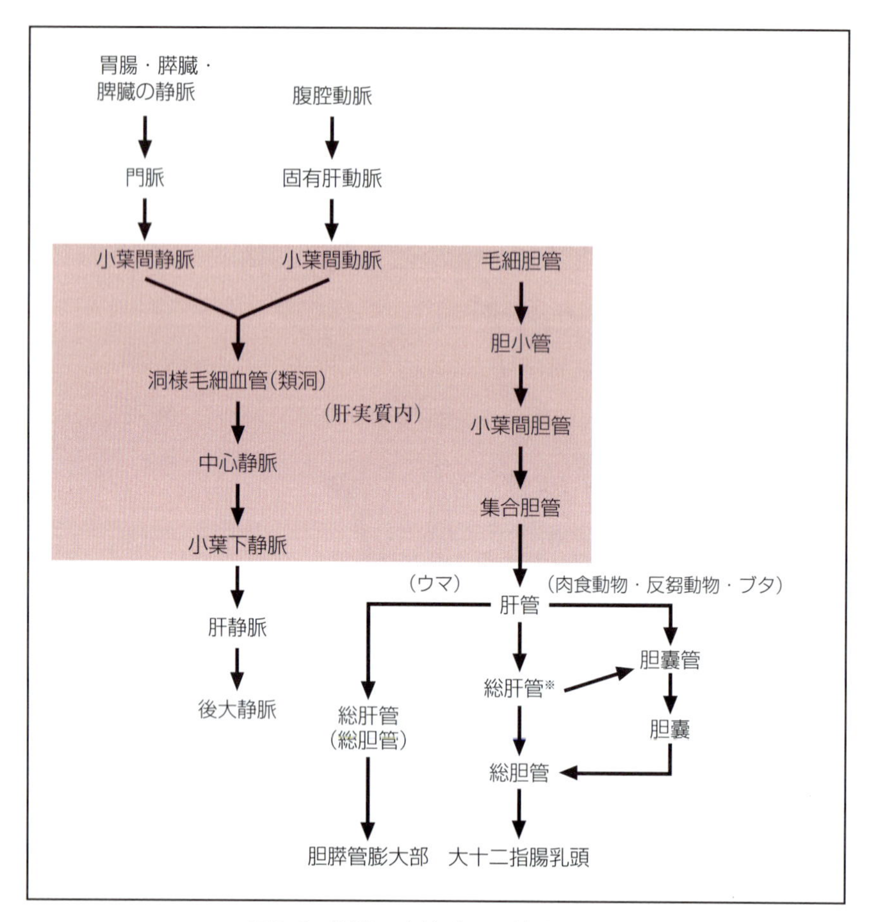


**図8-3　肝臓の血管系と胆道系の構成**

肉食動物では総肝管※がなく，各肝葉から出た肝管が胆嚢管に連絡する。ウマは胆嚢を欠き，肝管は集合して総肝管(総胆管)となり，十二指腸にある胆膵管膨大部に開口する。

# 8-2　肝臓の比較解剖

到達目標：肝臓の分葉の動物間の差異を説明できる。
キーワード：反芻類(4葉：右葉，左葉，方形葉，尾状葉)，ウマ(5葉：右葉，外側左葉，内側左葉，方形葉，尾状葉)，ブタ・イヌ・ウサギ(6葉：外側右葉，内側右葉，外側左葉，内側左葉，方形葉，尾状葉)

## 1. 肝葉の分葉形態

ほとんどの動物種において，肝臓の横隔面と臓側面の2面は外端で会合し，腹縁から切れ込んだ切痕によって，おおまかに左葉，右葉，尾状葉，方形葉の4つの肝葉に分けられる。一般に草食動物では肝葉を分ける葉間切痕の発達は乏しい傾向があり(ウシ，ウマなど)，肉食動物ではよく発達している。また，葉間切痕発達は，動物の脊柱の運動性にも関連があるとされ，運動性の高い動物ではよく発達している(イヌ，ネコ，ウサギなど)。このため，分葉の形態は動物種によって大きく異なり，最大で6葉となる(図8-4)。

## 2. 反芻類の肝臓

反芻類では右葉，左葉，尾状葉，方形葉の4葉から構成されるが，明確な葉間切痕を持たず，各肝葉

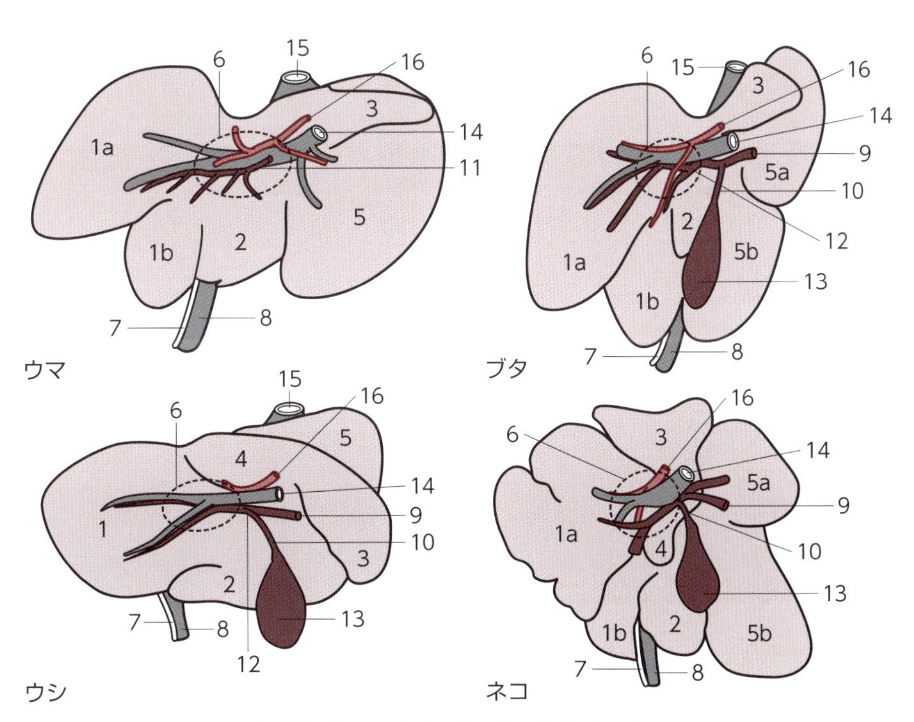


図8-4　各動物種における肝葉の分葉形態(臓側面)

ウマ(5葉)，ウシ(4葉)，ブタ(6葉)およびネコ(6葉)を示す。
1. 左葉，1a. 外側左葉，1b. 内側左葉，2. 方形葉，3. 尾状突起(尾状葉)，4. 乳頭突起(尾状葉)，5. 右葉，5a. 外側右葉，5b. 内側右葉，6. 肝門，7. 肝円索，8. 肝鎌状間膜，9. 総胆管，10. 胆嚢管，11. 総肝管(総胆管)，12. 総肝管，13. 胆嚢，14. 門脈，15. 後大静脈，16. 固有肝動脈

の境界は不明瞭である。ウシの尾状葉では尾状突起と乳頭突起の発達が良い。ウシでは左葉と方形葉が肝円索の基部にある小彎によって区別されるが，ヒツジ・ヤギではこの部分が肝円索切痕となり，より深く湾入している。

## 3. ウマの肝臓

ウマでは左葉のみが外側左葉と内側左葉に分かれるが，右葉は複数葉に分かれることはなく，右葉，外側左葉，内側左葉，方形葉，尾状葉の5葉で構成される。肝円索によって内側左葉と方形葉が分けられるが，外側左葉と内側左葉の間の葉間切痕は深く大きい。

## 4. ブタ・イヌ・ネコ・ウサギの肝臓

ブタ・イヌ・ネコ・ウサギでは葉間切痕がよく発達し，外側右葉，内側右葉，外側左葉，内側左葉，方形葉，尾状葉の6葉で構成されるが，外側左葉が最も大きい。ブタの肝臓は方形葉と尾状葉の発達は悪く，尾状葉は乳頭突起を持たない。

# 8-3　膵臓

到達目標：膵臓各部の名称を説明できる。
キーワード：膵左葉，膵右葉，膵体，腹側膵，背側膵，大十二指腸乳頭，小十二指腸乳頭，鉤状突起，膵輪，膵切痕，膵管，副膵管

## 1. 膵臓の大きさ，位置および形態

膵臓pancreasは膵液と呼ばれる消化酵素を含んだ消化液を消化管へ分泌する外分泌腺が主体の消化腺であるが，内分泌腺として糖代謝に関わるホルモンを分泌する膵島(ランゲルハンス島)が小球状の組織として存在し，外分泌腺組織に取り囲まれるようにして点在している(膵島の詳細については13章の内分泌系を参照)。

体重15 kgの中型犬の膵臓はおよそ25 cmの長さで，尾側に向かって逆V字形の鉤状をなしている。膵臓は腹腔背側で胃の後方に向かって，さらに十二指腸の基部に沿って細長く伸び，その大部分は正中軸より右側に位置する(図8-5)。イヌの膵臓は膵体body of pancreas，膵左葉left pancreatic lobe，膵右葉right pancreatic lobeに分けられ，逆V字形の鉤状の先端部に相当する部分をなす膵体は十二指腸前部に接し，膵左葉と膵右葉を繋いでいる。膵左葉は脾葉(横行枝)とも呼ばれ，胃の後面から脾臓に向かって左側に伸びている。一方，膵右葉は十二指腸葉とも呼ばれ，十二指腸下行部に沿って十二指腸間膜の中に見られる。膵左葉は肉厚で，膵右葉は細長い構造をしている。また，膵体部への門脈の侵入によって膵切痕pancreatic notchと呼ばれる切れ込みが作られる。

## 2. 膵管と副膵管

膵臓の外分泌部は発生学的に背側膵芽と腹側膵芽の2つの原基に由来して形成され，それらが癒合して成立するため，通常，外分泌腺の導管は腹側膵芽ventral pancreatic budに由来する膵管pancreatic ductと背側膵芽dorsal pancreatic budに由来する副膵管accessory pancreatic ductの2本で構成される。イヌでは，幽門から2.5〜6 cm後位に膵管が総胆管とともに大十二指腸乳頭major duodenal papilla(ファーター乳頭Verter's papilla)に開口し，副膵管はその開口部からさらに3〜5 cm後位で小十二指腸乳頭minor duodenal papillaに開口する(図8-3)。しかしながら，膵臓の中でこれら2本の

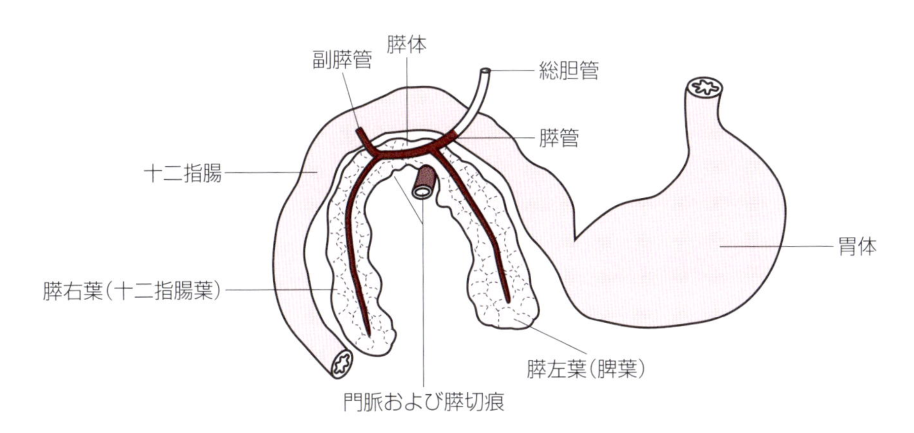


**図8-5　イヌの膵臓の位置と形態**

逆V字形の鉤状の先端部(膵体)は膵左葉(脾葉)と膵右葉(十二指腸葉)を繋ぐ。

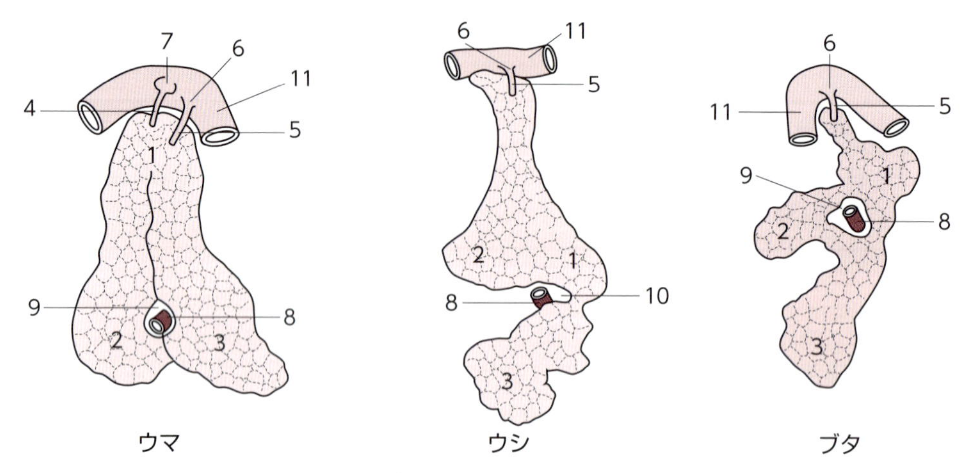


図8-6　各動物種における膵臓の形態

1. 膵体，2. 膵右葉，3. 膵左葉，4. 膵管，5. 副膵管，6. 小十二指腸乳頭（十二指腸の管腔側），7. 胆膵管膨大部（十二指腸の管腔側），8. 門脈，9. 膵輪，10. 膵切痕，11. 十二指腸

管が癒合して膵管の終末部が消滅する場合が稀に起こり，この場合は副膵管の開口部のみが小十二指腸乳頭に残る。膵臓の外分泌腺の開口部には括約筋があり，膵液の逆流による膵臓組織の自己消化を防いでいる。

## 3. 膵臓の形態における動物種差

### 1）全体的形態

肉食動物ではほっそりとした典型的な逆V字形を呈する。ウマでは外形が大きな三角形を呈しており，膵右葉に比べ膵左葉が長い。反芻動物では膵体は短く，膵左葉に比べ膵右葉がより大きく，膵右葉には十二指腸開口部に向かって突出した鉤状突起uncinate processが見られる。一方，ブタでは膵体および膵左葉が大きく発達し，膵右葉が小さい。門脈が膵臓に侵入することで形成される膵切痕は肉食動物や反芻動物で見られるが，ウマやブタでは門脈が膵左葉および膵右葉の間を貫通するため，膵輪pancreatic ringと呼ばれる（図8-6）。

### 2）導管系

イヌでは上述の通り，膵管と副膵管の2本を有しているが，個体によっては膵管を欠くものがある。同様に，ウマでも膵管と副膵管を有しているが，膵管は胆膵管膨大部に開口し，副膵管は小十二指腸乳頭に開口する。ウシおよびブタでは副膵管のみを有し，小十二指腸乳頭に開口する。小型反芻動物では膵管のみを有するが，ヒツジではしばしば副膵管が見られる。ネコでは膵管のみを有し，ウマと同様に胆膵管膨大部に開口するが，個体によっては副膵管を有している場合がある。

## 4. 膵臓の血管系，リンパ系と神経支配

膵臓は腹腔動脈と前腸間膜動脈によって血液供給される。膵右葉は肝動脈が枝分かれした前膵十二指腸動脈から血液を受け，膵左葉と膵体は脾動脈および前腸間膜動脈の分枝である後膵十二指腸動脈から血液を受ける。静脈は動脈に伴行しており，最終的には門脈に流入する。

膵臓のリンパ管は十二指腸部の膵十二指腸リンパ節に流れ込む。

膵臓の神経支配は副交感神経と交感神経によりなされ，副交感神経線維は背側迷走神経幹に由来し，交感神経線維は腹腔神経叢に由来する。

## 演習問題

**1. 肝臓を横隔膜および腹側の体壁に結んでいるものはどれか。**

a. 肝腎間膜
b. 肝冠状間膜
c. 三角間膜
d. 肝鎌状間膜
e. 肝円索

**2. 葉間切痕によって6葉の肝葉に分けられる動物種はどれか。**

a. ウシ，ウマ
b. ウマ，ブタ
c. ウシ，ブタ
d. イヌ，ブタ
e. イヌ，ヤギ

**3. 膵臓に関する記述で正しいのはどれか。**

a. イヌの膵臓は逆V字形の鉤状をなし，膵管のみを持つ。
b. ウシの膵臓は膵体が長く，右葉より左葉が大きい。
c. ブタの膵体には十二指腸開口部に向かって突出する鉤状突起がある。
d. ウマの膵管は胆膵管膨大部に開口する。
e. ウシおよびブタの副膵管は大十二指腸乳頭に開口する。

## 解　答

**1.**

正解　d

**解説**　肝臓を横隔膜に保定している間膜には，背側中央部で大静脈溝の両側を走る肝冠状間膜，背側左右で肝葉の両側を走る三角間膜および後大静脈の下縁で矢状軸を横隔膜に沿って下走する肝鎌状間膜がある。

**2.**

正解　d

**解説**　肝葉の分葉形態は，反芻類で右葉，左葉，尾状葉，方形葉の4葉，ウマで右葉，外側左葉，内側左葉，方形葉，尾状葉の5葉，ブタ・イヌ・ネコ・ウサギで外側右葉，内側右葉，外側左葉，内側左葉，方形葉，尾状葉の6葉で構成される。

**3.**

正解　d

**解説**　イヌは通常，膵管と副膵管を持つ。ウシの膵臓は膵体が短く，右葉が左葉より大きい。鉤状突起は反芻類の膵右葉に見られる。ウシおよびブタの副膵管は小十二指腸乳頭に開口する。

（五味 浩司）

# 9章　呼吸器系

一般目標：呼吸器系の構造を理解する。

呼吸器respiratory organは鼻腔，喉頭，気管，気管支，肺からなる。鼻腔と喉頭との間には咽頭(7章102頁「7. 咽頭」参照)が介在する。

## 9-1　鼻腔から気管まで

到達目標：鼻腔，副鼻腔，喉頭，気管の構造および位置関係を説明できる。
キーワード：外鼻，鼻背，鼻翼，鼻唇平面，吻鼻平面，鼻平面，外鼻孔，後鼻孔，鼻軟骨，鼻中隔，鼻涙口，鼻前庭，固有鼻腔，鼻甲介，総鼻道，背・中・腹鼻道，副鼻腔，喉頭，喉頭蓋，甲状軟骨，輪状軟骨，披裂軟骨，喉頭蓋軟骨，喉頭腔，前庭ヒダ，喉頭室，声門，声帯ヒダ(声帯)，気管，気管軟骨，輪状靱帯，膜性壁，気管の気管支

### 1. 鼻腔

外から見た鼻の領域を外鼻external noseといい，人体では鼻背dorsum nasi，鼻根，鼻尖，鼻翼ala nasiを区別する。家畜では鼻尖と上唇との境界がなく，肉食動物や小型反芻動物では鼻平面nasal plate，ウシでは鼻唇平面nasolabial plate，ブタでは吻鼻平面rostral plateを作る。鼻腔nasal cavitiesは多数の顔面骨に加えて，いくつかの鼻軟骨nasal cartilagesによって囲まれる。

鼻腔は外鼻孔nostrilsで外界と，後鼻孔choanaで咽頭，喉頭と連絡する。外鼻孔に近い部分を鼻前庭nasal vestibulesと呼び，その奥の固有鼻腔proper nasal cavityと区別する。両者の境界付近には鼻涙口opening of nasolacrimal ductが認められる。鼻腔は鼻中隔nasal septumによって左右に分かれるだけでなく，鼻甲介nasal conchaによって背・中・腹鼻道dorsal, middle and ventral meatusに分けられる。3つの鼻道が鼻中隔付近で合流した部分は総鼻道common nasal meatusと呼ばれる(図9-1)。

鼻腔を囲む頭蓋の骨洞で，鼻腔と連絡し，鼻粘膜の続きによって内腔がおおわれたものを副鼻腔paranasal sinusesと呼ぶ。副鼻腔には上顎洞，前頭洞，蝶形骨洞などがある。

### 2. 喉頭

喉頭larynxは気管の入口にあって食塊が気管に入るのを防ぐほか，発声器を含んでいる。4つの軟骨(喉頭軟骨)があり，そのうち輪状軟骨cricoid cartilageや披裂軟骨arytenoid cartilageは爬虫類や鳥類にも見られるが，甲状軟骨thyroid cartilageと喉頭蓋軟骨epiglottis cartilageは哺乳動物で初めて現れる。披裂軟骨は喉頭口の後縁を形作る一対の軟骨で，輪状軟骨と関節して可動性を持ち，各種の喉頭筋や声帯靱帯が付着する(図9-2)。

喉頭腔laryngeal cavityは前庭ヒダvestibular foldと声帯ヒダ(声帯)vocal foldによって3つの部分に分けられる。喉頭口に近い部分を喉頭前庭，前庭ヒダから声帯ヒダまでを声門glottis，声帯ヒダよりも奥を声門下腔という。前庭ヒダと声帯ヒダとの間で内腔が側方へ広がった部分は喉頭室laryngeal ventricleと呼ばれる。ウシでは前庭ヒダがなく喉頭室が発達しないため，喉頭腔は声帯ヒダを境に上下の2部に分かれる。

鼻中隔
背鼻道
背鼻甲介
中鼻道
腹鼻甲介
腹鼻道

図9-1　鼻腔の横断面

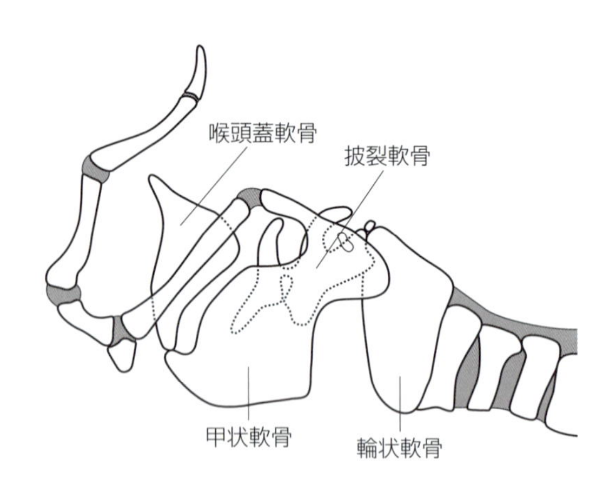


図9-2　左側から見た喉頭軟骨

## 3. 気管

気管tracheaは喉頭に続く頸部cervical partと，胸郭前口よりも後の胸部thoracic partとからなり，心底の背位で左右の気管支に分かれて終わる。ブタや反芻動物では気管分岐部よりも前で気管の気管支tracheal bronchusが出る。気管の気管支は右肺の前葉に入る。一定間隔に並んだ気管軟骨tracheal cartilagesは気管の管腔を開いた状態に保ち，隣り合う気管軟骨同士は輪状靱帯annular ligamentsによって繋がれる。気管軟骨は背壁の一部が欠けており，この部分を膜性壁membranous wallと呼ぶ。

# 9-2　肺と気管支

到達目標：肺，気管支の構造，位置関係および動物間の差異を説明できる。
キーワード：肺，肺尖，肺底，横隔面，内側面，葉間面，肺門，肺根，葉間裂，縦隔陥凹，気管支，葉気管支，区(域)気管支，反芻動物(8葉：左肺-前葉前部，前葉後部，後葉：右肺-前葉前部，前葉後部，中葉，副葉，後葉)，ウマ(5葉:左肺-前葉，後葉:右肺-前葉，副葉，後葉)，ブタ・イヌ(7葉:左肺-前葉前部，前葉後部，後葉:右肺-前葉，中葉，副葉，後葉)

## 1. 肺

肺lungsは頂点を前方に向けた円錐を縦に割った形で，その頂点を肺尖apex，底面を肺底baseもしくは横隔面diaphragmatic surfaceと呼ぶ。左右の肺が向かい合う内側面medial surfaceに肺門hilusがあり，ここを出入りする気管支や動静脈，神経はまとまって肺根rootを作る。左右の肺はいくつかの肺葉lobes of lung(動物種によって数が異なる)に分かれ，各肺葉は葉間裂interlobar fissuresを介して葉間面interlobar surfaceで接する。

肺の表面をおおう肺胸膜pulmonary pleuraは肺根部で反転して壁側胸膜parietal pleuraとなり，胸膜液を含んだ胸膜腔pleural cavityを作る。右の胸膜腔では，後大静脈を含んだ大静脈ヒダが右肺の副葉(後出)を収める小区画を作り，これを縦隔陥凹mediastinal recessusと呼ぶ。

ブタやイヌでは，右肺が前葉cranial lobe，中葉middle lobe，後葉caudal lobe，副葉accessory lobe，左肺が前葉前部cranial part of cranial lobe，前葉後部caudal part of cranial lobe，後葉に分かれるため計7葉ある。反芻動物では，右肺の前葉がさらに前部と後部に分かれるため計8葉ある。ウマの右肺は中葉を欠き，さらに右肺も左肺も前葉が前後に分かれていないため計5葉からなる(図9-3)。

## 2. 気管支

気管は左右の気管支bronchiに分かれた後，各肺葉に葉気管支lobar bronchiを出す。葉気管支はさらに各肺区域へ向かう区(域)気管支segmental bronchiに分かれる。

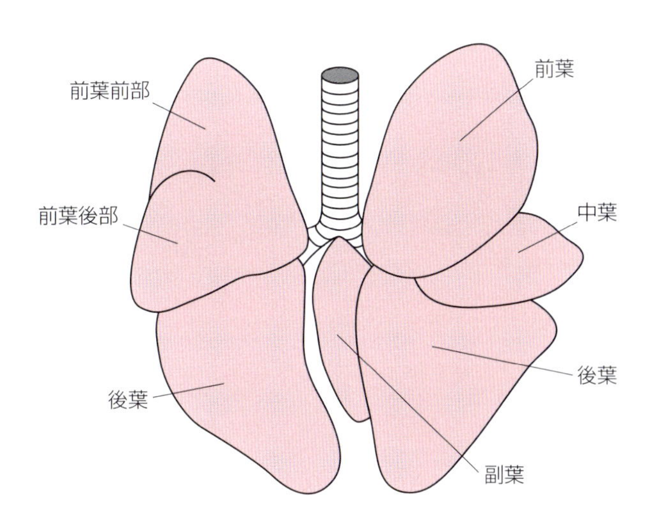


図9-3　背側から見たイヌの肺

## 演習問題

**1. 鼻に関する記述で誤っているのはどれか。**

a. ブタの鼻尖は吻鼻骨を土台とした吻鼻平面を作る。
b. イヌ，ヤギの外鼻は上唇と関係がないため鼻平面と呼ばれる。
c. 鼻腔は前方で外鼻孔によって外界と通じている。
d. 背・中・腹鼻道が鼻中隔の付近で合流した部分を鼻前庭と呼ぶ。
e. 副鼻腔とは鼻腔を囲む頭蓋の骨洞で鼻腔と連絡するものを指す。

**2. 喉頭と気管に関する記述で誤っているのはどれか。**

a. 鳥類には甲状軟骨や喉頭蓋軟骨が見られない。
b. ウシの喉頭は声帯ヒダを欠く。
c. 気管は胸郭前口を境に頸部と胸部に区別される。
d. 隣り合う気管軟骨同士は輪状靱帯によって繋がれる。
e. 気管軟骨は不完全な輪状で背壁の一部を欠く。

**3. 肺と気管支に関する記述で誤っているのはどれか。**

a. ブタや反芻動物では気管分岐部よりも前で気管の気管支が出る。
b. 気管支や動静脈が出入りする肺門は肺の内側面にある。
c. 肺の表面は肺胸膜でおおわれ，胸膜腔を介して壁側胸膜と接する。
d. 右肺の副葉は大静脈ヒダによって右肺の他の葉から隔てられている。
e. ウシ，ブタ，イヌの右肺は葉間裂によって3葉に分かれている。

## 解　答

1.
正解　d
解説　鼻前庭でなく総鼻道が正しい。

2.
正解　b
解説　声帯ヒダでなく前庭ヒダが正しい。

3.
正解　e
解説　ウマでは右肺が3葉に分かれるが，反芻動物では5葉，ブタ・肉食動物・ウサギでは4葉に分かれる。

（中牟田 信明）

# 10章　泌尿器系

**一般目標：腎臓，尿管，膀胱，尿道の構造と位置関係および各部の名称を理解する。**

泌尿器は腎臓，尿管，膀胱および尿道からなり，尿の生成と排出を担う。泌尿器は発生学的に生殖器と密接な関係にあり，生体では導管の一部を共有しているため，両者をあわせて「尿生殖器」と呼ぶ。本章では泌尿器の機能形態について概説する。

## 10-1　腎臓

**到達目標：腎臓各部の構造と動物間の差異を説明できる。**
**キーワード：** 遊走腎，腎葉，分葉腎，単葉腎，腎門，腎洞，腎皮質，腎髄質(外帯，内帯)，腎錐体，腎乳頭，総腎乳頭，腎稜，腎盤，腎杯(大腎杯，小腎杯)

### 1. 腎臓の機能

腎臓kidneyの主な機能は，尿の生成によって体液組成を生理的範囲に維持することである。腎臓は血漿成分を濾過し，不要な代謝産物を血液から除去する。一方，濾液(原尿)中の生体に必要な物質(水分，グルコース，電解質，アミノ酸)は再吸収され，濃縮された濾液が最終的に尿となる。大型犬では，1日に約1,000～2,000Lの血液が腎臓に流入し，約200～300Lが原尿となり，再吸収された後，尿として約1～2L程度排泄される。

また，腎臓はレニン(酵素)を産生し，アンギオテンシンの変換を仲介して血圧を調節する(レニン-アンギオテンシン系)。腎臓は内分泌機能も有し，エリスロポエチンの産生によって赤血球産生を亢進する。

### 2. 腎臓の位置

腎臓は左右一対からなり，脊柱の両側で腹膜腔の外(腹膜後隙，後腹膜とも呼ばれる)に位置し，体壁に付着する(図10-1)。イヌにおいて，左腎は前位3腰椎の領域に，右腎は左腎よりも椎体半分ほど頭側に位置する。腎臓は，横隔膜の動きに合わせて椎体半分程度の距離を前後に移動する。右腎の前端は，肝臓に接し，肝臓には腎圧痕が形成される。左腎は右腎よりも緩やかに体壁へ付着し，胃の拡張などによって移動性に富む。哺乳類家畜の多くは，「右腎が前，左腎が後」の位置をとるが，ブタではこの逆となる。反芻類家畜の左腎は甚だ遊走性に富み，第一胃の拡張時には脊柱の正中を越えて右腎の後方に位置する(遊走腎floating kidney)。

### 3. 腎臓の形態

#### 1) 腎臓の外形

腎臓は基本的に赤褐色，豆形を呈し，表面は腹膜(腹側面のみ)，脂肪被膜，線維被膜の順におおわれる(図10-1)。動物種間で腎臓の外形は大きく異なり，それは腎葉renal lobes(後述)の癒合程度の種差による。海棲哺乳動物の腎臓はブドウの房状の外形を呈し，各腎葉が完全に独立しており，最も原始的な形態を示す(分葉腎lobulated kidney，多葉腎，葉状腎とも呼ばれる)。他の哺乳動物でも，この分葉状の形態が発生過程において一時的に認められる。ウシの腎臓も，外観上約20個程度の腎葉に分かれているが，深層の一部で癒合しており，真の分葉腎ではない(図10-2)。また，ブタの腎臓の表面は腎

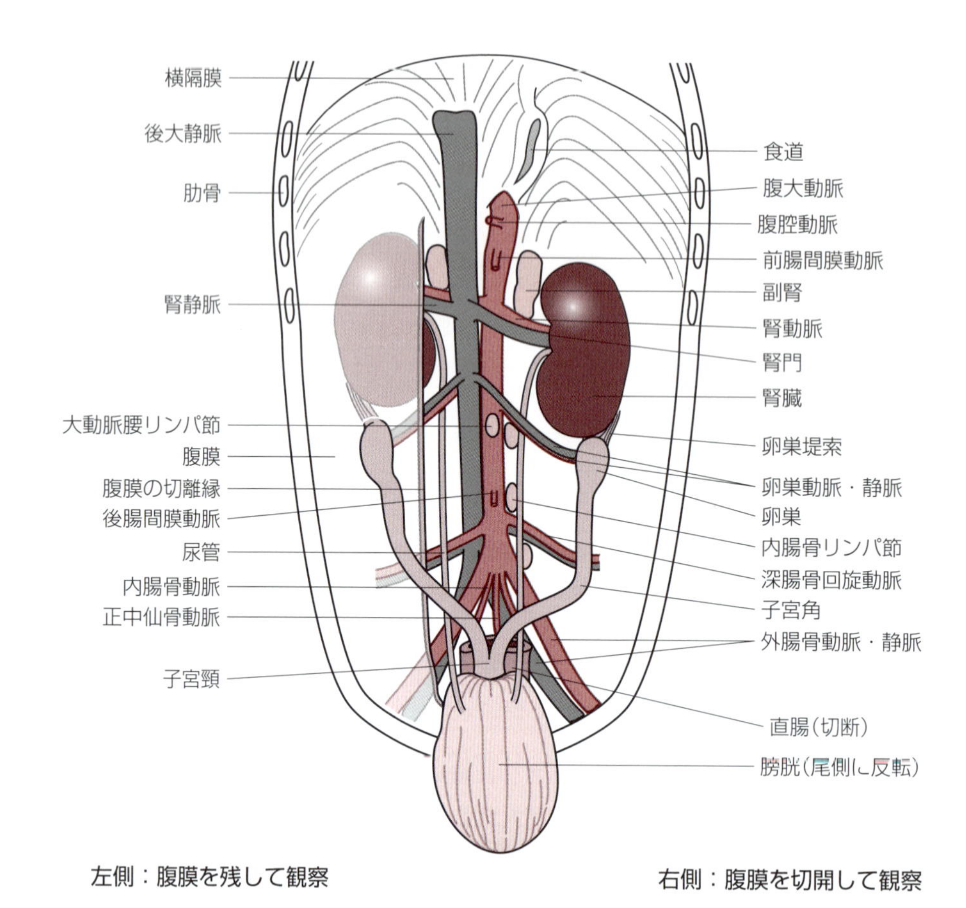


図10-1　泌尿器の位置（雌イヌ，腹側観）

葉の癒合によって平滑であるが，深部では独立した様相を呈する。一方，イヌ，ウマ，ヤギ，ヒツジ，ウサギの腎臓は，腎葉が完全に癒合している（単葉腎 unilobar kidney，“単腎”とも呼ばれるが，単腎は片側腎臓が欠損した個体の残存した腎臓を指すこともある）。また，ウマの腎臓は左右で形が異なり，左腎は豆形，右腎はハート形を呈する。腎臓のくぼんだ内側縁を腎門 hilum of kidney と呼び，腎門は腎臓内部の空所である腎洞 renal sinus へと続く（図10-2, 3）。尿管，脈管および神経はこの腎門より出入りする（図10-1）。

### 2）腎臓の内形

腎臓の割面を観察すると，被膜に近い部分より，赤褐色の腎皮質 renal cortex が見られ，皮質小葉が規則的に配列しておりストライプ上の様相を示す（図10-3）。腎皮質より深層を腎髄質 renal medulla と呼び，表層から暗調の外帯 outer medulla，明調の内帯 inner medulla に分けられ，腎皮質との境界部には弓状動脈および弓状静脈が見られる（図10-3）。

腎臓の内形は，分葉状の性格を残すウシとブタで考えると理解しやすい（図10-2）。これらの動物種の髄質（および近傍の皮質）は互いに分かれて腎錐体 renal pyramid と呼ばれるピラミッド状の構造を形成する。腎錐体の底部は皮質と髄質外帯の境界部に位置し，腎錐体の先端を腎乳頭 renal papilla と呼ぶ。腎乳頭は腎臓内に侵入した尿管のコップ状の拡張部である腎杯 renal calix に突出する。つまり，外観で見られる「腎葉」という構造は各腎錐体とその直上の皮質で構成されている。このようにウシやブタの各腎葉は癒合する傾向にあるが，深部では複数の独立した腎錐体を有し，多錐体性腎と呼ばれる。一方，

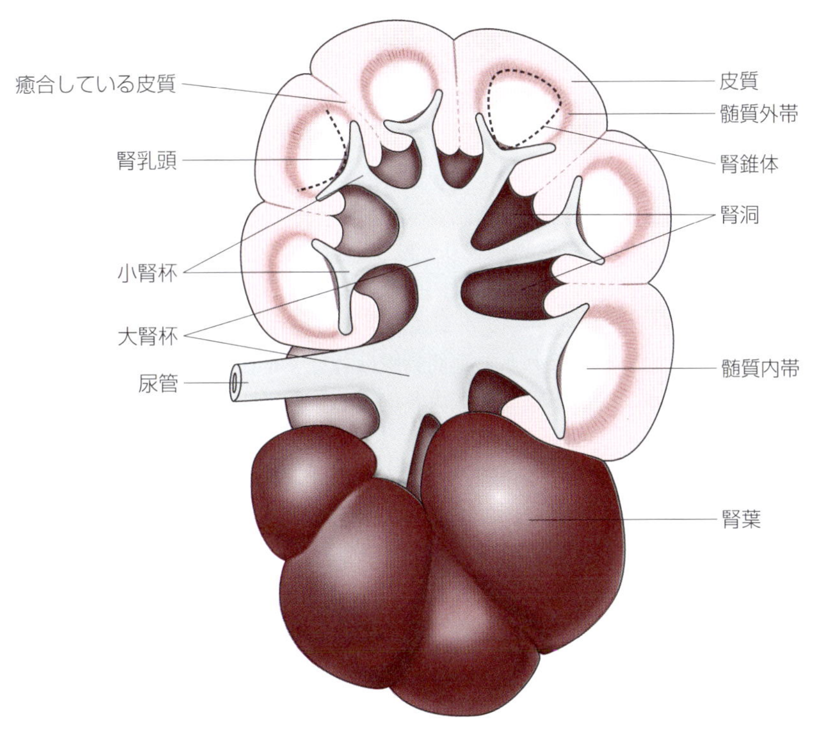


図10-2　腎臓の形態(ウシ)

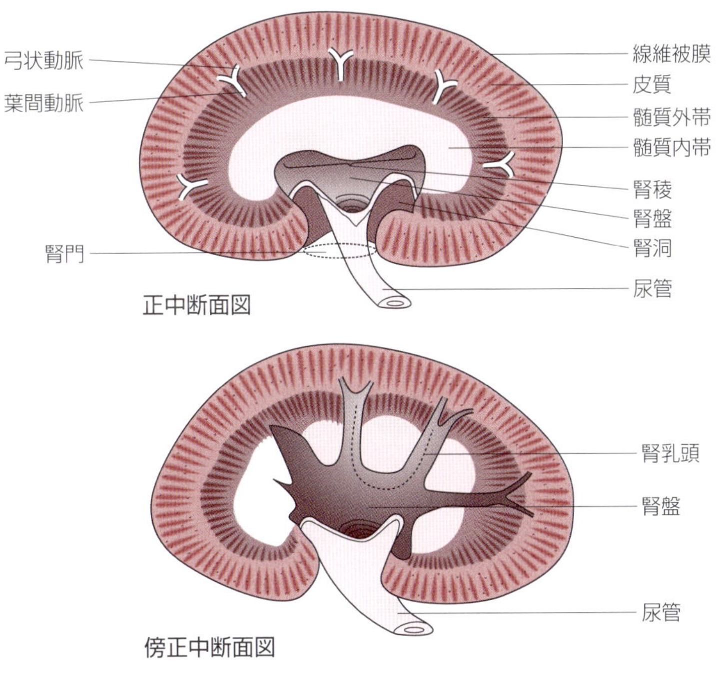


図10-3　腎臓の形態(イヌ)

イヌ，ウマ，ヤギ，ヒツジの各腎葉は癒合しており，腎乳頭は1つに癒合して総腎乳頭common papillaを形成し，弧を描くように腎稜renal crestとなって，腎盤(後述)に面する(図10-3)。このような動物の腎臓は単錐体性腎と呼ばれ，外観から腎葉を区別できないが，各腎葉は葉間動脈で区分される。腎臓内部において，腎杯および腎盤は腎洞に収容されている。

## 4. 腎臓の脈管神経系

左心室を出た動脈血の20%以上は，腹大動脈より分岐する腎動脈で腎臓に流入する(図10-1)。腎動脈は，腎葉間で表層に向かう葉間動脈を分岐し，葉間動脈は皮質髄質境界部を横走する弓状動脈を分岐する(図10-3)。弓状動脈は，腎皮質に向かって小葉間動脈を分岐する。以上の腎臓の血管系を目印にすると，腎臓の構造を理解しやすい。すなわち，葉間動脈は各腎葉を仕切り，弓状動脈は皮質と髄質の境界部に存在する。また，皮質において小葉間動脈は各皮質小葉を区切っている。静脈はこれらの動脈に伴行する。

腎臓のリンパ管は，腎動静脈および腹大動脈周囲に位置する腎リンパ節および大動脈腰リンパ節等を介して，腰リンパ中心に注ぐ(図10-1，第12章および17章参照)。また，腎臓には腹腔神経叢や前腸間膜動脈神経叢に由来する自律神経線維が分布する(第19章参照)。

## 5. 腎盤および腎杯

腎盤renal pelvis(腎盂とも呼ばれる)は，腎洞に存在する尿管の拡張部であり，乳頭管からの尿を受け入れる(図10-3)。イヌおよびネコでは，腎盤が腎稜を漏斗状に包み込む。ウマの腎盤は，中心の拡張部(中心洞)と腎臓の前端と後端に向かって伸びる終陥凹が見られる。腎杯は分葉状の性格を残すブタとウシで見られる(図10-2)。ブタでは，各々の腎乳頭を小腎杯minor renal calixが囲み，これが数個の大腎杯major renal calixにまとまり，1個の腎盤に連絡する。ウシは腎盤を欠き，各々の腎乳頭を小腎杯が囲み，これが大腎杯にまとまり，腎洞を前後に走行する共通の導管に連絡後，1本の尿管で腎臓を去る(図10-2)。ウマの腎盤粘膜には粘液性の腎盤腺が形成され，生理的タンパク尿を排出する一因となる。

# 10-2　尿管，膀胱，尿道

到達目標：尿管，膀胱，尿道の構造を説明できる。
キーワード：尿管（腹部，骨盤部），膀胱（尖，体，頸），尿管口，内尿道口，膀胱三角，尿道（骨盤部，海綿体部），外尿道口

## 1. 尿管の位置と形態

尿管ureterは腎盤から連続する尿の排出路であり，外側より外膜，筋層および粘膜で構成される。尿管は腎門を出ると腹部abdominal partとして腹膜後隙の中を体の背壁・腸腰筋の腹側を後方に進む（図10-1参照）。次いで，骨盤部pelvic partとして骨盤腔に入り，雄では生殖ヒダ，雌では子宮広間膜に含まれて膀胱の背壁を後走し（雄では精管と交差する，**図10-4**），膀胱頸付近で膀胱の筋層と粘膜の間を斜めに貫いて走行し，裂隙状の尿管口ureteric orificeで膀胱内に開口する（**図10-4**）。尿管は蠕動運動によって尿の膀胱への貯留を促す。膀胱内圧の上昇時には，膀胱壁が斜走する尿管を塞ぐため，尿の逆流が防がれる。ウマの尿管近位部には腎盤腺に似た尿管腺が存在する。

## 2. 膀胱の位置と形態

### 1）膀胱の位置と外形

膀胱urinary bladderは尿を貯留する筋膜性の袋である。膀胱は洋梨状で，反芻動物でやや長い。膀胱の鈍縁状の頭側端を膀胱尖apex of bladder，それに続く太い部分を膀胱体body of bladder，尾側の狭くなる部分を膀胱頸neck of bladderと呼ぶ（**図10-4**）。膀胱の腹方には恥骨が，背方には雄では直腸，雌では子宮および膣が位置する（**図10-1, 5**）。膀胱は収縮時には骨盤腔に収まるが，尿の貯留時には腹腔までせり出し，特にイヌでは膀胱頸が恥骨前縁に至る。膀胱はその外側および腹側に存在する二重の漿膜（腹膜ヒダ）で保定されており，それぞれ外側膀胱間膜，正中膀胱間膜と呼ぶ。外側膀胱間膜の遊離縁（イヌでは間膜の中）には，索状の膀胱円索（胎子期の臍動脈の遺残）が見られる。また，外側膀胱間膜は膀胱背方の膀胱生殖窩，膀胱腹方の恥骨膀胱窩の境界となっている（**図10-5**）。膀胱は膀胱頸の頭側

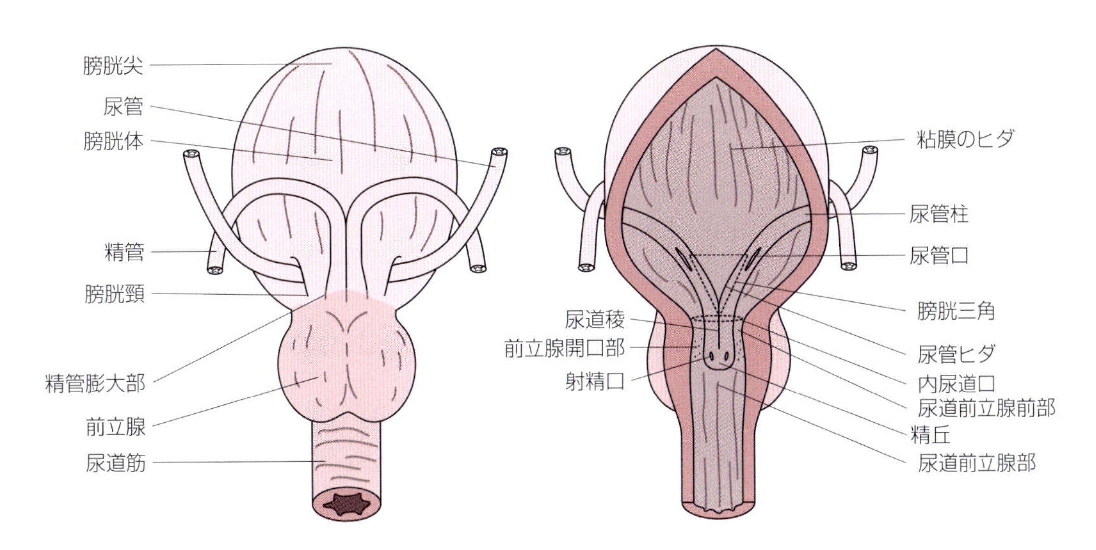


図10-4　膀胱の形態（雄イヌ，背側観〈左〉，腹側観〈右〉）

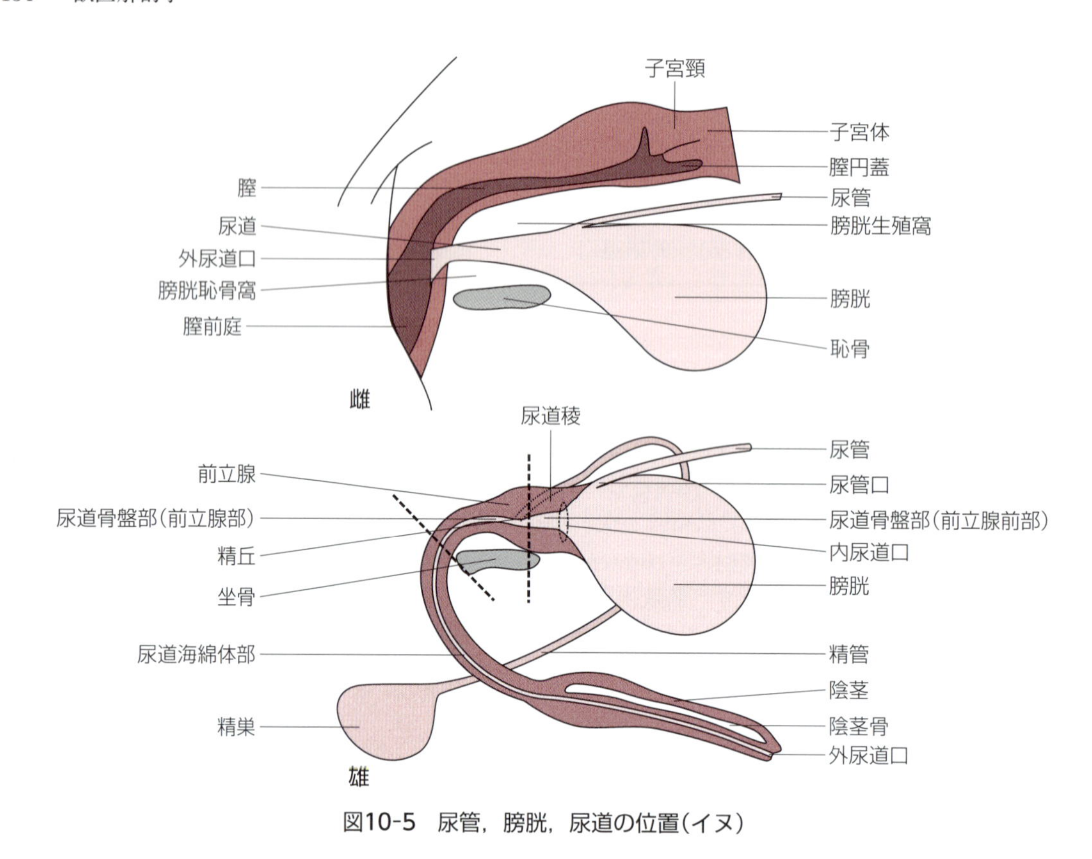


図10-5　尿管，膀胱，尿道の位置(イヌ)

付近まで腹膜におおわれるが，それより尾側は外膜におおわれ，付近の器官と結合する。

### 2) 膀胱の内形

尿が貯留していない場合，膀胱の粘膜面には多数のヒダが見られる。膀胱の筋層と粘膜間を斜走する尿管によって，膀胱背側の粘膜には尿管柱と呼ばれる一対の隆起が認められる(図10-4)。左右の尿管柱は互いに接近するように走行し，その途中には開口部である一対の尿管口が見られる。左右の尿管柱は膀胱頸付近で尿道稜として合流し，尿道へと伸びる。雄で尿道稜の終端は精管開口部である精丘に達する。膀胱頸後位で尿道稜起始部は尿道のはじまりであり，内尿道口internal urethral orificeと呼ぶ。左右の尿管口と内尿道口で形成される三角地帯を膀胱三角trigone of urinary bladderと呼ぶ。膀胱三角の粘膜は平滑で炎症や腫瘍に感受性が高く，中胚葉由来である(他の膀胱粘膜は内胚葉由来である)。膀胱三角の外側縁を尿管ヒダと呼ぶ。膀胱は内側より粘膜，排尿筋として機能する3層の筋層，漿膜(膀胱尖および体の一部)あるいは外膜(膀胱体の一部および頸)で構成される。

## 3. 尿道の位置と形態

雌の尿道urethraは膣と膣前庭の境界部に外尿道口external urethral orificeとして開口する(図10-5)。イヌとウマの外尿道口は小隆起部に開口し，その両側には溝が見られる。ウシおよびブタでは外尿道口の尾側に尿道下憩室がある。尿道は尿道筋urethralis muscleに包囲されている。

雄の尿道は陰茎の存在により，雌よりも長く，精液の通り道でもある(図10-5)。雄の尿道は内尿道口よりはじまり，陰茎先端の開口部である外尿道口までを指し，尿道骨盤部pelvic partと海綿体部spongy partに区分される。骨盤部は内尿道口よりはじまり，直腸腹側の骨盤腔内を骨盤結合に接して後走する。骨盤部の粘膜には，尿道稜の終端が結節状に肥厚した精丘が見られ，精管が開口する。この付近の尿道は前立腺に囲まれ，精丘の両側には多数の前立腺管が開口している(図10-4, 5)。骨盤部は，精丘に至るまでの前立腺前部およびそれ以降の前立腺部に区分できる(図10-4, 5)。骨盤部は坐骨弓を過ぎて骨盤腔を出ると，前方に向きを変えた尿道海綿体部となる(図10-5)。海綿体部は全長にわたって尿道海綿体に包囲される。陰茎の詳細は次章に譲る。外尿道口の形態は種で異なり，ウマ，ヤギ，ヒツジは尿道突起として突出する。

雄の尿道は粘膜，海綿層，筋層からなる。骨盤部粘膜には副生殖腺の導管が開口し(図10-4参照)，ウマとブタの海綿体部では尿道腺が散在する。海綿層は発達した静脈叢であり，海綿体部では尿道海綿体となる。筋層は内側が平滑筋で構成され，その外側は横紋筋で包囲され，骨盤部では尿道筋(図10-5参照)，海綿体部では球海綿体筋におおわれる。

## 4. 尿管および膀胱の脈管神経系

腎盤，腎杯および尿管近位部には腎動静脈の枝が分布する。尿管遠位部，膀胱や尿道には，内陰部動脈の枝(前膀胱動脈，後膀胱動脈およびその枝)が分布する。静脈はこれらの動脈と伴行する。

尿管のリンパ管は腰リンパ中心，腸仙骨リンパ中心や坐骨リンパ中心に注ぐ。膀胱のリンパ管は主に内腸骨リンパ節を介して腸仙骨リンパ中心に注ぐ(図10-1，第12章および17章参照)。

尿管には自律神経が分布し，尿管神経叢を形成する。また，膀胱と尿道には蓄尿と排尿に重要な体性神経と自律神経が分布する(第19章参照)。生殖器に分布する脈管神経系は次章を参照されたい。

## 演習問題

**1. 動物の腎臓に関する次の記述で誤っているものの組み合わせはどれか。**

a. 動物の腎臓は腹膜腔内に位置する。
b. イヌにおいて，左腎は右腎よりも頭側に位置する。
c. ウシの腎臓の外形は分葉状の性格を残し，一胃の拡張に合わせて遊走性に富む。
d. 各腎葉は葉間動脈で区分される。
e. 腎洞は腎杯および腎盤を収容する空所である。

① a, b　② a, e　③ b, c　④ c, d　⑤ d, e

**2. 動物の腎臓，尿管，膀胱に関する次の記述で正しいものの組み合わせはどれか。**

a. 腎門は尿管,脈管および神経が出入りする部位である。
b. ウシの腎盤は終陥凹を形成し，ウマは腎盤を欠く。
c. イヌおよびネコは発達した腎盤腺および尿管腺を有する。
d. 尿管は膀胱壁を斜走する尿管柱を形成後，内尿道口として膀胱内に開口する。
e. 膀胱三角の粘膜は炎症や腫瘍に感受性が高い。

① a, b　② a, e　③ b, c　④ c, d　⑤ d, e

**3. 動物の膀胱，尿道に関する次の記述で正しいものの組み合わせはどれか。**

a. 膀胱には精管が開口し，精管開口部の隆起部を尿道稜という。
b. 膀胱の腹方には恥骨，背方には雄では直腸，雌では子宮および膣が位置する。
c. 雄の尿道は骨盤部から海綿体部へと続き，雄では陰茎先端で外尿道口を形成する。
d. 雌は陰茎を欠くので，尿道を欠く。
e. 膀胱壁には体性神経のみが分布し，排尿および蓄尿を担う。

① a, b　② a, e　③ b, c　④ c, d　⑤ d, e

## 解　答

**1.**

正解　①

**解説**　a. 動物の腎臓は腹腔の中だが,腹膜腔の外(腹膜後隙：後腹膜)に位置する。b. ブタを除く哺乳類家畜の多くは,「右腎が前,左腎が後」の位置をとり,イヌにおいても,右腎は左腎よりも椎体半分ほど頭側に位置する。

**2.**

正解　②

**解説**　b. ウマの腎盤(腎盂)には,中心の拡張部と腎臓の前端と後端に向かって伸びる終陥凹が見られる。ウシは腎盤を欠き,各々の腎乳頭を小腎杯が囲み,これが大腎杯にまとまる。c. 発達した腎盤腺および尿管腺を有するのはウマである。d. 尿管の開口部は尿管口である。

**3.**

正解　③

**解説**　a. 精管は尿道骨盤部に開口し, 開口部には尿道稜の終端が結節状に肥厚した精丘が見られる。d. 雌の尿道は膣と膣前庭の境界部に外尿道口として開口し,雄より尿道が短い。e. 膀胱壁には自律神経も分布し,膀胱壁の収縮と弛緩によって排尿と蓄尿を担う。

（市居 修）

# 11章 生殖器系

**一般目標：雄と雌の生殖器（生殖腺，生殖道，外生殖器，副生殖腺）の構造を理解する。**

生殖器は，雄の生殖器と雌の生殖器に区別され，生殖細胞を産生する生殖腺(生殖巣)と，これを体外に運ぶ生殖道および外生殖器からなる。生殖道の経路には各種の副生殖腺が開口し，また，外生殖器の一部は交尾器となる。

## 11-1 雄の生殖器

**到達目標：雄の生殖器の構造，位置関係および動物間の差異を説明できる。**

キーワード：陰嚢，肉様膜，精巣，精巣導帯，精巣上体尾間膜，固有精巣間膜，精巣挙筋，精巣鞘膜，鼠径管，精巣下降，白膜，精巣上体(頭，体，尾)，精索，精管，精巣動脈，蔓状静脈叢，精管膨大部，精丘，射精口，尿道突起，精嚢，精嚢腺，前立腺(前立腺体)，前立腺伝播部，尿道球腺，陰茎(陰茎体，陰茎亀頭)，陰茎海綿体，尿道海綿体，亀頭海綿体，包皮，包皮憩室，陰茎骨

### 1. 精巣

雄の生殖腺gonadである精巣testisは，1対の卵円形の器官であり，陰嚢scrotumに収まっている(図11-1)。陰嚢は陰嚢皮膚skin of scrotumと肉様膜tunica dartosからなり，内部では筋膜，精巣挙筋cremaster muscle，精巣鞘膜vaginal tunicなどが精巣や精索をおおっている。また陰嚢内は陰嚢中隔によって左右2室に分けられており，精巣を左右別々に収容する(図11-2)。陰嚢内においてイヌでは精巣の長軸が斜めに，ウマでは体軸と平行に，反芻動物では体軸に対して直角に収まっている。精巣の表面は精巣鞘膜臓側板におおわれ，その下層には密な線維性被膜である白膜tunica albugineaが認められる。白膜は精巣実質中に突出し，放射状に走る精巣中隔と中央部で長軸に沿って存在する精巣縦隔となる。精巣中隔は精巣実質を精巣小葉に区分する。精巣への血液供給は精巣動脈testicular arteryによって行われる。精巣動脈は腹大動脈から直接分枝した後，腹壁に沿うようにして走行し，鼠径管inguinal canalを通り抜け，精巣静脈とともに精索の近位精巣間膜(血管ヒダ)内を走る。精巣静脈testicular veinは，迂曲した精巣動脈にまつわって蔓状静脈叢pampiniform venous plexusを形成する(図11-2)。精巣は腹腔内の中腎内側に発生するが，その後陰嚢内に移動する。このことを精巣下降descent of testisと呼ぶ。家畜によって時期に差があり，イヌでは出生後すぐに精巣下降がはじまり，生後35～40日に完了する。精巣下降は，精巣導帯gubernaculumの退縮による牽引作用や腹腔内圧の上昇などにより，精巣が鼠径管を通り，腹膜鞘状突起の中に引き込まれ，陰嚢内に移動することによって起こる。その後，精巣導帯は固有精巣間膜proper ligament of testisおよび精巣上体尾間膜ligament of tail of epididymisを形成する。

### 2. 精巣上体

精巣上体epididymisは精巣鞘膜の臓側板に包まれており，精巣の精巣上体縁に沿って長く横たわる(図11-2)。精巣上体は，精巣頭端に接する側から精巣上体頭head of epididymis，精巣上体体body of epididymisおよび精巣上体尾tail of epididymisに区分される。精巣上体頭は，複数本からなる精巣輸出管

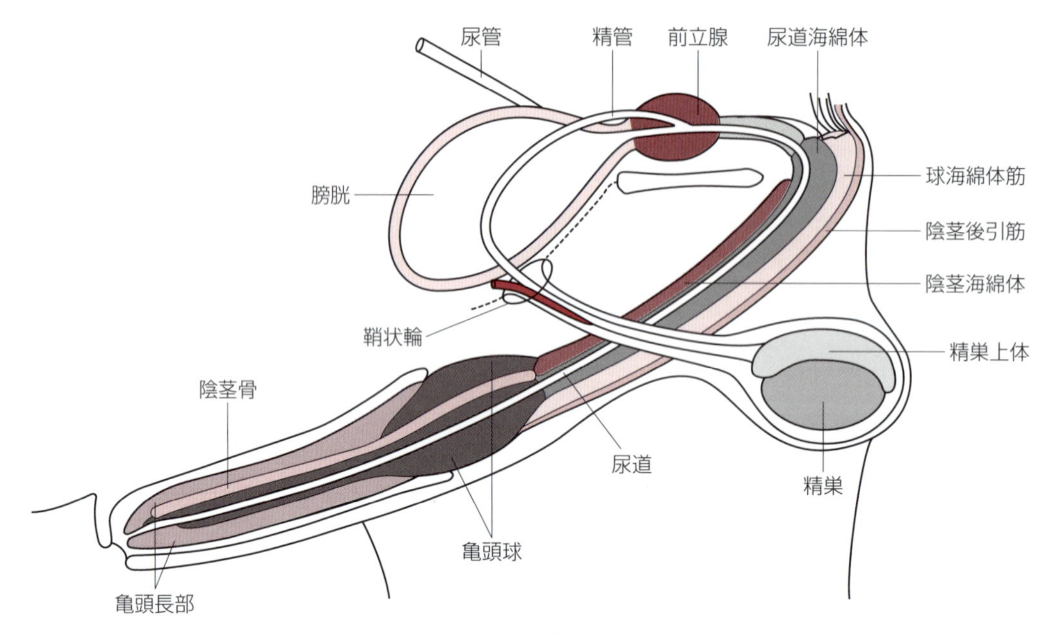


図11-1　イヌの雄性生殖器（左側観）

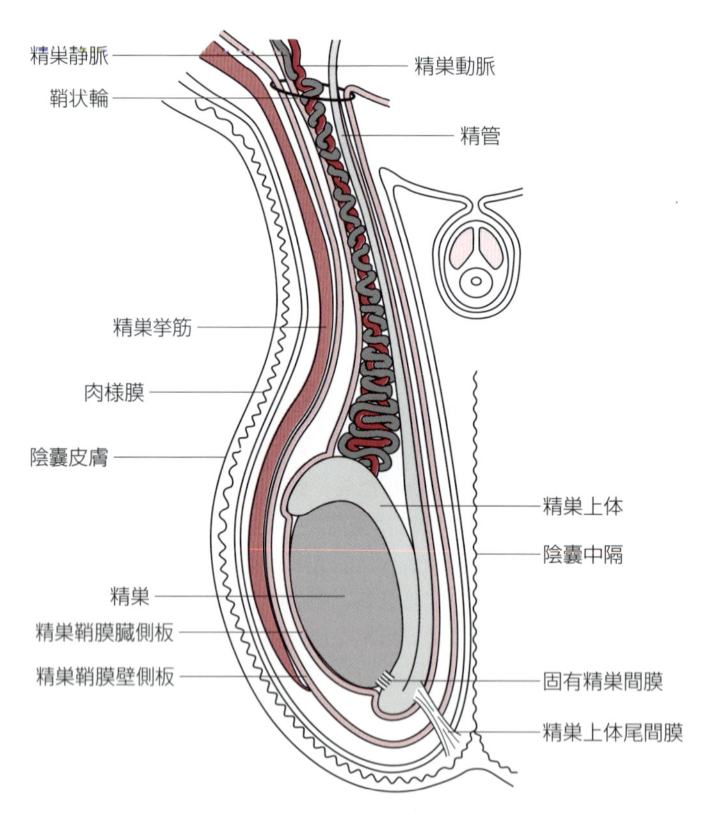


図11-2　陰嚢の構造と精索

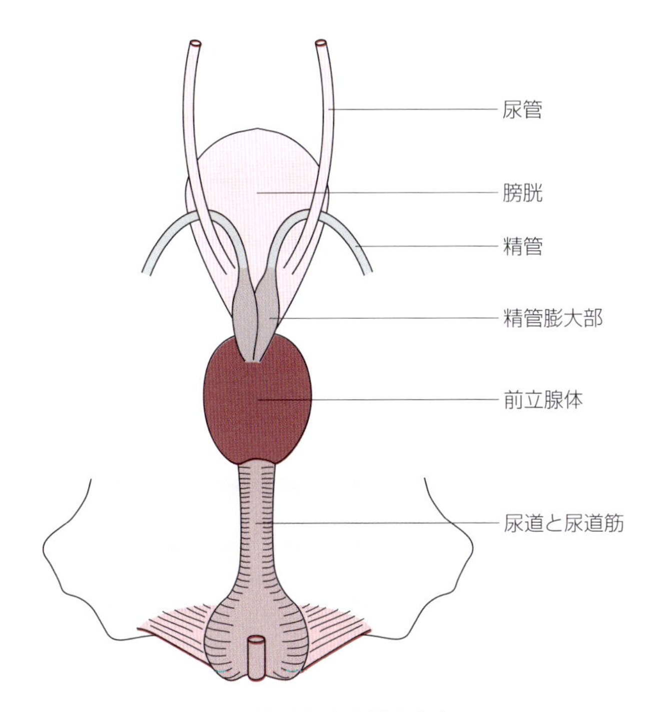


図11-3　イヌの雄性副生殖腺（背側観）

efferent ductulesとその支質で精巣と結ばれる。精巣輸出管は精巣上体頭内に進入した直後にまとまり，1本の長い管である精巣上体管duct of epididymisとなる。精巣上体管は，その後精巣上体体および尾内を迂曲しながら走行し，精巣上体尾から精管へと続く。また，精巣上体尾は固有精巣間膜によって精巣尾端と結合し，精巣上体尾間膜によって腹膜鞘状突起にも付着している。

## 3. 精管

精管deferent ductは，精巣上体管に続いて精巣上体尾に起こる。精索spermatic cordの精管間膜（精管ヒダ）に包まれ鼠径管に向かって走行し，深鼠径輪に達するまでを精索部という。その後，鼠径管を抜けて腹腔内に入り腹腔部となる。精管は深鼠径輪縁で精索中を走る脈管，神経と別れ，腹壁に沿って後背方に走行する。膀胱の背側面に達すると，その壁を貫通して精丘seminal colliculusに開口する。この開口部を射精口ejaculatory orificeという（図11-1）。ブタ，ネコを除いて膀胱頸に近い精管の末端部は太くなり，精管膨大部ampulla of deferent ductと呼ばれ，膨大部腺ampullary glandが存在する（図11-3）。ブタとネコでは，明らかな膨大部は認められないが，相当する部位に腺が形成される。

## 4. 副生殖腺

副生殖腺accessory genital glandsは尿道に沿って存在し，尿道に開口している。副生殖腺としては精嚢腺，前立腺，尿道球腺があり，その有無は動物種間で異なっている。精液の精漿の大部分はこれらの分泌液で構成されている。

### 1）精嚢腺

精嚢腺vesicular glandは膀胱頸の背部にあって，精管膨大部またはそれに相当する部分の外側にある1対の腺である。ウマ，ウサギでは精嚢seminal vesicleといわれ，食肉目は欠いている。

### 2）前立腺

前立腺prostate glandは直腸腹側で膀胱頸の背位にあり，家畜によっては尿道骨盤部にまで広がる副生殖腺で，すべての家畜で認められる。前立腺は，前立腺体body of prostateと尿道筋におおわれる前立腺伝播部disseminate partからなり，これらも動物種によって発達の程度が異なる。イヌにおいて副生殖腺は前立腺のみであり，前立腺体がよく発達し，伝播部は尿道壁内部に散在している（**図11-3**）。ウマでは前立腺体のみ，小型反芻動物では伝播部のみを有する。ウシ，ブタでは両者が認められるが，前立腺体は小さく伝播部の方が発達している。

### 3）尿道球腺

尿道球腺bulbourethral glandは，骨盤腔出口に近い尿道骨盤部の背側面に位置する左右1対の腺である。動物種によって発達の程度に差があり，ブタでよく発達し，イヌでは欠いている。

## 5. 陰茎

陰茎penisは尿生殖道である尿道の海綿体部を包む外生殖器で，交尾器となる。陰茎は陰茎根root of penis，陰茎体body of penis，陰茎亀頭glans penisに区別され，陰茎の主体は1対の陰茎海綿体corpus cavernosum penisと1個の尿道海綿体corpus spongiosum penisからなる（**図11-1**）。陰茎海綿体は，坐骨弓の両側で左右の陰茎脚から起こり，この部分が陰茎根となる。また，陰茎脚は坐骨海綿体筋でおおわれている。両脚は結合して1個の陰茎体となり，先端に向かって次第に細くなる。尿道海綿体は骨盤腔出口で尿道を囲んだ尿道球からはじまり，尿道を円筒状に包んで前方に走る。尿道球は球海綿体筋で包まれている。陰茎の先端では，尿道海綿体に由来する亀頭海綿体corpus spongiosum glandisが陰茎亀頭を作る。陰茎亀頭の形は動物種によって明らかな差異が見られる。イヌの陰茎亀頭は甚だ長く，その基部には発達した亀頭球が，先端には長く円錐状の亀頭長部が認められる。また，食肉目の陰茎亀頭には陰茎骨os penisが存在し，イヌでは尿道の背側に位置している。ウマや反芻動物では尿道の先端に尿道突起urethral processが突出し，特にヤギとヒツジでは尿道突起が亀頭を超えて長く伸びる。陰茎亀頭を除いた残りの部分は腹壁皮膚の続きで包まれ，亀頭だけが包皮prepuce中に遊離する。ブタの包皮では，その背側に袋状の包皮憩室preputial diverticulumが形成される。

# 11-2　雌の生殖器

到達目標：雌の生殖器の構造，位置関係および動物間の差異を説明できる。
キーワード：卵巣，卵管ロート，卵管采，卵管腹腔口，卵巣皮質，卵巣髄質，排卵窩，卵胞，黄体，卵巣動脈，固有卵巣索，卵巣間膜，卵管間膜，子宮間膜，卵管，卵管膨大部，卵管峡部，卵管子宮口，子宮，重複子宮，双角子宮，両分子宮，単一子宮，子宮角，子宮体，子宮頸，子宮帆，子宮小丘，子宮腔，内子宮口，外子宮口，子宮頸管，子宮頸膣部，膣，膣円蓋，膣前庭，大・小前庭腺，陰唇，外陰部，陰核

## 1. 卵巣

家畜において，雌の生殖腺である卵巣ovaryは左右1対あり，子宮間膜mesometriumの続きの卵巣間膜mesovariumで吊られている（図11-4）。卵巣間膜と卵管間膜mesosalpinxからなるくぼみを卵巣囊ovarian bursaと呼び，イヌではこれが発達し卵巣を包んでいる（図11-5）。また，卵巣は卵巣間膜の前縁にある卵巣提索suspensory ligament of ovaryとその続きである固有卵巣索proper ligament of ovaryによって保定されている。家畜の卵巣は比較的小さく楕円形または豆形であるが，活動期には卵胞ovarian follicleや黄体corpus luteumが大きく発達して外側にせり出してくることから形は不定形である。卵巣は生殖細胞を産生するとともに，卵胞ホルモンや黄体ホルモンなどを分泌する内分泌腺でもある。卵巣は皮質と髄質に分かれ，その表面は漿膜と白膜におおわれる。卵巣皮質cortex of ovary（実質帯parenchymatous zone）は多数の卵胞を含んでいる。一方，卵巣髄質medulla of ovary（血管帯vascular zone）は結合組織が支質となり，脈管や神経が分布する。他の家畜と異なり，ウマでは卵巣髄質が卵巣皮質を取り囲むように広がり，卵管采の付着部付近のみ皮質が表面を占めている。この部分を排卵窩ovulation fossaと呼び，ここから排卵される。卵巣への血液供給は，腹大動脈から分枝する卵巣動脈ovarian arteryにより行われる（図11-4）。

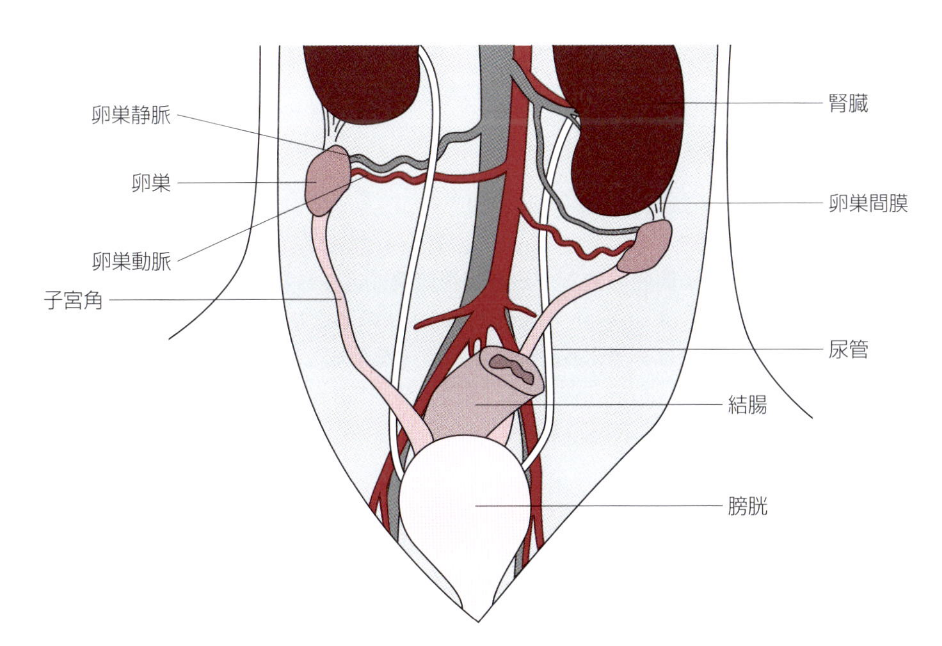


図11-4　イヌにおける雌性生殖器の位置（腹側観）

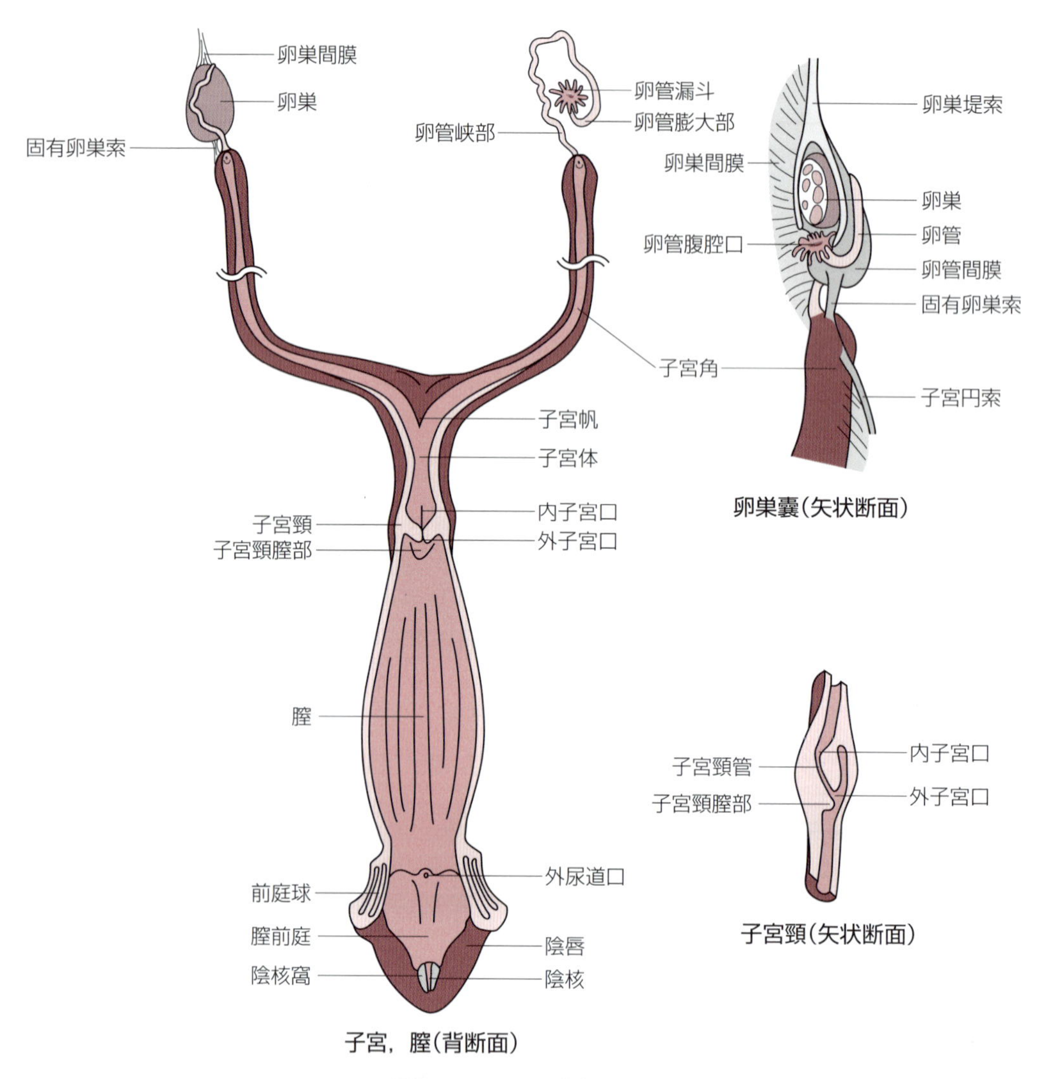


図11-5　イヌの雌性生殖器

## 2. 卵管

卵子を子宮へと送り込む通路である卵管oviduct, uterine tubeは左右1対あり，卵巣と子宮を結ぶ迂曲した細管でワナ状に走り，卵巣間膜の続きである卵管間膜に包まれる。卵管の前端（卵巣側）の開口部（卵管腹腔口abdominal opening of uterine tube）は，漏斗状の形をしており卵管ロートinfundibulumと呼ばれる。卵管ロートの自由縁は卵管采fimbria of ovaryを形成している。卵管は卵管腹腔口に続き，受精の場である卵管膨大部ampulla of uterine tube，卵管峡部isthmus of uterine tubeとなり，卵管子宮口uterine openingを経て子宮角に開口する（図11-5）。

## 3. 子宮

子宮uterusは直腸の腹側に位置し，骨盤腔では膀胱の背側を占める。動物種により形態が異なり，重複子宮double uterus（ウサギ），双角子宮bicornuate uterus（典型はウマ），単一子宮uterus simplex（霊長類）に分けられる。双角子宮は子宮角uterine horn，子宮体uterine bodyおよび子宮頸cervix of uterusで構成され，左右の子宮角は子宮広間膜（卵巣間膜，卵管間膜および子宮間膜からなる）によって吊られている。また，外観は双角子宮のように見えるが，子宮体の壁を切り開くと中隔である子宮帆velum uteriが残り，子宮腔uterine cavityが仕切られているものを両分子宮bipartite uterusと区別する場合もあり，ウシの子宮が典型である。イヌの子宮は外観的に双角子宮であるが，ある程度子宮帆が認められるため，ウシとウマの中間型を示している。子宮頸は子宮体の後位を占め，筋層が発達しているため壁が厚い。その内腔は子宮頸管cervical canalと呼ばれ，前方は内子宮口internal uterine orificeを介して子宮体に，後方は外子宮口external uterine orificeを通じて膣に連絡している。イヌの子宮の特徴として，子宮角は長いが子宮体は甚だ短い。また，子宮頸は子宮体同様短く，したがって子宮頸管も短い(**図11-5**)。反芻動物の子宮角粘膜には特有の子宮小丘carunclesが認められ，妊娠中の胎膜が付着する部位となる。子宮への血液供給は，内腸骨動脈(ウマでは外腸骨動脈)から分枝する子宮動脈 や卵巣動脈の子宮枝などにより行われる。

## 4. 膣，膣前庭および外生殖器

膣vaginaは，子宮頸膣部vaginal part of cervixを囲む膣円蓋fornix of vaginaから膣口まで広がり，膣口腹側には外尿道口が見られる。若い(未経産)ウマやブタの外尿道口付近には膣弁hymenが見られるが，イヌでは所在が明らかでない。膣前庭vestibule of vaginaは膣口から陰裂までで，小前庭腺minor vestibular gland(ほとんどの家畜)もしくは大前庭腺major vestibular gland(ウシ，ヒツジ，ネコ)が腹壁粘膜に開口する。外陰部(陰門)vulvaと陰核clitorisが雌の外生殖器にあたり，外陰部は陰唇pudendal labiaと陰裂で構成される。陰核は雄の陰茎と相同の構造で，陰核脚，陰核体および陰核亀頭が区別される。

## 演習問題

**1. 雄性生殖器について正しい記述はどれか。**

a. 精巣下降とは精巣が陰嚢内に移動することである。
b. ウシの陰茎は陰茎骨を有する。
c. 精管は膀胱腹側の膀胱三角に開口する。
d. 精巣動脈は外陰部動脈から分枝する。
e. ブタは精嚢腺と尿道球腺を欠く。

**2. 雌性生殖器について正しい記述はどれか。**

a. 卵管は膨大部のみからなる。
b. ウシの子宮は，子宮体に子宮帆を欠く。
c. ウマの卵巣には排卵窩が認められる。
d. ブタの子宮角粘膜には子宮小丘が認められる。
e. イヌの子宮は単一子宮である。

## 解　答

**1.**

正解　a

解説　a. ○　b. ×　陰茎骨を有するのは食肉目。c. ×　精管は膀胱背側の精丘に開口する。d. ×　精巣動脈は腹大動脈から分枝する。e. ×　ブタは精嚢腺，前立腺，尿道球腺を有する。

**2.**

正解　c

解説　a. ×　卵管は卵管漏斗，卵管膨大部，卵管峡部に区別される。b. ×　ウシの子宮は，子宮体に子宮帆が長く残る両分子宮である。c. ○　d. ×　反芻動物では子宮角の粘膜に子宮小丘が見られる。e. ×　単一子宮は霊長類。

（安井 禎）

# 12章 リンパ系

**一般目標：リンパ器官の構造と位置を理解する。**

リンパ器官lymphatic organは免疫系細胞の成熟や増殖の場であるとともに，病原体や異物が生体内へ侵入するのを食い止める重要な役割を果たす。本章では，口腔から咽頭にかけての領域に存在する扁桃，縦隔から頸部腹側に位置する胸腺，腹腔内で胃に隣接して存在する脾臓を概説する。リンパ節（リンパ中心）は17章で説明する。

## 12-1 扁桃

到達目標：各種扁桃の名称と位置を説明できる。
キーワード：口蓋扁桃，舌扁桃，咽頭扁桃

### 1. 扁桃の位置

扁桃tonsilは口腔から咽頭にかけての上皮下に存在するリンパ組織であり，口腔および鼻腔から消化器あるいは呼吸器へ病原微生物や異物が侵入するのを防ぐ重要な役割を果たす。扁桃はその存在部位に応じて数種類に分類され，それらは全体として輪状に配置しているため咽頭輪（ワルダイエル輪）とも呼ばれる。イヌでは，口蓋舌弓の尾側で咽頭口部外側壁の陥凹（扁桃窩）に位置する口蓋扁桃palatine tonsilが最もよく発達する（図12-1）。ウシでは，口蓋扁桃は，咽頭口部の一部が陥凹した扁桃洞の粘膜内に位置する。ウマでは，口蓋扁桃は扁平で咽頭口部底近くに存在し，ブタには存在しない。口蓋扁桃以外にも舌扁桃lingual tonsil，咽頭扁桃pharyngeal tonsil，口蓋帆扁桃といった扁桃が存在する。これらの存在の有無や形状は動物種によって異なっている。

### 2. 扁桃の構造

扁桃は多数のリンパ球の集積からなり，胚中心が存在する二次リンパ小節を含む。扁桃内から起始したリンパ管はリンパ管網を形成し，扁桃周囲の結合組織中のリンパ管に接続する。

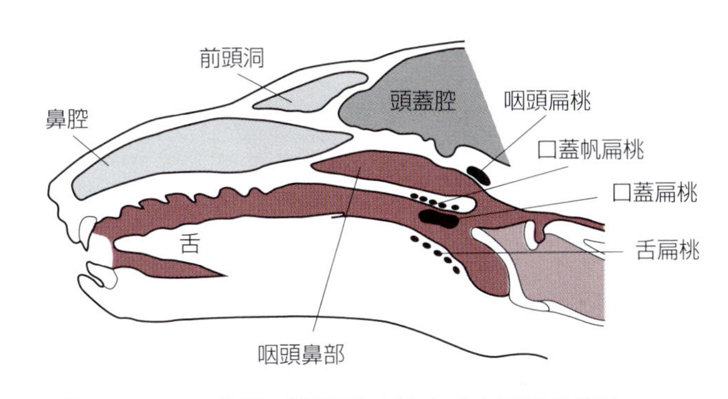


**図12-1 イヌ頭部の縦断面に示した主な扁桃の位置**

口腔後部から咽頭鼻部および口部にかけて，扁桃が輪状に配列する。

# 12-2　胸腺と脾臓

到達目標：胸腺，脾臓の位置と各部の名称を説明できる。
キーワード：胸腺，脾臓，脾門，壁側面，臓側面

## 1. 胸腺

胸腺thymusは出生後数カ月で最も発達し，その後成長するにつれ退縮して実質が脂肪組織や結合組織に置き換わる。胸腺の存在部位および分葉の発達程度は動物種差が著しい。イヌとウマでは胸腺は胸腔の縦隔内に存在し，左胸葉と右胸葉に不完全に分葉する。さらにウマではまれに胸葉の一部が中間葉を経て気管の左側を頭側へ伸び頸葉を形成する。ブタの胸腺は発達が良く，不完全に分離する左右胸葉は胸郭前口付近で有対の中間葉を介して頸葉に続く。頸葉はさらに峡部を介して頭蓋底に位置する頭葉へと続く。ウシの胸腺も発達が良く，胸葉は不対で気管と食道の左側に位置し，胸郭前口で中間葉を介して頸葉へ続く。頸葉は頭側に進むにつれて気管の左右にY字型に分岐する。頸葉の頭側には，出生直前までは，峡部を介してさらに頭葉が存在する。

胸腺は結合組織によって多数の胸腺小葉に分けられ，それぞれの小葉は皮質と髄質からなる。小葉には多数のリンパ系細胞が存在し，幼若時におけるTリンパ球の成熟に重要な役割を果たす。

## 2. 脾臓

脾臓spleenは胎生期に胃と体壁を結ぶ背側胃間膜中に発生するため，成体では左の前腹部で胃と横隔膜ないし体壁の間に位置する。イヌの脾臓は背腹方向に長く内外方向には扁平な臓器で，横隔膜あるいは体壁に面する壁側面parietal surfaceと胃に面する臓側面visceral surfaceが区別される（図12-2）。臓側面には脈管と神経の侵入部位である脾門hilus of spleenが背腹方向に長く伸びる。ブタの脾臓は背腹方向にさらに長く伸びた形状をしているのに対して，ウマの脾臓は背側端が広く腹側端が狭い長く伸びた扁平な三角形状である。ウシでは背腹に長い舌状であり，脾門が背側端前部に限局するのが特徴である。

脾臓の実質は，脾柱と呼ばれる結合組織によって区画され，多数の赤血球が存在する赤脾髄と，リンパ系細胞が主体となる白脾髄により構成される。

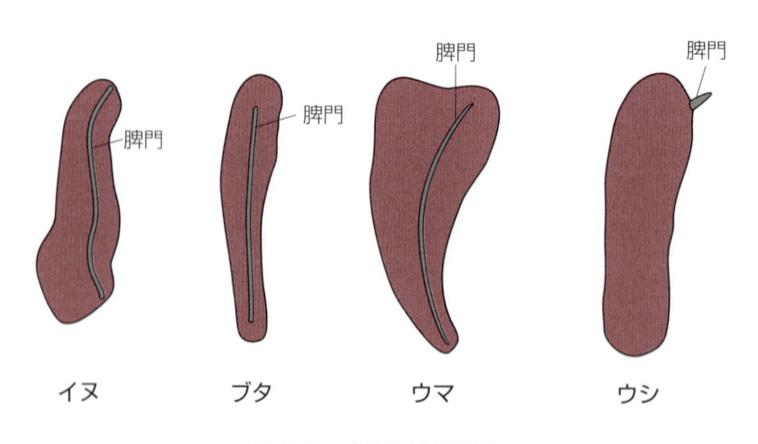


図12-2　脾臓の外部形態
いずれも臓側面を示す。脾臓の形態と脾門の位置の違いに注意せよ。

# 12-3　リンパ節（リンパ中心）

到達目標：リンパ節（中心）の名称を説明できる。
キーワード：頭部・頸部・体幹・四肢のリンパ節（耳下腺リンパ中心，下顎リンパ中心，咽頭後リンパ中心，浅頸リンパ中心，深頸リンパ中心，腋窩リンパ中心，浅・深鼠径リンパ中心，坐骨リンパ中心，膝窩リンパ中心），体腔内リンパ節（縦隔リンパ中心，気管支リンパ中心，背・腹側胸リンパ中心，腰リンパ中心，腹腔リンパ中心，前・後腸間膜リンパ中心，腸仙骨リンパ中心）

リンパ中心lymphocenterとは，ある部位に見られるリンパ節群のことである。内容は17章で説明する。

## 演習問題

**1. イヌの胸腺はどこに存在するか。**

a. 胸腔内
b. 腹腔内
c. 胸腔から頸部にかけて。
d. 頸部のみ。
e. 頸部から頭部にかけて。

**2. ウマの脾臓の肉眼解剖学的特徴は何か。**

a. 全体として舌に類似する形状をしている。
b. 全体として不整な四角形である。
c. 脾門が背腹方向に長い。
d. 脾門が背側端に限局する。
e. 脾門が腹側端に限局する。

## 解　答

**1.**

正解　a

**解説**　イヌの胸腺は胸腔内の縦隔に存在する。動物種によって存在部位が異なるので注意すること。

**2.**

正解　c

**解説**　ウマの脾臓は背腹方向が長い逆三角形状で，脾門も背腹に長い。

（柴田 秀史）

# 13章 内分泌系

**一般目標：内分泌器官の構造と位置を理解する。**

内分泌腺とは，ホルモンを分泌する腺の総称のことであり，外分泌腺のような導管を持たない。ホルモンは循環器系である毛細血管に直接放出され，間質液を介して拡散し，それぞれの標的器官にある細胞に直接作用を及ぼす。内分泌腺には，甲状腺，上皮小体，副腎，パラガングリオン（傍節），下垂体，松果体，膵島および性腺の内分泌組織などが含まれるが，本章ではそれらについて概説する。

## 13-1 主な内分泌器官

**到達目標：** 甲状腺，上皮小体，副腎，パラガングリオン（傍節），下垂体，松果体の構造，位置および動物間の差異を説明できる。

**キーワード：** 左葉，右葉，腺体，錐体葉，腺性峡部，線維性峡部，上皮小体，副腎皮質，副腎髄質，大動脈傍体，頸動脈小体，腺性下垂体，神経性下垂体，下垂体腔，主部，隆起部，中間部，神経葉，ロート（ロート柄，正中隆起）

### 1. 甲状腺

#### 1）分泌ホルモン

甲状腺thyroid glandでは，サイロキシン（$T_4$），トリヨードサイロニン（$T_3$）およびカルシトニンの3種類のホルモンが産生される。サイロキシンとトリヨードサイロニンは甲状腺ホルモンと呼ばれ，小胞（濾胞）上皮細胞において産生され，これらは放出されるまで前駆体であるサイログロブリンとして小胞（濾胞）内に貯留されている。甲状腺ホルモンの合成には食餌によって供給されるヨードが必須であり，ヨードの欠乏によって甲状腺腫（肥大）が引き起こされる。甲状腺ホルモンは代謝率や成長の促進，体温上昇などを調節している。一方，カルシトニンは小胞（濾胞）傍細胞（C細胞）において産生され，血中カルシウム濃度を低下させる作用を持っている。

#### 2）イヌの甲状腺の位置と形態

イヌの甲状腺は，気管の前端に位置し，気管の腹外側面で第五～第八気管輪の部位に位置している。腺体は左葉left lobeと右葉right lobeのそれぞれ細長い卵円形をした2葉からなり，結合組織からなる線維性峡部で連結しているが，峡部の連結が時に退化して独立した1対の腺体を形成していることがある。大型の犬種では，しばしば実質性の腺性峡を形成する（図13-1）。

#### 3）動物間の形態における差異

甲状腺の形と位置は動物の種類によって異なる。ほとんどの動物では，腺体は明確な左葉と右葉の2葉が1対となり，両者は腺性あるいは線維性の峡部によって連結している。ウマの腺体は卵円形をした2葉からなり，左葉と右葉は第四～第五気管輪腹側の位置で線維性峡部によって連結している。ウシでは，左葉と右葉の2葉はそれぞれ不規則な楕円状の形状を示し，第一～第二気管輪腹側の位置で腺性峡部によって連結している。ヒツジ，ヤギなどの小型反芻動物では，腺体は紡錘形あるいは円筒形の2葉から

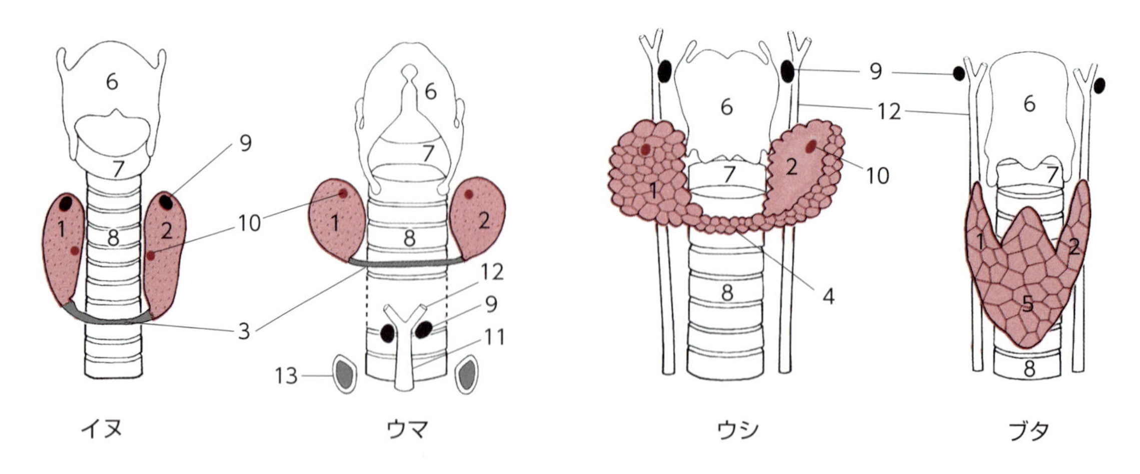


図13-1　各動物種における甲状腺の形態と上皮小体の位置

1. 右葉，2. 左葉，3. 線維性峡部，4. 腺性峡部，5. 錐体葉，6. 甲状軟骨，7. 輪状軟骨，8. 気管軟骨，9. 外上皮小体，10. 内上皮小体，11. 両頸動脈，12. 総頸動脈，13. 第一肋骨

なる。ブタでは，他の動物での腺性峡部に相当する部位が顕著に発達し，前および後位に突出した錐体葉を形成し，1個の大きな腺体としてまとまり，その前端は甲状軟骨，後端は胸郭前口に達する。ウサギでは，峡部の幅が広いが短く，左右両葉の前後端が突起状に突出して前角と後角を作り，全体としてH字状の形態を示す。また，ネコでは，扁平な紡錘状の腺体が第七～第十気管輪の腹外側に位置し，左葉と右葉の2葉は後位で細い線維性峡部によって連結している。

### 4）甲状腺の血管系

甲状腺へは総頸動脈からの分枝である後および前甲状腺動脈によって血液が供給される。反芻動物では後甲状腺動脈を欠くことが多いが，ブタでは主要な血液供給路となっている。静脈血は前および中甲状腺静脈を介して内頸静脈へ流入するが，内頸静脈を持たないウマでは外頸静脈へ流入する。

## 2. 上皮小体

### 1）分泌ホルモン

上皮小体parathyroid glandsでは上皮小体ホルモンであるパラトルモンが産生され分泌される。パラトルモンはカルシトニンと拮抗的に作用し，腸管からのカルシウム吸収および骨からのカルシウム遊離を促進し，また尿中へのカルシウム排出を抑制するなどして血中カルシウム濃度を高める役割を果たしている。

### 2）イヌの上皮小体の位置と形態

イヌの上皮小体は直径約3 mmの小球形をなし，甲状腺の外側面，内側面および実質内に位置している。上皮小体は通常4～5個あり，第三あるいは第四咽頭嚢上皮に由来し，それぞれ外上皮小体あるいは内上皮小体ともいう。外上皮小体は甲状腺の頭側端あるいは前半部に見られるが，内上皮小体は甲状腺左右両葉の実質の中間部に埋まっている（図13-1）。

### 3）動物間の形態における差異

外上皮小体の位置には動物の種類によって差が見られ，第一肋骨付近の気管に近い後深頸リンパ節の近傍（ウマ），総頸動脈分岐部およびその付近（反芻動物およびブタ），さらに甲状腺尾側端付近（ネコ）などに位置する。内上皮小体は，甲状腺両葉の前半部（ウマ），甲状腺背側縁・実質内または内側面（ウシ），甲状腺頭側端（ヒツジ・ヤギ），甲状腺実質内側面直下（ネコ）などに位置するが，ブタでは内上皮小体は存在しない。

## 3. 副腎

### 1）形態発生と分泌ホルモン

副腎adrenal glandsは，発生学的に2つの異なる由来の組織構造である皮質と髄質の2層構造からなる。中胚葉由来で副腎の外側を占める副腎皮質adrenal cortexからは，塩分と水の調節に作用する鉱質コルチコイド（アルドステロン），炭水化物の代謝に関与する糖質コルチコイド（コルチゾンおよびハイドロコルチゾン）および男性ホルモン（アンドロゲン）などの副腎皮質ホルモンが分泌される。副腎皮質はこれらステロイドホルモンの原料となる脂質を多く含んでいるため肉眼的に明調な淡黄色を呈する。一方，副腎の内側にあって外胚葉性の交感神経組織に由来する副腎髄質adrenal medullaは色調が暗調で，カテコールアミンホルモンであるアドレナリンおよびノルアドレナリンを分泌し，自律神経系とともに身体のストレス反応を調節している。

### 2）イヌの副腎の位置と形態

イヌの副腎は腎臓の前内側に位置し，脊柱に沿って走る腹大動脈および後大静脈を介した左右に1対で存在している。左の副腎は腹大動脈に接し，右の副腎はそれより頭側で後大静脈に接する。左の副腎は腎臓からやや離れた位置にある。形態は赤褐色または黄色の腺体で，扁平な豆型状～半月状を呈する（図13-2）。

### 3）動物間の形態における差異

副腎の形と位置は動物の種類によって異なる。ウシの副腎は左右で形が異なり，左がコンマ状で右がハート形である。ブタあるいは老齢のウマやイヌでは表面に皺が現れる。また，腎臓との位置関係において，イヌ，反芻動物，ブタでは腎門より前位で前内側縁にあるが，ウマでは腎門に接している。一方，ウサギの副腎は腎臓から離れた位置にあり，左の副腎で著しい。

### 4）副腎の血管系

副腎への血液供給（副腎動脈）には多様な経路が関わっており，近傍の動脈（腹大動脈，腎動脈，腰動脈および後横隔動脈）からの分枝によって血液が供給される。副腎動脈は副腎の表面から入り込み毛細血管となって皮質から髄質にわたり放射状の血管網を作る。これらの血管網は静脈洞を経て髄質にある中心静脈に集まり，副腎静脈となって腎静脈および腰静脈（イヌ）あるいは後大静脈（ウマ，ウシ，ブタ，ウサギ）へ流入する。

## 4. パラガングリオン（傍節）

### 1）形態発生と分泌ホルモン

パラガングリオン（傍節）paragangliaは上皮細胞性の副腎髄質の外部に形成された小組織のことをいう。発生学的には神経堤に由来し，発生期において副腎髄質が形成される前のカテコールアミンホルモンの供給源として重要な役割を果たしていたものと考えられている。パラガングリオンの大部分は生後退化してしまうが，一部の組織が残存して化学受容器（ケモレセプター）として機能する。副腎髄質がクロム親和性細胞が集まってできた組織であるのに対し，パラガングリオンではクロム親和性細胞が集まってできた組織と非クロム親和性細胞が集まってできた組織とに分類される。神経傍節は左右対称性に動脈に近接して存在し，豊富な神経分布を受けている。

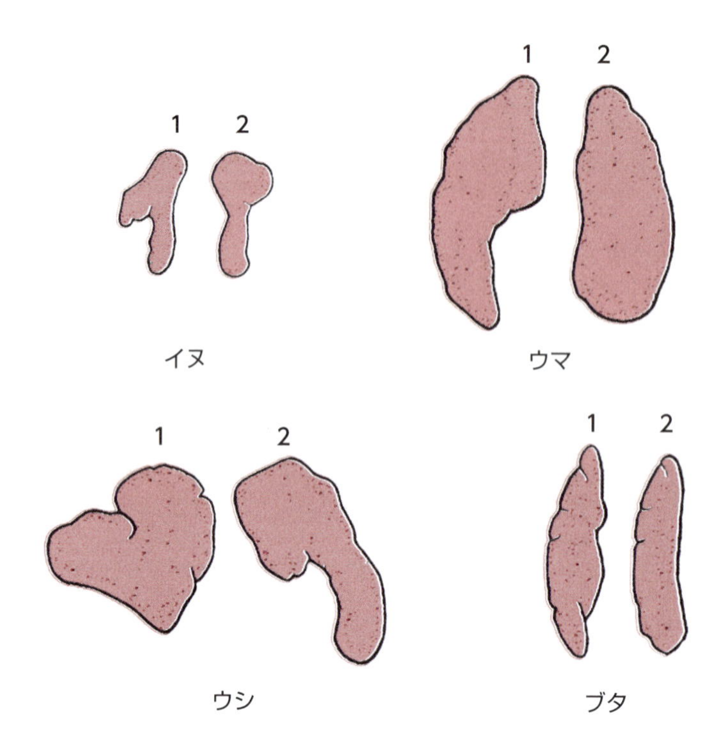


図13-2　各動物種における副腎の形態
1. 右副腎，2. 左副腎

### 2）大動脈傍体と頸動脈小体

大動脈傍体 paraaortic bodiesはクロム親和性であり，腹大動脈に沿って存在する暗灰色のリンパ組織に似た小器官であり，交感神経節細胞に由来し，カテコールアミンホルモンを含んでいる。頸動脈小体 carotid glomusは非クロム親和性であり，イヌ，ウマ，ブタ，ウサギにおいて認められ，総頸動脈が内頸および外頸動脈へ分岐する部位の外膜内部に位置する。舌咽神経の分枝である頸動脈洞枝，前頸神経節および迷走神経によって支配され，呼吸の制御や動脈内のガス濃度維持（血中酸素および二酸化炭素分圧の感知）に必要な化学受容器として作用する。

## 5. 下垂体

### 1）形態発生と分泌ホルモン

下垂体 pituitary gland（hypophysis）は発生学的に起原の異なる腺性下垂体 adenohypophysisと神経性下垂体 neurohypophysisの2部からなる。腺性下垂体は口蓋（口窩）の上皮が間脳底に向かって増殖して形成されたラトケ嚢と呼ばれる上皮細胞性の嚢状のくぼみに由来し，神経性下垂体は間脳壁から伸びた漏斗突起に由来する。腺性下垂体はさらに主部（前葉）distal part（anterior lobe），隆起部（隆起葉）tuberal partおよび中間部（中葉または中間葉）intermediate partの3つの部分に分けられる。中間部は神経性下垂体に接する薄い層で，主部との間には下垂体腔 hypophyseal cavityと呼ばれるラトケ嚢腔の遺残腔が存在する。神経性下垂体は神経葉（後葉）neural lobe（posterior lobe）およびロート infundibulumに分けられる。ロートはロート柄および正中隆起によって構成され，視床下部の灰白隆起へと連なり，脳の腹側にぶら下がる格好を示す。また，ロートの内腔側は，第三脳室が突き出してロート陥凹と呼ばれる構造をなす。主部からは成長ホルモン，副腎皮質刺激ホルモン（コルチコトロピン），性腺刺激ホルモン（ゴナドトロピン），甲状腺刺激ホルモン（サイロトロピン），プロラクチンなどの他の内分泌器官からのホルモン分泌を調節するような上位ホルモンが分泌される。中間部からはメラニン細胞刺激ホルモン(メラノトロピン)が分泌され，神経葉からは抗利尿ホルモン(バソプレッシン)およびオキシトシンが分泌される。神経葉にはホルモン産生細胞は認められず，ホルモンは視床下部の視索上核と室傍核の神経細胞(ニューロン)で産生された後，それらの神経細胞の軸索末端部が集まって形成されている神経葉において毛細血管床に分泌される(神経内分泌)。この点において，主部および中間部とは分泌様式が異なる。また，腺性下垂体は血管分布に富んだ内分泌組織であるため色調は淡桃色を示すが，神経性下垂体は神経線維や神経膠細胞が主体の組織であるため灰白色を呈する。

### 2) イヌの下垂体の位置と形態

イヌをはじめとして動物の下垂体は，頭蓋腔の底部において蝶形骨の下垂体窩(トルコ鞍)に収まっており，視神経交叉と視床下部乳頭体 mamillary bodyの間に位置する。不対の腺体はやや扁平な卵円形で，硬膜および骨膜が延長した厚い強固な被膜でおおわれている。イヌでは腺性下垂体の主部が最も大きく発達しており，薄い層状をなす中間部および主部と中間部との間にある下垂体腔は神経葉を取り囲むように広く伸びている。さらにイヌでは，神経葉に向かってロート陥凹が深く入り込んでいる(図13-3)。

### 3) 動物間の形態における差異

下垂体の形態は動物の種類によってやや異なる。イヌ，ネコ，ウマでは中間部が神経葉を取り囲むように広がっているが，反芻動物やブタでは狭く，神経葉の腹側部のみに存在する。また，下垂体腔はイヌ，ネコ，反芻動物，ブタにおいて明瞭に認められるが，ウマでは存在しない。

### 4) 下垂体の血管系

下垂体へは内頸動脈の枝である背および腹下垂体動脈より血液が流れ込む。ロート柄や正中隆起に至る背下垂体動脈はそこで毛細血管網を作り，一旦静脈として集まり下垂体門脈となった後，腺性下垂体の主部において再び洞様毛細血管網を形成する。下垂体門脈は視床下部で作られた下垂体ホルモンの分泌を制御する上位ホルモンを腺性下垂体の主部に運搬する働きを持っている。下垂体から分泌されたホルモンは下垂体周縁の静脈洞へと流れ出て，末梢の内分泌器官へ運ばれる。

## 6. 松果体

### 1) 分泌ホルモンと作用

松果体 pineal bodyは松果腺 pineal glandとも呼ばれ，松果体の内分泌細胞は，概日リズムを調節するホルモンであるメラトニンを産生し，分泌する。メラトニンの産生は，光の暗さによって刺激され，明るさによって抑制される。これは多くの哺乳動物において光の感受によって概日リズムを主導的に制御している網膜-視床下部(視交叉上核-室傍核)系の働きと連鎖している。松果体は，視床下部から脊髄-交感神経系を経て前頸神経節からの節後線維によって神経支配を受けて機能が調節されている。メラトニンは動物の性腺の働きを抑制的あるいは促進的に調節する作用があり，季節的な繁殖周期を持つ動物種において重要である。また，睡眠やある種の動物に見られる冬眠，新陳代謝などにも関わっている。進化発生学的には，下等脊椎動物の頭頂眼に相同な器官であるとされている。

### 2) イヌの松果体の位置と形態

イヌの松果体は直径が約2 mmの松の実形をなし，灰白色を呈する。松果体は間脳の背壁(第三脳室背側部)が正中位で背側に突出した構造物で，視床上部に属する小器官である。大脳半球におおわれているため脳の背面からは観ることができないが，中脳蓋(四丘体)の吻側に位置する。松果体柄で間脳と連絡し，組織は松果体細胞と神経膠細胞からなる。一般に幼若の動物で大きく，成熟に伴って縮小

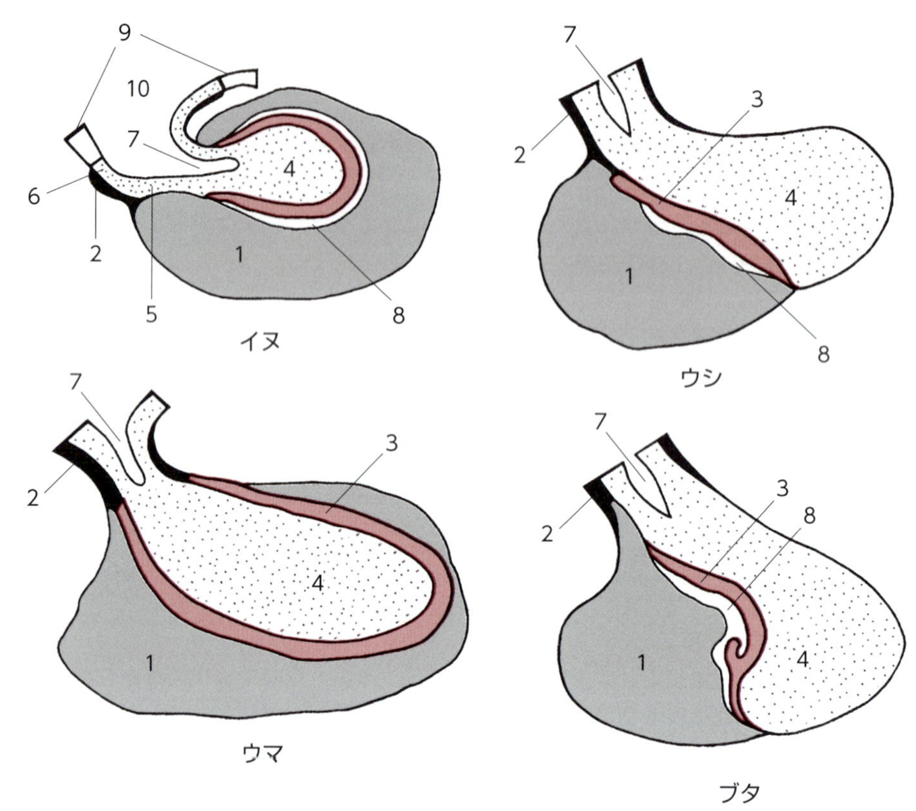


**図13-3　各動物種における下垂体の形態**

1. 腺性下垂体主部（前葉），2. 腺性下垂体隆起部（隆起葉），3. 腺性下垂体中間部（中葉または中間葉），4. 神経性下垂体神経葉（後葉），5. 神経性下垂体ロート柄，6. 神経性下垂体正中隆起，7. ロート陥凹，8. 下垂体腔，9. 灰白隆起（視床下部），10. 第三脳室

する。成熟動物の松果体では脳砂と呼ばれるリン酸塩や炭酸塩からなる砂状の物質や殿粉様小体を含んでいる。

## 7. その他の器官

### 1）膵島（ランゲルハンス島）

膵島pancreatic islets（islets of Langerhans）は膵臓の外分泌組織の腺房間に独立して介在する内分泌組織であり，内分泌細胞が塊状となって集まり，球形～卵形型の細胞塊を形成している。膵島の大きさ（直径）には数10～数100 μmのばらつきがあり，イヌでは約130 μmのものが多い。数的には数千個あり，膵右葉に比べ膵左葉に多く存在する。膵島は主に4種類のホルモンを分泌する細胞から構成されており，グルカゴンを分泌する$\alpha$細胞（A細胞），インスリンを分泌する$\beta$細胞（B細胞），ソマトスタチンを分泌する$\delta$細胞（D細胞）および膵ポリペプチドを分泌するPP細胞が存在する。インスリンとグルカゴンは血糖値の制御において重要な役割を果たしており，特に血糖値の低下をもたらすインスリンの産生および分泌の障害は糖尿病の病態と関連している。膵島には多くの毛細血管が分布しており，分泌されたホルモンは肝門脈に連絡する静脈に集まる。また，膵島は自律神経系の支配を受けており，交感神経系は直接的にあるいは副腎髄質ホルモンの分泌を介して間接的に作用する。アドレナリンは血糖上昇を引き起こすのみならず，インスリン分泌を抑制し，グルカゴン分泌を促進する。副交感神経系は迷走神経を介してインスリン分泌を増大させる。

### 2）性腺内分泌組織

性腺gonadである精巣および卵巣は外分泌と内分泌の両方の機能を持ち，視床下部-下垂体系の制御を受けている。精巣内では，精細管の間隙に多数存在する間質細胞interstitial cell（ライディッヒ細胞Leydig cell）からアンドロゲンが分泌される。アンドロゲンは精子の成熟や二次性徴に関与している。一方，卵巣においては，成熟卵胞を包む内および外顆粒層細胞granulosa cellsからエストロゲン（卵胞ホルモン）が分泌される。また，排卵後に形成される黄体からはプロゲステロン（黄体ホルモン）が分泌される。黄体からのホルモン分泌は発情周期に合わせた一過性のものと，妊娠期間中に妊娠黄体として維持されるものとがある。その他，性腺からはインヒビンやアクチビンといったホルモンが分泌され，精子形成や発情周期の制御に関わっている。

### 3）消化管内分泌細胞

胃幽門部あるいは小腸において，消化管ホルモンを分泌する胃腸内分泌細胞gastrointestinal endocrine cellが存在する。胃幽門部から十二指腸上部にかけて存在するG細胞はガストリンを分泌し，胃液分泌や蠕動運動を亢進させる作用を持つ。小腸上部に存在するI細胞からはコレシストキニン・パンクレオザイミンが分泌され，消化酵素に富む膵液の分泌亢進や胆嚢の収縮を引き起こす。また，十二指腸粘膜上皮のS細胞から分泌されるセクレチンは，重炭酸塩に富む膵液を分泌させ，胃酸の中和に役立つ。これらの細胞の他に，十二指腸から空腸にかけて存在するK細胞からは胃抑制ペプチドが，小腸下部に存在するL細胞からはグルカゴン様ペプチド-1および-2がそれぞれ分泌され，これらはインクレチン分泌細胞と呼ばれる。膵臓，胃，小腸から大腸の広範囲にわたってセロトニンを分泌するEC細胞が分布する。

### 4）腎内分泌細胞

腎臓の糸球体傍細胞juxtaglomerular cellからはレニンと呼ばれるホルモンが分泌される。レニンはアンギオテンシンⅠを活性化することで血圧上昇をもたらすとともに，アンギオテンシンⅠがアンギオテンシンⅡに変換することでアルドステロンの分泌を促し，腎臓での再吸収を促進する作用に関わる。

## 演習問題

**1. 甲状腺に関する記述で誤っているのはどれか。**

a. ウマの腺体は左葉と右葉の2葉からなり，線維性峡部によって連結する。
b. ウシの腺体は左葉と右葉の2葉からなり，腺性峡部によって連結する。
c. ブタの腺体は腺性峡部に相当する部位が顕著に発達し，錐体葉を形成する。
d. イヌの腺体は1個の大きな腺体としてまとまった形態を示す。
e. ウサギの腺体は峡部の幅が広く短く，全体としてH字状を呈する。

**2. イヌの内分泌器官に関する記述で誤っているのはどれか。**

a. 外上皮小体は甲状腺の実質内に埋没している。
b. 左副腎は腹大動脈に接し，右副腎はそれより頭側で後大静脈に接する。
c. 下垂体腔は神経葉を取り囲むように広く伸びている。
d. 松果体は一般に幼若の動物で大きく，成熟に伴って縮小する。
e. 膵島は糖代謝に関わるホルモンを分泌する。

## 解　答

**1.**

正解　d

解説　イヌの甲状腺は，細長い卵円形をした左葉と右葉のそれぞれの腺体が結合組織からなる線維性峡部で連結している。峡部の連結は時に退化して独立した1対の腺体を形成することもある。また，大型の犬種では，実質性の腺性峡部を認めることがある。

**2.**

正解　a

解説　イヌの上皮小体は直径3 mm程度の小球形で複数個が認められ，第三咽頭嚢上皮に由来する外上皮小体は甲状腺の頭側端あるいは前半部に存在し，第四咽頭嚢上皮に由来する内上皮小体は甲状腺左右両葉の実質中に存在する。

（五味 浩司）

# 14章　感覚器系

**一般目標**：感覚器各部の構造，位置関係および名称を理解する。

感覚器sense organsには視覚器，平衡聴覚器，嗅覚器，味覚器が含まれる。味覚器である味蕾については7章99頁「7-1　口腔，咽頭ならびに関連する器官」参照。

## 14-1　視覚器

**到達目標**：視覚器の構造を説明できる。

**キーワード**：瞳孔，虹彩，角膜，強膜，脈絡膜，網膜，前眼房，後眼房，眼房水，水晶体，硝子体眼房，硝子体，涙丘，結膜半月ヒダ（第三眼瞼），眼瞼，背側直筋，腹側直筋，内側直筋，外側直筋，背側斜筋，腹側斜筋，眼球後引筋，涙腺，涙小管，涙嚢，鼻涙管，鼻涙口

### 1. 眼

眼球壁は線維膜，血管膜，内膜の3層からなる。線維膜は前部にある透明な角膜corneaと後部にある白色の強膜scleraからなる。血管膜は脈絡膜と毛様体と虹彩に分けられる。脈絡膜choroidは強膜と網膜（後出）の間にあり，有蹄家畜と肉食動物では輝板tapetumを含んでいる。毛様体ciliary bodyは脈絡膜の前方に続く部分で，毛様（体）小帯によって水晶体と結ばれている。虹彩irisは瞳孔pupilを囲み，内部には括約筋と散大筋を含んでいる。眼球内膜は網膜retinaである。

眼球内には眼房水と水晶体と硝子体が存在する。眼房水aqueous humorは虹彩の前後に位置する前眼房anterior chamberと後眼房posterior chamberを満たしており，毛様体から後眼房に分泌され，前眼房へ移動し，虹彩角膜角隙を通して強膜静脈叢に吸収される。水晶体lensは両面が凸のレンズ状で，血管や神経を欠く。硝子体vitreous bodyは水晶体と網膜の間の硝子体眼房vitreous chamberを満たしている（図14-1）。

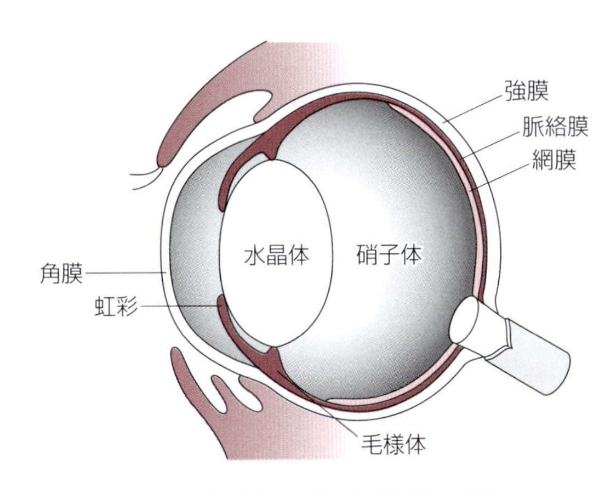


図14-1　眼球（矢状断面）

## 2. 副眼器

眼球の前面をおおう皮膚のヒダを眼瞼eyelidsといい，上眼瞼と下眼瞼がある。内眼角にある結膜のヒダは結膜半月ヒダsemilunar fold of conjunctiva（第三眼瞼third eyelid）もしくは瞬膜nictitating membraneと呼ばれる。

眼球を動かす筋を眼筋ocular musclesと呼ぶ。眼筋には4つの直筋（背側直筋dorsal rectus m.，腹側直筋ventral rectus m.，内側直筋medial rectus m.，外側直筋lateral rectus m.）と2つの斜筋（背側斜筋dorsal oblique m.，腹側斜筋ventral oblique m.）の他に眼球後引筋retractor bulbi m.がある。外側直筋と眼球後引筋の外側部は外転神経，背側斜筋は滑車神経，その他の眼筋は動眼神経に支配される。

涙腺とその排出路（涙小管および鼻涙管）を涙器と呼ぶ。涙腺lacrimal glandは眼球の背外側に位置し，涙液は上結膜円蓋へ開口する導管を通って分泌される。涙液は内眼角付近にある涙点lacrimal pointsから涙小管lacrimal ductsを通り，涙嚢lacrimal sacとそれに続く鼻涙管nasolacrimal ductを経て，鼻涙口opening of nasolacrimal ductから鼻腔へ排出される。

# 14-2　平衡聴覚器

到達目標：平衡聴覚器の構造を説明できる。
キーワード：耳介，耳介軟骨，外耳道，鼓膜，鼓室，耳管，耳管咽頭口，耳小骨，ツチ骨，キヌタ骨，アブミ骨，前庭窓，蝸牛窓，半規管，球形嚢，卵形嚢，蝸牛，蝸牛管

平衡聴覚器vestibulocochlear organは外耳，中耳，内耳に分けられる。

## 1. 外耳

外耳external earは耳介と外耳道と鼓膜からなる。耳介auricleは皮膚と耳介軟骨auricular cartilageで作られた集音器で，耳介筋によって自由に向きを変える。外耳道external acoustic meatusは外耳孔から鼓膜tympanic membraneに至る管で，耳毛や耳道腺を備えた軟骨性外耳道と，その奥の骨性外耳道とからなる。鼓膜tympanic membraneは外耳と中耳の境をなす。

## 2. 中耳

中耳middle earは鼓室と耳管からなる。鼓室tympanic cavityは側頭骨の岩様部に含まれる腔所で，周囲を骨壁に囲まれ，内側壁にある2つの穴のうち，前庭窓vestibular windowをアブミ骨，蝸牛窓cochlear windowを第二鼓膜secondary tympanic membraneが塞いでいる。鼓室の内部に見られる3つの耳小骨auditory ossicles，すなわちツチ骨malleus，キヌタ骨incus，アブミ骨stapesは鼓膜と前庭窓とを連結し，鼓膜に達した音波を増幅して内耳に伝える。耳管acoustic tubeは咽頭を鼓室と結び，嚥下の際には耳管咽頭口pharyngeal opening of auditory tubeが開いて鼓室内の気圧を調節する。ウマでは咽頭背部に耳管憩室diverticulum of auditory tube（喉嚢guttural pouch）が見られる（図14-2）。

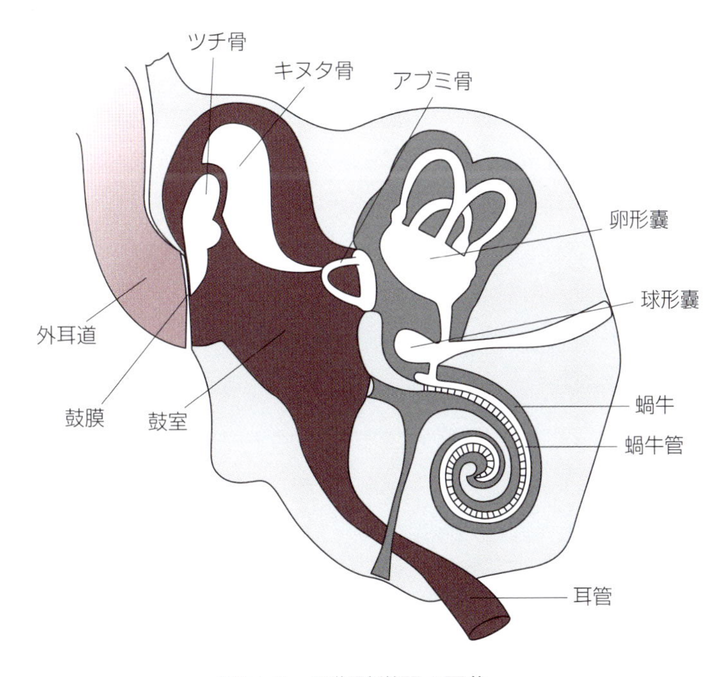


図14-2　平衡聴覚器の区分

## 3. 内耳

内耳internal earは膜迷路とそれを囲む骨迷路からなる。膜迷路と骨迷路の間は外リンパ perilymph，膜迷路の内部は内リンパendolymphで満たされる。

膜迷路は卵形嚢，球形嚢，半規管，蝸牛管に分けられる。卵形嚢 utricleと球形嚢 sacculeは壁の一部に平衡斑macula（卵形嚢斑と球形嚢斑）を持つ。半規管 semicircular canalsには前，後，外側の3つがあり，互いに直角になるよう配置している。各管が卵形嚢と接続する部分には1つずつ膨大部があり，膨大部稜ampullary crestが見られる。平衡斑と膨大部稜には前庭神経が分布する。膨大部を持たない側は総脚または単脚で卵形嚢に接続する。蝸牛管 cochlear ductは球形嚢と連絡し，ラセン器spiral organ（コルチ器organ of Corti）には蝸牛神経が分布する。

骨迷路は前庭，骨半規管，蝸牛からなる。前庭vestibuleは骨半規管と蝸牛の間にあり，卵形嚢と球形嚢を容れる。骨半規管osseous semicircular canalは膜半規管と同一の形状をとる。蝸牛 cochleaは蝸牛ラセン管が蝸牛軸の周りを回転したもので，蝸牛軸から出る骨ラセン板が前庭階scala vestibuliと鼓室階scala tympaniを不完全に分けている。

# 14-3　嗅覚器と鋤鼻器

到達目標：嗅覚器，鋤鼻器の構造を説明できる。
キーワード：嗅部，篩板，篩孔，嗅球，嗅神経

## 1. 嗅覚器

鼻粘膜の嗅部olfactory mucosaは嗅覚器olfactory organで，そこに含まれる嗅細胞から出る線維は集まって嗅神経olfactory nervesを作り，篩骨の篩板cribriform plateにある篩孔ethmoidal foraminaを通って頭蓋腔に入った後，嗅球olfactory bulbにおいて二次ニューロンとシナプスを形成する。

## 2. 鋤鼻器

鼻粘膜の嗅部が鼻腔の後部を占めるのに対し，鋤鼻器vomeronasal organは鼻中隔の基部に位置している。鋤鼻器は前方が切歯管incisive ductと連絡し，後方が盲端となった一対の管状構造で，そこから出る線維は嗅神経の場合と同様，集まって篩骨の篩板を通り，頭蓋腔へ入って副嗅球へ接続する(図14-3)。

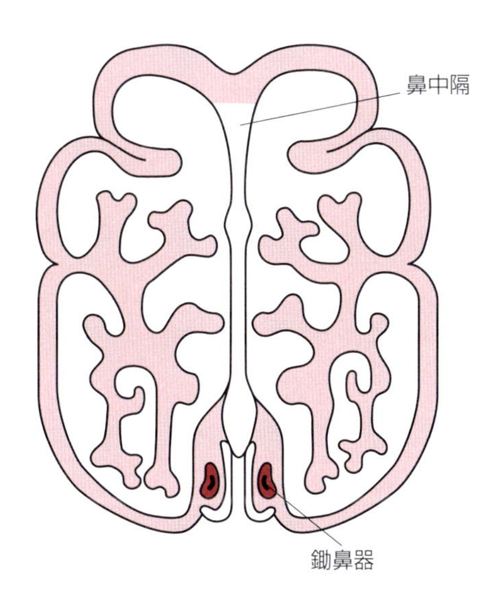


図14-3　鼻腔(横断面)

## 演習問題

**1. 視覚器に関する記述で誤っているのはどれか。**

a. ウマ，反芻動物，イヌの脈絡膜は金属性の光沢を持つ輝板を含む。
b. 毛様(体)小帯は毛様体と水晶体とを結ぶ。
c. 眼房水は虹彩角膜角隙を通って前眼房から強膜静脈叢に吸収される。
d. 眼筋のうち背側直筋だけは滑車神経によって支配される。
e. 内眼角にある結膜半月ヒダを第三眼瞼または瞬膜とも呼ぶ。

**2. 平衡聴覚器に関する記述で誤っているのはどれか。**

a. 鼓膜は外耳と中耳の境にある。
b. 耳管は鼓室と咽頭とを結ぶ。
c. 半規管は球形嚢と連絡している。
d. 平衡斑と膨大部稜には前庭神経が分布する。
e. 膜迷路と骨迷路の間は外リンパで満たされる。

**3. 嗅神経が通過するのはどれか。**

a. 眼窩裂
b. 篩孔
c. 外鼻孔
d. 頸静脈孔
e. 茎乳突孔

## 解　答

**1.**

正解　d

**解説**　背側直筋でなく背側斜筋が正しい。

**2.**

正解　c

**解説**　球形嚢でなく卵形嚢が正しい。

**3.**

正解　b

**解説**　篩骨の篩板にある篩孔を通過する。

（中牟田 信明）

# 15章　外皮

**一般目標：皮膚，毛，角質器，乳房の構造を理解する。**

外皮（皮膚）は動物の体の内部環境と外界との間の境界であり，外部環境からのさまざまな刺激から体を保護している。さらに皮膚以外にも外皮系はさまざまな構造を有し，体温調節，分泌，栄養，感覚，免疫などの多数の機能がある。本章では皮膚の一般的な構造について解説し，外皮が特殊化した蹄や乳腺などの器官について概説する。

## 15-1　皮膚とその付属器

到達目標：皮膚断面の構造を説明できる。
キーワード：表皮，真皮，皮下組織，毛，立毛筋，脂腺，汗腺

### 1. 表皮，真皮，皮下組織

表皮epidermisは外界と接している部分である（図15-1）。角化細胞が層構造をなしており，所々に色素細胞やランゲルハンス細胞などが存在する。表皮には血管は分布していない。真皮dermisは表皮の下層にあり，皮下組織subcutaneous tissueに連続する。

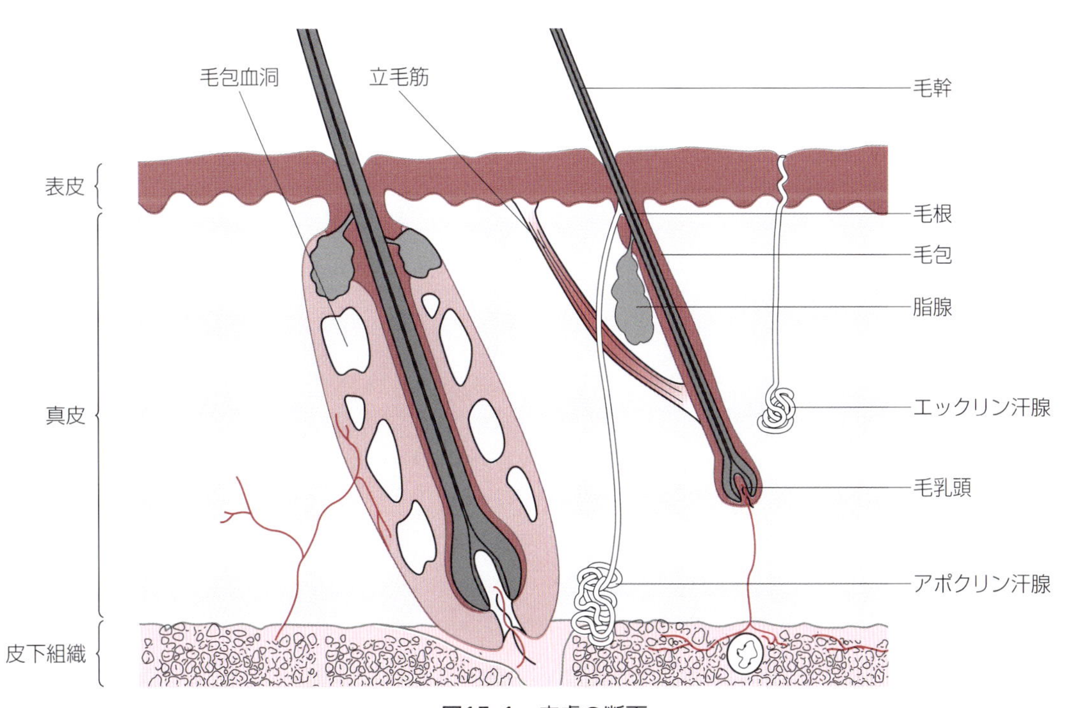


図15-1　皮膚の断面

## 2. 毛

毛hairは皮膚に埋もれている毛根と皮膚から露出している毛幹の2つの部位からなる。毛根を包んでいる毛包hair follicleには，平滑筋からなる立毛筋arrector pili muscleが付着している(図15-1)。毛を逆立てて敵を脅かす時などに，交感神経の刺激を受けて収縮する。

## 3. 脂腺，汗腺

### 1）脂腺

脂腺sebaceous glandは毛や表皮をおおう脂質を産生しており毛包に開口するが(図15-1)，眼瞼や口唇と肛門の周囲に見られる特殊化した脂腺は直接皮膚に繋がっている。

### 2）汗腺

#### (1) エックリン汗腺eccrine sweat gland

毛包とは関係なく，直接皮膚表面に開口する(図15-1)。水溶性の汗を分泌する。家畜においては，一部の無毛部，すなわちイヌやネコの肉球，有蹄類家畜の蹄叉や，ウシとブタの鼻部などに限局している。

#### (2) アポクリン汗腺apocrine sweat gland

脂腺の上方で毛包の頸部に開口する。タンパク質成分を含む汗を分泌する。脂腺からの分泌物とともに動物特有の匂いを与える香腺としても機能する。家畜では毛のあるところ，すなわち全身に分布している。イヌやネコでは発達が悪く，ウマでよく発達している。

### 3）特殊化した脂腺，汗腺

皮膚の特定の部位には，脂腺や汗腺が特殊化した変形腺が存在する。これらの腺の分泌物は繁殖に関係する，あるいはテリトリーマーカーとしての機能を有するものが多い。その最たるものである乳腺については，別に項目を設けて説明する。その他，外耳道に存在していて耳垢を作る耳道腺や，イヌやネコの肛門の両脇に存在する肛門傍洞の壁に認められる肛門傍洞腺などがある。

# 15-2　角質器

到達目標：爪，蹄，肉球，附蝉，毛，角を説明できる。
キーワード：鉤爪，爪壁，爪底，爪縁，爪冠，蹄壁，蹄底，蹄縁，蹄冠，蹄球，蹄叉，蹠枕，主蹄，副蹄，肉球，附蝉，距，被毛，触毛，洞角，角底，角体，角尖

## 1. 爪

爪nailは肢端を保護するために外皮が特殊化した構造である。爪は末節骨を取り囲んでおり，形態から鉤爪claw（イヌ，ネコ），蹄hoofなどに分けられる。爪（蹄）表皮は爪（蹄）鞘horn capsuleともいわれ，角化細胞が並ぶ薄い層と，厚く堅く発達した角質層horny layerからなる。深層には爪（蹄）真皮が存在する。

### 1）鉤爪，蹄の基本構造

爪（蹄）縁perioplic segment，爪（蹄）冠coronary segment，爪（蹄）壁wall segment，爪（蹄）底sole segmentからなる（**図15-2**）。爪（蹄）縁は皮膚との境目に位置する。続く爪（蹄）冠は帯状に少し隆起した部分である。爪（蹄）壁は末節骨の側面を覆い，末節骨の腹側面で爪（蹄）壁の内側は爪（蹄）底で満たされている。爪（蹄）壁や爪（蹄）底では，皮下組織は認められず，真皮が直接骨膜に結合し，爪（蹄）鞘と骨の間の堅固な結合をもたらしている。

さらに，有蹄類家畜の蹄底の尾側には蹄鞘の中では最も軟らかい角質からなる蹄球がある（反芻類家畜，ブタでは一部堅く角化する）。この部位には蹠枕pulvinusと呼ばれるクッションの役割を果たす発達した皮下組織が認められる。蹄球は鉤爪を持つ動物の指（趾）球に相当する。

ウマの蹄球は床側面において，蹄底に向かって楔形に侵入する蹄叉frogを形成し，蹄叉の中央には蹄叉中心溝が認められる（**図15-2**）。

反芻類家畜とブタの蹄は2つの主蹄principal hoofと2つの副蹄dewclawに分類される。主蹄は第三

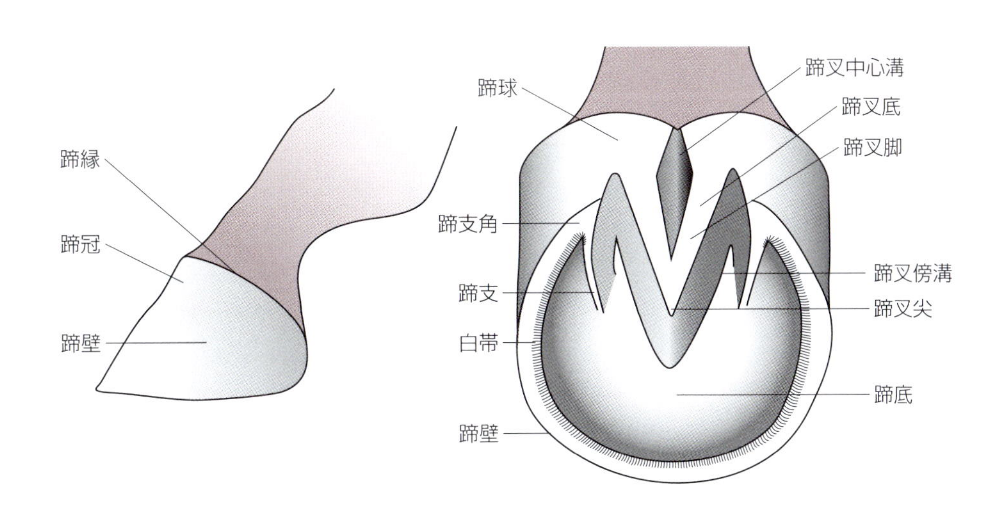


図15-2　ウマの蹄の外観

および第四指(趾)を覆い，副蹄は第二および第五指(趾)の末節骨(ブタ)，もしくはその痕跡構造(反芻類家畜)を包む。蹄叉は存在しない。

## 2. 肉球

肉球foot padは歩行時に衝撃を吸収し，物理的刺激から肢端を保護するために特殊化した外皮である。肉球には，手根(足根)球carpal (tarsal) pad，掌(足底)球metacarpal (metatarsal) pad，指(趾)球digital padの3種類がある。イヌ，ネコでは手根球は存在するが，足根球は消失している。有蹄類家畜においては指(趾)球のみが機能し，蹄球や蹄叉として蹄に組み込まれている。さらにウマでは手根(足根)球と掌(足底)球がそれぞれ附蝉chestnutと距ergotと呼ばれる瘢痕的な構造として残っている。

## 3. 毛

毛hairは被毛ordinary hairと触毛tactile hairに分類される。被毛とは体表をおおう一般的な毛を指し，直線状で硬く表層に露出している上毛topcoatと，軟らかくて細く波状を呈する下毛undercoatに分けられる。一般的に下毛は上毛よりも短く，被毛の深層を形成する。触毛は太く長く，上毛の層から飛び出している。感覚鋭敏な剛毛で毛包には特別に神経が分布している。ほとんどが顔面(顔面触毛)に認められるが，ネコでは手根(手根触毛)にも存在している。触毛の毛包は，静脈洞(毛包血洞，**図15-1**)によって囲まれており，触毛への機械的刺激が増幅され，洞壁内の神経終末に伝えられる。

## 4. 角

家畜の中では反芻動物が角hornを有している。反芻類家畜の角は前頭骨の角突起cornual processが骨性の芯となり，角質は鞘状になることから洞角cavicornとも呼ばれる。角は基部から先端にかけて角底base，角体body，角尖apexの3つの部位に分かれる。角表皮(角鞘horn sheath)の角質壁は角の基底部で作られ先端に移動する。皮下組織は存在せず，角真皮は直接骨に結合し，角表皮を固定している。

# 15-3　乳腺

到達目標：乳房の構造を説明できる。
キーワード：乳房，乳頭，乳管，乳管洞，乳頭管，乳頭口，乳区，乳房保定装置，乳静脈

## 1. 乳腺，乳房

乳腺mammary glandは特殊化した汗腺であり，その分泌物は新生子に栄養を与える。乳腺は動物の腹側面において複数の乳腺複合体(広義の乳房mamma)を形成し，左右に一対存在する。イヌ，ネコ，ブタでは乳腺は胸部，腹部，鼠径部に存在するが，反芻類家畜やウマでは鼠径部にまとまって存在しており，特に大きな乳腺複合体(狭義の乳房udder)を形成する。乳房の数は家畜によって，また品種によってさまざまである。一般的にウシでは2対(4個)，ヤギ，ヒツジ，ウマでは1対(2個)，ブタでは7対(14個)，イヌでは5対(10個)，ネコでは4対(8個)の乳房を持つ。

## 2. 乳房，乳頭の構造

各乳房は1個から2個以上の乳腺体と導管系から構成される乳区mammary areaからなる。乳腺体には小葉構造を示す腺組織が存在する。各腺小葉から集まった導管は乳管lactiferous ductとなり，さらにそれらは乳管洞lactiferous sinusに連絡する。乳管洞は乳腺部と乳頭部に分けられる。乳管洞乳頭部は乳頭管teat canalとなり，乳頭先端の乳頭口teat orificeに開口している(図15-3)。乳頭口の数は，乳区と対応している。ウシの左右の乳区は前位･後位乳区に分かれ，合計4つの乳区を持ち，各乳頭には1つの乳頭口が存在する。ヤギやヒツジでは1つの乳頭に1個の乳頭口が開口しており，ウシと同様に1乳頭(乳房)，1乳区である。ウマやブタでは2～3個の乳頭口が，イヌやネコでは5～15個の乳頭口が1つの乳頭teatに開口しており，それぞれの乳頭口は独立した乳区に通じている。

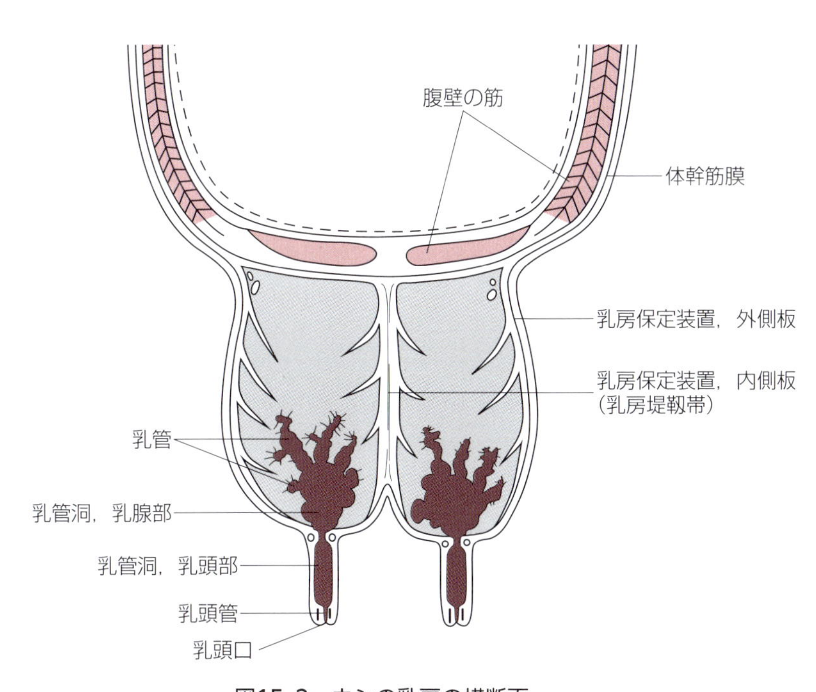


図15-3　ウシの乳房の横断面

## 3. 乳房保定装置

乳腺は体幹の筋膜から続く結合組織により保定されている。これは乳房保定装置 suspensory apparatus of mamma と呼ばれ，外側板と内側板からなる。大きな乳房を持つ反芻類家畜やウマではよく発達し腱板状となる。特に，左右の内側板は正中で癒合し，弾性に富む乳房堤靱帯 middle suspensory ligament of udder となる。この靱帯は乳房を左右に仕切っている（図15-3）。

## 4. その他：乳静脈

発達した乳房には太い血管が分布しており，特にウシでは浅前腹壁静脈と浅後腹壁静脈が吻合した静脈は乳静脈 milk vein として知られ，乳房の頭側の皮下を走る静脈は胸壁にある乳窩を通り内胸静脈に移行する。

## 演習問題

**1. 皮膚とその付属器に関する記述で正しいのはどれか。**

a. 表皮には血管が発達している。
b. 表皮は皮下組織に接する。
c. 毛包は毛幹を包んでいる。
d. 立毛筋は平滑筋からなる。
e. 家畜の皮膚にはアポクリン汗腺に比べて，エックリン汗腺が多数分布している。

**2. 角質器に関する記述で誤っているものはどれか。**

a. ウシには副蹄が存在する。
b. ブタの蹄には蹄叉が存在する。
c. ウマは附蝉を持つ。
d. ネコは手根触毛を持つ。
e. ウシの角は洞角と呼ばれる。

**3. 乳腺に関する記述で誤っているのはどれか。**

a. イヌは胸部，腹部，鼠径部に乳腺を持つ。
b. ウマの1つの乳頭には2～3個の乳頭口が開口している。
c. ウシの左右の乳頭は乳房内で交通している。
d. 乳汁は乳管，乳管洞，乳頭管の順に流れる。
e. ウシの乳静脈はよく発達しており，乳窩を通って内胸静脈に合流する。

## 解　答

**1.**

正解　d

**解説**　表皮には血管は分布していないが，真皮には分布している。表皮と皮下組織の間に真皮が存在する。毛包は毛根を包んでいる。ヒトの皮膚にはエックリン汗腺が多数分布しているが，家畜のエックリン汗腺は限局しており，アポクリン汗腺の方が多い。

**2.**

正解　b

**解説**　反芻類家畜やブタの蹄には蹄叉は存在しない。

**3.**

正解　c

**解説**　ウシの左右の乳房は乳房提靱帯によって仕切られている。

（大石 元治）

# 16章　心臓・血管系

一般目標：心臓と主要な動脈，静脈の構造と位置関係を理解する。

心臓血管系は，心臓から動脈として始まり，毛細血管を経て静脈となり，心臓に戻る経路である。心臓血管系における血液の流れを血液循環という。毛細血管となる前の細い動脈を細動脈，また，毛細血管からすぐの細い静脈を細静脈と呼ぶ。細動脈，毛細血管および細静脈からなる循環系を特に微小循環系という。本章では，心臓の構造と体の中の主な動脈および静脈について概説する。

## 16-1　血液循環

到達目標：体循環系，肺循環系を説明できる。
キーワード：右心室，肺動脈，肺，肺静脈，左心房，心臓，左心室，動脈，静脈，右心房

### 1. 体循環と肺循環

血液循環は肺循環と体循環からなる。肺循環は小循環lesser circulationとも呼ばれ，右心室right ventricleから肺動脈pulmonary trunkを介して肺に二酸化炭素を多く含む静脈血を運び，肺で酸素飽和された動脈血を肺静脈pulmonary veinsを介して左心房left atriumに還流させる。一方，体循環は大循環large circulationとも呼ばれ，左心室left ventricleから起こって肺のガス交換組織以外の全身の器官へと動脈arteryを介して動脈血を運搬し，静脈血を静脈veinを介して右心房right atriumへ還流させる。体循環の一部に門脈循環portal circulationという特殊な循環がある。門脈とは2つの毛細血管網にはさまれた血管を指す。消化管と肝臓を結ぶ門脈循環を特に肝門脈portal veinという。胃，腸，脾臓および膵臓に分布した静脈は，集まって門脈となり肝臓に連絡した後，そこに流れる静脈血を肝静脈を介して後大静脈に戻す。また，下垂体正中隆起の一次毛細血管網と腺性下垂体の二次毛細血管網を結ぶ門脈循環を特に下垂体門脈という。

# 16-2　心臓

**到達目標：** 心臓の構造を説明できる。

**キーワード：** 心膜，心膜腔，線維性心膜，漿膜性心膜（壁側板，臓側板，心外膜），心底，心尖，心耳面，心房面，冠状溝，円錐傍室間溝，洞下室間溝，左心室，右心室，動脈円錐，心房中隔，心室中隔，心骨，心軟骨，前大静脈，後大静脈，分界稜，刺激伝導系，櫛状筋，静脈間隆起，冠状静脈洞，卵円窩，肉柱，乳頭筋，腱索，室上稜，中隔縁柱，右房室弁（三尖弁：角尖，中隔尖，壁側尖），肺動脈弁（左半月弁，右半月弁，中間半月弁），左房室弁（僧帽弁，二尖弁：中隔尖，壁側尖），大動脈弁（中隔半月弁，左半月弁，右半月弁），洞房結節，房室結節

## 1. 心膜

心臓は心膜pericardiumに包まれて縦隔内に位置する。心膜は線維性心膜と漿膜性心膜に区別される（図16-1）。

### 1）線維性心膜

線維性心膜fibrous pericardiumは弾性線維を含んだ丈夫な膜で，大血管（大動脈や大静脈）の外膜の連続である。一般に心臓は線維性心膜の先端で靱帯となって胸骨と結合する。これを胸骨心膜靱帯sternocardiac ligamentという。イヌでは線維性心膜の先端が横隔膜と結合する。これを横隔心膜靱帯phrenopericardiac ligamentという。

### 2）漿膜性心膜

漿膜性心膜serous pericardiumは，壁側板と臓側板に区別される。壁側板parietal layerは，線維性心膜の内面に密着した薄い膜で，結合組織層とその表面の中皮細胞層からなる。一方，臓側板visceral layerは，心臓の外側表面に密着する薄い膜で，壁側板同様，結合組織とその表面の中皮細胞層からなる。臓側板は心外膜epicardiumとも呼ばれる。臓側板は心房および大血管が存在する心底の部分で反転して壁側板に移行する。心膜腔pericardial cavityは壁側板と臓側板の間にある空隙で，ここには少量の

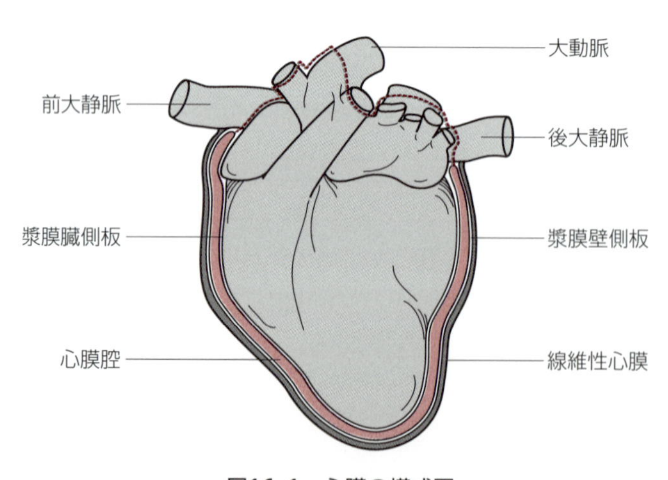


図16-1　心膜の模式図

心膜液（心嚢液）がある。

## 2. 心臓の位置

心臓はイヌでは第三～七肋骨間，ウマでは第三～六肋骨間，ウシ，ブタでは第三～五もしくは六肋骨間にある。イヌの心臓は胸腔においてその長軸が胸骨面に対して約40度となり大きく傾いているが，ウマおよびウシではほぼ垂直となっている。

## 3. 心臓の外景

### 1）心底と心尖

心臓は先端を胸骨の方に向けた円錐形の器官で，円錐の底面を心底base of heart，先端を心尖apex of heartという。心底には心房および心臓から出入りする大血管がある。

### 2）冠状溝

心房と心室の境目には冠状溝coronary grooveがあり，ここに冠状静脈coronary veinおよび冠状動脈coronary arteryが走るが，これらの血管は脂肪に埋まっており，外観からは区別しにくい。

### 3）心耳面と心房面

左右の心房には心耳auricleが見られるが，これは心房の壁が外側に突出してできた盲嚢である。心耳の内面は櫛状筋が発達するため起伏に富む。左右の心耳の先端が向き合う部分が心耳面auricular surfaceとなり，その反対側，すなわち横隔膜側は心房面atrial surfaceと呼ばれる。

### 4）円錐傍室間溝と洞下室間溝

左右両心室の間には心底から心尖に向かって走る溝が見られる。そのうちの左外側面に見られる溝を円錐傍室間溝paraconal interventricular grooveといい，右外側面に見られる溝を洞下室間溝subsinuosal interventricular grooveという。これらの溝にはそれぞれ冠状動脈の円錐傍室間枝paraconal interventricular branchおよび洞下室間枝subsinuosal interventricular branchが走る。円錐傍室間溝と洞下室間溝は心尖部のわずかな窪み部分である心尖切痕apical incisure of heartで繋がる。

## 4. 心臓の内景

### 1）房室中隔

心臓は房室中隔atrioventricular septumによって左右両半に分けられる。房室中隔はさらに心房を左右に分ける心房中隔interatrial septumと心室を左右に分ける心室中隔interventricular septumに区別される。すなわち，心臓は左右の心房と心室の4室を含む（図**16-2**）。

### 2）房室口

房室口atrioventricular orificeは心室と心房の連絡部であるが，これは冠状溝に含まれる結合組織性の線維輪から伸びる房室弁によって仕切られる。

### 3）線維輪

線維輪fibrous ringは，心臓の4つの口，すなわち肺動脈弁，大動脈弁，右房室口，左房室口を取り囲む線維性組織で肺動脈線維輪pulmonary fibrous ring，大動脈線維輪aortic fibrous ring，房室線維輪atrioventricular fibrous ringを含む。線維輪は，主に膠原線維からなり，心房の筋と心室の筋を隔てている。ただし，興奮伝導線維の一つである房室束だけはこの線維輪を貫通しており，心臓収縮のた

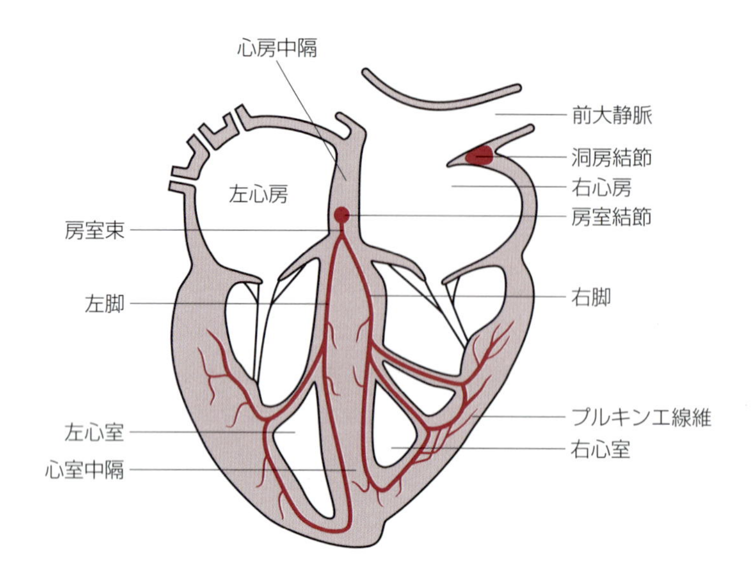


図16-2　心臓内腔模式図

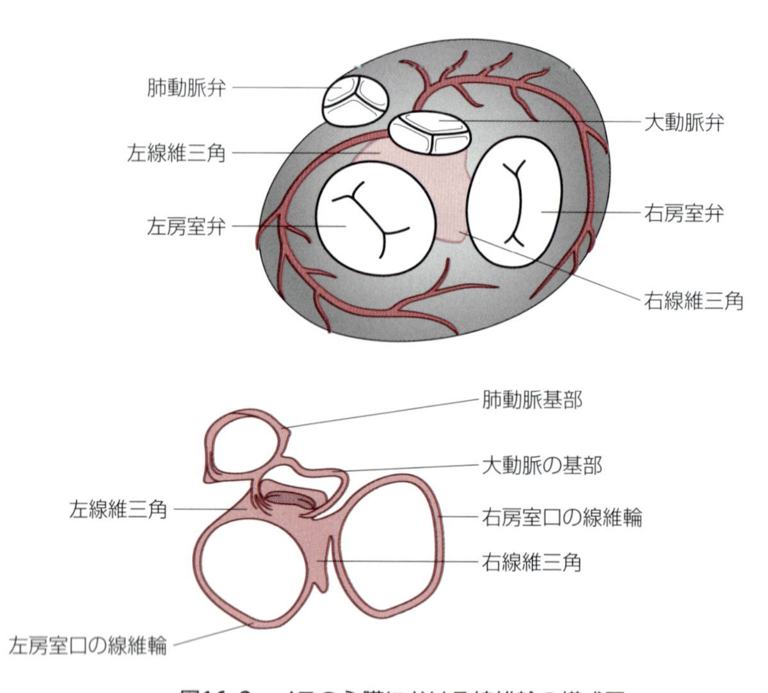


図16-3　イヌの心臓における線維輪の模式図

めのインパルスは心房から心室へと伝達されるようになっている(**図16-3**)。

### 4）線維三角

大動脈線維輪と左房室線維輪の間，および大動脈線維輪，左房室線維輪，右房室線維輪で囲まれた部分は三角形を呈しており，それぞれ，左線維三角left fibrous trigoneと右線維三角right fibrous

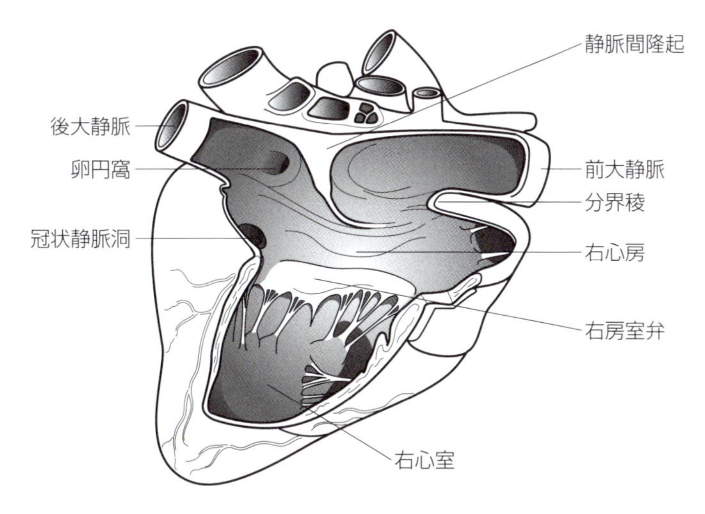


図16-4　ウマの心臓の右心房，右心室の内景

trigoneと呼ばれる。この部分は，線維性軟骨fibrous cartilage(心軟骨cardiac cartilage)もしくは小結節状の骨，すなわち心骨cardiac boneを含むこともある。心骨はウシでは一般的であるが，他の動物でも見られることがある。

### 5）右心房

右心房right atriumには頭部，頸部，胸部，前肢などからの静脈血を受ける前大静脈cranial vena cavaと腹部，骨盤部，後肢などからの静脈血を受ける後大静脈caudal vena cavaが開く。右心房内では以下のような構造が見られる。

#### (1) 分界稜

分界稜terminal crestは，右心房における前大静脈の開口部腹側にある突出部で，櫛状筋からなる。分界稜は大静脈洞と右心耳背側の境界部でもあり，この部位の心内膜下に刺激伝導系組織の一つである洞房結節がある(図16-4)。

#### (2) 大静脈洞

大静脈洞sinus of vena cavaは，前大静脈口付近の平滑な部分。ウマ，イヌにおいては，大静脈洞の背壁に右奇静脈が連絡する。

#### (3) 静脈間隆起

静脈間隆起intervenous tubercleは，前大静脈と後大静脈との会合部分にある隆起部(図16-4)。

#### (4) 櫛状筋

櫛状筋pectinate muscleは，心房内面で見られる筋線維である。

#### (5) 冠状静脈洞

冠状静脈洞coronary sinusは，大心臓静脈や中心臓静脈が開口する穴で，心臓に行き渡った血液がここから右心房に戻る。ウシやブタでは，左奇静脈もここに開口する。

#### (6) 卵円窩

卵円窩fossa ovalisは静脈間隆起の尾側，すなわち後大静脈の右心房への開口部にある小さな窪みで，胎生期に左右の心房を交通させていた卵円孔のなごりである。発生過程で，卵円孔が閉じないと卵円孔開存となる。

### 6）右心室

右心室right ventricleは，右心房から流入した静脈血を受け，これを肺動脈を介して肺に導く部分である。右心室は，左心室の右側面と前面を囲むように位置している。右心室壁の内面には多くの肉柱が見られる。肉柱trabeculae carneaeは心室筋が隆起してできた構造で，これは動脈円錐に向うにつれて次第に弱くなり遂にはなくなる。

#### （1）動脈円錐

動脈円錐conus arteriosusは，右心室から肺動脈口へと通じる部位である。

#### （2） 室上稜

室上稜supraventricular crestは，動脈円錐起始部と房室口の間を斜めに走る心筋の隆起部である。

#### （3）右心室の乳頭筋

乳頭筋papillary muscleは，心室内腔表面に見られる心筋からなる突出部で，乳頭筋から房室弁に向かって腱索tendinous cordsが伸び，両者をつなげている。1個の乳頭筋からは2枚の弁に向かって腱索が伸び，1枚の弁からは2個の乳頭筋に向かって腱索が伸びる。一般に右心室では，乳頭筋は中隔側に動脈下乳頭筋subarterial papillary muscleと小乳頭筋small papillary muscleがあり，心室壁側に大乳頭筋great papillary muscleがあるが，動物によっては，中隔側の乳頭筋が1個に減少していることもある。右心室の心室壁側にある大乳頭筋は右心室の乳頭筋の中で最大である。動脈下乳頭筋は肺動脈近くの心室中隔に見られ，小乳頭筋は動脈下乳頭筋の尾側に見られる。

#### （4）中隔縁柱

中隔縁柱septomarginal trabeculaは，心室中隔から心室壁を橋渡しする筋柱で，この中を興奮伝導線維が走っている。

### 7）右房室弁（三尖弁）

房室弁は線維輪から心室に伸びるヒダ状の構造物で，弁の先端からは腱索が伸び，心室内の乳頭筋に連結している。一般に，右房室弁right atrioventricular valveは中隔側にある中隔尖septal cusp，心室壁側にある壁側尖parietal cuspおよび前方にある角尖angular cuspからなる（図16-5）。このため，右房室弁は三尖弁tricuspid valveとも呼ばれる。しかしながら，動物によっては角尖が明確に認められない場合もある。角尖のない動物では中隔側の乳頭筋の数が1個に減少している。

### 8）肺動脈弁（半月弁）

肺動脈弁pulmonary valveは動脈円錐から続く肺動脈開口部にある弁で，3枚の弁からなる。すなわち，後方に見られる左半月弁left semilunar valve，右前方にある右半月弁right semilunar valve，左外側にある中間半月弁intermediate semilunar valveからなる。

### 9）左心房

左心房left atriumは，肺で酸素を多く含んだ動脈血が肺静脈を介して流入するところである。

### 10）左心室

左心室left ventricleの壁は右心室よりもずっと厚い。また，心室内の乳頭筋も右心室のそれと比べると発達していて大きい。左心室には心耳下乳頭筋subauricular papillary muscleと心房下乳頭筋subatrial papillary muscleの2個の乳頭筋がある。心耳下乳頭筋と心房下乳頭筋は心室壁において前後に並んでおり，心耳下乳頭筋の方が心房下乳頭筋よりも大きい。

### 11）左房室弁（二尖弁）

左房室弁left atrioventricular valveは右房室弁と同様，線維輪から心室に伸びるヒダ状の構造物で，

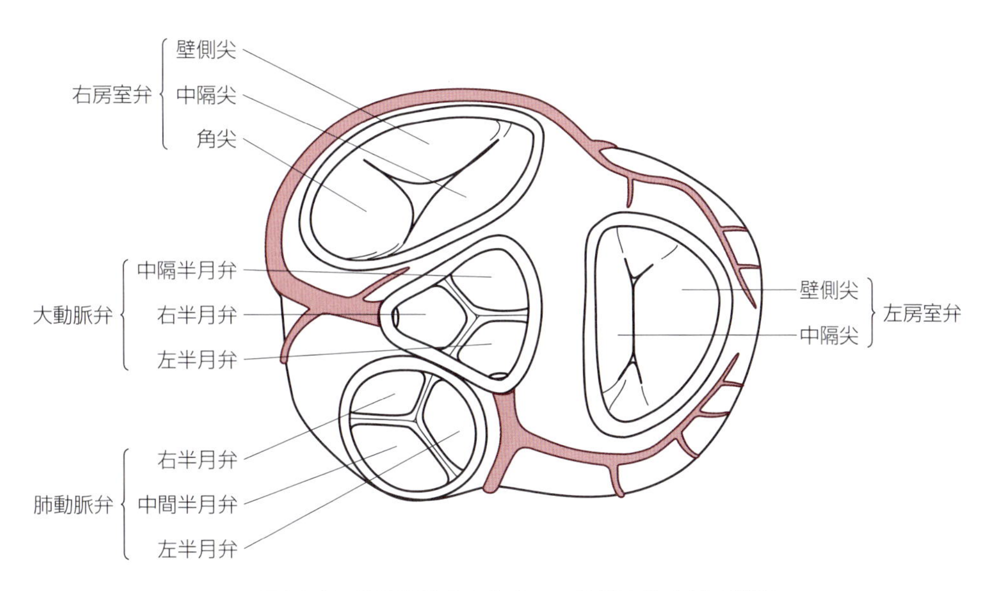


図16-5　心房を除去したウマの心臓の心底部の背観

弁の先端からは腱索が伸び，心室内の乳頭筋に連結している。左房室弁は，心室中隔側にある中隔尖 septal cusp，心室壁側にある壁側尖 parietal cuspの2枚からなる。このため，左房室弁は二尖弁 bicuspid valveとも呼ばれる。

#### 12）大動脈弁

大動脈弁aortic valveは大動脈口にある弁で，3枚の弁，すなわち，前方にある右半月弁right semilunar valve，左外側にある左半月弁left semilunar valve，右外側にある中隔半月弁septal semilunar valveからなる。

## 5. 刺激伝導系

刺激伝導系impulse conducting systemは心臓の拍動の開始と調節をつかさどる重要な系で，洞房結節，房室結節，房室束（ヒス束），左右の脚，プルキンエ線維からなる。これらの部位は通常の心筋線維とは形態的に異なる特殊な心筋線維，すなわち伝導心筋線維からなる（**図16-2**）。

#### 1）洞房結節

洞房結節sinoatrial nodeは，分界稜の心内膜下に存在する伝導心筋線維の集団である。洞房結節が心筋に対する収縮刺激を発することで左右の心房の収縮がはじまり，洞房結節の興奮刺激は房室結節に伝わる。

#### 2）房室結節

房室結節atrioventricular nodeは，右心房の卵円窩の腹位で心房中隔の心内膜下に存在する。

#### 3）房室束（ヒス束）

房室束atrioventricular bundle（ヒス束bundle of His）は，房室結節から続く1本の伝導心筋線維の細い束で，心臓の線維輪を通り抜け，心室中隔に達する。心室中隔に達すると間もなく，左右の心室に入る左脚と右脚に分かれる。

### 4) 左脚

左脚 left bundle は，心室中隔の心内膜下を左心室面に下行する伝導心筋線維の束。左心室の伝導心筋線維網に連絡する。

### 5) 右脚

右脚 right bundle は，心室中隔の心内膜下を右心室面に下行する伝導心筋線維の束。右心室の伝導心筋線維網に連絡する。

### 6) プルキンエ線維

プルキンエ線維 Purkinje fibers は，左右の心室において扇状に広がる伝導心筋線維。

# 16-3　動脈

到達目標：大動脈弓からの動脈の分岐の動物間の差異および主な動脈を説明できる。
キーワード：動脈管索，右･左肺動脈，上行大動脈，大動脈弓，下行大動脈，胸大動脈，腹大動脈，左冠状動脈，右冠状動脈，円錐傍室間枝，洞下室間枝，腕頭動脈，総頸動脈，右鎖骨下動脈，左鎖骨下動脈，腋窩動脈，椎骨動脈，肋頸動脈，外頸動脈，内頸動脈，顎動脈，舌顔面動脈，舌動脈，顔面動脈，背側肩甲動脈，深頸動脈，内胸動脈，浅頸動脈，後頭動脈，浅側頭動脈，下歯槽動脈，大脳動脈輪，前交通動脈，後交通動脈，前大脳動脈，中大脳動脈，脳底動脈，後大脳動脈，前小脳動脈，後小脳動脈，背側肋間動脈，肩甲下動脈，上腕動脈，上腕深動脈，尺側側副動脈，総骨間動脈，正中動脈，腰動脈，腹腔動脈，肝動脈，左胃動脈，脾動脈，右胃動脈，前腸間膜動脈，腎動脈，精巣動脈，卵巣動脈，後腸間膜動脈，内腸骨動脈，内陰部動脈，臍動脈，正中仙骨動脈，外腸骨動脈，大腿動脈，伏在動脈，膝窩動脈，前脛骨動脈，後脛骨動脈

## 1. 側副循環と終末動脈

動脈は心臓から出る大動脈から始まり，分枝しながらしだいに細くなり，最終的に毛細血管網に連絡する。大部分の動脈では，毛細血管網にたどり着く前に，近くの動脈と連絡する。これを吻合anastomosisと呼ぶ。吻合によって，1本の動脈が血栓などにより閉塞しても，隣りの動脈から血液が流れてくることができる。これを側副循環collateral circulationという。一方，吻合を持たない動脈，すなわち側副循環のない動脈は終末動脈telangionと呼ばれる。終末動脈が閉塞すれば，その動脈が分布する領域の組織に酸素や栄養素が供給されなくなり，壊死に陥る。

## 2. 肺動脈

肺動脈pulmonary arteryは，右心室の動脈円錐から移行する動脈で，心臓の左前位に見られる。肺動脈は，大動脈弓の左腹位を弧を描いて背後方に向かうが，その経路で両者を結ぶ動脈管索arterial ligamentがある。動脈管索は胎子の時に大動脈と肺動脈を連絡した動脈管の遺残である。動脈管は通常，生後1週間以内には閉塞する。動脈管が閉塞せずに開存している場合(動脈管開存)では，酸素濃度の低い肺動脈の血液と酸素濃度の高い大動脈内の血液が混じり合ってしまい，末梢の動脈血の酸素濃度が低下して低酸素血症を引き起こす。心臓から出た肺動脈は気管分岐部で右肺動脈right pulmonary arteryおよび左肺動脈left pulmonary arteryに分かれ，それぞれ右側および左側の肺に入り，気管支に同行する。

## 3. 大動脈

大動脈aortaは，左心室から続く動脈で，大動脈弁の直上は，大動脈洞となる。体循環の動脈はすべてこの動脈から起こる。大動脈のはじめの部分は心膜内に位置し，上行大動脈ascending aortaと呼ばれる。上行大動脈を過ぎて，心膜を出るあたりで大動脈は急にアーチ型となり後背方に向かう。このアーチ型の部分を大動脈弓aortic archと呼ぶ。イヌおよびブタでは大動脈弓から腕頭動脈が分岐した後，大動脈のより遠位部で左鎖骨下動脈left subclavian arteryが分岐する。一方，ウシ，ウマでは，大動脈弓から腕頭動脈のみが分岐する。大動脈弓以降の大動脈を下行大動脈descending aortaと呼ぶが，これは，胸腔においては胸大動脈thoracic aorta，腹腔においては腹大動脈abdominal aortaとなる(図16-6)。

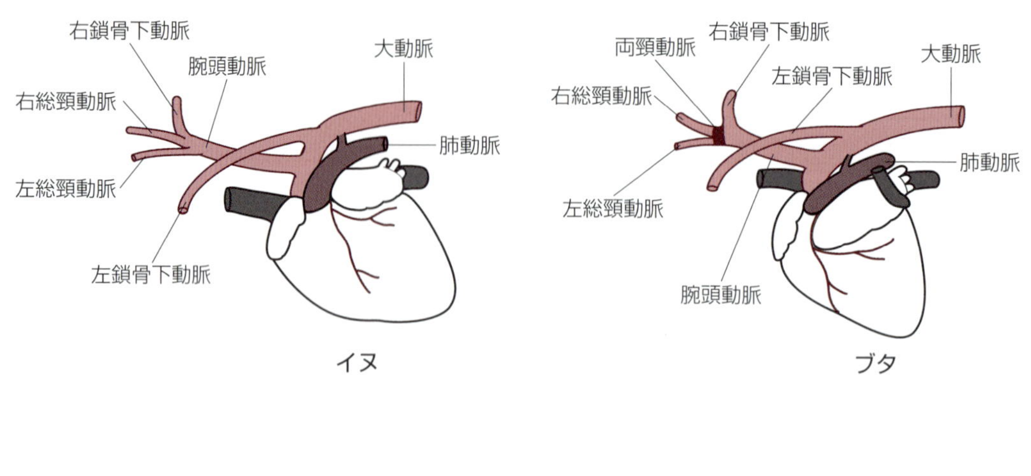


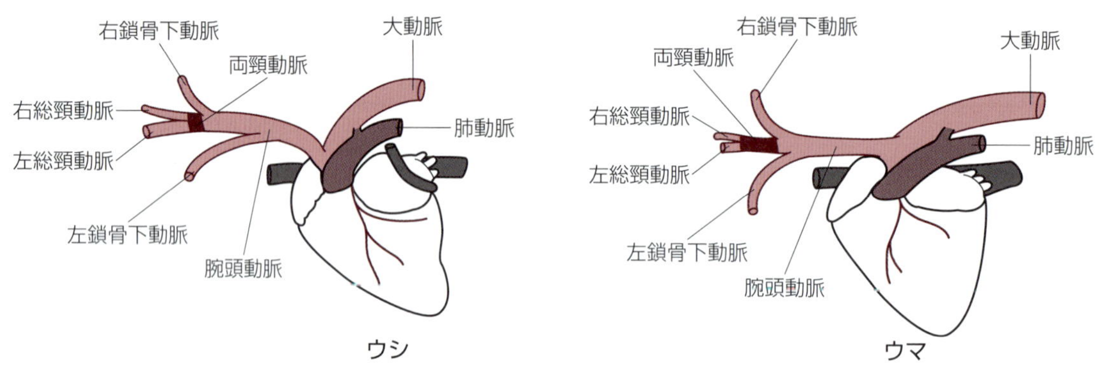


図16-6　各動物における大動脈弓での分岐

## 4. 冠状動脈

冠状動脈coronary arteryは心筋の栄養血管であり，大動脈洞の前位，すなわち大動脈の右半月弁付近から生じる右冠状動脈right coronary arteryと大動脈洞の左後位，すなわち大動脈の左半月弁付近から起こる左冠状動脈left coronary arteryがある。右冠状動脈は，大動脈から分岐すると，肺動脈と右心耳の間を通って右心室側の冠状溝を走る。反芻動物，肉食動物では右冠状動脈は洞下室間溝の近くで終止するが，ウマ，ブタでは，右冠状動脈は洞下室間溝に沿って進み，心尖まで下る。一方，左冠状動脈は，大動脈から分岐すると，肺動脈と左心耳の間を通って，左心室側の冠状溝に達し，その後，冠状溝を走る回旋枝と，円錐傍室間溝を下る円錐傍室間枝とに分かれる。反芻類と食肉類では，回旋枝は洞下室間溝沿って進み，心尖まで下る。すなわち，洞下室間枝となる(**図16-7**)。

## 5. 腕頭動脈

イヌでは，腕頭動脈brachiocephalic trunkから順に左総頸動脈left common carotid artery，右総頸動脈right common carotid artery，右鎖骨下動脈right subclavian arteryが生じる。ブタでは，腕頭動脈から両頸動脈bicarotid trunkが分岐し，その先端が左右の総頸動脈となる。さらに，右鎖骨下動脈は腕頭動脈から両頸動脈が分岐した後に生じる。ウシおよびウマでは，腕頭動脈から順に左鎖骨下動脈，両頸動脈，右鎖骨下動脈が生じる。

## 6. 鎖骨下動脈

鎖骨下動脈subclavian arteryは，前肢，頸部および胸部に血液を送る動脈で，第一肋骨の前縁を巻き，

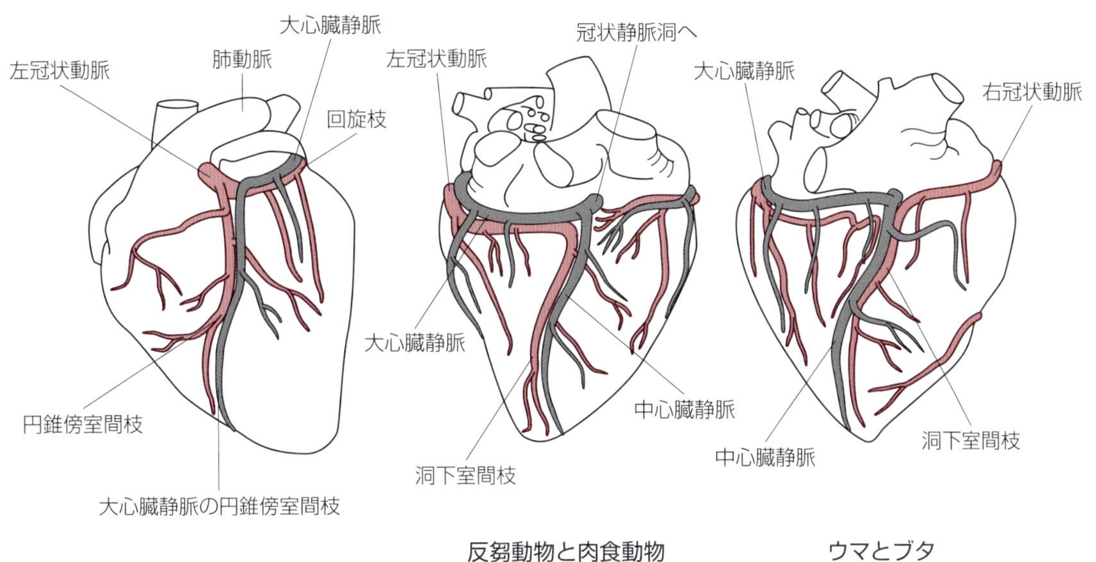


図16-7　冠状動脈の分岐

腋窩を通って前肢に入り，そこで腋窩動脈となる(図16-8)。胸腔内において鎖骨下動脈から生じる主な動脈を以下に示す。

#### 1) 椎骨動脈

椎骨動脈vertebral arteryは，頸椎横突孔を縫うように通過して，環椎において脊柱管に入り，ここで脳に向かう脳底動脈および腹側脊髄動脈に分かれる。脊柱管を走行中にそこを覆う筋や脊柱管の内部構造にいくつかの枝を分ける。

#### 2) 肋頸動脈

肋頸動脈costocervical trunkは，イヌでは，背側肩甲動脈，深頸動脈，胸椎骨動脈を分ける。それ以外の動物では，肋頸動脈から背側肩甲動脈と最上肋間動脈を分け，深頸動脈は肋頸動脈分岐後に鎖骨下動脈から分岐する。

#### 3) 背側肩甲動脈

背側肩甲動脈dorsal scapular arteryは，頸部後方および胸部前方の筋肉に分布する。

#### 4) 深頸動脈および胸椎骨動脈

イヌでは，深頸動脈deep cervical arteryおよび胸椎骨動脈thoracic vertebral arteryは，肋頸動脈から背側肩甲動脈が分かれた後に生じる動脈である。深頸動脈は背側頸部の筋肉に分布する動脈であり，胸椎骨動脈は第一肋間隙近位端で肋頸動脈から起こるが，その後，第三および第四肋間隙まで伸びる。これらの部位で，胸椎骨動脈は背側肋間動脈と吻合する。

#### 5) 最上肋間動脈

最上肋間動脈supreme intercostal arteryは，前位数本の肋骨間に背側肋間動脈を分ける。胸椎骨動脈が前位数本の肋骨頸の背側を走るのに対して，最上肋間動脈は肋骨頸の腹側を走る。

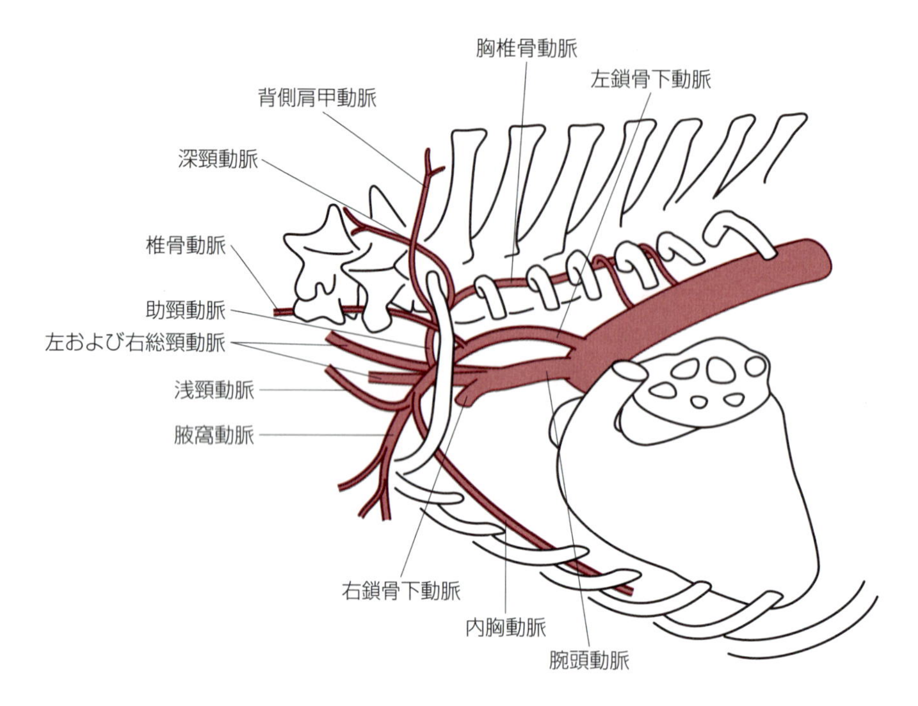


図16-8　イヌにおける大動脈弓の分岐

### 6）内胸動脈

内胸動脈internal thoracic arteryは鎖骨下動脈から分かれると，胸骨上を後走しながら腹側肋間動脈を分ける。内胸動脈は横隔膜の部位で横隔膜に分布する筋横隔動脈と，横隔膜を通り抜けて胃に向かって走る前腹壁動脈の2枝に分岐して終わる。前腹壁動脈は浅枝と深枝に分かれる。浅枝は腹部の乳腺への血液供給を行う。深枝は腹直筋の深在面を走り，この筋内で後腹壁動脈と吻合する。

### 7）浅頸動脈

浅頸動脈superficial cervical arteryは，鎖骨下動脈において，内胸動脈起始部の反対側から分かれる。この動脈は，腹側頸部の筋肉，肩の前部および上腕に分布する。

### 8）腋窩動脈

腋窩動脈axillary arteryは，前肢の主幹動脈であり，腋窩を横切って上腕の後位でその内側面を前肢の末端に向かって走るが，上腕骨大円筋粗面の高さ，あるいは腋窩リンパ節の部位で上腕動脈に名称が変わる。腋窩動脈は上腕動脈になる前に肩甲上動脈suprascapular arteryと肩甲下動脈subscapular arteryを分ける。

## 7. 頸部および頭部の動脈

### 1）総頸動脈

総頸動脈common carotid arteryは頭部および頸部に血液を供給する主要な血管の一つで，気管の両側で迷走交感神経幹と並走している。多くの動物で，総頸動脈は舌骨体付近で外頸動脈と内頸動脈に分かれて終わる（図16-9）。

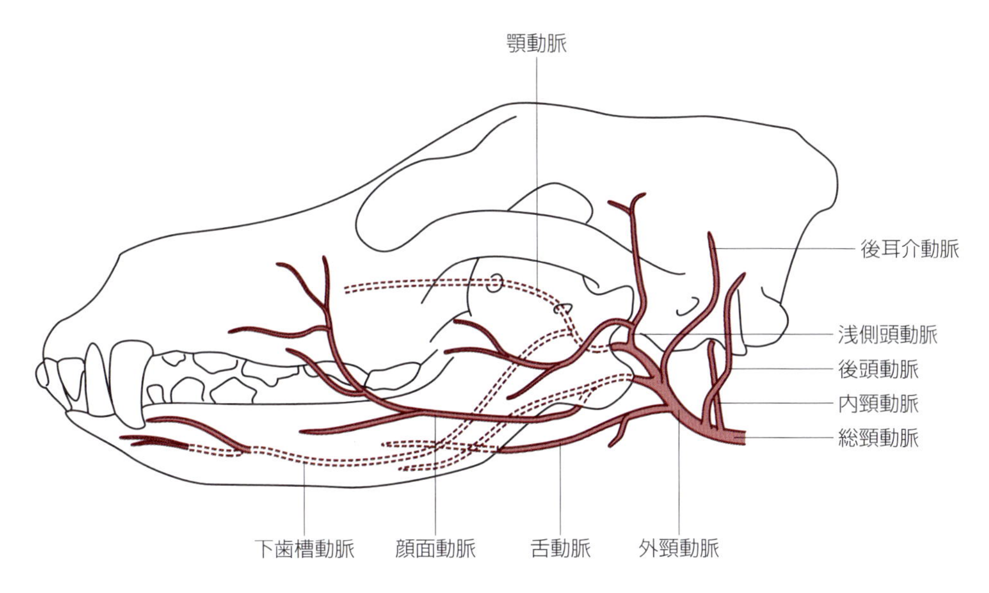


図16-9　イヌ頭部における動脈の分岐

### 2）内頸動脈

内頸動脈internal carotid arteryはイヌでは頸動脈管，ウマおよびブタでは破裂孔から頭蓋腔に入る。頭蓋腔に入ると，内頸動脈は前後に分かれ，反対側の内頸動脈および脳底動脈の分枝である後交通動脈と吻合して大脳動脈輪を形成する。大脳動脈輪については脳の動脈の項で詳しく述べる。内頸動脈の基部には軽く膨らむ頸動脈洞があり，また，内頸動脈分岐部近くには頸動脈小体がある。反芻類では一般に内頸動脈は生後直ちに閉塞してしまい，内頸動脈の代わりに顎動脈の分枝（怪網枝と外眼動脈）から脳へ血液が供給される。

### 3）外頸動脈

外頸動脈external carotid arteryは総頸動脈の最終分枝の中では最も太く，総頸動脈から直接続く血管である。外頸動脈は総頸動脈から生じるとすぐに後頭動脈を分ける。以下に外頸動脈から分かれる主要な動脈を述べる。

#### （1）後頭動脈

後頭動脈occipital arteryは，環椎腹面付近で外頸動脈から分かれる。後頭動脈は後頭顆と頸静脈突起との間にある腹顆窩に走って項部の筋，中耳および内耳に血液を供給する動脈を分ける。その後，イヌとウマにおいては環椎を通って脊柱管に入り，椎骨動脈と吻合する。すなわち，イヌとウマの脳は後頭動脈からの血液供給を受ける。

#### （2）舌動脈

舌動脈lingual arteryは，舌に分布する動脈で，オトガイ舌筋と舌骨舌筋の間から舌に入る。

#### （3）顔面動脈

顔面動脈facial arteryは，下顎角の近くに起こり，下顎骨の腹縁を巻いて，下顎骨の外側に出る。その後，口唇，外鼻および口角に分布する。ウシおよびウマでは舌動脈と顔面動脈は外頸動脈から1本の血管，すなわち舌顔面動脈linguofacial trunkとして分岐し，翼突筋の内側面を走る。その後，舌動脈と顔面動脈が分岐する。ウマにおいては下顎骨復縁に見られる顔面血管切痕で顔面動脈の拍動を触診することができる。また，顔面動脈切痕の部位で顔面動脈からの動脈血の採血が行われる。

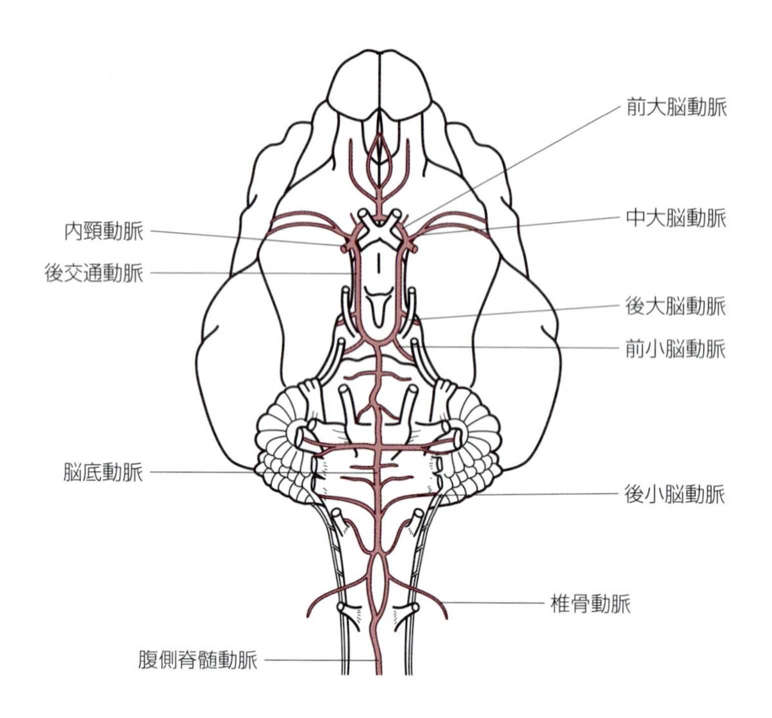


図16-10　イヌの大脳動脈輪

#### (4) 浅側頭動脈

浅側頭動脈superficial temporal arteryは，背側に向かって伸び，頭頂および側頭領域に分布する枝と吻側に向かって咬筋に分布する枝がある。

#### (5) 下歯槽動脈

下歯槽動脈inferior alveolar arteryは，下顎骨下顎孔から下顎管に入って歯肉および顎舌骨筋に枝を出す。下歯槽動脈はオトガイ孔から下顎骨を出るが，オトガイ孔を出ると，下唇とオトガイ部に分布する。

#### (6) 顎動脈

顎動脈maxillary arteryは，翼口蓋窩に向かって吻側に進むが，イヌおよびウマでは，翼口蓋窩に進む途中で蝶形骨の翼管を通り抜ける。顎動脈が翼管に入る前に，下歯槽動脈が顎動脈から分岐する。顎動脈から続く眼窩下動脈infraorbital arteryは上顎孔から眼窩下管に入り，眼窩下孔から上顎骨を出て多数の枝に分かれ，上唇や鼻背に分布する。外眼動脈external ophthalmic arteryは顎動脈が翼管を通って前翼孔から出た後(イヌ)あるいは翼管内(ウマ)で顎動脈から枝分かれし，眼窩内で眼球とその付属器に分布する。

### 4) 脳の動脈

脳の血液は主に大脳動脈輪arterial circle of brainから供給される。大脳動脈輪は脳の腹側面に見られる輪状の動脈であり，一般的には左右の内頸動脈と1本の脳底動脈によって血液を供給される。内頸動脈は頭蓋腔に入り，脳底に達すると前および中大脳動脈となる。反芻類の場合は内頸動脈の代わりに顎動脈の分枝である怪網枝と外眼動脈が大脳動脈輪に血液を供給する。怪網枝と外眼動脈が脳底で複雑な動脈網を形成して前および後硬膜上怪網となり，この怪網は再び吻合して脳頸動脈となって大脳動脈輪の形成にあたる。以下に大脳動脈輪から分かれる動脈を示す(図16-10)。

#### (1) 前大脳動脈

前大脳動脈 rostral cerebral artery は，主として大脳半球内側面に分布し前頭葉内側面，底面の全域，頭頂葉に血液を供給する。視交叉と視神経の外側で内頸動脈から分かれた後，視神経の背側を走り，脳の正中位で左右の前大脳動脈が吻合して大脳動脈輪の前輪を形成する。この吻合部を前交通動脈 rostal communicating artery という。前交通動脈は約 2 mm の長さで，その後，前大脳動脈は再び左右に離れ，背方に沿って脳梁に向かい，後大脳動脈と吻合する。

#### (2) 中大脳動脈

中大脳動脈 middle cerebral artery は，内頸動脈から分岐後，梨状葉を横切って嗅脳溝に向かって伸びる。内頸動脈は，大脳皮質の広範な領域に血液を供給する血管である。

#### (3) 脳底動脈

脳底動脈 basilar artery は，延髄，橋の脳底溝に見られる 1 本の動脈で，延髄と橋の境界の高さで左右の椎骨動脈が合流することで形成される。脳底動脈は橋の前縁で左右に分かれ，左右それぞれにおいて前小脳動脈および後大脳動脈に分かれる。後大脳動脈 caudal cerebral artery は，頭頂葉の尾側領域および後頭葉などに血液供給する。左右の後大脳動脈は後交通動脈 caudal communicating artery によって内頸動脈と連絡する。この連絡により，大脳動脈輪の後輪が形成される。

#### (4) 前および後小脳動脈

前および後小脳動脈 rostral and caudal cerebellar arteries はともに脳底動脈から分岐する動脈で，左右一対あり，小脳に血液を供給する（**図16-10**）。

## 8. 胸大動脈の枝

胸大動脈は大動脈弓に続く大動脈で，横隔膜の大動脈裂孔を通って腹腔に入る。胸大動脈から分岐する主な動脈を以下に示す。

### 1）背側肋間動脈

背側肋間動脈 dorsal intercostal artery は，背部の筋，胸郭の筋および腹筋などに分布する動脈で，胸椎骨動脈あるいは最上肋間動脈が分布する肋骨よりも後位の肋骨の肋間隙を走る。この動脈は，内胸動脈や横隔動脈から分岐した腹側肋間動脈と吻合して，肋間隙に動脈のループを作る。

### 2）気管支食道動脈

気管支食道動脈 bronchoesophageal artery は，胸大動脈から分岐後，肺根に向かって伸び，そこで肺の組織に分布する気管支枝と胸部食道に分布する食道枝も分かれる（**図16-11**）。

## 9. 前肢の動脈

前肢の主な動脈を以下に示す（**図16-12**）。

### 1）肩甲下動脈

肩甲下動脈 subscapular artery は，肩甲下筋と大円筋の間を肩甲骨の後縁に沿って背側に向かい，肩の筋に分布する。肩甲下動脈から，後上腕回旋動脈が分岐し，これが上腕骨外側を横切って前縁に周り，そこで前上腕回旋動脈となり，上腕動脈に連絡する。すなわち，肩甲下動脈は上腕動脈の側副枝を分ける。

### 2）上腕動脈

上腕動脈 brachial artery は，上腕骨内側面に沿って肘関節に向かって走り，肘関節の遠位部で総骨間動脈を分けた後，正中動脈となる。肘関節の内側面で上腕動脈の脈拍を触知することができる。上腕動

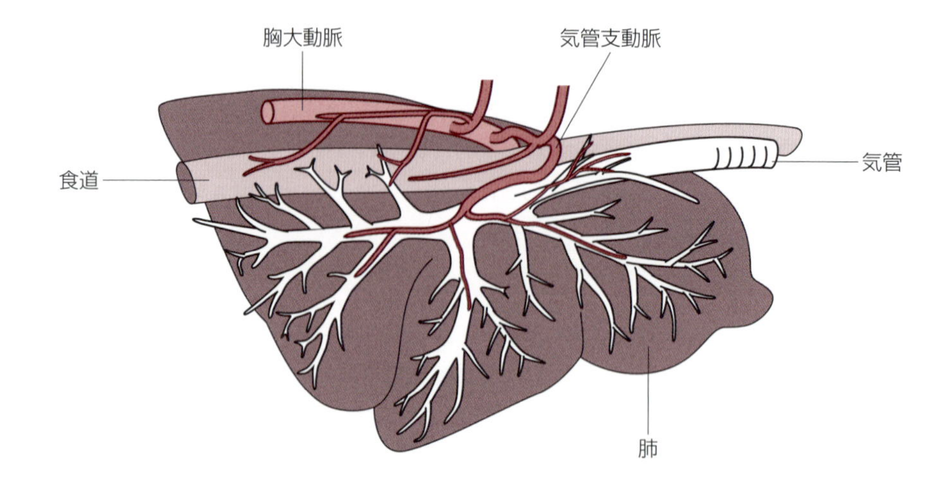


図16-11　イヌの胸腔における動脈の分岐

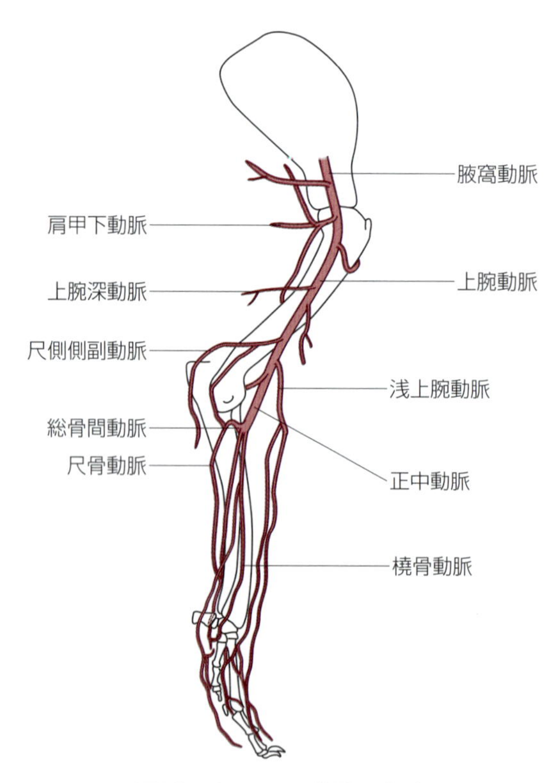


図16-12　イヌの前肢の動脈

脈から分かれる主な枝を以下に示す。

**(1) 上腕深動脈**

上腕深動脈deep brachial arteryは，上腕骨近位部で上腕動脈から分かれて，上腕三頭筋に分布する。

**(2) 尺側側副動脈**

尺側側副動脈collateral ulnar arteryは，上腕の遠位1/3付近で，上腕動脈から分かれる。尺側側副動脈は尺骨神経と同行して上腕骨内側を尺骨肘頭に向かって走り，肘頭から前腕後面を走る。

#### (3) 浅上腕動脈

浅上腕動脈superficial brachial arteryは，肘関節付近において上腕動脈から分かれ，橈骨前面を走る。イヌでは，浅上腕動脈から前浅前腕動脈cranial superficial antebrachial arteryが続き，指端に向かって走る。イヌ以外の動物では浅上腕動脈に相当する血管を橈側側副動脈collateral radial arteryという。

#### (4) 総骨間動脈

総骨間動脈common interosseous arteryは，肘関節の遠位で正中動脈から分岐する動脈で，この動脈からさらに指と手根の屈筋群に分布する尺骨動脈ulnar artery，橈骨と尺骨の間を走り，前腕背側の筋に分布する前骨間動脈cranial interosseous artery，橈骨と尺骨の間を走り，中手近位の掌動脈弓に達する後骨間動脈caudal interosseous arteryなどが分かれる。前骨間動脈はウマ，ウシで発達するが，後骨間動脈はブタ，イヌでよく発達する。尺骨動脈はイヌで存在する。

### 3) 正中動脈

正中動脈median arteryは，正中神経とともに前腕後内側表面を下行し，橈側手根屈筋の深層に達する。その後，手根管を通って総骨間動脈の枝と再合流して掌動脈弓を形成し，そこから手の掌側面に分布する。前腕骨の掌面で正中動脈から橈骨動脈radial arteryが枝分かれする。

## 10. 腹大動脈

腹大動脈は大動脈裂孔のところから最後位腰椎付近で内腸骨動脈を分けるところまでの部分とする。以下に腹大動脈から分岐する主な動脈を述べる。

### 1) 腰動脈

腰動脈lumbar arteryは，腹大動脈背側壁から各腰椎間に出る動脈で，腰椎横突起間から出て腹部，腰部の筋肉などに分布する。

### 2) 腹腔動脈

腹腔動脈celiac arteryは，第一腰椎付近で腹大動脈の腹壁から1本の動脈として分岐後，脾動脈，左胃動脈，肝動脈の3本の枝に分かれる(図16-13)。

### 3) 脾動脈

脾動脈splenic arteryは，脾臓に向かって伸びる腹腔動脈の枝であり，脾臓の脾門および胃の大彎に沿って幽門に向かって走る。その後，胃の大彎に至ると左胃大網動脈となる。

### 4) 左胃動脈

左胃動脈left gastric arteryは，胃の小彎に向かって伸びる腹腔動脈の枝であり，小彎に沿って幽門の方向に進む。

### 5) 肝動脈

肝動脈hepatic arteryは肝臓に向かって伸びる腹腔動脈の枝で，この動脈から門脈とともに肝臓に入る(固有)肝動脈proper hepatic artery，胃十二指腸動脈gastroduodenal artery，右胃動脈right gastric arteryが生じる。胃十二指腸動脈は十二指腸前部付近で前膵十二指腸動脈cranial pancreaticoduodenal arteryと右胃大網動脈に分かれる。右胃大網動脈は，胃の大彎に沿って進み，やがて左胃大網動脈と吻合する。右胃動脈は肝動脈から分岐後，小彎に向かって進み，小彎において左胃動脈と吻合する。

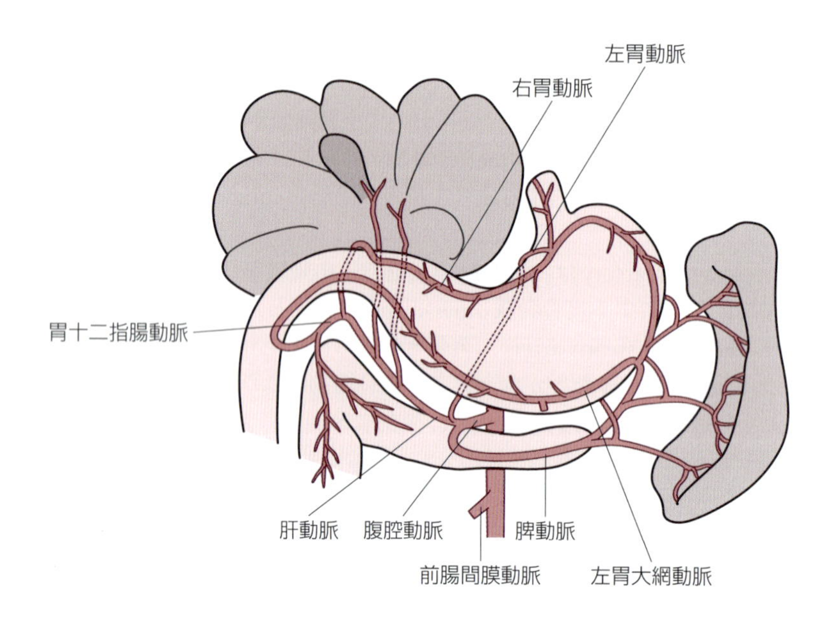


図16-13　イヌの腹腔動脈の分布

### 6）前腸間膜動脈

前腸間膜動脈cranial mesenteric arteryは，腹大動脈から腹腔動脈が分岐した直後に腹大動脈腹壁から生じる1本の動脈で，腸間膜を通じて小腸および大腸に分布する(図16-13)。

### 7）腎動脈

腎動脈renal arteryは腎門付近で腹大動脈から分岐する動脈で，腎門内に侵入すると数本の葉間動脈に分かれる。

### 8）精巣動脈

精巣動脈testicular arteryは，第四腰椎付近で腹大動脈から分岐し，左右の精巣，精巣上体，精索に分布する。精巣動脈は腹腔動脈から分岐すると，腹壁に沿うように走行して鼠径管を通り抜け，精巣静脈とともに精巣間膜の中を走る。精巣動脈は精索内では著しく迂曲する。

### 9）卵巣動脈

卵巣動脈ovarian arteryは，第四腰椎付近で腹大動脈から分岐し，曲がりくねった経路を経て卵巣に達する。卵巣動脈は卵巣に血液を供給する卵巣枝のほか，卵管に向かう卵管枝や子宮角の先端に向かう子宮枝も出す。子宮枝は子宮広間膜で子宮動脈と吻合する。

### 10）子宮動脈

子宮動脈uterine arteryは，イヌやネコにおいては膣動脈から枝分かれして生じる。膣動脈は内腸骨動脈から枝分かれする内陰部動脈の分枝である。

### 11）後腸間膜動脈

後腸間膜動脈caudal mesenteric arteryは，第五腰椎付近で腹大動脈から分岐し，下行結腸またはウマの小結腸に分布する。

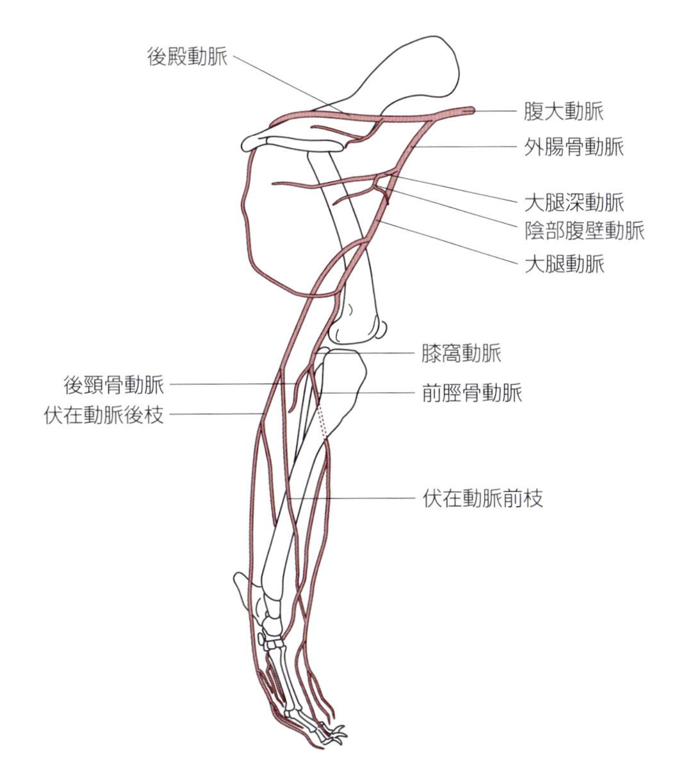


図16-14　イヌの後肢の動脈

### 12）外腸骨動脈

外腸骨動脈external iliac arteryは，後肢の主要な動脈であり，第四～六腰椎の部位で腹大動脈から分岐する。その後，外腸骨静脈とともに腹壁の背側を斜めに走って，大腿管に向かう（図16-14）。外腸骨動脈は陰部腹壁動脈の起始となり，内転筋に分布する大腿深動脈を分ける。

### 13）内腸骨動脈

内腸骨動脈internal iliac arteryは，腹大動脈から分岐する動脈で，この動脈の分岐をもって腹大動脈の終わりとする。内腸骨動脈は，内陰部動脈internal pudendal arteryと後殿動脈caudal gluteal arteryに分かれて終わる。後殿動脈は坐骨神経とともに骨盤の外に向かい，腰仙骨結合部周囲および殿部と大腿近位後側の筋に分布する。内陰部動脈は骨盤内臓に分布する。内陰部動脈からは卵巣動脈と吻合する膣動脈が分岐する。臍動脈umbilical arteryも内腸骨動脈から分かれる動脈であるが，この動脈は胎子において活動していた動脈で，膀胱尖に至り，そこから臍を経て胎盤に至る。生後は退化して，膀胱円索となり外側膀胱間膜中に含まれる。

### 14）正中仙骨動脈

内腸骨動脈が腹大動脈から分岐すると，腹大動脈は急激に細くなり，正中仙骨動脈median sacral arteryとなる。この動脈から尾部に分布するいくつかの動脈が分かれる。

## 11. 後肢の動脈

後肢に分布する主な動脈を以下に述べる（図16-14）。

### 1）大腿深動脈

大腿深動脈deep femoral arteryは，外腸骨動脈と大腿動脈の移行部から分岐する動脈で，内転筋，薄筋，半膜様筋などに分布する。

### 2）陰部腹壁動脈

陰部腹壁動脈pudendoepigastric trunkは，大腿深動脈から分岐する短い動脈で，後腹壁動脈caudal epigastric arteryと外陰部動脈external pudendal arteryを分ける。外陰部動脈は雄の場合，鼠径管を通って，包皮，陰嚢，陰茎に分布し，雌では乳腺に分布する。

### 3）大腿動脈

大腿動脈femoral arteryは，外腸骨動脈から続く動脈で，大腿管で骨盤腔を出る。縫工筋や薄筋などの大腿部内側面の筋肉に埋もれながら大腿部内側面を横切り下腿の後面に向かう。イヌの脈拍を取る際に好んで選ばれる動脈である。

### 4）伏在動脈

伏在動脈saphenous arteryは，大腿部において大腿動脈から分岐する動脈で，大腿内側面を横切り下腿の後面を肢端に向かって走る。この動脈は下腿部において前枝と後枝に分かれる。前枝cranial branchは，下腿の内側面を横切り，足根部に達するとそのまま肢端に向かって走り，足根部において前脛骨動脈に吻合する。一方，後枝caudal branchは，伏在動脈が前枝を出した後に伏在動脈から連続する動脈で，下腿後位の筋間を走り，脛骨の内側を肢端に向かって走る。

### 5）膝窩動脈

膝窩動脈popliteal arteryは，大腿動脈から続く動脈で，腓腹筋に囲まれて大腿骨顆間窩に沿って走り，下腿に達すると，脛骨と腓骨の間に入り，ここで後脛骨動脈caudal tibial arteryを分け，次いで脛骨の内側面を横切り，前脛骨動脈に移行する。

### 6）前脛骨動脈

前脛骨動脈cranial tibial arteryは，膝窩動脈から続く動脈で，脛骨の前面を肢端へ向かって走り，足背動脈へと移行する。

# 16-4　静脈

到達目標：主な静脈を列挙し，説明できる。
キーワード：大心(臓)静脈，中心(臓)静脈，前大静脈，後大静脈，肺静脈，外頸静脈，顎静脈，舌顔面静脈，舌静脈，顔面静脈，橈側皮静脈，正中皮静脈，上腕静脈，腋窩静脈，鎖骨下静脈，腕頭静脈，内頸静脈，両頸静脈，右奇静脈，左奇静脈，肝門脈，前腸間膜静脈，後腸間膜静脈，脾静脈，胃十二指腸静脈，外腸骨静脈，大腿静脈，内側伏在静脈，外側伏在静脈，肝静脈

## 1. 肺静脈

肺静脈pulmonary veinは複数本あり，肺門から肺を出て，左心房に至る。

## 2. 心臓の静脈

心臓の静脈血は大心臓静脈great cardiac veinと中心臓静脈middle cardiac veinを流れて右心房に運ばれる。大心臓静脈は円錐傍室間溝を走る円錐傍室間枝interventricular paraconal branchと，この枝の連続で，冠状溝を左方に回る回旋枝circumflex branchからなる。一方，中心臓静脈は，洞下室間溝を走る。大心臓静脈および中心臓静脈はともに冠状静脈洞を介して右心房に連絡する。

## 3. 前大静脈

前大静脈cranial vena cavaは，頭部，頸部，胸部，前肢など，動物の体の前半部を流れる静脈血を外頸静脈，椎骨静脈，鎖骨下静脈，内胸静脈internal thoracic vein，肋頸静脈などの静脈を介して集めて右心房に連絡する。

## 4. 内頸静脈

内頸静脈internal jugular veinは後頭静脈，甲状腺静脈，喉頭静脈が合流する静脈で，頸部において総頸動脈に沿って走る細い静脈である。内頸静脈は外頸静脈の後位に連絡する。

## 5. 外頸静脈

外頸静脈external jugular veinは，舌静脈lingual veinや顔面静脈facial veinなどが合流して作られる舌顔面静脈linguofacial veinおよび顎静脈maxillary veinの合流によって下顎角の近くに始まる。ウマにおいては，内頸静脈と外頸静脈の区別がなく，左右に1本ずつの頸静脈となっている。したがって，ウマの場合は頭部の静脈はすべて頸静脈に合流する。外頸静脈または頸静脈は上腕頭筋と胸骨頭筋の間を走る。この静脈は容易に怒張するため大動物では採血や静脈注射の際に好んで選ばれる。

## 6. 腕頭静脈

一般に，左右の内および外頸静脈は左右の鎖骨下静脈と合流して左右一対の腕頭静脈brachiocephalic veinとなり，前大静脈に連絡する。しかしながらウマの場合は左右の頸静脈が合流して1本の両頸静脈bijugular veinとなり，次いで左右の鎖骨下静脈がこれに合流して前大静脈に連絡する。

## 7. 右および左奇静脈

右および左奇静脈right and left azygous veinsは，左右の第一腰静脈の合流によって形成され大動脈裂孔を通って胸腔に入り，胸大動脈に沿って弓状に心臓に向かって走る。この静脈は，その走行途中で

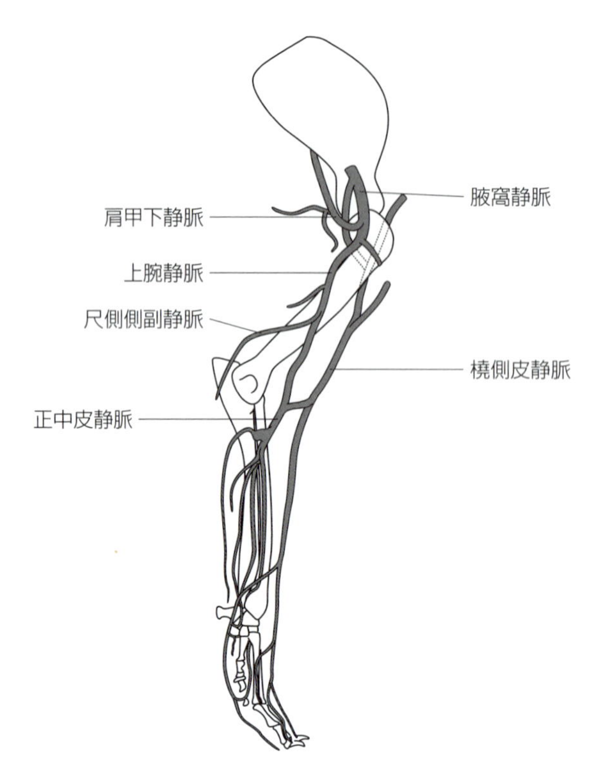


図16-15　イヌの前肢の静脈

後位および中位の肋間静脈を集め，これらの静脈を心臓に戻す。胎子期においては左右に1対の奇静脈が存在するが，成長するとともに左右どちらか一方の奇静脈のみが発達する。イヌおよびウマでは右奇静脈が，反芻類とブタでは左奇静脈が存続するようになる。右奇静脈と左奇静脈の心臓における開口部は異なる。すなわち，右奇静脈は，前大静脈基部に開口するが，左奇静脈は左心房に達すると後方に回って冠状静脈洞に開口する。

## 8. 前肢の静脈

### 1）鎖骨下静脈

鎖骨下静脈subclavian veinは，腋窩静脈から連続する血管で，上腕静脈の連絡も受ける（図16-16）。

### 2）腋窩静脈

腋窩静脈axillary veinは腋窩動脈に並走する静脈で，上腕静脈から連続し，腋窩上腕静脈とともに鎖骨下静脈に連絡する（図16-15, 16）。

### 3）腋窩上腕静脈

腋窩上腕静脈axillobrachial veinは上腕三頭筋の外側頭を横切り上腕骨の後方を通過し，腋窩静脈とともに鎖骨下静脈に連絡する（図16-16）。

### 4）上腕静脈

正中動脈に並走する正中皮静脈median veinが上腕二頭筋付近に達すると上腕静脈branchial veinとなる。上腕静脈は上腕骨を横切り腋窩部で腋窩静脈に移行する（図16-15）。

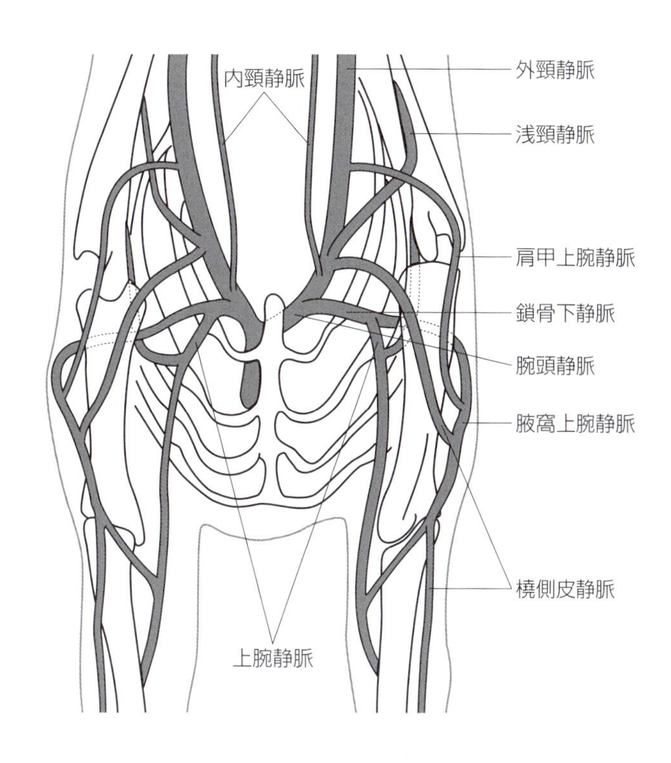


図16-16　イヌの頸部および肩部の静脈

### 5）橈側皮静脈

橈側皮静脈cephalic veinは前腕部において橈側手根伸筋の前表面を走る静脈で，イヌの静脈注射の際に好んでこの血管が選ばれる。橈側皮静脈は上腕部において，外頸静脈に連絡する枝と腋窩上腕静脈に連絡する枝とに分かれる（図16-15, 16）。

## 8. 後大静脈

後大静脈caudal vena cavaは骨盤前口の近くで骨盤壁，骨盤腔内の多くの器官から血液を集める内腸骨静脈internal iliac veinと後肢の血液を集める外腸骨静脈external iliac veinの合流によって腹腔背側に形成される。後大静脈は腹腔内で腎静脈renal vein，肝静脈hepatic veinなどの静脈を受け入れて横隔膜に達し，そこで大静脈孔をくぐって胸腔に入る。胸腔に入ると後大静脈は右肺後葉と副葉の間にある大静脈ヒダを通って右心房に連絡する。

## 9. 後肢の静脈

### 1）大腿静脈

大腿静脈femoral veinは，大腿動脈に並走する静脈で外腸骨静脈に移行する（図16-17）。

### 2）外側伏在静脈

外側伏在静脈lateral saphenous veinは，前枝と後枝に分かれるが，前枝はイヌの静脈注射に好んで選ばれる部位である。前枝は脛骨の遠位外側面を斜めに横切る静脈で，踵骨腱付近で後枝と合流して1本の外側伏在静脈となる。この静脈は膝窩部において大腿静脈に連絡する（図16-17）。

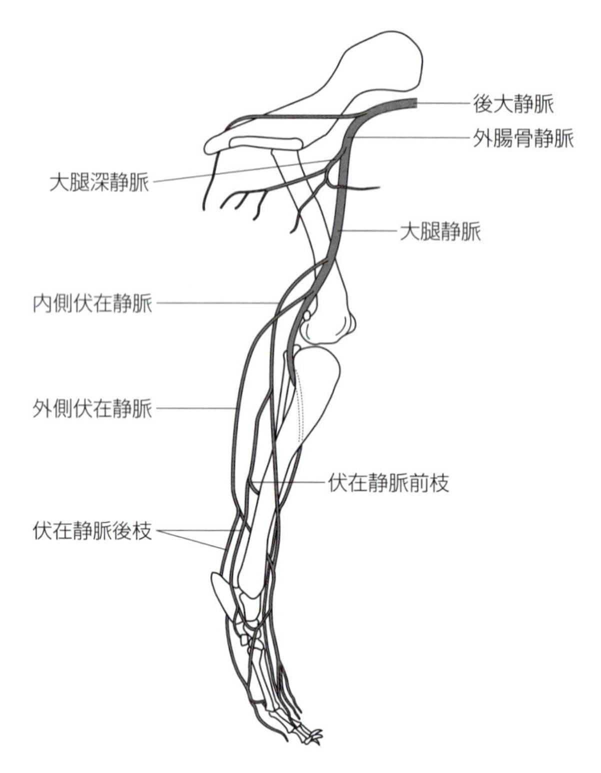


図16-17　イヌの後肢の静脈

### 3）内側伏在静脈

内側伏在静脈medial saphenous veinは，膝関節内側で前枝と後枝の合流によって生じる静脈で，大腿管で大腿静脈に連絡する（図16-17）。

## 10. 肝門脈

肝門脈portal veinは消化器から集めた静脈血を肝静脈を介して後大静脈に戻す循環経路で，前腸間膜静脈cranial mesenteric vein，脾静脈splenic vein，後腸間膜静脈caudal mesenteric vein，胃十二指腸静脈gastroduodenal veinの合流によって形成される。脾静脈は肝動脈の分布範囲を含む腹腔動脈の分布に対応するので，食道終部，胃，脾臓から血液を集める。胃十二指腸静脈は，胃，十二指腸，膵臓からの静脈を集める。前および後腸間膜静脈はそれぞれ同名の動脈の分布域からの静脈血を集める。

## 11. 精巣静脈

精巣静脈testicular veinは，精巣動脈をおおうように存在しており，網の目状の蔓状静脈叢pampiniform plexusを作る。この静脈は後大静脈に連絡する。

## 12. 卵巣静脈

卵巣静脈ovarian veinは，子宮のほとんどの部位から血液を受け取り，共通の結合組織の鞘の中を卵巣動脈とともに走行する。卵巣静脈は伴行する卵巣動脈よりも太い。

## 演習問題

**1. 以下の文章で誤っているのはどれか。**

a. 心臓の心内膜は漿膜臓側板のことである。
b. 心臓の心外膜は漿膜臓側板のことである。
c. 心臓の心外膜は線維性心膜のことである。
d. 心臓の心外膜は漿膜壁側板のことである。
e. 心臓の線維性心膜は心底において大動脈や肺動脈などの大血管の外膜に移行する。

**2. 以下の文章で誤っているのはどれか。**

a. 心房と心室は線維輪によって完全に分断されており，両者の間には連絡が全くない。
b. 冠状静脈洞は大心臓静脈や中心臓静脈が開口する穴である。
c. 洞房結節は，心房中隔と心室中隔が接するところにある。
d. 心臓の乳頭筋は心室内面で見られる心筋の隆起である。

**3. 以下の文章で誤っているのはどれか。**

a. 終末動脈とはすべての動脈の末端のことである。
b. 大脳動脈輪は外頸動脈と椎骨動脈から血液供給を受ける。
c. 椎骨動脈と腋窩動脈はともに鎖骨下動脈から分かれる動脈である。
d. 頸静脈または外頸静脈はウマやウシで採血や静脈注射を行う際によく選ばれる血管である。

## 解　答

**1.**

正解　a, c, d

解説　心臓の心内膜は心房および心室内腔に面した血管内皮細胞および内膜下層からなる層のことである。心臓の心外膜は漿膜臓側板のことである。

**2.**

正解　a, c

解説　心房と心室は線維輪によって分断されているが，刺激伝導系の房室束はこの線維輪を通り抜け，心房中隔から心室中隔へと向かう。洞房結節は，右心房の分界稜の心内膜下に存在する。

**3.**

正解　a, b

解説　終末動脈は他の動脈と吻合を行わない動脈のことである。大脳動脈輪は内頸動脈と椎骨動脈から血液を供給される。

（中島 崇行）

# 17章　毛細血管・リンパ管系

**一般目標**：リンパ液の流路と主要なリンパ管の走行を理解する。

リンパ管は組織中の余剰の水分や老廃物を回収するとともに，特に小腸では吸収した脂肪運搬の重要な経路になる。本章ではリンパ管の構造と走行経路を，介在するリンパ節(12章151頁「12-3　リンパ節(リンパ中心)」参照)とともに概説する。

## 17-1　リンパ管の総論的な名称

**到達目標**：リンパ管の総論的な名称を説明できる。
**キーワード**：リンパ管叢，浅リンパ管，深リンパ管，リンパ管弁，リンパ節，輸入リンパ管，輸出リンパ管

リンパ管 lymphatic vessel は，毛細リンパ管として盲端にはじまり，リンパ管同士が豊富に吻合して毛細リンパ管網やリンパ管叢 lymphatic plexus を形成しつつ，皮下を走行する浅リンパ管 superficial lymphatic vessels あるいは深部の動静脈に伴行する深リンパ管 deep lymphatic vessels として局所のリンパ節へ向かう。リンパ節 lymph node へ流入するリンパ管は輸入リンパ管 afferent lymphatic vessel，リンパ節から流出するリンパ管は輸出リンパ管 efferent lymphatic vessel と呼ばれる。リンパ管にはリンパの逆流を防止するリンパ管弁 lymphatic valvula が非常によく発達する。

# 17-2　リンパの流路

到達目標：リンパの流路を説明できる。
キーワード：胸管，静脈角，乳ビ槽，腸リンパ本幹，腰リンパ本幹，腹腔リンパ本幹，右リンパ本幹，右・左気管リンパ本幹，耳下腺リンパ中心，下顎リンパ中心，咽頭後リンパ中心，浅頸リンパ中心，深頸リンパ中心，腋窩リンパ中心，浅・深鼠径リンパ中心，膝窩リンパ中心，縦隔リンパ中心，気管支リンパ中心，背・腹側胸リンパ中心，腹腔リンパ中心，前・後腸間膜リンパ中心

## 1. 胸管と乳ビ槽

胸管thoracic ductは最も太いリンパ管で，動物体の右側前半部を除くほぼすべてのリンパlymphを回収する。胸管は腹大動脈背側に位置する乳ビ槽cisterna chyliから起始し(**図17-1**)，頭側に進んで横隔膜大動脈裂孔を通過する。次いで胸大動脈の右側を上行して左側に移り，外頸静脈と左鎖骨下静脈分岐部あるいは内外頸静脈分岐部である静脈角venous angleで静脈に接続する。動物体の右側前半部からのリンパは，右リンパ本幹right lymphatic duct経由で右静脈角に達する。リンパ管の走行経路や静脈への流入部は種差や個体差が著しいことに注意すること。

## 2. リンパの流路

動物体各部からの主要なリンパ管の走行と介在するリンパ中心(節)は以下の通りである(**図17-1**)。頭部のリンパ管は耳下腺リンパ中心parotid lymphocenterあるいは下顎リンパ中心mandibular lymphocenterに達し，さらに咽頭後リンパ中心retropharyngeal lymphocenter(特に内側咽頭後リンパ節)に達する。そこからは気管に沿って走行する気管リンパ本幹tracheal lymphatic trunkを経由して

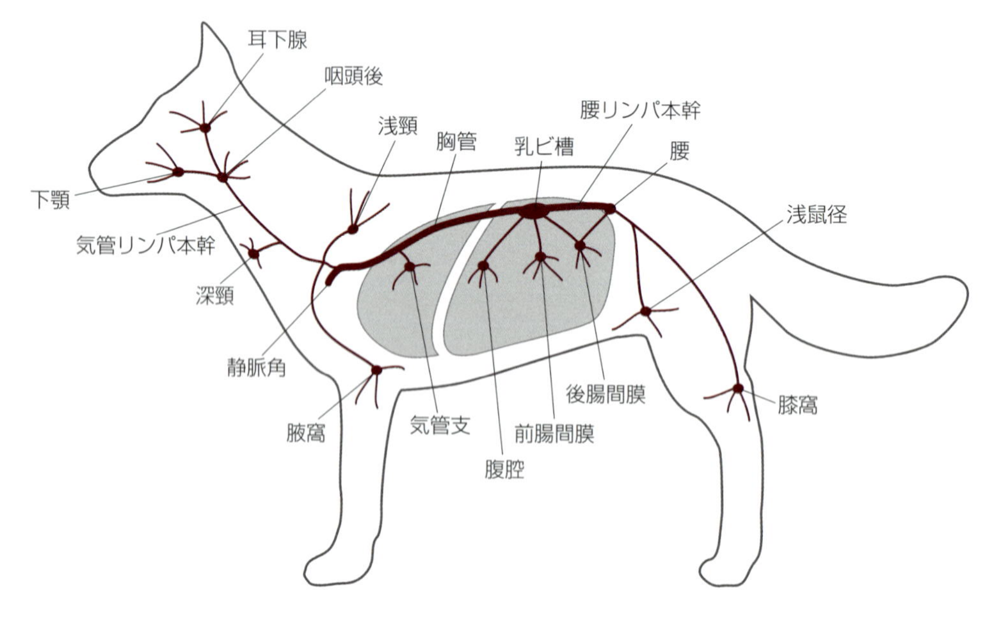


**図17-1　主なリンパ管とリンパ中心**
リンパの大部分は胸管を経て静脈へ流入する。

胸管あるいは右リンパ本幹に達する。

頚部からのリンパ管は深頚リンパ中心deep cervical lymphocenterを経て気管リンパ本幹に接続する。

体壁からのリンパ管は，胸壁では，浅頚リンパ中心superficial cervical lymphocenter，背側および腹側胸リンパ中心dorsal and ventral thoracic lymphocenters，あるいは腋窩リンパ中心axillary lymphocenterを経由して右・左気管リンパ本幹tracheal lymphatic trunkに達し，胸管あるいは右リンパ本管に接続する。腹壁からのリンパ管は浅・深鼠径リンパ中心superficial and deep inguinal lymphocentersに達し，腰リンパ本幹lumbar lymphatic trunksへ接続する。

前肢からのリンパ管は腋窩リンパ中心を経由して胸管あるいは右気管リンパ本幹に達し，後肢からは，膝窩リンパ中心popliteal lymphocenterから浅・深鼠径リンパ中心へ達して，さらに腰リンパ本幹に接続する。

胸腔臓器からのリンパ管は，縦隔リンパ中心mediastinal lymphocenter，気管支リンパ中心bronchial lymphocenter，背側および腹側胸リンパ中心といったリンパ節を経由して，最終的には胸管に接続する。腹腔臓器からのリンパ管は，腹腔リンパ中心celiac lymphocenter，前・後腸間膜リンパ中心cranial and caudal mesenteric lymphocentersといったリンパ節を経由して，内臓リンパ本幹visceral lymphatic trunk，腹腔リンパ本幹celiac lymphatic trunk，腸リンパ本幹intestinal lymphatic trunk，あるいは腰リンパ本幹lumbar lymphatic trunksを経て乳ビ槽へ達する。

## 演習問題

**1. 胸管について正しいのはどれか。**

a. 乳ビ槽から起始する。
b. 横隔膜の大静脈孔を通過する。
c. 最終的に右心房に直接注ぐ。
d. 弁は横隔膜付近のみに存在する。
e. 全身のリンパを静脈系に還流する。

## 解答

**1.**

正解　a

**解説**　胸管は乳ビ槽から起始して横隔膜大動脈裂孔を通過して胸腔内を走行し，静脈角でリンパを静脈に還流する。胸管には多数の弁が存在するため，外形が数珠状に見える。

（柴田 秀史）

# 18章　中枢神経系

**一般目標：中枢神経に関する総論的な構造を修得する。また，中枢神経系の各領域の形態と位置関係を，情報伝達の流れを念頭に理解する。**

中枢神経系は，動物体の内外からの情報を統合して判断し運動指令を発して外界への働きかけを行うとともに，動物体内の恒常性を維持する。これらの機能発現の基盤となる中枢神経系を構成する各領域の位置関係および線維連絡を概説する。

## 18-1　神経に関する一般的な概念と構造および脳脊髄液の流路

到達目標：神経に関する一般的な概念とそれに対応する構造を説明できる。脳脊髄液の流路を説明できる。

キーワード：中枢神経系，神経核，神経節，節前線維，節後線維，白質，灰白質，網様体，髄膜，硬膜，クモ膜，軟膜，大脳鎌，膜性小脳テント，硬膜静脈洞，クモ膜下腔，脳脊髄液，クモ膜下槽(小脳延髄槽)，クモ膜顆粒，側脳室，第三脳室，第四脳室，中脳水道，側脳室脈絡叢，室間孔，第三脳室脈絡叢，第四脳室脈絡叢，第四脳室外側口，第四脳室正中口

### 1. 神経に関する一般的な概念

神経系は脳と脊髄からなる中枢神経系central nervous systemと，脳脊髄神経および自律神経からなる末梢神経系とに区分できる。中枢神経系においては神経細胞体の集まっている部分を神経核(あるいは単に核)nucleusと呼び，末梢神経系においては神経節ganglionと呼ぶ。さらに中枢神経central nervous systemでは，神経細胞体が集まっている部分は灰色に見えるため灰白質gray matterと呼ばれ，有髄神経線維が集まっている部分は白く見えるため白質white matterと呼ばれる。灰白質および白質という用語は大脳半球や脊髄でよく使用される。脳幹において神経細胞体と線維が混在し明瞭な核を構成しない領域を網様体reticular formationと呼ぶ。末梢神経系を構成する脳脊髄神経のうちの脳神経は脳から直接発する末梢神経で12対存在し，脊髄神経は脊髄から発し，その数は動物種によって異なり37対前後である。自律神経系は，その形態と機能に基づいて交感神経と副交感神経に区分できる。自律神経系では，中枢に存在する自律神経核のニューロンの軸索である節前線維preganglionic fibersが，必ず自律神経節で節後ニューロンにシナプス結合し，その軸索が節後線維postganglionic fibersとして平滑筋や腺に達して平滑筋収縮や腺分泌を制御する。

### 2. 髄膜

中枢神経は髄膜meningesと呼ばれる結合組織性の膜におおわれ保護されており，脳をおおっている部分が脳膜，脊髄をおおっている部分が脊髄膜と呼ばれる。髄膜は3種類の膜からなり，最も表層にあるのが硬膜dura materである(図18-1)。脳をおおう硬膜すなわち脳硬膜は硬膜静脈洞dural venous sinusが存在する部分以外は1枚の膜からなる。脳硬膜の一部は大脳縦裂中に大脳鎌falx cerebriとして

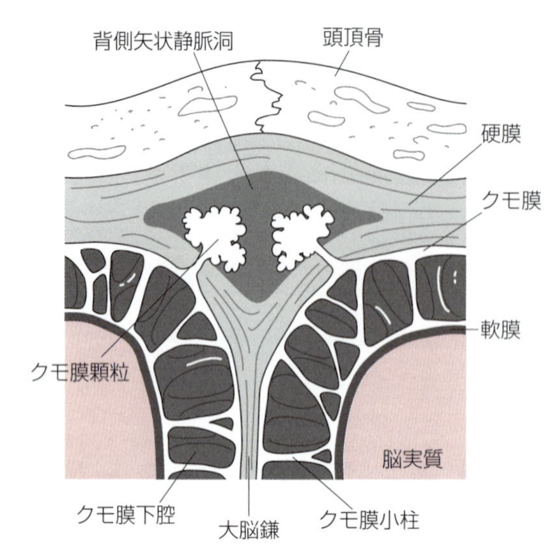


**図18-1　脳の硬膜，クモ膜，軟膜**

大脳半球の間で，硬膜の一部が大脳鎌として大脳縦裂に入り込む。クモ膜の一部は背側矢状静脈洞に入り込み，脳脊髄液が静脈中へ回収される。

入り込む。さらに大脳横裂には一対の膜性小脳テントmembranous cerebellar tentoriumが入り込む。膜性小脳テントは，多くの場合，骨化して骨性小脳テントとなる。霊長類以外では小脳鎌は発達しない。脊髄では硬膜は外板すなわち椎骨の骨膜と内板とに分かれ，内・外板の間に硬膜上腔を形成し，腔内に脂肪組織を含む。脊髄硬膜の一部は約30対の歯状靱帯を形成し，硬膜と軟膜を結合して脊髄を保定する。

クモ膜arachnoidは，硬膜と脳表面を直接おおう軟膜pia materとの間に存在する髄膜であり，クモ膜小柱によって軟膜と結びつけられている（**図18-1**）。クモ膜と軟膜の間の腔所はクモ膜下腔subarachnoid spaceと呼ばれ，脳脊髄液（髄液）cerebrospinal fluidに満たされている。クモ膜下腔の拡大した部分はクモ膜下槽subarachnoid cisternといわれ，小脳と延髄の間に広がる小脳延髄槽（大槽）cerebellomedullary cisternは特に広く，ここから脳脊髄液の採取が行われることがある。

軟膜は脳実質と密着しており，すべての脳の表面をおおい，脈絡組織では脳室内面をおおう上衣細胞に隣接する。

## 3. 脳脊髄液とその流路

中枢神経系はクモ膜下腔と脳室に存在する脳脊髄液中に半ば浮いたような状態で頭蓋腔および脊柱管内部に位置している。脳室は，終脳半球内に位置する左右の側脳室lateral ventricles，間脳内に位置する第三脳室third ventricle，中脳に位置する中脳水道cerebral aqueduct，橋および延髄前部と小脳との間に位置する第四脳室fourth ventricle，延髄および脊髄中心部に存在する延髄および脊髄中心管central canalからなる（**図18-2**）。

脳脊髄液は，第三脳室脈絡組織によって形成される側脳室脈絡叢choroid plexus of lateral ventricleおよび第三脳室脈絡叢choroid plexus of third ventricleで分泌される。側脳室からの脳脊髄液は上衣細胞の線毛運動によって室間孔interventricular foramenを経て第三脳室へ入り，中脳水道を下り，第四脳室，延髄中心管と流れ，脊髄中心管に達する。途中，第四脳室においては，第四脳室脈絡組織によって形成される第四脳室脈絡叢choroid plexus of fourth ventricleからも脳脊髄液が分泌される。第四脳室には一対の第四脳室外側口lateral aperture of fourth ventricleと不対の第四脳室正中口median aperture of fourth ventricle（イヌ，ウサギ）が存在し，これらの開口を通して脳脊髄液はクモ膜下腔に

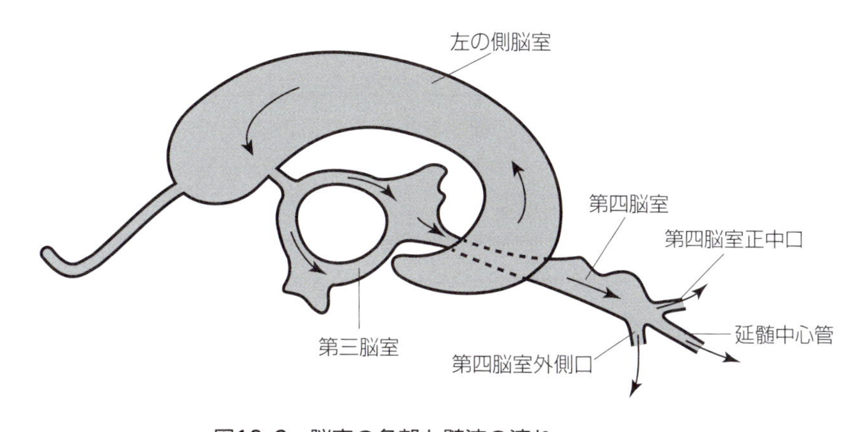


**図18-2　脳室の各部と髄液の流れ**

左外側面で，矢印は髄液の流れる方向を示す。

流入する。この脳脊髄液は，大脳半球背側の正中に位置する背側矢状静脈洞内に存在するクモ膜顆粒 arachnoid granulationを経て静脈洞中に回収される(**図18-1**)。

## 18-2　大脳，小脳，脳幹の構造の概略

到達目標：大脳，小脳，脳幹の構造の概略を説明できる。
キーワード：前脳，終脳，間脳，中脳，菱脳，後脳，橋，小脳，髄脳，延髄，大脳，外套，大脳皮質，嗅脳，大脳髄質，大脳基底核，脳幹，大脳縦裂，大脳横裂

脳は，発生学的には「ちくわ」に似た内部が中空の神経管が分化，発達することによって形作られてくる。イヌでは妊娠17日に，一次脳胞と呼ばれる前脳胞，中脳胞，菱脳胞が神経管に形成され，それぞれが前脳prosencephalon，中脳mesencephalon，菱脳rhombencephalonといわれる領域の原基となる。さらに前脳では左右の終脳telencephalonが外側に発達し，正中部は間脳diencephalonとなる。菱脳は後脳metencephalonとその背側の小脳cerebellumに分化し，後脳はさらに橋ponsと髄脳myelencephalon（延髄medulla oblongata）になる。中脳はあまり発達しない。終脳，間脳，中脳をあわせて大脳cerebrumと呼ぶが，場合によっては，終脳と間脳をあわせたもの，あるいは終脳のみを大脳と呼ぶこともある。終脳外套palliumとは終脳皮質および終脳髄質（大脳皮質cerebral cortexおよび大脳髄質medulla）のことであり，終脳外套は哺乳動物では大きく膨隆して発達するため，大脳半球cerebral hemisphereと呼ばれる。大脳半球の吻側端に存在する嗅球と外側嗅脳溝より腹側で嗅球に連続する領域は嗅脳rhinencephalonと呼ばれる。終脳には外套の深部に大脳基底核basal gangliaのような灰白質も存在する。間脳，中脳，橋，延髄をあわせて脳幹brainstemといい，特に中脳，橋，延髄をあわせて下位脳幹という。大脳縦裂とは左右大脳半球の間の間隙であり，大脳横裂とは終脳後腹側部と小脳・中脳・間脳との間の間隙である。

# 18-3　脊髄の構造

到達目標：脊髄の構造を説明できる。
キーワード：脊髄，頸髄，胸髄，腰髄，仙髄，馬尾，終糸，中心管，頸膨大，腰膨大，背正中溝，腹正中裂，脊髄神経，背根，腹根，背角，腹角，側角，背索，腹索，側索，薄束，楔状束，上行(感覚，求心)性神経路，下行(運動，遠心)性神経路，錐体路

## 1. 脊髄の外部形態

脊髄spinal cordは，延髄に連続して脊柱管内に存在し，頸部と腰部では，前肢と後肢にそれぞれ対応する頸膨大cervical enlargementと腰膨大lumbar enlargementという径が太い部分が存在する。脊髄末端は徐々に細くなり終糸terminal filumとなって尾椎にまで達する。脊髄の外側からは約37対の脊髄神経spinal nervesが発し，脊髄神経を基準にして脊髄節(髄節)すなわち頸髄cervical segments，胸髄thoracic segments，腰髄lumbar segments，仙髄sacral segments，尾髄coccygeal segmentsが区分される。

第一頸髄からは第一頸神経が発して環椎の外側椎孔を通過し，第二頸髄からは第二頸神経が発して環椎と軸椎間の椎間孔を通過する。ただし，第七頸椎と第一胸椎間を通過する神経は第八頸神経と定義されるので，頸椎は7個であるのに対し，頸髄は第一から第八までの8髄節存在することになる。脊髄の尾側レベルでは，脊髄実質はおよそ仙骨前端のレベルまでしか存在しない。そのため，前位の脊髄神経は脊髄から発し外側へ走行して椎間孔に向かうのに対して，後位腰髄以下では脊柱管内を尾側に走行した後に椎間孔から出る。その走行の様子がウマの尻尾に似ているため，これを馬尾cauda equinaと呼ぶ。

脊髄表面の背側正中には背正中溝dorsal median sulcus，背外側には背外側溝，腹外側には腹外側溝が存在する(図18-3)。腹側正中には腹正中裂ventral median fissureという裂隙状の深い溝がある。前位頸髄では背正中溝と背外側溝の間に背中間溝が存在する。脊髄の背外側溝からは根糸と呼ばれる神経線維の小束が出現して背根dorsal rootにまとまり，腹外側溝からも同様に根糸が出現して腹根ventral

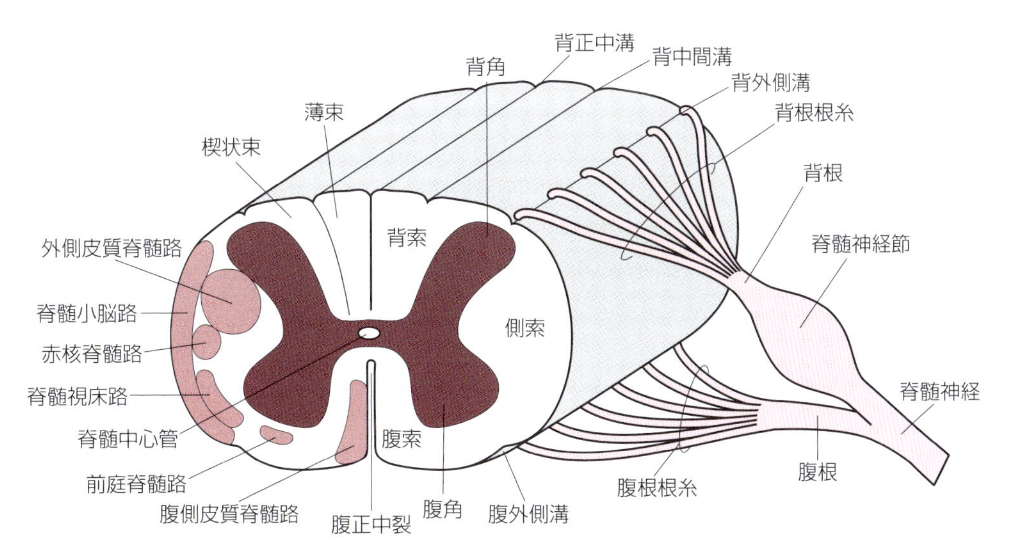


図18-3　脊髄の外観と横断面

頸髄レベルにおける脊髄節の模式図。横断面では主な神経路の走行部位を示す。

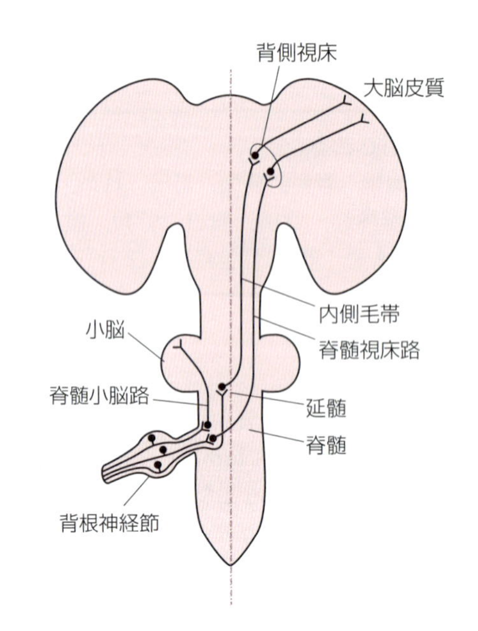


**図18-4　脊髄からの上行性投射路**

脊髄小脳路には，実際は，同側性のものと対側性のものとが存在する。

rootとなる。両根は椎間孔内側で合して脊髄神経を形成する。背根には脊髄神経節が付随する。

## 2. 脊髄の内部構造

脊髄を横断すると，中心部に近くH字型で灰色に見える灰白質と，周辺部で白色に見える白質を区別できる(**図18-3**)。灰白質には多くの神経細胞体が存在し，背側へ向かって突出している部分が背角dorsal hornで，腹側へ向かって突出している部分が腹角ventral hornである。さらに胸腰髄では背角と腹角の中間から外側方向へ側角lateral hornが突出している。背角は背根から侵入する脊髄神経節ニューロンの軸索が終止する感覚情報を受ける領域であり，腹角は骨格筋へ軸索を送る運動ニューロンが存在する領域である。側角には交感神経の節前ニューロンが存在する。灰白質の中心部には脊髄中心管central canalが存在する。

脊髄の白質は，背角より内側の背索dorsal funiculus，背角と腹角の間の側索lateral funiculus，腹角の腹内側の腹索ventral funiculusの3つの脊髄索が区別される。前位頸髄では背索は背中間溝によって内側の薄束gracile fasciculusと外側の楔状束cuneate fasciculusとにさらに区分される。白質には脊髄から発して脳へ向かい感覚情報を伝える上行性神経路ascending tracts，脳から脊髄へ向かい運動指令を伝える下行性神経路descending tracts，脊髄内を連絡する固有脊髄神経路が存在する。

## 3. 脊髄の線維連絡

上行性神経路の主なものには，視床を経て大脳皮質へ情報を伝え感覚の成立に関係する背索内側毛帯系および脊髄視床路と，運動の精緻なコントロールに必要な固有感覚情報を小脳へ伝える脊髄小脳路がある(**図18-3, 4**)。

背索内側毛帯系とは，一部の脊髄神経節ニューロンの軸索が脊髄内に侵入後そのまま背索を上行し延髄の背索核に終止して，そこから内側毛帯を構成し視床へ向かう経路をいう。体の後半部からの経路は背索内側部すなわち薄束を上行し薄束核に終止し，前半部(顔面を除く)からは外側部の楔状束を上行し楔状束核に終止する。背索核からの線維は交叉して内側毛帯を構成し上行して視床に終止し，さらに視

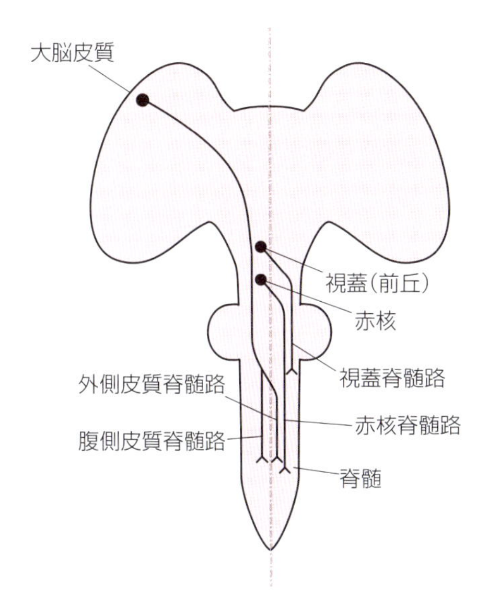


**図18-5　脊髄への下行性投射路**

いずれも交叉して対側の脊髄灰白質へ終止する。

床から大脳皮質に達する。この経路は，識別性触圧覚および関節の運動感覚を大脳皮質に伝える。

脊髄視床路は，背根神経節ニューロンから入力を受ける背角ニューロンの軸索からなり，反対側の脊髄白質腹外側部を上行し視床に達する経路をいう。この経路は温冷覚および痛覚を視床を経由して大脳皮質まで伝える。

脊髄小脳路は背根神経節ニューロンの入力を受け脊髄全長にわたって起始する経路で，側索辺縁部を上行し，筋紡錘，腱器官，関節からの固有感覚情報を小脳へ伝える。

下行性神経路の主なものには皮質脊髄路，赤核脊髄路，前庭脊髄路といった投射路がある(図18-3，5)。皮質脊髄路(錐体路pyramidal tract)は大脳皮質一次運動野を中心とした領野から起始し，内包，大脳脚，橋縦束，延髄錐体を通過する投射路である。大部分の線維は延髄錐体の尾側で交叉(錐体交叉)し，対側の脊髄側索を下行するため外側皮質脊髄路と呼ばれ，一部の線維は延髄で交叉せず同側の腹索を下行し，腹側皮質脊髄路と呼ばれる。これらの線維は対側の腹角に終止し，四肢遠位に存在する骨格筋の随意運動のコントロールを行う。

赤核脊髄路は，中脳の赤核から発する投射路で，中脳で交叉した後，脊髄側索を下行し腹角に終止する。本経路は四肢遠位の屈筋のコントロールに関与する。これに対して，前庭脊髄路は橋から延髄にかけて存在する前庭神経核から起始し，腹索を下行し腹角に終止する。この神経路は頭頸部の回転に対する反射的な頭頸部の回転運動や抗重力筋の収縮のコントロールに必要な情報を脊髄に伝える。

ところで，上述した錐体路に対して，かつては，終脳の大脳基底核からも脊髄に投射する経路が存在し，錐体路に対立する錐体外路系という経路の存在が考えられていた。しかし，実際にはこのような経路は存在しないことが明らかになったため，「錐体外路(系)」という概念や用語は現在では使われない。ただし，臨床的には，錐体路障害以外の運動性疾患という意味で，錐体外路性疾患といった使い方はされることがある。

# 18-4　延髄，橋，中脳，間脳の構造

到達目標：延髄，橋，中脳，間脳の構造を説明できる。
キーワード：錐体，錐体交叉，菱形窩，台形体，中脳蓋，四丘体，前丘，後丘，大脳脚，中脳被蓋，脚間窩，動眼神経運動核，滑車神経運動核，視床下部，乳頭体，下垂体，漏斗，灰白隆起，視索，視交叉，視床脳，視床，視床後部(外側膝状体，内側膝状体)

## 1. 延髄，橋，中脳，間脳の外観

脳幹の外観は，腹側と外側からは，延髄と橋が比較的よく観察できるのに対し，中脳と間脳は腹側にまで発達する大脳皮質におおわれるため，その一部しか見ることができない。背側からは，大脳皮質が著しく発達し小脳もよく発達するため，延髄尾側部のみ見ることができる。

延髄腹側面には，腹側正中に存在する腹正中裂の両側に錐体pyramidが見られる(図18-6)。錐体は縦走する皮質脊髄路からなる。腹正中裂は，脊髄との境界で，錐体交叉pyramidal decussationのために不明瞭となる。延髄錐体の外側縁からは舌下神経の根が現われ，その外側の隆起がオリーブである。ただし，オリーブは霊長類以外ではあまり明瞭でない。延髄のさらに外側からは，副神経延髄根，迷走神経・舌咽神経の根が起始する。

延髄錐体は吻側では橋の台形体trapezoid bodyを越えて，台形体の吻側に存在する橋腹側部後縁まで続く。錐体外側縁の吻側端付近からは外転神経が，台形体の外側からは前庭神経と顔面神経が現われる。橋腹側部では横橋線維が横走するのが明瞭に認められ，その外側では吻側に向かう三叉神経の太い根が観察できる。

橋の吻側の中脳腹側面には，尾側から吻側に向かってV字型に開く左右の大脳脚cerebral peduncle

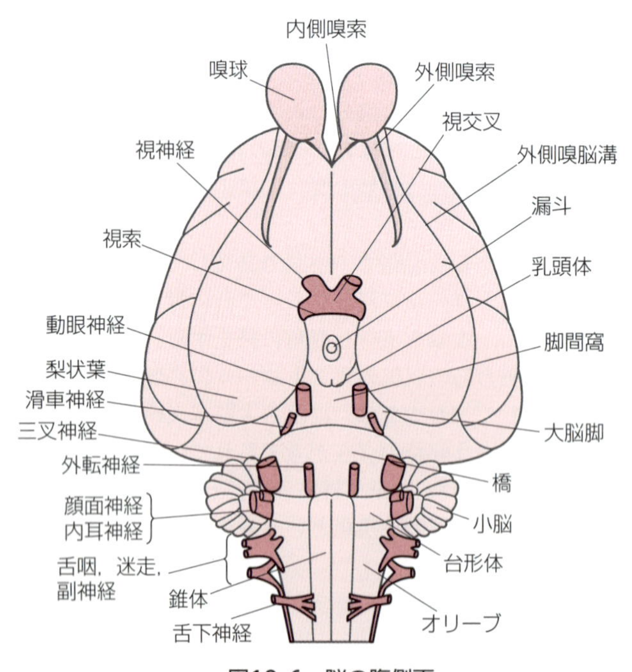


**図18-6　脳の腹側面**
主な構造と脳神経を示す。

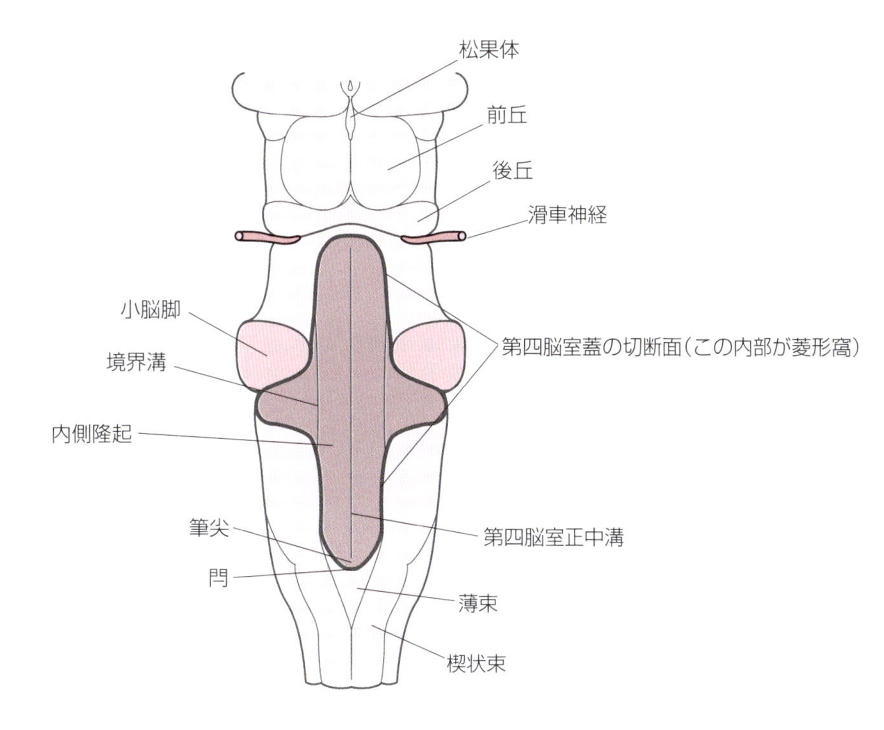


**図18-7 下位脳幹の背側面**

前髄帆と後髄帆の大部分と小脳を除去して第四脳室底である菱形窩を露出してある。

と，左右大脳脚の間の陥凹である脚間窩interpeduncular fossaが見られる（図18-6）。大脳脚の内側縁からは動眼神経の根が発する。

中脳の吻側には，間脳の最も腹側に存在する視床下部hypothalamusの一部が観察できる（図18-6）。脚間窩の吻側に見られる隆起が乳頭体mamillary bodyで，乳頭体より吻側もわずかに隆起し灰白隆起tuber cinereumといわれる。灰白隆起の吻側には漏斗の断端と，漏斗内部に存在する第三脳室の一部である漏斗陥凹が見られる。これは，脳を取り出す際に，ほとんどの場合，下垂体hypophysisが漏斗infundibulumから引きちぎられるためである。漏斗の吻側には，左右の視神経が交叉する視交叉optic chiasmが存在し，視交叉から尾外側に走行する線維束が視索optic tractである。

脳幹の背側で小脳の尾側には，脊髄から連続する背正中溝の外側に薄束が，さらにその外側に楔状束が見られる。小脳と脳幹を接続する3対の小脳脚と第四脳室蓋を構成する前髄帆，後髄帆を切断して小脳を除去すると，延髄と橋の背側部の構造を観察できる（図18-7）。延髄・橋の背側面の大部分は第四脳室底を構成し，第四脳室底はその形状から菱形窩rhomboid fossaと呼ばれる。菱形窩の正中には第四脳室正中溝，その外側には境界溝が存在し，両溝の間が内側隆起である。菱形窩の尾側部は狭まって筆尖と呼ばれ，延髄中心管に続く。筆尖の背側が閂である。菱形窩は吻側でも狭まって中脳水道に移行する。その部位の前髄帆には第四脳神経である滑車神経が脳幹の背側から現われ交叉するのが観察される。中脳の背側は4つの小丘状の隆起（四丘体corpora quadrigemina：中脳蓋tectum）が存在し，吻側の2つが前丘rostral colliculus（上丘superior colliculus），尾側の2つが後丘caudal colliculus（下丘inferior colliculus）と呼ばれ，それぞれ前丘腕と後丘腕によって間脳へ連絡する。前丘の間には松果体が載り，松果体は間脳の手綱へ連結する。

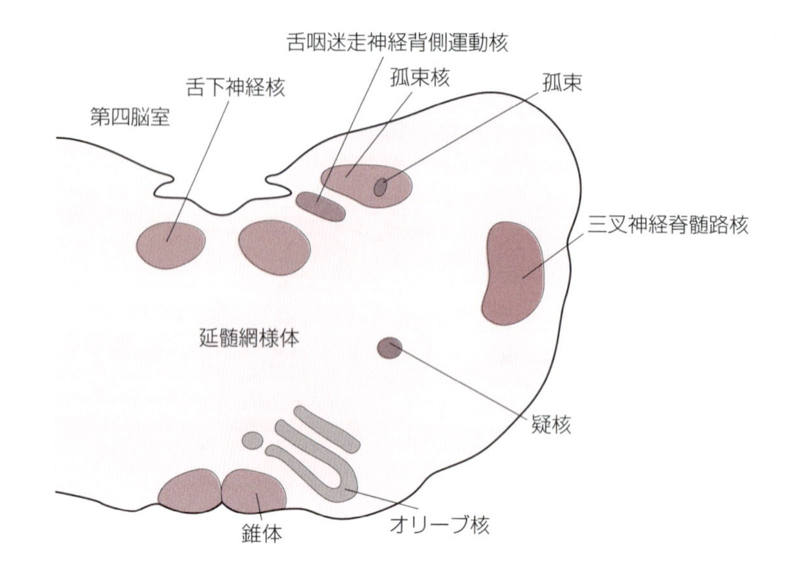


**図18-8　延髄吻側部の横断面**

主として脳神経核を中心に示してある。

## 2. 延髄の内部構造と線維連絡

延髄 medulla oblongataは脊髄の連続であり，延髄尾側部では延髄中心管がその中心部やや背側を通過し，吻側部では延髄中心管が背側に開放し第四脳室を形成する（図18-7, 8）。延髄に存在する主な脳神経核は，舌下神経核，舌咽迷走神経背側運動核，孤束核，疑核，三叉神経脊髄路核である。舌下神経核は延髄中心管腹外側から第四脳室底にかけて存在し，舌の運動に関与する舌下神経の運動ニューロンが存在する。舌咽迷走神経背側運動核は舌下神経核の背外側に位置し，舌咽神経と迷走神経の節前ニューロンが存在する。さらにその背外側には孤束核が存在し，内臓感覚と味覚の情報を伝える求心性線維が終止する。疑核は舌咽迷走神経腹側運動核とも呼ばれ，主に咽喉頭の横紋筋を支配する。三叉神経脊髄路核は顔面からの温冷覚および痛覚の情報を受ける感覚性神経核である。脳神経核以外では，延髄錐体の外側に膨隆するオリーブ内部に存在するオリーブ核が重要である。オリーブ核は大脳皮質や赤核から入力を受け小脳へ登上線維を送り，運動の調節や運動学習に関する情報を伝える。延髄の神経核や神経路が存在する部分以外は，ニューロンが神経線維中に散在する延髄網様体となる。延髄網様体は，橋網様体，中脳網様体に連続する。

## 3. 橋の内部構造と線維連絡

橋 ponsは系統発生学的に新しい橋腹側部と古い橋背側部すなわち橋被蓋とに分けられる。橋腹側部は大脳皮質から下行してくる線維束である橋縦束が前後方向に貫き，その周囲には橋縦束の一部の終末を受ける橋核のニューロンが分布する。橋核ニューロンの軸索は横橋線維となって中小脳脚を作り小脳へ向かう。

橋被蓋には，脳神経核では，表情筋を支配する顔面神経運動核が腹側部に，平衡感覚の情報を受ける前庭神経核が背側部に，聴覚情報を受ける蝸牛神経核が外側部に存在する。外眼筋の外側直筋と眼球後引筋を支配する外転神経核は，顔面神経運動核の根がカーブする「膝」と呼ばれる部分の腹側に存在する。さらに橋には三叉神経核のうち三叉神経運動核，三叉神経主感覚核，三叉神経中脳路核が含まれる（図18-9）。運動核は橋被蓋のやや外側部に位置し咀嚼筋を支配し，その外側にある主感覚核は顔面の

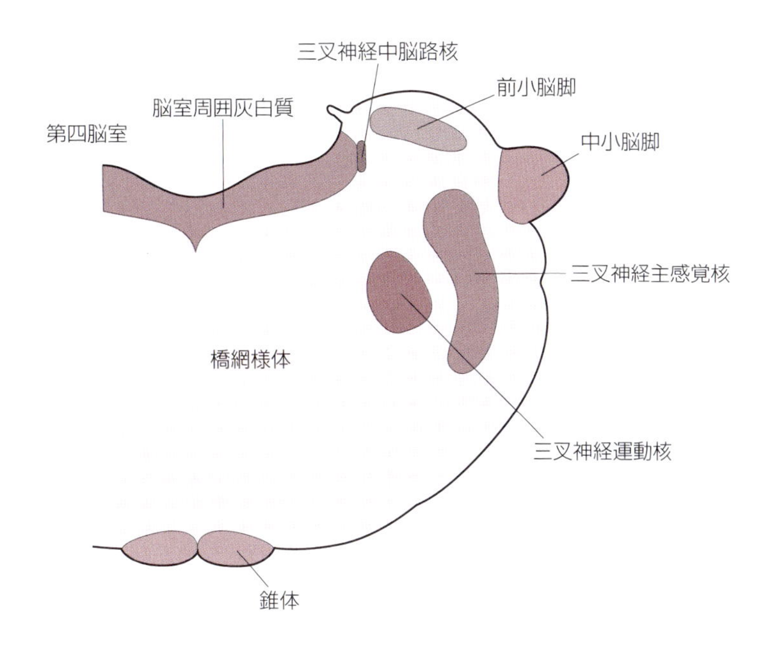


**図18-9　橋の横断面**

三叉神経運動核のレベルを示す。このレベルでは橋腹側部は観察できない。

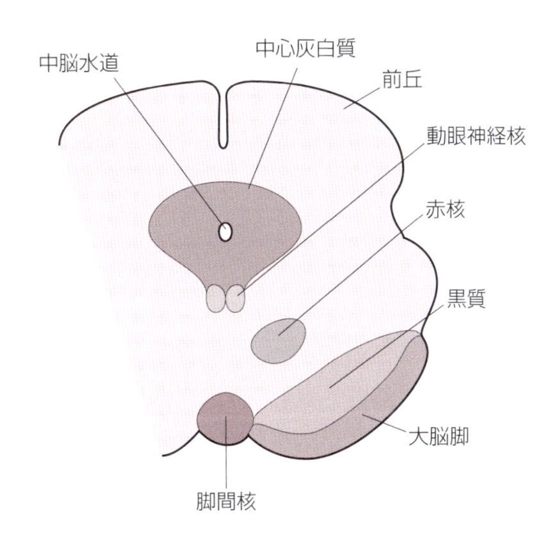


**図18-10　中脳の前丘レベルの横断面**

図には示していないが，前丘は層構造を呈する。

識別性触圧覚に関する感覚情報を受け，視床を経由して大脳皮質へ伝える。主感覚核の背側には中脳路核が存在する。この核は中脳中心灰白質の外側にまで達する前後に長い神経核で，咀嚼筋の固有感覚情報を受ける。

## 4. 中脳の内部構造と線維連絡

中脳 mesencephalon は背側部の中脳蓋，その腹側の中脳被蓋 midbrain tegmentum，さらに腹外側に突出する大脳脚に区分される。被蓋と大脳脚をあわせた部分を広義の大脳脚と呼ぶこともある（**図18-7, 10**）。

中脳の中心部やや背側を中脳水道が通過し，その周囲は中心灰白質と呼ばれる。

中脳蓋は吻側の前丘と尾側の後丘からなる。前者は7層構造を呈し，1～3層には網膜からの視覚情報が4～7層には聴覚情報や体性感覚情報が入力し，主として頸髄へ出力して，視覚情報に基づいた反射的な頭頸部の運動のコントロールに関与する。後丘は，橋の聴覚関連神経核から起始する外側毛帯を受け，内側膝状体核へ線維を送る聴覚情報の中継核である。

中脳中心灰白質の腹内側部には動眼神経運動核oculomotor nucleusと滑車神経運動核trochlear nucleusがある。動眼神経核は上眼瞼挙筋と，外眼筋のうちの背側直筋，内側直筋，腹側直筋，腹側斜筋に支配神経を送るほか，動眼神経副核からは毛様体神経節へ向かう節前線維が出る。滑車神経核は背側斜筋を神経支配する。

中脳被蓋には赤核が存在する。赤核は霊長類以外では大細胞が主体で大脳皮質からの入力を受け赤核脊髄路を発する。一方，霊長類では小細胞が主体で小脳核から入力を受け赤核オリーブ路を発する。被蓋と大脳脚の間には黒質が存在する。黒質は霊長類ではメラニンが存在するため文字通り黒色であるのに対し，霊長類以外ではメラニンが存在せず黒色を呈しない。黒質は線条体および淡蒼球から入力を受け，視床へ線維を送り，運動のコントロールに重要な役割を果たす。

大脳脚は大脳皮質から下行してくる線維が集まったものであり，皮質脊髄路（錐体路）も大脳脚を通過する。

## 5. 間脳の内部構造と線維連絡

間脳diencephalonは，背側から腹側に，視床上部，背側視床，腹側視床，視床下部の4領域に分けられる（**図18-11**）。以下では，背側視床の一部と視床下部について簡単に解説する。

背側視床は視床脳thalamencephalonあるいは単に視床thalamusと呼ばれることもあり，哺乳動物では大変よく発達し，内部に非常に多くの神経核を含む。いずれの核も皮質から多くの投射を受け，皮質に強く投射する。これらの投射のほとんどには詳細な部位対応関係が存在する。

背側視床の腹側核は多くの神経核からなり，その中で前外側腹側核は大脳基底核と小脳から入力を受

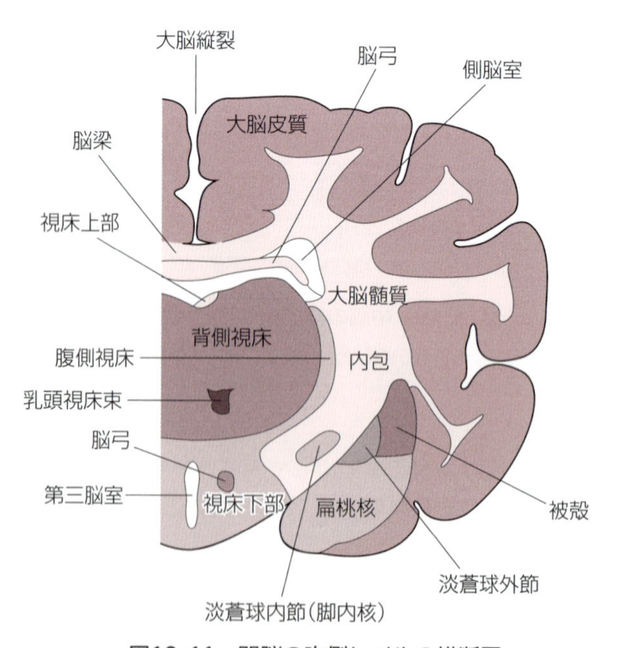


**図18-11　間脳の吻側レベルの横断図**

視床下部より外側には終脳の構造である基底核や扁桃核が存在する。

け，大脳皮質の運動関連領野と相互結合し，運動のコントロールにおいて重要であり，後腹側核は体性感覚情報を脊髄，延髄，三叉神経核から受け，体性感覚野と相互結合し，体性感覚の成立に重要な役割を果たす。

外側膝状体lateral geniculate bodyの内部に存在する外側膝状体核は，網膜からの視覚情報を一次視覚野へ伝える重要な神経核であり，両眼視が主体の動物では層構造を呈する。それに対して，内側膝状体medial geniculate bodyの内部に存在する内側膝状体核は，後丘から聴覚情報を受け一次聴覚野へ伝える。外側膝状体核と内側膝状体核をあわせて視床後部metathalamusと呼ぶこともある。

視床下部は視床下部内側部，外側部，乳頭体核からなり，視交叉より吻側のレベルは視束前野（視索前野）としばしば称される。視床下部は自律神経系の最高中枢である。ただし，乳頭体核は自律神経機能というより記憶や学習と関連する構造である。

視床下部内側部は，多くの神経核が分化しているのに対し，外側部は散在するニューロン間を内側前脳束が前後に貫き，網様体様の構造を呈する。視床下部は全体として，あらゆる感覚情報を直接，間接に受けるほか，新皮質，海馬体，扁桃体からも入力を受ける。出力は神経性下垂体，正中隆起を介して腺性下垂体，自律神経節前ニューロン，新皮質，扁桃体へ送られる。視床下部はこれらの投射経路によって自律神経系のコントロールを行っている。

# 18-5　小脳の構造

到達目標：小脳の構造を説明できる。
キーワード：小脳半球，虫部，小脳溝，小脳回，前・中・後小脳脚，小脳皮質，髄体（活樹）

## 1. 小脳の外部形態

小脳 cerebellumの外表面には小脳溝 cerebellar sulciと呼ばれる多数の溝と，小脳溝の間に膨隆する多数の小脳回 cerebellar foliaが見られる（図18-12, 13）。小脳の正中部は発達して盛り上がり虫部vermisと呼ばれ，外側部は虫部と比べて発達が悪く小脳半球 cerebellar hemisphereと呼ばれる。ただし，霊長類では，逆に，半球が発達し虫部の発達が悪い。虫部と半球の移行部は中間部あるいは中間帯と呼ばれる。小脳を正中断するとその背側部から腹側に向かって第一裂という非常に深い小脳溝があるのが見られる。この第一裂より前を前葉という（図18-13）。また小脳の後腹側部には垂小節裂（あるいは後外側裂）があり，第一裂と垂外側裂の間を後葉，垂外側裂の吻側を片葉小節葉という。前葉と後葉をあわせたものが小脳体である。小脳は脳幹とは前・中・後小脳脚 rostral, middle and caudal cerebellar pedunclesで結合する。

## 2. 小脳の内部構造と線維連絡

小脳実質の浅層は灰白質からなり小脳皮質 cerebellar cortexと呼ばれ，小脳皮質は小脳溝に沿って屈曲しつつ小脳内部に深く入り込んでいる。小脳内部の白質は小脳髄体 medullary bodyと呼ばれ，髄体からは白質板が樹枝状に枝分かれして大変美しい模様を呈するため，全体として小脳活樹 arbor vitaeといわれる（図18-13）。小脳髄体中には小脳核と呼ばれる灰白質も存在する。小脳皮質は，軟膜に接しニューロンが比較的乏しい分子層，プルキンエ細胞（梨状神経細胞）が一層に並ぶプルキンエ細胞層（梨状神経細胞層），多数の顆粒状の小型ニューロンからなる顆粒層からなる（図18-14）。小脳髄体は，小脳に入ってくる線維と小脳皮質から小脳核に向かう線維が主体となる。

小脳への入力は苔状線維と登上線維の2種類がある（図18-14）。苔状線維は，延髄のオリーブ核以

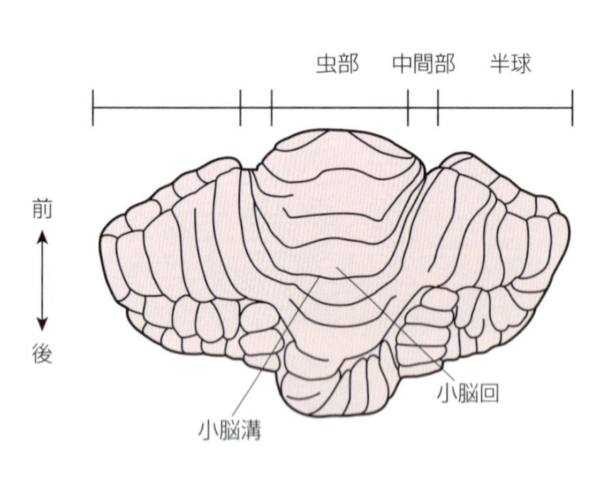


**図18-12　小脳の背側面**

多数の小脳回と小脳溝および小脳の内外方向の区分を示す。

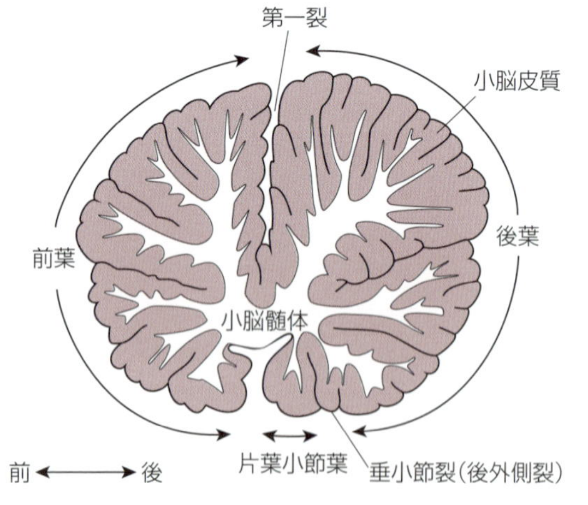


**図18-13　小脳正中断面**

小脳の前後方向の区分を示す。

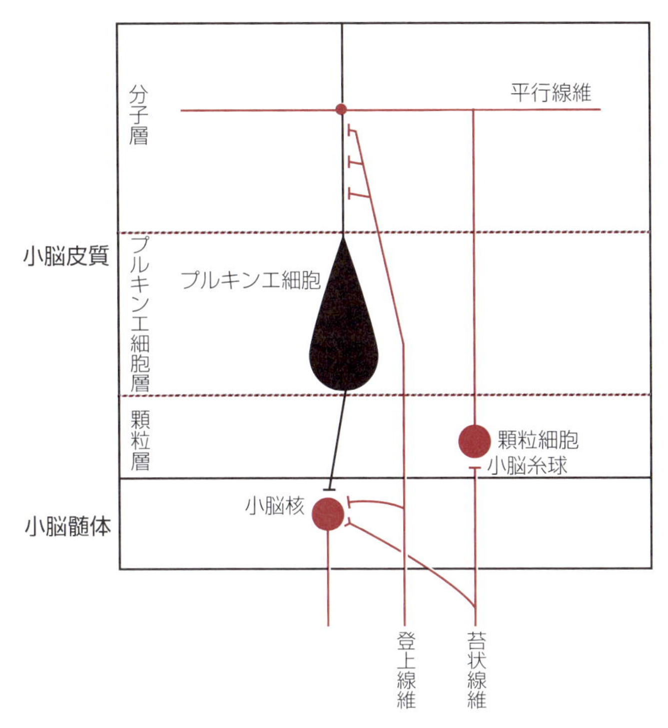


**図18-14　小脳の層構造と神経回路**

小脳皮質は破線で示すように3層からなることに注意すること。赤色は興奮性の，黒は抑制性のニューロンあるいは線維を示す。実際には，図に示してある以外の数種類の介在細胞が存在する。

外から起始する線維であり，小脳核へ側枝を与えた後，顆粒層内で小脳糸球を形成して終わる。小脳糸球で入力を受ける顆粒細胞から発する軸索は分子層に向かい，そこでT字型に横断方向に分岐する平行線維として終わる。平行線維はプルキンエ細胞の樹状突起および数種類の介在細胞の樹状突起に入力を与える。もう一種類の入力線維は登上線維で，オリーブ核から起始し，小脳核へ側枝を与えた後，プルキンエ細胞の樹状突起によじ登るように終止する。プルキンエ細胞には，小脳皮質に存在する他の介在細胞からの入力も加わる。プルキンエ細胞の軸索が小脳皮質からの出力となり，小脳核に終止する。

小脳からの出力線維は小脳核のニューロンの軸索である(図18-14)。ただし，前庭神経核への投射には，プルキンエ細胞から直接起こるものがある。

小脳脚は小脳に出入りする線維が通過する。前小脳脚は小脳核から発し，視床，赤核，網様体，頸髄へ向かう線維が走行するほか，小脳へ入る脊髄小脳路の一部の線維が通過する。中小脳脚は橋核から発し，小脳へ入る線維が通過する。一部は小脳核から出て前庭神経核に向かう線維も通過する。後小脳脚は，脊髄小脳路，三叉神経核小脳路，オリーブ小脳路といった小脳へ入る線維が通過する。一部，小脳から出て前庭神経核へ向かう線維も通過する。

# 18-6　大脳の構造

到達目標：大脳の構造を説明できる。
キーワード：嗅球，内側・外側嗅索，前交連，梨状葉，脳梁，大脳溝，大脳回，仮ジルビウス裂，大脳半球，大脳皮質，大脳髄質，大脳基底核，線条体（尾状核，淡蒼球，内包），扁桃体，脳弓，海馬

## 1. 大脳（終脳）の外部形態

哺乳動物では大脳（終脳）の発達がよく左右の大脳半球cerebral hemisphereが形成される。終脳の外表面の大部分は大脳皮質cerebral cortexからなり，大脳溝cerebral sulciと呼ばれる溝とその間に膨隆する大脳回cerebral gyriが多数見られる（図18-11, 15）。脳回と脳溝の配列はイヌで比較的わかりやすいため，イヌの脳で説明する。大脳皮質の腹外側部をほぼ水平方向に走る外側嗅脳溝から尾背側へ向かう仮ジルビウス裂pseudosylvian fissureを中心にしてジルビウス外溝，ジルビウス上溝が逆U字型に仮ジルビウス裂を取り囲むように走行する。大脳半球背側の吻側寄りで，大脳縦裂に直交するように走るのが十字溝である。十字溝の周囲には十字溝を取り囲むように冠状溝が存在する。

脳回では，仮ジルビウス裂を取り囲むようにジルビウス回が，その周囲にジルビウス外回，さらにジルビウス上回が存在する（図18-15）。十字溝の尾側が十字後回で，吻側が十字前回である。

終脳腹側面では（図18-16），内・外側嗅脳溝の間の領域が嗅脳で，その吻側端が球状に発達する嗅球olfactory bulbである。嗅球からは，尾外側へ走る外側嗅索lateral olfactory tractと尾内側へ走る不明瞭な内側嗅索medial olfactory tractが見られ，さらに尾側の領域は西洋梨状に膨隆するため，梨状葉piriform lobeといわれる。

## 2. 大脳（終脳）の内部構造と線維連絡

終脳は，表面に近い終脳外套（大脳皮質と大脳髄質cerebral medulla）だけでなく大脳基底核，扁桃核，内側前脳基底部といった皮質下領域も含む。

大脳基底核basal gangliaは内包internal capsuleを挟んで視床の外側から吻側にかけて位置し，線条体

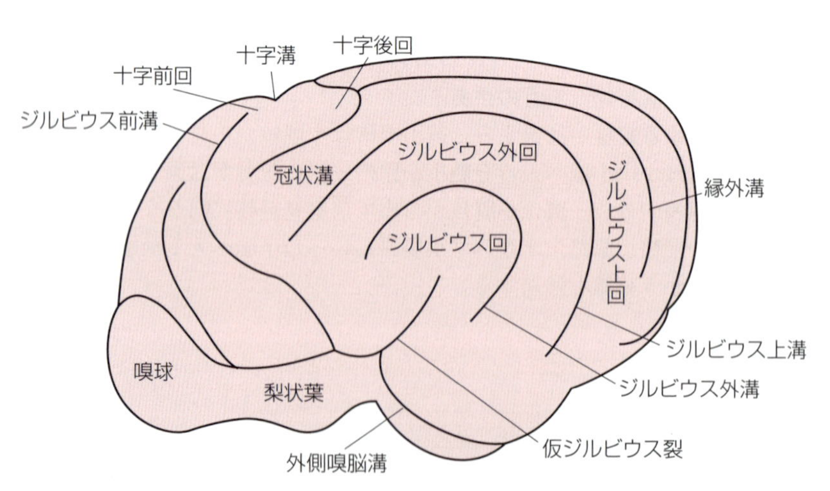


**図18-15　イヌ大脳半球外側面**

主な大脳溝と大脳回を示す。

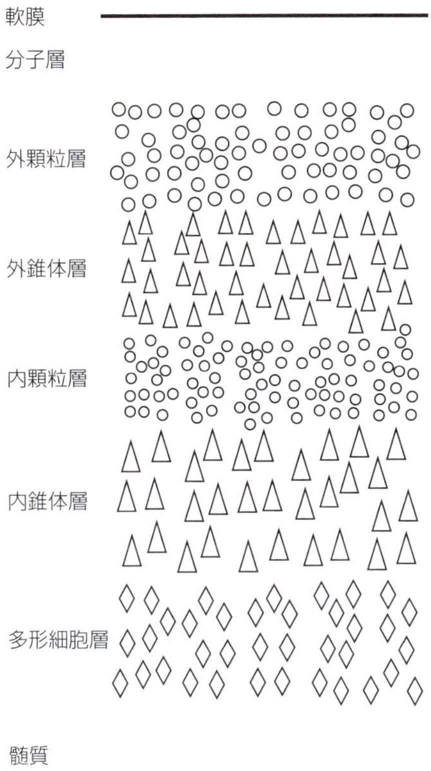

軟膜
分子層
外顆粒層
外錐体層
内顆粒層
内錐体層
多形細胞層
髄質

**図18-16　大脳新皮質の層構造**

新皮質は6層からなる。

striatumと淡蒼球globus pallidusからなる(**図18-11**)。線条体は尾状核caudate nucleusと被殻，淡蒼球は外節と内節にさらに区分できる。かつては被殻と淡蒼球外節をあわせたものをレンズ核と称したが，それら2つの領域は，構成するニューロン，線維連絡，機能のすべてが異なるため，レンズ核としてひとまとめにする意味はない。基底核は，大脳皮質のほとんどの領域から入力を受け，出力を視床を介して大脳皮質に与えることによって，皮質ニューロンの活動性を調整し，主として運動のコントロールに関与する重要な機能を担う。

扁桃体amygdaloid body内部に位置する扁桃核は，視床下部より外側で線条体の腹側に存在し(**図18-11**)，嗅球，視床下部，脳幹の自律神経核と結合する系統発生学的に古い領域と，視床や大脳皮質と結合する系統発生学的に新しい領域からなる。扁桃核は大脳皮質と視床下部の間に介在し，視床下部機能を調節するとともに，感覚情報の生物学的価値判断や情動表出に重要な機能を果たすと考えられる。

終脳皮質(大脳皮質)は，系統発生学的に古く，構成するニューロンが6層構造を呈しない異種皮質(不等皮質)と，系統発生学的に新しく，6層構造を呈する同種皮質(等皮質)に分類できる。異種皮質は梨状前野や嗅結節のような旧皮質(古皮質)と海馬hippocampusのような原始皮質(原皮質)にさらに区分できる。梨状前野や嗅結節は嗅覚情報処理に，海馬は学習や記憶に重要な役割を果たす。

同種皮質は新皮質と同義で，Ⅰ層の分子層，Ⅱ層の外顆粒層，Ⅲ層の外錐体層，Ⅳ層の内顆粒層，Ⅴ層の内錐体層，Ⅵ層の多形細胞層の6層構造を呈する(**図18-16**)。大脳皮質は4つの大脳葉すなわち後頭葉，側頭葉，頭頂葉，前頭葉に区分できる。それぞれの大脳葉はさらに多くの皮質領野からなる。各領野は連合線維によって同側の他の領野と，主として脳梁corpus callosumと一部は前交連rostral commissureを通過する交連線維によって対側の領野と複雑に結合するほか，上述したように，視床や脊髄といった皮質下構造とも複雑な神経回路網を形成し，種々の高次神経機能を担う。例えば，後頭葉は主に視覚情報処理に関与し，側頭葉は視覚の認知，聴覚情報処理，学習･記憶に関係する。頭頂葉は，後部は視覚関連の空間情報処理や空間認知に，前部は体性感覚情報の処理に関与する。前頭葉の後部には，一次運動野をはじめとする運動関連領野が存在し随意運動のコントロールを行い，前頭葉の吻側部は前頭前野と呼ばれ，意志決定を行う。

## 演習問題

**1. 脊髄に関する記述で正しいのはどれか。**

a. 脊髄のすべての外表面は平滑である。
b. 尾側へいくほど徐々に細くなる。
c. 背根に神経節が付属する。
d. 中央部に白質が，辺縁部に灰白質が存在する。
e. 中心部を中心管が貫く。

**2. 終脳に関する記述で正しいのはどれか。**

a. 終脳は外套のみからなる。
b. 左右の終脳（大脳）半球は直接連絡していない。
c. 終脳には嗅覚に関連する領域も存在する。
d. 海馬は終脳の一部である。
e. 新皮質は5層からなる層構造を呈する。

## 解　答

**1.**

**正解**　c, e

**解説**　脊髄の外表面にはいくつかの溝や裂隙があり，頸部と腰部が膨大する。背根には脊髄神経節が付属する。脊髄の中心付近にはニューロンの細胞体が存在し灰白質となり，辺縁部は有髄神経線維が存在するため白質となる。中心部には脳室系の一部である中心管が存在する。

**2.**

**正解**　c, d

**解説**　終脳には外套のみでなく皮質下構造も含まれる。終脳では嗅覚を含むあらゆる感覚情報の処理が行われ，皮質のうち新皮質は6層構造であり，系統発生学的に古い皮質には海馬や梨状葉といった領域がある。

（柴田 秀史）

# 19章　末梢神経系

**一般目標：体性神経系および自律神経系の形態と位置関係を，情報伝達の流れを念頭に理解する。**

神経系の中で中枢神経系に含まれる脳と脊髄を除くすべての神経組織を末梢神経系といい，中枢神経系以外の神経線維と神経節からなる。本章では末梢神経系の分類およびそれぞれの神経の走行と機能について概説する。

## 19-1　末梢神経の区分

到達目標：神経線維が連絡する部位および神経線維中を伝わる興奮の方向性の観点から末梢神経を細分できる。

キーワード：求心性神経，遠心性神経，体性神経系，内臓神経系，自律神経系，神経節

### 1. 求心性神経と遠心性神経

末梢神経系は，神経線維を伝わる興奮の向きによって求心性神経と遠心性神経に分けられる。

#### 1）求心性神経

末梢から中枢神経系に向けて興奮を伝える神経を求心性神経afferent nerveという。知覚性神経は求心性神経に含まれる。

#### 2）遠心性神経

中枢神経系から末梢の効果器に向けて興奮を伝える神経を遠心性神経efferent nerveという。骨格筋を支配する運動性神経や消化管や血管の平滑筋，心筋および腺などを支配する自律神経は遠心性神経に含まれる。

### 2. 体性神経系と内臓性神経系（自律神経系）

脳神経および脊髄神経はともに神経線維が繋がる組織によって体性神経系と内臓性神経系（自律神経系）に分けられる。

#### 1）体性神経系

体性神経系somatic nervous systemとは骨格筋，皮膚，関節を取り巻く軟部組織などの体性組織に繋がる末梢神経で，環境の変化に応じて個体を意識的にコントロールする。体性神経系のうち，末梢から中枢神経系に向けて興奮を伝える末梢神経を体性求心性神経，中枢神経系から末梢の効果器に向けて興奮を伝える末梢神経を体性遠心性神経と呼ぶ。

**（1）体性求心性神経**

体性求心性神経somatic afferent nerveは，体性知覚神経とも呼ばれる神経で，体性組織に分布する感覚受容器からの興奮を中枢に伝えるニューロンで構成される。体性知覚神経のうち，痛覚，触圧覚，温度感覚，筋と腱の緊張といった深部知覚に関係する神経を特に一般体性求心性神経general somatic afferent nerve，視覚および聴覚に関係する神経を特殊体性求心性神経special somatic afferent nerveという。

#### (2) 体性遠心性神経

体性遠心性神経somatic efferent nerveは，体性運動神経(運動神経)とも呼ばれる神経で，骨格筋にシナプス結合して，その運動を支配する。これらを運動ニューロンと呼ぶ。運動ニューロンの細胞体は脳幹または脊髄内にあり，ここから出た神経線維は末梢の骨格筋線維に至るまで1個のニューロンで構成される。眼球および舌の動きをコントロールする神経も体性運動神経に含まれる。

### 2) 内臓性神経系

内臓性神経系visceral nervous system，内臓組織に繋がり，消化，吸収，循環，呼吸，分泌，生殖などを含む生命の維持にかかわる基本的な働きを無意識的にコントロールする。内臓性神経系のうち，末梢から中枢神経系に向けて興奮を伝える末梢神経を内臓性求心性神経，中枢神経系から末梢の効果器に向けて興奮を伝える末梢神経を内臓性遠心性神経と呼ぶ。

#### (1) 内臓性求心性神経

内臓性求心性神経visceral afferent nerveは内臓組織からの感覚刺激を中枢に伝える神経で，頭部および体幹の血管および内臓組織の感覚受容器を起源とする一般内臓性求心性神経general visceral afferent nerveと嗅覚と味覚の感覚器を起源とする特殊内臓性求心性神経special visceral afferent nerveに分かれる。自律神経系は，もともとは内臓神経の遠心路として定義されたが，現在では求心路の存在が明らかとなったため，一般内臓性求心性線維も含めて自律神経系という。

#### (2) 内臓遠心性神経

内臓遠心性神経visceral efferent nerveは，心筋，内臓組織の平滑筋，腺を支配する一般内臓遠心性神経general visceral efferent nerveと咽頭弓(鰓弓)由来の骨格筋である顔面の諸筋，広頸筋，咀嚼筋，咽頭，喉頭および食道の横紋筋を支配する特殊内臓性遠心性神経special visceral efferent nerveとに分かれる。自律神経系に属するニューロンの細胞体は脳幹または脊髄内にあり，末梢の平滑筋，心筋，腺に至るまでに2個のニューロンで構成される。特殊内臓性遠心性神経は，三叉神経運動根，顔面の筋肉，広頸筋に分布する顔面神経の枝，延髄の疑核を起始とする迷走神経および舌咽神経の枝が含まれる。

## 3. 神経節

末梢における神経細胞体の集合部位を神経節 ganglionといい，ここは形態的に膨大している。神経節には脳神経節，脊髄神経節と自律神経節がある。脳神経節 cerebral ganglionは，脳神経に属する末梢神経の求心性神経の細胞体がある部位と定義できるが，あまり使用しない語句である。例えば，三叉神経節が脳神経節にあたる。脊髄神経節 dorsal root ganglionおよび自律神経節 autonomic ganglionについては，245頁「19-3　脊髄神経」と251頁「19-4　自律神経」で詳しく述べる。

# 19-2　脳神経

到達目標：脳神経の走行と機能に関する概要を説明できる。

キーワード：脳神経，嗅神経(第Ⅰ脳神経)，視神経(第Ⅱ脳神経)，動眼神経(第Ⅲ脳神経)，滑車神経(第Ⅳ脳神経)，三叉神経(第Ⅴ脳神経)，三叉神経の知覚根，三叉神経の運動根，三叉神経節，上顎神経，下顎神経，眼神経，外転神経(第Ⅵ脳神経)，顔面神経(第Ⅶ脳神経)，内耳神経(第Ⅷ脳神経)，内耳神経の前庭根，内耳神経の蝸牛根，舌咽神経(第Ⅸ脳神経)，迷走神経(第Ⅹ脳神経)，副神経(第Ⅺ脳神経)，舌下神経(第Ⅻ脳神経)

## 1. 脳神経の種類

脳神経cranial nerveは，脳から出る末梢神経で，全部で12対ある。脳神経は脳の吻側に位置する神経から順に列挙するのが一般的である。

### 1) 嗅神経(第Ⅰ脳神経)

嗅神経olfactory nerveは，匂いを感受する知覚性神経で，鼻粘膜の嗅神経上皮に存在する嗅細胞(嗅神経)から出る軸索からなる。嗅神経は嗅球と鼻腔を仕切る篩骨の篩板を通過して嗅球に到達する。

### 2) 視神経(第Ⅱ脳神経)

視神経optic nerveは，視覚を伝える知覚神経で，眼球網膜にある視神経節細胞の軸索からなる神経線維束である。視神経は眼球後極のやや腹側から眼球を出ると，眼窩にある視神経管を抜けて頭蓋腔に入り，視交叉を形成する。視交叉以後は，視索と名称を変える。視交叉において，網膜の鼻側半分から生じる視神経は左右が交叉するが，耳側半分からくる視神経は非交叉である。霊長類の場合，視神経は視交叉にて半交叉(50%)するが，有蹄類では85～90%が交叉し，食肉類では75%程度が交叉するといわれている。

### 3) 動眼神経(第Ⅲ脳神経)

動眼神経oculomotor nerveは，中脳被蓋に存在する動眼神経主核(運動核)と副交感神経核から出る神経線維からなる。動眼神経は左右の大脳脚腹側表面から現れ，三叉神経の枝である眼神経と外転神経とともに共通の硬膜鞘に包まれて吻側に進み，ウマおよびイヌでは眼窩裂を，ウシおよびブタでは眼窩正円孔を抜けて頭蓋を出る。動眼神経の線維は眼窩内で背枝と腹枝に分岐する。背枝は動眼神経主核から伸びる神経線維のみからなり，上眼瞼挙筋と背側直筋に分布する。一方，腹枝は，動眼神経主核から伸びる運動神経線維と副交感神経核から伸びる副交感神経線維を含む。腹枝の運動神経線維は内側直筋と腹側直筋，腹側斜筋を支配する。副交感神経線維は運動神経線維と別れた後，毛様体神経節に連絡し，神経節内で節後神経である短毛様体神経とシナプスする。毛様体神経節は直径2 mmほどの小さな神経節で，眼球と眼窩裂の間に位置する。短毛様体神経は毛様体筋と瞳孔括約筋に分布する(図19-1)。

### 4) 滑車神経(第Ⅳ脳神経)

滑車神経trochlear nerveは，中脳被蓋に存在する滑車神経核から出る神経線維からなる。滑車神経核に存在する細胞体からの軸索は背側に向かい，中脳水道の背側で左右交叉(滑車神経交叉)する(図19-2)。その後，前小脳脚で初めて脳の表面に現れ，後丘の後縁に沿って走り，橋の前縁部分に向かう。すなわ

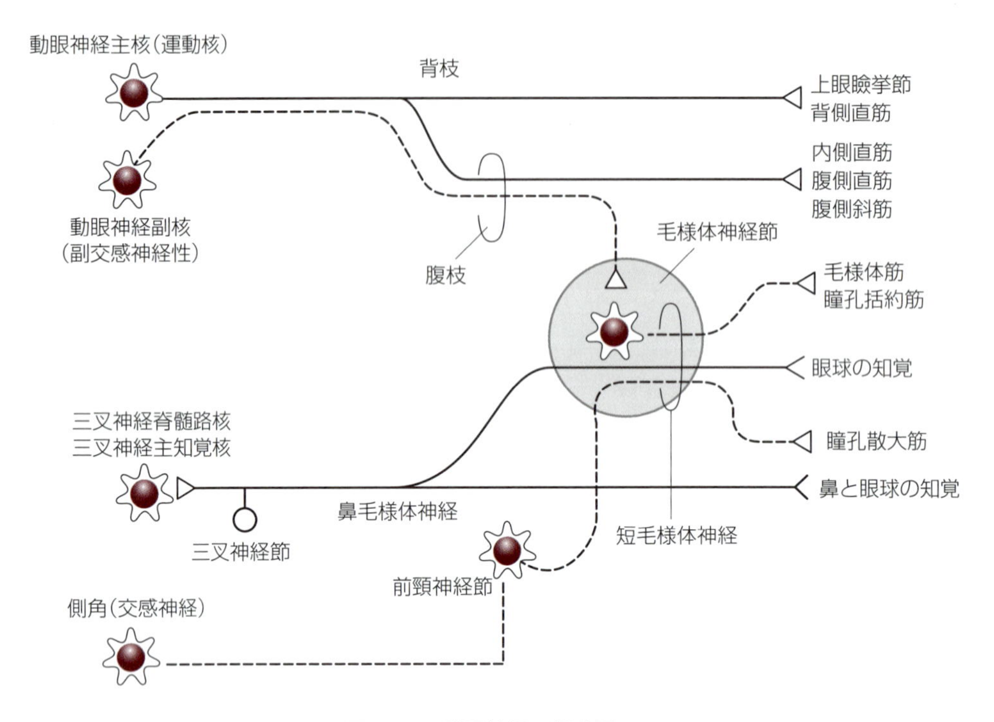


図19-1　動眼神経の概念図

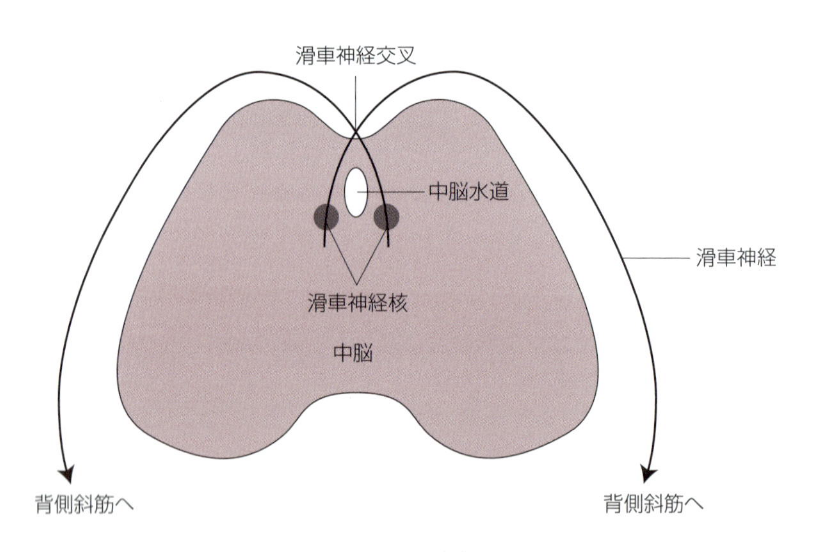


図19-2　滑車神経交叉模式図

ち，滑車神経は，脳神経の中で唯一脳幹の背側から生じる。ウマおよびイヌでは眼窩裂から，ウシおよびブタでは眼窩正円孔から頭蓋腔を出て眼窩に現れ，前頭骨頬骨突起基部にある軟骨性組織である眼下膜の滑車をくぐって背側斜筋に向かう。ただし，ウマでは，眼窩裂ではなく，滑車神経孔を通って眼窩に出てくることもある。滑車神経は外眼筋の背側斜筋を支配する運動神経である。滑車神経は滑車神経交叉によって左右が完全交叉することから，右の滑車神経核が障害を受けると左の背側斜筋が麻痺し，左の滑車神経核が障害を受けると，右の背側斜筋が麻痺することになる。

### 5）三叉神経（第Ⅴ脳神経）

三叉神経trigeminal nerveは，橋における台形体の前方付近にて脳の腹側面に現れる脳神経で，脳神経の中で最も太い。中脳から脊髄にかけて分布する三叉神経核由来の神経線維からなる。三叉神経は細い運動根と太い知覚根に分かれているが，これらは共通の鞘で包まれているため，外見上区別することはできない。

知覚根sensory rootは，顔面，頭部に分布して，それらの領域の知覚（温覚，痛覚，圧覚，触覚）の受容に携わる。顔面の体性知覚（温度覚，触覚など）に携わる一次ニューロンの細胞体は三叉神経節内に存在し，感覚情報を三叉神経脊髄路核（橋から第一～二頸髄内にかけて存在）や三叉神経主知覚核（橋に存在）に伝達する。一方で，咀嚼筋や外眼筋の深部知覚（筋紡錘や腱紡錘などの感覚）は直接三叉神経中脳路核に伝達される。すなわち，三叉神経中脳路核は，中脳内に存在する神経核であるが，本来なら，末梢に存在する神経節に相当する神経核であると捉えることができる。中脳路核の神経細胞は単極性ニューロンで，その軸索は1本であるが，細胞体から離れたところで中枢枝と末梢枝に分かれる。末梢枝は咀嚼筋や外眼筋などに分布する。一方，中枢枝は主として三叉神経運動核などに終わり，噛む力の調節に関与することが知られている。

運動根motor rootは，第四脳室底の内側隆起の吻側部にある三叉神経運動核由来の神経線維で，側頭骨岩様部先端にある三叉神経管canal for trigeminal nerveに入ると三叉神経節の内側を過ぎて知覚根の下顎神経に合流する。すなわち，運動根の神経線維は三叉神経節でシナプスを作ることはない。運動根の神経線維は下顎の筋に分布してその運動を司る。

三叉神経は脳の表面に出ると，三叉神経管に入り，三叉神経管の中にある三叉神経節に連絡する。三叉神経節以降，三叉神経は眼神経，上顎神経，下顎神経の3枝に分かれ，頭部および顔面に分布する（図19-3, 4）

#### （1）眼神経

眼神経ophthalmic nerveは，ウマおよびイヌでは眼窩裂，ブタおよびウシでは眼窩正円孔から眼窩に出る。眼神経は，眼窩，鼻背の皮膚，鼻腔および副鼻腔に分布する主要な知覚性神経で，前頭神経，涙腺神経，鼻毛様体神経，篩骨神経などが分岐する。

#### （2）上顎神経

上顎神経maxillary nerveは，三叉神経の3枝の中で最も太い枝で，ウマおよびイヌでは正円孔，ブタおよびウシでは眼窩正円孔から眼窩に出る。上唇，吻鼻の皮膚，頬，咽頭，上顎洞，軟口蓋，硬口蓋の粘膜，上顎の歯や歯肉に分布し，それらの知覚を司る。眼窩下神経，頬骨神経，翼口蓋神経などが分岐する。

#### （3）下顎神経

下顎神経mandibular nerveは，運動性と知覚性の両方の神経線維が含まれる神経で，ウマおよびブタでは破裂孔，ウシおよびイヌでは卵円孔から頭蓋腔を出る。運動性線維からは咬筋神経，深側頭神経，翼突筋神経，顎舌骨筋神経などが分岐し， 咬筋・側頭筋・翼突筋・顎二腹筋・顎舌骨筋などの下顎の筋を支配する。一方，知覚性線維からは頬神経，耳介側頭神経，舌神経，下歯槽神経が分岐して，それぞれ，頬部，外耳，舌および咽頭，下顎の知覚に携わる。

#### （4）下顎神経節

下顎神経節mandibular ganglionは，下顎神経に付属する自律神経節であり，鼓索神経からの副交感性線維（前唾液核由来）と前頸神経節から伸びる交感神経系の節後線維が下顎神経節に入る（図19-5）。前唾液核由来の副交感神経は下顎神経節で節後神経に連絡する。節後神経線維は前頸神経節から出る交感神経節後線維とともに下顎腺と舌下腺に分布し，これら唾液腺の分泌を調節する。

### 6）外転神経（第Ⅵ脳神経）

外転神経abducent nerveは，橋の被蓋に存在する外転神経核由来の線維であり，橋の台形体の錐体側方から脳表面に出る。ウマおよびイヌでは眼窩裂，ウシおよびブタでは眼窩正円孔から頭蓋腔を出て，外側直筋および眼球後引筋に分布する。

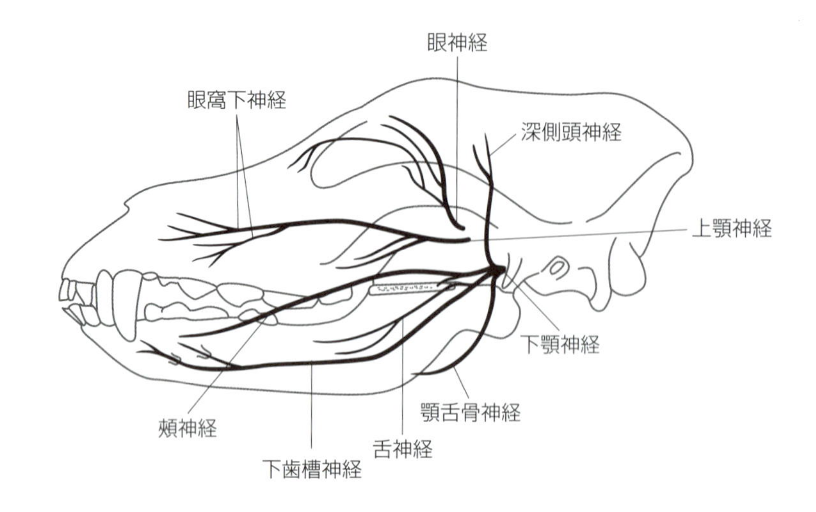


図19-3　イヌ三叉神経の分布

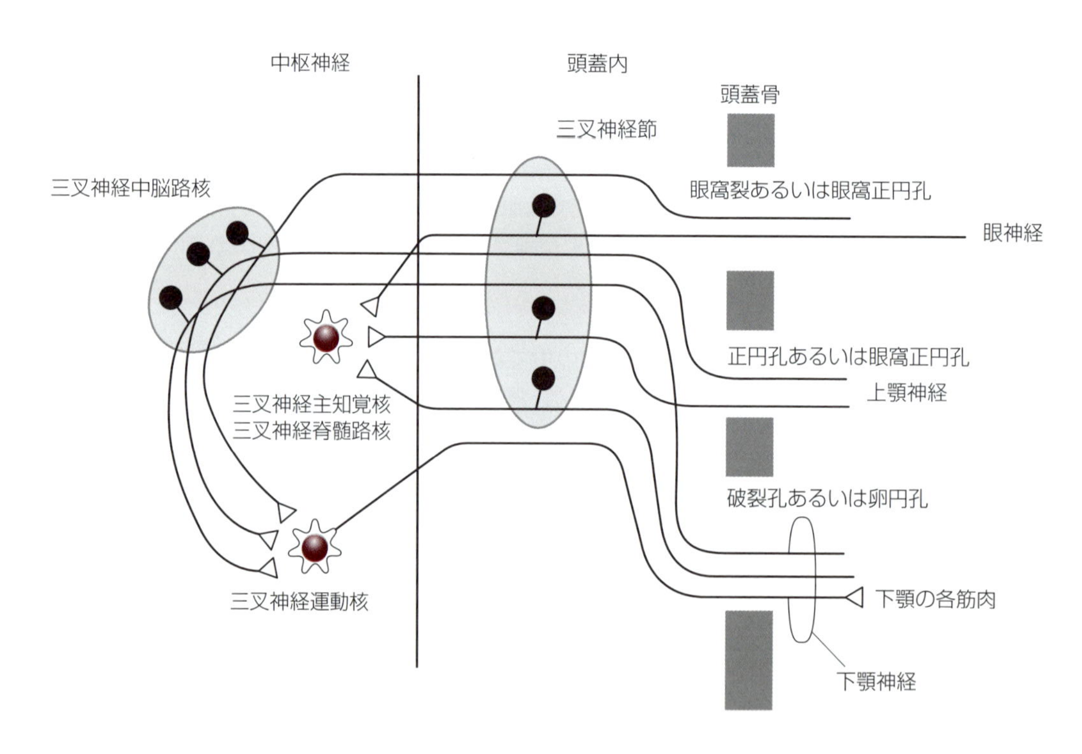


図19-4　三叉神経の概念図

### 7）顔面神経（第Ⅶ脳神経）（中間顔面神経）

顔面神経facial nerveは内耳神経とともに台形体の外側から脳の表面に出て内耳道に進むが，この顔面神経の線維束の中には延髄吻側部中に含まれる顔面神経核由来の運動神経線維に加えて，前唾液核由来の副交感性神経線維と膝神経節由来の味覚性神経線維からなる中間神経が含まれる。そのため，顔面神経を中間顔面神経intermediofacial nerveと呼んだ方がその由来をより正確に反映している（図19-6, 7）。

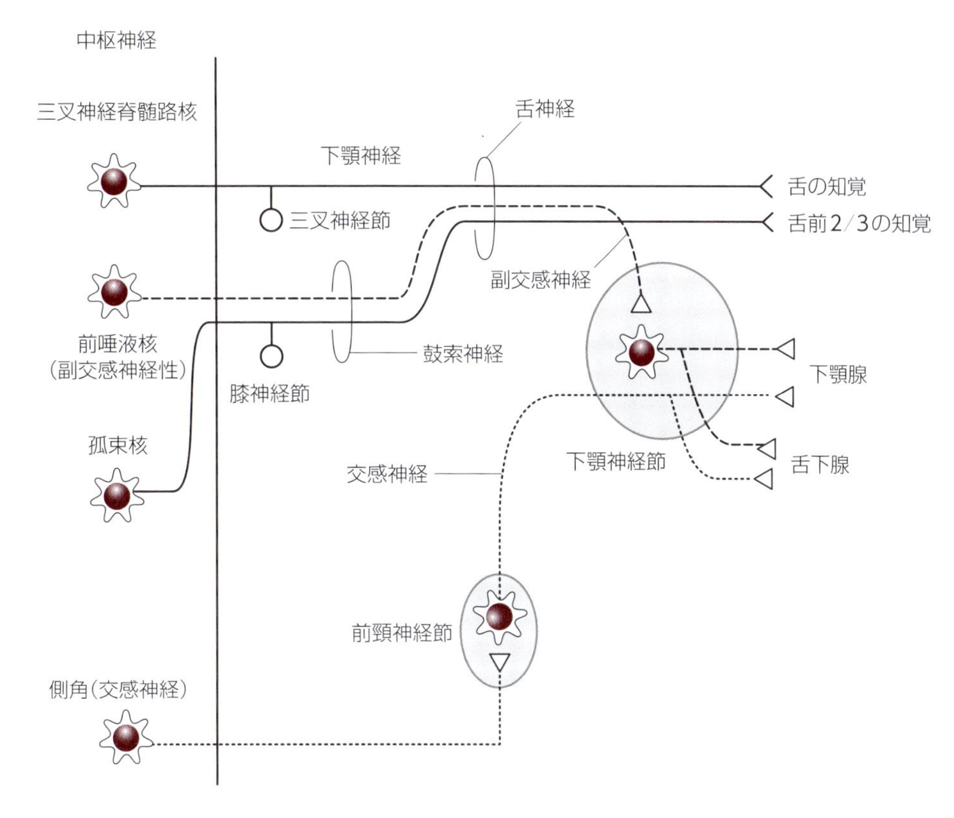


図19-5　下顎神経節の概念

本来の顔面神経の線維は顔面神経核由来であり，顔面の各筋肉，広頸筋，顎二腹筋(ウマの後頭下顎部)および中耳にあるアブミ骨筋を動かす運動性神経線維である。この神経線維を狭義の顔面神経と呼ぶこともある。一方，中間神経の一成分である前唾液核由来の副交感神経線維は下顎腺，舌下腺，涙腺，鼻腺の分泌を司る。中間顔面神経は内耳道へ入った後，内耳神経と分かれて側頭骨岩様部内にある顔面神経管を通り，茎乳突孔から頭蓋の外へ出る。顔面神経が茎乳突孔を通過して頭蓋骨を出た後は運動性線維のみからなり，表情筋，広頸筋，顎二腹筋を支配する。茎乳突孔を通過した線維は耳介眼瞼神経，背側頬枝，腹側頬枝の３本の終末枝に分かれる。耳介眼瞼神経は頬骨弓を横切って上眼瞼と外耳の間を進みながら，上眼瞼挙筋を除いた眼瞼の筋と耳介筋に分布する枝を分ける。背側頬枝は咬筋を横切って鼻面へ向かう。腹側頬枝は耳下腺管と顔面血管とともに顔面に出る。背側頬枝と腹側頬枝は共同して頬，唇，鼻孔の筋に分布する。

### (1) 大錐体神経

大錐体神経 greater petrosal nerveは，主として前唾液核由来の副交感神経線維であるが，顔面神経管内の膝神経節のところで中間顔面神経から分かれ，大錐体神経管を経由して頭蓋腔を出ると，交感神経の節後線維(深錐体神経)と合流して翼突管神経となる。翼突管神経は上顎神経(三叉神経の枝)に付属する翼口蓋神経節に向かって伸び，その中に含まれる前唾液核由来の副交感神経は，翼口蓋神経節において節後神経に連絡する。翼口蓋神経節からの副交感神経の節後神経線維は交感神経の節後神経線維とともに涙腺，鼻腺，口蓋腺に分布する。

### (2) 鼓索神経

前唾液核由来の神経線維には下顎神経節に向かう副交感神経線維もある。この神経は茎乳突孔の直前で，狭義の顔面神経が別れると，膝神経節由来の味覚性神経線維とともに鼓索神経 chorda tympani nerve

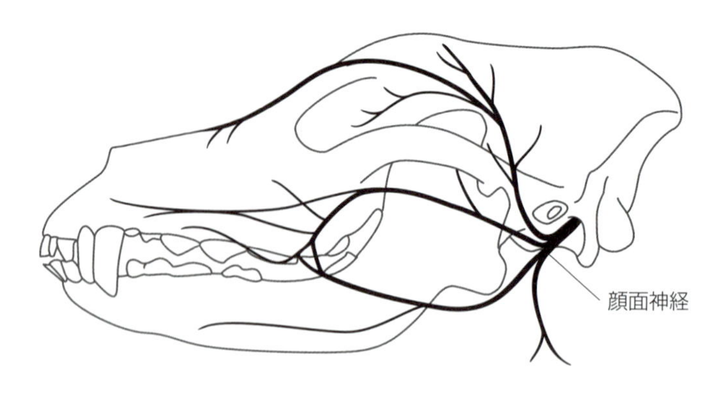


図19-6　イヌ顔面神経の分布

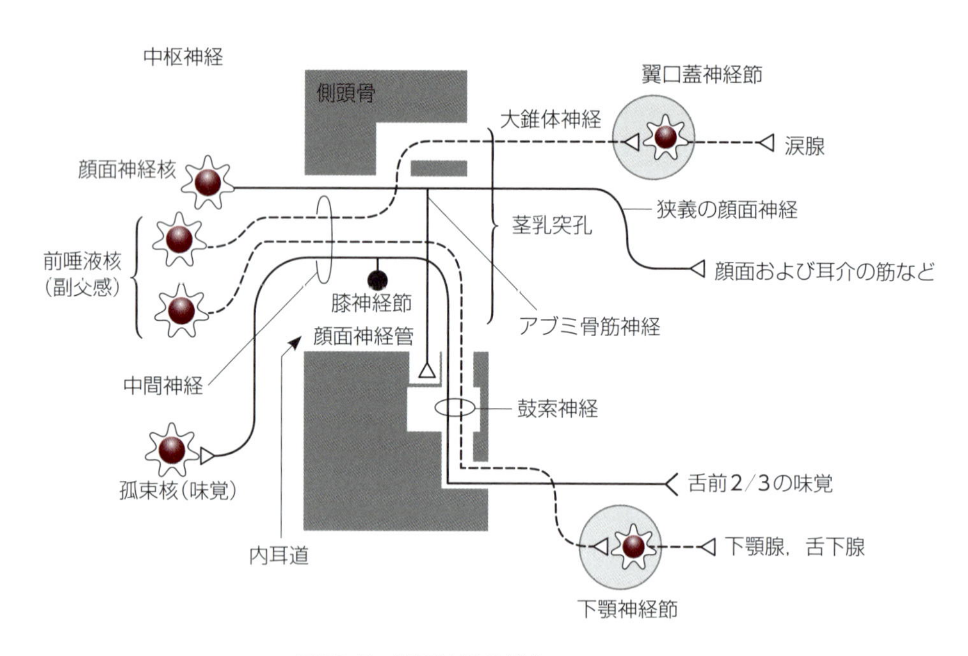


図19-7　顔面神経の概念

となり，中耳の鼓室を経て錐体鼓室裂から頭蓋腔を出る。頭蓋腔を出ると，舌へと伸びる膝神経節由来の線維と別れ，下顎神経節へと伸びる。下顎神経節で節後神経に連絡した後，下顎神経節から出る節後線維が下顎腺や舌下腺に分布する。膝神経節由来の味覚性神経線維は，舌に分布し舌の前方2/3の味覚を司る。この神経線維が舌へと伸びる途中，下顎神経の枝(三叉神経脊髄路核由来)と合流して舌神経となる。

### 8) 内耳神経(第Ⅷ脳神経)

内耳神経 vestibulocochlear nerve は内耳からの平衡感覚を伝える前庭神経と，聴覚を伝える蝸牛神経が内耳道の外側端にある内耳道底において合流した神経線維束である(図19-8)。内耳神経は側頭骨の錐体の内耳道底にある内耳孔から内耳道に進入し，顔面神経の尾側部で台形体の外側から脳に入る。

#### (1) 前庭神経

前庭神経 vestibular nerve の細胞体は内耳道底にある前庭神経節に存在し，そこから伸びる樹状突起

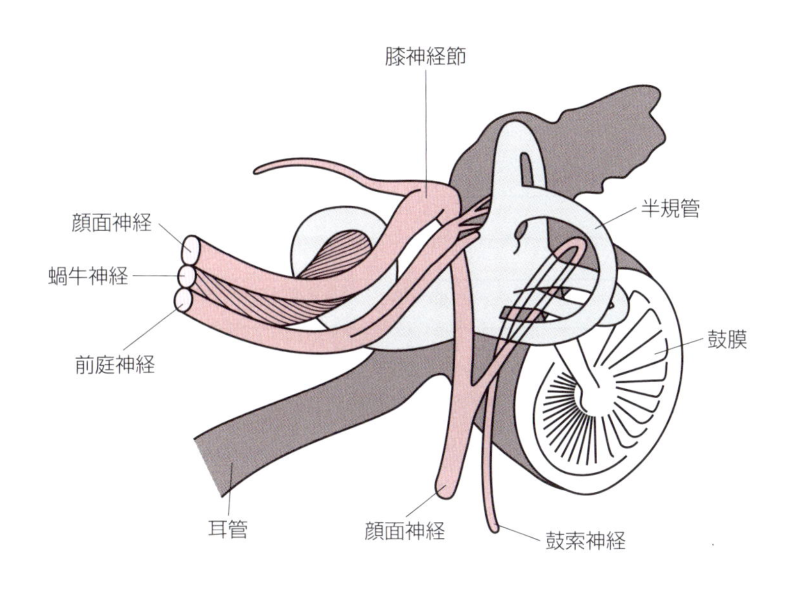


図19-8　内耳における顔面神経と内耳神経の経路

が膜迷路の三半規管の膨大部稜と平衡斑（卵形嚢斑と球形嚢斑）に向かって伸び，それらの感覚細胞である有毛細胞とシナプスを作る。一方，細胞体から伸びる軸索の束は前庭神経となり，台形体の外側から脳内に侵入し，橋/延髄境界部位に分布する前庭神経核に連絡する。

#### （2）蝸牛神経

蝸牛神経cochlear nerveの細胞体は蝸牛軸内のラセン神経節に存在し，そこから伸びる樹状突起がコルチ器の有毛細胞とシナプスを作る。一方，細胞体から伸びる軸索束は蝸牛神経となり，前庭根と合流して台形体の外側から脳内に侵入し，延髄の蝸牛神経核に連絡する。

### 9）舌咽神経（第Ⅸ脳神経）

舌咽神経glossopharyngeal nerveは内耳神経の後位で，迷走神経とともに延髄外側から脳表面に現れるが，迷走神経との区別は不明瞭である（図19-9）。舌咽神経は頸静脈孔から頭蓋を出て，内頸動脈の外側を下行し，やがて舌枝，咽頭枝および頸動脈洞枝に分かれる。舌枝は舌の後方1/3すなわち舌根部の粘膜に分布し，その味覚と知覚を司る。咽頭枝は咽頭の外側を下行してその全壁に分布している。その時，迷走神経の咽頭枝とともに咽頭神経叢を作り，咽頭粘膜の知覚，咽頭筋の運動を支配している。頸動脈洞枝は，頸動脈洞の圧受容器と頸動脈小体の化学受容器に分布し，それぞれ血圧の変動および酸素分圧の変動による循環調節を行うための反射の求心路となる神経線維が含まれている。

咽頭の骨格筋を支配する神経線維は延髄疑核を起始核とする。一方，感覚性神経の細胞体は舌咽神経遠位神経節にあり，この遠位神経節のレベルで小錐体神経が枝分かれする。小錐体神経は鼓室を経由して耳神経節に終わり，そこで節後神経に連絡して，節神経は耳下腺に分布する。

頸動脈小体に分布する神経線維からのインパルスは延髄の孤束核に伝えられ，網様体脊髄路を介した横隔神経あるいは肋間神経による横隔膜および肋間筋収縮調節による一回換気量増大へと変換される。一方，頸動脈洞に分布する神経線維からのインパルスも延髄の孤束核に伝えられ，迷走神経背側核から発する迷走神経心臓枝を介した心臓収縮抑制による血圧下行へと変換される。

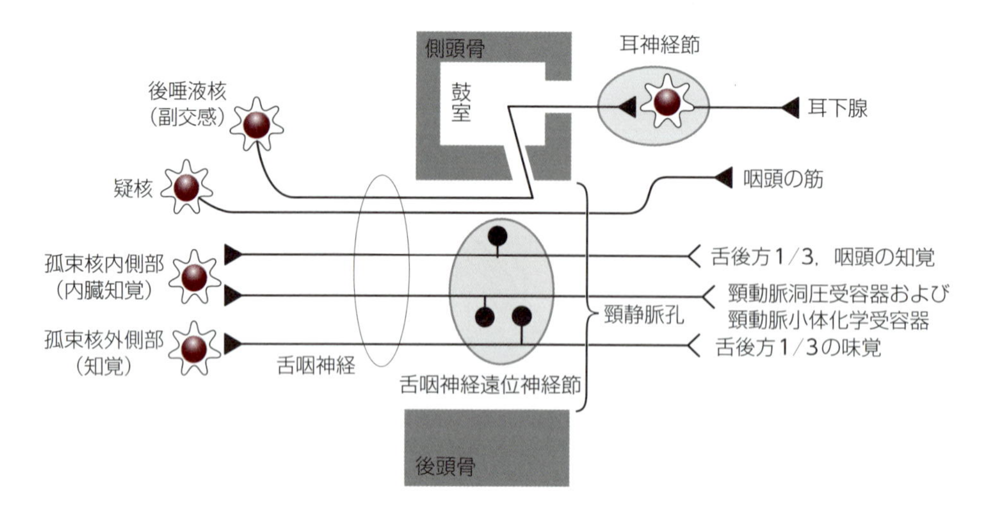


図19-9　舌咽神経の経路

### 10) 迷走神経（第X脳神経）

迷走神経vagus nerveは，頸部，胸部および腹部に至る各器官に分布することから脳神経の中で最長の神経となる（図19-10, 11）。迷走神経は，舌咽神経および副神経とともに頸静脈孔を通って頭蓋を出ると，頸部では交感神経と密着しながら共通の鞘に包まれて総頸動脈の背外側部に沿って胸腔に向かって走行する。この交感神経と密着した部分を迷走交感神経幹vagosympathetic trunkという。迷走交感神経幹は胸郭前口における中頸神経節の近位部で迷走神経と交感神経に分かれ，迷走神経は縦隔内を進み，心膜上で背枝と腹枝に分かれる。左右反対側の背枝もしくは腹枝同士はやがて結合して，それぞれ1本の背側迷走神経幹と腹側迷走神経幹を形成した後，食道の背および腹側に沿って進み，横隔膜の食道裂孔を通り抜けて腹腔に入る。腹腔内では肝臓，胃，小腸，膵臓，上行結腸，横行結腸などに分布する枝を出す。迷走神経の機能的役割としては，①外耳の温度覚，痛覚，触覚などの情報の伝達，②喉頭，舌，気管，肺，食道，心臓，腹部内臓の感覚の情報の伝達，③舌根および喉頭蓋に分布する味蕾の味細胞からの味覚の伝達，④副交感神経として喉頭以下の胸腔内臓器および腹腔内臓器の平滑筋の支配，⑤咽頭後部の骨格筋および輪状甲状筋を除く喉頭の骨格筋の支配などがある。迷走神経に含まれる神経線維の多くが副交感神経として多くの内臓器官に分布するため，迷走神経は，自律神経系の中で最大の副交感神経である。消化管のうち，横行結腸中央部より肛門側と，骨盤腔にある諸臓器には，仙髄から出る骨盤内臓神経に含まれる副交感神経線維が分布している。迷走神経の本幹からは以下のような枝が分かれる。

#### (1) 咽頭枝

咽頭枝pharyngeal branchesは，味覚および咽頭の知覚を司る線維と咽頭の筋を支配する線維を含む。

#### (2) 反回神経

反回神経recurrent laryngeal nerveは胸郭内で迷走神経の本幹から枝分かれする。右の迷走神経は鎖骨下動脈を，左の迷走神経は大動脈弓を反転し，気管に沿って総頸動脈の内側を上行して喉頭に達する。反回神経は，輪状甲状筋を除く喉頭の骨格筋を支配するとともに喉頭の粘膜の知覚を司る。ウマの喘鳴症は反回神経の麻痺と関連する。右側よりも左側の反回神経麻痺の頻度が高いようである。

#### (3) 前喉頭神経

前喉頭神経cranial laryngeal nerveは，迷走神経遠位神経節から枝分かれする。前喉頭神経はやがて外枝と内枝に分かれる。外枝は後咽頭括約筋と輪状甲状筋に分布し，内枝は喉頭粘膜の知覚を司る。

#### (4) 気管および気管支枝

気管および気管支枝tracheal and bronchial branchesは，気管および気管支の平滑筋および気管腺お

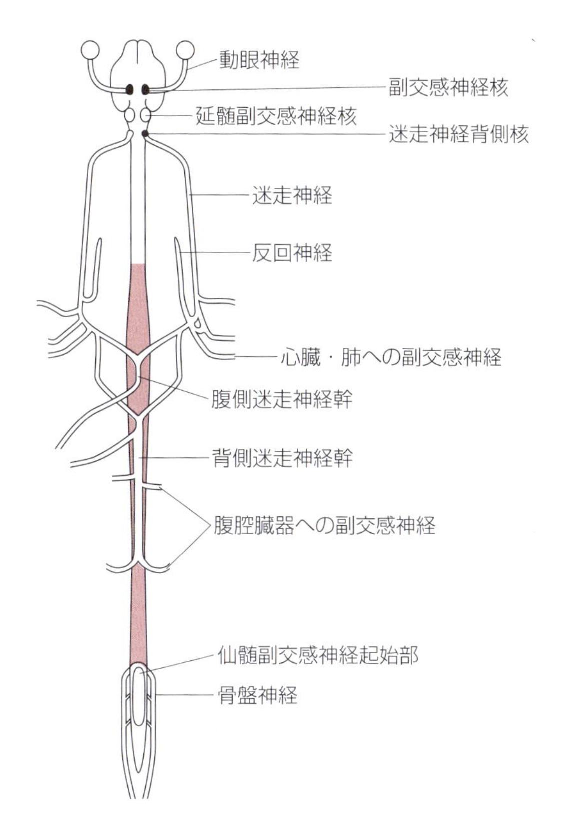


図19-10　副交感神経系の分布（脳および脊髄の腹側面）

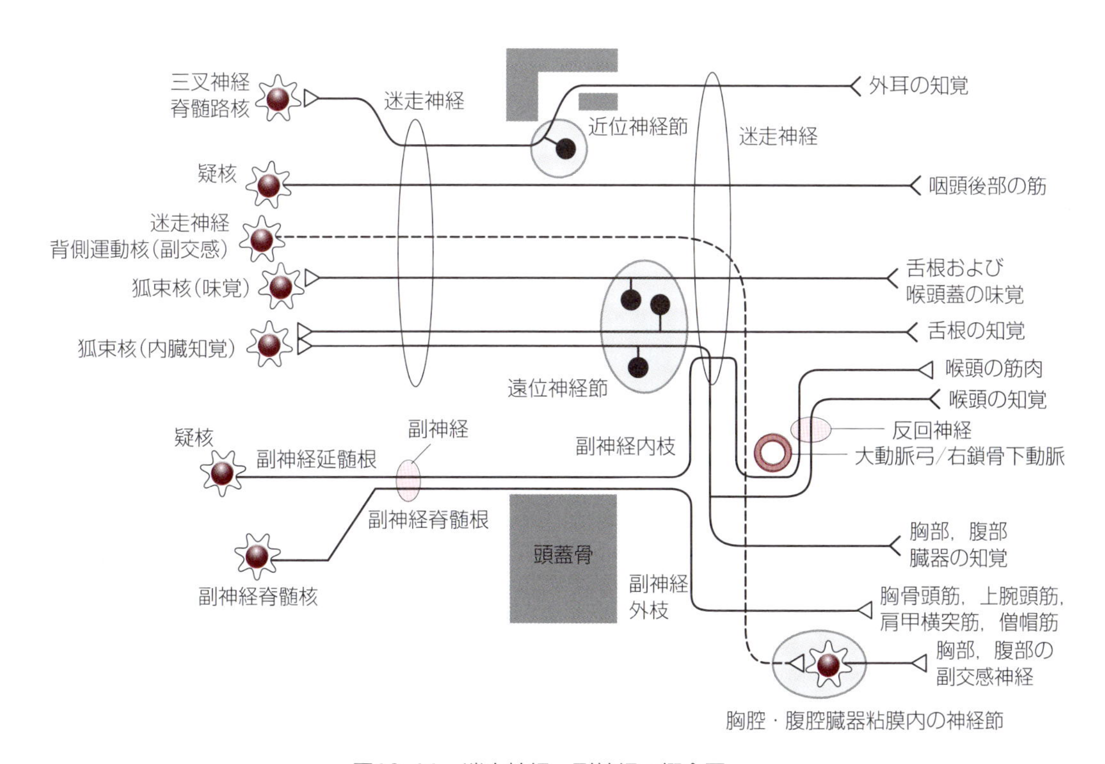


図19-11　迷走神経，副神経の概念図

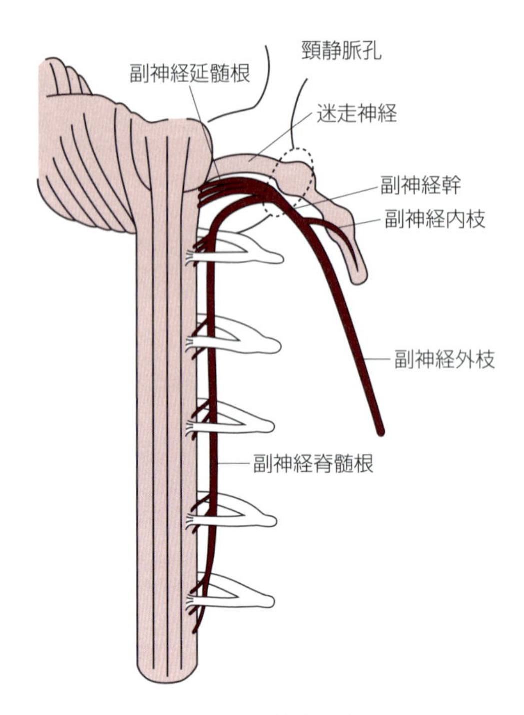


図19-12　副神経の走行

よび気管支腺に分布する。

**(5) 心臓枝**

心臓枝cardiac branchesは，反回神経が迷走神経の本幹から枝分かれした直後に反回神経から枝分かれし，心臓に分布する。

**(6) 胃枝，肝枝，腹腔枝**

胃枝gastric branches，肝枝hepatic branches，腹腔枝celiac branchesは，腹腔の各器官に分布して，副交感性支配および臓性知覚を司る。

### 11) 副神経(第XI脳神経)

副神経accessory nerveは，鎖骨頭筋，胸骨頭筋，肩甲横突筋，僧帽筋を支配する純運動性神経である。副神経は延髄の疑核を起始核とする延髄根と頸髄の腹角の背外側部に分布する副神経脊髄核を起始とする脊髄根からなり，頸静脈孔から頭蓋を出る(**図19-11, 12**)。脊髄根は脊髄の腹根と背根の間に位置し，脊髄のクモ膜下腔中を進み大孔から頭蓋内に入り，延髄根と合した後，副神経となる。副神経は頸静脈孔から出ると，脊髄根である外枝と延髄根である内枝に分かれる。内枝は頸静脈孔内で迷走神経と合流し，迷走交感神経幹として頸部を総頸動脈に沿って下行するが，右鎖骨下動脈および大動脈弓のところで迷走神経本幹から反回神経recurrent laryngeal nerveとして分岐し，喉頭の筋肉に分布する。つまり，実際に喉頭筋を支配する神経は副神経の枝となる。一方，外枝は，頸静脈孔を通過後，環椎窩内で背枝と腹枝に分かれる。背枝は鎖骨頭筋，肩甲横突筋および僧帽筋に分布し，これらを支配する。これに対して，腹枝は胸骨頭筋に分布する。

### 12) 舌下神経(第XII脳神経)

舌下神経hypoglossal nerveは舌筋群を支配する純運動性神経で，延髄にある舌下神経核を起始核とする。舌下神経は延髄より起こり，後頭骨が作る舌下神経管より頭蓋外に出て，舌筋群に分布する。

# 19-3　脊髄神経

到達目標：主要な脊髄神経の走行と機能を説明できる。
キーワード：脊髄神経，背根，腹根，背枝，腹枝，脊髄神経節，頸神経，胸神経，横隔神経，腕神経叢，腋窩神経，筋皮神経，正中神経，橈骨神経，尺骨神経，腰神経，腰神経叢，大腿神経，伏在神経，閉鎖神経，坐骨神経，脛骨神経，総腓骨神経

## 1. 腹根と背根

脊髄神経は脊髄の背側から伸びる背根dorsal rootと腹側から伸びる腹根ventral rootが椎間孔内で合流してできた末梢神経であり，脊髄から各椎骨間に左右1対の脊髄神経が出て，椎間孔から脊柱管を抜けて外に向かう(図19-13)。腹根は，その大部分が脊髄灰白質の腹角に存在する運動神経由来の神経からなるが，胸髄および前部腰髄の腹根では，これに加えて側角に存在する交感神経由来の神経線維も含まれる。また，仙髄の腹根には仙部副交感神経線維が含まれる。一方，背根は，脊髄神経節に存在する知覚神経由来の神経からなる。

## 2. 脊髄神経節

脊髄神経節dorsal root ganglionは，背根と腹根が椎間孔内で合流する手前の脊髄硬膜の外に位置する膨らみの部分であり，脊髄に入るすべての求心性ニューロンの細胞体が存在する。脊髄神経節は仙骨神経から尾骨神経では次第に不明瞭となる。

## 3. 脊髄神経の区分

脊髄神経は，頸椎部，胸椎部，腰椎部，仙骨部，尾椎部により，頸神経，胸神経，腰神経，仙骨神経，尾骨神経に分けられる。脊髄神経は出入りする椎骨の位置により，以下のように分けることができる。

### 1）頸神経

頸神経cervical nerveは，第一～八頸神経の8対からなる。頸神経の対の数は頸椎が7個であるにも

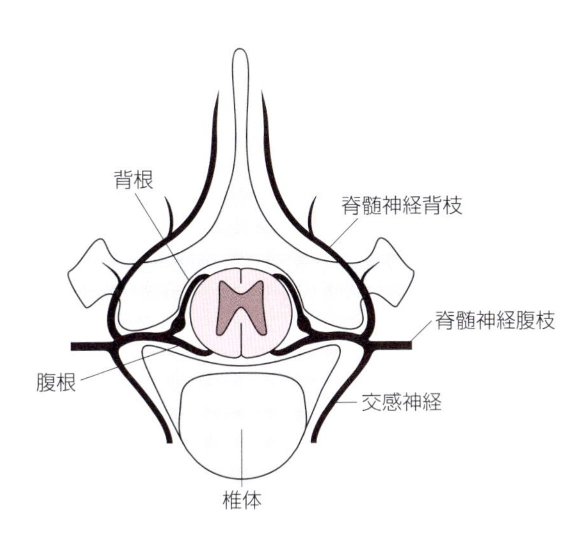


図19-13　脊髄神経の分布

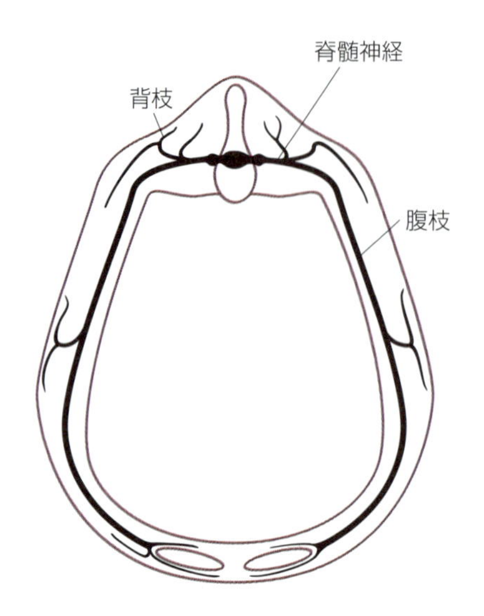


図19-14　体壁への脊髄神経の分布様式

かかわらず，8対あるが，これは，第一頸神経が環椎の外側孔を通過し，それ以降の頸神経は各頸椎の前縁に現れ，なおかつ，第八頸神経が第七頸椎と第一胸椎の間から出現するためである。

#### 2）胸神経

胸神経thoracic nerveは，胸椎の作る椎間孔から出る。胸神経の対の数は胸椎の数と一致する。

#### 3）腰神経

腰神経lumbar nerveは，腰椎の作る椎間孔から出る。腰神経の対の数は腰椎の数と一致する。

#### 4）仙骨神経

仙骨神経sacral nerveは，腹枝として腹側仙骨孔から，背枝として背側仙骨孔から出る。仙骨神経の対の数は仙椎の数と一致する。

#### 5）尾骨神経

尾骨神経coccygeal nerveは，馬尾から続く神経であり，4～6対と各動物で異なっている。

### 4. 背枝と腹枝（図19-14）

脊髄神経は，脊柱管を出た直後に背枝dorsal branchと腹枝ventral branchに分かれる。脊髄神経の腹枝と背枝は近隣の枝どうしで連結して腹および背神経叢plexus of spinal nerveを形成する。これらの脊髄神経叢は，ことに腹枝で顕著であり，頸神経叢，腕神経叢，腰仙骨神経叢を形成する。

#### 1）背枝

体幹の軸上筋とその背部を覆う皮膚に分布する。

#### 2）腹枝

腹枝は，体幹の軸下筋，四肢の筋，背枝が分布する領域以外の皮膚に分布する。

##### (1) 頸神経叢

頸神経の腹枝はお互いに連結して頸神経叢cervical plexusを形成する。頸神経叢を形成する神経は頸

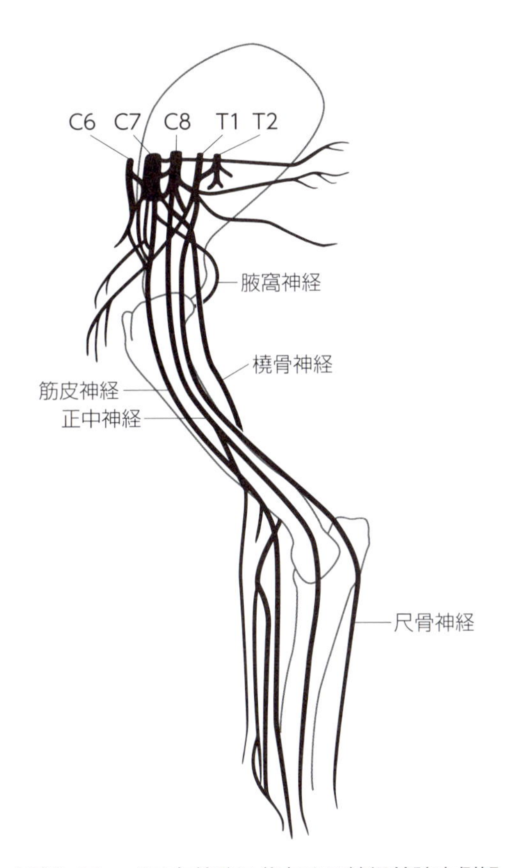


図19-15　イヌ右前肢に分布する神経前肢内側観

椎腹位の筋肉や皮膚に分布する。頸神経叢を形成する頸神経のうち，第五〜七頸神経の腹枝は腹斜角筋を越えて腹方に進み体幹で合流して横隔神経phrenic nerveとなる。横隔神経は斜角筋の下部で第一および第二肋骨の間から胸腔に侵入し，心膜と縦隔の間を後大静脈に沿って横隔膜に至り，主に横隔膜の運動を支配する。

**(2) 腕神経叢**

腕神経叢brachial plexusは，第六〜八頸神経腹枝および第一胸神経腹枝(反芻類)または第一および第二胸神経腹枝(イヌ，ウマおよびブタ)からなる(図19-15)。腕神経叢は，斜角筋の間を通過して腋窩に達し，肩甲骨内側面に広がり，筋皮神経，橈骨神経，尺骨神経，正中神経，腋窩神経などに分枝して，前肢帯筋および前肢の筋に分布して肢端にまで伸びる。

① 肩甲上神経

肩甲上神経suprascapular nerveは，肩甲下筋と肩甲骨背側面の筋の間を通過して，肩甲頸の前縁に達すると，これを取り巻くように走って外側に現れ，棘上筋，棘下筋に分布する。棘上筋，棘下筋を支配する。

② 肩甲下神経

肩甲下神経 subscapular nerveは，肩甲下筋に分布し，これを支配する。

③ 筋皮神経

筋皮神経musculocutaneous nerveは，腋窩に出た後，イヌでは上腕の遠位1/3まで，独立した神経として認められるが，この部分で正中神経に交通枝を出して正中神経と連絡する。次いで筋皮神経は上腕二頭筋終止部の下に進み，ここで上腕筋に分布する枝と前腕に分布する枝に分かれる。有蹄類では，筋皮神経は腋窩動脈のところで正中神経と連絡して，腋窩動脈を取り巻くループを形成する。筋皮神経は烏口腕筋，上腕二頭筋，上腕筋を支配する。

④ 腋窩神経

腋窩神経axillary nerveは，肩関節の後ろを通って前肢の外側に出る。第七と第八頸神経の枝が結合して形成される神経で，大円筋，小円筋，三角筋，上腕頭筋（鎖骨頭筋と鎖骨上腕筋）を支配する。

⑤ 正中神経

正中神経median nerveは上腕動脈の後側を肢端に向かって走り，肘関節の内側側副靱帯を越えて前腕に入る。その途中，筋皮神経と合流して腋窩動脈を取り囲むループを形成する。その後，橈側手根屈筋の下面を遠位端に向かって走り，手根に達する。手根屈筋および指屈筋に分布する。橈側手根屈筋，浅指屈筋の一部，深指屈筋の一部，円回内筋，方形回内筋を支配する。

⑥ 橈骨神経

橈骨神経radial nerveは，第七および第八頸神経と第一胸神経から形成される。上腕動脈の後位で上腕内側を上腕動脈に沿って遠位に進み，上腕骨の上腕筋溝を通って上腕三頭筋長頭と内側頭との間を通過して前肢の外側に出る。上腕三頭筋を通過する際に肘関節の伸筋である上腕三頭筋，肘筋，前腕筋膜張筋に枝を出す。また，上腕の下部ですべての手根および指伸筋に枝を出す。上腕三頭筋，橈側手根伸筋，尺側手根伸筋，回外筋，腕橈骨筋，総指伸筋，外側指伸筋，長第一指外転筋，第一および第二指伸筋を支配する。

⑦ 尺骨神経

尺骨神経ulnar nerveは，正中神経と並んで上腕を下り，次いで肘関節に達すると，その後面を横切る。前腕上部で手根と指関節の屈筋群に枝を出して急激に細くなり，前腕後面を下る。尺側手根屈筋，深指屈筋の一部，浅指屈筋の一部を支配する。

**（3）胸神経腹枝**

胸神経腹枝ventral branches of the thoracic nerveのうち，第一および第二胸神経腹枝は腕神経叢の構成に寄与するが，それ以外の胸神経腹枝は肋間神経となる。肋間神経は肋間隙で胸膜のすぐ下，あるいは，外肋間筋と内肋間筋の間を腹方に走る。肋間神経は，肋間筋，胸横筋，胸直筋，皮膚に分布する。雌のブタ，イヌでは胸神経腹枝は胸部乳腺への枝も出す。後位の五から十胸神経の腹枝は腹筋に分布する。最後の胸神経腹枝は肋間隙を走らないため，肋腹神経と呼ばれる。

**（4）腰仙骨神経叢**

腰仙骨神経叢lumbosacral plexusは腰神経腹枝と仙骨神経腹枝によって形成される神経叢で，後肢の神経や骨盤腔の器官に分布する神経の起始となる。イヌにおいては，腰仙骨神経叢は終わりの4つの腰神経（L4-L7）と3つの仙骨神経（S1-S3）の腹枝からなる。

**（5）腰神経叢**

腰仙骨神経叢のうち腰神経から構成される神経叢を特に腰神経叢lumbar plexusと呼ぶが，イヌでは，腰神経叢は第四，五，六腰神経から構成される（**図19-16**）。腰神経叢からは以下のような枝が出る。

① 大腿神経

大腿神経femoral nerveは腰神経叢の中で最も太い枝で，イヌで第四～第六腰神経，ウシで第六および第七腰神経，ウマで第三～第六腰神経からなる。大腿神経は，外腸骨動脈および外腸骨静脈と並走し，縫工筋および恥骨筋で作られる大腿管をくぐって大腿部に進入する。大腿部に進入すると伏在神経を分けた後，大腿四頭筋内で終わる。後肢帯筋や縫工筋，大腿四頭筋を支配する。

② 伏在神経

伏在神経saphenous nerveは，大腿管において大腿神経から分かれ，肢端に向かって伸びる。大腿部で縫工筋に枝を出した後，膝から足根部内側の皮膚に分布する。縫工筋を支配する。

③ 閉鎖神経

閉鎖神経obturator nerveは，第四～第六腰神経から起こり，腸骨の骨幹内側を通って閉鎖孔を通過し，

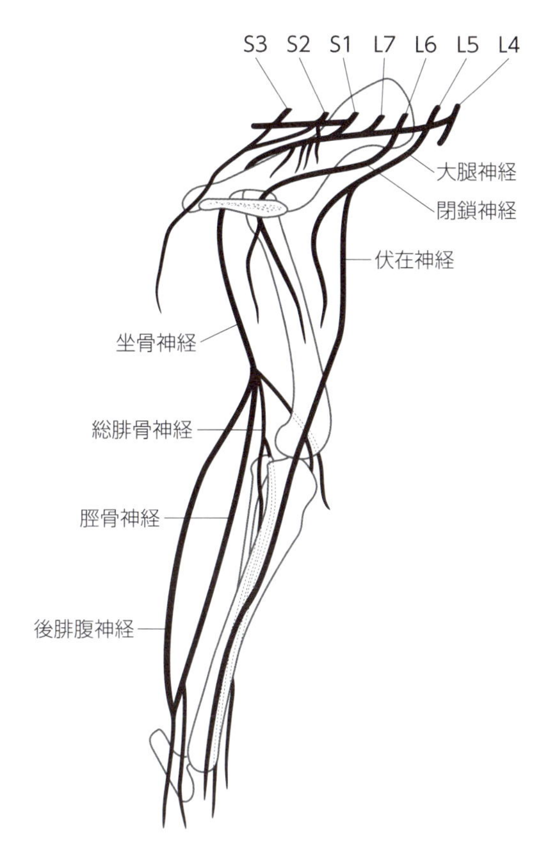


図19-16　イヌ右後肢および骨盤腔に分布する神経後肢内側観

大腿の内転筋群，すなわち薄筋，恥骨筋，内転筋および外閉鎖筋に分布する。

**(6) 仙骨神経叢**

イヌでは，腰仙骨神経叢のうち最後の2つの腰神経腹枝(L6とL7)と仙骨神経腹枝で構成される神経叢を特に，仙骨神経叢sacral plexusと呼ぶ。このうち，第六および第七腰神経と第一および第二仙骨神経は腰仙骨神経幹を構成する。腰仙骨神経幹からは，前および後殿神経，坐骨神経が生じる。

① 前および後殿神経

前および後殿神経cranial and caudal gluteal nervesは，殿部の筋肉に分布する。前殿神経は中殿筋，深殿筋，梨状筋および大腿筋膜張筋を，後殿神経は浅殿筋と大腿二頭筋(筋の前部)を支配する。

② 坐骨神経

腰仙骨神経幹は前および後殿神経を分けた後，坐骨神経sciatic nerveとして末端に向かって走る。坐骨神経は，小坐骨切痕から骨盤腔を出て，大腿骨後面に現れ，大腿二頭筋と半腱様筋の間を肢端に向かって走り，その終末枝である総腓骨神経，脛骨神経，後腓腹皮神経に分かれる。坐骨神経は，末梢神経の中で最も太い神経で，双子筋，大腿方形筋，内閉鎖筋を支配する。

③ 総腓骨神経

総腓骨神経common peroneal nerveは，坐骨神経から分かれた後，腓腹筋外側頭の外側面を越えて下腿部に入る。総腓骨神経は下腿部外側に外側腓腹皮神経を出した後，腓骨頭に接近して浅腓骨神経と深腓骨神経に分かれる。浅腓骨神経は下腿部の背側皮膚に分布し，深腓骨神経は飛節の屈筋と趾の伸筋に分布する。足根の屈筋(前脛骨筋，長腓骨筋，短腓骨筋，第三腓骨筋)，趾の伸筋(長趾伸筋，外側趾伸筋，長第一趾伸筋)を支配する。

④ 脛骨神経

脛骨神経tibial nerveは，坐骨神経から分かれる枝の一つで，総腓骨神経から分かれると，大腿の近位1/3で膝の屈曲筋である大腿二頭筋，半腱様筋，半膜様筋に枝を分ける。脛骨神経は，膝の後面では腓腹筋の外側頭と内側頭の間を深部に進むが，その途中で，腓腹筋，深趾屈筋，浅趾屈筋および膝窩筋に枝を出す。その後，総踵骨腱と深趾屈筋の筋頭の間を足根の内側まで続く。大腿二頭筋(筋の後部)，半腱様筋，半膜様筋，腓腹筋，ヒラメ筋，膝窩筋，趾の屈筋(浅趾屈筋，深趾屈筋)などを支配する。

解剖

# 19-4　自律神経

到達目標：自律神経の走行と機能に関する概要を説明できる。
キーワード：交感神経，副交感神経，交感神経幹，（交感神経）幹神経節，節前線維，節後線維，自律神経叢，頸胸（星状）神経節，腹腔神経節，前腸間膜動脈神経節，後腸間膜動脈神経節，交通枝（白交通枝，灰白交通枝），胸神経節，迷走交感神経幹

## 1. 自律神経系の構成

自律神経系は，以下のように求心路と遠心路とからなる。

### 1）求心路

自律神経の求心路afferent pathwayは，一般内臓性求心性線維によって形成される神経経路で，内臓および血管で生じる圧力や緊張などの内臓感覚刺激を中枢に伝える。内臓感覚は意識に上ることは少ないが，自律神経反射を起こす求心性情報として重要である。

### 2）遠心路

自律神経の遠心路efferent pathwayは，一般内臓性遠心性線維によって形成される神経経路で，平滑筋・心筋・腺の活動を意思に関係なく，不随意的に支配する役割を担う。これは交感神経系sympathetic nerve systemと副交感神経系parasympathetic nerve systemの2系統からなり，原則的に1つの効果器にこれら両方の系が分布（二重支配）し，相反する作用（拮抗支配）を及ぼしている。自律神経遠心路は中枢神経系から出て平滑筋・心筋・腺に分布するまで原則的に2個のニューロンからなる。すなわち自律神経遠心路は，その途中で1回ニューロンを変える。このニューロンが変わる部位を自律神経節autonomic ganglionといい，これには交感神経節sympathetic ganglionと副交感神経節parasympathetic ganglionとがある。脳および脊髄に分布し，神経線維を最初の神経節に送るニューロンを節前ニューロンといい，そこから伸びる軸索を節前線維という。また，神経節に分布し，その軸索を効果器に送るニューロンを節後ニューロンといい，そこから伸びる軸索を節後線維という。

## 2. 交感神経

### 1）節前ニューロン

節前ニューロンpreganglionic sympathetic neuronの細胞体は第一胸椎から第四ないし第五腰椎に至る区域の脊髄側角に存在する。節前神経の軸索は脊髄の腹根を経て，脊髄神経に続く。その後，脊髄神経から離れて，交通枝の一つである白交通枝を経て交感神経幹に入る。

### 2）交感神経幹

交感神経幹sympathetic trunkは，頸部から腰部の全長にわたって縦走する左右一対の鎖状の索状物である（図19-17）。交感神経幹には交感神経節の一つである幹神経節（椎傍神経節）と呼ばれる多数の膨らみが見られる。

### 3）交感神経節

交感神経節sympathetic ganglionには幹神経節（椎旁神経節）および椎前神経節がある。

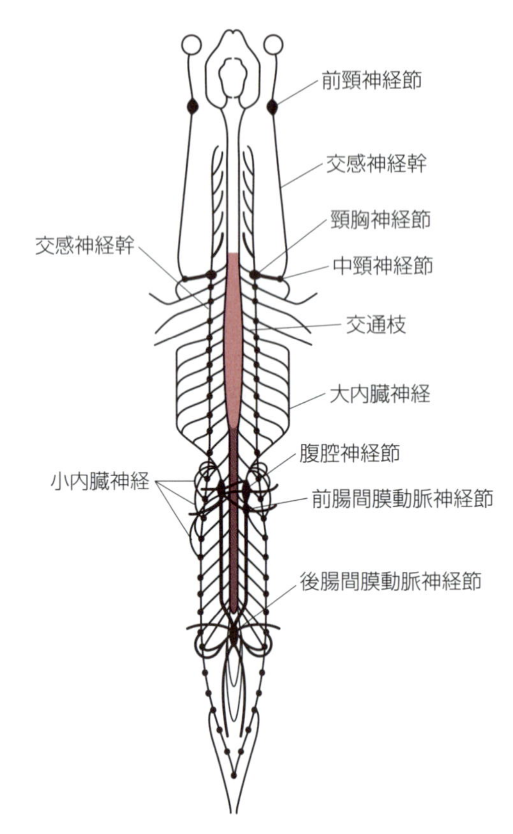


図19-17　交感神経の分布模式図(脳および脊髄腹側面)

#### 4) 幹神経節(椎旁神経節)

幹神経節vertebral ganglion(椎旁神経節paravertebral ganglion)は，脊柱の両側にある交感神経幹上の膨らみの部分で，交通枝によって脊髄神経と連絡している。この神経節には前および中頸神経節，頸胸神経節，胸神経節，腰神経節および仙骨神経節が含まれる。

#### 5) 椎前神経節

椎前神経節prevertebral ganglionは腹腔動脈，前腸間膜動脈，後腸間膜動脈といった腹大動脈の各内臓枝の起始部に存在する神経節で，腹腔神経節celiac ganglion，前腸間膜動脈神経節cranial mesenteric ganglion，後腸間膜動脈神経節caudal mesenteric ganglionを含む。

#### 6) 交通枝

交通枝communicating branchesは，各脊髄神経とそれに対応する幹神経節とを結ぶ短い吻合枝であり，白交通枝と灰白交通枝とがある。白交通枝white communicating branchesは，脊髄側角に存在する神経細胞由来の節前線維束で，有髄性のため肉眼的に白色に見える。一方，灰白交通枝gray communicating branchesは，幹神経節から始まる節後線維束で，無髄性のため灰白色に見える。

#### 7) 交感神経の経路

節前神経は交感神経節に侵入した後，以下のようないくつかの経路をとる。

- 節前線維が幹神経節内でシナプスを形成し，節後神経に連絡する。節後線維は，幹神経節を出た後，灰白交通枝を通って同じレベルの脊髄神経に帰る線維で，これらの線維はその後，脊髄神経の経路により平滑筋と腺に分布する。

- 交感神経幹の内部を頭側もしくは尾側に走り，その延長線上にある他の交感神経節内でシナプスを形成する。
- 幹神経節でシナプスを作らず，通り抜けて，腹腔動脈，前腸間膜動脈，後腸間膜動脈などの腹大動脈の各内臓枝の起始部に存在する椎前神経節でシナプスを形成し，そこから節後線維を各器官に送る。

#### 8）頸部交感神経幹

交感神経は胸髄および腰髄から発し，頸髄からは発しない。しかしながら，交感神経幹は頸部においても存在する。頸部交感神経幹は，中頸神経節 middle cervical ganglion から頭部に向かって伸びる神経線維束であり，頭蓋底付近に存在する前頸神経節 cranial cervical ganglion で終わる。中頸神経節は，胸部交感神経幹の始まりに位置する頸胸神経節 cervicothoracic ganglion（後頸神経節と第一胸神経が融合した神経節）に連絡する。頸部交感神経幹は，迷走神経と共通の鞘に包まれて総頸動脈に沿って胸腔に向かって走行する迷走交感神経幹となる。頸部交感神経節から出た節後線維は，頭部，咽頭，喉頭，心臓に分布する。

#### 9）胸部交感神経幹

胸部においては，胸部脊柱の両側を横隔膜に向かって進み，横隔膜を貫いて腹腔に至る。胸神経節を出た節後線維は，肺および食道に分布するとともに，大および小内臓神経となって交感神経幹とは別に横隔膜を貫いて腹腔に進入する。大および小内臓神経は幹神経節でシナプスを作らずに通り抜けてきた節前線維からなり，腹腔神経節や前腸間膜動脈神経節で次のニューロンに連絡する。

#### 10）腹部，骨盤部および尾部交感神経幹

腹部の交感神経幹は胸部のそれに続いて腰椎の両側を尾側に進み，骨盤部に連なっている。骨盤部の神経幹は腹部のそれに続いて仙骨の腹面に位置している。腹部から骨盤部交感神経幹には腰神経節および仙骨神経節があるが，これらの神経節は微細である。交感神経幹は尾側に向かうにつれて弱小となり，尾骨部では急激に先細りになる。腰神経節から伸びる腰内臓神経は腹腔動脈，前腸間膜動脈，後腸間膜動脈基部において，腹腔神経叢，前腸間膜動脈神経叢，後腸間膜動脈神経叢を作る。これらの神経叢の中には腹腔神経節，前および後腸間膜動脈神経節といった椎前神経節が存在する。椎前神経節から出た節後線維は動脈に伴行して骨盤以外の腹部内臓に分布する。仙骨神経節から出た節後線維は，骨盤神経叢に向かうが，この神経叢には，後腸間膜動脈神経節から伸びる下腹神経も加わる。骨盤神経叢からの線維は直腸，膀胱，生殖器などの骨盤の器官に分布する。

### 4. 副交感神経

副交感神経 parasympathetic neuron は頭部副交感神経と仙部副交感神経に分けられる。頭部副交感神経 cranial parasympathetic neuron を構成する神経線維は，脳神経の項（235頁「19-2　脳神経」参照）ですでに述べたように動眼神経，中間顔面神経，舌咽神経および迷走神経の各脳神経に含まれており，節前ニューロンの細胞体は各脳神経の神経核内に存在する。節前線維は各脳神経所属の神経節あるいは効果器官の壁内神経節 peripheral ganglion でニューロンを変える。一方，仙部副交感神経 sacral parasympathetic neuron の節前ニューロンの細胞体は仙髄の中間質外側部に存在し，節前線維は腹根を経て仙骨神経とともに脊髄を去った後，骨盤神経となり，効果器官の壁内神経節でニューロンを変える。

## 5. 自律神経の神経伝達物質

神経伝達物質としてアセチルコリンあるいはカテコルアミン（ノルアドレナリン）を利用している。

### 1）交感神経の伝達物質

節前神経は，その神経終末からアセチルコリンを分泌し，節後神経はその神経終末からカテコルアミンを分泌する。

### 2）副交感神経の伝達物質

節前神経はその神経終末からアセチルコリンを分泌し，節後神経もその神経終末からアセチルコリンを分泌する。

## 演習問題

**1. 以下の脳神経のうち副交感性神経線維を含むのはどれか。**

a. 嗅神経
b. 動眼神経
c. 顔面神経
d. 舌咽神経
e. 迷走神経
f. 舌下神経

**2. 以下の文章で誤っているのはどれか。**

a. 交感神経の細胞体は脊髄の頸髄から腰髄の灰白質の側角に存在する。
b. 交感神経の細胞体は脊髄神経節に存在する。
c. 左右の総頸動脈に沿って見られる頸部交感神経幹を構成する線維は頸髄灰白質に存在する神経細胞由来である。
d. 副交感神経の細胞体は脳幹と脊髄の仙髄における中間質外側部に存在する。

**3. 以下の文章で誤っているのはどれか。**

a. 大腿神経は，腰神経叢の中で最も太い枝で，外腸骨動脈および外腸骨静脈と並走し，縫工筋および恥骨筋で作られる大腿管をくぐって大腿部に進入する。
b. 坐骨神経は，腰神経叢の中で最も太い枝で，外腸骨動脈および外腸骨静脈と並走し，縫工筋および恥骨筋で作られる大腿管をくぐって大腿部に進入する。
c. 坐骨神経は，仙骨神経叢から出る枝で，小坐骨切痕から骨盤腔を出て，大腿骨後面に現れ，大腿二頭筋と半腱様筋の間を肢端に向かって走る。
d. 総腓骨神経と脛骨神経は，大腿神経から分かれる枝である。

## 解　答

**1.**

**正解**　b, c, d, e

**解説**　副交感神経は頭部副交感神経と仙部副交感神経に分けられる。頭部副交感神経を構成する神経線維は，動眼神経，顔面神経，迷走神経および舌咽神経の各脳神経に含まれる。

**2.**

**正解**　a, b, c

**解説**　交感神経は胸髄および腰髄から発し，頸髄からは発しない。

**3.**

**正解**　b, d

**解説**　大腿神経は，腰神経叢の中で最も太い枝で，外腸骨動脈および外腸骨静脈と並走し，縫工筋および恥骨筋で作られる大腿管をくぐって大腿部に進入する。一方，坐骨神経は，仙骨神経叢から出る枝で，小坐骨切痕から骨盤腔を出て，大腿骨後面に現れ，大腿二頭筋と半腱様筋の間を肢端に向かって走る。総腓骨神経と脛骨神経は，坐骨神経から分かれる枝である。

（中島 崇行）

# 20章 ニワトリの解剖学

**一般目標：ニワトリ各部の解剖学的構造，位置関係およびその名称を理解する。**

ニワトリは鳥類の中でキジ科のグループに属し，野生種の野鶏(ヤケイ)を祖型として家禽化(家畜化)されたものである。体表は羽毛におおわれ，皮膚には汗腺を欠き，皮膚腺は尾腺と耳道腺に限られる。嘴は哺乳動物の唇と歯に対応する。前肢は翼として発達し，胸骨の胸骨稜(竜骨突起)は，強大で飛翔に重要な浅胸筋と深胸筋(烏口上筋)の付着面を提供する。後肢は発達した筋を備え，下腿には脚鱗を持ち，4趾のうち第一趾が後方を向く。膀胱と尿道を欠き，排泄腔より尿酸を含んだ尿を排出する。雄では1対の精巣が腹腔内に収まり，雌では卵巣と卵管が左側のみ発達し，精管および卵管は排泄腔に開口する。大動脈弓は家畜とは逆の右側にあり，赤血球は有核である。横隔膜を欠き，肺は自ら収縮せず，気嚢が発達して呼吸機能を営む。気管の分岐部には鳴管を持ち，ここで発声する。本章ではこれらニワトリの解剖学的特徴を概説する。

## 20-1 ニワトリの運動装置

到達目標：特徴的な骨，筋の名称を説明できる。
キーワード：顔面骨(強膜骨，方形骨)，下顎骨(歯骨，上角骨，角骨，関節骨，板状骨)，烏口骨，癒合鎖骨，肩甲骨，複合仙骨，腰仙骨，胸骨(後胸骨，胸骨稜)，手根中手骨，足根中足骨，頸二腹筋，翼膜張筋，浅胸筋，深胸筋

### 1. ニワトリの骨の特徴

骨格は，リン酸カルシウム含量が多いため，哺乳動物よりも軽く強靱である。また，気嚢による含気骨化，すなわち気嚢憩室が近くの骨の気孔から骨髄腔内へ広がるのも鳥類の特徴であり，軽量化に貢献している。産卵期の雌では骨髄骨組織に蓄えられたカルシウムが必要に応じて卵殻の形成に供される(図20-1)。

#### 1) 頭蓋

頭蓋は，脳および感覚器を囲む頭蓋骨と，消化器や気道のはじまり部分を囲む顔面骨 bones of face に大別される。頭蓋骨は，後頭骨，蝶形骨，頭頂骨，側頭骨，篩骨，前頭骨，翼状骨および鋤骨から構成される。顔面骨は，涙骨，上顎骨，鼻骨，切歯骨，口蓋骨，頬骨 jugal bone，方形骨 quadrate bone, quadrate，下顎骨 mandibular bones，舌骨，強膜骨 scleral bones からなる。このうち鳥類特有の強膜骨は，眼窩内に存在し，眼球強膜が骨化してできた膜性骨である。これは小骨片が一部重なり合って輪状に配列したもので，大型化した眼球の壁を補強している。家畜のキヌタ骨に相当する方形骨は，下顎骨と側頭骨の間に介在することにより嘴を大きく開くことを可能にしている。下顎骨は，歯骨 dental bone，上角骨 supraangular bone，角骨 angular bone，関節骨 articular bone，板状骨 splenial bone が複雑に組み合わさったもので，顔面骨の中で最も大きい。歯骨だけからできている家畜の下顎とは大きく異なる。

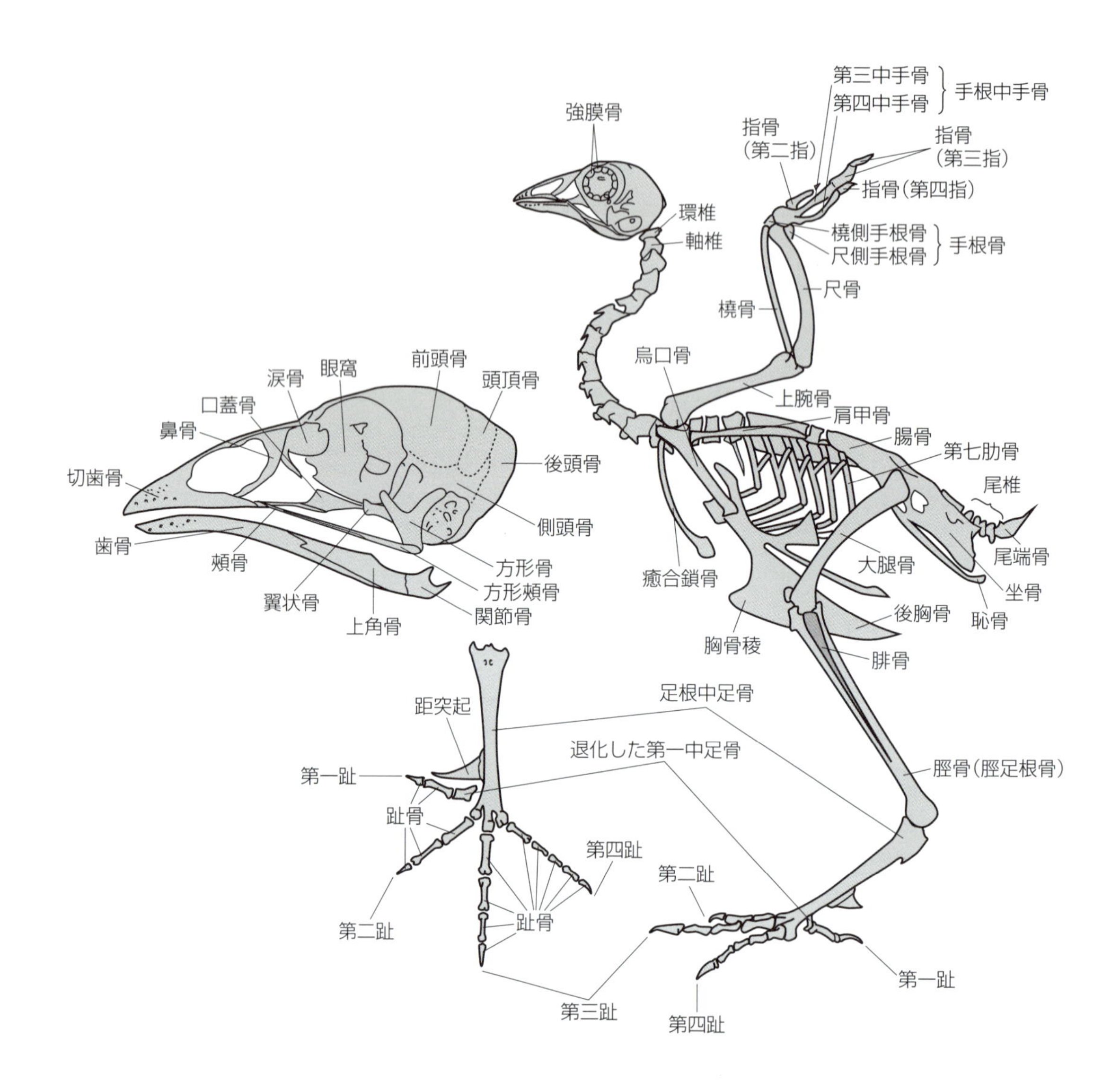


図20-1　ニワトリの骨格

## 2) 胴骨

哺乳動物の頸椎は7個で一定であるのに対し，鳥類は13～25個と種類によって異なり，ニワトリのほとんどが14個である。頸部はS字状に湾曲し，可動範囲が広く，嘴の届く範囲はほぼ全身に及ぶ。7個ある胸椎は，第二～五胸椎が癒合して非可動となるため体幹が安定する。最後胸椎(第七胸椎)，全腰椎(12個)，仙椎(2個)および前位の尾骨が癒合して，複合仙骨 synsacrum を作り，さらに腸骨，坐骨，恥骨が結合した寛骨が左右から複合仙骨を挟み込み，強固な箱形の腰仙骨 lumbosacral bone を形成する。胸骨 sternum, breastbone は舟底形の扁平な骨で長く，腹部まで達し，家畜のような分節を持たないまとまった骨となる。後胸骨 metasternum からは胸骨稜(竜骨突起)sternal crest が腹方に突出し，強大な胸筋の付着面を提供する。

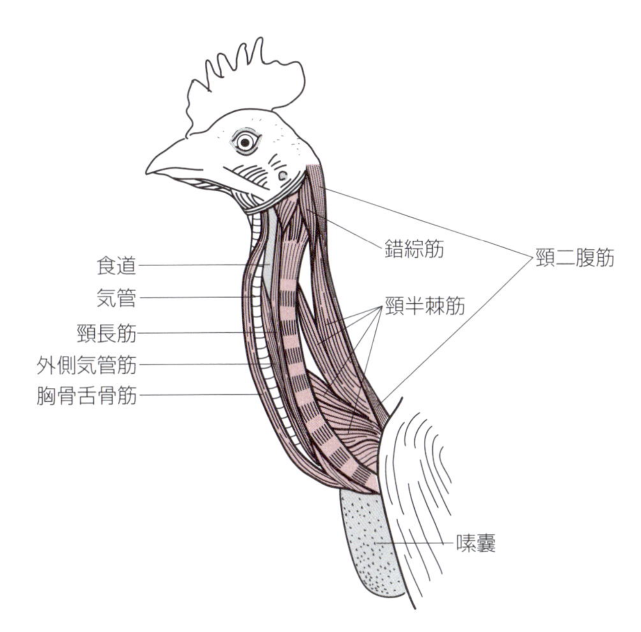


図20-2　ニワトリの頸部表層に見られる筋

### 3）肢骨

前肢骨の前肢帯は，肩甲骨に加え，鎖骨と，家畜にはない烏口骨 coracoid, coracoid boneからなり，自由前肢骨と胸骨を結びつける。肩甲骨 scapulaの発達は悪く，細長く薄い板状で，肩甲棘を持たない。これに対して烏口骨はよく発達し翼の支柱としての役割を果たす。細い棒状の鎖骨は，癒合鎖骨 furcula, fused clavicleと呼ばれ，左右の腹端がV字状に癒合し，この部分で胸鎖靱帯によって胸骨と結ばれる。飛翔能力の低いニワトリでは鎖骨の発達が悪くV字角度が小さい。自由前肢骨は，上腕骨，尺骨，橈骨，手根骨，手根中手骨 carpometacarpusおよび指骨から構成される。上腕骨の近位端は肩甲骨と烏口骨と関節し，その内側面には気嚢を導く気孔が開く。前腕部の尺骨と橈骨では，外側の尺骨の発達が良く，背面で副翼羽を靱帯で結びつけている。手根骨は家畜の場合近位列と遠位列に分けられ複数存在するが，ニワトリでは近位列が橈側手根骨と尺側手根骨としてのみ存在し，遠位列のものは第三と第四の中手骨と融合して手根中手骨を構成する。指骨は，第二，第三および第四指列のみ存在する。主翼羽が付着するのは，手根中手骨と指骨である。

後肢骨の後肢帯は家畜と同様，腸骨，坐骨，恥骨からなる寛骨であるが，先述の通り左右の寛骨が複合仙骨を挟み込み，強度を高めている。自由後肢骨は，大腿骨，脛骨（脛足根骨），腓骨，足根中足骨 tarsometatarsus，趾骨からなり，家畜と異なり癒合により足根骨を欠く。大腿骨は強大な長骨で大腿骨頭が寛骨臼と関節する。脛骨は全骨格の中で最長の長骨で，足根骨近位列と癒合することから脛足根骨となる。足根中足骨は，第二，第三および第四中足骨がまとまり，加えて足根骨の遠位列が癒合した1本の長骨で，遠位端で第二，第三および第四趾の趾骨を関節する。後面には退化した第一中足骨の小骨が存在して第一趾と関節する。この小骨の直上には，距（けづめ）の基礎となる距突起が見られる。

## 2. ニワトリの筋の特徴

頸が長く，自由な運動ができるように，頸部の筋は家畜より複雑でよく発達している。中でも頸二腹筋 biventer cervicis muscleは家畜とは異なり二腹に分かれ，頸部背面に見られる。この筋は第一，二胸椎棘突起に始まる長紡錘状筋で，中央に長腱を備え後頭骨に終わることから，S字状の頸部に対して頭部を挙上するために都合が良い（図20-2）。

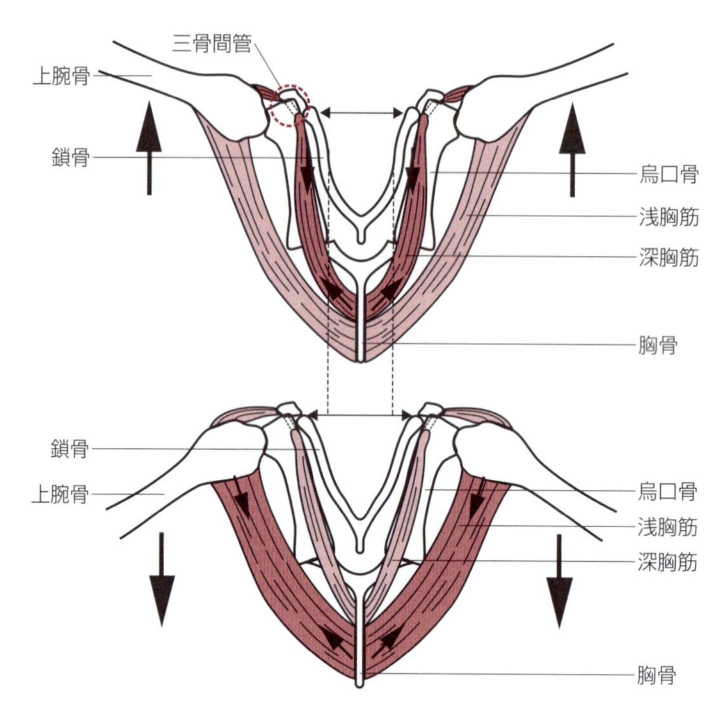


図20-3　飛翔にかかわる浅胸筋と深胸筋(烏口上筋)

胸部の筋は，ニワトリ特有の呼吸運動に対応して発達し，さらに尾部の筋は尾羽と尾腺があるために，また排泄腔周囲は排泄，交尾ならびに放卵にかかわるため，よく発達している。前肢帯の筋は，飛翔にかかわることから著しく発達し，このうち翼の下向きのビートを起こすのが胸部皮下にある広大な浅胸筋superficial pectoral muscleで，胸骨稜と鎖骨に起こり，上腕骨稜に広い腱で終わる。これに対して翼の挙上は浅胸筋の下層に収まる深胸筋deep pectoral muscleが担う。烏口上筋とも呼ばれる。この筋もまた胸骨稜と鎖骨に起こるが，その腱は三骨間管と呼ばれる肩甲骨，烏口骨および鎖骨の結合部の孔を通って背側へ向かい上腕骨頭に終わる。食肉用語では，浅胸筋は「むね肉」，深胸筋は笹の葉の形状に似ていることから「ささみ」といわれる(図20-3)。翼の展開とその緊張に役立つ筋は翼膜張筋patagialis muscleで，翼の抵抗を増すために上腕と前腕との間に翼膜が張られ，その皮膚ヒダの自由縁を走る。

# 20-2　ニワトリの外皮

到達目標：外皮の特徴，名称を説明できる。
キーワード：肉冠，耳朶，肉垂，距，脚鱗，鉤爪，肉床，尾腺，正羽，綿羽，毛羽

## 1. 外皮

体の全表面をおおっている皮膚とその派生物のすべてを含めて外皮 integumentと呼ぶ。皮膚の一部は肉冠，肉垂，耳朶(じだ)に分化し，角質器には羽，嘴，脚鱗，距，鉤爪などがあり，ニワトリとしての外貌が特徴づけられている。

### 1）皮膚

皮膚は家畜と同じように表皮，真皮，皮下組織からできているが，全体に薄くて軟かい。血管，神経に乏しいので，外傷による出血は少ない。皮膚腺は尾腺preen gland, uropygial glandと耳道腺だけで，汗腺を欠く。尾端骨の上に位置し2葉からなるハート型の尾腺は，1対の尾腺乳頭より油性分泌物を排出し，これは羽づくろいにより耐水性をもたらす(図20-8参照)。ニワトリの体温は41℃であるが，発汗による体温調節はできないので，夏季には大きく口を開けて連続呼吸を行い，同時に翼を広げて翼下の無羽域を露出して体温を放散させる。いわゆるパンティングである。

### 2）嘴

嘴は，口縁の皮膚の表皮が角化し，堅固な角鞘となったもので，上下顎の前部をおおい絶えず成長する。外鼻孔の部分では角鞘は薄い蝋膜(ろうまく)となって，徐々に皮膚へ移行している。嘴は歯のない鳥類の食性への適応を示すもので，長くて自由な頭部とともに翼化した前肢の代償的役割を果たしている(図20-4)。

### 3）肉冠，肉垂，耳朶

ニワトリ類特有の装飾器官で，皮膚の真皮が肥厚し，この部分に 動静脈吻合に富む毛細血管網があって，これが充満した血液の色を反映して鮮紅色を呈する。肉冠(冠)combは俗に鶏冠(とさか)と呼ばれ，単冠の

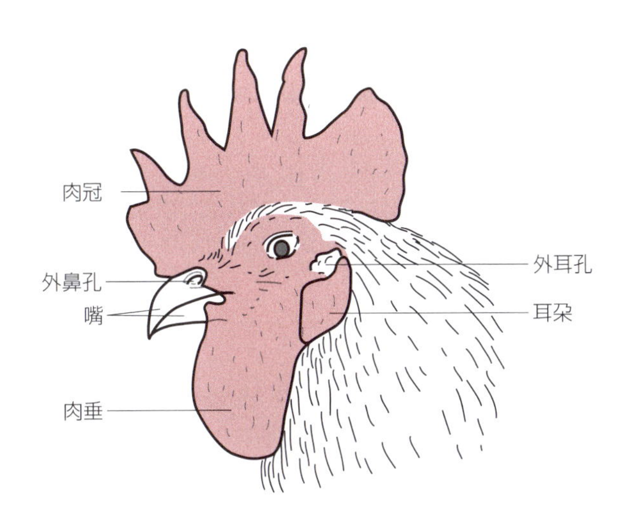


図20-4　ニワトリの頭部の装飾性付属物(雄)

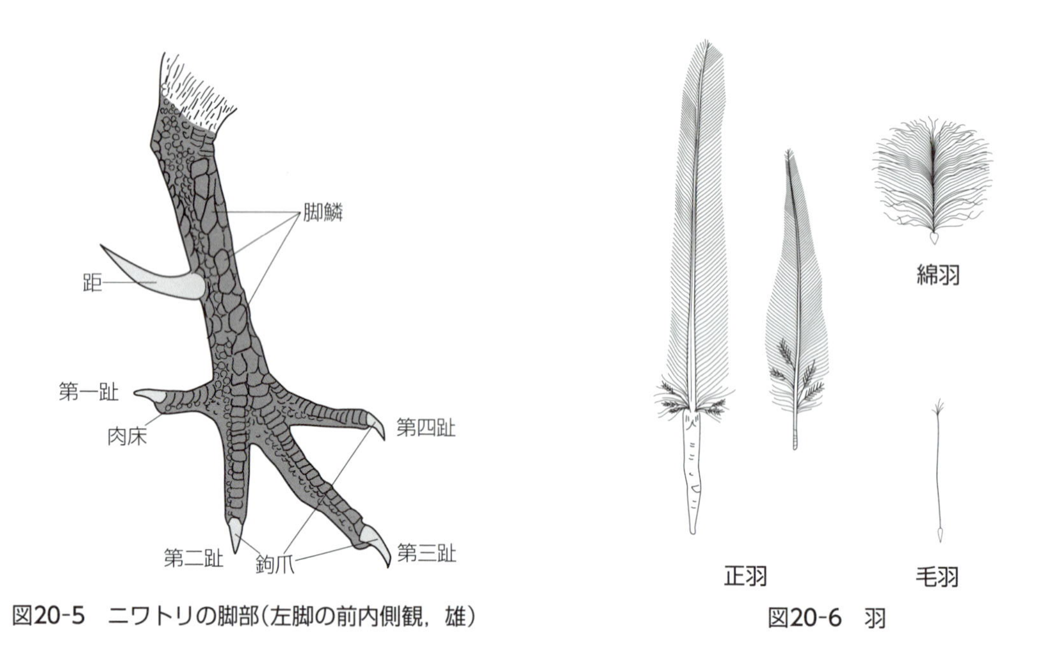


図20-5　ニワトリの脚部(左脚の前内側観，雄)

図20-6　羽

ほか，バラ冠，三枚冠(マメ冠)およびクルミ冠などさまざまな形がある。雄ではよく発達し，雄性ホルモンに反応して肥大する。肉垂(肉髯(にくぜん))wattleは，下顎に1対，耳朶ear lobesは外耳孔の下に左右1対存在する(図20-4)。

### 4) 距

距spurは，中足部の表皮から発達した角質鞘で，中は空洞になり，この部分に中足骨の距突起が深く入り込む。雄に特有な闘争用器官で，加齢とともに長く鋭く上方へ湾曲する。雌ではごくまれに見られるか痕跡的である(図20-1, 5)。

### 5) 脚鱗

脚(足根中足骨部)と趾は脚鱗scalesで保護されている。この脚鱗は爬虫類の全身をおおう鱗と相同の器官で，表皮が角質化したものである。脚の前後の鱗片が大きく，側部のものは小さい。趾の背部では一列になって鉤爪まで達するが，腹側面にはクッションの役目を果たす肉床(趾球)digital pads, foot padsが発達する(図20-5)。品種によって脚鱗の間から脚羽が生え出るものがある。

### 6) 鉤爪

それぞれの趾の先端には，表皮の角化した堅くて鋭い鉤爪clawsが発達する(図20-5参照)。これはイヌ，ネコのそれと相同の器官で，構造も非常によく似ている。前肢の第二指の先端にも退化した鉤爪を見ることができる。

### 7) 羽の種類と構造

羽は正羽pennae, contour feather，綿羽plumule, down feather，毛羽filoplume, tufted bristleの3種類に分けられる(図20-6)。正羽は皮膚全面に均等に生えるものではなく，一定の領域にだけ規則的な分布が見られ，これを正羽域という。これに対して正羽のない部分は無羽域といわれ，綿羽と毛羽はこの部分にもある。綿羽は腹部に，毛羽は頭頸部に特に多く見られる。羽毛は古くなると脱落して新しいものに更新される。これを換羽と呼ぶ。

# 20-3　ニワトリの体腔

到達目標：各臓器の特徴，名称を説明できる。

キーワード：嗉嚢，腺胃，筋胃，メッケル憩室，盲腸(1対)，肝臓(左葉-総肝管，右葉-総胆管)，膵臓(背葉，腹葉，第三葉，脾葉)，排泄腔(糞洞，尿洞，肛門洞，ファブリキウス嚢)，気嚢(頸気嚢，鎖骨(間)気嚢，前胸気嚢，後胸気嚢，腹気嚢)，鳴管，カンヌキ骨，内・外鼓状膜，斜隔膜，前・中・後腎区，腹腔内精巣，退化交尾器(生殖突起)，精管乳頭，卵管漏斗部，卵管膨大部(卵白分泌部)，卵管峡部，卵管子宮部(卵殻腺部)，卵管膣部，鰓後体

## 1. 消化器

飼料を取り込み，消化吸収して体外へ排出する消化管と，消化液を生産し分泌する付属腺からなる。消化器は口腔，咽頭，食道，腺胃，筋胃，十二指腸，空腸，回腸，1対の盲腸および結腸・直腸からなり，最後は泌尿生殖器系と共有の排泄腔に終わる。消化腺として口腔腺，咽頭腺，肝臓，膵臓が含まれる(図20-7)。

### 1) 食道と嗉嚢

食道は，気管とともに頸部の腹側にあり，固有層に粘液腺を持つため，食物の通過をなめらかにする。嗉嚢cropは，食道の一部が腹側に膨らんだ薄壁の憩室で，伸縮性を備え，食物を短期間貯留するとともに湿潤化する。

### 2) 胃

胃は腺胃(前胃)glandular stomach, proventriculusと筋胃(砂嚢)ventriculus, gizzardに区分される。

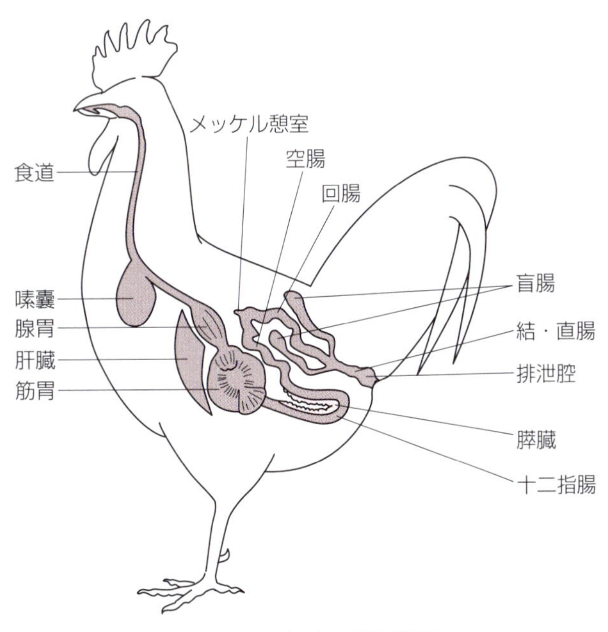


図20-7　ニワトリの消化器系

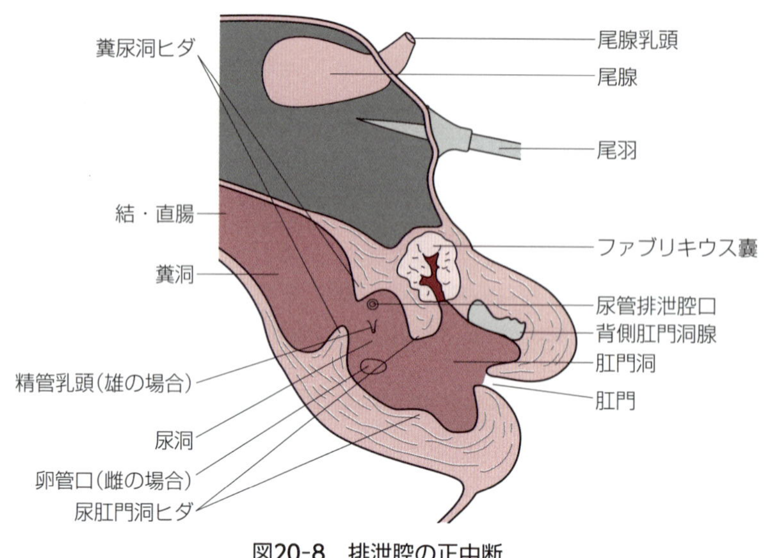


図20-8　排泄腔の正中断

食道に続く胃の一部が腺胃であり紡錘形をした器官である。胃腺として塩酸とペプシノーゲンを分泌し，粘膜には多数の乳頭を持つ。両凸レンズの形状をした筋胃は腺胃に続く胃で，その大部分は両面が腱中心に終わる厚い2つの筋塊からなる。あらかじめ飲み込んである小石とともに食物を機械的に破砕し，同時に腺胃で分泌された酵素が混合される。また，糖タンパク質のコイリンからなる硬い膜は，筋胃の内壁を保護している。筋胃は俗に「砂肝」と呼ばれる部位である(図20-9参照)。

### 3) 小腸

小腸は十二指腸および空回腸からなる。十二指腸は筋胃の後方から骨盤腔まで下行した後，反転し，上行して筋胃近くまで達するU字形の十二指腸ワナを作り，その間に膵臓を抱える(図20-9参照)。空回腸では，空腸と回腸の明確な境界がないため，便宜的に腸壁の外側に突出した小突起，すなわちメッケル憩室(卵黄憩室)Meckel's diverticulum, vitelline diverticulumを基準として区分される。これは胚発生期の卵黄嚢と中腸を結んでいた卵黄腸管の痕跡で，孵化直後の初生雛では卵黄嚢を腹腔内に収めて数日間分の栄養とする(図20-7)。

### 4) 大腸

大腸は盲腸と結・直腸よりなる。小腸と大腸の境界部直後に両側に1対の盲腸cecumが付着し，結・直腸が続く。盲腸は約20 cmと著しく発達した袋状の器官で，薄壁のため緑色の内容物を見ることができる。これに対して結・直腸は約12cmと短く，結腸と直腸の境界は不明瞭で，直線的に後走して排泄腔に開く(図20-7)。

### 5) 排泄腔

排泄腔cloacaは消化管の末端にあり，消化器，泌尿器および生殖器の共通した開口部である。排泄腔には，2つの不完全な輪状ヒダによって，順に糞洞coprodeum，尿洞urodeum，肛門洞proctodeumに分かれる。結・直腸に続く糞洞は糞を蓄える部位で，糞尿洞ヒダで区分される。続く尿洞には，尿管のほか，雄では1対の精管が，雌では1本の卵管が開口する。さらに尿肛門洞ヒダで区分された部位が，糞と尿を同時に排泄する肛門洞となる。糞洞の背壁にはリンパ器官として重要なファブリキウス嚢が開く(図20-8)。

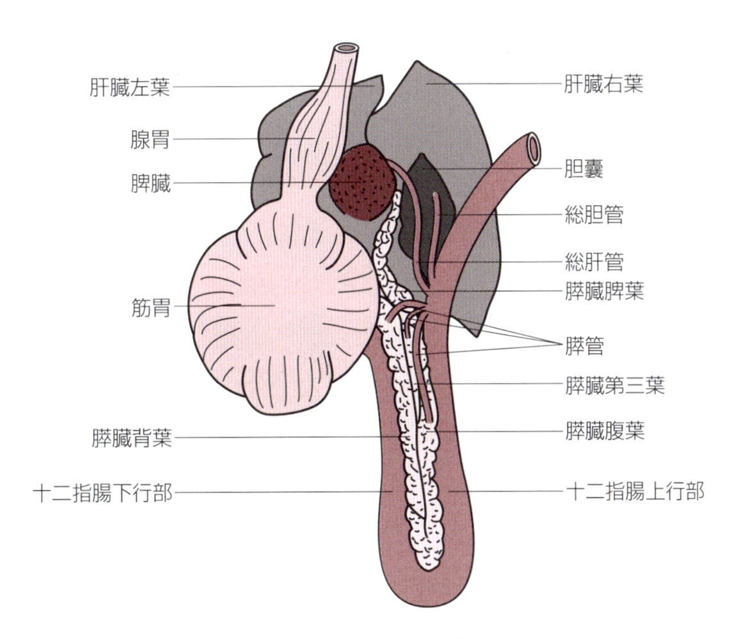


図20-9　肝臓と膵臓

### 6) 膵臓

膵臓pancreasは，十二指腸ワナに挟まれ長い黄色を帯びた扁平な腺体で，家畜と同じく消化酵素を含む膵液を産生する外分泌部と内分泌部からなる。背葉dorsal lobe，腹葉ventral lobe，第三葉third lobeおよび脾葉splenic lobeの4葉に分けられ，このうち十二指腸下行部に沿うのが背葉，上行部側を腹葉といい，この2葉が良く発達する。一方，第三葉とこれに続く脾葉は小さく脾臓に向かって伸びる。膵管は，総肝管と総胆管の十二指腸開口部付近に3本集まり，このうち第三葉からの膵管は細小である(図20-9)。

### 7) 肝臓

肝臓liverは，深い切痕で左右2葉に分かれ，葉間に心臓を抱く。右葉right lobeは左葉left lobeよりもやや大きく，臓側面には胆嚢を持つ。右葉の肝管は胆嚢管として胆嚢に入った後，総胆管hepatocystic ductとして十二指腸に達するが，左葉の肝管は総肝管(肝腸管)common hepatoenteric ductとなって胆嚢を経ずに直接十二指腸に入る(図20-9)。

### 8) ファブリキウス嚢

ファブリキウス嚢bursa of Fabricius, cloacal bursaは鳥類特有の器官で，排泄腔背側に見られ，肛門洞背側に開口する洋梨型のリンパ様濾胞器官である。性成熟前の若齢個体において発達し，性成熟後は退化し痕跡的である。B細胞の分化・成熟はここで行われる(図20-8)。

## 2. 呼吸器

呼吸器は，外鼻孔から肺までの気道と，ガス交換の場である肺からなる。気道は鼻腔，咽頭，喉頭，気管，鳴管および気管支から構成される。気嚢は肺におけるガス交換を効率良く営むために，特に鳥類で発達した重要な器官である。肺は家畜に比べて発達が悪く，ニワトリでは肺横隔膜と斜隔膜oblique septumが家畜の横隔膜に相当し，胸膜腔が存在しない。呼吸運動の主軸は，家畜の場合は横隔膜であるが，ニワトリの場合は胸郭を構成する胸骨の運動が主となる。

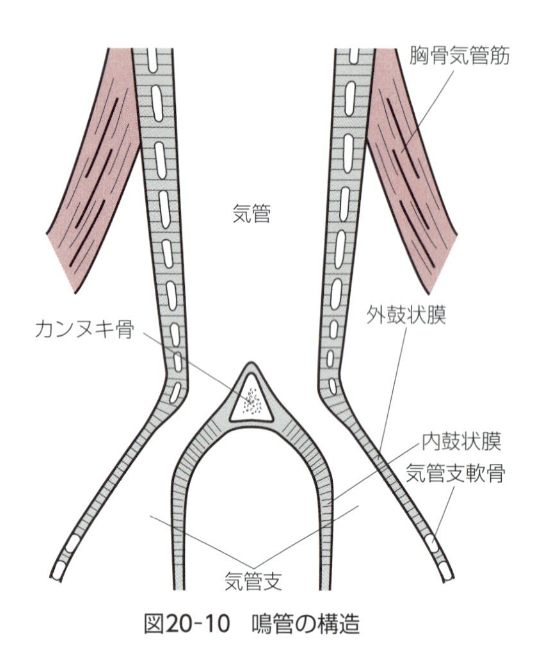

図20-10　鳴管の構造

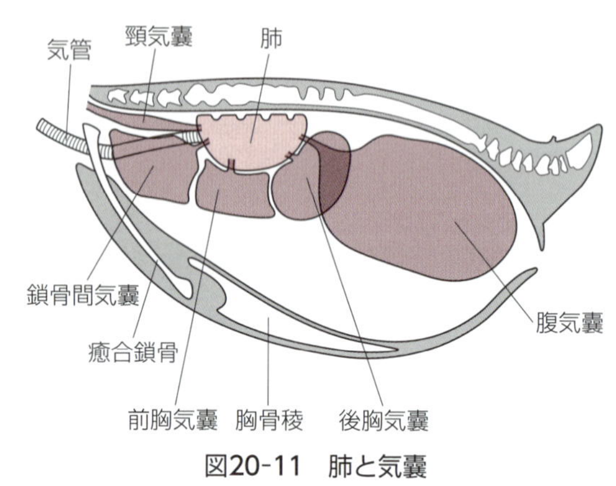

図20-11　肺と気嚢

### 1) 気管

ニワトリは頸部が長いので，気管も長く，100～120個の完全な輪状の気管軟骨が連結され，自由な頸の運動に対応するとともに，膜性壁を作らず長い気道を保護している(家畜の気管軟骨はU字型で，開いた背部は膜性壁になっている)。胸腔に入った気管は心底部で左右の気管支(一次気管支の肺外部)に分かれ，それぞれ肺門に入る。

### 2) 気管支と鳴管

ニワトリの発声器である鳴管syrinxは気管分岐部にあり，気管軟骨が特別に変形し，左右から圧迫された形状になっている。気管支口を分けているのが，骨化するカンヌキ骨pessulusで，これを基礎にした内鼓状膜internal tympaniform membraneと外鼓状膜external tympaniform membraneが，両気管支に張られることにより鼓室が形成され，ここで発声する。機能的には家畜の喉頭にある声門裂に相当し，鼓状膜は声帯ヒダにあたる(図20-10)。

### 3) 肺と気嚢

肺は胸腔の背壁を占める鮮紅色の器官で，家畜と異なり伸縮性を欠くが，気嚢air sacsの発達により極めて効率良くガス交換を営むことができる。気嚢の内面は気管支粘膜の延長から，外面は体腔漿膜からなり，筋間，内臓間，骨髄腔までもぐり込んでいる。頸気嚢cervical air sac，鎖骨間気嚢interclavicular air sac，前胸気嚢cranial thoracic air sacは呼気性気嚢で，後胸気嚢caudal thoracic air sacと腹気嚢abdominal air sacは吸気性気嚢である(図20-11)。

## 3. 泌尿器

腎臓で産生された尿は，尿管を通じて排泄腔の尿洞へ排出される。家畜のような膀胱や尿道はない。腎臓は複合仙骨と寛骨とで作られたくぼみを埋めるように，脊柱の両側に長く伸びる。便宜的に外腸骨動脈と坐骨動脈により前腎区cranial renal division，中腎区middle renal division，後腎区caudal renal divisionの3つに区分される。尿管は前腎区では深部にあるが，中および後腎区では腎臓の腹面に現われ後方へ走り，精管あるいは卵管と伴行して，排泄腔の背壁を貫き尿洞へ開く(図20-12)。

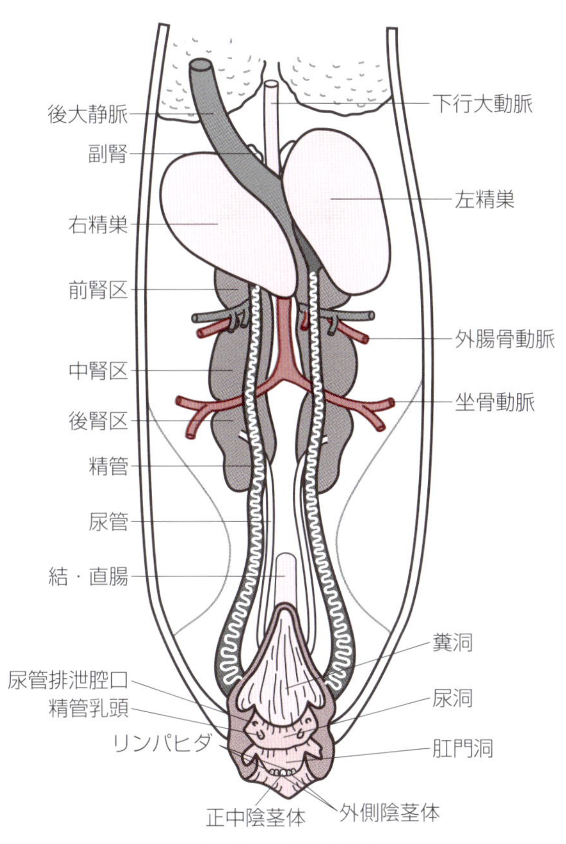


図20-12　雄性生殖器官

## 4. 生殖器官

### 1）雄の生殖器

ニワトリの生殖器官は，1対の精巣，精巣上体および精管に加え，交尾器官である単一の生殖突起phallusからなる。精巣下降が起こらないため精索，鞘膜および陰嚢を欠く腹腔内精巣intraabdominal testisで，副生殖腺と尿道もない。腰仙骨部から精巣間膜で腹気嚢中に懸垂する。精子発生は哺乳動物と同様，精巣に収められた精細管内で進行するが，完成した精子は精巣上体管に続く精管に蓄えられる。精管は全長にわたって迂曲するので非常に長く，排泄腔まで尿管と伴行し，尿洞内に開口する精管乳頭papilla of deferent ductに達する。また，壁には平滑筋層がよく発達し，精子射出器としての特徴を備えている。ニワトリは陰茎が発達せず，腹壁に認められる2 mm程度の小体が正中陰茎体（生殖突起）で，その両側には外側陰茎体およびリンパヒダを備え，これらが退化交尾器rudimentary copulatory organをなす。排泄腔の形態学的差異に着目した初生雛の雌雄鑑別法は，生殖突起を指標とする（図20-12）。

### 2）雌の生殖器

胚子期に認められる左右一対の卵巣と卵管は，個体発生の進行とともに右側の成長が止まり，左側の卵巣と卵管だけが機能する。右側の卵巣と卵管は，その痕跡を残すのみである。成熟個体の卵巣は，ブドウの房に例えられ，多数の小型の白色卵胞と，5～10個の大型の黄色卵胞を含む。黄色卵胞は，発育の序列を反映して大きさがすべて異なり，その表面には血管を欠くベルト状のスチグマ（破裂口）と呼ばれる領域が認められ，最大卵胞のスチグマが裂けることにより排卵が起こる。卵管は，全長約65 cmの連続した管で，卵白と卵殻膜と卵殻の付加が約25時間かけて行われるほか，受精や精子の貯

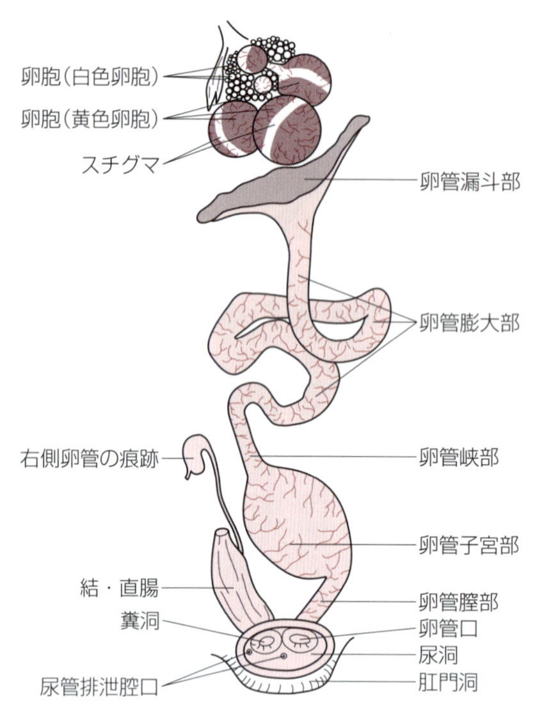


図20-13　雌性生殖器官

蔵を担う。その前端である卵管漏斗部infundibulumは，卵巣付近の腹腔に開き，左腹気嚢とともに排卵卵子の収容を可能にする。ここで外卵黄膜とカラザ成分が沈着（所要時間15分）する。ここは受精の場でもある。個体によっては，しばしば卵子が腹腔内へ落ちて残存することがある（卵墜）。続く卵管膨大部（卵白分泌部）magnumでは卵白（3～3.5時間），卵管峡部isthmusでは卵殻膜が分泌される（1.5時間）。卵管子宮部（卵殻腺部）uterusでは卵殻と卵殻色素が形成され（18～20時間），卵管膣部vaginaにてクチクラ層が付加され（数分），排泄腔に開口する。放卵（産卵）する時は，開口部が肛門洞に突出するため糞と接触することはあまりない。精子は，卵管子宮部と膣部の移行部に蓄えられる（**図20-13**）。

## 5. 内分泌腺

ニワトリの甲状腺は，赤褐色の卵円形で，左右一対で胸腔入口にあり，総頸動脈，頸静脈ならびに迷走神経と密接な関係を持つ。甲状腺直後に位置する上皮小体（副甲状腺）は，左右それぞれ数個存在し，黄褐色を呈する。さらに尾側にはピンク色の鰓後体ultimobranchial bodyが位置し，被膜を持たない。これは家畜における甲状腺小胞壁や小胞間に散在している旁小胞細胞が，まとまって独立の器官を作ったものである（図20-14参照）。副腎は左右それぞれ腎臓前腎区の頭端にあり，その腹側には精巣上体もしくは卵巣がある。下垂体は間脳の下に付着し，頭蓋底の下垂体窩を占める。

# 20-4　ニワトリの脈管系と神経系

到達目標：脈管系，神経系の特徴を説明できる。
キーワード：2本の前大静脈，1本の肺静脈，2本の腕頭動脈，腎門脈系，視葉，左・右胸管

## 1. 心臓の形態(主として家畜との違い)

左右の心房と心室からなる構成は，本質的には家畜と変わりないが，右心房，左心房ともに心耳が明確ではない。右心房には2本の前大静脈cranial vena cavaと，1本の後大静脈が連絡する。最も特異な点は右房室弁で，家畜では三尖弁であるが，ニワトリでは1 枚の筋性弁からできている。右心室からは家畜と同様1本の肺動脈を出す。左心房は，家畜が多数の肺静脈を持つのとは異なり，左右の肺からの肺静脈pulmonary veinが1本にまとまって左心房に開く。左房室弁を持ち，腱索を備えて左心室の乳頭筋に付着する。左心室は厚い筋層からなり，左心室から1本の大動脈が出た後，3本に分岐して，左右の腕頭動脈brachiocephalic trunkと右に偏った下行大動脈となる(図20-14)。

## 2. 腎門脈系

腎門脈系renal portal systemは，後肢および骨盤部の静脈血を集めた坐骨静脈，外腸骨静脈そして尾静脈とで形成され，腎門脈へ流入し，腎臓に分布した後，腎静脈に合流する。これにより後肢や骨盤部からの静脈血は，直接浄化されることになる。

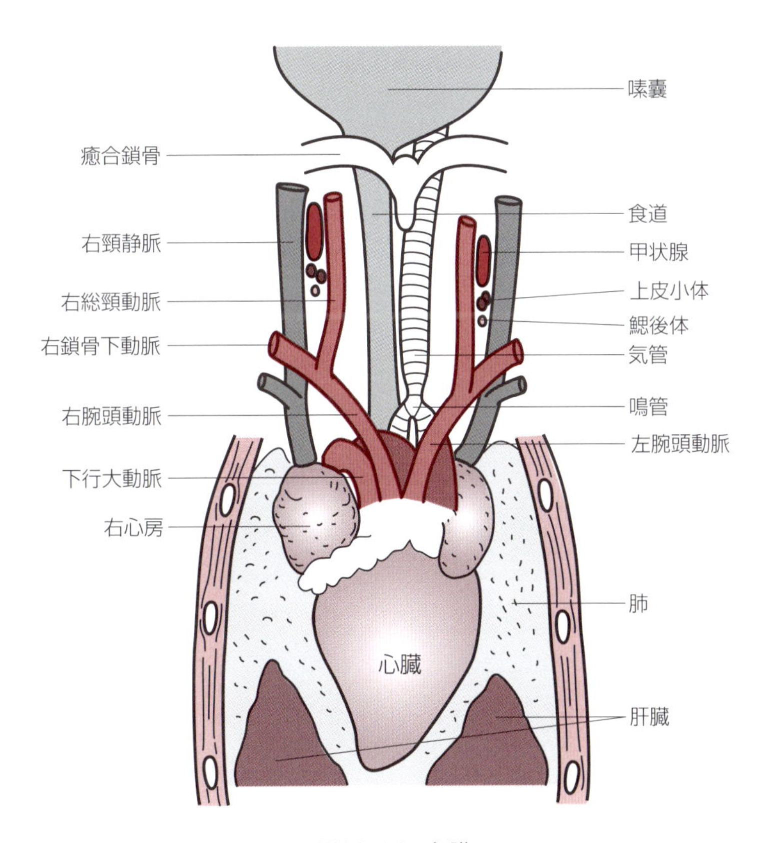


図20-14　心臓

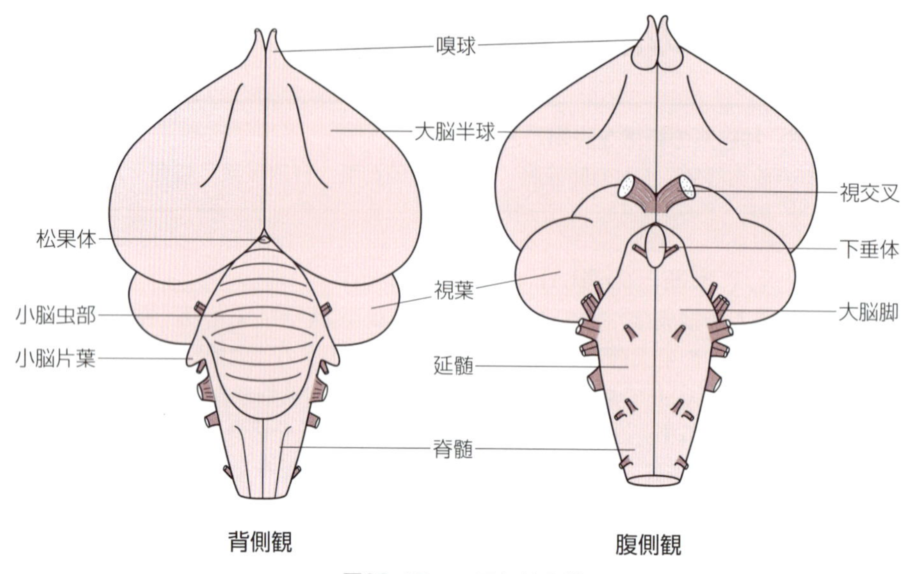


図20-15　ニワトリの脳

## 3. 脳

脳は小さく，眼球よりも少し大きい程度である。洋梨型の大脳半球は，哺乳動物に比べて小さく，脳回が見られない平滑な脳表面を示す。左右の半球は大脳縦裂で分離され，松果体はその正中裂と小脳との間の背側面にある。中脳蓋は家畜のように四丘体の形をとらず，左右の前丘からなる二丘体で，視葉 optic lobeと呼ばれる。これは大脳半球の後端の腹側面にあり，眼の発達に応じて著しく大きい。視交叉も同様にして大きい(図20-15)。

## 4. リンパ系

ニワトリのリンパ管は叢を作って血管を取り巻く。腹腔動脈付近に認められる右および左胸管 right and left thoracic ductsがよく発達し，脊柱の両側に沿って前進し，復路で頭部，頸部，胸部，上腕部からくるリンパ管を受け，それぞれ同側の頸静脈に連絡する。

## 演習問題

**1. ニワトリの呼吸器系に関する記述として正しいのはどれか。**

a. 気管は不完全な輪状の気管軟骨で，開いた部位に膜性壁を持つ。
b. 発声器官の鳴管は，気管分岐部にある。
c. 肺は家畜に比べて伸縮性が良い。
d. 気嚢は一部の骨の中まで入り込む。
e. 後胸気嚢と腹気嚢は，呼気性気嚢である。

**2. ニワトリの消化器系に関する記述として正しいのはどれか。**

a. 食道の一部が腹側に膨らんだ憩室を腺胃（前胃）と呼ぶ。
b. 十二指腸の腸壁より外側に突出した小突起をメッケル憩室（卵黄憩室）と呼ぶ。
c. 盲腸は対になって存在し，著しく発達する。
d. 排泄腔は，消化器，泌尿器，生殖器の共通した開口部である。
e. 肝臓は2葉に分かれ，左葉に胆嚢を持つ。

**3. ニワトリの生殖器系に関する記述として正しいのはどれか。**

a. ニワトリは陰茎が発達しない退化交尾器を持つ。
b. 精巣は陰嚢内に収まる。
c. 卵巣と卵管は右側のみ機能する。
d. 卵白の分泌は卵管膨大部で行われる。
e. 卵管子宮部では2時間ほどかけて卵殻が形成される。

## 解　答

**1.**

**正解**　b, d

**解説**　気管は完全な輪状の気管軟骨が連結するため膜性壁を持たない。気管の分岐部に発声器官の鳴管が備わる。肺は家畜のように大きく伸縮することはなく，主として気嚢を通じて肺内の空気の交換が行われる。吸い込まれた空気の大部分は，後胸気嚢や腹気嚢に達する。これに対して頸気嚢，鎖骨間気嚢，前胸気嚢が呼気性気嚢で，このうち鎖骨間気嚢は上腕骨や前肢帯の骨の中に入る。

**2.**

**正解**　c, d

**解説**　取り込まれた食物は，食道の一部が腹側に膨らんだ嗉嚢に蓄えられ，腺胃，筋胃，十二指腸の順に進む。続く空回腸にメッケル憩室が存在し，1対の発達した盲腸を持つ。排泄腔は，消化器に加え，泌尿器と生殖器の共通した開口部である。左右2葉の肝臓のうち胆嚢を持つのは右葉である。

**3.**

**正解**　a, d

**解説**　ニワトリの陰茎は発達が悪く，退化交尾器官と呼ばれ，生殖突起と外側陰茎体およびリンパヒダからなる。精巣は腹腔内に位置し（腹腔内精巣），左右ともに機能するが，卵巣と卵管は左側のみ機能する。排卵卵子は卵管漏斗部で外卵黄膜とカラザが沈着し（15分），続く膨大部では卵白が（3～3.5時間），卵管峡部では卵殻膜が分泌される（1.5時間）。卵管子宮部では卵殻と卵殻色素が形成され（18～20時間），最後に卵管膣部でクチクラ層が付加（数分）されて産卵する。

（恒川 直樹）

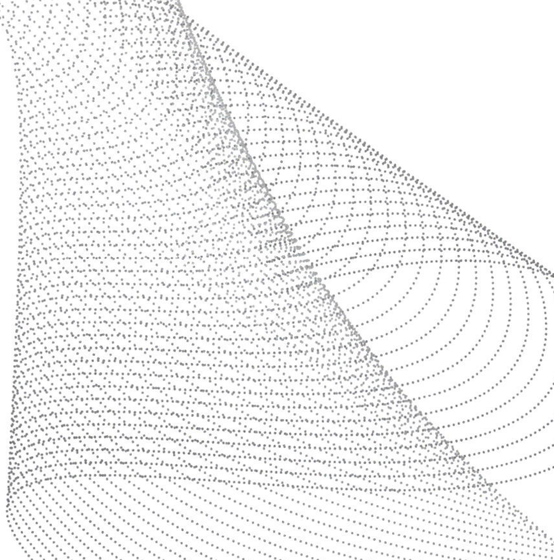

# 獣医組織学

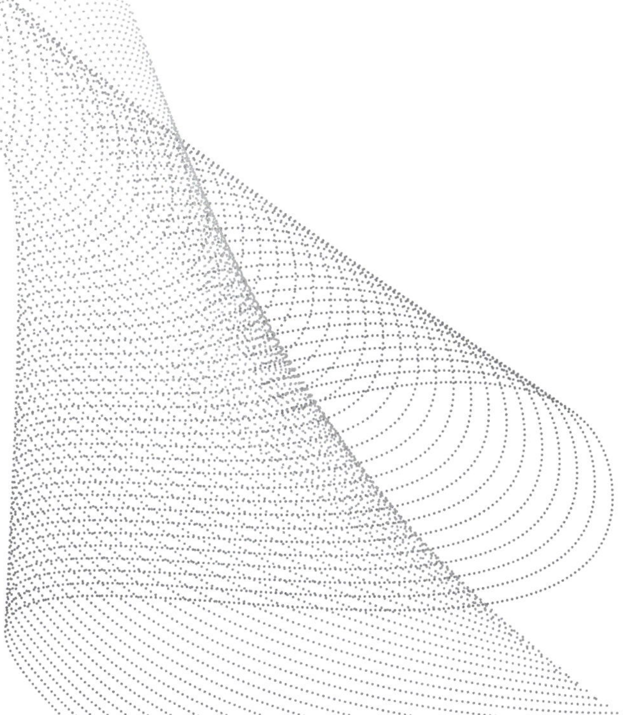

# 目　次

## 獣医組織学



**全体目標（組織学）**

ウシ，ウマ，ブタ，イヌ，ニワトリおよび実験動物（マウス，ラット）を主な対象とし，動物体を構成する細胞の微細構造と細胞集団としての組織・器官の組織構造と細胞構成を理解し，代表的な組織学・細胞学用語を修得する。また，器官および系が担う機能について，組織・細胞レベルの構造と対応させて理解する。

# 1章　細胞の構造



**一般目標：細胞の微細構造と機能の概要を修得する。**

細胞 cell は，生物体の最小機能単位である（細胞→組織 tissue→器官 organ→系 system→動物体 body）。細胞の大きさは，概ね直径10～30 μmで（最小は3 μm〈血小板〉から，最大は200 μm程度の卵細胞まで），球形，立方形，扁平，紡錘形などさまざまな形を呈する。
細胞の基本構造は細胞膜，細胞質，核に分けられる。細胞質内には，一定の機能を持った特殊な構造を示す細胞小器官，細胞骨格などが含まれる。細胞の構造と機能を概説する。

## 1-1　細胞膜の構造と機能

**到達目標：細胞膜の構造と機能および細胞膜を介する物質の輸送過程を説明できる。**
**キーワード：** 細胞膜，膜脂質（リン脂質），膜タンパク（質），エンドサイトーシス，エクソサイトーシス，食作用，飲作用，ファゴゾーム，被覆小胞，エンドゾーム，構成性分泌，調節性分泌

### 1. 細胞膜の構造

#### 1）細胞膜

細胞膜 cell membrane は，細胞を取り巻く厚さ8～10 nmの膜で，脂質2分子層からなり，細胞内部を外部から区画し保護する（図1-1）。この膜は，膜脂質 membrane lipid であるリン脂質 phospholipid やコレステロール，タンパク質，タンパク質や膜脂質に結合した糖鎖（糖タンパク質と糖脂質）から構成さ

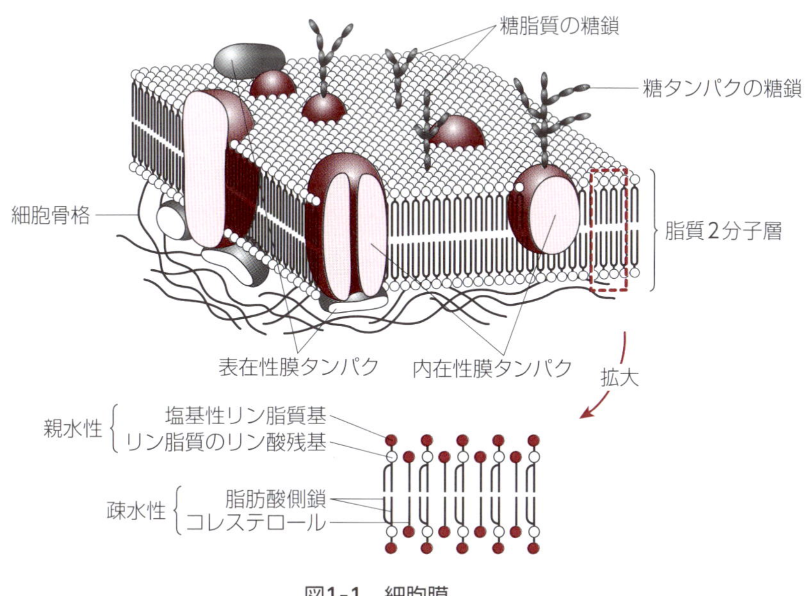


図1-1　細胞膜

れる。細胞膜に含まれるタンパク質は，膜タンパク（質）membrane proteinと呼ばれ，細胞膜を貫通している内在性膜タンパク（質）integral membrane proteinsと膜表面に弱く結合している表在性膜タンパク（質）peripheral membrane proteinsに大別できる。これらの膜タンパクは，物質の輸送，細胞結合，ホルモン受容体，細胞間の情報伝達に機能する。

### 2）細胞膜の特殊化

上皮細胞に見られる細胞の極性化などにより，細胞膜には，その部位に依存して特殊な構築が形成される。上皮細胞の管腔側の表面では，微絨毛，不動毛，線毛などが発達し，細胞表面の物質運搬あるいは表面積の拡大などに機能する。吸収能の高い一部の上皮細胞の基底側では，基底陥入と呼ばれるミトコンドリアを伴ったヒダ状の細胞膜の陥入構造が基底側に形成される。細胞間の結合部位の細胞膜も，細胞接着因子など特異的な膜タンパクが局在し，密着帯，接着帯，ギャップ結合，接着斑（デスモゾーム）と呼ばれる特殊な接着構造をとる。

## 2. 細胞膜を介する物質輸送

### 1）受動輸送と能動輸送

イオンや低分子化合物は，膜輸送体（物質輸送にかかわる内在性膜タンパクの総称）transporterを介して疎水性の細胞膜を横切って輸送される。濃度の高い方から低い方に向かって行われる受動輸送（受動拡散）とエネルギーを利用して濃度勾配に逆らって行われる能動輸送に大別される。

### 2）エンドサイトーシス

多量の物質を取り込む場合，あるいは細胞膜を通過できない極性を持つ高分子あるいは固形物を取り込む場合は，一部の細胞膜がくびれ，物質を包み込み，小胞を形成することにより細胞膜を通過する。細胞が物質を取り込む過程をエンドサイトーシスendocytosisと呼び，取り込む物質の種類や取り込みの機構の違いにより次のように大別される。

#### （1）食作用

食作用phagocytosisとは大きな固形物（外来のバクテリア，損傷した細胞，不要な細胞外物質など）を取り込むエンドサイトーシスを指す。細胞質突起の伸長，突起先端の融合により，固形物を食小胞のファゴゾームphagosomeとして包み込み，食小胞はそのままライソゾームと融合し，加水分解酵素により消化される。

#### （2）飲作用

飲作用pinocytosisは細胞外液を取り込むエンドサイトーシスで，細胞膜表面が陥入してちぎれ，細胞外液を満たした小胞が形成される。

#### （3）受容体依存性の（被覆小胞を介した）取り込み

ホルモンや増殖因子（リガンド）などの受容体を介した取り込みは，被覆小胞coated vessiclesを介して行われる。被覆小胞は，膜の細胞質表面が被覆タンパク（主要成分は，クラスリン）で包まれた小胞である。リガンドは，受容体との結合により，クラスリンclathrinで裏打ちされた被覆小窩coated pitsと呼ばれる部位に集積する。その後，細胞内へ取り込まれ，被覆小胞となる。被覆小胞は，すぐにクラスリンを脱離させ，エンドゾームendosomeとなり，ライソゾームやゴルジ装置からの小胞と合体し，取り込まれたリガンドの消化が行われる。

### 3）エクソサイトーシス

エクソサイトーシスexocytosisは，エンドサイトーシスの反対で，小胞や限界膜で包まれた分泌顆粒などが細胞外に放出される過程を指す。小胞や分泌顆粒が細胞膜へと移動し，両者の細胞膜が接着，癒合することにより，分泌顆粒の内腔が細胞外界と連絡し，その結果，分泌物が細胞外へ放出される。

細胞，組織の維持に必要な物質の分泌経路は，細胞が恒常的に行っており，構成性分泌constitutive secretionと呼ばれる。一方，分泌タンパクが細胞質内に分泌小胞(分泌顆粒)として蓄えられ，外界の刺激に応じて細胞外へ放出される分泌経路を調節性分泌regulated secretionと呼ぶ。

# 1-2　細胞小器官の構造と機能

到達目標：各細胞小器官（小胞体，ゴルジ装置，ライソゾーム，ミトコンドリアなど）の構造と機能を説明できる。

キーワード：細胞小器官，リボゾーム，小胞体，粗面小胞体，滑面小胞体，ゴルジ装置(ゴルジ複合体)，シス面，トランス面，ライソゾーム，一次ライソゾーム，二次ライソゾーム，ミトコンドリア，マトリックス(ミトコンドリア基質)，内膜，外膜，ペルオキシゾーム，分泌顆粒，グリコゲン顆粒，脂肪滴，色素

細胞質内には，以下のように一定の機能を持った特殊な構造を持つ細胞小器官organellesが含まれる(図1-2)。

## 1. ミトコンドリア

ミトコンドリアmitochondriaは，幅0.5～1 μm程度の球状もしくは糸状の細胞小器官で，長さは10 μmにも達するものもある。内外2枚の内膜inner membrane，外膜outer membraneに包まれ，内膜からさらに内腔であるマトリックスmatrixに向かって突出したヒダ状の隆起(クリスタ)を形成する。クリスタは，通常，棚板状を呈するが，ステロイドを分泌する細胞では管状をとる。

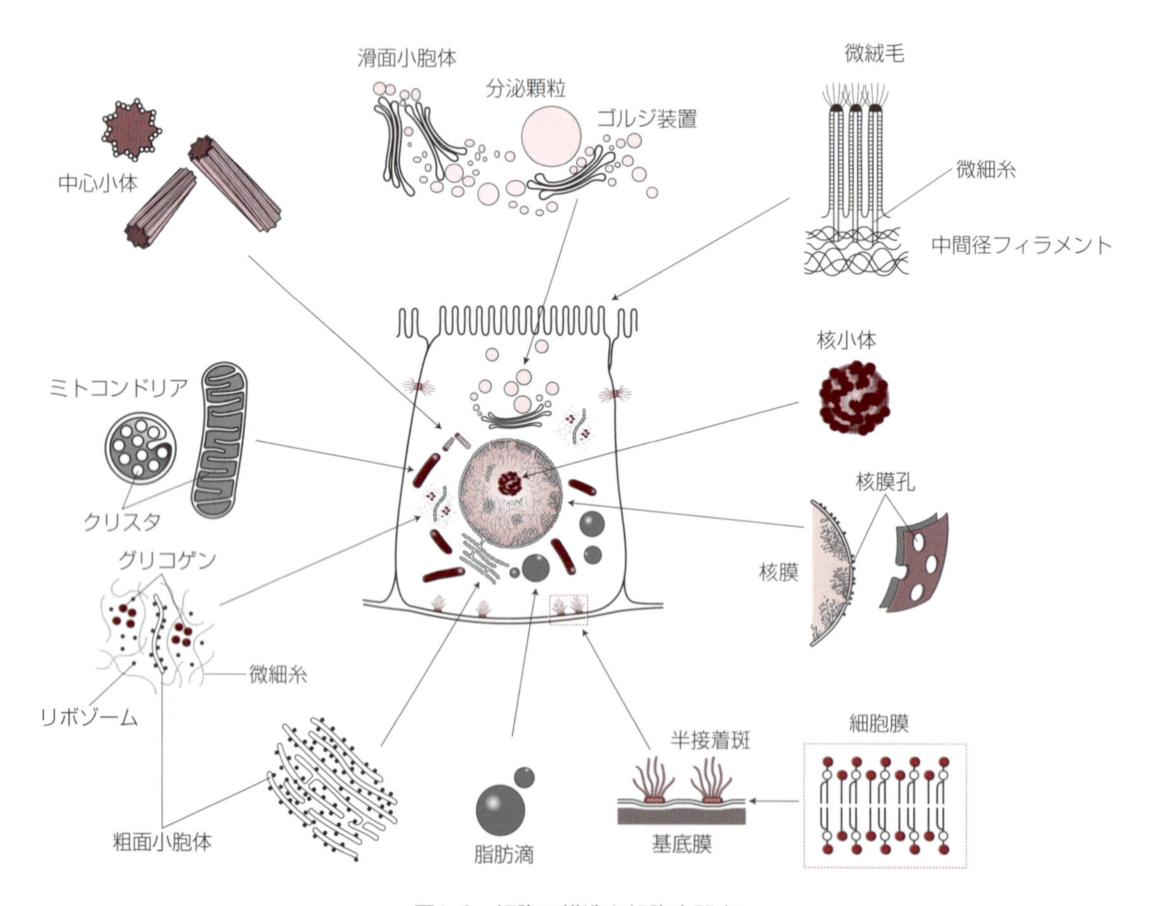


図1-2　細胞の構造と細胞小器官

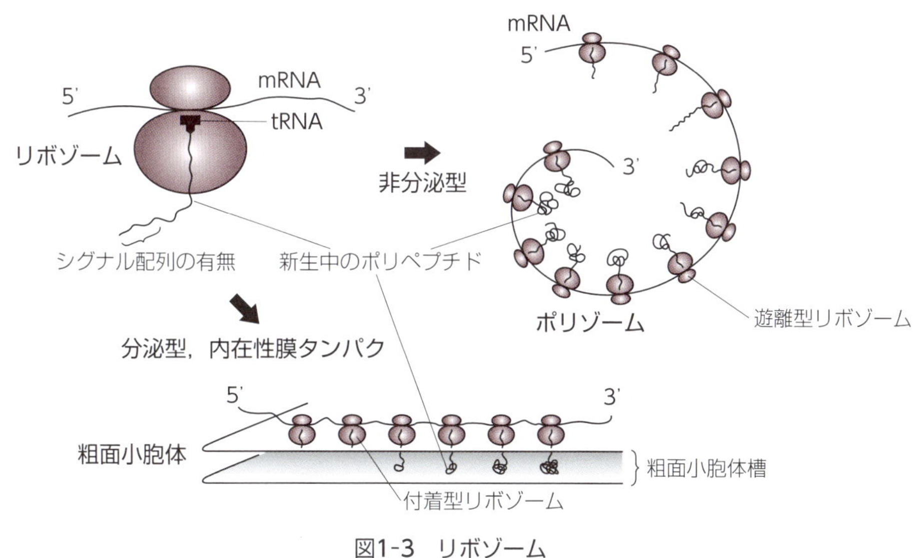


図1-3　リボゾーム

ミトコンドリアの主な機能は，酸化的リン酸化によるエネルギー(ATP)産生であるが，最近では，カルシウム貯蔵，アポトーシスにも深く関与することが指摘されている。

ミトコンドリアは，バクテリアに類似した，独自の環状の2本鎖DNA，3種類のRNA(つまり，リボゾームRNA，メッセンジャーRNA，トランスファーRNA)，小型のリボゾームを持ち(マトリックス〈ミトコンドリア基質〉mitochondrial matrixに存在)，さらに独立して自己増殖する。そのため，真核生物の宿主細胞内部に入り込んだ共生体(寄生体)の一種とも考えられる(ミトコンドリア共生説)。

## 2. リボゾーム

リボゾームribosomeは，15×25 nmくらいの大きさの雪だるま型の構造物で，リボゾームRNA(rRNA)と約80種類のタンパク質で構成される(図1-3)。

リボゾームは，細胞質内に遊離して存在するリボゾームである遊離型リボゾームと，小胞体膜(粗面小胞)の表面に付着した付着型リボゾームに分けられる。メッセンジャーRNA(mRNA)鎖に複数のリボゾームが保持されている状態をポリゾーム(ポリソーム：ポリリボゾーム)と呼ぶ。

粗面小胞体槽へ運ばれる分泌タンパク，膜タンパクを含め，すべてのタンパク合成は，最初は遊離型リボゾームで開始する。核，細胞質基質，ミトコンドリアなどで利用される非分泌型/非膜結合型のタンパクは，最後まで遊離型リボゾームで翻訳を完了する。細胞外に放出される分泌タンパク，内在性膜タンパクは，そのmRNAのタンパクコード領域の5'端に余分に追加された20～25個の疎水性のポリペプチドからなるシグナル配列が最初に遊離型リボゾームで部分翻訳される。このシグナル配列により，遊離型リボゾームは粗面小胞体へと結合し，付着型リボゾームとして小胞体槽内へ向けて分泌タンパク，膜結合型タンパクの翻訳が再開する。

## 3. 小胞体

小胞体endoplasmic reticulum (ER)は，細胞質内の細管や小胞が符合しながら連続する限界膜に包まれた網工である。小胞体の内腔は，互いに連続して繋がり小胞体槽cisternaを形成する。小胞体膜の細胞側にリボゾームが付着する/付着しないにより，粗面小胞体と滑面小胞体に分けられる。

### 1）粗面小胞体

粗面小胞体rough endoplasmic reticulum（rER）は，糖タンパク質の分泌活性の盛んな細胞でよく発達し，互いに並行に配列した扁平な層状（あるいは嚢胞状）の構造をとり，核膜の外層（外核膜）と連続する。粗面小胞体では，付着リボゾームにより，分泌型/内在性の膜タンパクの翻訳が行われ，合成されたタンパク質は，小胞体膜を貫通してこの小胞体槽に入り，必要に応じてゴルジ装置へ運ばれる。

### 2）滑面小胞体

滑面小胞体smooth endoplasmic reticulum（sER）は，付着リボゾームを欠き，粗面小胞体と比べ相互に連絡したより複雑な槽を形成する。滑面小胞体は，一般的にはリン脂質の合成に関与するが，細胞により専門化した機能を担っている。例えば，ステロイド合成細胞ではステロイドホルモンの合成，肝細胞では解毒と代謝，骨格筋細胞では特殊化した筋小胞体として，筋線維の収縮を制御する$Ca^{2+}$の隔離，放出に機能する。

## 4. ゴルジ装置（ゴルジ複合体）

ゴルジ装置Golgi apparatus（ゴルジ複合体Golgi complex）は，細胞が生産したタンパク質の翻訳後の修飾（糖鎖の付加，硫酸化，リン酸化，限定分解など），濃縮，貯蔵，必要な部位への輸送などを行う配送センターとして機能する。ゴルジ装置は，限界膜に包まれた扁平な袋状の構造が積み重なり，そこに小胞が寄り集まった極性（シス面cis faceとトランス面trans face）を持った構造をとる。ゴルジ装置は，粗面小胞体から送られてきたタンパクをシス面で受け取り，タンパク質を修飾，分別し，続いてトランス面で，分泌顆粒，分泌小胞（一次ライソゾームを含む）の形成が行われる。

## 5. ライソゾーム（リソゾーム：水解小体）

ライソゾームlysosomeは，径0.2～1 μmの限界膜に包まれた酸性加水分解酵素を含む小体で，細胞成分の自己消化と細胞外から取り込まれた異物の処理を行う。大食細胞などの食作用を有する細胞に豊富に認められる。ライソゾームに含まれる加水分解酵素は，粗面小胞体で合成され，ゴルジ装置においてライソゾーム特異的なリン酸化修飾によりマンノース6リン酸残基の標識を受ける。この標識により，主要分泌経路から隔離され，ライソゾーム中に蓄えられることになる。

ライソゾームは，消化活動をしていない一次ライソゾームprimary lysosomes（加水分解酵素を含むのみ）と細胞外から取り込まれた食小胞に一次ライソゾームが融合した二次ライソゾームsecondary lysosome（消化活動中）に区分される。二次ライソゾームでは，消化が終了すると，分解物は細胞質内へと拡散し，細胞成分へと再利用される。消化できないものは残余小体と呼ばれ，寿命の長い細胞（心筋細胞，神経細胞など）では老化に伴い大量に蓄積し，リポフスチン（あるいは老化色素）と呼ばれる。

## 6. ペルオキシゾーム

ペルオキシゾームperoxisomesは，径0.5～2 μmの限界膜に包まれた球形の小体で，有機物の酸化による不活化を行う。脂肪酸のベータ酸化，コレステロールや胆汁酸の合成，アミノ酸やプリンの代謝に関与する。これらの代謝過程で生じる細胞に有毒な過酸化水素$H_2O_2$は，ペルオキシゾーム中のカタラーゼにより分解される。

## 7. その他

細胞質内には上記以外に，中心小体centrioles（細胞分裂時の紡錘糸の形成），分泌顆粒secretary granules，グリコゲン顆粒glycogen granules，脂肪滴lipid droplets，さらに色素pigment（黒～黒褐色のメラニン，黄色～黄色褐色のリポフスチン，赤血球のヘモジデリン，卵巣の黄体のルテイン），結晶体crystaloidなどの細胞小器官が含まれる。

# 1-3　細胞骨格

到達目標：細胞骨格を構成するタンパク質により分類し，細胞内の局在部位と機能の概要を説明できる。
キーワード：細胞骨格，微細管（中心体〈中心小体〉，線毛，鞭毛），アクチンフィラメント（微細糸），中間径フィラメント



細胞骨格cytoskeletonは，細胞の骨組みとして，細胞の外形や細胞小器官の配置を制御するとともに，細胞内の物質輸送，分泌，吸収，細胞分裂，細胞間相互作用などに関与する。微細糸，中間径フィラメント，微細管の3種がある（図1-4）。

## 1. 微細管（微小管）

微細管microtubuleは，径約25 nmの管状構造で，チューブリンというタンパク質の重合体からなる。細胞の骨格として働き，細胞内物質輸送，細胞分裂に大きく関与する。核に近接して存在する中心体centrosomeから伸びる。中心体は中心小体centriolesとその周囲の基質からなる。中心小体は中心子が2つ直交した複合体で，中心子は3本1組の微細管が9組集まった円筒形の構造体である。細胞分裂時の紡錘糸は，複製され両極へ移動した中心子から伸びた微細管である。線毛ciliaと鞭毛flagellaは，細胞表面にある可動性の毛状の突起で，内部を微細管が9＋2様式をとって配列する。線毛は，呼吸器系，生殖器系の上皮細胞に，鞭毛は精子に見られる。

## 2. アクチンフィラメント（微細糸）

アクチンフィラメント（微細糸）actin filamentは，径約5 nmの微細な線維構造をとり，アクチンを主成分とする。すべての細胞に存在し，細胞膜の直下の表層領域で薄い線維束を形成し，細胞膜のエンドサイトーシス/エキソサイトーシスや細胞突起の伸縮に機能する。微細糸は，細胞接着装置の接着帯の細胞質側に特に集積する。また，ミオシンと結合して，細胞の運動（筋線維），有糸分裂（分裂溝の膜直下の収縮環），機械的支持に関与する。

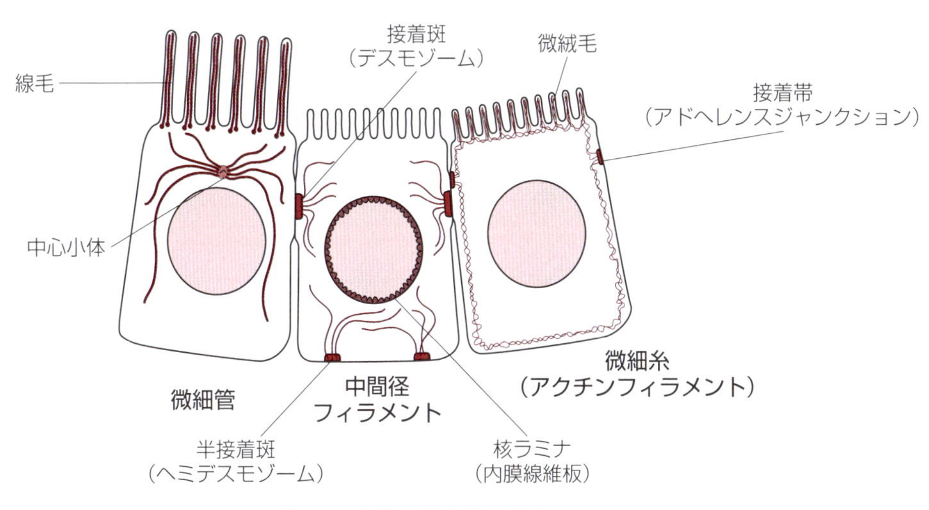


図1-4　細胞骨格と接着装置

管腔に面した上皮細胞表面には，表面積の拡大のため，微絨毛(腸の吸収上皮細胞，腎臓の近位尿細管上皮で発達)，不動毛(微絨毛の一種で，微絨毛より長く太い，精巣上体管，精管，内耳の有毛細胞で発達)と呼ばれる細胞表面の突起を形成し，その内部には微細糸が含まれる。

## 3. 中間径フィラメント

中間径フィラメント intermediate filamentは，径約8～10 nmの線維構造をとり，細胞の形態保持や細胞間接着の内部補強などを行う。構成タンパクのアミノ酸組成により以下のように分けられる。

### 1) ケラチン

ケラチン keratinは，上皮細胞(特に重層扁平上皮)に多く含まれ，細胞の接着斑(デスモゾームやヘミデスモゾーム)から伸び，細胞に張力と機械的な安定性を与える。

### 2) ビメンチン類

①ビメンチン vimentin：細胞全般に存在し，核膜と細胞小器官，細胞膜の間を連結する。
②デスミン desmin：筋細胞に存在し，横紋筋ではZ線間を連結する。
③グリアフィラメント gliafilament：星状膠細胞に存在する。

### 3) ニューロフィラメント

ニューロフィラメント neurofilamentは，神経細胞の核周囲，樹状突起，軸索に存在する。

### 4) ラミン

ラミン laminは，核膜内面の核ラミナ(内膜線維板)を形成し，核構造の保持に関与する。

# 1-4　細胞接着装置と基底膜

到達目標：細胞接着装置（細胞間結合）と基底膜の構造と機能を説明できる。
キーワード：密着帯(タイトジャンクション)，接着帯(アドヘレンスジャンクション)，
接着斑(デスモゾーム)，ギャップジャンクション(細隙結合)，基底膜



## 1. 細胞接着装置

細胞や組織の種類によって，隣接する細胞，細胞外基質との接着の状態はさまざまであるが，主に上皮細胞において，以下のような特殊化した接着構造を形成する。

### 1) 密着帯

密着帯(タイトジャンクション)tight junctionは，隣り合う上皮細胞の細胞膜を間隙なく繋ぎ，入り組んだ網目状にシールされた構造をとり，物質が細胞間を通過するのを防ぐバリアーとして機能する。このバリアーにより，上皮細胞の頂部と基底部の領域を区分し，細胞膜の極性の維持にも関与する。密着帯には，細胞接着分子(細胞接着因子)のオクルディン，クローディンなどの内在性膜タンパクが局在する。

### 2) 接着帯

接着帯(アドヘレンスジャンクション)zonula adherensは，密着帯の下部の細胞周囲に帯状に取り囲むように存在する。内在性膜タンパクであるカドヘリンが細胞接着分子として局在し，その細胞質内の端は，細胞骨格のアクチンフィラメントの束が結合する。

### 3) 接着斑

接着斑(デスモゾーム)desmosomeは，上皮細胞同士の間で，互いの細胞膜を細胞質側でボタン様の構造を介して綴じ合わせたような構造をとる。そのボタン構造の裏打ちには中間径フィラメントであるケラチンフィラメントが結合している。上皮細胞と基底膜との結合部位にも認められ，半接着斑(ヘミデスモゾーム)hemidesmosomeと呼ばれる。接着斑ではカドヘリン，半接着斑ではインテグリンと呼ばれる細胞接着分子が局在する。

### 4) ギャップジャンクション(ギャップ結合：細隙結合)

ギャップジャンクションgap junctionは，隣り合う細胞を繋ぎ，水溶性の小さいイオンや分子を通過させる斑点状の構造である。並んだ2つの細胞の細胞膜にはコネクソンと呼ばれる内在性膜タンパクの複合体が並び，パイプ様のチャンネル構造をとる。無機イオンや小さい水溶性分子はギャップジャンクションを介して細胞質間を移動できる。また，心筋，平滑筋細胞，内分泌細胞などの同調した電気・化学的な興奮，情報の共役に深く関与している。

## 2. 基底膜

基底膜basal membraneは，上皮細胞，内皮細胞などの底面，外周を包むシート状の構造で，主成分は，Ⅳ型コラーゲン，ラミニン，エンタクチン(ニドゲン)，ヘパラン硫酸プロテオグリカンからなる。その構造は，細胞側から透明板lamina lucia，緻密板lamina densa，線維細網板lamina fibroreticularisの3層構造を示す。基底膜を有する上皮細胞と血管内皮細胞が基底側でお互い接する(肺胞，腎糸球体など)場合，両者の基底膜は緻密板で融合し，上皮から内皮に向かって，内透明板，緻密板，外透明板となる。上皮の支持基盤，結合組織との接着，物質や細胞の選択的な通過に関与する。

# 1-5　核の構造と機能

到達目標：核の構造と機能を説明できる。
キーワード：核，核膜，核小体，染色質

核 nucleusは，生物に必要十分な遺伝情報であるゲノムDNAを保持し，ゲノムDNAを複製し，3種類のRNA（tRNA，mRNA，rRNA）を合成する場となる。核は，核膜，核小体，染色質（クロマチン），核質からなる（図1-5）。

## 1. 核膜

核膜 nuclear envelopeは，核質を細胞質から分ける内外2枚の膜であり，その膜の間は，核膜槽（核周囲槽 perinuclear cisterna）と呼ばれる。内核膜 inner nuclear membraneの核質側は，網目状に核ラミナ（中間系フィラメントのラミンで構成）で裏打ちされ，外核膜 outer nuclear membraneは小胞体と連続する。核膜の所々に存在する核膜孔 nuclear pore（径50～100 nm）により細胞質基質と繋がる。

核と細胞質間の物質輸送は核膜孔を介する。直径9 nm以下の分子は核膜孔を自由に通過できるが，それ以上の分子は，核輸送シグナル（核タンパク質の一次構造中に見られるリジン，アルギニンなどの塩基性アミノが数個集まった配列）を介してエネルギー依存的に能動的に核に輸送される。

## 2. 核小体（仁）

核小体（仁） nucleousは，通常，核内に1～数個存在する球形の不均質な小体で，リボゾームRNAとタンパク質が豊富に含まれている。複数のゲノム領域からリボゾームRNAが転写され，核小体においてリボゾームRNAがタンパク質と結合して，リボゾーム（複合体）へと成熟する。その後，リボゾーム（複合体）は，核膜孔を経て細胞質へ運ばれる。

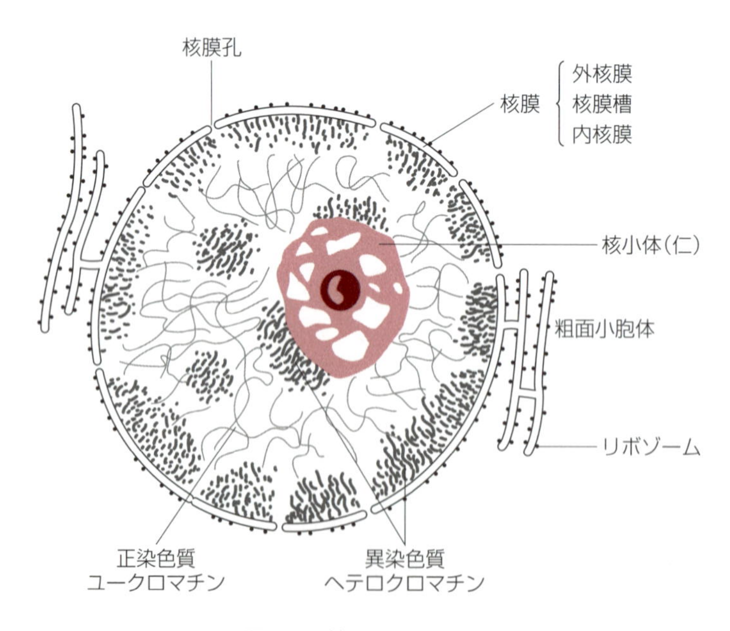


図1-5　核

## 3. 染色質（クロマチン）

染色質chromatinは，ヒストンと呼ばれる塩基性タンパク質にDNAが巻きついたヌクレオソームを基本単位としている。分裂期にない通常の細胞の核内では，染色質のほぐれ状態により，正染色質（ユークロマチン）euchromatinと異染色質（ヘテロクロマチン）heterochromatinに区別することができる。異染色質は，DNA鎖が折り畳まれ，ある程度の染色質が凝集し，遺伝子発現が抑制されている状態であるのに対し，正染色質は，よりほどけた領域で，DNAの遺伝情報の転写にいつでも応じられる状態にある。

哺乳動物では，雌（核型XX）の細胞は，雄（核型XY）の細胞には見られない性染色質sex chromatinと呼ばれる異染色質の凝集塊が認められる。これは，X染色体の雌雄間の遺伝子量補正により，雌の2本のX染色体のうちどちらか一方のX染色体においてほぼ全領域にわたって異染色質となり，不活化されていることによる。



## 4. 核質

核質nuclear matrixは，上記以外の核内の無構造部分を指し，核内の核小体，染色質を満たす構成物，主にタンパク質（一部，酵素活性を有する），代謝産物，イオンなどが含まれる。

# 1-6　細胞周期と細胞分裂，減数分裂，細胞死

到達目標：細胞周期の各期と細胞分裂（有糸分裂），減数分裂，細胞死を説明できる。
キーワード：細胞分裂，細胞周期，有糸分裂，紡錘体，間期，$G_1$期，S期，$G_2$期，$G_0$期，M期（前期，中期，後期，終期），減数分裂，生殖細胞，第一分裂（還元分裂），第二分裂（等数分裂），細胞死，ネクローシス，アポトーシス

細胞分裂cell divisionには，体細胞分裂と減数分裂がある。体細胞分裂は，体細胞の増殖（生物体の成長）であり，2倍体（父，母親由来の染色体のセットを各1組ずつ）の細胞から2個の2倍体の娘細胞が生じる。一方，減数分裂は，生殖細胞での配偶子を形成する際にのみ起こる連続した2回の分裂であり，2倍体の生殖細胞から4個の1倍体（半数体）の細胞が生じる（雄では4個の精子，雌では1個の卵子と3個の極体が生じる）（図1-6）。

## 1. 体細胞分裂と細胞周期

体細胞分裂において，有糸分裂mitosisから次の有糸分裂の間を間期interphaseと呼ぶ。細胞から娘細胞が生じる一連の周期を細胞周期cell cycleと呼び，細胞周期は間期とM期 M phase（有糸分裂と細胞質分裂が行われる）からなる。

間期には，$G_1$期 $G_1$ phase（DNA合成準備期），S期 S phase（DNA複製の開始から完了までのDNA合成期），$G_2$期 $G_2$ phase（分裂の準備期間）に分けられる。多くの体細胞は，細胞周期の$G_1$期にとどまっており，細胞は，$G_1$期で細胞周期を継続する，あるいは$G_0$期 $G_0$ phaseと呼ばれる休止した時相に入る（神経細胞，筋細胞など）。分裂シグナルを受けた$G_1$期の細胞は，DNAの複製を開始し（S期），$G_2$期

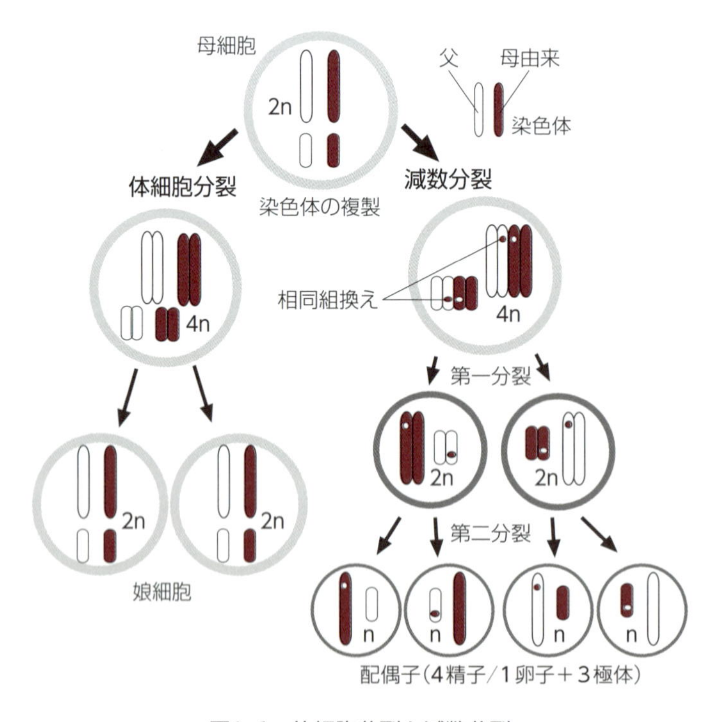


図1-6　体細胞分裂と減数分裂

（M期に必要なタンパク質の合成と分裂に消費するエネルギーの蓄積）を経て，紡錘体spindleの形成を開始し，次のM期に入る。

M期は，さらに前期prophase（染色体の凝集・個別化，紡錘体の形成と核膜の崩壊の開始），中期metaphase（染色体の赤道面への配列，紡錘体の完成，核膜・核小体の消失），後期anaphase（染色体の分離と両極への移動，細胞分裂の開始/分裂溝の形成），終期telophase（核の再構成，核膜・核小体の形成と細胞分裂の終了）の4つの時相に分けられる。



## 2. 減数分裂

減数分裂meiosisは，1個の2倍体の生殖細胞germ cellから4つの1倍体（半数体）の配偶子が生じる2回の分裂からなる（第一分裂〈還元分裂〉first meiotic division，第二分裂〈等数分裂〉second meiotic division）。第一分裂（還元分裂），第二分裂（等数分裂）ともに，前期，中期，後期，終期に分けられる。減数分裂に特徴的なのは，第一分裂の前期である。第一分裂の前期は，体細胞分裂の前期より長く，細糸期（レプトテン期），接合糸期（合糸期:ザイゴテン期），厚糸期（太糸期:パキテン期），双糸期（複糸期:ディプロテン期），分離期（移動期：ディアキネシス期）の5段階に分かれる。接合糸期から，相同染色体が対合をはじめ，厚糸期で対合を完了し，相同組換え（部分的な「乗り換え」）が起こり，二価染色体（対合した2本の相同染色体〈4本の染色分体〉）を形成する。双糸期では，対合した相同染色体が，組換え部分「キアズマ」と呼ばれる部分を残して解離する。第二分裂の前期は，第一分裂の前期より短く，1段階である。第一，第二分裂の中期，後期，終期は，体細胞分裂のM期の状態とほぼ相同である。

哺乳動物では，第一分裂，第二分裂の進行，休止するタイミングが雌雄で異なる。精子形成では，性成熟後，連続して第一分裂，第二分裂が進行し，恒常的に精子が産生される。つまり，精祖細胞は，性成熟に伴い第一減数分裂を開始し，1個の一次精母細胞となり，2個の二次精母細胞となり（第一分裂完了），この二次精母細胞はすぐに分裂して，計4個の精子細胞となる（第二分裂完了）。卵巣では，胎子期において，すべての卵祖細胞は減数分裂を開始し，一次卵母細胞となる。生後，数週間以内に減数分裂前期（双糸期）で性成熟まで休止する（第一分裂前期で休止）。性成熟に伴い，一次卵母細胞は，排卵直前に第一分裂を再開し，第一極体を放出し，第一分裂を完了する（二次卵母細胞/未受精卵）。二次卵母細胞/未受精卵は，卵管膨大部で，精子の侵入の直後に第二極体を放出し，第二分裂を完了する（受精卵）。

## 3. ネクローシス（壊死）とアポトーシス

細胞の死に方には，傷害による受け身的な死であるネクローシスと「自殺」に相当するアポトーシスの2種類に大別される。

### 1) ネクローシス

ネクローシスnecrosisは，虚血や毒素などによる細胞の損傷に起因した受動的な細胞の死である。虚血などによる栄養，酸素の欠乏により，解糖系の亢進や乳酸の蓄積が起こり，膜構造の脆弱化によるミトコンドリアの膨化や小胞体槽の拡張に特徴づけられた細胞溶解が進行する。膜構造の脆弱化により，ライソゾーム酵素が漏出し，細胞内小器官の崩壊，細胞膜の断裂に至り，最終的に細胞は破裂する。

### 2) アポトーシス

アポトーシスapoptosisは，発生段階の形態形成，細胞の更新，生体防御などに際して起こるプログラムされた細胞の死である。アポトーシスは，組織全体のより良い環境を保持するために，DNAに組み込まれた「自殺」のスイッチが何らかの引き金によりONとなり，積極的な細胞死cell deathが生じる。その過程で，核膜周囲へのクロマチンの濃縮とDNAの断片化が起こり，細胞質が濃縮され，細胞はそのサイズが大幅に縮小する。その後，アポトーシス小体apoptotic bodyと呼ばれる小さい細胞小片となり，近接した細胞，遊走してきた大食細胞により貪食処理される。

## 演習問題

**1. 細胞に関する次の記述で誤っているのはどれか。**

a. 細胞は基本構造として細胞膜，細胞質，核に分けられる。細胞質内には，一定の機能を持った特殊な構造を示す細胞小器官が含まれる。

b. 細胞膜は，リン脂質，コレステロールからなる脂質2分子層で構成され，糖タンパク質，糖脂質が埋め込まれている。

c. 細胞骨格は，細胞の外形と細胞小器官の配置を制御するが，細胞の運動には関与していない。

d. 核内の染色質(クロマチン)は，ヒストンと呼ばれる塩基性タンパク質にDNAが巻きついたヌクレオソームで構成されている。

e. 細胞死には，細胞の損傷による受動的なネクローシスと組織全体のより良い環境の維持のためにプログラムされた「自殺」であるアポトーシスの2種類に大別される。

**2. 細胞小器官に関する次の記述で誤っているのはどれか。**

a. ミトコンドリアとペルオキシゾームは，酸素を消費する。

b. 粗面小胞体に付着するリボゾームでは，細胞膜の内在性膜タンパクが翻訳される。

c. 滑面小胞体は付着リボゾームを欠き，肝細胞では専門化した機能を担う。

d. ミトコンドリアは独自のDNAを有するが，RNAやリボゾームはなく，自己増殖もしない。

e. 二次ライソゾームで内容物の消化が終了すると，分解物は細胞質内へ拡散し再利用される。

**3. 組み合わせで誤っているのはどれか。**

a. 核 — ヌクレオソーム — DNAからRNAへの転写

b. ミトコンドリア — 内膜 — 電子伝達系

c. ペルオキシゾーム — 自己消化と異物処理 — 酸性加水分解酵素

d. 微絨毛 — アクチンフィラメント — 収縮環

e. 生殖細胞 — 減数分裂 — 相同組換え

## 解　答

**1.**

正解　c

解説　細胞骨格は，細胞の外形や細胞小器官の配置を制御すると同時に，細胞増殖，細胞間相互作用，物質輸送などさまざまな細胞の動的な機能に深く関与する。

**2.**

正解　d

解説　ミトコンドリアは，独自の環状の2本鎖DNA以外に，リボゾームRNA，メッセンジャーRNA，トランスファーRNA，小型のリボゾームを持ち，さらに独立して自己増殖する。

**3.**

正解　c

解説　ペルオキシゾームは，有機物の酸化による不活化と過酸化水素の分解を行う。ライソゾームは，酸性加水分解酵素により，細胞成分の自己消化や細胞外から取り込まれた異物処理を行い，分解物は再生利用される。

（金井 克晃）

# 2章　上皮組織，結合組織，支持組織

**一般目標：上皮組織，結合組織および支持組織の基本構造と機能を修得する。**

上皮組織 epithelial tissue は体表面をおおい，結合組織は体の内部を満たし，支持組織は体全体を支える組織である。これらの組織は広範囲に分布し，形態や機能が多種多様である。本章では各組織の形態を分類し，機能について概説する。



## 2-1　上皮組織

**到達目標：上皮の形態・機能による分類，腺の分類と機能の概要，内皮，中皮を説明できる。**

キーワード：上皮，内皮，中皮，内皮細胞，中皮細胞，腺細胞，外分泌腺，内分泌腺，単層上皮，重層上皮，偽重層上皮（多列上皮），移行上皮，単層扁平上皮，単層立方上皮，単層円柱上皮，重層扁平上皮，被蓋上皮，腺上皮，吸収上皮，感覚上皮，呼吸上皮，腺，粘液細胞，漿液細胞，脂腺細胞，電解質分泌細胞，全分泌，部分分泌，離出分泌，漏出分泌（開口分泌），透出分泌，上皮内腺，上皮外腺，杯細胞，終末部，腺房，管状腺，胞状腺，房状腺，嚢状腺，導管，介在導管，線条導管，基底線条，基底陥入，漿液腺，粘液腺，混合腺，漿液半月，筋上皮細胞

上皮 epithelium とは，体表，管腔（消化管，気道，尿生殖道），体腔（心膜腔，胸膜，腹膜）の表面を隙間なくおおう細胞層のことで，シート状の基底膜（1章283頁「1-4　細胞接着装置と基底膜」参照）の上に存在している。このうち，心臓，血管，リンパ管などの内面をおおう上皮を内皮 endothelium，体腔内面をおおう上皮を中皮 mesothelium と呼び，一般の上皮と区別している。内皮と中皮はいずれも，内皮細胞 endothelial cell あるいは中皮細胞 mesothelial cell からなる単層扁平上皮 simple squamous epithelium であり，外界と連絡しない。また，上皮内には，活発に分泌をする細胞に分化し腺細胞 gland cell と呼ばれる細胞も存在する。腺とは腺細胞の集団で構成され，外分泌腺 exocrine gland と内分泌腺 endocrine gland に分類される。分泌物が導管 duct を介して外界や管腔に分泌される腺を外分泌腺，外界や管腔とは連絡せず，周囲の血管やリンパ管に向かって分泌する腺を内分泌腺と呼ぶ。

### 1. 上皮組織の分類

上皮は，上皮細胞の形態や配列によって分類される（図2-1）。

#### 1）形態による分類

扁平上皮，立方上皮，円柱上皮に分けられる。

**(1) 扁平上皮**

扁平な板状の上皮細胞で，細胞体は極めて薄く，核のあるところはやや厚い。核は細胞の中央にあり，やや扁平な球形である。

**(2) 立方上皮**

細胞体の高さと幅はほぼ等しい。核は球形で細胞体の中央にある。

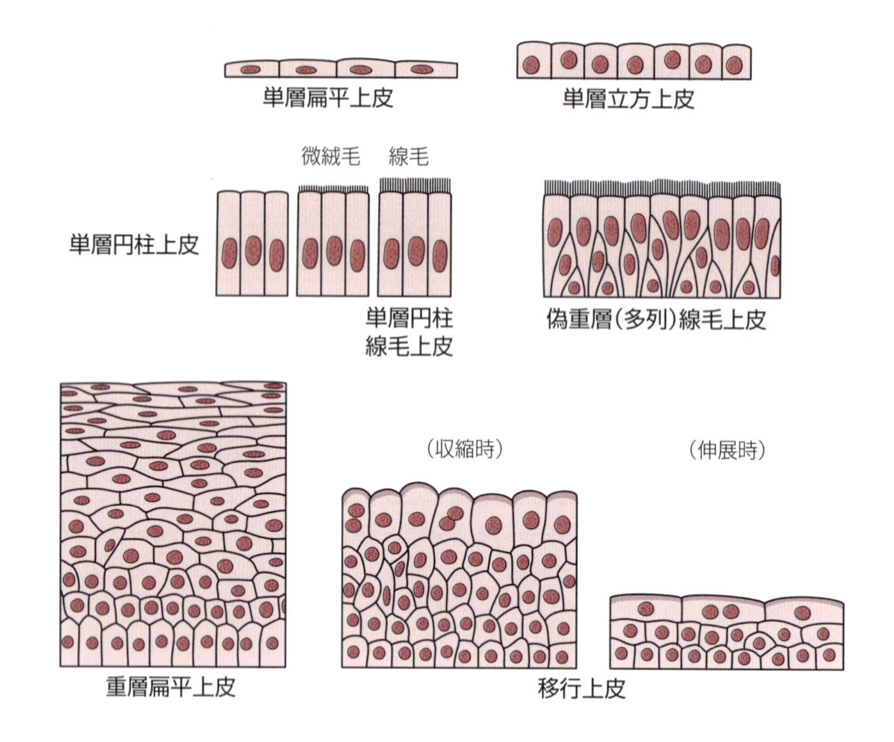


図2-1　上皮の種類

**(3) 円柱上皮**

細胞の丈は立方上皮細胞よりも高く柱状である。横断面で見ると多角形を呈し，細胞は互いに接して並んでいる。核は球形または楕円形で，細胞の中央からやや基底側に位置する。

### 2) 配列による分類

単層上皮，重層上皮，偽重層上皮(多列上皮)，移行上皮に分類される。

**(1) 単層上皮**

単層上皮simple epitheliumは，上皮細胞が基底膜上に1層に配列する上皮である。上皮細胞の形態によって，次の種類に分類できる。

①単層扁平上皮simple squamous epithelium：血管やリンパ管の内皮や体腔面をおおう中皮などがその例である。

②単層立方上皮simple cuboidal epithelium：甲状腺の濾胞(小胞)上皮や脈絡叢上皮などがその例である。

③単層円柱上皮simple columnar epithelium：胃や腸の粘膜上皮などがその例である。

**(2) 重層上皮**

重層上皮stratified epitheliumは，上皮細胞が2層以上に重なってできる上皮である。最下層の上皮細胞以外は基底膜に接しない。

①重層扁平上皮stratified squamous epithelium：最表層の上皮細胞は扁平であるが，上皮の深層に向かうと上皮細胞の形態は厚くなって多角形になる。体の外表面(表皮)や口腔，咽頭，食道，肛門，膣などをおおう。特に表皮では，最表層の細胞は細胞質が角化し，角化重層扁平上皮となっている。

②重層立方上皮stratified cuboidal epithelium：上皮細胞が立方体の，稀な上皮で，汗腺の導管上皮がその例である。

③重層円柱上皮stratified columnar epithelium：重層扁平上皮と多列円柱上皮の移行部に見られる，稀な上皮である。腺の導管の太い部分などに見られる。

#### (3) 偽重層上皮(多列上皮)

偽重層上皮(多列上皮)pseudostratified epitheliumは単層上皮と同じく，上皮細胞はすべて基底膜上に並ぶが，細胞の丈がさまざまであり，ある細胞は丈が高く自由面(管腔側の表面：管腔面)まで達する一方，一部の細胞は丈が低く自由面に達しない。したがって，細胞の核はさまざまな高さにあって，層状に配列する。主に気道の粘膜上皮に見られる。上皮細胞表面に線毛が存在する場合は，偽重層線毛上皮と呼ばれる。

#### (4) 移行上皮

移行上皮transitional epitheliumは偽重層上皮の亜型で，上皮の形態が収縮と伸展に応じて著しく変化するのでこの名前がある。尿路(腎杯，腎盤，尿管，膀胱，尿道)の内面をおおう上皮である。2核で大型の被蓋細胞が移行上皮の表面をおおう。尿路の内腔に尿がなく空の場合(収縮時)は上皮細胞が数層にも重なった厚い層となるが，内腔が尿で満ち拡張すると(伸展時)，上皮細胞が扁平になり横にずれて細胞層の数が減少し，数層の扁平上皮のようになる。



### 3) 機能による分類

形態的に同じ上皮であっても，存在部位によって機能が異なる。例えば，単層円柱上皮である胃や腸の粘膜上皮は，管腔の内張りをしているので被蓋上皮covering epitheliumである。また，胃の上皮は分泌機能があるので腺上皮glandular epitheliumでもあり，小腸や大腸の上皮は栄養物質や水分の吸収を行うので吸収上皮absorptive epitheliumでもある。

#### (1) 被蓋上皮

被蓋上皮は，身体の外表面，管腔内面，体腔内面をおおい，これらを保護する。

#### (2) 腺上皮

腺上皮は，被蓋上皮の一部が分泌能を持った細胞で構成されている。

#### (3) 吸収上皮

吸収上皮は，被蓋上皮が栄養分や水分を吸収する能力を備えたもので，小腸や大腸の粘膜上皮や，腎尿細管上皮などがその例である。

#### (4) 感覚上皮

感覚上皮sensory epitheliumは，外界からの刺激を神経系に伝えるための特別の機能を持った上皮で，嗅上皮，網膜，内耳のラセン器の上皮などがその例である。

#### (5) 呼吸上皮

呼吸上皮respiratory epitheliumは，ガス交換を行う上皮で，肺胞上皮がその例である。

## 2. 腺

### 1) 腺細胞と分泌様式

腺細胞は分泌物の成分によって，粘液(糖タンパク)を分泌する粘液細胞mucous cell，酵素を主体としたタンパク質を分泌する漿液細胞serous cell，脂質を分泌する脂腺細胞sebaceous cell，塩酸などの電解質を分泌する電解質分泌細胞ion-secreting cellに区別される。

腺glandの分泌様式は，全分泌holocrineと部分分泌merocrineに分類される。全分泌は，分泌物を細胞質内に蓄えた細胞が変性し，管腔内に分泌物として放出・分泌される様式で脂腺細胞などが該当する。部分分泌は離出分泌apocrine secretion，漏出分泌eccrine secretion(開口分泌exocytosis)，透出分泌diacrine secretionに分類される。離出分泌は，分泌物で満たされた細胞質の一部が舌状に腺腔に突出し，ついにはこの分泌物とともに細胞質がちぎれて腺腔に放出される分泌様式で，乳腺やアポクリン汗腺，耳道腺などに見られる。漏出分泌は，分泌顆粒が細胞膜に近づき，分泌顆粒の限界膜と細胞膜が融合し，

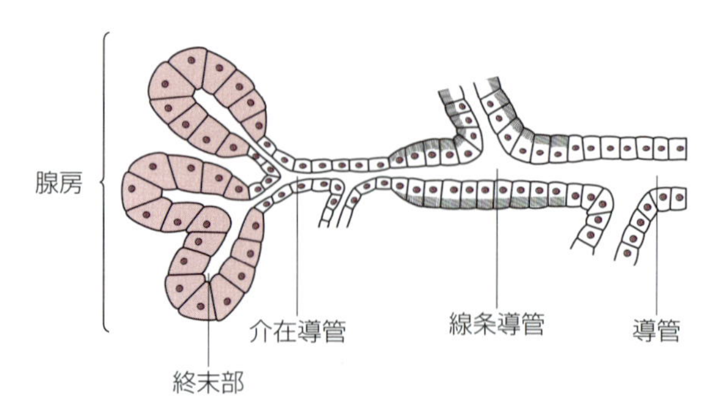


図2-2　外分泌腺の模式図

融合部が開いて中の分泌物だけが細胞の外に放出される様式である。透出分泌は，限界膜に包まれた分泌物が細胞膜に近づき，限界膜と細胞膜を透過して細胞外に放出される様式である。

### 2）外分泌腺

外分泌腺exocrine glandは，腺細胞と上皮の位置から上皮内腺intraepithelial gland，上皮腺，上皮外腺extraepithelial glandに区別される。上皮内腺は腺細胞が表面上皮中に存在する腺で，その形状から，単細胞腺と多細胞腺に分類される。杯細胞goblet cellは単細胞腺であり，多細胞腺はニワトリ気管粘膜上皮などに見られる。上皮腺は，上皮が腺細胞で構成されるもので，腺胃の胃粘膜上皮などに見られる。上皮外腺は腺細胞の集合体が，上皮から離れた部位に位置するもので，多くの腺がこのタイプである（図2-2）。

腺細胞の集合体を終末部terminal portionといい，その形から腺房acinusとも呼ぶ。腺は終末部の形状によって，管状腺tubular gland，胞状腺alveolar gland，房状腺acinous gland，囊状腺saccular glandに分類される。終末部が分枝するものを分枝腺，分枝しないものを不分枝腺，導管が分枝するものを複合腺，分枝しないものを単一腺という。

複合腺である家畜の大口腔腺（大唾液腺）の導管ductは，終末部に近い方から順に介在導管intercalated duct，線条導管striated duct，導管に区分される。線条導管の基底側を光学顕微鏡で観察すると，基底面から垂直に伸びる基底線条basal striationと呼ばれる幾筋もの縞模様が見える。ここでは基底側の細胞膜が細胞質内に陥入した基底陥入basal infoldingが存在し，その間にミトコンドリアが配列している。基底線条は，電解質の再吸収が盛んな腎臓の尿細管や眼房水を産生する毛様体上皮細胞などでも見られる。

腺の終末部が漿液細胞で構成される腺を漿液腺serous gland，粘液細胞で構成される腺を粘液腺mucous glandと呼び，両者が混在する場合は混合腺seromucous glandと呼ぶ。口腔腺の終末部では，導管側に粘液細胞が，導管から遠いところに漿液細胞が集まる傾向があり，漿液細胞の塊が粘液細胞の塊を帽子状におおうように見えるため，漿液半月serous demiluneと呼ばれる（8章361頁「8-1　大口腔腺」参照）。

外分泌腺の終末部には収縮能を有する筋上皮細胞myoepithelial cellがしばしば見られる。この細胞は長い突起を伸ばし，終末部をカゴ状に取り囲んでおり，収縮すると，腺腔内の分泌物を導管に向かって押し出す。筋上皮細胞の名は上皮であるが平滑筋の構造と機能を有していることに由来する。汗腺，口腔腺，涙腺，乳腺などの外胚葉由来の腺でよく発達する。

### 3) 内分泌腺

内分泌腺endocrine glandは導管を持たない腺である。その成り立ちは2通りあり，発生の過程で上皮と連絡していた導管が腺の分化によって消失するタイプ(甲状腺など)と，発生当初から導管を持たないタイプ(副腎や松果体など)がある。上皮系の内分泌細胞からはタンパク質，ペプチド，アミノ酸，アミンなどが，非上皮系の内分泌細胞からはアミンやステロイドなどが分泌される(13章413頁「13-1　内分泌系の分類」参照)。

## 3. 内皮と中皮

外界と連絡しない腔の内面は単層扁平上皮でおおわれており，内皮endotheliumあるいは中皮mesotheliumと呼ばれる。内皮は心臓，血管，リンパ管，前眼房などの内面をおおい，間葉に由来する。中皮は，胸腔，腹腔，心膜腔などの体腔内面をおおう漿膜の上皮であり中胚葉に由来する。

# 2-2　結合組織

到達目標：結合組織の区分，結合組織細胞，結合組織線維，結合組織基質を説明できる。
キーワード：結合組織，細胞外基質（細胞外マトリックス），線維性結合組織，疎線維性結合組織（疎性結合組織），密線維性結合組織（密性結合組織），脂肪組織（白色脂肪組織，褐色脂肪組織），単胞性脂肪細胞（白色脂肪細胞），多胞性脂肪細胞（褐色脂肪細胞），膠原線維，弾性線維，細網線維，線維芽細胞，線維細胞，細網細胞，周皮細胞，脂肪細胞，色素細胞（メラニン細胞），マクロファージ（大食細胞，組織球），リンパ球，形質細胞，肥満細胞

結合組織は，組織や細胞の間を充填する組織（固形結合質）である。結合組織に，生体の支柱になる骨組織・軟骨組織と血液やリンパのように流動的な組織（液形結合質）を合わせて支持組織という。結合組織は，上皮組織，筋組織および神経組織の間を満たしてこれら組織を支えたり，保護したりする機能がある。結合組織は細胞成分と細胞外基質（細胞外マトリックス）extracellular matrix（ECM）からなる。細胞成分は，固着性細胞と遊走性細胞に分類される。細胞外基質は結合組織線維とその間を埋める基質に分類される。線維には膠原線維，弾性線維および細網線維などがある。基質は多種多様で，多糖であるグリコサミノグリカンやコアタンパクと呼ばれるタンパクにグリコサミノグリカンが付着したプロテオグリカンなどがある。

## 1. 結合組織の分類

結合組織connective tissueはその組成や構造を基に，以下に分類される（図2-3）。

### 1）線維性結合組織

線維性結合組織 fibrous connective tissueは線維とそれ以外（細胞や基質）の割合によって疎線維性結合組織（疎性結合組織）と密線維性結合組織（密生結合組織）に分類できる。

#### （1）疎線維性結合組織（疎性結合組織）

疎線維性結合組織（疎性結合組織）loose collagenous connective tissueは，線維成分よりも細胞成分や基質が多く，線維成分は緩く配列している。消化管の粘膜下組織や皮膚の皮下組織が代表的な例である。疎線維性結合組織には線維細胞や線維芽細胞が散在し，その間にさまざまな太さの膠原線維がランダムに走行する。また，神経や血管も分布し，遊走細胞もよく観察される。

#### （2）密線維性結合組織（密性結合組織）

密線維性結合組織（密性結合組織）dense collagenous connective tissueは，外力に抵抗するために発達した結合組織で，線維成分が多く，基質および細胞成分の割合が著しく低く，血管が乏しい。膠原線維の配列によって平行線維性結合組織と交織線維性結合組織に分類される。平行線維性結合組織は膠原線維が緻密かつ平行に配列した結合組織で，腱や靱帯，眼球の角膜（角膜固有質）が代表例である。腱や靱帯では膠原線維は平行に，角膜固有質では平行な線維層が直交して幾重にも積み重なる。交織線維性結合組織は真皮や筋膜，線維性心膜や精巣白膜などに見られる膜状の結合組織で，線維はランダムに走行する。

### 2）脂肪組織

脂肪組織adipose tissueは，細網線維が脂肪細胞を取り囲み，細胞を補強・支持している。脂肪細胞adipocyte/fat cellは，大きな脂肪滴を細胞質中に1（～少数）個持ち核が偏在する単胞性脂肪細胞

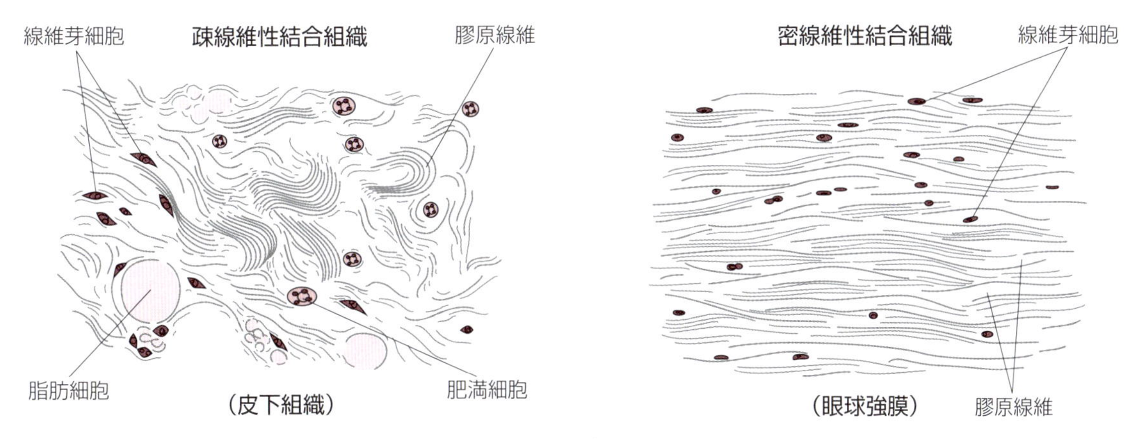


図2-3　線維性結合組織の模式図



unilocular adipocyte（白色脂肪細胞white adipocyte）と，小型の脂肪滴を数多く持ちミトコンドリアが豊富で細胞の中央に核が位置する多胞性脂肪細胞multilocular adipocyte（褐色脂肪細胞brown adipocyte）に分類される。組織の大部分が白色脂肪細胞で占められる白色脂肪組織white adipose tissueは全身に見られる。褐色脂肪細胞で占められる褐色脂肪組織brown adipose tissueは肉眼で褐色に見え，限られた部位や時期に出現する。齧歯類やコウモリの肩甲骨間にはまとまって存在し，ヒトの胎児や新生児でも肩甲骨間や腎周囲に見られるが，成人では減少・消失する。

#### 3）弾性結合組織

弾性結合組織elastic connective tissueは，弾性線維（エラスチンが主成分）を多く含み淡黄色を呈する。頸部を支える項靱帯や，血管壁が代表例である。弾性型動脈では層をなした弾性膜が見られ，血管壁の弾力の基礎になっている。

#### 4）細網結合組織（細網組織）

細網細胞が産生した細網線維は，微細な空間を作ったり支持したりするのに適しておりミクロの骨組みとして重要で，細網結合組織 reticular connective tissue（細網組織reticular tissue）の特徴になっている。リンパ器官や骨髄などに見られる（6章339頁「2. リンパ組織・器官に共通する組織構造」参照）。

### 2. 結合組織線維

結合組織線維である膠原線維，弾性線維および細網線維は，間葉細胞mesenchymal cellに由来する細胞が産生した細胞外の線維成分である（図2-4）。

#### 1）膠原線維

膠原線維collagen fiberは肉眼的に乳白色である。加熱するとゼラチン（膠：にかわ）を生ずることから膠原線維という名称が与えられている。膠原線維はコラーゲンと呼ばれる非水溶性タンパクで形成される。コラーゲンは結合組織線維の中では最も普遍的に存在し，生体内タンパク質の約30%を占める。膠原線維は細胞間のすき間を充填して細胞に存在・増殖の場を提供するほかに，器官や組織をまとめて適度な柔軟性と強度を与え，組織・器官の骨組みを作る。

#### 2）弾性線維

弾性線維elastic fiberは，直径が細く枝分かれをする線維である。ゴムのような弾力性が弾性線維の物理的特性である。喉頭蓋や耳介，弾性型動脈や項靱帯など，普段から大きな弾力を必要とする組織・

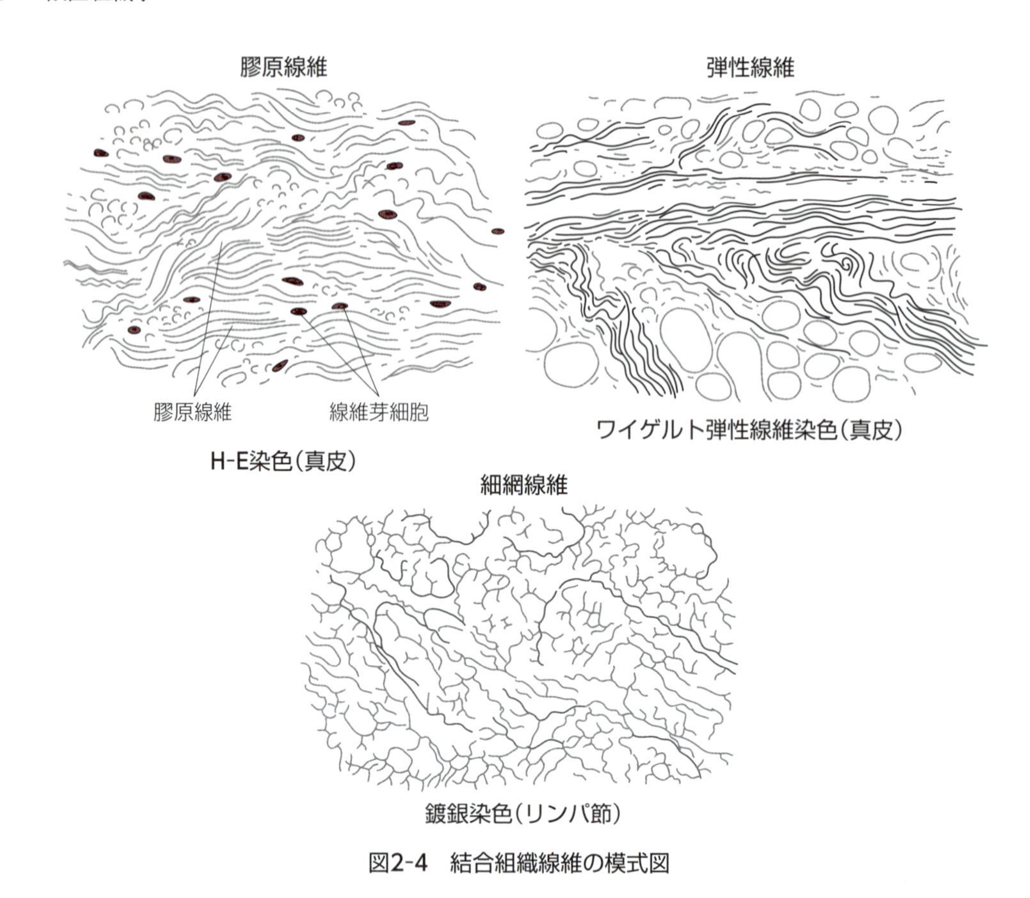


図2-4　結合組織線維の模式図

器官に見られ，肉眼的色調から黄色線維とも呼ばれる。

### 3）細網線維

細網線維 reticular fiber は膠原線維と同じくコラーゲンからできるが，膠原線維と比べてその線維の直径はかなり細く，分岐・吻合をして繊細な網目構造を作る。

## 3. 基質

細胞外基質は，種々のプロテオグリカンを主成分とする無定形な基質と結合組織線維からなる。プロテオグリカンはコア(核)となるタンパク質(コアタンパク)とそれに結合する多糖から構成される。

## 4. 結合組織を構成する細胞

結合組織を構成する細胞には，固着性細胞として線維芽細胞，線維細胞，細網細胞，周皮細胞，脂肪細胞，色素細胞(メラニン細胞)などが，遊走性細胞としてマクロファージ(大食細胞，組織球)，リンパ球，形質細胞，肥満細胞などがある。

### 1）線維芽細胞

線維芽細胞 fibroblast は紡錘形あるいは細胞質突起が放射状に伸びた星状を呈する細胞である。核は長楕円形で核小体が明瞭であり，細胞質は塩基好性を示す。発達した粗面小胞体など細胞内小器官が豊富で未分化な多機能細胞である。

### 2) 線維細胞
線維細胞fibrocyteは，線維芽細胞が分化した細胞である。細胞質は明るく細胞内小器官は少ない。

### 3) 細網細胞
細網細胞reticular cellは比較的大型の明調な細胞で，伸張した細胞質突起が連結することにより網工が形成される。線維芽細胞に近縁な細胞と考えられている。

### 4) 周皮細胞
周皮細胞pericyteは，毛細血管内皮細胞を外側から囲むように配置する。弓なりの紡錘形で，線維芽細胞や平滑筋細胞に類似する。細胞全体が基底膜に包まれている。

### 5) 脂肪細胞
脂肪細胞adipocyte，fat cellは296頁「2）脂肪組織」に記載。

### 6) 色素細胞
色素細胞pigment cell（メラニン細胞melanocyte）は細胞質に球形の色素顆粒を数多く含有する。偽足状の細胞質突起を多数有し，不定形の細胞である。細胞質突起は伸縮性を示すが，組織内で細胞の位置を変えることはない。脈絡膜や虹彩，上皮の基底層や真皮などで観察される。

### 7) マクロファージ
マクロファージ（大食細胞）macrophage（組織球histiocyte）は，食作用を有し，細胞質内にライソゾームを多く含み，細菌の細胞壁を溶解するリゾチームや，抗ウイルス性のインターフェロンを産生する。

### 8) リンパ球
リンパ球lymphocyteは小型の血液性細胞で，結合組織中にしばしば見られる（4章323頁「2. 血球」参照）。

### 9) 形質細胞
形質細胞plasma cellは，Bリンパ球が分化した細胞で楕円形ないし卵円形を呈する。染色質が車輪状の形状を示す特徴的な核（車軸核）を有し，核は偏在する。免疫グロブリン（抗体）を産生するため，粗面小胞体やゴルジ装置が発達する。

### 10) 肥満細胞
顆粒を飽食して肥満しているように見えるため肥満細胞mast cellsと呼ばれる。トルイジンブルーなど青色の塩基性色素で染めると，赤紫色の異調染色性（メタクロマジー）を示す顆粒を多数含有する。

# 2-3 軟骨，骨，関節と腱

到達目標：軟骨組織，骨組織，関節，腱の構造を説明できる。
キーワード：支持組織，軟骨組織，骨組織，軟骨細胞，軟骨基質，軟骨小腔，硝子軟骨(ガラス軟骨)，弾性軟骨，線維軟骨，緻密骨，骨膜，骨内膜，内環状層板，外環状層板，中心管(ハバース管)，オステオン(骨単位)，オステオン層板，骨細胞，骨小腔，骨小管，介在層板，貫通管(フォルクマン管)，海綿骨，破骨細胞，骨芽細胞，骨基質，骨化，膜内骨化，軟骨内骨化，関節，関節包，滑膜，滑膜ヒダ，滑膜絨毛，滑膜細胞，腱，腱細胞

軟骨や骨は体を支える支持組織supporting tissue, supportive tissueで，関節と腱はこれらに付随する。

## 1. 軟骨組織

軟骨は結合組織が特殊化したもので，軟骨細胞chondrocyteとその間を埋める軟骨基質cartilage matrixで構成される。軟骨基質が軟骨組織cartilage tissue, cartilaginous tissueの主体であり，細胞成分は少ない。軟骨基質中には膠原線維(Ⅱ型コラーゲン)と弾性線維がさまざまな割合でプロテオグリカンに埋め込まれて軟骨基質が形成される。その割合で軟骨の物理的な性状が決まり，硝子軟骨，弾性軟骨，線維軟骨の3種類に分類される(図2-5)。軟骨基質に囲まれた軟骨小腔cartilage lacunaに軟骨細胞が収まっている。軟骨に血管や神経は進入せず，骨組織で見られる細管系もない。栄養や酸素は，近

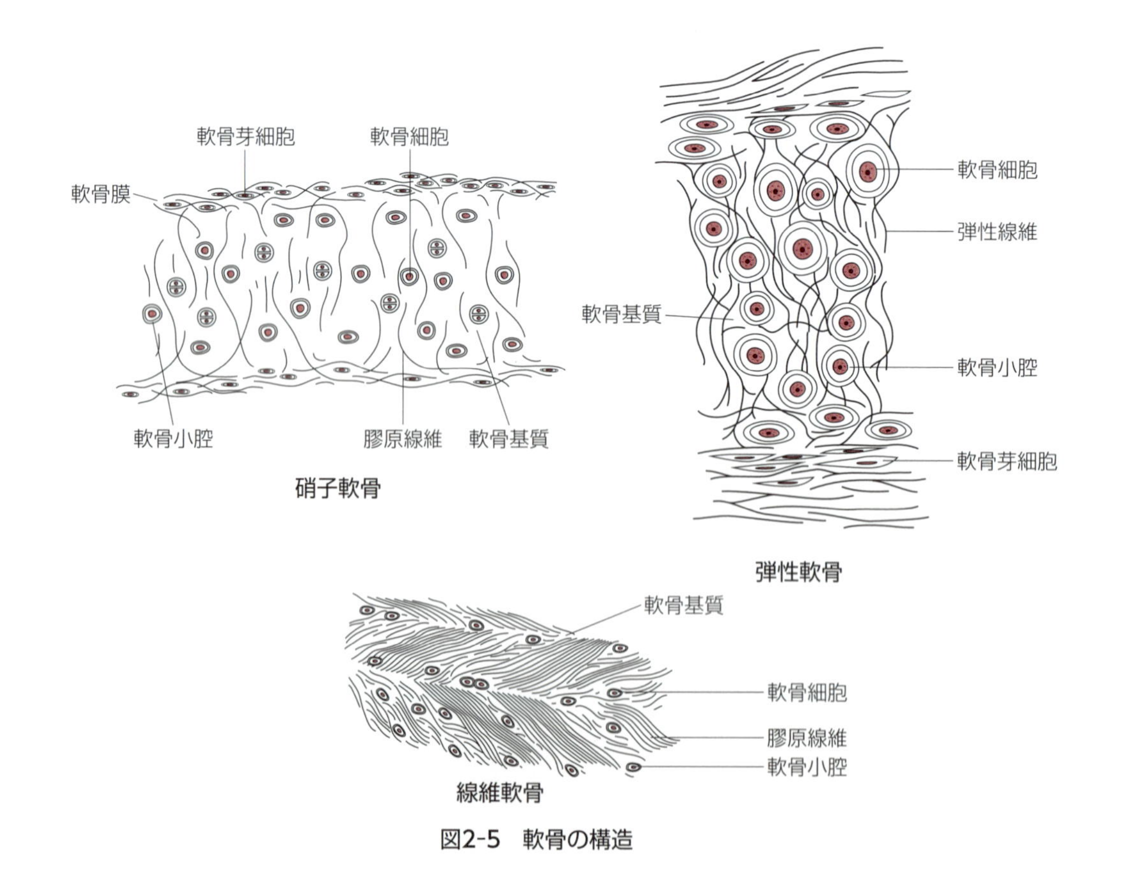


図2-5　軟骨の構造

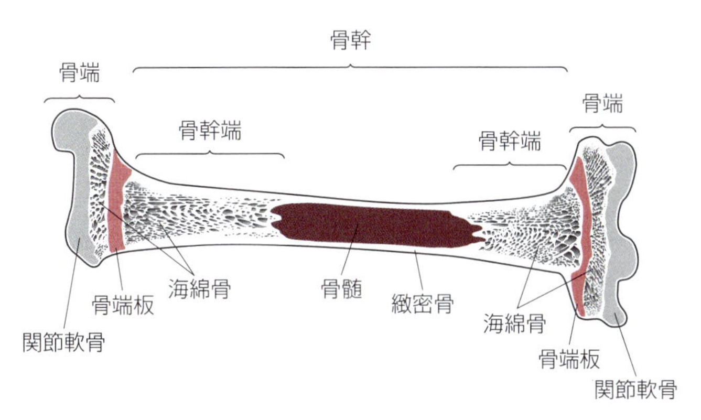


図2-6　長骨の構造

組織

傍の血管から拡散・浸透によって供給される。

#### 1）硝子軟骨（ガラス軟骨）

硝子軟骨（ガラス軟骨）hyaline cartilageは長骨の関節面，肋軟骨，気管などに見られる半透明で弾力性に乏しい軟骨である。圧力に対して抵抗性がある。軟骨細胞は豊富な細胞質を持つ大型の細胞である。軟骨細胞は2個ずつ対をなして軟骨小腔に収まることが多い。軟骨基質には膠原線維の線維成分としてⅡ型コラーゲンが多く含まれ，プロテオグリカンが豊富である。

#### 2）弾性軟骨

弾性軟骨elastic cartilageは耳介や喉頭蓋などで見られる弾力性に富む軟骨である。軟骨基質には他の軟骨よりも弾性線維が多く含まれ，膠原線維は少ない。弾性線維は枝分かれして密な網目状構造をとり，軟骨細胞を包む。

#### 3）線維軟骨

線維軟骨fibrocartilageは，椎間円板，骨盤結合，ウシやヤギの心骨，腱と骨の付着部などに見られる。軟骨基質には他の軟骨よりも膠原線維が大量に存在する。軟骨細胞は他の軟骨組織の細胞より小さく，また数も少ない。

### 2. 骨組織

骨組織bone tissue, osseous tissueは特殊な結合組織で，少量の細胞成分と豊富な骨基質で構成される。骨基質は大量のリン酸カルシウムを含み，特有の硬さを備えている。骨組織の細胞成分は骨細胞が主体となる。骨組織は骨として身体を支える他に，筋肉や腱の付着部を提供し，運動器の基幹的役割を果たしている。頭蓋や胸郭などの骨は器官を保護する役目も担う。また，カルシウムの貯蔵組織でもあり，体液のカルシウム濃度を一定に保つために不可欠な組織である（図2-6）。

#### 1）骨組織の構造

長骨の両端部を骨端，中央部を骨幹と呼ぶ。骨端と骨幹は骨端軟骨（骨端板，成長板）によって区分される。骨端にある関節面は関節軟骨がおおい，骨幹の外側は緻密骨によって形成される。骨端や骨幹の内部には骨髄腔が存在し，骨端部と骨幹の両端は海綿骨が占める（図2-6）。

##### （1）緻密骨

緻密骨compact boneは強固な骨組織として骨幹を形作り，骨の周囲は骨膜periosteum，骨の内面は

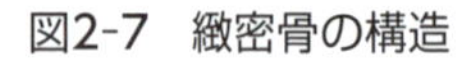


図2-7　緻密骨の構造

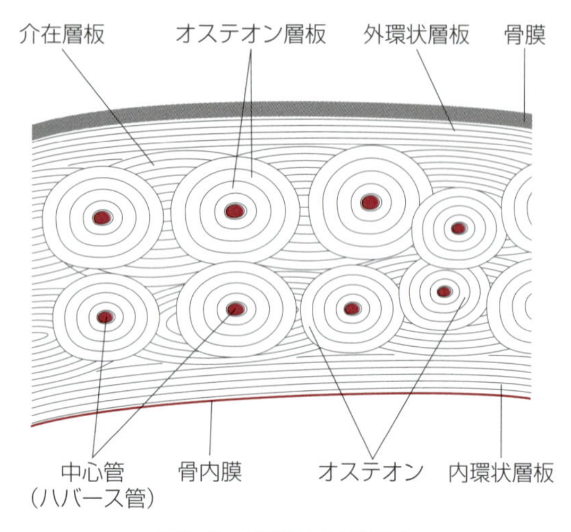


図2-8　緻密骨の横断図

骨内膜endosteumでおおわれる。緻密骨は一般に層板構造を示し，層板が同心円状に配列する。骨膜直下の最外層と髄腔面の最内層には，平行な数層の層板が見られ，それぞれ外環状層板outer circumferential lamellaと内環状層板inner circumferential lamellaという。緻密骨の内部は中心管central canal（ハバース管Haversian canal）を中心にした同心円状の構造単位：オステオン（骨単位）osteonで形成される円柱状の層板構造：オステオン層板osteon lamellaが見られる。中心管は骨に酸素と栄養分を供給する血管を通す管である。オステオン層板には骨細胞を容れる骨小腔bone lacunaが層板間に介在する。骨小腔からは両側に多数の骨小管bone canaliculusが出ており，隣接する骨小腔から伸びた骨小管と連絡する。骨小管には骨細胞から伸びる細い突起が入り，骨細胞はこの細管を介して中心管から酸素や栄養分を得ている。オステオン層板の間には中心管を欠く不完全な層板が見られ，介在層板interstitial lamellaと呼ばれる。介在層板は新しく形成したオステオン層板によって削られた古いオステオン層板である。中心管は骨の長軸方向と平行に走行するが，これと垂直に走るのが貫通管perforating canal（フォルクマン管Volkmann's canal）で，隣接する中心管を結ぶ（図2-7～9）。

**(2) 海綿骨**

海綿骨spongy boneは，多数の薄板状の骨梁が海綿状に配置する。海綿骨を構成する骨基質は緻密骨と同じで層板構造も見られるが，緻密骨のようなオステオン層板はない。多くの海綿骨は骨髄と接している。海綿骨の表面には骨芽細胞と破骨細胞が接着し，骨形成と骨吸収が絶えず行われている。

### 2) 骨の細胞

骨は骨細胞，骨芽細胞，破骨細胞などで構成される（図2-10）。

**(1) 骨細胞**

骨細胞osteocyteは，骨芽細胞から分化した細胞で，骨芽細胞が分泌した骨基質中に埋没し，骨小腔に存在する。骨芽細胞と比較して細胞小器官の発達は悪い。骨細胞は，骨芽細胞や隣接する骨細胞と細胞突起で連結し，骨基質中でネットワークを形成する。

**(2) 骨芽細胞**

骨芽細胞osteoblastは骨基質の形成（骨形成）を行う細胞で，細胞質は好塩基性を示し，発達したゴルジ装置と粗面小胞体が見られる。骨形成を活発に行う骨芽細胞は，単核で細胞質が明るく，卵円形ある

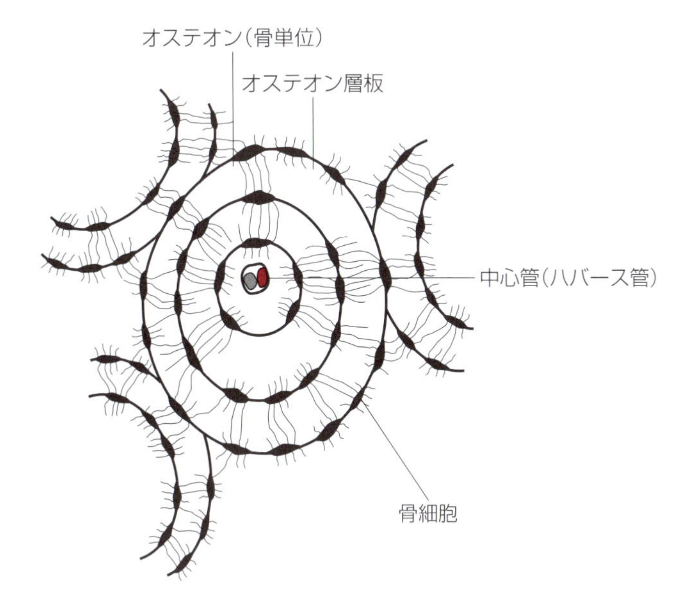


図2-9　オステオンの構造

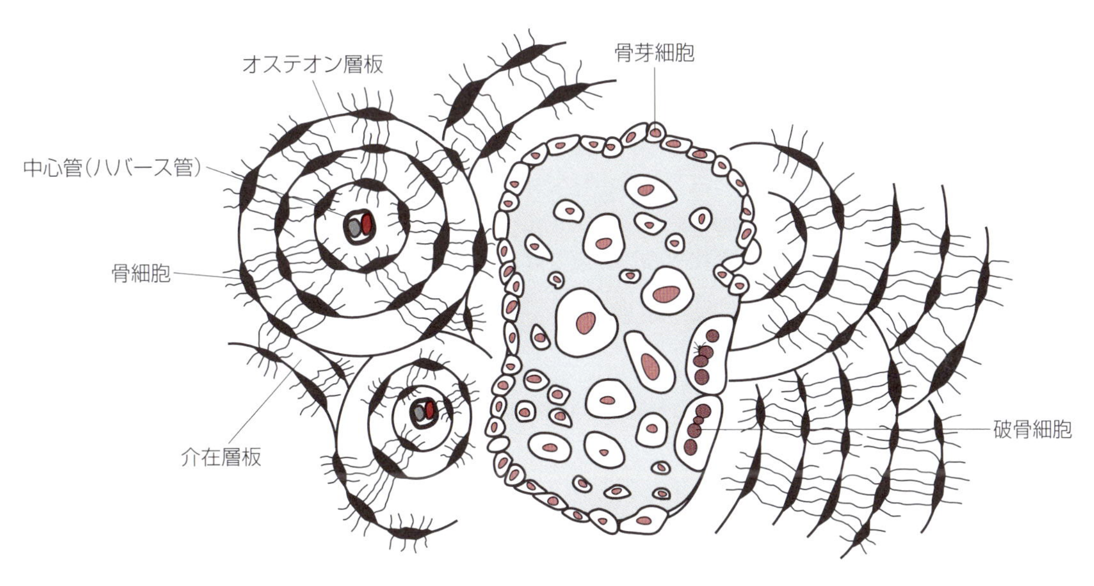


図2-10　骨芽細胞と破骨細胞

いは紡錘形を呈し，骨表面に一列に並ぶ。

### (3) 破骨細胞

破骨細胞 osteoclast は骨基質の表面に接する細胞で，石灰化した骨基質を吸収する(骨吸収)。数個から十数個の核を持つ巨大な細胞で，細胞質は多数のミトコンドリアと小胞体が細胞質全体に見られ好酸性である。骨基質に接する側には，波状縁と呼ばれる多数の細胞質突起が形成され，ここから酸と各種水解酵素が分泌される。破骨細胞が，骨基質を吸収した後の骨基質表面に認めるくぼみを浸食窩(ハウシップ窩)と呼ぶ。

### 3）骨基質

骨基質bone matrixは，骨基質タンパクからなる類骨層と，骨基質タンパクにリン酸カルシウムの結晶（アパタイト）が沈着した石灰化層に分類される。骨芽細胞は，はじめに類骨を形成し，その後，類骨にアパタイトを沈着させるため，骨表面には類骨が，深部には石灰化層が観察される。

## 3. 骨化

骨化ossificationとは発生・発達過程で骨組織が作られることを指す。結合組織の中で間葉系幹細胞が骨芽細胞に分化し骨形成を行う膜内骨化と，軟骨に骨組織が形成・置換される軟骨内骨化がある。

### 1）膜内骨化

膜内骨化intramembranous ossificationで形成される骨は，頭蓋を構成する前頭骨，頭頂骨，涙骨，鼻骨などで，このような骨を膜性骨と呼ぶ。膜内骨化では，はじめに結合組織中の骨芽細胞周辺に形成された類骨が石灰化して骨小柱が形成される。続いて，骨芽細胞が骨基質を形成・付加し，骨小柱は厚みを持つ。このような骨小柱が骨化点として結合組織中に散在し，骨化点の周囲に骨基質が付随・肥厚して互いの骨基質が結びつくことで大きな骨組織になる。

### 2）軟骨内骨化

軟骨内骨化endochondral ossificationでは，はじめに小さな硝子軟骨が作られ，最終的に骨組織に置換される骨化の様式である。軟骨内骨化によってできる骨には，椎骨や肢骨などがある。

肢骨の軟骨内骨化を例にとると，発生初期に間充織が凝集し軟骨小柱が形成される。軟骨小柱の中心部の軟骨細胞が大型化し肥大軟骨細胞となり，周囲の軟骨基質が石灰化する。また，軟骨小柱を包む軟骨膜は骨形成能を持つ骨膜に置き換わる。軟骨小柱では，骨幹から進入した血管によって，間葉系細胞，骨芽細胞，破骨細胞などが小柱内に動員され，一次骨化中心が形成される。続いて，骨端に血管が侵入し二次骨化中心が形成される。二次骨化中心に形成された海綿骨が拡大し，骨幹と骨端の両部位で軟骨から海綿骨への置換が進行する。

## 4. 関節

関節jointは骨の連結で，不動結合として線維性関節と軟骨性関節が，可動結合として滑膜性関節がある。

### 1）関節の種類

#### （1）不動結合

相互の骨が動かず，骨の間を連結している結合様式である。線維性関節には，頭蓋の縫合，膠原線維や弾性線維によって連結する靱帯結合がある。軟骨性関節には，胸骨のように胸骨片が軟骨により連結する軟骨結合，恥骨結合に代表される線維軟骨によって結合する線維軟骨結合がある。

#### （2）可動結合

滑膜性関節で関節腔を隔てて骨が連結する結合様式である。骨端の関節軟骨は関節腔に直接面する。

### 2）滑膜

滑膜性関節の周囲は結合組織の膜で包まれていて，これを関節包articular capsuleという。関節包の内面は滑膜synovial membraneがおおう。滑膜は滑膜ヒダsynovial foldを形成し，表面には絨毛状の滑膜絨毛synovial villiが見られる。滑膜の最表層は単層あるいは数層からなる上皮様の滑膜細胞synoviocyteがおおう。滑膜細胞は，滑液の主成分となる粘液物質を分泌する。

## 5. 腱

腱tendonは筋肉と骨とを繋ぐ密線維性結合組織の器官で，厚い結合組織に包まれる。膠原線維が腱の主成分である。腱の主要な構成細胞は腱細胞tenocyte，tendinocyteで，長い細胞質突起を伸ばして隣接の腱細胞と連結する。

# 演習問題

**1. 小腸上皮が示す形態は次のどれか。**

a. 重層扁平上皮
b. 単層円柱上皮
c. 移行上皮
d. 偽重層上皮（多列上皮）
e. 単層扁平上皮

**2. 支持組織に含まれないものは次のどれか。**

a. 骨
b. 腱
c. 筋肉
d. 真皮
e. 血液

**3. 関節に関する記述で正しいものはどれか。**

a. 頭蓋骨の縫合には関節軟骨が存在する。
b. 関節軟骨は線維軟骨である。
c. 関節包内の滑液は関節軟骨が産生する。
d. 滑液の主成分は粘液物質である。
e. 腱は骨と骨を繋ぐ運動器官である。

**4. 骨に関する記述で誤っているのはどれか。**

a. 頭蓋骨は膜性骨であり，軟骨性骨化を経ないで骨が形成される。
b. 緻密骨の無機成分の構成割合は有機成分よりも多い。
c. 骨を構成する膠原線維は，Ⅰ型コラーゲンが最も多い。
d. 骨吸収を行う破骨細胞は，数個から十数個の核を持つ巨大な細胞である。
e. 骨芽細胞は，骨吸収に関するタンパクを産生する。

## 解　答

1.

正解　b

解説　消化管の上皮は重層扁平上皮と単層円柱上皮である。一般に前者は食道とその上流および肛門管で，後者は胃より下流で見られる。

2.

正解　c

解説　骨や軟骨のように生体の支柱となるものや，組織や細胞の間を充填・接合する結合組織に加え，血液やリンパ液のように流動的な組織を含めた組織を支持組織という。

3.

正解　d

解説　a. 頭蓋骨の縫合は膠原線維や弾性線維によって連結する線維性関節で，軟骨は存在しない。b. 関節軟骨は硝子軟骨である。c. 滑液の産生は滑膜細胞が担う。d. 正しい。e. 腱は骨と筋肉とを繋ぐ結合組織である。

4.

正解　a, e

解説　頭蓋骨には軟骨性骨（後頭骨，蝶形骨，側頭骨，篩骨など）と膜性骨（頭頂骨，頭頂間骨，前頭骨，涙骨，鼻骨など）が存在する。骨芽細胞は骨形成を行う。骨吸収を行うのは破骨細胞である。

（保坂 善真）

# 3章　筋組織と神経組織



**一般目標：筋組織と神経組織の組織構造と機能を修得する。**

脊椎動物は体内に骨格系を持っている。この骨格系を動かしたり，消化器系や心臓など各種器官の運動を担うのが筋組織である。神経組織は筋組織を含め体内，体外からの情報を受容して集め，それを処理し，体の動きや活動を統御する。筋組織も神経組織もそれぞれの機能に合うように特殊化した細胞で構成される。
本章では，両組織の基本的構成要素と，機能を説明する。

## 3-1　筋組織

**到達目標：平滑筋，骨格筋，心筋の組織構造と機能を説明できる。**
キーワード：筋組織，筋形質，筋細線維，筋小胞体，平滑筋，骨格筋，心筋，平滑筋線維(平滑筋細胞)，骨格筋線維(骨格筋細胞)，心筋線維(心筋細胞)，横紋，横紋筋，小窩，筋芽細胞，筋節，T細管，終末槽，運動終板，筋紡錘，介在板，伝導心筋線維(プルキンエ線維)

### 1. 筋組織の基本構造と機能

筋組織muscle tissue, muscular tissueは筋細胞と呼ばれる細胞で構成され，これに血管と神経などが介在する。筋細胞は「収縮する」という機能を果たすために特殊化した細胞で，細長い。この形状から筋線維と呼ばれるため，筋線維は筋細胞の別名であることに注意する必要がある。筋細胞の細胞膜を筋形質膜(筋鞘)と呼ぶ。筋細胞の細胞質を筋形質sarcoplasmといい，その大部分は筋細線維myofibrilと呼ばれるミオフィラメント(筋細糸)myofilamentの束で占められる。ミオフィラメントはアクチンフィラメントactin filamentとミオシンフィラメントmyosin filamentからなり，筋細胞の長軸方向に走る。

筋細胞の収縮は神経刺激により筋細胞が興奮して引き起こされる。筋細胞の収縮にはカルシウムイオンが関与する。カルシウムイオンは，非興奮時には細胞質内の筋小胞体sarcoplasmic reticulum(滑面小胞体)などに蓄えられているが，筋細胞が興奮すると，ここからカルシウムイオンが細胞質の中に放出され，これが引き金となって，筋細線維が収縮する。筋小胞体は骨格筋線維と心筋線維に見られ，滑面小胞体が発達して形成された内膜系である。

### 2. 筋組織の分類

筋組織は，平滑筋，骨格筋，心筋に分類され，それぞれ平滑筋線維smooth muscle fiber(平滑筋細胞smooth muscle cell)，骨格筋線維skeletal muscle fiber(骨格筋細胞skeletal muscle cell)，心筋線維cardiac muscle fiber(心筋細胞cardiac myocyte)が構成細胞になる。骨格筋線維と心筋線維ではミオフィラメントの配列は整然としており，光学顕微鏡では横紋striationとして観察されるため横紋筋striated muscleと呼ばれるのに対し，平滑筋細胞には横紋は見られない。平滑筋，骨格筋，心筋の特徴を表3-1に記す。

表3-1　筋組織の分類

| | 分布 | 随意・不随意 | 筋細胞（筋線維）の特徴 | | | |
|---|---|---|---|---|---|---|
| | | | 横紋 | 形態・大きさ | 核 | 小窩・T細管 |
| 平滑筋 | 消化器，呼吸器，泌尿器，生殖器など中空性器官の壁 | 不随意筋 | なし | 細長い紡錘形，長さ約20～200 µm | 1核，細胞の中央部に局在 | 細胞膜に小窩が多数存在 |
| 骨格筋 | 骨格筋，皮筋，食道の一部（動物による）など | 随意筋 | あり | 大型の円柱状，直径10～100 µm，平均長は数cm | 多核で細胞あたり数百個，細胞膜直下に分布 | T細管はA帯とI帯の境界部に局在，T細管を挟んで筋小胞体の終末槽が三つ組を形成 |
| 心筋 | 心臓 | 不随意筋 | あり | 筋細胞（直径10～20 µm，長さ80～150 µm，分岐あり）同士が互いに接着・結合し，全体として網状構造を呈する。結合部を介在板という | 1核ないし2核，細胞の中央部に局在 | T細管はZ線に沿って局在，筋小胞体は終末槽を作らず，T細管との接触部に二つ組を形成 |

## 3. 平滑筋

平滑筋smooth muscleは中空性器官の壁に層をなして存在する。平滑筋細胞は細長い紡錘形の細胞で，結合組織によって束ねられており，結合組織に神経や血管が入り込む。平滑筋細胞には横紋はないが，電子顕微鏡で観察すると，他の筋線維と同様にミオフィラメントが細胞質の大部分を占めており，細胞の長軸方向に走っている。また，隣接する平滑筋細胞間には所々でギャップ結合が認められる。ギャップ結合を介して平滑筋細胞間の興奮伝達が行われるため，機能的に合胞体化し細胞は同期して活動する。

### 1）小窩

小窩caveolaは，平滑筋細胞の細胞膜に多数ある小さな窩状構造を指す。細胞膜の脱分極を細胞内部に伝えるもので，隣接する滑面小胞体とともに平滑筋細胞の収縮と弛緩に関与する。平滑筋線維にはT細管やL系（次項「4. 骨格筋」参照）は認められず，小窩がT細管に，滑面小胞体がL系（筋小胞体）に相当する機能を果たす。

### 2）暗調小体

平滑筋細胞には2種類の暗調小体dense body，すなわち細胞質暗調小体と細胞膜下暗調小体が見られる。その名の通り，前者は細胞質内に，後者は細胞膜に沿って存在している。暗調小体は横紋筋線維のZ線に相当し，アクチンフィラメントを結びつける機能を持つと考えられている。平滑筋細胞には中間径フィラメント（デスミン，ビメンチンなど）が含まれ，暗調小体を焦点として集まり平滑筋細胞の形状を支えている。

## 4. 骨格筋

骨格筋skeletal muscleの多くは，骨に付着して骨格を動かす。骨格筋は骨格筋線維（骨格筋細胞）で構成され，結合組織などが介在している。結合組織は骨格筋線維を束ねており，血管と神経の通路にもなっている。

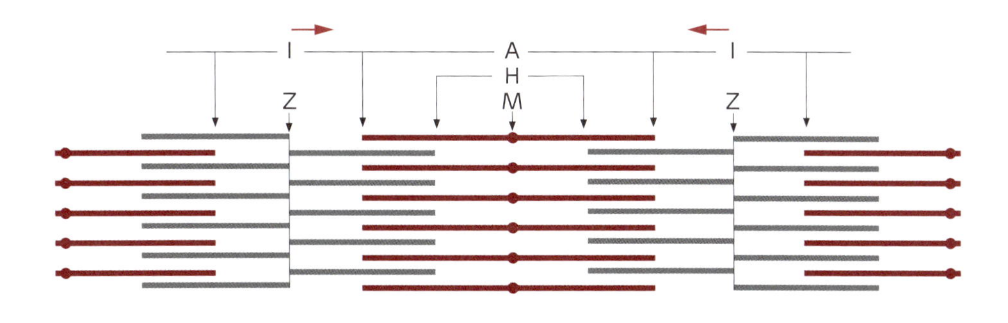


図3-1　横紋筋の筋細線維の配列を示す模式図



### 1) 筋上膜，筋周膜，筋内膜

肉眼解剖的に骨格筋を観察すると，それぞれの筋は，密線維性結合組織の膜でおおわれており，これを筋膜と呼ぶ。組織学的には，筋膜は筋上膜epimysiumにあたる。骨格筋線維は，数十本程度集まって筋束を形成し，組織学的に明瞭なグループを作っている。この筋束を包む結合組織の薄い膜が形成され，これを筋周膜perimysiumという。筋周膜は骨格筋線維の一本一本を包む結合組織に連続するが，これを筋内膜endomysiumという。筋内膜は骨格筋の末端で腱の結合組織に移行する。

### 2) 骨格筋線維の基本構造

骨格筋線維は，単核である幼弱な筋芽細胞myoblastが多数融合して合胞体syncytiumとなり分化・成熟して形成される。このため骨格筋線維は円柱形を呈する多核の大型細胞となり，核は細胞膜直下に局在している。筋形質は大部分が筋細線維で占められているが，細胞小器官，グリコゲン，ミオグロビンなども含まれている。

#### (1) 横紋

骨格筋線維には筋細線維全体にわたって横紋が見られる。横紋はA帯(暗帯)A band(Aは複屈折性anisotropischの頭文字)とI帯(明帯)I band(Iは単屈折性isotropischの頭文字)およびZ線Z lineからなる(図3-1)。A帯はミオシンフィラメントおよびアクチンフィラメントが並ぶ領域で，その中央にM線M lineがある。Z線はI帯の中央に位置しI帯を作るアクチンフィラメントを結んでいる。太いミオシンフィラメントの間に細いアクチンフィラメントが交互に入り込み，スライドすることで筋の収縮が起こる。このミオシンフィラメントのみで構成される部位をH帯H bandという。Z線とZ線の間は1つの単位と考えられ，これを筋節sarcomereと呼ぶ。

#### (2) T細管，筋小胞体，終末槽

骨格筋線維には2種類の特殊な膜系であるT細管と筋小胞体が発達している(図3-2)。T細管T tubule(Tは横transverseの頭文字)は骨格筋線維の細胞膜が細管状となり，A帯とI帯の境界部で筋線維の長軸に対し垂直に入り込む。筋小胞体は筋線維の長軸に沿って筋原線維を取り囲むように形成された網目状の細管構造を示す。この内膜系をL系(Lは縦longitudinalの頭文字)という。骨格筋線維ではT細管に接する部位で筋小胞体は発達し，終末槽terminal cisternを作る。この領域の骨格筋線維の断面を見ると，終末槽の間にT細管を挟んで，終末槽，T細管，次の終末槽となるので，これを三つ組triadという。

### 3) 骨格筋の筋線維型

骨格筋は，赤色筋red muscleと白色筋white muscleに大別される。両者の中間型もある。赤色筋は赤色筋線維を，白色筋は白色筋線維を数多く含む骨格筋である。赤色筋線維はミオグロビンを多く含む

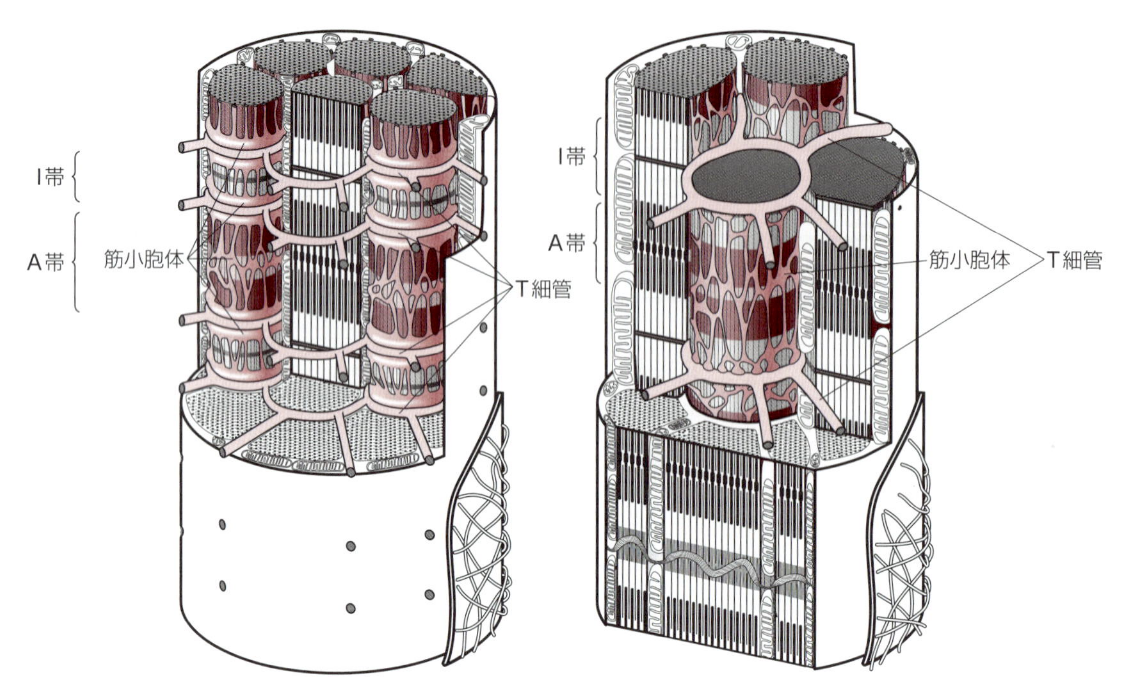


図3-2　骨格筋線維（左）と心筋線維（右）の模式図

骨格筋線維であるのに対し，白色筋線維はミオグロビンを少量しか含まないか，ほとんど含まない。ミオグロビン量はミトコンドリア数とも相関する。ミトコンドリアの酵素活性は赤色筋線維で高く，白色筋線維で低い。

#### 4）運動終板

筋の収縮，弛緩は神経組織によって統御される。運動神経の神経終末と骨格筋線維が接合する部位を神経筋接合部neuromuscular junctionという。この部位は形態的に特殊なシナプスが形成され，運動終板motor end plateと呼ばれる。運動神経線維は支配する骨格筋の近くで枝分かれし，鞘細胞（シュワン細胞）の細胞質でおおわれる。枝分かれした神経線維は骨格筋線維表面にヒダ状に陥入し，その部位の骨格筋線維の細胞質にはシナプス下ヒダと呼ばれる構造が形成される。この神経終末には神経伝達物質であるアセチルコリンが蓄えられており，神経が興奮すると，このアセチルコリンが放出されて，骨格筋線維に興奮が伝達される。

#### 5）筋紡錘

筋紡錘muscle spindleは骨格筋の感覚器である。結合組織性の被膜に包まれた錘内筋線維と，この筋線維に分布する知覚神経と運動神経の神経終末よりなる。周囲の骨格筋線維（筋紡錘の錘内筋線維に対し，筋紡錘の外にあることを強調する場合は「錘外筋線維」という用語を使う）と同調して伸展し，その程度を，知覚神経を介して中枢に伝達する働きがある。腱には筋紡錘と似た構造をとる腱紡錘があり，腱の一部に枝分かれした神経終末が接しており，腱の張力の変化を感受する（319頁「7. 知覚神経終末」参照）。

### 5. 心筋

心筋cardiac muscleは心臓の壁を構成する特殊な横紋筋である。心筋細胞からなり，心筋細胞間を埋める結合組織には発達した毛細血管が見られる（5章329頁「5-1　心臓」参照）。

### 1）心筋細胞の基本構造

心筋細胞は1～2核を有し，核は細胞のほぼ中央に位置する。心筋細胞は骨格筋線維のような大型の細胞ではないが，筋形質の大部分を占める筋細線維には横紋が見られる（図3-2）。心筋細胞は骨格筋線維と異なって分岐しており，介在板intercalated diskで隣接する心筋細胞と結合している。介在板には接着帯，デスモゾーム（接着斑），ギャップ結合が見られ，前二者は力学的な接着装置として働く（1章283頁「1-4　細胞接着装置と基底膜」参照）。ギャップ結合は心筋細胞間の興奮伝達に働くため，心筋細胞は機能的に合胞体化する。T細管はZ線に沿って走っている点，筋小胞体は終末槽を作らず，T細管と筋小胞体は接触部で二つ組を形成する点が骨格筋線維と異なる（図3-2）。また心房の心筋細胞は内分泌機能を持ち，心房性ナトリウム利尿ペプチドatrial natriuretic peptide（ANP）を分泌する。

### 2）刺激伝導系

伝導心筋線維cardiac conducting myofiber（プルキンエ線維Purkinje fiber）は心臓の心筋層を構成する一般の心筋（固有心筋）とは異なる心筋で，刺激伝導系と呼ばれ，心臓の拍動リズムを固有心筋に伝達する機能を果たしている（5章329頁「5-1　心臓」参照）。

# 3-2　神経組織

到達目標：神経組織の構造と機能を説明できる。
キーワード：神経組織，神経細胞(ニューロン)，神経膠細胞，ニッスル小体，樹状突起，軸索(神経突起)，シナプス，シナプス小胞，星状膠細胞，希突起膠細胞，小膠細胞，上衣細胞，神経節膠細胞(外套細胞，衛星細胞)，鞘細胞(シュワン細胞)，髄鞘(ミエリン鞘)，有髄神経線維，無髄神経線維，ランヴィエ絞輪，シュワン鞘(神経鞘)，神経終末，自由神経終末，終末神経小体，触覚小体(マイスナー小体)，層板小体(ファーター・パチニ小体)

## 1. 神経組織の基本構造と機能

動物には環境の変化を刺激として受容し，骨格筋・平滑筋の運動や腺の分泌などの反応を起こす仕組みが備わっている。刺激を受容する器官を受容器(感覚器)，反応を起こす器官を効果器と呼び，受容器と効果器を形態的および機能的に連結する器官系を神経系という。神経系nervous systemは中枢神経系と，これに連続する末梢神経系からなる。中枢神経系に属する器官は脳と脊髄であり，骨に囲まれて大切に保護されている。これに対し，末梢神経系は脳神経と脊髄神経からなり，体の隅々にまで分布している。神経系は神経組織nervous tissueが主体となり，血管とこれに伴うわずかな結合組織で形成されている。本章では神経組織について記述する。大脳，小脳，脊髄など神経系の各器官の組織構造は15章に記載されている。

神経組織を構成する細胞は神経細胞と神経膠細胞の2種類に大別される。神経細胞は神経情報の受容，処理，伝達を行う神経系の機能の主体になる細胞である。神経膠細胞はグリア細胞とも呼ばれ，神経細胞が活動しやすいように補助する役割(神経組織の構造および栄養的支持，細胞外環境の維持，髄鞘の形成，生体防御)を担い，神経組織の支持細胞として働く。

## 2. 神経細胞(ニューロン)

### 1) 神経細胞の基本形態

神経細胞nerve cellは，核が存在する神経細胞体とそこから出る2種類の突起(樹状突起と軸索)からなり，これらが形態的・機能的な単位を構成する(図3-3)。この構成単位をニーロンneuronと呼ぶ。

#### (1) 神経細胞体

神経細胞の種類によって大きさも形もさまざまである。神経細胞体の中心に核があり，核の周囲に細胞質がある。核は一般に明るく大型で，明瞭な核小体を備えている。細胞質には，一般に，ニッスル小体Nissl bodyが多量に含まれている。ニッスル小体は遊離(自由)リボゾームを含んだ粗面小胞体の集塊である。軸索が細胞体から出るところは少し太くなっており，軸索丘axon hillockと呼ばれ，この部位にニッスル小体は見られない。

#### (2) 樹状突起と軸索

神経細胞体から樹状突起dendriteと呼ばれる一般に比較的短い突起が多数出ている。樹状突起は他のニューロンからの入力を受ける場で，興奮は樹状突起から細胞体の方へ伝わる。また，神経細胞体から軸索axon(神経突起neurite)と呼ばれる長い突起が1本出ており，通常途中で分岐する。一般に，軸索の長さは数ミリから数十センチで，長いものだと1 m以上に達するものもある。神経細胞の興奮は軸索を伝わり，シナプスを経由して，次の細胞の細胞体ないし樹状突起へと伝達される。このように樹状突起は求心性に，軸索は遠心性に神経細胞の興奮を伝える。神経細胞体から出る比較的長い突起を神経線維と呼ぶ。神経線維は軸索にあたることが多いが，長い樹状突起の場合もある。

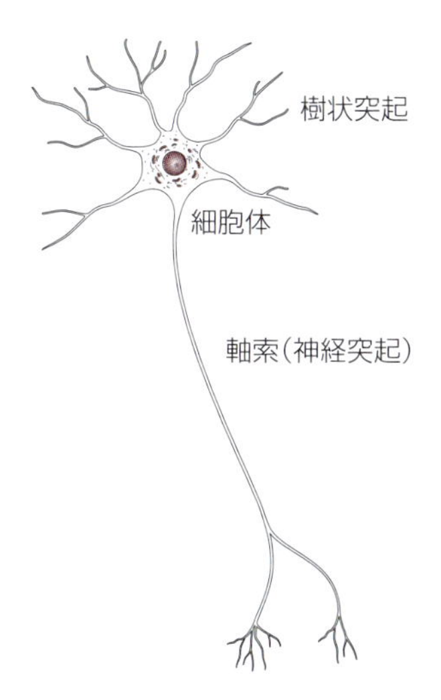


図3-3　神経細胞の基本形態

表3-2　突起の数による神経細胞の分類

| | 細胞体から出る突起の数 | 例 |
|---|---|---|
| 無極神経細胞 | 軸索なし | 発生の途中など |
| 単極神経細胞 | 軸索1本のみ | 嗅粘膜の嗅細胞，網膜の視細胞など |
| 偽単極神経細胞 | 双極神経細胞の亜型で，2本の突起の根本が合体して単極になる | 脊髄神経節の神経節細胞など |
| 双極神経細胞 | 1本の樹状突起と，対極に1本の軸索 | 網膜の双極細胞やラセン神経節の神経節細胞など |
| 多極神経細胞 | 多数の樹状突起と1本の軸索 | 大部分の神経細胞 |

中枢神経系で樹状突起，無髄神経線維，星状膠細胞など膠細胞の突起がさまざまな方向に走る領域をニューロピル(神経網，神経絨)neuropilという。

**(3) 神経細胞の細胞骨格**

神経細胞は神経細糸(ニューロフィラメント)neurofilament，神経細管neurotubuleを細胞骨格として持っている。神経細糸は直径10 nmの中間径フィラメントで，ニューロンの形状保持に働く。神経細管は微細管であり，軸索輸送など神経細胞体と突起の間の物質の輸送にあたり，レールの役目を担う。

## 2) 神経細胞の形態による分類

神経細胞は神経細胞体から出る突起の数により，無極神経細胞nonpolar neuron，単極神経細胞unipolar neuron，偽単極神経細胞pseudounipolar neuron，双極神経細胞bipolar neuron，多極神経細胞multipolar neuronに分類される(**表3-2**)。

## 3) シナプス

シナプスsynapseは，神経細胞の軸索終末に接続する次の神経細胞や効果器に興奮を伝達する装置である。神経細胞間に形成される大半のシナプスは軸索-樹状突起間，軸索-神経細胞体間に認められる。シナプスを形成する軸索の終末はやや膨らんでいて，これは興奮を伝える側でシナプス前部presynaptic partといい，興奮を受け取る側をシナプス後部postsynaptic partという。透過型電子顕微鏡で見るとシナプス前部とシナプス後部は狭いシナプス間隙(20～35 nm)で隔てられ，シナプス前部

表3-3　神経膠細胞の種類

| | 神経細胞の支持・栄養・代謝 | 髄鞘の形成 | 生体防御 | 脳脊髄液の産生に関与 |
|---|---|---|---|---|
| 中枢神経系 | 星状膠細胞 | 希突起膠細胞 | 小膠細胞 | 上衣細胞 |
| 末梢神経系 | 神経節膠細胞 | 鞘細胞（シュワン細胞） | | |

と後部の細胞膜（シナプス前膜とシナプス後膜）は電子密度が高い物質で裏打ちされており肥厚しているように見える。シナプス前部はシナプス小胞synaptic vesicleを蓄えている。シナプス小胞にはアセチルコリン，アドレナリンやセロトニンなどのアミン，アミノ酸，ペプチドなどの神経伝達物質が蓄えられている。興奮がシナプス前部に伝わると，シナプス小胞の開口分泌が起こり，神経伝達物質がシナプス間隙に放出されてシナプス後膜の受容体に結合することで興奮は次のニューロンに伝達される。

## 3. 神経膠細胞

神経膠細胞gliocyte（glial cell）は中枢性神経系と末梢神経系で種類が異なる（**表3-3**）。

### 1）中枢神経系の神経膠細胞

#### （1）星状膠細胞

星状膠細胞astrocyteは他の膠細胞に比べて細胞体が大きく，長い突起を多数持つ。中間径フィラメントである神経膠細糸glial filamentを持つことも特徴になる。形状から次の2種類に区別される。線維性（線維型）星状膠細胞fibrous astrocyteはあまり分岐しない細長い突起を持ち，白質に多い。形質性（原形質型）星状膠細胞protoplasmic astrocyteは比較的太く短く枝分かれする突起を持ち，灰白質に多く見られる。星状膠細胞の突起には毛細血管壁に終足として終わるもの，神経細胞体と神経線維に終わるものがあり，一般に血管と神経細胞に介在している。星状膠細胞は神経細胞の構造的な支持，栄養補給や代謝調節に関与している。中枢神経系の毛細血管には物質交換を制限する機構があり，これを血液脳関門blood-brain barrierと呼ぶが，この形成に毛細血管壁に終わる星状膠細胞の終足が関与している。

#### （2）希突起膠細胞

希突起膠細胞oligodendrocyteは星状膠細胞に比べて突起が少ない小型の細胞で，中枢神経系において髄鞘を形成する（次頁「4. 髄鞘（ミエリン鞘）」参照）。

#### （3）小膠細胞

小膠細胞microgliaは他の膠細胞と比べて小さく不規則な形状をしている。炎症や変性など神経組織の障害が起きると活性化して大食細胞様になる。中枢性神経系の生体防御を担う細胞であるとされている。

#### （4）上衣細胞

上衣細胞ependymal cellは，単層立方ないし円柱上皮として脳室および脊髄中心管の表面をおおう細胞である。脳室の部位により脈絡叢を形成し，脳脊髄液を産生する（15章442頁「4. 脈絡叢と脳脊髄液」参照）。

### 2）末梢神経系の神経膠細胞

#### （1）神経節膠細胞

神経節膠細胞ganglional gliocyte（外套細胞/衛星細胞satellite cell）は，脊髄神経節や交感神経節の神経細胞体の周囲を取り囲む細胞で，神経細胞体から突起に移行する部位で鞘細胞（シュワン細胞）に代わる。

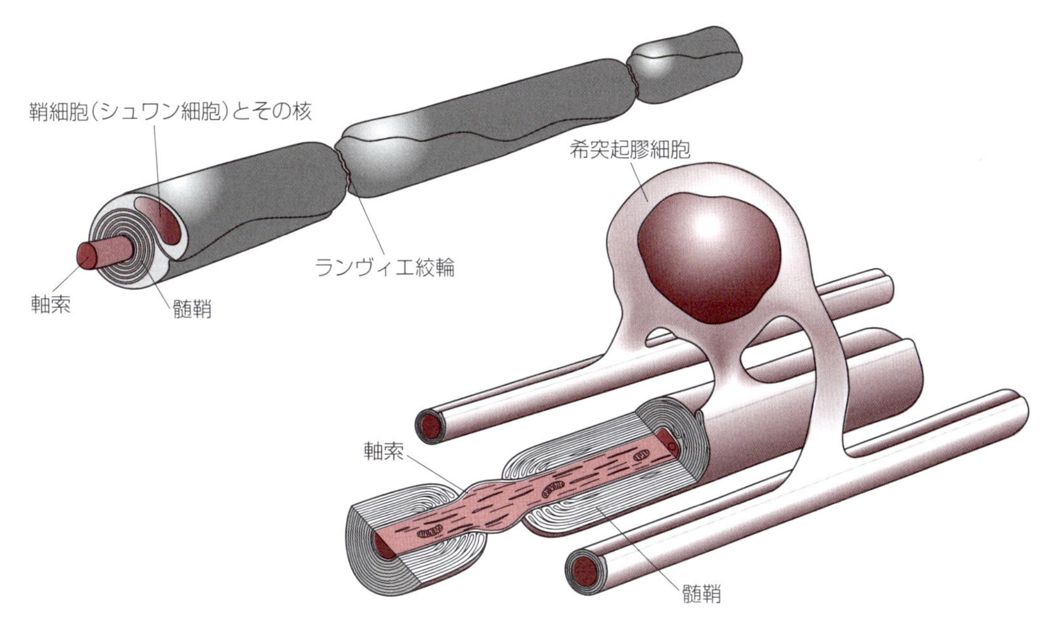


図3-4　末梢神経(上)と中枢神経(下)の髄鞘の比較



### (2) 鞘細胞(シュワン細胞)

鞘細胞neurolemmocyte(シュワン細胞Schwann cell)は，神経線維の周囲を取り囲む細胞で，末梢神経系において髄鞘およびシュワン鞘を形成する(次項「4. 髄鞘(ミエリン鞘)」参照)。

## 4. 髄鞘(ミエリン鞘)

### 1) 有髄神経線維と無髄神経線維

神経線維は有髄神経線維myelinated nerve fiberと無髄神経線維unmyelinated nerve fiberに大別される。有髄神経線維とは神経線維の周囲が髄鞘(ミエリン鞘)myelin sheathと呼ばれる絶縁性のリン脂質の層で取り囲まれる神経線維で，無髄神経線維は髄鞘を欠く。髄鞘は神経線維の周りを円筒状に取り巻く鞘で，二重の細胞膜が幾重にも巻きついた構造を示す。

### 2) 髄鞘を作る細胞

中枢神経系では希突起膠細胞，末梢神経系では鞘細胞(シュワン細胞)が髄鞘を作る(図3-4)。髄鞘の作り方は両者で異なっており，希突起膠細胞は複数の細い突起を持ち，これらの突起が神経線維を包んで巻き込み髄鞘が形成されるため，1つの希突起膠細胞は複数の髄鞘を抱えるのに対し，シュワン細胞は1本の神経線維を包み，細胞質が細胞膜を伴って神経線維にぐるぐると巻きつく。巻きつく際に細胞質はどんどん外側に押し出され，内側はシュワン細胞の二重の細胞膜だけが幾重にも巻きつくことになり，巻きついた細胞膜の部分が髄鞘になる。

### 3) ランヴィエ絞輪

ランヴィエ絞輪Ranvier's nodeは髄鞘を形成する神経膠細胞が次の神経膠細胞と交替する時できる髄鞘に途切れ目である。髄鞘は1本の神経線維の周囲を，神経線維の全長にわたって囲む鞘ではない。1本の神経線維に沿って，何個もの神経膠細胞が一定の距離(0.1～1 mm程度)を隔てて配置しており，それぞれの神経膠細胞が髄鞘を形成する。特殊な鍍銀染色をすると，無髄の領域だけ黒く染め出すことができ，ランヴィエの銀十字と呼ばれる。

表3-4　鞘の有無による神経線維の分類

| 鞘の有無 ＼ 髄鞘の有無 | | 髄鞘があるか | |
|---|---|---|---|
| | | ある(有髄神経線維) | ない(無髄神経線維) |
| シュワン鞘(神経鞘)があるか | ある(末梢神経系) | 有鞘有髄線維 | 有鞘無髄線維 |
| | ない(中枢神経系) | 無鞘有髄線維 | 無鞘無髄線維 |

神経の興奮は，無髄神経線維では神経線維に沿って連続的に伝達するが，有髄神経線維では髄鞘が絶縁体として働くため，ランヴィエ絞輪から次の絞輪へと髄鞘の部分を飛ばしてジャンプ(跳躍)して伝わるので，興奮の伝導速度は有髄神経線維の方が圧倒的に速い。一般に神経線維が太いほど髄鞘は厚く，ランヴィエ絞輪の間隔も長くなる。

#### 4) シュワン鞘(神経鞘)

末梢神経系の有髄神経線維では，鞘細胞(シュワン細胞)の細胞質が細胞膜を伴って神経線維にぐるぐると巻きついて髄鞘が形成される。髄鞘の外側は巻きつく際に押し出された細胞質などの細胞の本体が最外層に位置し，髄鞘を包む。これをシュワン鞘Schwann sheath(神経鞘neurilemma)と呼ぶ。末梢神経系の無髄神経線維では，シュワン細胞が髄鞘を形成せずに神経線維を包み込んでおり，シュワン鞘が形成される。この場合，1つのシュワン細胞が一般に多数の神経線維を1本ずつ別々に包み込んでいる。

#### 5) 鞘細胞と髄鞘の有無による神経線維の分類

##### (1) 有鞘有髄線維

有鞘有髄線維myelinated nerve fiber with Schwann sheathは，鞘細胞(シュワン細胞)があり(有鞘，つまり末梢神経系)，シュワン細胞が髄鞘を作る(つまり有髄)。脳脊髄神経の大部分，自律神経の節前線維(表3-4)。

##### (2) 有鞘無髄線維

有鞘無髄線維unmyelinated nerve fiber with Schwann sheathは，鞘細胞(シュワン細胞)があり(有鞘，つまり末梢神経系)，シュワン細胞は髄鞘を作らない(つまり無髄)。自律神経の節後線維。

##### (3) 無鞘有髄線維

無鞘有髄線維myelinated nerve fiber without Schwann sheathは，鞘細胞(シュワン細胞)がなく(無鞘，つまり中枢神経系)，希突起膠細胞が髄鞘を作る(つまり有髄)。脳・脊髄の白質の大部分。

##### (4) 無鞘無髄線維

無鞘無髄線維unmyelinated nerve fiber without Schwann sheathは，鞘細胞(シュワン細胞)がなく(無鞘，つまり中枢神経系)，希突起膠細胞による髄鞘もない(つまり無髄)。脳・脊髄の灰白質の神経線維によく見られる。

### 5. 末梢神経系の分類と被膜

末梢神経系には，脳から出る脳神経と脊髄から出る脊髄神経がある。脳脊髄神経の神経興奮伝導の方向や機能面などによる分類および被膜については15章を参照のこと(439頁「一般目標」，440頁「2. 髄膜」，442頁「3. 末梢神経の被膜」)。

### 6. 神経節

末梢神経の中に神経細胞体の集団が形成される部位が見られ，これを神経節ganglionと呼ぶ。神経節には知覚性の脳脊髄神経節spinal ganglionと運動性の自律神経節autonomic ganglionがある。神経

表3-5　知覚神経終末

| 分類と名称 | | 分布 | 受容する感覚 |
|---|---|---|---|
| 知覚神経の樹状突起の末端 | 自由神経終末 | 表皮，真皮，角膜，歯髄，筋，腱，靭帯，関節包，粘膜など | 主に痛覚 |
| 被膜で包まれていない終末神経小体（無被包触覚小体） | 触覚円板（メルケル細胞） | 表皮基底層 | 触覚，圧覚 |
| 被膜に包まれている終末神経小体（被包神経小体） | 触覚小体（マイスナー小体） | 真皮乳頭 | 触覚 |
| | 層板小体（ファーター・パチニ小体） | 皮下深部結合組織，関節包，骨膜など | 圧覚，振動覚 |
| | 球状小体（ゴルジ・マッツォニ小体） | 腱表面，指頭の皮下組織 | 圧覚 |
| | クラウゼ小体 | 口唇，口腔粘膜 | 触覚，圧覚 |
| | 筋紡錘 | 骨格筋 | 筋の収縮や伸展 |
| | 腱紡錘 | 腱 | 腱の張力の変化 |



節にある神経細胞を特に神経節細胞という。神経節は結合組織の被膜で包まれ，神経節細胞の他に，神経節膠細胞，鞘細胞（シュワン細胞）などが見られる。

## 7. 知覚神経終末

神経線維の末端を神経終末nerve terminalという。神経終末はニューロン間では通常，シナプスを形成する。軸索終末と効果器の間には，神経細胞体からの情報を筋細胞や腺細胞などの効果器に伝える運動性神経終末が作られる。運動終板は運動性の代表的な神経終末である（312頁「4）運動終板」参照）。一方，体の内外で生じた刺激を受容する受容器から神経細胞体へ送る知覚神経終末sensory nerve endingは，樹状突起の神経終末である。知覚神経終末は，自由神経終末free nerve endingと終末神経小体nerve ending corpuscleを形成する神経終末に大別される。自由神経終末は，特別な神経終末を形成せずに終わる知覚神経線維の樹状突起の末端である。一般に，終末神経小体では鞘細胞（シュワン細胞）に由来する細胞が特殊な層板状構造をとって小体を形成し，その中に知覚神経線維の樹状突起の末端が収まっている。終末神経小体には触覚円板，触覚小体tactile corpuscle（マイスナー小体Meissner's corpuscle），層板小体lamellar corpuscle（ファーター・パチニ小体Vater-Pacini corpuscle），球状小体bulbar corpuscle（ゴルジ・マッツォニ小体Golgi-Mazzoni's corpuscle），クラウゼ小体end bulb of Krause，筋紡錘muscle spindle，腱紡錘tendon spindleなどがある。**表3-5**に代表的な知覚神経終末の特徴を記載した（312頁「5）筋紡錘」と16章453頁「2. 皮膚の知覚装置」も参照すること）。

## 演習問題

### 1. 筋細胞に関する記述で正しいのはどれか。

a. 心筋細胞の拍動は刺激伝導系の心筋細胞が担当するので，単離した固有心筋の心筋細胞は自律拍動能を持たない。
b. 骨格筋細胞は収縮・弛緩に特化した細胞であり，核は細胞中央部ではなく，形質膜近くに分布する。
c. 心筋細胞は介在板を伝わって興奮が隣りの細胞に伝わるので，T細管を持たない。
d. 平滑筋細胞は細胞表面の脱分極を，小窩を通じて細胞内へ伝える。
e. 横紋を持つ筋細胞ではT細管がよく発達するが，これは平滑筋細胞の小窩と同様，筋形質膜表面の脱分極の情報を細胞内に伝える役割を果たす。

### 2. 神経膠細胞に関する記述で正しいのはどれか。

a. 鞘細胞(シュワン細胞)は末梢神経系にある。
b. 鞘細胞(シュワン細胞)は髄鞘を作ることができる細胞である。
c. 中枢神経系に鞘細胞(シュワン細胞)はないので，中枢神経系には髄鞘は見られない。
d. 星状膠細胞は血液脳関門の形成に関与する。
e. 一生涯にわたって，上衣細胞は分裂して神経細胞を産生し続ける。

### 3. 神経組織に関する記述で正しいのはどれか。

a. 神経細胞は，一般に神経膠細胞より大型であることが多い。
b. 神経膠細糸は希突膠細胞に見られるアクチンフィラメントである。
c. ニューロフィラメントは神経細胞に見られる中間径フィラメントである。
d. 神経細管は，軸索輸送に関与する。
e. 神経終末から放出されるアセチルコリンやアドレナリンなどの神経伝達物質を含む小胞をシナプス小胞という。

## 解　答

**1.**

正解　b, d, e

**解説**　本文中に記載していないが，単離した固有心筋の心筋細胞は自律拍動能を持つ。また，T細管を持たないのは平滑筋細胞で，心筋細胞はT細管を持つ。

**2.**

正解　a, b, d

**解説**　中枢神経系では希突起膠細胞が髄鞘を形成する。上衣細胞は分化した細胞であり，上衣細胞から神経細胞にはならない。本文中には記載していないが，発生期の神経管の壁（多列上皮）は神経上皮細胞からなる。この細胞は神経細胞と神経膠細胞に分化する神経幹細胞である。成体の側脳室の上衣細胞層の中と海馬には神経幹細胞が存続していることがわかっている。

**3.**

正解　a, c, d, e

**解説**　神経膠細糸は星状膠細胞に見られる中間径フィラメントである。

（谷口 和美）

# 4章　血液と骨髄



**一般目標：血液と骨髄の形態と機能の概要を修得する。**

血液は心臓血管系を通じて循環する液性の支持組織である。血液は血管系によって身体のすみずみまで運ばれ，物質代謝と生体防御反応を仲介するとともに，組織を間接的に支持する。本章では血液と骨髄（血液細胞〈血球〉の産生部位）の形態と機能について概説する。

## 4-1　血液

**到達目標：血球の分類と機能の概要および造血幹細胞から各血球への分化と成熟の過程を説明できる。**

**キーワード：** 血球，赤血球，白血球，血小板，巨核球，顆粒白血球，無顆粒白血球，好中球，偽好酸球，好酸球，好塩基球，単球，リンパ球（T細胞，B細胞），マクロファージ（大食細胞，組織球），多能性幹細胞，骨髄球系幹細胞（骨髄球系前駆細胞），リンパ球系幹細胞，赤芽球，網状赤血球，骨髄芽球（前骨髄球，骨髄球，後骨髄球），単芽球，巨核芽球

血液 bloodは心臓血管系を循環する液性の支持組織である。血液には直接的な支持作用はないが，血管系によって組織のすみずみまで運ばれ，物質代謝や生体防御反応を仲介し組織を間接的に支持する。

### 1. 血漿

血液の45～65％は血漿blood plasmaと呼ばれる液性成分である。血漿の10％はフィブリノーゲン，アルブミン，グロブリンなどのタンパク質で，浸透圧の維持，緩衝作用，物質の運搬や生体の防御などの機能に関与する。

### 2. 血球

血液の35～65％は血球blood cellと呼ばれる細胞成分である。血球はさらに赤血球，白血球leucocyte，血小板に分類される。哺乳動物の血小板は無核で，巨核球megakaryocyteの一部がちぎれてできる。家禽の血小板は栓球と呼ばれ有核である。白血球は顆粒を持つ顆粒白血球granulocyteと顆粒を持たない無顆粒白血球agranulocyteとに大別される。好中球，好酸球および好塩基球は顆粒白血球に，単球とリンパ球は無顆粒白血球に分類される。顆粒白血球の核は，未分化なものは桿状（棒のような形状）であるので桿状核rod nucleusと呼ばれるが，成熟するにつれて分葉することから分葉核segmented nucleusと呼ばれる。無顆粒白血球の核は一般に分葉しないので単核とも呼ばれる（**図4-1**）。

#### 1）赤血球

哺乳動物の赤血球erythrocyteは無核である。赤血球の形状は，イヌやヒトでは中央がくぼんだ円盤状を呈するが，ウシ，ヤギやブタではほとんど平坦な円盤状で，ウマやネコではその中間型を示す。赤血球の大きさや数は動物種によってさまざまであり，ウマで5.5 μm，ウシとネコで5.8 μm，ブタで6 μm，イヌで7 μmである。家禽の赤血球は楕円形で核がある（有核赤血球）。

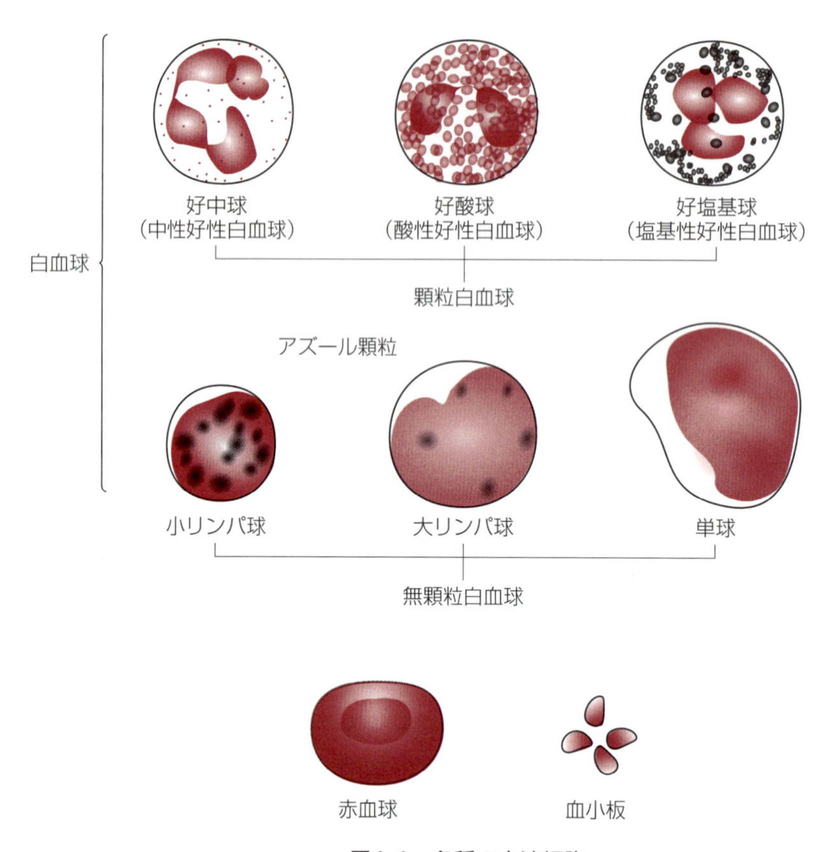


**図4-1　各種の血液細胞**

## 2）白血球

### （1）好中球

成熟した好中球neutrophilは直径が10～12 μmで，3～5葉の分葉核を持つ。好中球は食作用があり，細胞質内には貪食した細菌などを分解するための好中顆粒やわずかなアズール顆粒を有する。ウサギやモルモットの好中顆粒は好酸性であるため，偽好酸球heterophilとも呼ばれる。家禽の好中球に相当する細胞は偽好酸球と呼ばれる。

### （2）好酸球

好酸球eosinophilは直径が10～15 μmで，好中球と比較して異染色質が少なく，核の分葉も少ない。細胞質内には明瞭な好酸顆粒を含む。好酸球は寄生虫侵襲の抑制，アレルギーや炎症の進行の調節に働く。

### （3）好塩基球

ほとんどの家畜で好塩基球basophilの割合は総白血球数の1％程度かそれ以下である。好塩基球の直径は10～15 μmで，細胞質内には好塩基顆粒を含み，メチレンブルーやトルイジンブルーなどの塩基性色素で染色すると異調染色性metachromasyを示す。核の分葉は顕著でない。核は好塩基性であるが，顆粒と比べて染色性が弱いので輪郭が不明瞭である。好塩基球はアレルギー反応に関与する。

### （4）単球

単球monocyteの直径は12～18 μmで，白血球では最大である。総白血球数の1～8％を占める。核は一般的に太い馬蹄形であるが，類円形や分葉状のかたちを呈するものもある。細胞質は豊富でやや塩基性に染まることが多い。細胞質内には小さなアズール顆粒や小さな空胞が見られる。単球が組織内に侵入するとマクロファージ(大食細胞) macrophage(組織球 histiocyte)になる。

(5) リンパ球

リンパ球 lymphocyteは細胞質に比べて核の占める割合が大きく細胞小器官に乏しい。リンパ球はその大きさから小リンパ球(6～9 μm)と大リンパ球(9～15 μm)に分類される。小リンパ球の核は球形で濃染する。細胞質は乏しく好塩基性である。一方，大リンパ球(6～15 μm)の核は球形で，核小体を数個有する。また，細胞質は大きいが，単球と比べると小さい。

(6) 血小板

血小板 plateletは無核である。大きさは1.3～4.7 μmで盤状の不規則な形状を示す。



## 3. 血液細胞の分化・形成

すべての血球は多能性幹細胞 pluripotent stem cellから分裂を繰り返しながら分化する。多能性幹細胞は，骨髄球系幹細胞 myeloid stem cell(骨髄球系前駆細胞 myeloid progenitor cell)とリンパ球系幹細胞 lymphoid stem cellに分化した後，前者は赤血球系，顆粒球単球系，好酸球系および巨核球系などの血液細胞系列へ分化する。後者はリンパ球(T細胞 T cellやB細胞 B cellなど)へと分化する。

### 1) 赤血球の形成と形態

赤血球は以下の過程を経て形成される。骨髄中の多能性幹細胞が前期赤芽球前駆細胞を経て，後期赤芽球前駆細胞になる。さらに一連の赤芽球 erythroblastの分化(前赤芽球，好塩基赤芽球，多染赤芽球，好酸赤芽球(正赤芽球))を経て，好酸赤芽球が核を細胞外へ放出(脱核)し，網状赤血球 reticulocyteとなって最終的に赤血球に成熟する。

### 2) 顆粒球と単球の形成と骨髄球の形態

顆粒球と単球も多能性幹細胞から分化する。顆粒球・単球系前駆細胞は，顆粒球に分化する前駆細胞と単球に分化する前駆細胞に分化が進む。顆粒球(好中球，好酸球，好塩基球)の前駆細胞から分化・成熟する過程は以下の段階を経る。すなわち，骨髄芽球 myeloblast，前骨髄球 promyelocyte，骨髄球 myelocyte，後骨髄球 metamyelocyte，顆粒球へと順に分化が進む。一方単球は，単芽球 monoblast，前単球を経て単球に分化すると考えられている。

### 3) 血小板の形成

多能性幹細胞から分化した巨核球系前駆細胞は，巨核芽球 megakaryoblast，前巨核球を経て，巨核球へと分化・成熟する。巨核芽球の細胞分裂は，核分裂のみが起こり細胞質分裂を伴わない。その結果，多倍体となり細胞体は著しく大きくなる。巨核球の直径は40～100 μmである。巨核球は骨髄の洞様毛細血管の近くに見られ，細胞質の辺縁が断片化し血小板として放出される。

# 4-2　骨髄と造血

到達目標：骨髄の組織構造と機能の概要を説明できる。
キーワード：骨髄，造血組織，細網組織，赤色骨髄，黄色骨髄

## 1. 骨髄

骨髄bone marrowは血液細胞の形成(造血)の場である。骨髄などの造血組織は，細網組織reticular tissueと呼ばれる結合組織により構築されている。造血機能が活発な骨髄は赤色で，赤色骨髄red bone marrowと呼ばれるが，造血機能が低下すると骨髄は脂肪細胞を多く含むようになり，黄色骨髄yellow bone marrowに変わる。長骨の骨髄は加齢によって赤色骨髄から次第に黄色骨髄へと移行する。黄色骨髄への移行は可逆的で，造血が必要になると赤色骨髄へと戻る。

## 2. 造血と造血の場

造血は主に造血組織hematopoietic tissueで行われる。造血組織は成体では骨髄とリンパ組織・器官に大別される。骨髄では一般に赤血球や各種白血球および血小板が，リンパ組織・器官ではリンパ球の大半が作られる。

哺乳動物の造血には，一次造血と二次造血がある。一次造血は発生初期の卵黄嚢壁内の血島で見られる一時的な血液供給システムである。二次造血は骨髄，肝臓，脾臓に見られ，血液を供給する。骨髄は胎生後期から一生涯の間，造血を行うが，肝臓や脾臓では出生後も数週間は造血(髄外造血)が続くことがある。

## 演習問題

**1. 血液に関する記述で誤っているのはどれか。**

a. 好中球は食作用があり，細胞質内に好中顆粒を持つ。
b. 単球が組織内に侵入すると組織球になる。
c. 好塩基球は異調染色性を示す顆粒を持つ。
d. 血小板の由来は巨核球である。
e. リンパ球は細胞質に比べて核の占める割合が小さく細胞小器官に富む。

**2. 血液に関する記述で正しい組み合わせはどれか。**

a. 赤血球は骨髄芽球から分化して形成される。
b. ニワトリの成熟赤血球には，哺乳動物と同様に核がない。
c. 家禽の栓球は哺乳動物の好中球に相当する。
d. 赤血球が脱核するタイミングは好酸赤芽球のステージである。
e. ウサギの好中球は酸好性顆粒を持つので，偽好酸球とも呼ばれる。

① a, b　② b, c　③ c, d　④ d, e　⑤ a, e

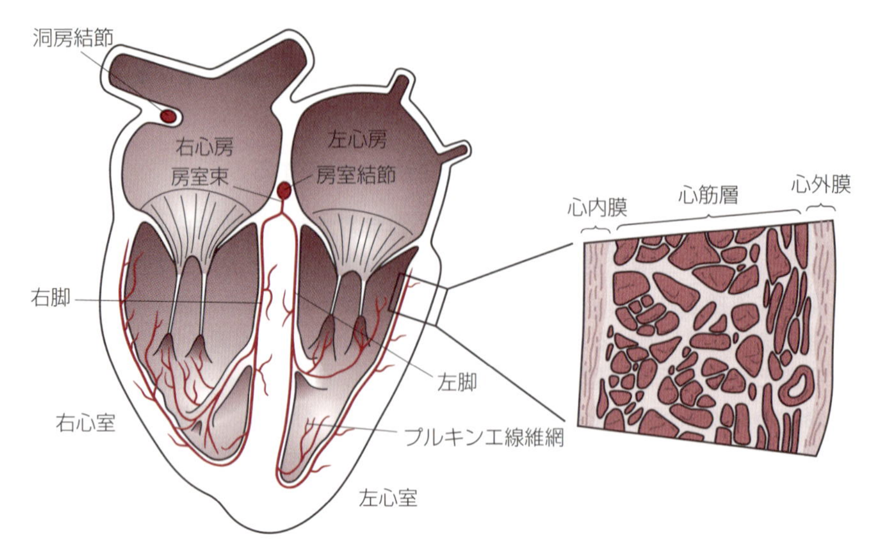


**図5-1　心臓の壁の構造を示す模式図**

心房と心室の壁はいずれも，心内膜，心筋層，心外膜からなる3層構造をとり，壁の主体は心筋層である。

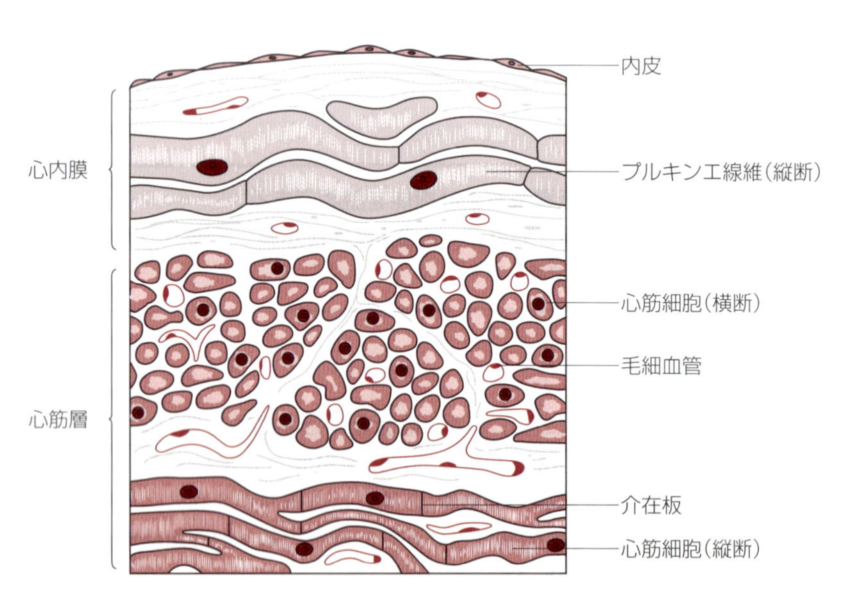


**図5-2　心臓の内膜と心筋層の構造を示す模式図**

血液と接する心内膜の表面は内皮細胞でおおわれる。心内膜内には刺激伝導系を構成するプルキンエ線維（細胞）と呼ばれる特殊心筋が走行する。心筋層は主に心筋線維（細胞）と毛細血管で構成される。

する心筋細胞と結合・接着して線維状の構造をとるため，心筋線維とも呼ばれ，網状に繋がっている。心筋細胞間の結合部を介在板といい，ここにギャップ結合が存在しているために機能的に合胞体化する。このように，心筋細胞からなる一連の網工とその間を埋める毛細血管網で心筋層は形成されている。

心室と心房の心筋細胞の形状は類似しているが，心房筋細胞には分泌顆粒が存在し，顆粒には利尿作用，血管平滑筋細胞の弛緩および血圧下降作用を有する心房性ナトリウム利尿ペプチドatrial natriuretic peptideが含まれている。

### 3）心外膜

心外膜epicardiumは，漿膜性心膜の臓側板である。心臓を包む心膜の内層（漿液性心膜の壁側板）が心底で心臓側に反転して漿膜性心膜の臓側板となり，心外膜になる。心外膜は，心筋層の外面を包む結合組織層と表面の中皮mesothelium（単層扁平上皮）からなる。心外膜の中を心臓に分布する太い動・静脈が走行し，血管の周囲には脂肪組織が発達している。

### 4）心膜

心膜pericardiumは心臓を包む嚢状の膜で，心膜腔に面する漿膜性心膜serous pericardiumの壁側板（中皮）と，その外側の線維性心膜fibrous pericardiumで構成され，心膜腔内は心膜液（心嚢液）と呼ばれる漿液で満たされている。線維性心膜は，膠原線維層からなる密線維性結合組織の強靱な膜である。

### 5）心臓骨格

心臓は心臓骨格cardiac skeletonと呼ばれる密線維性結合組織で支持されている。心臓骨格は，房室口と動脈口を輪状に囲む線維輪fibrous ring，その間を埋める線維三角fibrous trigoneと膜性心室中隔membranous interventricular septumからなる。心臓骨格は，心房筋と心室筋に付着点を与えて支持するとともに，心房筋と心室筋および左心室と右心室の心室筋間の連続性を断ち機能的な合胞体化を妨げている。また，心臓弁cardiac valveに進入して弁の物理的な強度の基盤にもなっている。ウシの線維三角には心骨os cordisと呼ばれる骨組織が，ウマ，ブタ，イヌの線維三角には心軟骨cartilago cordisと呼ばれる軟骨組織が存在する。

### 6）心臓弁

心臓には右房室弁（三尖弁）right atrioventricular valve，左房室弁（僧帽弁）left atrioventricular valve，大動脈弁，肺動脈弁がある。心臓弁は，いずれも心内膜のヒダと見なすことができる薄い膜で，血液と接する表面は内皮でおおわれ，内部は強靱な密線維性結合組織からなっている。房室弁は腱索によって心室の乳頭筋に結びつけられており，腱索は乳頭筋の腱に相当し，表面は内皮でおおわれ中心部には密線維性結合組織が見られる。

## 2. 刺激伝導系

心臓には，心筋層を構成する心筋（固有心筋）とは組織学的にも電気生理学的にも異なる心筋（特殊心筋）が存在している。この特殊心筋は刺激伝導系excitation conducting systemと呼ばれ，心臓が血液ポンプとして作動するよう収縮刺激を固有心筋に伝える働きを担っている。

刺激伝導系は，短く小型の心筋細胞（結節筋細胞）の網工で形成される洞房結節sinoatrial nodeと房室結節atrioventricular node，およびプルキンエ線維Purkinje fibers（プルキンエ細胞：伝導心筋線維cardiac conducting myocytes：伝導心筋細胞）と呼ばれる太い大型の心筋細胞の束で形成された房室束atrioventricular bundle（ヒス束bundle of His），左脚left crus・右脚right crusとそれに続くプルキンエ線維網で構成されている。

洞房結節は右心耳と大静脈洞との境界をなす分界溝の壁内に存在し，心拍動リズムを決める心臓の歩調とり（ペースメーカー）を行う。ここで発生した収縮刺激は心房の固有心筋に波状に伝わり心房は収縮する。この刺激は，右心房の冠状静脈洞口の近くで心房中隔基底部に位置する房室結節にも伝わる。結節内では刺激の伝導速度が極端に遅くなり，ここから房室束を経由して心室の固有心筋に伝わる収縮刺激にタイムラグが生じるため，心房収縮により血液が心室に流入した後に心室収縮が起こり血液は動脈に駆出される。プルキンエ細胞は線維束を形成して心内膜を走ること，グリコゲンを豊富に含みPAS染色陽性であること，大型であり筋細線維が乏しいため淡染する細胞であることから組織学的には比較的容易に識別できる（図5-2）。

# 5-2　動脈，静脈，毛細血管，リンパ管

到達目標：動脈，静脈，毛細血管，リンパ管の組織構造と機能を説明できる。
キーワード：動脈，弾性型動脈，筋型動脈，静脈，静脈弁，毛細血管，内皮細胞，周皮細胞，内膜，中膜，外膜，内弾性膜，外弾性膜，連続性毛細血管，有窓性毛細血管，洞様毛細血管，動静脈吻合，リンパ管，中心リンパ管，毛細リンパ管，リンパ管内皮細胞，リンパ管弁

## 1. 血管とリンパ管

脈管壁(血管壁とリンパ管壁)は，直径が太い場合には組織学的に3層構造をとり，管腔側より順に内膜 tunica intima(tunica interna)，中膜 tunica midia，外膜 tunica externa(adventitia)と呼ばれる層で形成されている。一般に太い血管ほど壁の3層構造は明瞭である(図5-3)。また，動脈では各層の境界は比較的明瞭であるが，静脈やリンパ管では各層の境界は不明瞭で，簡単に区別がつかない場合が多い。太い血管の外膜には「脈管の脈管 vasa vasorum」と呼ばれる毛細血管や毛細リンパ管が分布している。

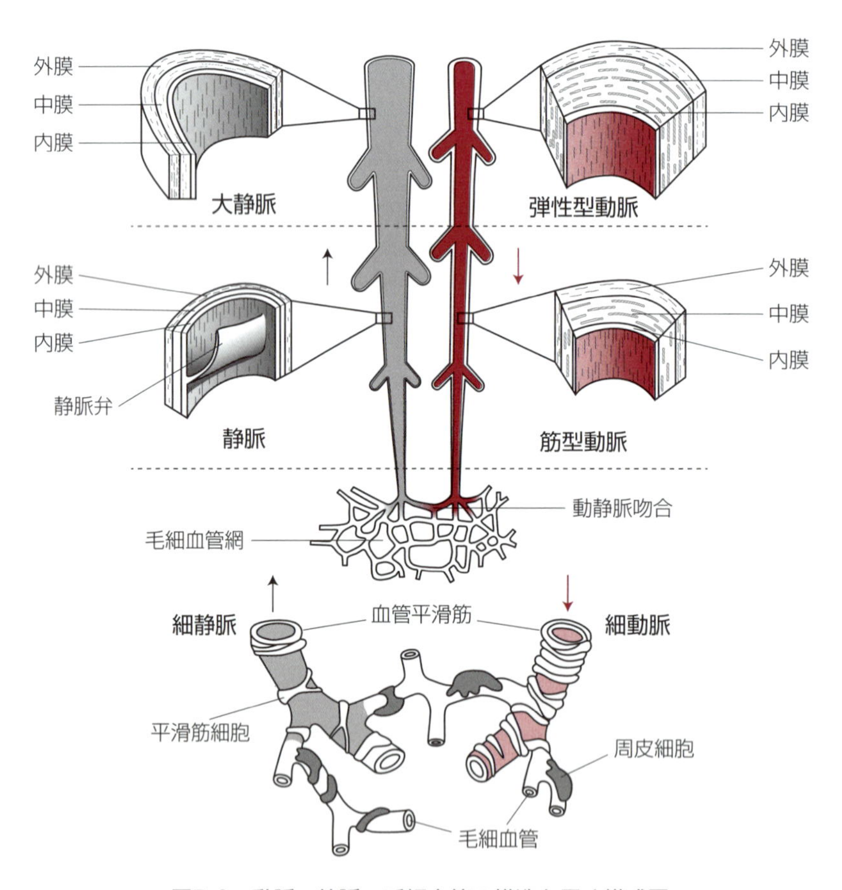


**図5-3　動脈，静脈，毛細血管の構造を示す模式図**

動脈と静脈はいずれも内膜，中膜，外膜の3層の構造をとるが，壁が薄くなる末梢の動脈・静脈ほど3層構造は不明瞭になる。毛細血管には周皮細胞が，細動脈・細静脈には平滑筋細胞が観察されるため，区別する目安となるが，実際に光学顕微鏡下で毛細血管と細静脈を明確に区別するのは難しい(『Histology, 3rd ed.』図12.1より改変)。

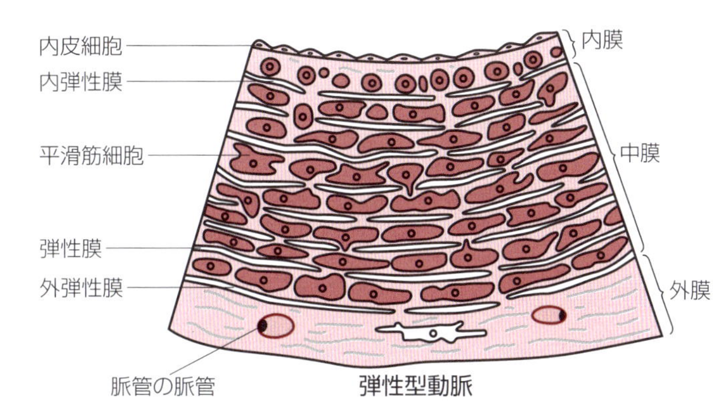


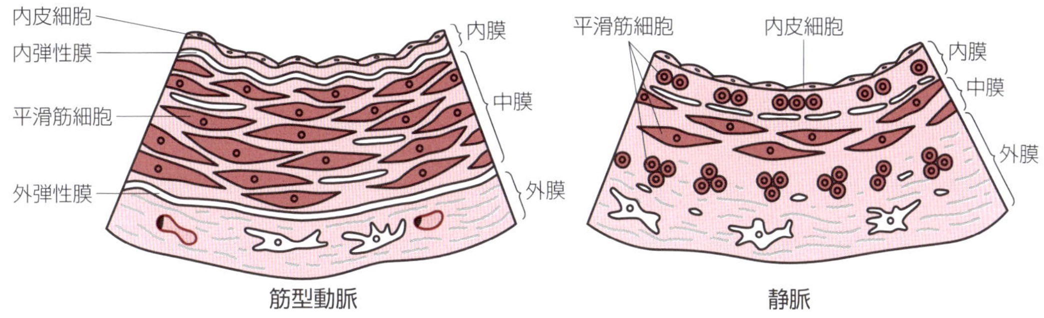


**図5-4　動脈と静脈の構造を示す模式図**

中膜はラセン状に輪走する平滑筋細胞の層で，これを目安に血管壁の3層構造(内膜，中膜，外膜)を区別することができる。

## 2. 動脈

動脈arteryは，管径の大きさと中膜の構造的な特徴により，弾性型動脈elastic artery，筋型動脈muscular artery，小動脈small arteryおよび細動脈arterioleに大別される。弾性型動脈は大動脈や肺動脈など心室に近い部位の太い動脈である。弾性型動脈は，弾性型と筋型の移行型動脈，筋型動脈へと末梢に向かい移行していく。筋型動脈は分枝を繰り返し，小動脈から細動脈となり物質交換の場である毛細血管へと続く。

動脈の内膜は，内皮と内皮下層と呼ばれる薄い結合組織からなり，中膜との間には内弾性膜internal elastic membrane(内弾性板internal elastic lamina)が介在している(図5-4)。中膜はラセン状に輪走する血管平滑筋vascular smooth muscleの層で，平滑筋線維(細胞)の間に結合組織が認められ，平滑筋細胞が弾性線維elastic fiberや膠原線維collagen fiberを産生し，周囲に分泌している。外膜と中膜の間には外弾性膜external elastic membrane(外弾性板external elastic lamina)が介在する。外膜は線維芽細胞および豊富な膠原線維と弾性線維などからなる疎性結合組織で，通常は明らかな境界がなく周囲の結合組織に移行する。

弾性型動脈は，中膜の平滑筋線維の間に弾性線維が豊富に存在し，孔があるために弾性有窓膜と呼ばれる弾性膜が見られる特徴がある。内膜は比較的厚く内皮下層には平滑筋細胞や白血球，弾性線維，膠原線維が存在する。内弾性膜と外弾性膜は未発達であるため，内膜と中膜，中膜と外膜の境界は不明瞭である。筋型動脈は，内弾性膜と外弾性膜が発達し内膜，中膜，外膜の3層構造が明瞭であること，中膜の平滑筋線維が発達していることが特徴である。細動脈は直径が0.3 mm以下の動脈で，輪状に走る1～2層の平滑筋線維が内皮を囲み，明瞭な内皮下層や外弾性膜は存在しない。細動脈の収縮と拡張により毛細血管網への血流量は調整されている。

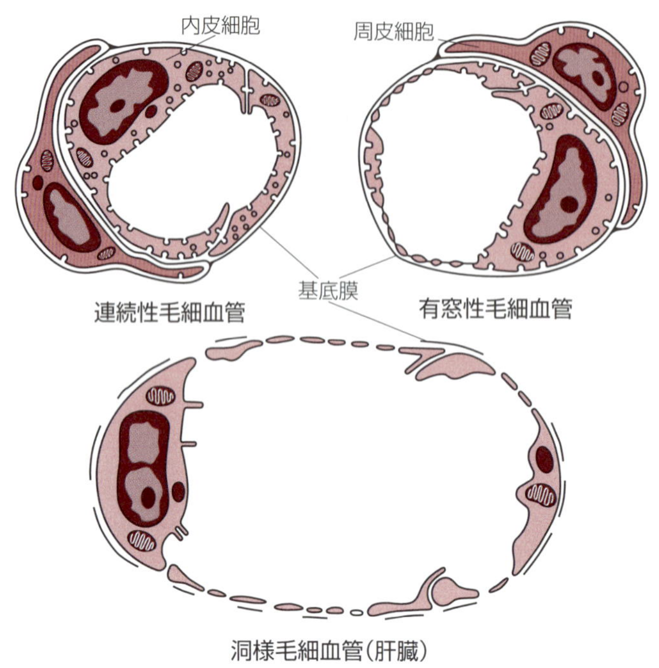


図5-5　毛細血管の構造を示す模式図

血管内皮細胞の構造から毛細血管は3種類の型に区別することができる。動脈と静脈に見られる内皮細胞は，連続性毛細血管内皮細胞に類似した構造をとる。

## 3. 毛細血管

毛細血管capillaryは，血液と細胞の間で物質交換が行われる部位である。毛細血管は動脈と静脈の間に介在して毛細血管網を形成して互いに吻合し，内径は7～10 μmである。毛細血管は内皮細胞endothelial cellsとその基底膜および周皮細胞pericytesで構成される。

内皮細胞は扁平で，核とその周辺部以外では，細胞質は極めて薄い。周皮細胞は内皮細胞を外側から抱くような形で散在的に分布する細胞で，平滑筋細胞と線維芽細胞の性質を併せ持つ。毛細血管は物質の透過性状に反映して内皮細胞や基底膜の形状が著しく異なっており，電子顕微鏡観察を基に連続性毛細血管，有窓性毛細血管，洞様毛細血管(類洞)に分類される(図5-5)。

### 1) 連続性毛細血管

連続性毛細血管continuous capillaryは筋組織，神経組織，肺や皮膚など多くの組織に分布している毛細血管で，細胞質に窓を持たない内皮細胞で構成されている。内皮細胞の管腔面や基底面の細胞膜には多くのカベオラ(小窩)が見られ，また，基底膜は連続している。

### 2) 有窓性毛細血管

有窓性毛細血管fenestrated capillaryは内分泌腺，消化管，腎臓など分泌や吸収の盛んな器官に分布している毛細血管で，直径が70～100 nmの窓(小孔)が多数存在する内皮細胞で構成されている。基底膜は連続している。腺性下垂体や膵島に分布する毛細血管は洞様毛細血管でもある。

### 3) 洞様毛細血管

洞様毛細血管sinusoidal capillary(類洞sinusoid)は，血管腔が大きく拡張している毛細血管で，肝臓，腺性下垂体，膵島などに分布している。内皮細胞には窓(小孔)が見られるため有窓性毛細血管の特徴を併せ持つ。この中で肝臓の洞様毛細血管は非連続性毛細血管に分類され，内皮細胞間に大きな隙間が存在し，基底膜が不連続または欠如する特徴が見られるが，これらの特徴は動物種で異なっている。脾洞は脾臓で見られる洞様毛細血管であるが，細静脈と見なすこともでき，他の洞様毛細血管とは異なる特徴が見られる。内皮細胞は杆状細胞とも呼ばれ，細長い棒状や星状の杆状細胞が脾洞の走行に対し平行に走り，細胞間に卵円形または紡錘型の大きな間隙が開き，血液細胞の通路になる(6章344頁「3. 脾臓」参照)。



## 4. 静脈

静脈 veinは管径の大きさにより便宜的に細静脈venule，小静脈，中静脈，大静脈に区別される(図5-3)。動脈は分布する部位による差は小さくほぼ一様の構造をとるが，静脈は分布する局所や器官により形態的に差違が見られる。静脈は，動脈としばしば伴走して見られるが，壁が薄く血管腔が隣接の動脈と比べ大きい。細静脈は，内皮細胞，基底膜，散在性の周皮細胞と膠原線維などで構成され，平滑筋線維を欠いているため，血管壁の構造は毛細血管とほとんど差がない。

管腔の径のより太い静脈でも，動脈のように内膜，中膜，外膜の3層構造は明瞭ではない(図5-4)。内膜は，内皮と内皮下層の少量の結合組織からなるが，ここには縦走する平滑筋線維がしばしば見られる。中膜はラセン状に輪走する平滑筋線維の層である。外膜は弾性線維を含む結合組織の層で，大静脈では縦走する平滑筋線維が発達している。このように静脈は輪走する平滑筋線維の層を目印に，内膜，中膜，外膜の区別をつけることが可能である。

多くの静脈には静脈弁 venous valveがあり，特に，重力に抗して血液を運ぶ四肢の静脈には静脈弁が発達し血液の逆流を防いでいる。静脈弁は内膜がヒダ状に突出したもので，通常，半月状でポケット状の2尖が対をなし，向かい合って管腔に突出した構造をとる。弁の表面は内皮でおおわれ，内皮下層から移行した結合組織が中心を占める。

## 5. 動静脈吻合

血管系には，細動脈から毛細血管網を経由せずに，直接，細静脈へと血液が流れる動静脈吻合 arteriovenous anastomosisと呼ばれる短絡路が，体内の特定の場所に存在する(図5-3)。一般に，動静脈吻合では発達した平滑筋層が括約筋のように働き，毛細血管へ流れる流路との切り替えは自律神経で調節されている。また，内皮下層に上皮様筋細胞が見られる特殊な動静脈吻合も存在する。外表面の突出部(耳介，鼻，肉球など)に存在する動静脈吻合は体温調節に働く。活動期と休止期が認められる器官では，動静脈吻合が活動に応じた毛細血管網への血液量の調節を行う。

## 6. リンパ管

リンパ管 lymph vesselは，組織液を収容しリンパ液として大静脈に送る脈管で，毛細リンパ管 lymph capillaryとリンパ管に大別される。毛細リンパ管は盲端としてはじまり，合流してリンパ管となる。盲端部の起始の典型的な例は腸絨毛の中心リンパ管 central lymphoduct(中心乳ビ腔 central lacteal)である。リンパ管は合流を繰り返し管径の太いリンパ本幹となり，最終的に前大静脈に注ぐが，リンパ本幹に至る前に必ずリンパ節を経由する。

毛細リンパ管は細静脈と，リンパ管は静脈と組織構造は類似しており区別は容易でないが，リンパ管内皮細胞 lymphatic endothelial cellsに特異的に発現するタンパク質をマーカーとした免疫染色により同定することができる。毛細リンパ管は，毛細血管より太く，連続性毛細血管と同様な形状を示す内皮細胞と未発達な基底膜で構成されるが，基底膜を欠くことも多い。

リンパ管には連続した基底膜が備わり，管径が大きくなると，輪走する平滑筋からなる中膜と疎性結合組織からなる外膜も見られ3層構造をとるが，各層の境界は不明瞭である。リンパ管弁 lymphatic valvule, lymphatic valveは，毛細リンパ管では見られないが，リンパ管には見られる。静脈弁とほぼ同様な構造を示し，内膜がヒダ状に突出して形成される。

## 演習問題

**1. 心臓に関する次の記述のうち誤っているのはどれか。**

a. 心臓の内腔面は心内膜でおおわれ，心内膜の表面は内皮で構成される。
b. プルキンエ線維は特殊心筋であり，一般に心外膜を走っている。
c. 心外膜は漿膜性心膜の臓側板であり，心外膜の表面は中皮で構成される。
d. 心室と心房の基本的な組織構造は同じであり，心臓の壁は心内膜，心筋層，心外膜で構成されている。
e. 心筋細胞は隣接する心筋細胞と接着して線維状の構造をとり，心筋細胞間の接着部位を介在板という。

**2. 毛細血管に関する次の記述のうち誤っているのはどれか。**

a. 毛細血管は血管内皮細胞，基底膜，周皮細胞で形成される。
b. 周皮細胞は平滑筋細胞と線維芽細胞の性状をあわせ持つ細胞である。
c. 連続性毛細血管は，細胞質に窓を持たない内皮細胞からなる毛細血管で内分泌腺に見られる。
d. 肝臓に見られる洞様毛細血管は，内皮細胞間に大きな間隙や細胞質に窓が見られる特徴がある。
e. 有窓毛細血管は細胞質に小孔が数多く見られる毛細血管で，基底膜は連続している。

**3. 次の組み合わせで誤っているのはどれか。**

a. 弾性型動脈 — 脈管の脈管
b. 中心リンパ管 — 腸絨毛
c. 血管内皮細胞 — カベオラ
d. 血管平滑筋 — 弾性線維の産生
e. 血管の中膜 — 縦走する血管平滑筋の層

## 解　答

**1.**

正解　b

**解説**　プルキンエ線維は心内膜を走行する大型の心筋細胞であり，刺激伝導系を構成する細胞である。

**2.**

正解　c

**解説**　c. 連続性毛細血管は，内分泌腺ではなく，筋組織や神経組織などに見られる。

**3.**

正解　e

**解説**　血管の中膜は輪走する血管平滑筋の層である。

（小川 和重）

# 6章　リンパ組織，リンパ器官



**一般目標**：リンパ組織の一般構造と各リンパ器官（リンパ節，胸腺，脾臓，扁桃，パイエル板，ファブリキウス囊）の構造と機能を修得する。

リンパ管系はリンパを回収する循環システムであるが，体の中にはリンパ球の産生・成熟に特化した組織・器官や，リンパ球を貯留して免疫機能を発揮する組織・器官が見られ，リンパ管系に介在している。リンパ組織は持続的にリンパ球を豊富に蓄える組織であり，その中で特に被膜などの明瞭な境界を持ち，隣接する組織と独立してリンパ球を産生・保有するものをリンパ器官という。

## 6-1　リンパ組織

**到達目標**：リンパ器官の組織学的特徴を説明できる。
**キーワード**：リンパ器官，一次リンパ器官（胸腺，骨髄，ファブリキウス囊〈排泄腔囊〉），二次リンパ器官（脾臓，リンパ節，粘膜付属リンパ組織〈扁桃，集合リンパ小節，パイエル板〉），孤立リンパ小節，集合リンパ小節，リンパ小節，胚中心，リンパ球浸潤，リンパ球，抗原提示細胞

### 1. リンパ組織・器官の分布

器官の粘膜や胸膜，腹膜などでは数多くのリンパ球 lymphocyte が集合して観察されることがある。この現象をリンパ球浸潤 lymphocyte infiltration と呼ぶ。リンパ球浸潤などの要因で，リンパ球が集積している組織をリンパ組織と呼ぶ。気道粘膜や消化管粘膜などでリンパ組織はよく観察され，食物・吸気中の外来異物から体を守る免疫防御の最前線となる。粘膜に顕著なリンパ球浸潤が見られる場合，これを粘膜付属リンパ組織 mucosa-associated lymphatic tissue（MALT）と呼び，消化管粘膜のものを特に消化管付属リンパ組織 gut-associated lymphatic tissue（GALT）と呼ぶ。

集まるリンパ球の数がさらに増えると，結節性の集塊が形成される。これらの集塊はリンパ小節 lymph nodule（またはリンパ濾胞）と呼ばれ，リンパ節と脾臓で多数形成される。リンパ小節は，扁桃 tonsil，パイエル板 Peyer's patch，虫垂などの MALT においても認められ，それぞれのリンパ小節が独立した孤立性リンパ小節 solitary lymph nodule，または融合性に集積した集合リンパ小節 aggregated lymph nodule を形成する。また，鳥類に特有のファブリキウス囊においても集合リンパ小節は組織学的な特徴となる。

胸腺は胎生期にリンパ球を含む器官として形成される。胸腺と同様に免疫反応の場所となる独立した器官をリンパ器官 lymphatic organ と呼ぶ。造血組織として扱われる骨髄は（4章326頁「4-2　骨髄と造血」参照），リンパ球を産生し，骨内で独立した組織を形成するため，リンパ器官にも分類される。リンパ器官には胸腺，骨髄，脾臓，リンパ節，ファブリキウス囊などが含まれる。

### 2. リンパ組織・器官に共通する組織構造

リンパ組織の骨組みは細網細胞によって作られる（図6-1）。細網細胞は長い突起を伸ばし，三次元的な網目状の構造を作る。この網目の中にリンパ球が入り込む。細網細胞の網目はリンパ球の量的な保持

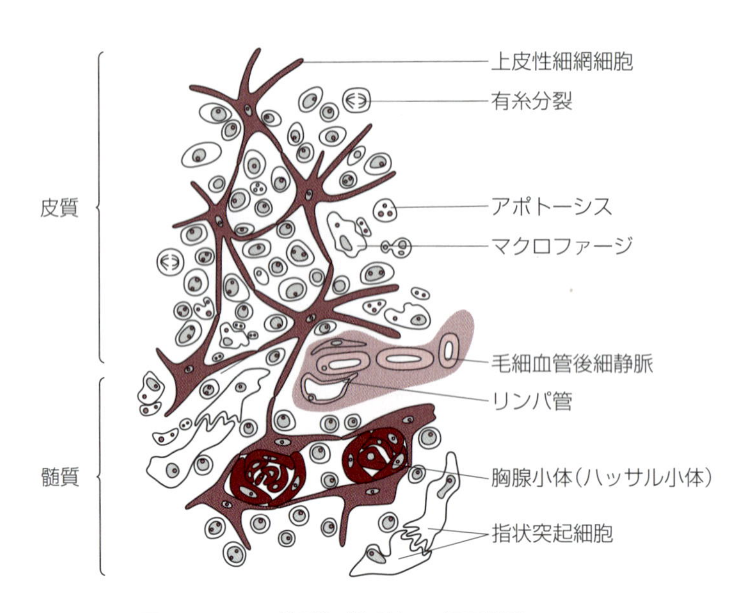


**図6-1　リンパ組織（胸腺）の網目構造**

上皮性細網細胞の突起による網目構造の中に，リンパ球が多数含まれる。リンパ球のサイズは大小さまざまであり，小型のものほど成熟型である。リンパ球には有糸分裂で増殖するもの，アポトーシスにより死滅するものが認められる。アポトーシス細胞はマクロファージによって貪食・除去される。生き残ったリンパ球は髄質に移動し，毛細血管後細静脈より胸腺を出る。

に働き，リンパ球への抗原提示にも関与する。網目の中にはマクロファージも存在し，異物や死んだリンパ球を貪食し，除去する。細網細胞は細網線維を分泌し，細網線維は網目の構造を支える。細網線維は渡銀法で検出できる。

リンパ球が組織内に多数浸潤しているが，リンパ小節を作らず，びまん性に見られる場合，これを散在性リンパ組織という。リンパ球浸潤の程度は一定ではなく，感染や炎症に応じて増大する。

リンパ小節は基本的に独立して形成されるが(孤立リンパ小節)，限られた領域内で数・サイズが増大すると，隣り合うリンパ小節が集積し，集合リンパ小節が形成される。個々のリンパ小節は抗原刺激を受け免疫活性が高まると，内部構造が変化する(**図6-2**)。免疫学的に活性化したリンパ小節は二次リンパ小節と呼ばれ，中心部のリンパ球密度の低い，明るく見える胚中心germinal centerと，その外側で暗い帽状域が区別できるようになる(342頁「2. リンパ節」参照)。

リンパ器官には，主要組織適合遺伝子複合体major histocompatibility complex(MHC)を発現する細胞が存在する。この細胞は抗原提示細胞antigen presenting cellと呼ばれ，濾胞樹状細胞，指状突起細胞，上皮性細網細胞，表皮内大食細胞(ランゲルハンス細胞)などがこれに属する。MHCは糖タンパクで，細胞内のさまざまなタンパク質の断片(ペプチド)を細胞表面に提示する働きを持ち，これをリンパ球に提示して免疫活性を惹起する。また，MHC分子自体が多様性に富み，自己抗原として認識されることで，リンパ球の自己組織の確認にかかわる。

## 3. リンパ組織・器官の機能的分類

骨髄には血液細胞の前駆細胞が存在し，すべての血液細胞を作ることができる(4章326頁「4-2 骨髄と造血」参照)。出血や感染などの非常時には，幼若な赤血球や幼若な好中球も動員されるが，未成熟なリンパ球は全く戦力にならない。リンパ球は免疫による攻撃の「司令塔」として働くために,「養成機関」で厳密な成熟プロセスを経た後に動員される。未成熟なリンパ球の産生とリンパ球の養成に

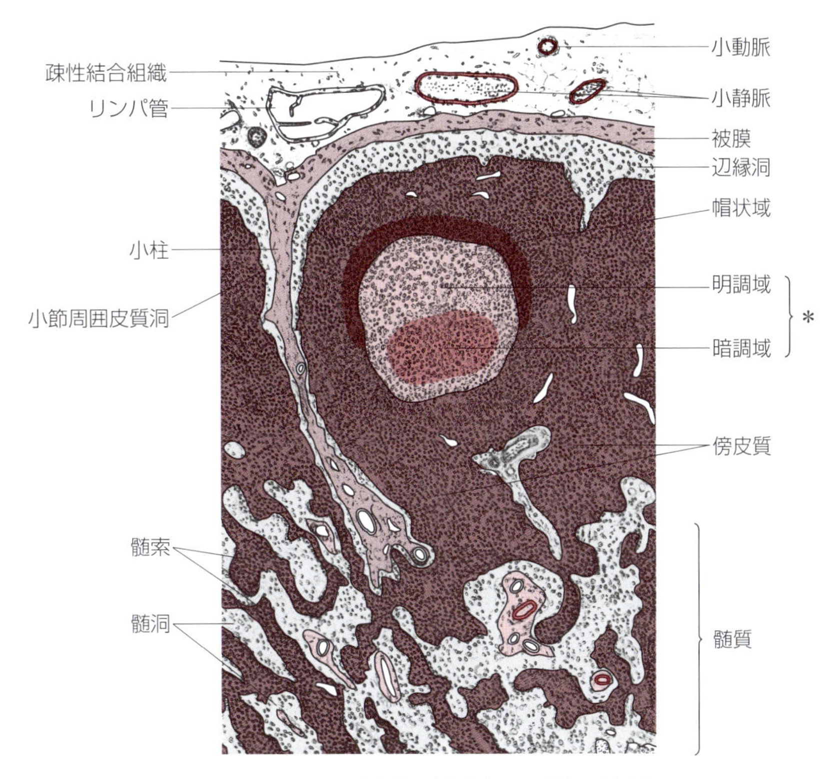


**図6-2　リンパ小節の構造（リンパ節の拡大）**

活性化したリンパ節では，皮質にリンパ小節が発達し，明るく見える胚中心（*）とその周囲の細胞密度の高い帽状域に分けられる。さらに胚中心は，明調域と暗調域に区別できる。また，辺縁洞，小節周囲皮質洞，髄洞の各リンパ洞がリンパ節内部に分布する。

かかわるリンパ組織・器官を一次リンパ器官primary lymphatic organ，異物を認識し実際の免疫の現場となる組織・器官を二次リンパ器官secondary lymphatic organという。

一次リンパ器官には骨髄bone marrow，胸腺thymus，ファブリキウス嚢（排泄腔嚢）bursa of Fabriciusが含まれる。骨髄では，産生されたリンパ球のうち，未成熟なB細胞が「選択」による成熟プロセスを受ける。すなわち，抗体を産生する能力を持つもの，および自己抗原に対して反応性を示さないものが選択され，骨髄静脈洞から末梢血液中に送られる。選択条件を満たさなかったB細胞はアポトーシスを起こす。鳥類では，B細胞の産生・成熟は骨髄ではなく，ファブリキウス嚢で行われる。

胸腺では，器官形成期に胎子の肝臓や骨髄から前駆細胞（幹細胞）が上皮性細網細胞の網目に入り（**図6-1**），これが後にT細胞（胸腺細胞とも呼ばれる）になる。T細胞はB細胞と同様に選択的な成熟過程を受ける。T細胞受容体を獲得しているもの，自己抗原に攻撃性のないものが胸腺で厳密に選択される。条件を満たしたT細胞は，成熟T細胞として末梢血液中に入る。

二次リンパ器官には，リンパ節lymph node，脾臓spleen，MALTが属する。一次リンパ器官から出たリンパ球がリンパ行性，または血行性に二次リンパ器官に運ばれ，配属される。外来抗原は二次リンパ器官でトラップされ，それに対して成熟したリンパ球が中心となり，抗原感作・認識，破壊・除去などの免疫反応が起こる。この反応の程度に応じてリンパ球がさらに動員され，二次リンパ器官は腫脹する。皮膚や消化管，気道などから体内に侵入し，主にリンパによって運ばれる外来抗原に対してはリンパ節が，血行性に運ばれる外来抗原に対しては脾臓が生体防御の中心となる。MALTは粘膜面における生体防御を担う。

# 6-2　リンパ器官

**到達目標**：各リンパ器官（胸腺，リンパ小節，リンパ節，脾臓，ファブリキウス囊）の組織構造と機能を説明できる。

**キーワード**：胸腺，皮質，髄質，胸腺小葉，胸腺小体（ハッサル小体），上皮性細網細胞，リンパ節，輸入リンパ管，輸出リンパ管，門，皮質，髄質，傍皮質，被膜，小柱，リンパ髄，リンパ洞，リンパ小節，髄索，辺縁洞，小節周囲皮質洞，髄洞，血リンパ節，脾臓，赤脾髄，辺縁帯，白脾髄，脾洞，脾索，被膜，脾柱，脾柱動脈，中心動脈（白脾髄動脈），筆毛動脈，莢動脈，脾柱静脈，ファブリキウス囊（排泄腔囊）

## 1. 胸腺

胸腺thymusは多くの動物で心臓付近の縦隔内に存在するが，子ウシでは胸腔外に出て頸部の気管の周囲にまで及ぶ。ニワトリでは頸部に存在し，頸静脈に沿って複数の小葉が一列に連なる。発達した胸腺が認められるのは出生後間もない時期で，加齢性に退行して次第に脂肪組織へと置き換わる。胸腺の組織学的特徴は，小葉構造を示すことである。

### 1）被膜

胸腺の表層は線維性結合組織からなる弱くて柔らかい被膜で包まれ，内部に入り込み胸腺を小葉に分ける（図6-3）。

### 2）胸腺小葉

胸腺小葉thymic lobuleの内部は胸腺細胞thymocyteの細胞密度が高い皮質cortexと，低い髄質medullaに区別できる（図6-3）。細胞は主に胸腺細胞（T細胞）と上皮性細網細胞epithelial reticular cellからなり（図6-1），細胞密度の違いは胸腺細胞の密度に依存する。上皮性細網細胞は皮質と髄質に網目状構造を形成し，T細胞である胸腺細胞がその間に多数入り込む。上皮性細網細胞はさらに，自己抗原をT細胞に提示し，抗原認識活性を刺激して，選択的な成熟プロセスを誘導する。皮質には未成熟なT細胞が多く局在し，成熟するに従い髄質に移動する。皮質と髄質の境界にある毛細血管後細静脈postcapillary venule（PCV）からT細胞は胸腺外へ出る。髄質では，上皮性細網細胞が死んで変性し，タマネギ状に集積した胸腺小体thymic corpuscle（ハッサル小体Hassall's corpuscle）が見られる。

## 2. リンパ節

リンパ節lymph nodeでは，被膜が実質をおおい，実質は皮質と髄質に分けられる。実質の内部は細網細胞による網目構造が作られ，網目が密な領域をリンパ髄pulp，疎な領域をリンパ洞lymphatic sinusと呼び，それぞれ皮質と髄質に見られる。リンパ洞は網目状のトンネル構造で，リンパの流路となり，辺縁洞subcapsular sinus，小節周囲皮質洞perinodular cortical sinus（中間洞），髄洞medullary sinusに区別される（図6-2）。リンパ洞は抗原を捕捉・集積する場となり，リンパ節全体に張り巡らされている。リンパ髄はリンパ球が集積している領域で，皮質，傍皮質，髄索に存在する（図6-4）。

リンパ節はリンパ管の流路の間に点在している。リンパ節に入るリンパ管より，出ていくリンパ管が少ないため，リンパの流路は収束していく。リンパ節には血管も出入りし，特に傍皮質にある毛細血管後細静脈からは血行性にリンパ球がリンパ節の内部へ流入し，血液系からリンパ系への移行ルートとなる。

反芻動物で認められる血リンパ節hemal lymph nodeは，リンパ管とは連結せず，血管だけが出入り

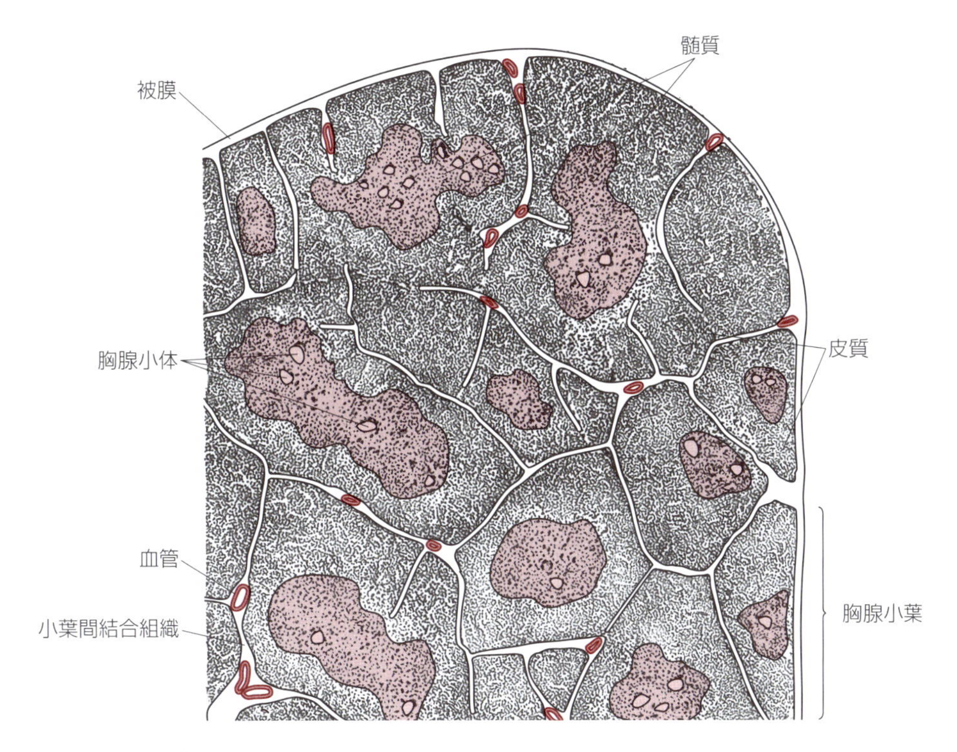


**図6-3 胸腺の組織構造（全体像）**

被膜から内部へ入り込む線維性結合組織により，胸腺は小葉に区分される。小葉の内部は，胸腺細胞の密度の差から皮質と髄質を見分けられる。髄質には大小不規則な形の胸腺小体が散在する。

する。血リンパ節は体腔を走る大型の血管に沿って認められ，髄外造血の機能を持つ。以下に通常のリンパ節の構造を記載する。

### 1）被膜

リンパ節の被膜capsuleは主に膠原線維からなる結合組織性の膜で，胸腺の被膜より硬くて強い（図6-2）。数本から数十本の輸入リンパ管afferent lymph vesselが，門以外のところ（図6-4）から被膜を貫いてリンパ節の中に入り，辺縁洞に開口する。被膜は所々で直角に方向を変え，リンパ節内部に入り込み小柱trabeculaが形成される。辺縁洞は，小柱に沿って走る小節周囲皮質洞を経て髄質の髄洞に繋がる。

### 2）皮質

皮質cortexはリンパ小節lymph noduleが存在する領域で，小柱によって区切られいくつかのリンパ小節がまとめられる（図6-2）。胚中心を持たないリンパ小節を一次リンパ小節，持つものを二次リンパ小節と呼ぶ。抗原刺激を受け免疫活性が高まると，まだ外来抗原に出会っていない若いB細胞が集まり，二次リンパ小節が作られる。二次リンパ小節の胚中心には細胞密度に違いが見られ，傍皮質側の暗調域と被膜側の明調域に区別される。暗調域ではB細胞のクローン的な増殖が起こり，B細胞は明調域に移動する。明調域には濾胞樹状細胞が存在し，抗原を提示してB細胞を刺激する。この時，突然変異体や免疫活性の低いB細胞クローンはアポトーシスを起こす。生き残ったB細胞はリンパ小節を出て，形質細胞となり抗体を分泌する。二次リンパ小節には帽状域があり，形質細胞の一部が記憶細胞としてとどまる。

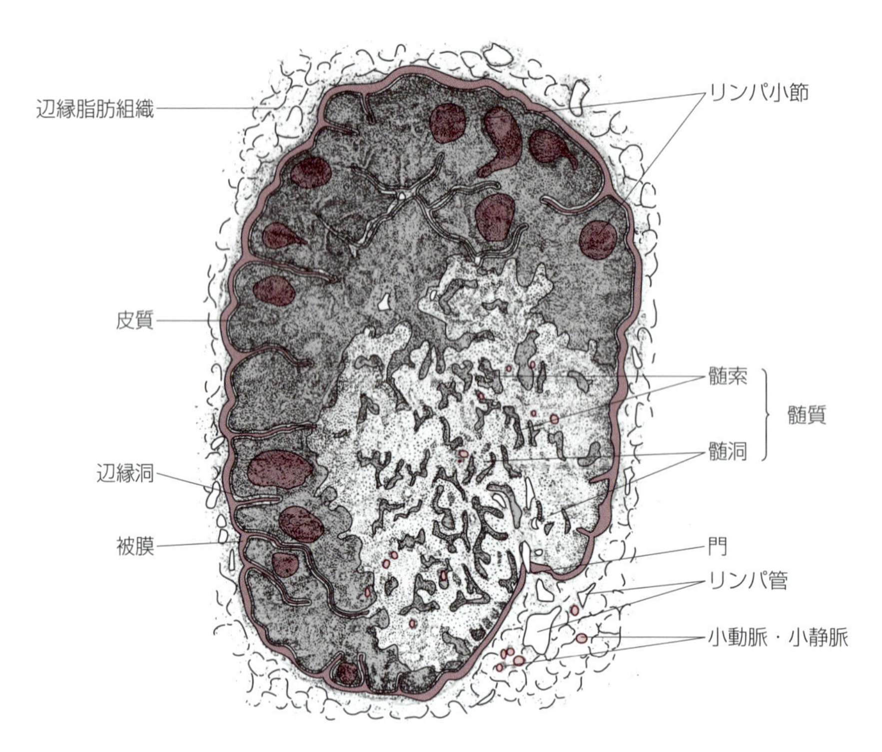


**図6-4　リンパ節の組織構造（全体像）**

周囲のリンパ管・血管が脂肪組織または被膜に包まれ，リンパ節内部に入る。血管系の出入り口は門と呼ばれる。皮質にはリンパ小節と辺縁洞が，髄質には迷路状の髄洞と髄索が見られる。

### 3）傍皮質

傍皮質 paracortexは皮質のうち，リンパ小節の髄質側に隣接する領域で，皮質深層とも呼ばれる（図6-2）。リンパ球が密集した領域であるが，リンパ小節のような定形的な構造を持たない。傍皮質にはT細胞が特異的に集まっているが，この領域に存在する毛細血管後細静脈の壁を通ってくる。指状突起細胞も存在し，T細胞に外来抗原を提示する。活性化したT細胞の一部は，リンパ小節から出てきたB細胞と反応し，抗体産生能を亢進させる。

### 4）髄質

髄質 medullaは髄洞と髄索に区別される（図6-2, 4）。髄洞は迷路状に発達したリンパ洞で，輸出リンパ管 efferent lymph vesselに繋がる。髄索 medullary cordはリンパ球と細網細胞からなる厚みのない索状構造を示す。

### 5）門

門 hilumは実質のくぼんだ部分で，輸出リンパ管，動脈，静脈が出入りする（図6-4）。輸出リンパ管にはリンパ節のフィルター機能によって異物が除去されたリンパ，活性化したB細胞，分泌された抗体が含まれる。血管からはリンパ球がリンパ節に補充される。

## 3. 脾臓

脾臓 spleenでは，被膜が実質をおおう。実質は脾髄とも呼ばれ，断面を肉眼で見ると，暗赤色の赤脾髄の中に，白っぽい斑点状の白脾髄が観察される。赤脾髄には血液細胞が蓄えられ，白脾髄ではリン

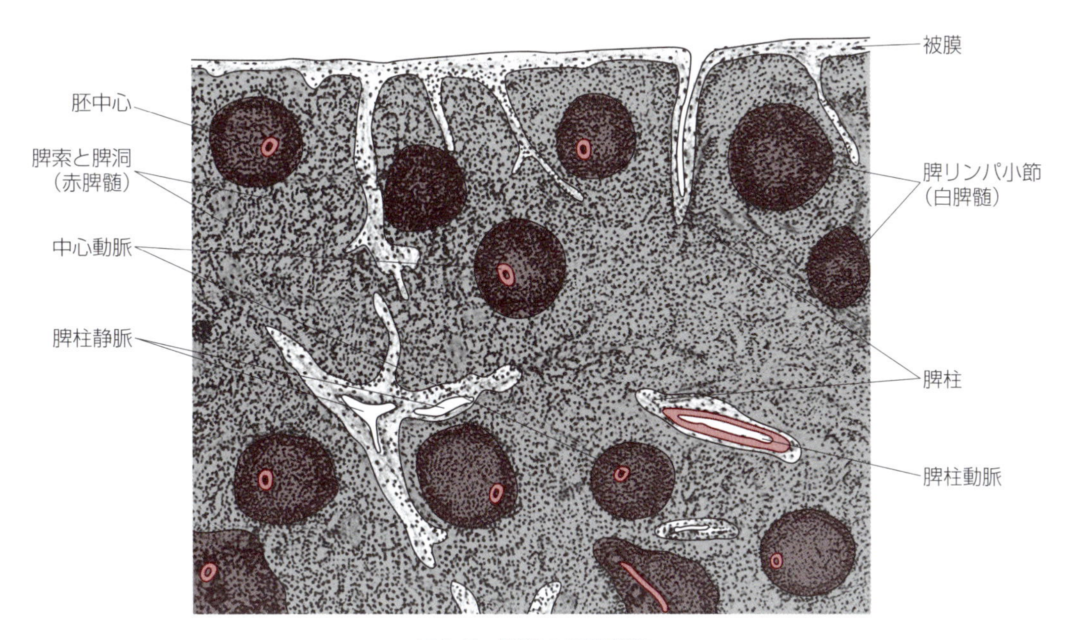


**図6-5　脾臓の組織構造**

被膜は脾臓内部に入り込み脾柱となる。脾柱は血管（脾柱動・静脈）の通路になる。脾臓の内部はリンパ球の集まりである白脾髄と，脾索と脾洞からなる赤脾髄に分けられる。

組織

パ球の活性化が行われる。脾臓は豊富な血液供給を受け，血液を濾過して抗原をトラップし，血行性に侵入する病原体に反応する。

### 1）被膜

密線維性結合組織の膜と腹膜（漿膜）があわさり被膜capsuleが形成される（図6-5）。被膜と被膜から分岐して内部に入り込む脾柱trabecula of spleenは，緻密な膠原線維，弾性線維と平滑筋細胞などで構成され，脾臓の骨組みになっている。被膜と脾柱は血管の通路でもある。

### 2）脾髄

赤脾髄red pulpは脾索splenic cordと脾洞splenic sinusからなる（図6-6）。脾索は細網細胞の網目状の構造が基盤となり，その中に血液由来の細胞が蓄えられる。白脾髄で活性化されたリンパ球も脾索に入る。脾洞はスノコ状の血管壁を持つ太い洞様毛細血管で，スノコの隙間の大きさを変えることができる。白血球は変形することで脾洞の間隙を通過できるが，老朽化した赤血球は変形能力が低下しており，通ることができない。脾索にはマクロファージが存在し，異物や死細胞を貪食し除去する。したがって，赤脾髄は不要になった赤血球の処理によって生じる鉄分の貯蔵の場にもなる。赤脾髄の白脾髄との境界領域を辺縁帯marginal zoneと呼ぶ。辺縁帯には多量の動脈血が流入し，血液中の異物はここで補足される。

白脾髄white pulpは，実質内に走る動脈に沿って作られるリンパ球の集積領域である。白脾髄には血行性にリンパ球が集められる。特に球状にリンパ球が集積する部分は脾リンパ小節（図6-5）と呼ばれ，リンパ節のリンパ小節と似た胚中心を持つ。脾リンパ小節の中央からやや外れて，中心動脈central arteryが通過する（図6-6）。脾リンパ小節の胚中心にはB細胞が密集し，隣接する濾胞樹状細胞やマクロファージによって，B細胞の活性化が行われる。中心動脈の周りにはT細胞が密集する。胸腺を除去するとこの領域のリンパ球が減少するため，胸腺依存領域と呼ばれる。胸腺依存領域には指状突起細胞が存在し，T細胞の活性化・分化を誘導する。

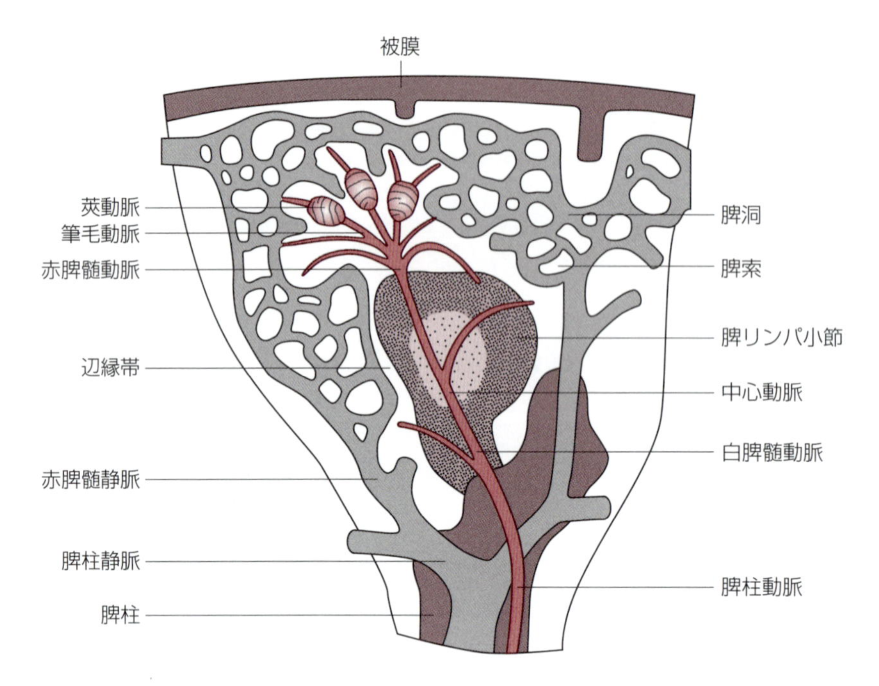


**図6-6　脾臓内の血管系**

脾柱動脈に続く白脾髄動脈はリンパ球を鞘状にまとい，中心動脈付近でリンパ球の集団は脾リンパ小節を作る。中心動脈は脾リンパ小節の辺縁を走る。筆毛動脈の先端は莢状に膨らむ(莢動脈)。動脈系の終末部は脾洞に直接繋がるか(閉鎖循環系)，いったん脾索に入り間接的に脾洞に流入する(開放循環系)。脾洞は赤脾髄静脈にまとまり，脾柱静脈となる。

### 3) 脾臓の血管

#### (1) 動脈

脾臓には脾動脈が脾門から入り，被膜や脾柱に沿って分岐し(脾柱動脈trabecular artery)，白脾髄動脈として白脾髄に入ると，血管の周囲をリンパ球によって鞘状に包まれる(動脈周囲リンパ鞘)。中心動脈は脾リンパ小節を貫くが，名前と違って実際は中心を通らない。中心動脈が白脾髄を通り抜けて赤脾髄動脈となると動脈周囲リンパ鞘は消失する(図6-6)。赤脾髄動脈は，筆の穂先のように分岐する筆毛動脈penicillar arteryを出す。筆毛動脈の先端部は細網細胞に包まれて太くなり，特にこの部位を莢動脈sheathed arteryと呼ぶ。莢動脈の先端は毛細血管となり脾洞に直接流入するか(閉鎖循環)，脾洞には届かず脾索へ開放して終わる(開放循環)。中心動脈の分枝と筆毛動脈が脾リンパ小節に分布する。

#### (2) 静脈系

洞様毛細血管(または細静脈)に分類される脾洞は，赤脾髄を迷路状に走る。合流して赤脾髄静脈になり，脾柱を走向する脾柱静脈trabecular veinから脾静脈になり脾臓を去る。

## 4. ファブリキウス嚢

ファブリキウス嚢bursa of Fabriciusは排泄腔嚢とも呼ばれる嚢状の組織で，鳥類特有のリンパ組織である。B細胞の産生・分化・成熟に働く。ヒダ状の粘膜上皮を持ち，ニワトリでは重層立方上皮になっている。ヒダの内部にリンパ小節が発達し，個々のリンパ小節(リンパ小胞)では皮質と髄質が区別できる。リンパ小節の頂部が接する粘膜上皮の領域は明るい染色性を呈し，ここに多数のリンパ球が浸潤する。この領域は濾胞被蓋上皮と呼ばれ，粘膜に結合した抗原の保持・提示が行われる。扁桃やパイエル板にも同じ構造がある。ファブリキウス嚢は加齢性に退縮する。

## 演習問題

**1. リンパ組織で網状構造を作る細胞はどれか。**

a. T細胞
b. B細胞
c. 細網細胞
d. 形質細胞
e. ランゲルハンス細胞

**2. T細胞が高い密度で局在する領域はどれか。**

a. リンパ節の胚中心
b. リンパ節のリンパ洞
c. リンパ節の傍皮質
d. 脾臓の脾索
e. 脾臓の中心動脈周囲

## 解　答

**1.**

**正解**　c

**解説**　細網細胞は自身が突起を伸ばし，網状構造を形成する。また，細網線維を分泌し，網目を補強する。

**2.**

**正解**　c, e

**解説**　胚中心はB細胞の増殖の場で抗原提示を受ける。リンパ節の傍皮質と脾臓の中心動脈周囲はT細胞が働く場である。脾索とリンパ洞には，リンパ球の特別な局在性はない。

（日下部 健）

# 7章　舌，消化管

**一般目標**：消化器系の組織構造と機能を修得する。

消化器系 digestive system は消化管と付属腺（8章参照）からなり，その機能は生体の維持・成長・エネルギー確保に必要な栄養素を食物から得ることである。食物は消化管を通過する過程で細かく砕かれるとともに消化酵素の働きで分解・消化・吸収され，残ったものは排泄される。本章では，舌，食道，胃，小腸，大腸の組織構造と機能について記載する。



## 7-1　歯，舌

**到達目標**：歯，舌の組織構造と機能を説明できる。
**キーワード**：歯，エナメル質，ゾウゲ質，セメント質，歯髄，舌，舌乳頭，糸状乳頭，円錐乳頭，レンズ乳頭，有郭乳頭，茸状乳頭，葉状乳頭，舌腺，味腺（フォンエブナー腺），味蕾

### 1. 歯

歯 tooth は鳥類を除いた脊椎動物に見られる硬組織である（図7-1）。物を噛み，切断したりすりつぶしたりするのにはたらく。3種類の石灰化組織と結合組織で構成される。

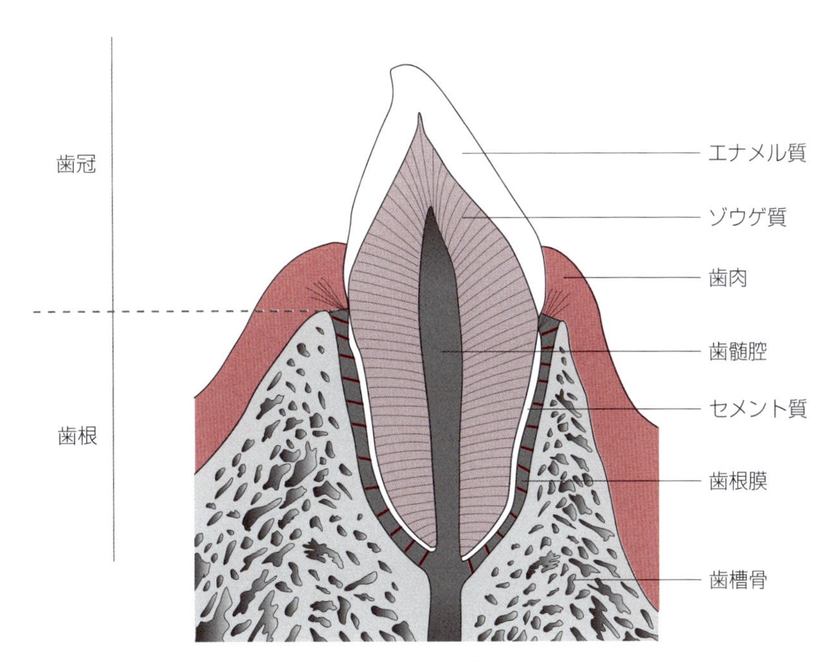


図7-1　歯の構造

#### 1）エナメル質
エナメル質enamelは歯の表面のうち歯冠と呼ばれる口腔内への露出面をおおう。エナメル質は体の中で最も硬く，ほぼ無機質からなる細胞の無い死んだ組織で，エナメル小柱と呼ばれる柱状の構造単位の集合体である。

#### 2）ゾウゲ質
ゾウゲ質dentinは歯髄腔を包む硬組織で歯の主体をなす。リン酸カルシウムが主成分である骨に似た組織で生涯にわたって形成される。歯髄腔面に並んで存在するゾウゲ芽細胞がゾウゲ質をつくる。

#### 3）セメント質
セメント質cementumは歯の表面のうち歯根と呼ばれる歯槽骨に入り込んだ部分の表面をおおう。セメント質は骨に非常によく似た硬組織であるが，明瞭な層板構造を示さない。セメント芽細胞は骨芽細胞，セメント細胞は骨細胞に対応する（2章301頁「2.骨組織」参照）。

#### 4）歯髄
歯髄dental pulpは歯髄腔を満たす結合組織であり，血管と神経を多く含む。

### 2. 舌
舌tongueは筋肉性の器官で横紋筋の塊である。採食，口腔内での食物の移動，嚥下および哺乳に関与する。舌の表面は粘膜でおおわれ，粘膜上皮は重層扁平上皮であり，種によって角化の程度が異なる。舌背部の重層扁平上皮は厚く角質層が見られるが，舌腹部の重層扁平上皮は薄く角化しない。舌背の粘膜表面には舌乳頭と呼ばれる多数の小さな隆起が存在し舌の特徴となっている。重層扁平上皮の基底部に粘膜固有層から伸びる結合組織性の芯が侵入し，二次乳頭（結合組織乳頭）が見られることも舌粘膜の組織学的特徴である。また，舌には腺構造として舌腺lingual glandが存在する。

#### 1）舌乳頭
舌乳頭lingual papillaは，機械乳頭と味蕾乳頭に大別され，味蕾乳頭には味を感じる味蕾taste budが存在する。機械乳頭には糸状乳頭，円錐乳頭，レンズ乳頭が，味蕾乳頭には茸状乳頭，有郭乳頭，葉状乳頭があり，それぞれ形状により名付けられている。機械乳頭の方が味蕾乳頭より数がはるかに多く存在する。

##### （1）糸状乳頭
糸状乳頭filiform papillaは最も多く見られる乳頭で，舌の全体に広く存在する。角化した棍棒状・三角錐状・細い円錐状の乳頭であり，先端が後方に向かって傾いている。

##### （2）円錐乳頭
円錐乳頭conical papillaはイヌ，ブタ，ネコの舌根に分布し，糸状乳頭より大きいが，あまり角化しない。

##### （3）レンズ乳頭
レンズ乳頭lenticular papillaは反芻動物の舌背隆起部に見られ，扁平なレンズ状の乳頭である。

##### （4）茸状乳頭
茸状乳頭fungiform papillaは名前の通りキノコ型の乳頭で，糸状乳頭の間に散在している。乳頭の上面は非角化重層扁平上皮で味蕾が存在する。

##### （5）有郭乳頭
有郭乳頭vallate papillaは舌根部に存在する大型で扁平な乳頭で，周囲には溝がある。乳頭の側壁の部分（側面）には多くの味蕾が存在する。溝の底部には漿液性の味腺gustatory gland（フォンエブナー腺

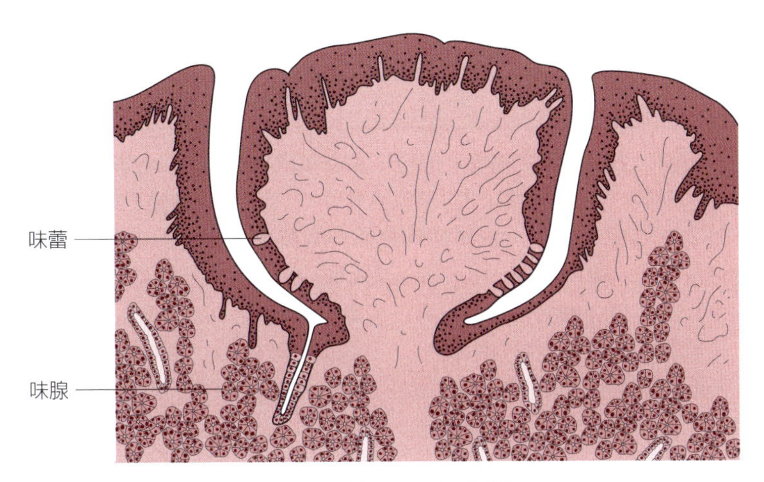


図7-2　有郭乳頭



von Ebner's gland）が開口する（図7-2）。

(6) 葉状乳頭

葉状乳頭foliate papillaは，舌根部の舌の両側縁に見られる。複数の乳頭溝と隆起部が交互に平行に並び，乳頭溝の側面に味蕾が存在する。漿液性の味腺が乳頭溝の底部に開口する。

## 2). 舌乳頭の機能

機械乳頭は，食物を後方に動かすための機械的な働きをする。味蕾乳頭は，味覚を感知する機能を持つ（味蕾の組織構造については14章435頁「1. 味蕾」参照）。

# 7-2　食道，胃，小腸，大腸

到達目標：食道，胃，小腸，大腸の基本構造と部位による組織構造の違いと機能を説明できる。
キーワード：粘膜，筋層，漿膜，外膜，粘膜上皮，粘膜固有層，粘膜筋板，粘膜下組織，粘膜下神経叢，内輪走筋層，外縦走筋層，筋層間神経叢，漿膜上皮（中皮），漿膜下組織，食道，固有食道腺，胃，前胃，第一胃，第一胃乳頭，第二胃，第二胃乳頭，第二胃稜，第二胃小室，第三胃，第三胃乳頭，第三胃葉，噴門腺，固有胃腺，幽門腺，胃小窩，表面上皮細胞，頸粘液細胞（副細胞），主細胞，壁細胞，胃腸（消化管）内分泌細胞，小腸，大腸，腸絨毛，線条縁，腸陰窩，腸腺，十二指腸腺，吸収上皮細胞，杯細胞，パネート細胞，中心リンパ管（中心乳ビ腔）

消化管は分泌，吸収，保護の3つの機能を備えている。これらの機能は主に消化管の粘膜がその機能を担っており，消化管粘膜上皮は腺上皮，吸収上皮，被蓋上皮としての機能を備えている。消化管の全長に腺が分布し，酵素，粘液，ホルモン，イオンなどが腺から分泌される。これらは食物の消化を助け，粘膜を保護する働きを持つ。消化管には粘膜ヒダ，絨毛，微絨毛など消化管内腔面の表面積を増大させる構造が発達し，これにより栄養素や電解質は効率良く吸収される。また，消化管粘膜上皮は，消化管内腔の有害な物質や病原体の侵入から体を守る障壁として働く。

## 1. 消化管の一般構造

食道から大腸および肛門管にかけて，消化管の組織構造は基本的に類似しており消化管内腔側から順番に粘膜，粘膜下組織，筋層，外膜または漿膜の4層に分けられる（図7-3）。粘膜下組織を粘膜に入れ3層とする場合もある。

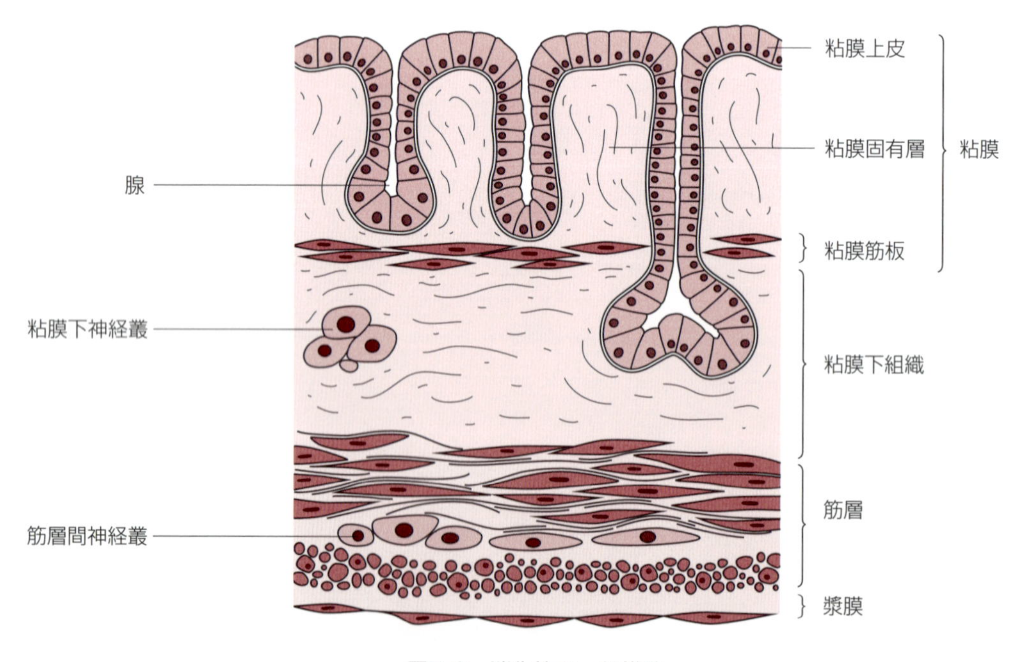


図7-3　消化管の一般構造

#### 1）粘膜

粘膜mucosaは粘膜上皮mucous epithelium，粘膜固有層lamina propria mucosae，粘膜筋板lamina muscularis mucosaeに分けられる。消化管の粘膜上皮は，食道と胃の無腺部（反芻動物では第一胃から第三胃）および肛門管では重層扁平上皮であるが，腺胃部と小腸と大腸では単層円柱上皮からなる。胃の無腺部を除けば粘膜上皮は粘膜固有層や粘膜下組織に落ち込んで腺を形成している。消化管粘膜上皮の形状は器官に固有の形状を示し，組織学的な区別に不可欠な情報を与える。

粘膜固有層は結合組織の層で，血管，リンパ管，神経が走向する。また，消化管免疫を担う消化管付属リンパ組織も見られる（6章339頁「1. リンパ組織・器官の分布」参照）。

粘膜筋板は粘膜固有層と粘膜下組織に挟まれた平滑筋の層である。2層の薄い平滑筋層からなることが多く，その場合，内層は輪走し外層は縦走する。粘膜筋板は粘膜の運動に関与し，消化管全体の運動から独立している。粘膜筋板の収縮が粘膜の運動を引き起こし，粘膜上皮における吸収あるいは分泌を促進する。

#### 2）粘膜下組織

粘膜下組織submucosaは粘膜固有層より疎な（粗い）結合組織の層であり，より太い血管やリンパ管を含む。神経が集まって粘膜下神経叢submucous plexusが形成される。粘膜下神経叢は粘膜筋板の運動や粘膜内の腺の分泌にかかわる。食道や十二指腸では，粘膜下組織に腺が存在するため，消化管の部位の特定に役立つ。

#### 3）筋層

消化管の多くの部位で内輪走筋層inner circular muscle layerと外縦走筋層outer longitudinal muscle layerの2層の平滑筋層が見られる。内輪走筋層は消化管の長軸に対しピッチの短いラセンを描くように走行し，外縦走筋層はピッチの長いラセンを形成するように走行する。内，外の筋層muscle layerの間に筋層間神経叢myenteric nerve plexusがあり，消化管の自律的な運動を調節している。内輪走筋の収縮は消化管の内腔を狭め，外縦走筋の収縮は管の短縮を引き起こす。蠕動運動は両層の平滑筋が協調的に収縮・弛緩して内容物を消化管の遠位部へと運ぶ運動である。

肛門管の周囲では横紋筋が筋層を形成する。食道にも横紋筋が見られる（動物種によって平滑筋/横紋筋の分布は異なる）。胃では斜走する筋層が加わる。大腸では外縦走筋層の一部が肥厚し，腸ヒモを形成する（動物種によって異なる）。

#### 4）漿膜または外膜

消化管の最外層は漿膜serous membraneまたは外膜adventitiaでおおわれる。消化管が他の器官と結合している場合は外膜でおおわれ，厚い結合組織の層が形成される。胸腔や腹腔に直接面している場合は漿膜となる。漿膜は漿膜上皮serosa（中皮mesothelium）と漿膜下組織subserosaからなる。漿膜上皮は単層扁平上皮で，漿膜下組織は疎性結合組織である。

### 2. 食道

食道esophagusは口腔と胃を繋ぐ管で内面には縦ヒダが見られる。食道の粘膜上皮は重層扁平上皮であり，角質層は反芻動物では発達するがイヌやネコではほとんど見られない。粘膜筋板は明瞭であり，粘膜下組織には固有食道腺proper esophageal glandが存在する。終末部は主に粘液細胞で構成されるが，ウシ，ブタ，イヌでは漿液半月が見られる。分泌物は食物の移動を助け，粘膜を保護している。一般に近位側（吻側）の筋層は横紋筋，遠位側（胃側）の筋層は平滑筋で構成され，横紋筋と平滑筋が混在する移行部も見られる。反芻動物とイヌでは全体が横紋筋で構成される。筋層は胃の近くで肥厚して括約筋を形成し，胃内容物の逆流を防ぐ。

## 3. 胃

胃stomachは食物貯蔵のために発達した嚢状の器官であり，動物種で大きく構造が異なる。1つの嚢からなる単胃と複数の嚢からなる複胃に分けられる。反芻動物は複胃を持ち，前胃proventriculus（第一胃，第二胃，第三胃）と腺胃（第四胃）に分けられる。前胃の粘膜は重層扁平上皮でおおわれ腺が見られない（単胃動物の無腺部に相当）。腺胃は単胃動物の胃に相当する。単胃でも，ウマとブタの胃は無腺部（前胃部，食道部）と腺胃部からなり，イヌとネコの胃はすべてが腺胃部からなっている。

### 1）第一胃

第一胃rumenの粘膜には，第一胃を特徴づける第一胃乳頭ruminal papillaが見られる。第一胃乳頭は舌状，葉状，指状の突起で，粘膜固有層が芯となり角化重層扁平上皮でおおわれる。粘膜固有層には血管が多く見られ，第一胃発酵で生じた揮発性脂肪酸の吸収に関与する。粘膜筋板はないため，粘膜固有層と粘膜下組織の境界は不明瞭である。

### 2）第二胃

第二胃reticulumの粘膜には，第二胃稜reticular crestと呼ばれる粘膜ヒダが隆起して第二胃小室reticular celluleが形成される。第二胃には第二胃稜の稜線部と側面および第二胃小室の底面に第二胃乳頭reticular papillaが見られる。第二胃稜と第二胃乳頭粘膜は粘膜固有層が芯となり角化重層扁平上皮でおおわれる。粘膜筋板は第二胃稜の上部に見られるため，粘膜固有層と粘膜下組織の境界は不明瞭である。

### 3）第三胃

第三胃omasumには，第三胃葉omasal laminaと呼ばれる第三胃底に向かう粘膜ヒダが存在する。第三胃葉には第三胃乳頭omasal papillaが見られる。第三胃の粘膜は角化重層扁平上皮でおおわれる。第三胃葉の基部から先端部にわたり粘膜筋板が見られる。

### 4）腺胃

腺胃glandular stomach（腺胃部）の粘膜上皮は単層円柱上皮である。腺胃部は粘膜に含まれる胃腺の種類によって噴門部，胃底部・胃体部，幽門部の3つに分けられる。噴門部は食道からの入口に近い領域で噴門腺を含む。胃底部・胃体部は最も広い領域で固有胃腺を含む。幽門部は十二指腸への出口に近い領域で，幽門腺を含む。噴門部，胃底部・胃体部，幽門部の粘膜上皮は組織学的に共通の構造を示し，胃小窩，峡，胃腺の3つの要素で構成される。粘膜は粘膜固有層に向かって陥入し胃小窩gastric pitを形成する。胃小窩と胃粘膜の表面は粘液を分泌する表面上皮細胞surface epithelial cell（表層粘液細胞surface mucous cell）でおおわれる。胃小窩の底部には単一管状腺である胃腺（幽門腺は単一管状胞状腺）が開口する。幽門部の胃小窩は深い。胃小窩の開口部と胃腺の間には峡が介在し，ここには胃腺粘膜上皮の幹細胞が存在し，細胞供給の場となる。

#### （1）噴門腺

噴門腺cardiac glandの腺細胞は粘液を分泌する。類円形の核は基底側に位置し，明るい細胞質を持つ。

#### （2）固有胃腺（胃底腺）

固有胃腺proper gastric gland（胃底腺）は頸，体，底と分けられる。主要な細胞は頸粘液細胞（副細胞），主細胞，壁細胞で，これらの細胞以外に胃腸（消化管）内分泌細胞gastrointestinal endocrine cell（13章423頁「8. 胃腸内分泌細胞」参照）が含まれる（**図7-4**）。

①頸粘液細胞（副細胞）mucous neck cell：頸部に見られ粘液を分泌する。細胞内の粘液によって核は細胞の基底側に押しやられている。粘液は酸に対して胃を保護する。底へと移動しながら主細胞に分化していく細胞である。

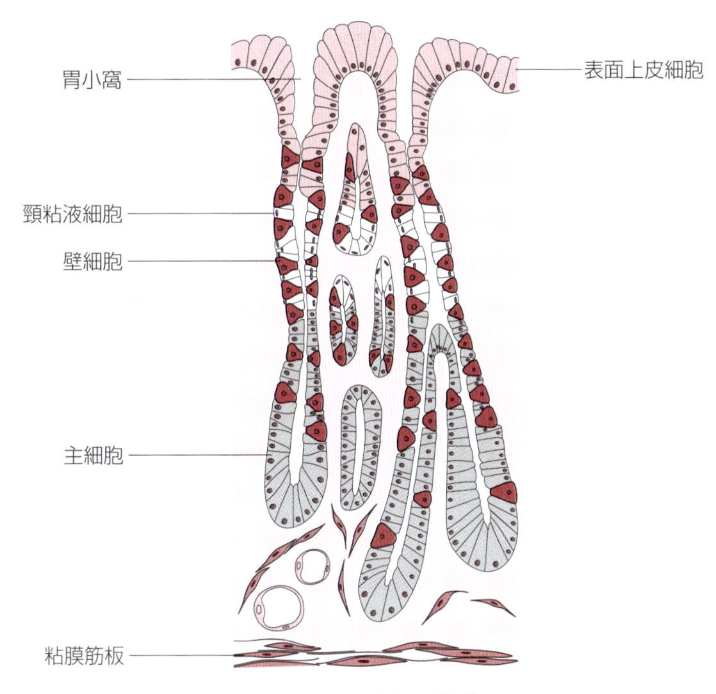


図7-4　胃体部の粘膜



②主細胞 chief cell：底に多く存在しペプシノーゲンを分泌する。典型的なタンパク分泌細胞の形態を示し，腺腔側に分泌顆粒を含み，核が基底側に偏在し，その周りに発達した粗面小胞体が見られる。

③壁細胞 parietal cell：固有胃腺全体に分布する。細胞内分泌細管を持つ酸好性（好酸性）の大型の細胞で，固有胃腺の輪郭から外にはみ出しているように局在するため壁細胞と呼ばれる。塩酸（胃酸）を分泌する。細胞内分泌細管の膜に局在するプロトンポンプ（$H^+$, $K^+$-ATPase）が塩酸の分泌を担う。塩酸の分泌に必要なATPを産生するため，ミトコンドリアが数多く見られる。分泌された塩酸によりペプシノーゲンはペプシンになり，タンパク質が消化される。塩酸は静菌的に働き，食物と一緒に摂取した細菌を殺す働きも持つ。

**(3) 幽門腺**

幽門腺 pyloric glandの腺細胞は噴門腺と類似しており粘液を分泌する。細胞質は明るく核は基底側によっている。核の形状は類円形や扁平など動物種によって異なる。

## 4. 小腸

小腸 small intestineは，十二指腸 duodenum，空腸 jejunum，回腸 ileumに分けられる。小腸は食物の消化と栄養素を吸収する中心的な場である。

小腸には吸収面積増大のために長さ以外に，いくつかの構造的な特徴が見られる。肉眼的には小腸近位部の粘膜には輪状ヒダ circular foldsと呼ばれる粘膜下組織から隆起したヒダが発達する。また，小腸粘膜の表面には長さ1 mm前後の腸絨毛 intestinal villusと呼ばれる粘膜固有層を芯とした指状の粘膜突起が密生している。このように輪状ヒダ，腸絨毛は小腸の表面積を広げ，吸収効率を高めるために重要である。腸絨毛の基部には，腸陰窩 cryptと呼ばれる単一管状腺が開口している。腸陰窩は腸腺 intestinal glandとも呼ばれ粘膜筋板まで伸びる。消化管付属リンパ組織（GALT）が粘膜に散在し，特に回腸では集合リンパ小節（パイエル板）として発達したリンパ組織が見られ，局所免疫を担う

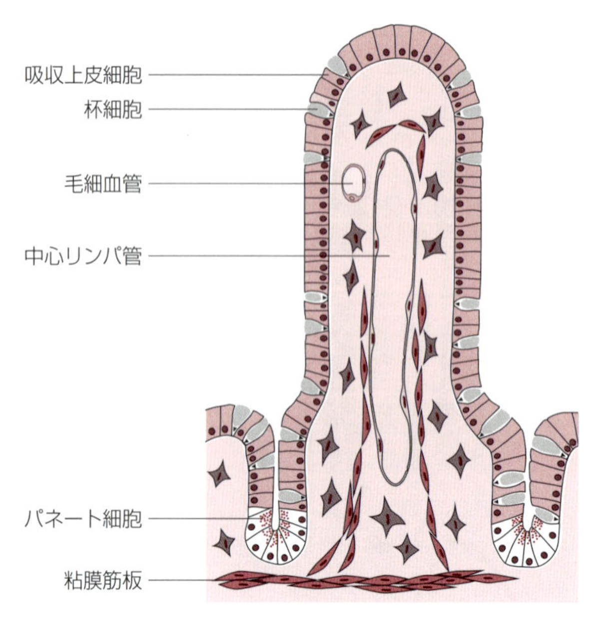


図7-5　小腸の粘膜

(6章339頁「6-1　リンパ組織」参照)。筋層には，内輪走筋層と外縦走筋層の2層の平滑筋層が見られ，両筋層の間に筋層間神経叢が観察される。

### 1）粘膜上皮，粘膜固有層と粘膜筋板

腸絨毛と腸陰窩が小腸粘膜の基盤的な構造をなす。腸絨毛には吸収上皮細胞，杯細胞，腸内分泌細胞が存在している(図7-5)。腸陰窩の底部にはパネート細胞が，また，腸粘膜上皮の幹細胞がパネート細胞に隣接して見られる。幹細胞はそれぞれの前駆細胞に分化し，分化途上にある吸収上皮細胞，杯細胞，腸内分泌細胞は細胞分裂しながら腸陰窩から腸絨毛へと向かうが，パネート細胞は陰窩底部にとどまる。粘膜固有層には毛細血管や中心リンパ管central lymphoduct(中心乳ビ腔central lacteal)が存在するが，中心リンパ管は腸絨毛の中央部を縦走する大きな腔所として観察される。吸収された脂質などの栄養素を体内へ運ぶ。

#### (1) 吸収上皮細胞

吸収上皮細胞absorptive epithelial cellは，絨毛の表面をおおう主要な細胞である。典型的な円柱上皮細胞で円形・楕円形の核が基底部に位置する。光学顕微鏡で見ると細胞の管腔面には線条縁striated borderが観察され，表面は糖衣でおおわれる。線条縁は均一の丈からなる密生した微絨毛で，細胞の吸収面積を広げる構造である。

#### (2) 杯細胞

杯細胞goblet cellは粘液を分泌する単細胞腺で，吸収上皮細胞の間に散在している。ワイングラス状の形状を示し，細胞の基底部に核が押しやられている。細胞質は粘液顆粒で占められているが，光学顕微鏡では明るい細胞質として観察される。

#### (3) パネート細胞

パネート細胞Paneth cellは，小腸陰窩基底部に見られる酸好性顆粒を持つ細胞である。顆粒にはリゾチームが含まれ，腸内細菌叢の調節に関与している。

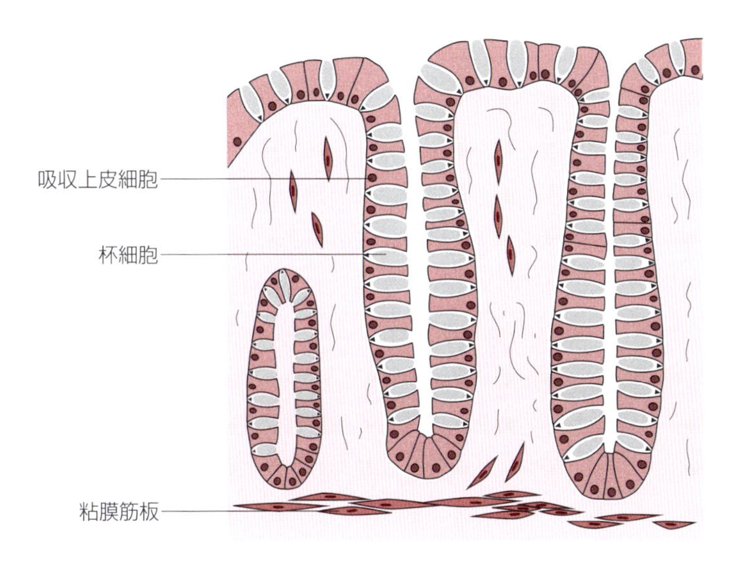


図7-6　大腸の粘膜



### 2）粘膜下組織

粘膜下組織は疎性結合組織からなり粘膜下神経叢が存在する。十二指腸では十二指腸腺duodenal glands（ブルンナー腺duodenal glands of Brunner）が観察される。十二指腸腺の終末部は粘膜下組織に存在し，導管は腸絨毛の基底部に開口し粘膜筋板に至る粘膜固有層を走行する。終末部は反芻動物とネコでは粘液性，ウマでは漿液性と粘液性，ブタとイヌでは漿粘液性の細胞で構成される。

## 5. 大腸

大腸large intestineは水，電解質，短鎖脂肪酸などの栄養素を吸収し粘液を分泌する。肉眼的に大腸の粘膜には半月ヒダや見られ，小腸のように腸絨毛は存在しない。大腸は盲腸cecum，結腸colon，直腸rectumに分けられるが，組織学的な基本構造は同じである。

大腸の粘膜上皮は単層円柱上皮であり，深い管状の腸陰窩が粘膜固有層を貫き，単一管状腺である腸腺が形成される（図7-6）。粘膜固有層が占める領域は小腸と比べて小さく腸腺が占める割合は著しく高い。粘膜上皮を構成する主要な細胞は吸収上皮細胞と杯細胞である。粘膜表面は吸収上皮細胞で占められるが，腸陰窩では散在する。腸陰窩では非常に多くの杯細胞が観察され，分泌される粘液は水分を失った残渣の移動に役立つ。消化管内分泌細胞も腸陰窩に存在している。また，腸陰窩の底部には大腸上皮の幹細胞が局在している。大腸では粘膜固有層から粘膜下組織にかけて多くの孤立リンパ小節が観察される。

## 演習問題

**1. 胃に関する記述で誤っているのはどれか。**

a. 壁細胞はペプシンを分泌し，タンパク質を消化する。
b. 主細胞はタンパク質を分泌するため，基底側に粗面小胞体が多く存在する。
c. 消化管内分泌細胞は管腔には消化管ホルモンを分泌しない。
d. 頸粘液細胞から分泌される粘液は胃の粘膜表面を保護する。
e. 塩酸は消化を助けるだけでなく，殺菌作用も持つ。

**2. 粘膜に関する記述で誤っているのはどれか。**

a. 食道の粘膜上皮は重層扁平上皮であり，未消化の硬い食物から粘膜表面を保護する。
b. 腸粘膜には杯細胞が存在し，分泌される粘液は粘膜表面を保護する。
c. 小腸吸収上皮細胞の管腔側には表面積を増やすための微絨毛が発達している。
d. 腸絨毛は小腸で見られる粘膜の突出である。
e. 大腸の粘膜上皮は重層扁平上皮であり，水分を失った食物残渣から粘膜表面を保護する。

**3. 消化管の記述で誤っているのはどれか。**

a. 消化管粘膜は，粘膜上皮の物理的な障壁とリンパ組織による免疫的な防御作用によって，外界から保護される。
b. 粘膜筋板は粘膜の運動に関与し，筋層とは独立して動く。
c. 消化管の筋層はすべて平滑筋で形成され，主に内層と外層の2層からなる。
d. 内輪走筋層の平滑筋の収縮は消化管内容物の混和にかかわり，食物と消化酵素の反応を促進させる。
e. 食道には粘膜下組織に腺が見られる。

## 解　答

**1.**

正解　a

**解説**　壁細胞は塩酸を分泌する。主細胞からペプシノーゲンが分泌され，塩酸やペプシンの作用によりペプシノーゲンはペプシンに変換される。ペプシンが直接分泌されることはない。

**2.**

正解　e

**解説**　大腸の粘膜上皮は単層円柱上皮で，多く存在する杯細胞が分泌する粘液によって粘膜は保護される。

**3.**

正解　c

**解説**　食道や肛門管の筋層は一部が横紋筋で構成される。

（渡邉 敬文）

# 8章　唾液腺，肝臓，膵臓

**一般目標：消化器系の付属腺の組織構造と機能を修得する。**

消化器系の付属腺accessory digestive glandには，唾液腺(口腔腺)と肝臓および膵臓が挙げられる。いずれも消化管上皮に由来し，外分泌腺として働く。唾液腺からは粘液を含む唾液が口腔に，肝臓と膵臓からはそれぞれ胆汁と膵液が十二指腸に分泌される。肝臓は栄養物の貯蔵と代謝，アルブミンなど血漿タンパクの合成，薬物などさまざまな物質の代謝や解毒など数多くの重要な機能を担う器官でもある。膵臓は，重要な消化酵素を膵液として分泌(外分泌)する器官であると同時にインスリンやグルカゴンなど血糖を調節するホルモンを分泌(内分泌)する器官でもある。

## 8-1　大口腔腺

**到達目標：大口腔腺の組織構造と機能を説明できる。**
**キーワード：** 大口腔腺(大唾液腺)，耳下腺，下顎腺，舌下腺，腺房(終末部)，介在導管，線条導管，漿液細胞，粘液細胞，漿液半月，筋上皮細胞

### 1. 大口腔腺(大唾液腺)

導管が口腔に開口し唾液を分泌する腺を口腔腺oral gland(唾液腺salivary gland)と呼び，大口腔腺(大唾液腺major salivary gland)と小口腔腺(小唾液腺minor salivary gland)に分類される。口腔腺は，消化酵素を含む漿液を分泌する漿液腺，粘液を分泌する粘液腺，両者の混合物を分泌する混合腺に分類され，これらには組織学的に明瞭な特徴が認められる。唾液の大部分を産生する大口腔腺には，耳下腺，下顎腺と舌下腺があり，腺体はいずれも大きく口腔から離れた位置に結合組織に包まれて存在する。大口腔腺は，分泌物を産生・放出する腺房acinus(終末部terminal portion)と導管系からなる複合管状胞状腺で，結合組織により腺の実質は細分され小葉構造をとる。肉食動物に見られる頬骨腺とウサギに見られる眼窩下腺*は，小口腔腺である頬腺(背頬腺)が発達して形成された口腔腺で，大口腔腺に含める場合がある。

大口腔腺の腺房は，漿液細胞serous cellsと粘液細胞mucous cellsで構成される。漿液細胞は基底部に位置する丸い核とヘマトキシリン-エオジン染色(H-E染色)で暗調に染まる細胞質を持つ。粘液細胞は基底部に圧平されクロマチンが濃縮された暗調の核を持ち，H-E染色では細胞質は非常に明るい特徴を示す。1つの腺房が漿液細胞あるいは粘液細胞のみで構成されている漿液性あるいは粘液性の終末部の他に，粘液細胞よりなる腺房の外周縁を取り囲むように漿液細胞が存在する終末部が見られ，この構造を漿液半月serous demiluneという(図8-1)。

導管系は，小葉内導管である介在導管intercalated ductと線条導管striated ductおよび小葉間導管interlobular duct，葉間導管interlobar duct，排出導管excretory ductで構成される。介在導管は腺房

---

*注：ウサギの「涙腺の眼窩外部」を眼窩下腺と記載している文献が散見される。また，「ウサギの頬骨腺」と記載されている場合は口腔腺であるウサギの眼窩下腺を指している。詳細は及川と岡野の報告(愛知学院大学歯学会誌　16巻132～138，1978)を参照のこと。

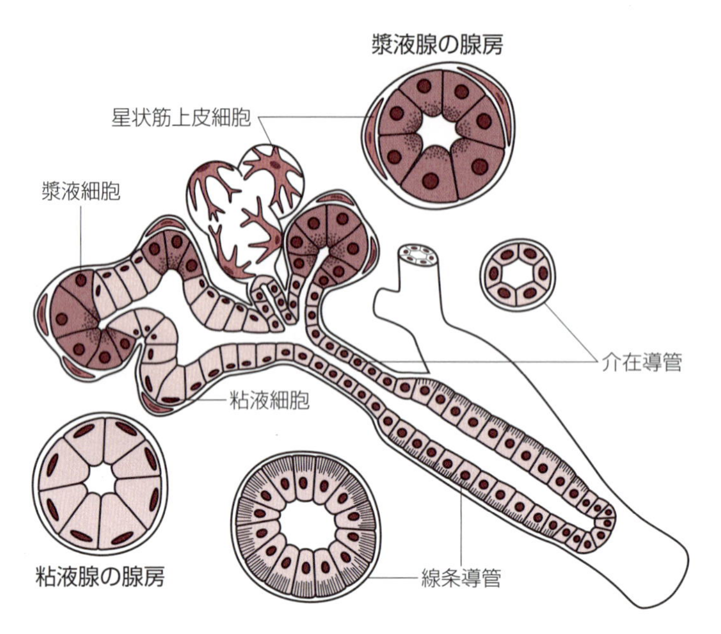


**図8-1　唾液腺の構造を示す模式図**

唾液腺では漿液細胞と粘液細胞からなる腺房が観察されるが，両細胞の割合は唾液腺の種類や動物種によって異なる。小葉構造をとること，線条導管が観察されることが唾液腺の一般的な特徴である。

と繋がる導管で，丈の低い立方上皮からなる細い導管である。それに続く線条導管は，円柱上皮で構成され，基底線条basal striationsを持ち，重炭酸イオンを分泌する導管である。基底線条は，細胞基底部の細胞膜のヒダ状の折れ込み（基底陥入basal infoldings）の中にミトコンドリアが密集し形成されている。線条導管に続く導管の上皮は単層立方上皮から2層の円柱上皮となる。

終末部と介在部には外周を包み込むように取り囲む形で筋上皮細胞myoepithelial cells（星状筋上皮細胞stellate myoepithelial cells）が存在する。この細胞は平滑筋細胞の一種で収縮能がある（**図8-1**）。

## 2. 耳下腺

耳下腺parotid glandは，ヒト，家畜および齧歯類において漿液性の終末部からなる純漿液腺であるが，幼若なイヌやヒツジでは粘液性の終末部を含む。

## 3. 下顎腺

下顎腺mandibular glandは，ヒト，ウマ，反芻動物では混合腺であり，典型的な漿液半月が見られる。イヌ，ネコ，齧歯類も混合腺であるが，終末部は多くの粘液細胞で占められ漿液細胞の割合は低い。

## 4. 舌下腺

舌下腺sublingual glandは混合腺であり，小型の肉食動物，ヒト，ウマで漿液半月が見られる。反芻動物，ブタ，齧歯類では，粘液性の終末部が漿液性の部分に対しはるかに優勢な混合腺である。

## 5. 頬骨腺と眼窩下腺

肉食動物に見られる頬骨腺zygomatic glandは，終末部の大部分が粘液細胞で占められているが，漿液半月も見られる混合腺である。小葉内導管である介在導管と線条導管は未発達で乏しい。ウサギに見られる眼窩下腺infraorbital glandは粘液腺で，線条導管を欠如するとされている。

# 8-2　肝臓

到達目標：肝臓の組織構造と機能を説明できる。
キーワード：肝臓，被膜，肝小葉，小葉間結合組織，肝三つ組(小葉間動脈，小葉間静脈，小葉間胆管)，中心静脈，肝細胞板，洞様毛細血管(類洞)，肝細胞，類洞内皮細胞，クッパー細胞(星状大食細胞)，類洞周囲腔(ディッセ腔)，類洞周囲脂質細胞(伊東細胞)，毛細胆管，胆嚢



## 1. 肝臓の組織構造

肝臓liverは，内胚葉に由来する十二指腸上皮が落ち込み増殖・分化して形成された複合管状腺である。肝臓の表面は被膜capsuleでおおわれ，被膜は漿膜(腹膜)とそれに続く膠原線維と弾性線維の豊富な線維膜からなる。線維膜の続きは肝臓内に侵入し肝実質を肝小葉に分けており，肝小葉の中に肝細胞が一定の配列で収まっている。肝小葉は1～2 mmの6角柱ないし多角柱の構造をとる。肝小葉を取り囲む結合組織を小葉間結合組織interlobular connective tissueという。ブタでは小葉間結合組織がよく発達し小葉構造は明瞭であるが，他の動物では一般に6角柱の角の部分以外は未発達で小葉構造を見極めるのは難しい。肝小葉の角にあたる小葉間結合組織には小葉間動脈interlobular artery(固有肝動脈に由来)，小葉間静脈interlobular vein(門脈に由来)，小葉間胆管interlobular bile duct(毛細胆管からの胆汁を運ぶ導管)が集まって観察され，これらは肝三つ組hepatic triadと呼ばれる(図8-2)。

## 2. 肝小葉

肝細胞は隣接する肝細胞と結合して連続した板状の肝細胞板hepatic laminaを形成し，肝細胞板は肝小葉の中心部に位置する中心静脈central veinを中心として放射状に配列する。肝細胞板と肝細胞板の間には洞様毛細血管sinusoidal capillary(類洞sinusoid)が介在している。血液は小葉間静脈および小葉

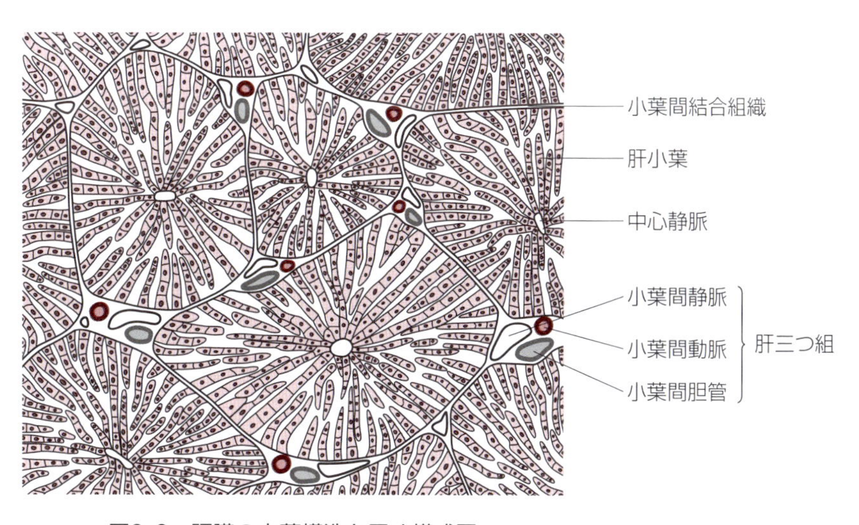


図8-2　肝臓の小葉構造を示す模式図

肝臓は小葉間結合組織によって区切られた肝小葉が構造単位になる。小葉間結合組織の発達の度合いは動物によって差があり，動物によっては肝小葉を明瞭に観察することができない。多角形の小葉の角には肝三つ組が存在する。

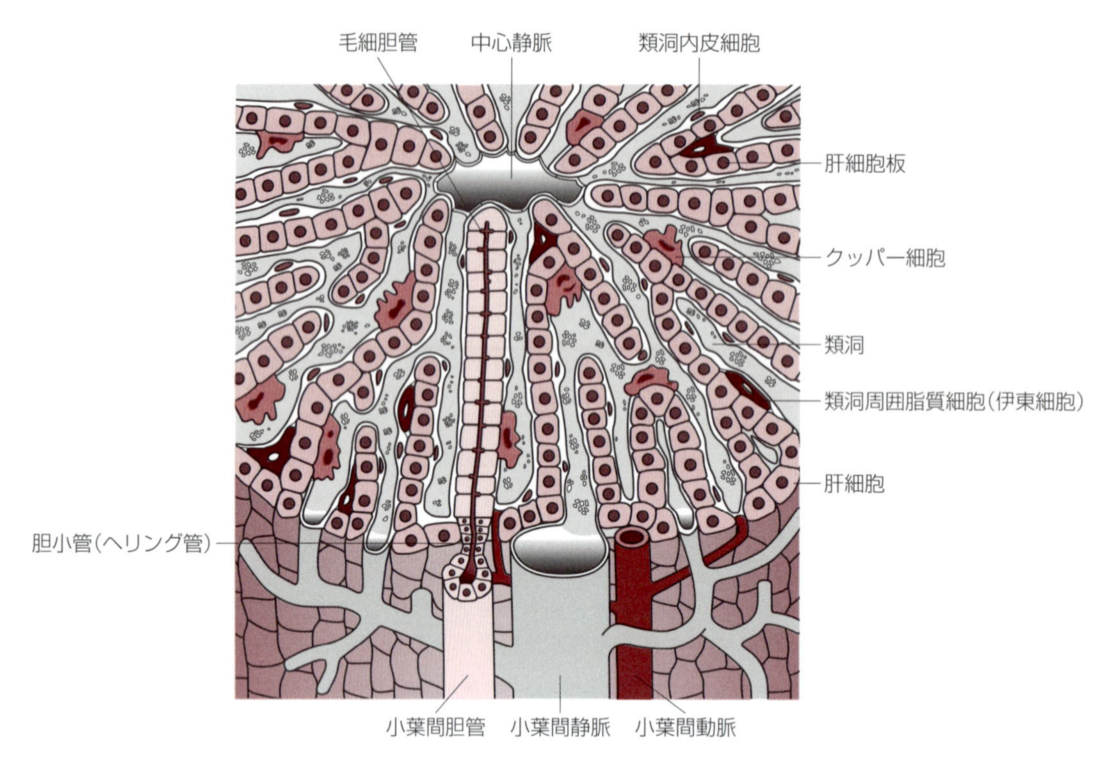


**図8-3　肝臓の基本的な構築を示す模式図**

肝細胞は肝細胞板を形成し，肝細胞板は中心静脈から放射状に配列する構造をとる。類洞には門脈由来の小葉間静脈と固有肝動脈由来の小葉間動脈を流れる血液が流入し，中心静脈に集まる。肝細胞で作られた胆汁は毛細胆管，胆小管(ヘリング管：介在導管)を経て小葉間胆管に流入する(『Basic Histology, 7th ed.』図16-12より改変)。

間動脈から類洞に注ぎ，中心静脈に向かって求心性に流れる。隣接肝細胞間には毛細胆管が存在し，そこに分泌された胆汁は胆小管intralobular bile ductule(ヘリング管Hering's duct：介在導管)を経て小葉間胆管に流れる(図8-3)。

組織切片では，肝小葉hepatic lobuleは，中心静脈が中心に位置し小葉間結合組織で囲まれた多角形(6角形)様の構造単位になる。視点を変えて，3つの中心静脈を結ぶ三角形の中心に1つの肝三つ組が位置する形状を構造の単位として考える場合があり，これを門脈小葉portal lobuleという。この場合，血液は中心から辺縁に流れ，胆汁は中心に集まることになる。

## 3. 肝細胞(実質細胞)

肝細胞hepatocytesは比較的大型の多面体の細胞で，核小体の明瞭な丸い核が細胞の中央に見られ，細胞小器官も豊富なためにしばしば代表的な細胞像として模式図で描かれる細胞である。肝細胞は類洞に面する面と毛細胆管bile canaliculusを形成する面の2つの面を持つ。類洞面には微絨毛が見られ，類洞毛細血管との間に類洞周囲腔perisinusoidal space(ディッセ腔space of Disse)と呼ばれる腔所が存在する(図8-4)。毛細胆管は，隣接肝細胞間に形成された細胞間分泌細管で，微絨毛が見られ，毛細胆管の領域は密着帯(密着結合)tight junctionで区分されている。

## 4. 類洞内皮細胞，クッパー細胞，類洞周囲脂質細胞(非実質細胞)

肝小葉内の肝細胞を除く細胞を非実質細胞と呼び，類洞内皮細胞sinusoidal endothelial cells，クッパー

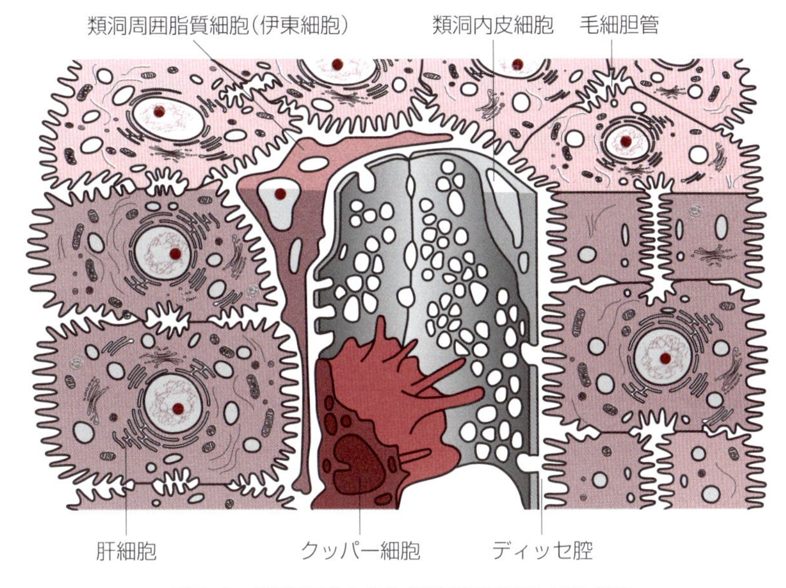


**図8-4　肝臓の基本的な細胞構築を示す模式図**

類洞周囲脂質細胞（伊東細胞）はディッセ腔内に存在し，類洞内皮細胞とクッパー細胞はディッセ腔を隔てた位置に局在する（『標準組織学各論　第4版』図3-103より改変）。

細胞Kupffer's cells（星状大食細胞stellate macrophages），類洞周囲脂質細胞perisinusoidal fat storing cells（伊東細胞Ito's cells）が挙げられる（図8-4）。

類洞内皮細胞は洞様毛細血管（類洞）を形成する細胞で，細胞間に大きな隙間があり，細胞質に数多くの小孔が見られ，基底膜は不連続または欠如している。類洞内皮細胞と同じくディッセ腔を隔てた位置にクッパー細胞が散在的に見られ，類洞内腔に突出している。クッパー細胞は異物を食べ込むマクロファージで，生体防御にあずかる重要な細胞である。類洞周囲脂質細胞は類洞周囲腔に存在し，ビタミンAを貯蔵する。膠原線維を産生する線維芽細胞様の性状を備え，肝硬変の成因にも関連している。

## 5. 肝臓の機能

肝臓の主要な機能は肝細胞が担っている。肝臓は導管により胆汁を十二指腸に分泌することから外分泌腺といえるが，血管に向けてさまざまな物質を出すので広義の内分泌腺でもある。肝細胞の機能は多様で，血漿タンパクの合成，分泌（胆汁酸，ビリルビンなど），種々の老廃物の排泄，物質の貯蔵と代謝，造血などが挙げられる。

## 6. 胆囊

胆囊gall bladderは胆汁を排泄する胆管の憩室として形成された盲囊である。胆囊の壁は，粘膜，筋層，結合組織層からなる。粘膜上皮は丈の高い単層円柱上皮で，通常は1種類の細胞で構成されている。粘膜筋板はなく，まばらな平滑筋線維束で筋層は構成されている。

# 8-3　膵臓

> 到達目標：膵外分泌部および膵内分泌部の組織構造と機能を説明できる。
> キーワード：膵臓，膵外分泌部，膵内分泌部（膵島），酵素原顆粒，腺房中心細胞，腺房細胞，介在導管

## 1. 膵臓の組織構造

膵臓pancreasは，膵外分泌部と膵内分泌部（膵島）に分けられるが，いずれも内胚葉に由来する十二指腸上皮が落ち込み増殖・分化して形成される。外分泌部は複合管状胞状腺である。膵臓の表面は漿膜（腹膜）とそれに続く結合組織でおおわれるが，結合組織は中に入り込み，膵臓を小葉lobuleに分ける。各小葉は大部分が外分泌部で，内分泌部は小領域を占め，内分泌部のない小葉も存在する（図8-5）。

## 2. 膵外分泌部

膵外分泌部exocrine part of pancreasの基本的な組織構造は耳下腺に類似しており，腺房細胞acinar cellsは丸い核を持ち，細胞質は発達した粗面小胞体により塩基好性（好塩基性）を示し，酸好性（好酸性）の酵素原顆粒zymogen granuleが管腔側に見られる。線条導管を欠くこと，腺房中心細胞centroacinar cellsと呼ばれる細胞が見られることが膵外分泌部の特徴である（図8-6）。腺房中心細胞は介在導管の細胞が腺房の中心部に入り込んだ細胞で，腺房細胞よりもかなり小さく明るい細胞であるため容易に区別がつく。介在導管intercalated ductは単層立方上皮で，単層円柱上皮の小葉間導管へと続く。膵管の上皮では，まれに杯細胞が見られる。腺房細胞は，タンパク分解酵素，炭水化物分解酵素，脂肪分解酵素など多くの酵素を非活性の状態で分泌し，介在導管から十二指腸に運ばれる過程で活性化される。膵液

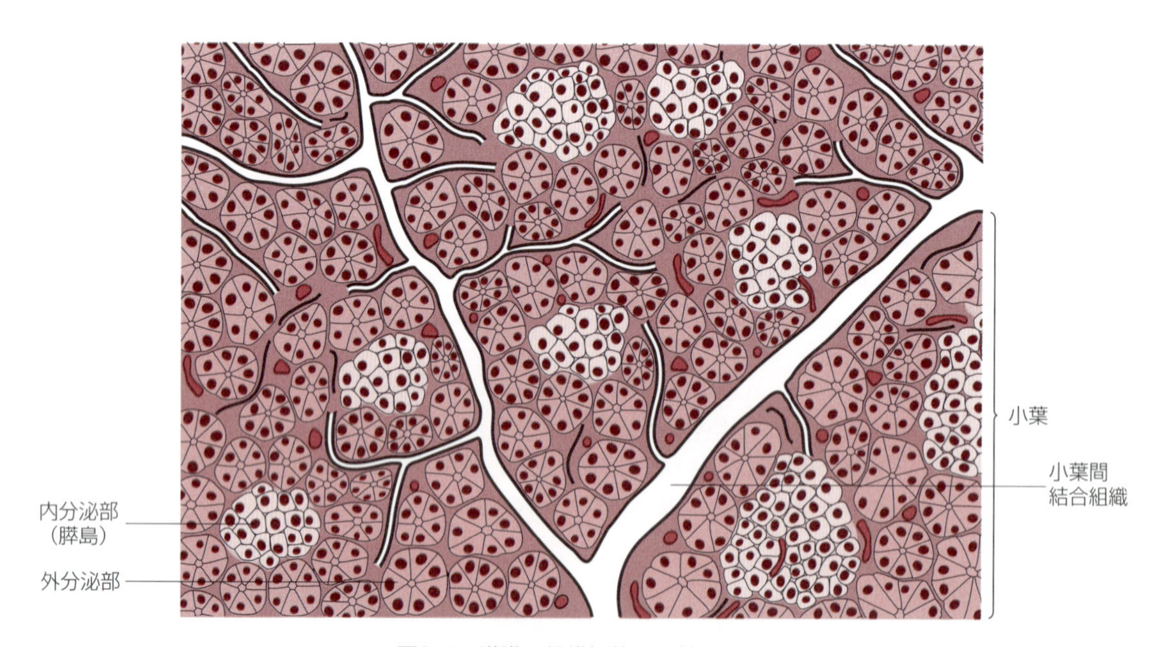


**図8-5　膵臓の組織切片の弱拡大の図**

膵臓は小葉構造をとり，外分泌部の中に内分泌部（膵島）が明るい細胞の集団として存在する。内分泌部の大きさや分布様式は動物によって異なる。

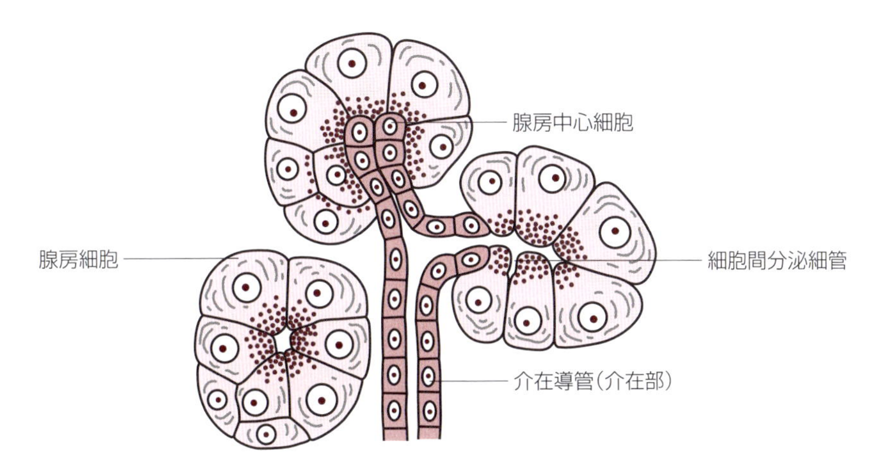


図8-6　膵外分泌部の腺房の構築を示す模式図

には重炭酸塩を含む大量のアルカリ性の液体成分が含まれるため胃酸を中和する。

## 3. 膵内分泌部（膵島）

膵内分泌部endocrine part of pancreas（膵島pancreatic islet）は腺房細胞よりも小型で明るい細胞の集団で，容易に識別することができる。膵島には洞様毛細血管が分布する。また，膵臓に入る神経の大部分は膵島に分布する。膵島の内分泌細胞の詳細は13章422頁「13-2　内分泌器官，7.膵島」を参照のこと。

## 演習問題

**1. 大口腔腺に関する次の記述のうち誤っているのはどれか。**

a. 漿液細胞は基底部に丸い核を持ちH-E染色で暗調に染まる細胞質を持つ。
b. 粘液細胞は基底部に圧平された暗調の核を持ち，H-E染色で非常に明るい細胞質を持つ。
c. 漿液半月とは，漿液細胞の腺房を筋上皮細胞が取り囲む構造である。
d. 耳下腺は，漿液性の終末部からなる純漿液腺であるが，幼若なイヌやヒツジでは粘液性の終末部が見られる。
e. 下顎腺と舌下腺は混合腺であり，漿液半月が見られる。

**2. 肝臓に関する次の記述のうち誤っているのはどれか。**

a. 肝臓の非実質細胞として，類洞内皮細胞，クッパー細胞，類洞周囲脂質細胞が挙げられる。
b. 毛細胆管は介在導管として位置づけられるヘリング管を経て小葉間胆管になる。
c. 肝臓の類洞周囲腔内には，異物を食べ込むマクロファージであるクッパー細胞が見られる。
d. 小葉間結合組織には小葉間動脈，小葉間静脈，小葉間胆管が集まって観察され，これらを肝三つ組と呼ぶ。
e. 類洞周囲脂質細胞は膠原線維を産生するため，肝硬変の成因にも関連している。

**3. 膵臓に関する次の記述のうち誤っているのはどれか。**

a. 膵外分泌部は耳下腺の組織構造と類似しており，導管として介在導管と線条導管が見られる。
b. 膵外分泌部の腺房細胞は丸い核を持ち，細胞質には塩基好性の酸素原顆粒が管腔側に見られる。
c. 膵外分泌部には介在導管の細胞が腺房の中心部に入り込んだ腺房中心細胞と呼ばれる細胞が見られる。
d. 膵臓は結合組織により小葉に分けられ，小葉間には単層円柱上皮からなる小葉間導管が走っている。
e. 膵内分泌部は腺房細胞よりも小型で明るい細胞の集団で，洞様毛細血管が分布する。

## 解　答

**1.**

正解　c

**解説**　漿液半月は，粘液細胞よりなる終末部の外周縁を取り囲むように漿液細胞が存在する構造である。

**2.**

正解　c

**解説**　c. クッパー細胞は類洞周囲腔を隔てた位置に存在し，類洞内腔に突出して見られる。

**3.**

正解　a, b

**解説**　a. 膵外分泌部には線条導管は存在しない。b. 腺房細胞の酸素原顆粒は酸好性の顆粒である。

（小川 和重）

# 9章　呼吸器系

一般目標：呼吸器系の組織構造と機能を修得する。

呼吸器系respiratory systemは，空気の通路である気道(鼻腔，気管，気管支，細気管支，終末細気管支)と，ガス交換を行う肺(呼吸細気管支，肺胞管，肺胞嚢，肺胞)に大別することができる。本章ではこれらに器官に関連する組織構造とその機能について説明する。また，家禽の呼吸器系について概説する。



## 9-1　呼吸器系の主要な組織

到達目標：鼻粘膜，気管，気管支，肺の組織構造と機能を説明できる。
キーワード：鼻粘膜，前庭部，呼吸部，嗅部，偽重層線毛円柱上皮，鼻腺，気管軟骨，線毛細胞，気管腺，気管筋，輪状靱帯，気管支，主気管支，葉気管支，区域気管支，細気管支，終末細気管支，呼吸細気管支，肺胞管，肺胞嚢，肺胞，気管支樹，肺胸膜，肺小葉，クララ細胞，肺胞腔，呼吸上皮細胞(扁平肺胞上皮細胞)，大肺胞上皮細胞(顆粒肺胞上皮細胞)，肺胞中隔，肺胞大食細胞(肺胞マクロファージ)

### 1. 鼻粘膜

鼻腔nasal cavityをおおう鼻粘膜nasal mucosaは，組織構造の相違から前庭部vestibular region，呼吸部respiratory region，および嗅部olfactory regionに区分される。外鼻孔付近の前庭部の粘膜は皮膚の延長であるため角化重層扁平上皮であるが，呼吸部に近くなるにつれ角質層は失われ，呼吸部に至り偽重層線毛円柱上皮ciliated pseudostratified columnar epitheliumへと移行する。呼吸部の上皮内には杯細胞が豊富に存在し，粘膜固有層に存在する鼻腺nasal glandとともに上皮表面へ粘液を分泌している。この粘液に捉えられた外気中の異物は，偽重層線毛円柱上皮の線毛により排除される。鼻腔の最後方は嗅部であり，嗅上皮でおおわれている。嗅上皮は偽重層線毛上皮であり，表面は支持細胞と粘膜固有層の嗅腺から分泌される粘液でおおわれている。外気中の匂い物質はこの粘液に捉えられ，嗅細胞の受容体によって検出される(14章435頁「2. 嗅覚器」参照)。

### 2. 気管

気管tracheaは喉頭の輪状軟骨直下から気管分岐部までの薄壁の管であり，間隔をおいて並ぶ不完全輪状の気管軟骨tracheal cartilageによって構造が維持されている。気管の内腔は，線毛細胞ciliated cell，杯細胞goblet cell，刷子細胞brush cellおよび基底細胞basal cellからなる偽重層線毛円柱上皮でおおわれている。上皮の下部は弾性線維に富む粘膜固有層であり，気管腺tracheal glandが分布している。気管腺は混合腺であり，導管は上皮を貫通して気管内腔に開口する。粘膜固有層の下には軟骨膜におおわれた気管軟骨が存在する。ただし，不完全輪状である気管軟骨は気管背壁において軟骨を欠如しており，欠損部分は気管筋tracheal muscleによって繋がれている。このため，この部分は膜性壁と呼ばれている。気管軟骨は組織学的に硝子軟骨に分類され，隣接する気管軟骨同士は輪状靱帯annular ligamentによって結ばれている。気管の最外層は外膜または漿膜でおおわれている。

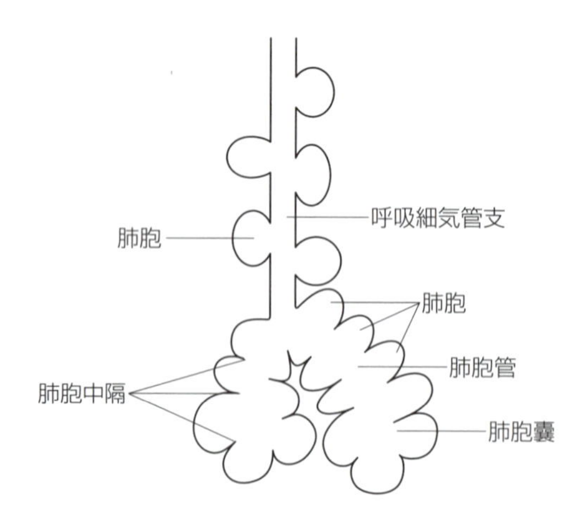


図9-1　肺胞管，肺胞嚢，肺胞，肺胞中隔

## 3. 気管支樹と肺

気管は気管分岐部において，気管支に分岐する。まず左右の肺へと向かう主気管支principal bronchusへと分岐し，肺へ進入して葉気管支lobar bronchus，そして区域気管支segmental bronchusへと分岐していく。区域気管支を過ぎると気管支軟骨は失われ，より微細な構造へと分岐していき，細気管支bronchiole，終末細気管支terminal bronchiole，呼吸細気管支respiratory bronchiole，肺胞管，肺胞嚢，肺胞へと至る。この気管支の一連の分岐を気管支樹bronchial treeという。気管支樹の理解は，胸部X線画像を読影するために重要である。これら一連の構造物とその間を埋める間質を収容しているのが肺である。肺の表面は肺胸膜pulmonary pleuraと呼ばれる漿膜によっておおわれ，内部は間質によって肺小葉pulmonary lobeと呼ばれる小葉構造に区切られており，特にウシにおいて肺小葉の発達が良い。

## 4. 気管支

気管支bronchusの構造は気管に類似するが，気管支が分岐していくにつれ，粘膜上皮は薄くなっていく。杯細胞および気管支腺の数も減少し，気管支軟骨も所々分断されて小さくなり，軟骨片として散在するようになる。細気管支のレベルになると，粘膜上皮は単層円柱線毛上皮となり，粘膜固有層も薄くなっていき，気管支腺や軟骨片は観察されなくなる。終末細気管支へ進むと，粘膜上皮はさらに丈が低くなり単層立方線毛上皮となり，呼吸細気管支に近づくにつれ線毛細胞の数は少なくなり，杯細胞も消失する。呼吸細気管支への移行部からは，粘膜上皮にクララ細胞clara cellが出現する。この細胞は線毛を欠き，線毛細胞よりも丈が高く，光学顕微鏡下では丸い頭を突き出しているように観察される。この細胞は粘膜上皮の表面張力を低下させる表面活性剤を分泌しているとともに，肺における解毒にも関与していると考えられている。呼吸細気管支に至ると，管腔壁は不連続となって肺胞が開口するようになり，呼吸細気管支の末端には肺胞管が開口する。

## 5. 肺胞管，肺胞嚢，肺胞

1本の呼吸細気管支から数本の肺胞管alveolar ductが分岐する。肺胞管は多数の肺胞alveolusが連続して繋がった管で，末端は多数の肺胞からなる肺胞嚢alveolar sacに終わる（図9-1）。そのために組織切片において肺胞管や肺胞嚢を厳密に定義・観察することは難しい。肺胞は空気が入る肺胞腔alveolar lumenと，それを取り囲む呼吸上皮細胞respiratory epithelial cells（扁平肺胞上皮細胞squamous alveolar cells），および大肺胞上皮細胞great alveolar cells（顆粒肺胞上皮細胞granular alveolar cells）

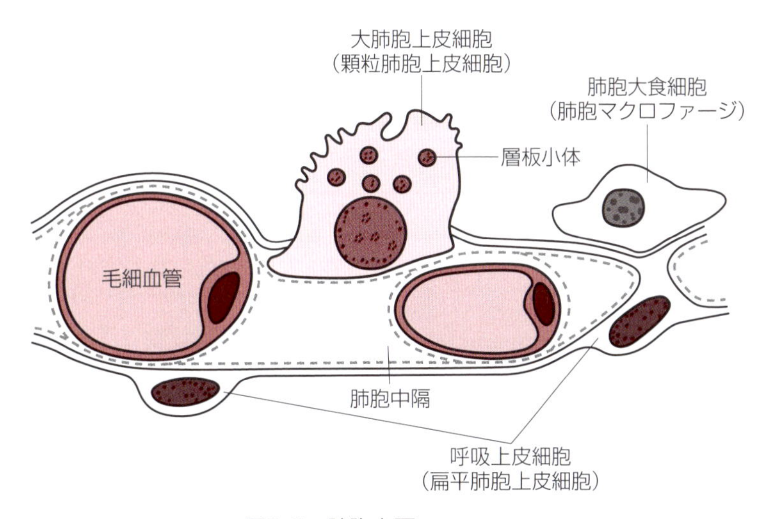


**図9-2　肺胞中隔**

図中の破線は基底膜を示す。

組織

により構成される。呼吸上皮細胞は細胞質が非常に薄いため，光学顕微鏡では細胞個々の輪郭を捉えるのは困難であるが，扁平な核は明瞭に観察される。一方，大肺胞上皮細胞は立方形の大型細胞であり光学顕微鏡でも細胞質の輪郭を捉えることが容易である。また電子顕微鏡では，細胞質内に層板小体と呼ばれる分泌顆粒を観察することができる。この顆粒は開口分泌により肺サーファクタント（表面活性物質）を肺胞腔表面へと分泌している。隣り合う肺胞の境は肺胞中隔alveolar septumと呼ばれる薄い結合組織の層からなり，ここには毛細血管が分布する。肺胞の酸素は酸素分圧（濃度勾配）に従って呼吸上皮細胞，呼吸上皮細胞と毛細血管の基底膜を通過して毛細血管内の血液に入り，二酸化炭素は逆方向に拡散し，ガス交換が行われる。肺胞中隔にはこの他，膠原線維や弾性線維，線維芽細胞や平滑筋細胞，神経線維などが存在する。肺胞大食細胞（肺胞マクロファージ）alveolar macrophageは肺胞腔に定着したマクロファージで，肺胞表面の肺サーファクタントの量を調節し，肺胞内へ侵入した異物を貪食する（図9-2）。

# 9-2　家禽の呼吸器系

到達目標：鶏の呼吸器系について組織構造の特徴を説明できる。

家禽の気管分岐部には，鳴管syrinxと呼ばれる特徴的な構造が認められる。家禽の喉頭には声帯がないので，鳴管が声帯の役目を果たしている。鳴管はカンヌキ骨で左右に仕切られ，鳴管の外側（近位側：気管側）は外鼓状膜external tympanic membrane，正中側（遠位側：気管枝側）は内鼓状膜internal tympanic membraneという弾性に富んだ膜で形成されている。鳴管の上皮では非角化重層扁平上皮と偽重層線毛上皮が不連続に出現する。

家禽の肺は哺乳動物のものと比較して伸縮性に乏しく，気嚢air sacが呼吸気の移動に大きな役割を果たしている。気嚢は気管支から連続する薄い壁の嚢状物で，単層扁平上皮あるいは単層円柱上皮でおおわれている。肺内部の気管支は一次気管支，二次気管支，三次気管支（旁気管支）を経て含気毛細管に連続する。これら気管支は肺内で互いに吻合して肺実質内を網羅し，最後は気嚢に繋がる。含気毛細管は哺乳動物の肺胞に相当し，含気毛細管壁には呼吸上皮細胞と大肺胞上皮細胞が観察され，間質には毛細血管とマクロファージが観察される。

## 演習問題

1. 次の組織のうち，単層線毛上皮を有するのはどれか。
   a. 鼻粘膜
   b. 気管
   c. 気管支
   d. 葉気管支
   e. 細気管支

2. 肺に見られる次の細胞のなかで活発な食作用を有する細胞はどれか。
   a. 線毛細胞
   b. 杯細胞
   c. 扁平肺胞上皮細胞
   d. 大肺胞上皮細胞
   e. 肺胞大食細胞

## 解　答

**1.**

**正解**　e

**解説**　気管支の粘膜上皮は肺内で分岐するにつれ薄くなっていく。気管支は偽重層線毛円柱上皮でおおわれるが，細気管支のレベルまで分岐すると単層線毛上皮となる。

**2.**

**正解**　e

**解説**　肺胞大食細胞（肺胞マクロファージ）は肺胞内に侵入した異物を貪食する。

（齋藤 正一郎）

# 10章　泌尿器系



**一般目標：泌尿器系の組織構造と機能を修得する。**

泌尿器系urinary systemは血漿を濾過し，不要物を尿として排泄する器官系で，腎臓と尿路からなる。泌尿器系の異常は，老廃物や毒物の蓄積，体液電解質の調整不良，血圧の調節不良，貧血などをもたらす。腎臓は主に，血漿濾過装置として原尿を産生する腎小体と，尿の再吸収を行う尿細管からなるネフロンで構成される。尿路には尿を腎臓の腎盤から膀胱まで運ぶ尿管，尿を一時的に貯めておく膀胱と尿の体外への排出路となる尿道がある。ニワトリの腎臓には，肉眼的な形状や血管系・尿細管の組織構造に独自の特徴が認められる。

## 10-1　腎臓

**到達目標：腎臓の組織構造と尿生成過程における構造との対応など，構造と機能を説明できる。**
**キーワード：** 腎臓，腎皮質，腎髄質，内帯，外帯，被膜，髄放線，ネフロン，腎小体，糸球体，糸球体包(ボウマン嚢)，尿細管，近位尿細管，薄壁尿細管，ネフロンループ(ヘンレのワナ)，遠位尿細管，血管極，尿細管極(尿管極)，足細胞，血管間膜細胞(メサンギウム細胞)，刷子縁，基底線条，集合管，糸球体傍複合体，緻密斑，糸球体傍細胞，糸球体外メサンギウム細胞，弓状動脈，輸入細動脈，輸出細動脈

### 1. 腎臓の組織構造

#### 1）被膜

腎臓kidneyは3種類の被膜renal capsuleにおおわれ，腹腔臓器に面する腹面だけは，さらに腹膜(漿膜)によっておおわれる。腎臓実質の表面には線維性結合組織からなる薄くて強靱な線維被膜fibrous capsuleがはりついている。分葉状腎では，線維被膜は葉の間に深く入り込む。線維被膜の上には発達した脂肪層があり，脂肪被膜fatty renal capsuleと呼ばれる。脂肪被膜は動物の栄養状態によって，厚みが大きく変わる。最外層には腎筋膜renal fasciaと呼ばれる結合組織が見られ，副腎ごと腎臓の全体をおおう。腎筋膜は，脂肪被膜とともに腎臓の位置の固定にかかわるが，ウシの左腎などの遊走腎ではこの固定が弱い。

#### 2）腎皮質

腎臓の割断面を肉眼で観察すると，腎実質は暗赤色を呈し明瞭な層構造が見られ，外層の腎皮質renal cortexと内層の腎髄質に分けられる。腎髄質には白色を呈する腎盤(腎盂)が続く。腎皮質には腎小体が多数存在する。腎小体の有無で腎皮質と腎髄質を組織学的に区別することができ，また，弓状動脈と弓状静脈arcuate veinが境界部に位置することも目印になる(図10-1)。腎皮質は，曲部と放線部に分けられる。曲部には近位曲尿細管と遠位曲尿細管が集まり(図10-3)，皮質迷路とも呼ばれる。放線部には近位直尿細管，遠位直尿細管，集合管が集まり，髄質へ直線状に伸びる様子から髄放線medullary rayとも呼ばれる(図10-2)。また，皮質の尿細管周囲の間質細胞からは，骨髄に作用して赤血球の造血を促進するエリスロポエチンが分泌される。

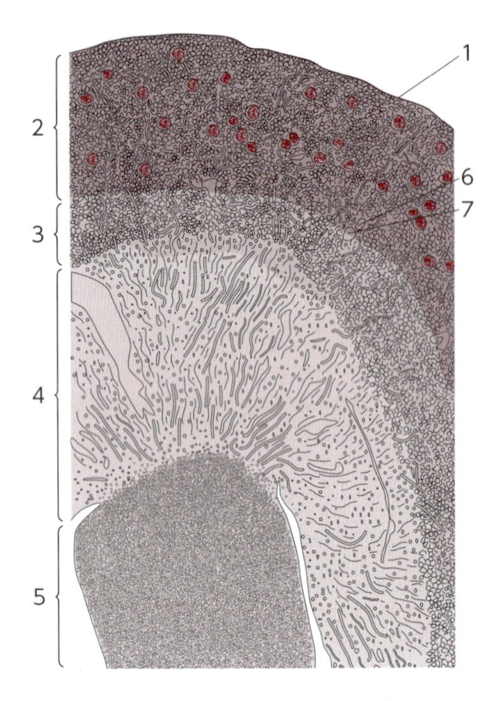


図10-1　腎臓の領域区分を示す模式図

1. 線維被膜，2. 皮質，3. 髄質外帯の外層，4. 髄質外帯の内層，5, 髄質内帯，6. 弓状動脈，7. 弓状静脈

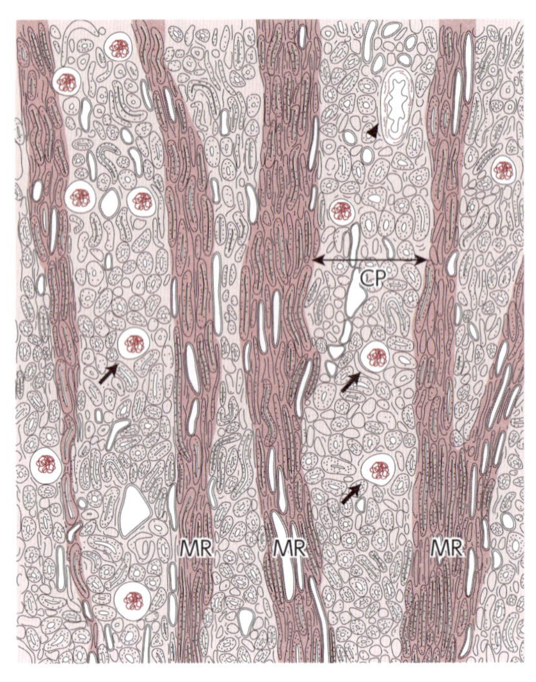


図10-2　腎皮質の模式図

CP：曲部，MR：放線部，矢印：腎小体，矢頭：小葉間動脈

### 3）腎髄質

腎髄質renal medullaは外帯external zoneと内帯internal zoneに分けられる(図10-1)。外帯には直細動脈が多数分布し(図10-7B参照)，肉眼では赤みが強い領域として区別できる。ここには近位直尿細管，遠位直尿細管，薄壁尿細管，および集合管が存在する(図10-3)。外帯はさらに内層と外層に区別され，近位直尿細管は外層のみに存在する。内帯には薄壁尿細管と集合管が含まれ，顕微鏡では多数の集合管が並走する像が観察できる。集合管の終末部は乳頭管と呼ばれ，内帯の終端部で開口し尿を腎盤へ分泌する。終端部の形は動物種によって異なり，ウシおよびブタでは腎乳頭renal papillaが，ウマ，肉食動物では腎稜renal crestが形成される。前者の腎臓では，内帯において腎乳頭を頂点とした逆三角形の腎錐体renal pyramidが明瞭であり，多数の集合管が腎乳頭に向かって走る。腎錐体間には葉間動脈・静脈が見られる。

### 4）腎盤(腎盂)

腎盤(腎盂)renal pelvisは，尿を受け取り，貯留し，尿管へ送る。粘膜，筋層，外膜からなり，粘膜は移行上皮，筋層は平滑筋で構成される。ウマでは腎盤腺と呼ばれる粘液腺が存在し，尿中にタンパク質を分泌する。

## 2. ネフロン(腎単位)

ネフロンnephronは腎臓の機能単位であり，腎小体と尿細管から構成され，複数の尿細管が集合管に繋がる(図10-3)。

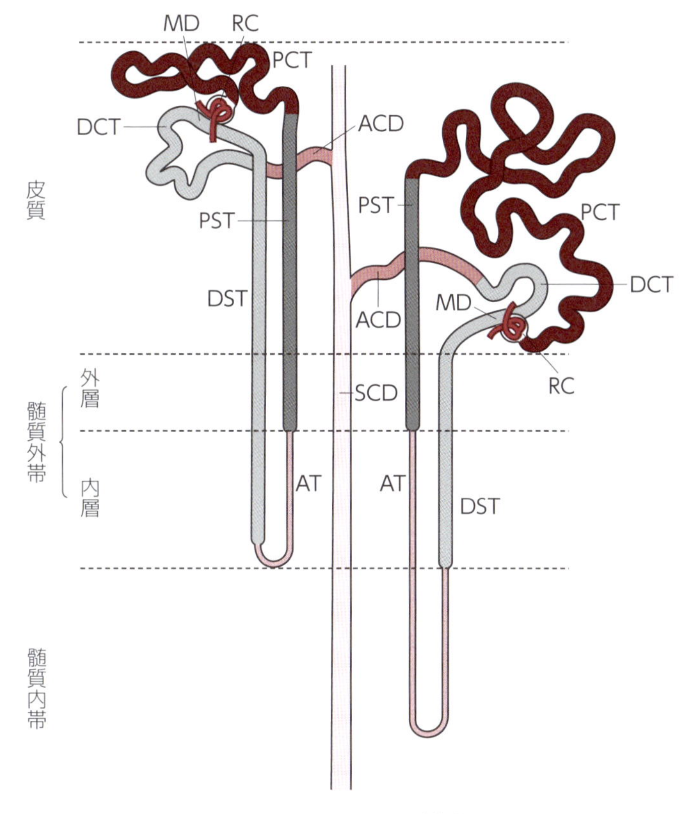


図10-3　ネフロンの模式図

ネフロンの構造と腎臓における分布領域を示す。腎小体(RC)で濾し出された原尿は，近位曲尿細管(PCT)に入り，近位直尿細管(PST)，薄壁尿細管(AT)へと流れる。薄壁尿細管はネフロンループで流路を180度変え，遠位直尿細管(DST)へと移行する。腎小体に近接する遠位曲尿細管(DCT)は，緻密斑(MD，図10-8参照)を形成する。ネフロンは弓状集合管(ACD；接合細管)に移行して直集合管(SCD；集合管)に合流する。

### 1）腎小体

腎小体renal capsuleは毛細血管網である糸球体glomerulusと，それを包む糸球体包glomerular capsule(ボウマン囊Bowman's capsule)からなる。腎小体には極性があり，血管が出入りする側を血管極vascular pole，尿管が接続する側を尿細管極tubular pole(尿管極urimary pole)という(図10-4)。糸球体の毛細血管は典型的な有窓性毛細血管で，物質透過性が極めて高い。血管の間は血管間膜細胞(メサンギウム細胞)mesangial cellsで繋がれ，糸球体の構造を支えている。

糸球体包は，ゴムボールの一方を押しつぶしてサカズキ状に変形したような構造で，内壁と外壁の糸球体上皮とボウマン腔に分けられる(図10-4)。外壁の糸球体上皮は単層扁平上皮である。内壁の上皮細胞は特徴的な突起を多数持ち，足細胞podocytesと呼ばれる。足細胞は一次突起(細胞小柱)，二次突起(細胞足，終足)を出しながら，糸球体毛細血管の血管壁の表面を完全におおう(図10-5)。糸球体毛細血管内皮細胞と足細胞の両方の基底膜は融合する。基底膜はⅣ型コラーゲンで織られたフィルターで，その中にプロテオグリカンが組み込まれているために陰性電荷を持ち，陽性電荷粒子が通過しにくい特性を持つ(1章283頁「1-4　細胞接着装置と基底膜」と2章296頁「2-2　結合組織」参照)。糸球体壁から濾過された血漿成分は，基底膜と細胞足の間を通ってボウマン腔に流れ込み，原尿となる。血管内皮細胞，基底膜，足細胞は，血液尿関門blood-urine barrier(糸球体濾過glomerular filtration)を構成する要素となり，血漿を分子の粒子サイズによって篩にかける限外濾過装置として機能する。また，

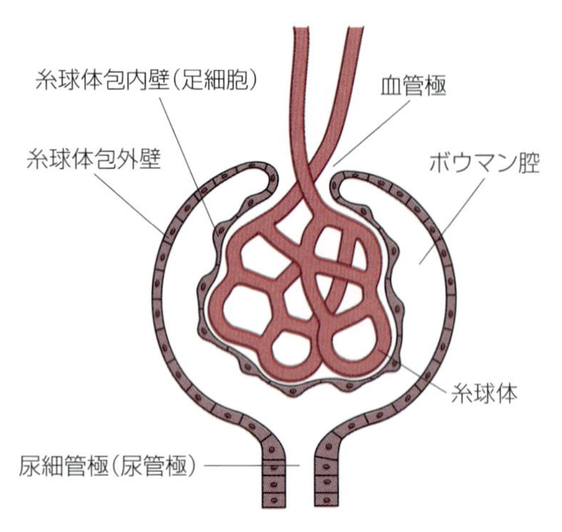


**図10-4　腎小体の形成**

尿細管の先端が膨らんで糸球体包（ボウマン嚢）が形成され，そこに糸球体がはまり込む。糸球体の血管内皮細胞とボウマン嚢内壁の足細胞が基底膜を介して接する（『標準組織学各論　第4版』図5-7より改変）。

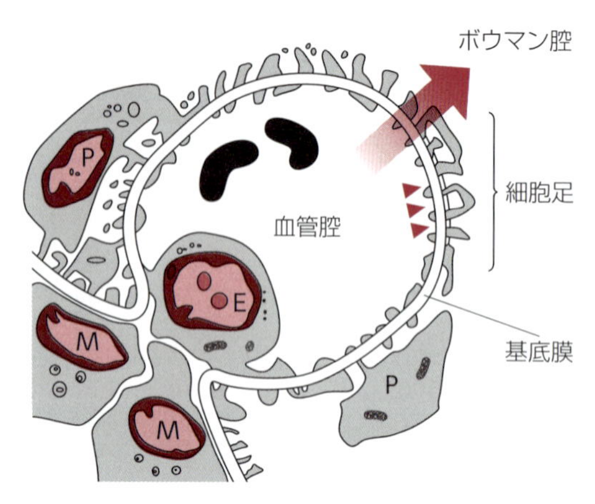


**図10-5　血液尿関門の構造**

腎小体に入った血液は，血管腔からボウマン腔へ漏出する（矢印の方向）。糸球体の血管内皮細胞（E）の窓（矢頭），基底膜，足細胞（P）の突起（細胞足）が濾過膜の役割を果たす。細胞足の間にはスリット膜がある（部分的に記載）。M：メサンギウム細胞

細胞足間にはスリット膜が存在し，限外濾過機能に加わっている。糸球体のメサンギウム細胞は，この領域に沈着した高分子や異物を取り込み，除去する役割も持つ。

### 2）尿細管と集合管

尿細管極の糸球体包外壁に尿細管renal tubuleが接続する。尿細管は接続部から，近位尿細管proximal tubule，薄壁尿細管attenuated tubule，遠位尿細管distal tubuleの順に並び，それぞれ曲部と直部を持つ（図10-3）。薄壁尿細管はネフロンループnephron loop（ヘンレのワナHenle's loop）でUターンし，尿細管の流路は下行性から上行性に変わる。ネフロンは遠位曲尿細管で終わり，集合管collecting ductに結合する。集合管には多数のネフロンが合流する。薄壁尿細管以外は単層立方上皮からなる（図10-6）。

尿細管や集合管の周囲には血管が伴行し，原尿から再吸収した糖，タンパク，電解質，水などを血液に戻す。近位尿細管は最も再吸収能が高く，光学顕微鏡で観察すると，刷子縁brush borderと基底線条basal striationを有している（図10-6）。刷子縁はブラシ状に管腔内へ伸びる密な微絨毛で，表面に糖衣を持つ。基底線条は基底部の細胞膜が陥入し（基底陥入），その内部にミトコンドリアが密に集積している。基底線条はヘマトキシリン-エオジン染色（H-E染色）で赤染するため，近位尿細管は好酸性を示す。刷子縁と基底線条は，物質の取り込みと能動輸送にかかわる。薄壁尿細管は扁平な明るい上皮細胞で構成され，ネフロンループ内の原尿成分に対して，間質における電解質の濃度勾配に従った受動的な輸送を行う。原尿がネフロンループを越え，上行性の尿細管を通るうちに，電解質が回収されて低張性になる。遠位尿細管はミトコンドリアを豊富に持ち，重炭酸イオンと水素イオンを能動的に交換して尿のpHを調節する。遠位尿細管は近位尿細管よりも明瞭な基底線条を持ち，丈は低く細胞質が明るい細胞で構成される。また，刷子縁がないため遠位尿細管の管腔面はすっきりして見える。集合管は，細胞質が明るい細胞で構成される。また，細胞と細胞の境界が明瞭であることも特徴的である。遠位尿細管と集合管では水の再吸収が行われ，尿を濃縮させる。この作用は血圧調節に強く影響し，尿量と反比例

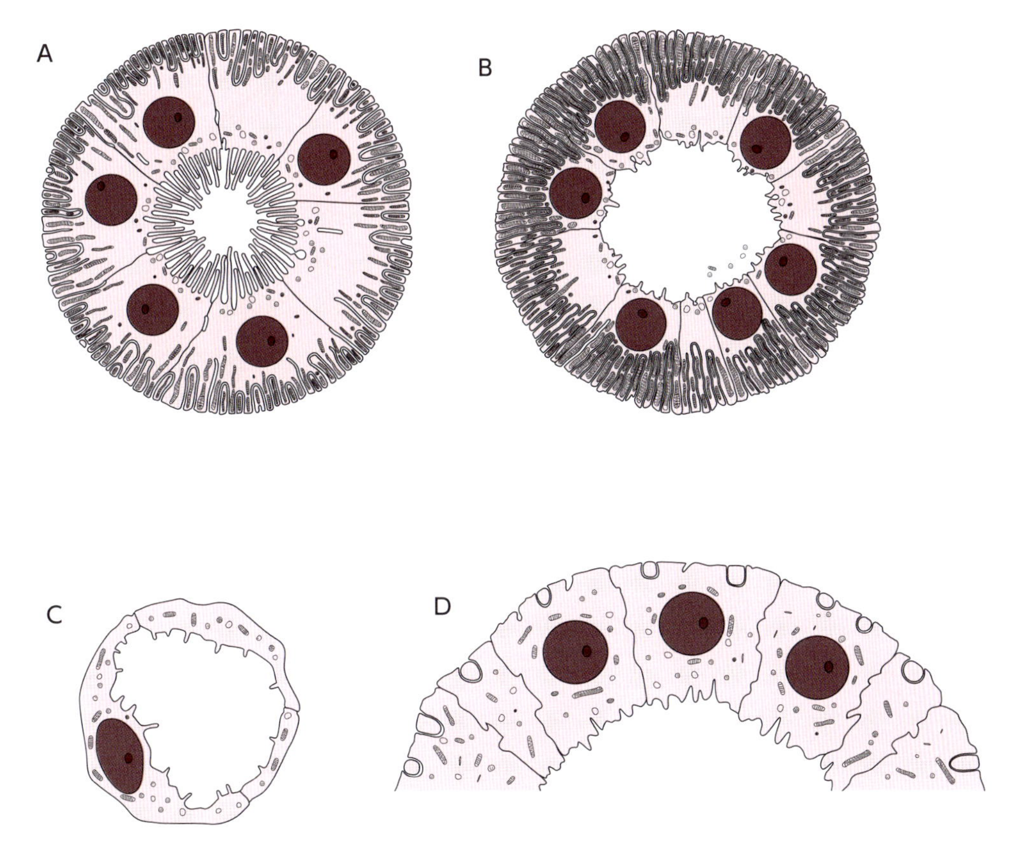


図10-6　尿細管と集合管を構成する細胞の特徴

A. 近位尿細管。上皮細胞には管腔側の微絨毛（刷子縁）と基底側の細胞膜の陥入（基底陥入）を有する特徴が見られる。基底陥入の細胞質には多数のミトコンドリアが含まれ，基底線条が形成される。微絨毛の基部には，飲小胞が認められる。B. 遠位尿細管。上皮細胞の微絨毛は乏しく，刷子縁は観察されない。ミトコンドリアは豊富で，基底線条が見られる。光学顕微鏡では近位尿細管に比べてやや明るく，核は管腔側に位置する。C. 薄壁尿細管。微絨毛や細胞小器官が乏しい扁平な上皮細胞で形成される。D. 集合管。細胞小器官は近位尿細管や遠位尿細管と比べ乏しい。光学顕微鏡では細胞質が明るい細胞として観察される。隣接細胞との境界が明瞭である（『カラーアトラス獣医解剖学（下巻）』図9-10より改変）。

して体液量を増加させることで，昇圧効果をもたらす。遠位尿細管と集合管にはミネラルコルチコイド（アルドステロン）が作用してナトリウムと水の再吸収を，集合管にはバゾプレッシンが作用して水の再吸収を促進させる。

## 3. 腎臓の血管系

腎動脈renal arteryと腎静脈renal veinは腎門から実質へ出入りする。腎動脈は髄質の深いところで葉間動脈interlobar arteryを分枝する。葉間動脈は腎錐体の縁に沿って皮質に向かい，皮質と髄質の境界で弓状動脈arcuate artery（図10-7A）を出し，弓状動脈は向きを変え境界部を走行する。弓状動脈から皮質に向かって走る小葉間動脈interlobular arteryが分枝し，小葉間動脈から小葉内動脈が分枝する。小葉内動脈は輸入細動脈afferent arterioleとなり，腎小体に入って糸球体を形成した後，輸出細動脈efferent arterioleとして腎小体を離れる。腎小体へ分布する血管系のタイプは怪網と呼ばれ，毛細血管網が2種類の細動脈の間に存在し，毛細血管を介さずに動脈系から静脈系に移行する特徴を示す。

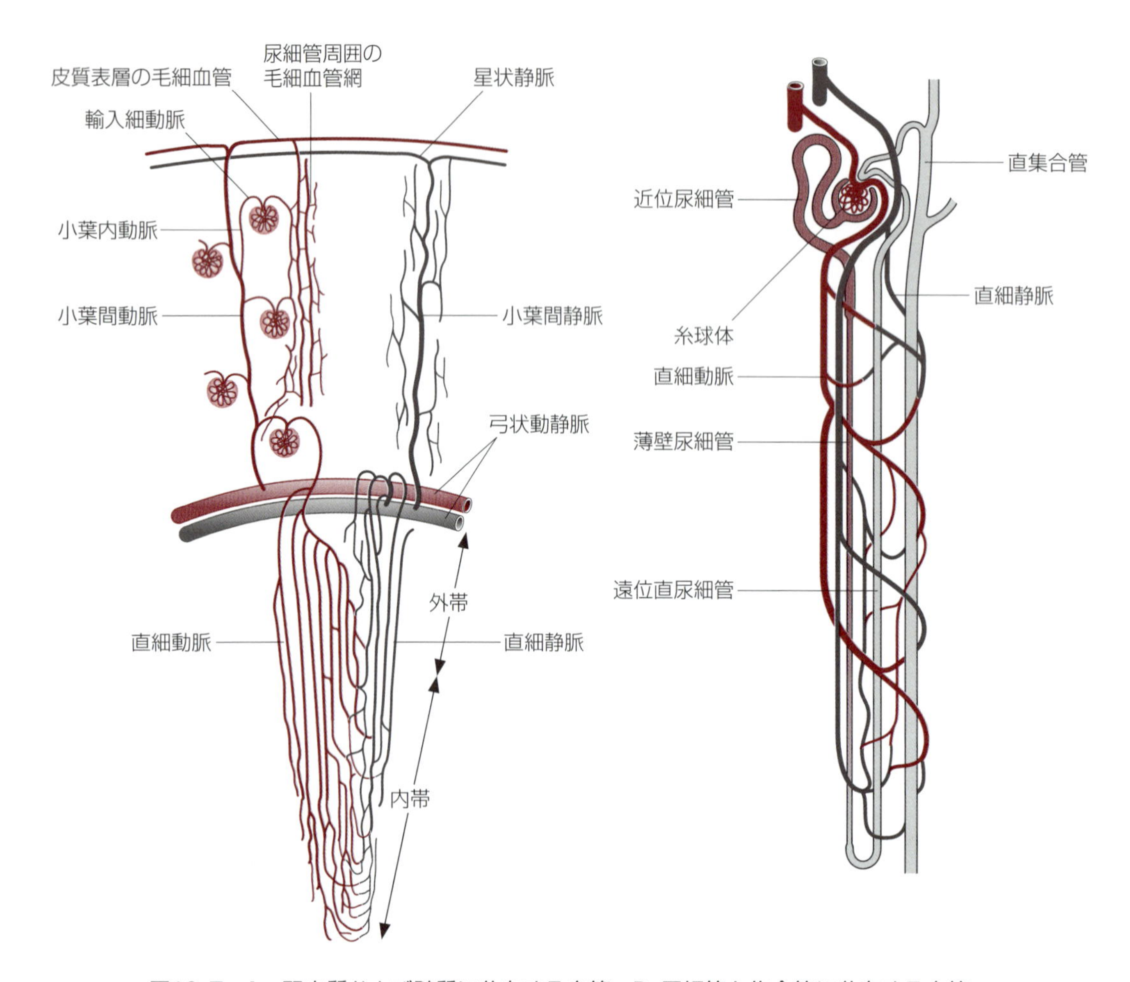


図10-7　A. 腎皮質および髄質に分布する血管　B. 尿細管と集合管に分布する血管

皮質の表層と中層では，輸出細動脈は尿細管周囲を伴行する毛細血管網を形成し，星状静脈へ合流する。ネコでは被膜下で星状静脈が発達しており，被膜静脈と呼ばれる。

放線部や皮質の深部では，輸出細動脈または弓状動脈から直細動脈が分枝する。直細動脈は髄質へ下行しながら毛細血管網を形成し，直細静脈に移行する。毛細血管網と直細動静脈は尿細管に伴行し(図10-7A, B)，対向流に伴った水分・塩類の再吸収に関わる。小葉間静脈は弓状静脈，葉間静脈を経て腎静脈となる。

## 4. 糸球体傍複合体

糸球体傍複合体 juxtaglomerular complex は原尿中の電解質濃度を感知し，尿生成量と血圧を調節する機能を有する。緻密斑，糸球体傍細胞，糸球体外メサンギウム細胞の3要素で構成される(図10-8)。

### 1）緻密斑

緻密斑 macula densa は遠位曲尿細管のうち，腎小体の血管極に接する部位に見られ，丈が高く横幅が短い細胞が密集した領域を指す。ネフロンループを通過後の尿中のナトリウムイオンと塩素イオンの濃度を感知する。この情報は糸球体傍細胞に送られる。

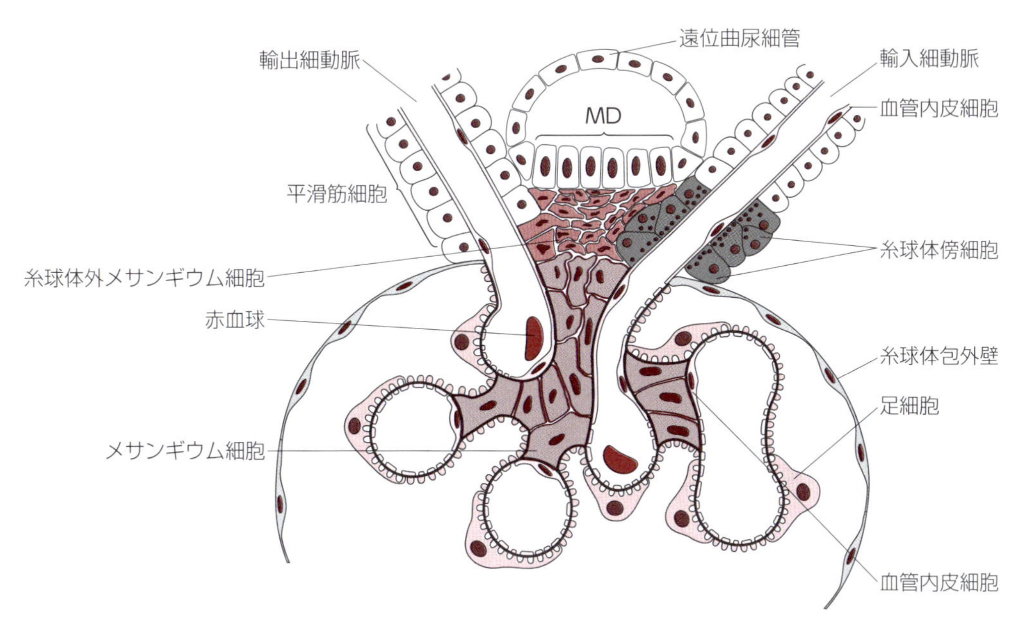


**図10-8　糸球体傍複合体**

腎小体の血管極付近の模式図。輸入細動脈，輸出細動脈および遠位尿細管に挟まれた三角形の領域に糸球体傍複合体が存在する。緻密斑（MD），糸球体傍細胞，糸球体外メサンギウム細胞の位置を確認せよ。



### 2）糸球体傍細胞

輸入細動脈の壁の一部に，大型の明るい核を持つ糸球体傍細胞 juxtaglomerular cellが認められる。この細胞は特殊化した平滑筋細胞で，レニンを含む分泌顆粒を持つ。レニンはプロテアーゼとして働き，肝臓由来のアンギオテンシノーゲンをアンギオテンシンⅠに変換する。アンギオテンシンⅠは主に肺の毛細血管内皮細胞に存在する酵素により，アンギオテンシンⅡに変換される。アンギオテンシンⅡは副腎皮質の球状帯を刺激する（13章419頁「4. 副腎」参照）。活性化された球状帯の細胞はアルドステロンを分泌し，遠位尿細管および集合管に作用してナトリウムと水の再吸収を促す。アンギオテンシンⅠには強い血管収縮作用があり，アンギオテンシンⅡの抗利尿作用とともに昇圧効果をもたらす。上述のメカニズムはレニン-アンギオテンシン-アルドステロン系と呼ばれ，腎による血圧調節の根幹をなす。

### 3）糸球体外メサンギウム細胞

糸球体外メサンギウム細胞 extraglomerular mesangial cellは，緻密斑，輸入細動脈，輸出細動脈に囲まれる三角形の領域に局在する細胞で，糸球体内のメサンギウム細胞と一部接触している。緻密斑からの情報伝達にかかわり，糸球体傍細胞とともに，輸入細動脈の血流調節にかかわると考えられているが，詳細は不明である。

# 10-2　尿路

到達目標：尿管，膀胱，尿道の組織構造を説明できる。
キーワード：尿管，膀胱，尿道，移行上皮

尿路は腎盤を始まりとし，外尿道口で終わる。尿路は移行上皮transitional epitheliumを特徴とし，発達した平滑筋層を持つ。尿道は外部生殖器の形成とともに発生するため，尿管・膀胱と組織の構成が異なる。

## 1. 尿管

尿管ureterは，粘膜，筋層，外膜からなる。粘膜には縦走するヒダが見られ，粘膜上皮は移行上皮である。粘膜固有層と粘膜下組織を明確に区別することはできない。筋層は厚く，内縦走筋層，中輪走筋層・外縦走筋層の3層が区別できる。ウマでは粘膜ヒダの基部に尿管腺ureteric glandがあり，粘液を分泌する。

## 2. 膀胱

膀胱urinary bladderは，粘膜，筋層，漿膜または外膜からなる。粘膜上皮は移行上皮である。上皮は膀胱の収縮・弛緩に応じて大きく変形し，厚みを変える(図2-1参照)。ウマ，反芻動物，ブタ，イヌ，マウスやラットでは明瞭な粘膜筋板が存在し，粘膜固有層と粘膜下組織が区別できるが，ネコとウサギでは粘膜筋板が痕跡的であるために区別は難しい。筋層は尿管と同じく3層ある。筋層と漿膜上皮の間の漿膜下組織には神経線維束が見られ，自律神経線維が筋層に分布する。漿膜(腹膜)は，膀胱の前半のみをおおう。

## 3. 尿道

### 1) 雄の尿道

粘膜には尿管と同様に縦走するヒダが見られる。尿道urethraは走行する部位によって前立腺部(前立腺内部を通る領域)，隔膜部(骨盤壁の筋を貫く領域)，海綿体部(陰茎内部を通る領域)に分けられる。3部で粘膜上皮のタイプが変化する。前立腺部では移行上皮，後の2部では偽重層円柱上皮pseudostratified columnar epitheliumを呈し，さらに外尿道口付近で重層扁平上皮stratified squamous epitheliumに変わる。動物によっては隔膜部および海綿体部に重層円柱上皮も見られる。肉食動物と反芻動物の前立腺部では，粘膜下組織に静脈叢が発達し，海綿層と呼ばれる。海綿体部では尿道海綿体が認められ，いわゆる動静脈吻合を形成する海綿体洞を含む(11章396頁「4. 陰茎」参照)。

### 2) 雌の尿道

雌の尿道には走行部位による区別はない。雄と同様，粘膜は移行上皮，偽重層円柱上皮，重層扁平上皮と変化する。海綿層も存在し，外尿道口の付近に認められる。ウシでは粘膜に尿道腺が散在する。

# 10-3　ニワトリの泌尿器系

到達目標：ニワトリの泌尿器系の組織構造を説明できる。



ニワトリの泌尿器系の特徴は，腎臓が細長い形状をとり3つの腎区が見られること，腎盤および膀胱・尿道を欠くこと，哺乳動物にない腎門脈系を有することである。

## 1. 腎臓

ニワトリの腎臓は複合仙骨腹面の陥凹部に位置し，外腸骨動脈と坐骨動脈によって前腎区，中腎区，後腎区の3つの腎区renal divisionに分かれる。被膜は薄い。

腎実質は腎小葉renal lobeを基本単位とし，腎小体が豊富な皮質小葉cortical region of lobuleと集合細管（後述）を多く含む髄質小葉medullary region of lobuleに分けられる。腎小葉の中央部には葉内静脈が貫通し，ここから被膜側に中心静脈が分岐する。皮質小葉は葉内静脈より表層の外帯と深層の内帯に区分される。

哺乳動物と同様に腎臓の機能的単位はネフロンであるが，腎小体の構造は哺乳動物より単純である。糸球体の中心部にメサンギウム細胞が集まり，その周囲を毛細血管が取り囲み，さらにその周りを足細胞がおおう。ネフロンは，外帯にある皮質ネフロンcortical nephronと内帯にある髄旁ネフロンjuxtamedullary nephronに分けられる。皮質ネフロンは皮質小葉内で数回ヘアピン状にカーブする。髄旁ネフロンは哺乳動物のように髄質小葉内に入るネフロンループを作る。ネフロンは集合細管を経て集合管に合流する。ネフロン内の尿細管や集合管の上皮の形態は，哺乳動物と同様である。

腎臓への血流は2系統ある。1つ目は動脈系で，前腎区へは大動脈から分枝した前腎動脈が，中腎区と後腎区へはそれぞれ坐骨動脈から分枝した中腎動脈と後腎動脈が入り，葉間動脈，葉内動脈，小葉間動脈を経て輸入細動脈から糸球体に入る。このルートは哺乳動物と基本的に同様であるが，ニワトリの腎実質は皮質と髄質の境界が不明瞭で弓状動脈も存在しないため，哺乳動物よりも規則性に乏しい。腎実質では，発達した毛細血管網が尿細管に沿って分布する。毛細血管の血液は中心静脈に集まり，葉内静脈，葉間静脈，腎静脈と順に流れる。

2つ目の血液ルートは鳥類独自の腎門脈系renal portal systemで，外腸骨および内腸骨静脈と坐骨静脈由来の前腎門脈と後腎門脈がそれぞれ前腎区と中・後腎区内に入り，介在静脈，小葉間静脈を経て腎実質内に血液を送る。この血液は尿細管周囲毛細血管網に流れ込み，ここで動脈系と合流する。外腸骨静脈と総腸骨静脈の境に腎門脈弁があり，この開閉によって腎臓へ入る血液量を調節すると考えられている。

## 2. 尿路

尿管は直接腎臓に入り，内部で一次，二次，三次尿管枝と分枝して細くなり，集合管に接続する。集合管と尿管は直接連結するため，腎杯や腎盤は存在しない。組織構造は粘膜（偽重層円柱上皮と固有層），筋層（内縦走，中輪走，外縦走筋層），外膜からなる。尿管は3つの腎区から尿を集め，半固体性の尿は蠕動運動により運ばれる。膀胱はなく，尿管は排泄腔に直接開口する。

## 演習問題

**1. 原尿の再吸収に関わるものはどれか。**

a. 輸入細動脈
b. スリット膜
c. 基底線条
d. 陰性電荷
e. 細胞足

**2. 腎小体の内部に見られないものはどれか。**

a. 有窓性毛細血管
b. 緻密斑
c. 足細胞
d. メサンギウム細胞
e. ボウマン腔

## 解　答

**1.**

正解　c

解説　基底線条は近位尿細管や遠位尿細管に見られ，ミトコンドリアの集積部である。能動輸送にかかわるエネルギーを産生する。a, b, d, eは腎小体にあって原尿の生成にかかわる。

**2.**

正解　b

解説　bは腎小体に外から接する遠位尿細管細胞の一部分。aとdは糸球体，cとeはボウマン嚢の構成要素。

（日下部 健）

# 11章　雄性生殖器系

**一般目標：雄性生殖器系の組織構造と機能を修得する。**

精子の産生・貯蔵・輸送を担う雄の生殖器官は，生殖腺である精巣，生殖管である精巣上体と精管，副生殖腺（精嚢腺，前立腺，尿道球腺），尿道および交接器である陰茎で構成される。曲精細管で作られた精子は，曲精細管→直精細管→精巣網→精巣輸出管→精巣上体管→精管→尿道へと運ばれる。



## 11-1　精巣

到達目標：精巣の組織構造と機能を説明できる。
キーワード：精巣，白膜，精巣中隔，精巣縦隔，精巣網，精細管，直精細管，曲精細管，精上皮，精細胞，セルトリ細胞，精子発生，精祖細胞，精母細胞，一次精母細胞，二次精母細胞，精子細胞，精子，細胞間橋，減数分裂，精子形成，先体（尖体），精子頭部，精子尾部，ライディッヒ細胞（間質細胞）

家畜の精巣testisは，腹壁外となる陰嚢内に位置し，腹腔内より数度低い温度で精子発生が進行する。精巣の結合組織は精巣全体を支えている。精巣の表面は白膜tunica albugineaにより囲まれ，中心には精巣縦隔mediastinum testis，その間を精巣中隔septula of testisが走って細かく区画化する。実質内部は，精子産生の場である曲精細管convoluted seminiferous tubule（精細胞とセルトリ細胞）と直精細管straight seminiferous tubule（精子発生を行わない非常に短い部分で，曲精細管と精巣網rete testisの境界の管を指す）と間質（ライディッヒ細胞，血管，リンパ管など）で構成される（図11-1）。

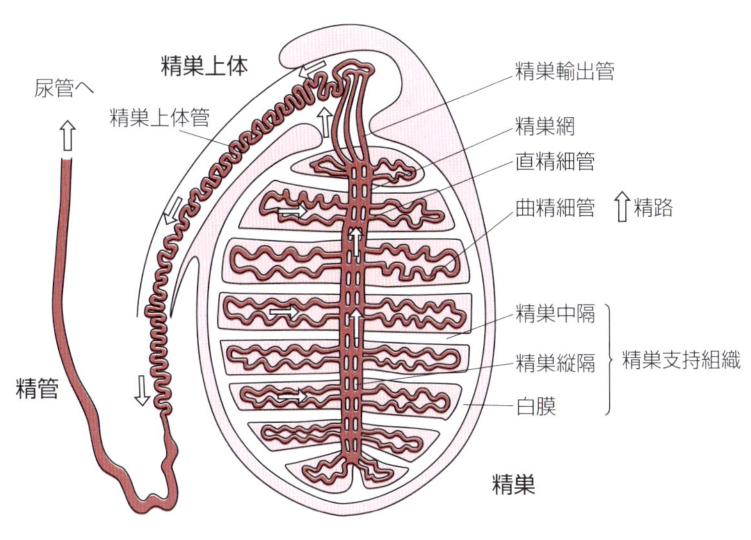


図11-1　精巣の構造

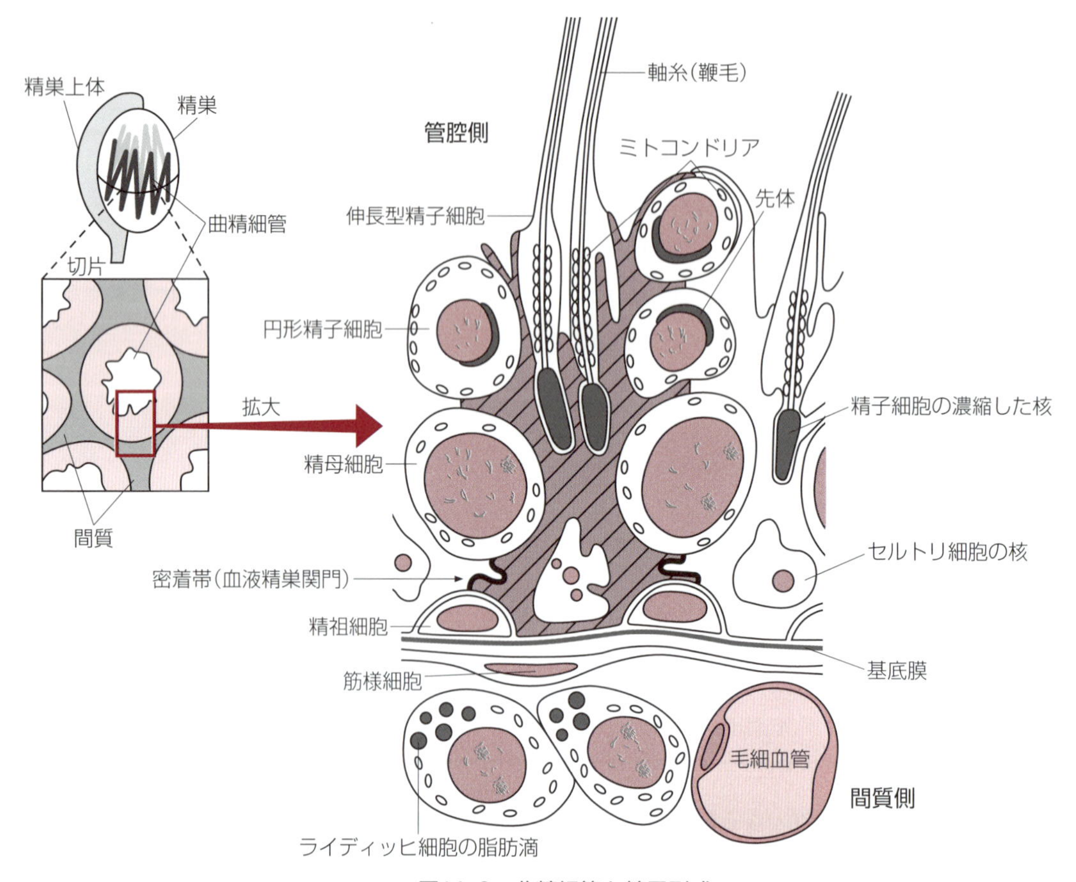


**図11-2　曲精細管と精子形成**

斜線は1つのセルトリ細胞の細胞質。

## 1. 精細管

精細管seminiferous tubule(単に精細管と呼ぶ場合は，曲精細管を示す)は，径200 μm前後の管で，精上皮seminiferous epitheliumと呼ばれる上皮には雄性生殖細胞である種々の発育段階の精細胞とそれらを支持するセルトリ細胞が認められる。精上皮の周囲は，基底膜におおわれ，その外側は平滑筋様の細胞である筋様細胞で取り囲まれる(**図11-2**)。

### 1) 精細胞

精祖細胞が精母細胞，精子細胞を経て精子に至るまでの一連の過程を精子発生spermatogenesisと呼ぶ(対照的に，精子発生の最後の段階である精子への形態形成の過程を，精子形成spermiogenesisと呼ぶ)。精祖細胞は，精細管の外側の基底膜と接触を持ち，増殖・分化する。精祖細胞は，減数分裂meiosisの開始に伴い管腔側へと移動し，精母細胞へと分化し，半数体である精子細胞となる。これらの各分化段階の精細胞spermatogenic cellは，基底側から管腔に向かって規則正しく配置する。また，精祖細胞から精子細胞後期に至るまで，同じ分化段階の精細胞は細胞間橋intercellular bridgeで繋がっており(不完全な細胞質分裂により細胞質連絡が残る)，これにより同調的な分化が進行する。

#### (1) 精祖細胞

精祖細胞spermatogonium, spermatogoniaは，精子の元となる2倍体(父親，母親由来の染色体のセットを各1組ずつ)の雄の生殖細胞である。精上皮の最も基底側(精細管の外側)に位置し，基底膜と接触を維持しながら，A型，I型Intermediate type，B型の順に分化・増殖する。

#### (2) 精母細胞

B型精祖細胞の最後の有糸分裂後，セルトリ細胞同士の密着帯tight junctionで作られる血液精巣関門blood-testis barrierを通り抜け，管腔側へと移動し，減数分裂(第一分裂)を開始して精母細胞spermatocyteとなる(一次精母細胞)。減数分裂を行う一次精母細胞は，前細糸期および第一分裂前期の5段階(細糸期，接合糸期，厚糸期，双糸期，分離期)のステージに区分される(1章287頁「2. 減数分裂」参照)。第一分裂によって，1個の一次精母細胞primary spermatocyteは2個の二次精母細胞secondary spermatocyteとなり，この二次精母細胞はすぐに分裂して(第二分裂)，計4個の精子細胞(半数体)となる。

#### (3) 精子細胞

精子細胞spermatidは，減数分裂を完了したX，Y染色体のどちらかのみを持つ半数体(1倍体)の細胞であり，精上皮の最も管腔側に位置する。精子細胞は，最初，円形の小型な細胞(円形精子細胞)であり，①先体の出現・発達，②尾部の形成，核の球形から細長い形状への変化(伸長型精子細胞)，③核質の濃縮(ヒストンからプロタミンへの置換)，④不要となった細胞質，細胞小器官の消失が起こり，最終的に精子へと形態変化する(精子形成)。

### 2) 精子

精子spermatozoaの構造は，頭部と尾部に区分される(尾部は，頸部neck，中間部intermediate piece，主部principal piece，終末部end pieceに分かれる)(**図11-3**)。精子形成の後期において，精子細胞は尾部を管腔側に遊離し，精上皮側に精子頭部を突っ込んだ状態で精子への形態形成が進行する。精子が完成する直前に，細胞間橋intercellular bridgeで連結している細胞質が完全に切り離され，個々の独立した精子として，精細管の腔内へ放出される(精子離脱spermiation)。

#### (1) 精子頭部

先体(尖体)acrosomeで囲まれた核からなる精子頭部sperm headの形状は動物種によってかなり多様性に富む。先体は，ヒアルロニダーゼ，アクロシンなど多数の分解酵素を含み，受精時の卵透明帯通過時に必要とされる。精子形成過程で，核の伸長と核内クロマチンの濃縮に伴い，ヒストンからプロタミンに置換される(精子のゲノムDNAの保護)。

#### (2) 精子尾部(頸部，中間部，主部，終末部)

精子尾部sperm tailのうち頸部は，頭部と尾部を結びつけている短いくびれた領域である。中心子と呼ばれる構造と中間部の外線維と連続した粗線維が見られる。中間部から，2個の中心微細管と9個の辺縁双微細管からなる軸糸axoneme(鞭毛)を認める。軸糸は，尾方向へと走り，主部を経て終末部にまで達する。中間部では，軸糸が，縦軸方向に走る9個の外線維に囲まれ，さらにその外側をミトコンドリアが規則的に配置する。

### 3) セルトリ細胞

セルトリ細胞Sertoli cellは，精上皮の基底側から管腔に向かって伸びた極性を示す柱状の細胞で，胎生期では性の決定(精巣の分化決定)，成体では精子形成を支えるなど，精巣の体細胞の中心的な役割を担う(**図11-2**，斜線)。精子発生での役割は，精細胞の機械的支持のほか，精細胞への栄養供与，種々のタンパク質の分泌，精子離脱の補助，貪食作用，精細胞の免疫学的障壁などが挙げられる。セルトリ細胞の核は，1～数個の核膜の切れ込みを持つ不整形状を示し，その内部に1個の大きな核小体を持つ(反芻動物の核小体は特有で，小胞構造の集合体からなる)。セルトリ細胞の分泌物として，インヒビン，アンドロゲン結合タンパク，トランスフェリン，抗ミューラー管ホルモンなど数多くが知られている。また，精上皮基底側にセルトリ細胞同士の間で特殊な密着帯が形成され，減数分裂後の精細胞に対し免疫学的障壁となる血液精巣関門が精上皮基底側に形成される。この血液精巣関門の密着帯によって，精

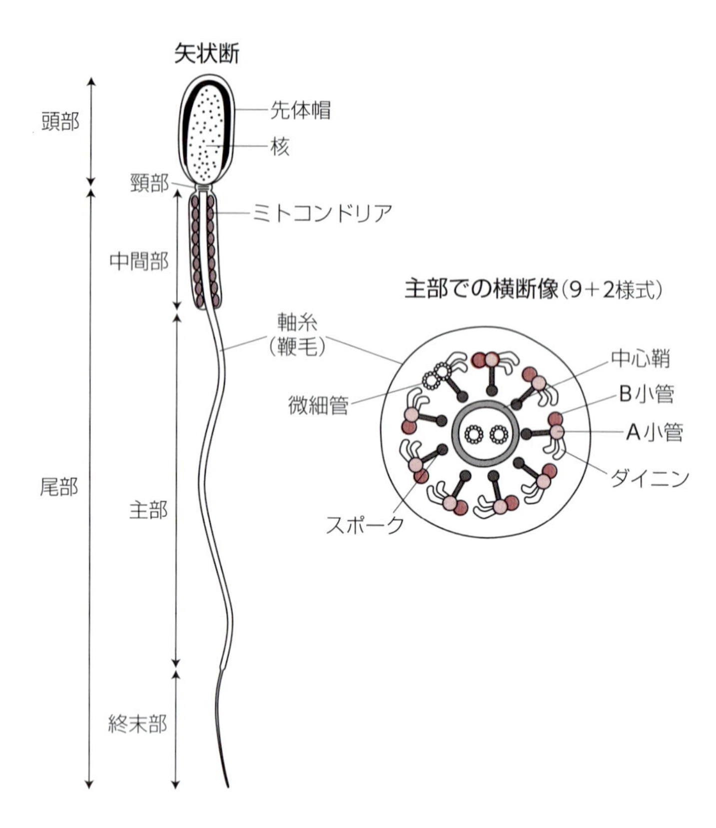


図11-3　精子の構造

上皮は基底側の精祖細胞の位置する基底区画と減数分裂後の精母細胞，精子細胞，精子の存在する傍腔区画に分けられる。なお，セルトリ細胞は，雌の卵巣の卵胞上皮細胞（顆粒層細胞）の雄の相同細胞である。

#### 4）筋様細胞

筋様細胞 peritublar myoid cell は，精細管の基底膜の外周を敷石様に取り囲む平滑筋様の細胞であり，精上皮を機械的に支持すると同時に，フィルター的な機能と内分泌学的な役割の一部の担い手として，精子発生を支える。雌の卵巣では，発育卵胞の外卵胞膜に見られる平滑筋様細胞に相同するものと考えられる。

## 2. 間質

精細管の間を占める領域を間質 interstitium という。間質の発達の度合いには種差があり，マウス，ラットなどの小型齧歯類では，間質領域が狭く細胞成分も疎である。一方，ウマやブタなどの精巣は，間質領域が発達し，より多くのライディッヒ細胞が間質領域を埋める。

#### 1）ライディッヒ細胞

ライディッヒ細胞 Leydig cell は間質細胞 interstitial cell とも呼ばれ，下垂体からの黄体刺激ホルモンの刺激を受け，テストステロンを合成する。ライディッヒ細胞は多角形または不規則な形でさまざまな大きさを持つ（径14～20 μm）。間質での存在様式は，単独で存在するもの，細胞集塊として存在するもの，血管内皮に密接しているものまでさまざまである。核膜周囲に異染色質を持つ大型で球状もしくは不定形の核を持ち，核小体も1個ないし2個存在する。ステロイド合成を行う細胞に特有の豊富な滑面小胞体が細胞質に広く分布し，さらにミトコンドリアには，特徴的な管状クリスタが観察される。卵巣の内卵胞膜細胞に相同する細胞である。

### 2) その他

精細管の間を占める間質には，ライディッヒ細胞以外にも，マクロファージ(大食細胞)，線維芽細胞が存在し，その他，肥満細胞や間葉由来の未分化な細胞も含まれる。毛細血管網が発達し，リンパ管，神経線維も認められる。

# 11-2　精巣上体，精管，副生殖腺，陰茎

到達目標：精巣上体，精管，副生殖腺，陰茎の組織構造と機能を説明できる。
キーワード：精巣上体，精巣輸出管，線毛細胞，精巣上体管，精管，不動毛，副生殖腺，精嚢腺（精嚢），前立腺，尿道球腺，膨大部腺，陰茎，白膜，海綿体，海綿体洞，海綿体小柱

精巣上体と精管は，精子を精巣から尿道まで運ぶ導管に相当する。副生殖腺は，精液の成分（精漿）を合成し，陰茎は交尾器官となる。

## 1. 精巣上体

精巣上体epididymidisは，精巣と隣接して存在し，頭，体および尾に分けられる。精巣上体頭には精細管-精巣網から連続した精巣輸出管と精巣上体管，体と尾には精巣上体管が走行している。精巣上体管は，部位により機能分化が認められ，精子は，精巣上体を通過する間に運動能や受精能を獲得する（図11-4）。

### 1）精巣輸出管

精巣輸出管efferent ductuleは，精巣網rete testis（単層扁平～立方上皮）と連続し，迂曲しながら走行した後，吻合して1～数本の管となり精巣上体管に連なる。精巣輸出管の上皮は，線毛細胞ciliated cellと無線毛細胞nonciliated cellとからなる単層円柱上皮である（精巣の導管系では唯一，線毛上皮が見られる部位）。精巣輸出管の上皮は，精細管からの管腔内の液性成分を活発に再吸収する。

### 2）精巣上体管

精巣上体管epididymal ductは，著しく迂曲しながら走行する1本の長い管である。精巣上体管の上皮は偽重層円柱上皮で，主に微絨毛細胞microvillous cellと基底細胞basal cellからなる。微絨毛細胞は精巣上体管の起始部では著しく丈が高いが，遠位になるほど低くなり，精巣上体尾では低い円柱状となる。

上皮の周囲には輪走する平滑筋細胞からなる線維筋層が見られ，自律的に収縮して管腔内の精子をゆっくりと遠位側に送る。一方，精巣上体尾の線維筋層はより大型の平滑筋細胞からなり，射精に際し

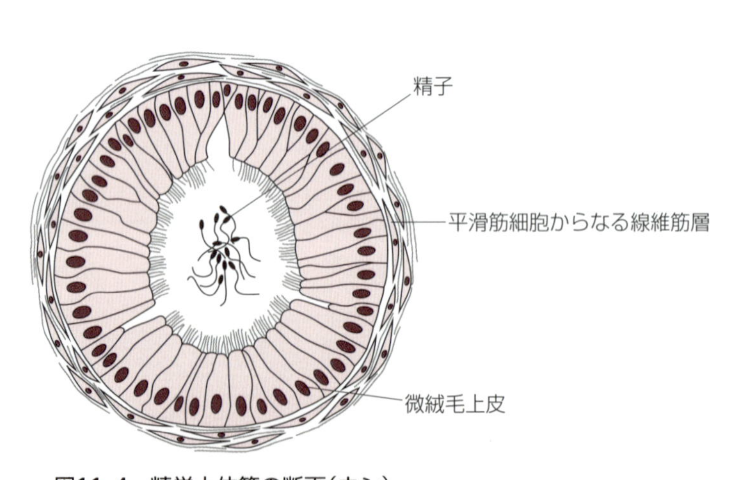


図11-4　精巣上体管の断面（ウシ）

精子を精管に送る。

## 2. 精管

精管deferent ductは，精巣上体管に続く管で，精子を尿道まで導く。精巣上体管に比べ，壁は厚く，管腔は広い。

精管内腔の粘膜面には，縦走する不規則なヒダが形成され，上皮は精巣上体管と同様に偽重層円柱上皮(近位側では自由縁に不動毛stereociliaを有する)である。精管の管壁には，筋層が発達し，無髄神経線維が分布し，その収縮運動により内腔の精子が尿道へ送られる。

精管の終末部には精管膨大部ampulla of deferent ductと呼ばれる膨みが形成される。粘膜面には多数のヒダと，偽重層円柱上皮である上皮の下の粘膜固有層に膨大部腺が存在する。精管および精管膨大部にはしばしば多数の精子が含まれる。



## 3. 副生殖腺

副生殖腺accessory genital glandは，精管および尿道海綿体部に沿って存在する精液の精漿成分を分泌する腺の総称である。副生殖腺は，一般に，結合組織からなる被膜とそれに続く中隔が内側に存在し，両者とも平滑筋線維に富む。これらの平滑筋線維は，自律神経支配を受け，分泌腺液の排出に作用する。テストステロンは，分泌腺液の産生を正に制御する。精漿成分は，精子の栄養，輸送，保護に働き，精子の運動を促進し，膣内の環境に対して生理的緩衝剤として機能する。膨大部腺(精管の終末部)，精囊腺，前立腺，尿道球腺がある。動物種によりその外形，発達にかなりの種差が存在し，ウシ，ウマではすべての種類の副生殖腺が存在する。ブタでは膨大部腺を，ネコは精囊腺を，イヌでは精囊腺と尿道球腺を欠く。

### 1) 膨大部腺

精管の終末部は膨らんで太くなり，精管膨大部と呼ばれ，この部位に精管から運ばれてきた精子は射精前に一時的に蓄えられる。精管膨大部には，粘膜固有層に膨大部腺gland of ampullaが存在し，分岐管状腺の形状をとる。腺上皮は，円柱ないし立方上皮で，複雑に分岐・吻合し，多数の小室を形成する。膨大部腺はウマで発達する。膨大部が顕著ではない動物でも，相当する部位には腺構造が認められる。

### 2) 精囊腺

精囊腺seminal gland(ウマでは，精囊seminal vesicleと呼ばれる)は，雄の尿道の起始部で左右一対認められる(分枝管状腺あるいは管状胞状腺)。腺上皮は，偽重層円柱上皮の形状を示し，平滑筋を含む小柱により，精囊腺は小葉に分けられる。ウマでは，中心には囊腔があり，その周囲の短い分枝管状胞状腺が開口する。ブタでは，ヒダ状を呈する分泌上皮が特徴的で，腺腔は管状で広い。反芻動物の精囊腺は，表面から小葉を識別でき，充実した腺を構成する。ウマ，反芻動物では，精囊腺の導管は精管と結合し，射精管となる。

### 3) 前立腺

前立腺prostateは，すべての家畜種に存在する。膀胱頸の背位，尿道の外側に位置する前立腺体と尿道骨盤部の壁内に散在する前立腺伝播部の2つの領域に区分される。前立腺体は，ウマや肉食動物でよく発達する一方，ヤギやヒツジでは前立腺体を欠く。反芻動物やブタでは前立腺は主に伝播部からなる。

前立腺上皮は単層立方ないし円柱上皮をとる。前立腺の機能は，射精の際の精液の分泌と精子の貯蔵である。前立腺の分泌物は，精囊腺の分泌物とともに，精液の主成分を構成する。

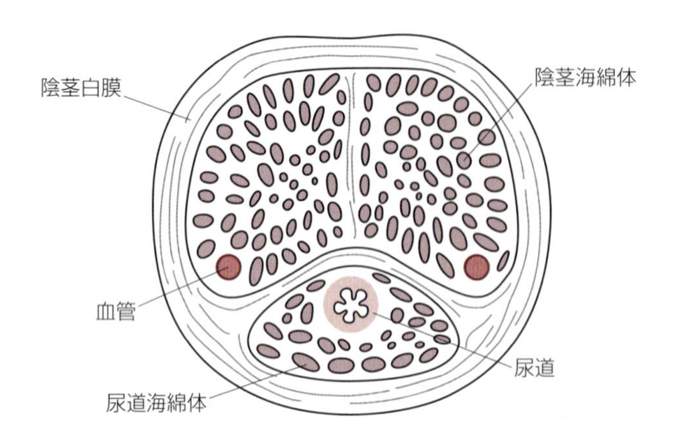


図11-5　陰茎の横断面（ウシ）

### 4）尿道球腺

尿道球腺bulbourethral glandは，尿道骨盤部の背側，尿道球の前位に左右一対存在し，導管は，単一の尿道球腺管にまとまり開口する。イヌを除くすべての家畜で認められる（ブタ，ネコ，ヤギ：複合管状腺，ウマ，ウシ，ヒツジ：管状胞状腺）。腺上皮は，丈の高い単層円柱上皮とまれに基底細胞も存在する。ブタの尿道球腺は，他の動物のそれと比較してよく発達する。家畜種により尿道球腺の分泌物の組成は多様性に富む。

## 4. 陰茎

陰茎penisは，起始部の陰茎根radix penis，本体に相当する陰茎体corpus penis，先端の亀頭glans penisに区分され，亀頭は，非勃起時には，陰嚢と腹壁の皮膚に連続した包皮prepuceに包まれる。陰茎の内部は，勃起性組織である海綿体cavernous body（2つの陰茎海綿体と1つの尿道海綿体）が3つの柱となって走行する。

海綿体は，スポンジ様の海綿体洞cavernous sinus（不規則な形状の静脈洞）とその壁を構成する網状の海綿体小柱trabeculaで構成される。海綿体の外側は，白膜tunica albugineaと呼ばれる強靱な結合組織（密線維性結合組織：主に膠原線維）で包まれる（**図11-5**）。

### 1）陰茎海綿体

陰茎海綿体cavernous body of penisは，坐骨弓の2つの陰茎脚から起こり，陰茎根で1つに収束し，亀頭へ続く。各陰茎脚からの海綿体は陰茎中隔septum penisで仕切られる。イヌ，ネコ，ラットでは，発生学的には陰茎中隔の先端部が化骨化し，陰茎骨penile boneを形成する（亀頭の中心部を走り，尿道および尿道海綿体の背側の一部を取り囲む）。

### 2）尿道海綿体

尿道海綿体spongy body of penisは，尿道球から起こり，第3の勃起組織となる。大型の血管腔を持つ陰茎海綿体と比べより繊細で，尿道penile urethra（偽重層円柱上皮，重層円柱上皮）を包み込み，陰茎先端へと続き亀頭海綿体へと連続する。亀頭海綿体は，尿道海綿体が陰茎の先端で膨隆した部分を指し，動物により特徴のある形態をとる（10章384頁「3. 尿道」参照）。亀頭では白膜は発達せず，亀頭をおおう皮膚の真皮が直接海綿体を包み込む。

性的興奮が起こると，海綿体小柱は弛緩し，小柱内部を走る陰茎深動脈の細動脈（ラセン動脈

helicine arteryと呼ばれる）からの海綿体洞への血液流入が促進される。その結果，海綿体洞に血液が充満して海綿体が膨張し，白膜が伸び切り，海綿体の内圧の上昇により勃起erectionが起こる。

陰茎はその構成様式から，①線維弾性型（ウシ，ヤギ，ヒツジ，ブタ），②筋海綿体型（ヒト，ウマ，ラット），③中間型（イヌ，ネコ）に分類できる。反芻動物，ブタにおいて見られる線維弾性型陰茎は，強い線維性組織によって区分された小さな血液腔を持ち，陰茎海綿体と尿道海綿体の両者を包含する厚い白膜により包まれる。これらの動物では，非勃起時には，陰茎は，大腿の間で陰茎S状曲として保持され，主にS状曲を直線化することにより勃起する（少量の血液しか必要としない）。筋海綿体型陰茎では，血液腔が大きく，白膜と中隔はより繊細かつ筋性で，勃起には比較的大量の血液が必要となる。

## 演習問題

**1. 精巣に関する次の記述で誤っているのはどれか。**

a. すべての哺乳動物の精巣は，腹壁外となる陰嚢内に位置し，腹腔内より数度低い温度で精子発生が進行する。
b. 精上皮は，種々の発育段階の精細胞とそれらを支持するセルトリ細胞で構成される。
c. 精祖細胞が精母細胞，精子細胞を経て精子に至るまでの一連の過程を精子発生と呼ぶ。
d. 半数体の精子細胞が複雑な形態変化を遂げて精子になる過程を，精子形成と呼ぶ。
e. 精祖細胞から精子細胞後期に至るまで，同じ分化段階の精細胞は細胞間橋で繋がっており，精子が完成する直前に，細胞間橋で連結した細胞質が完全に切り離され，初めて個々の独立した精子となる。

**2. 雄性生殖器に関する次の記述で誤っているのはどれか。**

a. 精子は，曲精細管→直精細管→精巣網→精巣輸出管→精巣上体管→精管へと運ばれる。
b. 精管の終末部には精管膨大部と呼ばれる膨らみが形成され，膨大部腺が存在する。
c. 精巣上体管の上皮は，線毛上皮細胞と無線毛上皮細胞からなる単層円柱上皮で，精細管からの管腔内の液成分を活発に再吸収する。
d. 副生殖腺は，精管および尿道海綿体部に沿って存在する精液の精漿成分を分泌する腺の総称である。
e. 陰茎を構成する海綿体は，陰茎海綿体，尿道海綿体，および尿道海綿体と連続する陰茎先端の亀頭海綿体に区分される。

**3. 組み合わせで誤っているのはどれか。**

a. セルトリ細胞 — 密着帯 — 血液精巣関門
b. ライディッヒ細胞 — テストステロン — ミトコンドリアの管状クリステ
c. 精子 — 先体 — 鞭毛
d. イヌ — 前立腺と尿道球腺を欠く — 陰茎骨
e. 陰茎 — 海綿体洞 — 勃起

## 解　答

**1.**

正解　a

**解説**　家畜の精巣は，腹壁外となる陰嚢内に位置し，腹腔内より数度低い温度で精子発生が進行する。しかし，哺乳動物の中で例外的に，クジラ，ゾウなどは，腹腔内に精巣が存在する（潜伏精巣と呼ばれる）。

**2.**

正解　c

**解説**　精巣輸出管の上皮が，線毛上皮細胞と無線毛上皮細胞からなる単層円柱上皮で，管腔の水分を活発に再吸収する。精巣上体管は，偽重層円柱上皮で，微絨毛上皮細胞と基底細胞とからなる。

**3.**

正解　d

**解説**　イヌでは，前立腺は存在し，精嚢腺と尿道球腺を欠く。

（金井 克晃）

# 12章　雌性生殖器系

一般目標：雌性生殖器系の組織構造と機能を修得する。

哺乳動物の雌性生殖器は生殖腺である卵巣，生殖管である卵管，子宮，膣，そして外部生殖器である膣前庭，陰核，ならびに陰唇からなる。



## 12-1　卵巣

到達目標：卵巣の組織構造と機能を説明できる。

キーワード：卵巣，表面上皮，白膜，間質細胞，皮質，髄質，卵祖細胞，一次卵母細胞，二次卵母細胞（卵子），卵胞，一次卵胞，卵胞上皮細胞，原始卵胞，二次卵胞，顆粒層細胞，透明帯，内卵胞膜，外卵胞膜，卵胞膜細胞，三次卵胞（胞状卵胞），卵胞腔，卵胞液，卵丘，放線冠，成熟卵胞（グラーフ卵胞），排卵，閉鎖卵胞，第一極体，第二極体，黄体，顆粒層黄体細胞，卵胞膜黄体細胞，赤体，白体

### 1. 卵巣の構造と機能

卵巣ovaryは左右一対あり，腎臓の後位，骨盤の頭側端近位に位置する。卵巣は生殖細胞である卵細胞を分化，発育，成熟させる器官であると同時に，エストロゲンやプロゲステロンなどを分泌する内分泌腺として機能する。また，性周期，季節，年齢，妊娠状態によって形態は大きく変化する。

卵巣の実質は皮質ovarian cortexと髄質ovarian medullaに区別されるが，境界は不明瞭である。多くの動物種では表層部に皮質，中心部に髄質が存在するが，ウマでは髄質が表層部に位置し，皮質は髄質に包み込まれるように埋没するため，排卵ovulationは皮質の一部が表層に現れる排卵窩ovulation fossaで起こる（図12-1）。

皮質にはさまざまな成熟段階の卵胞ovarian follicle，黄体，白体などが見られる。卵巣表面は，卵巣門の部分を除き，表面上皮surface epitheliumと呼ばれる単層扁平上皮あるいは単層立方上皮（中皮）でおおわれる。表面上皮直下には白膜tunica albugineaと呼ばれる結合組織層が観察され，平行に走る膠原線維が密に配列している。疎線維性結合組織である皮質の間質には，細動脈・小動脈，細静脈・小静脈，リンパ管，神経線維が豊富に含まれる。ウサギ，マウス，ラット，イヌ，ネコの卵巣の皮質にはテストステロンを合成する間質細胞ovarian interstitial cellが多数存在し，集合して間質腺を形成する。間質細胞は閉鎖卵胞の卵胞上皮細胞や卵胞膜細胞に由来する。髄質には比較的緻密な結合組織と卵巣門から侵入する血管，リンパ管，神経が含まれる。

### 2. 卵胞の発育と排卵

胎子卵巣内に存在する増殖期の生殖細胞を卵祖細胞oogoniumと呼び，この細胞は通常の体細胞と同じ2倍体の細胞である。卵祖細胞は胎子期後期に体細胞分裂をすべて終了して減数分裂に移行し，卵母細胞になる（1章287頁「2. 減数分裂」参照）。特に，減数分裂の第一分裂first division of meiosis（第一成熟分裂first maturation division）中の卵母細胞を一次卵母細胞primary oocyte，減数分裂の第二分裂second division of meiosis（第二成熟分裂second maturation division）に移行したものを二次卵母細胞secondary oocyteと呼ぶ。一次卵母細胞は，出生までに第一分裂前期の双糸期まで進

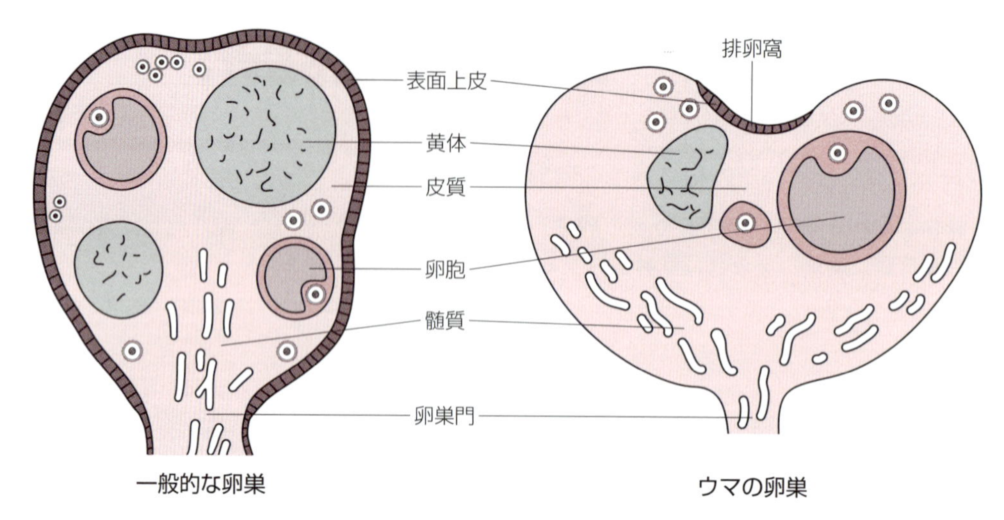


**図12-1　卵巣**

卵巣の実質は，卵胞や黄体が存在する皮質と血管，リンパ管，神経を含む髄質に区別される。多くの動物種では中心部に髄質，表層部に皮質が存在するが，ウマではこれらの位置関係が逆転しており，排卵は排卵窩で起こる。

み，春機発動期を経て順次成熟するまで，その状態のまま長い休眠期に入る。減数分裂停止期の一次卵母細胞の核を卵核胞と呼ぶ。

一次卵母細胞はそれを取り囲む卵胞上皮細胞 follicular epithelial cells および間質とともに卵胞を形成し，その中で発育する(図12-2)。最も初期のものを原始卵胞 primordial ovarian follicle と呼び，単層で扁平な卵胞上皮細胞とそれらに包まれた小さい一次卵母細胞からなる。卵胞上皮細胞は次第に丈が高くなり，単層立方あるいは単層円柱状を呈するようになる。この卵胞を一次卵胞 primary ovarian follicle と呼ぶ。春機発動期に達した雌の卵巣皮質表層には多数の原始卵胞や一次卵胞が観察されるので，これを卵胞帯 ovarian follicle area と呼ぶ。卵胞は発育過程で99％以上が卵胞閉鎖 follicle atresia によって，退行して消失するが，この卵胞を閉鎖卵胞 atretic follicle という。

性成熟後，性周期ごとに一定数の一次卵胞が発育を開始する。卵胞の成熟が進むと卵胞上皮細胞が有糸分裂によって増殖し，重層化する。重層化した卵胞上皮細胞を顆粒層細胞 granulosa cell と呼び，これに包まれた一次卵母細胞とあわせて二次卵胞 secondary ovarian follicle が形成される。二次卵胞期から三次卵胞期にかけて，卵母細胞と卵胞上皮の間に，ムコ多糖類からなる透明帯 zona pellucida が形成される。二次卵胞期には，線維性結合組織の豊富な外卵胞膜 theca externa と，その内層に血管が豊富で大きな腺細胞が多数散在している内卵胞膜 theca interna が形成される。内卵胞膜には脂肪顆粒が豊富な卵胞膜細胞 theca endocrine cells が観察され，この細胞は卵胞上皮細胞と協調して，エストロゲン estrogen を産生する。

卵胞上皮細胞は分裂増殖を続けるが，卵胞上皮細胞間には間隙が形成され，これらは互いに融合して卵胞腔 follicular antrum となり，卵胞液 follicular fluid が蓄積される。卵胞腔が形成された卵胞を三次卵胞 tertiary ovarian follicle(胞状卵胞 vesicular ovarian follicle)と呼び，特に排卵直前の非常に大きな卵胞を成熟卵胞 mature follicle(グラーフ卵胞 Graafian follicle)と呼ぶ。卵胞上皮細胞の一部は卵母細胞を包んで卵胞腔に突出して卵丘 cumulus oophorus を構成し，それらは卵丘細胞 ovarian cumulus cells とも呼ばれる。透明帯に接した卵胞上皮細胞は透明帯を貫通して卵母細胞に連絡する細胞突起を伸ばしており，これらの細胞は丈が高く，放射状の配列を示すので，放線冠 corona radiata と呼ばれる。

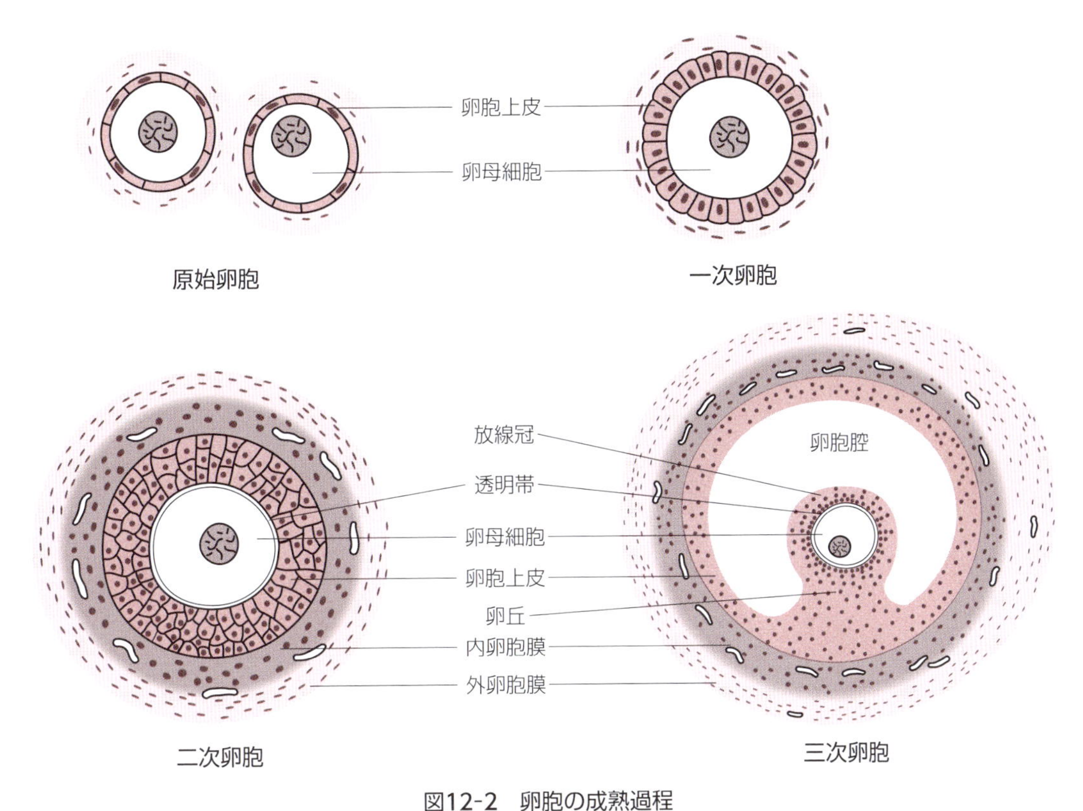


**図12-2　卵胞の成熟過程**

原始卵胞は，単層の扁平な卵胞上皮細胞とそれらに包まれた小さな一次卵母細胞からなる。一次卵胞の卵胞上皮細胞は単層立方あるいは単層円柱状を呈する。重層化した卵胞上皮を持つ卵胞は二次卵胞と呼ばれ，卵胞腔が形成された卵胞は三次卵胞と呼ばれる。

排卵準備の調った成熟卵胞の一次卵母細胞は下垂体からの黄体形成ホルモンの刺激により，第一分裂を再開し，卵核胞崩壊が始まる。やがて第一極体primary polar bodyが放出されて減数分裂の第一分裂が完了し，二次卵母細胞となる。二次卵母細胞は直ちに減数分裂の第二分裂を開始するが，第二分裂中期で再び停止し，この状態で排卵される。イヌとキツネは例外的に第一極体の放出が受精後に起こる。二次卵母細胞は排卵，受精の準備が調った状態であるので，卵子ovumと呼ばれる。

黄体形成ホルモンの刺激後，卵母細胞・卵丘細胞複合体oocyte-cumulus cell complexは卵胞腔内に突出して浮遊したような状態になる。卵胞膜は希薄化し，排卵をむかえた成熟卵胞は卵巣から突出する。卵巣表面に近い卵胞膜は虚血性変化によって半透明になり，卵胞口follicular stigmaを形成する。卵丘細胞に包まれた二次卵母細胞は排卵口から腹腔に排卵され，卵管采を経由して卵管に導かれる。排卵後，卵管内で出会った精子が透明帯を通過して二次卵母細胞内に侵入することで第二分裂が進行して第二極体secondary polar bodyが放出される。こうして形成された卵母細胞の雌性前核female pronucleusと精子の雄性前核male pronucleusが融合し，二倍体の核を持つ受精卵fertilized eggになる。

## 3. 黄体の形成と機能

排卵直後は排卵部位に少量の出血が見られ，血液が卵胞腔であった領域を満たすため，これを赤体corpus rubrumと呼ぶ。排卵後，卵巣内に残された卵胞上皮細胞は，黄体形成ホルモンの刺激により黄体細胞への分化を開始する。黄体細胞は黄体corpus luteumを構成する細胞で，大型で卵胞上皮細胞に由来する顆粒層黄体細胞granulosa lutein cellsと，小型で内卵胞膜の卵胞膜細胞に由来する卵胞膜黄体細胞

theca lutein cellsに分けられる。黄体は妊娠の成立と維持に必須な内分泌組織でプロゲステロンprogesteroneを産生する。

黄体期に，排卵された卵細胞は卵管内で受精を待つが，妊娠に至らなかった場合，黄体は月経黄体corpus luteum of estrusと呼ばれ寿命が短く，退行して発情周期が回帰し，卵巣では次の排卵に向けた卵胞の成熟が始まる。退行する黄体は，黄体細胞数が減少し線維成分で置換されるため，白体corpus albicansと呼ばれる瘢痕組織となる。一方，妊娠が成立した場合，黄体は退行することなく発育し，妊娠黄体corpus luterm of pregnancyになる。妊娠黄体は妊娠期間の中期頃まで存在し，プロゲステロンを分泌して妊娠の維持に働く。

# 12-2　生殖管・外部生殖器

到達目標：卵管，子宮，膣，膣前庭，陰核，陰唇の組織構造と機能を説明できる。
キーワード：卵管，卵管(粘膜)ヒダ，線毛上皮細胞，微絨毛上皮細胞，子宮，子宮内膜，子宮筋層，子宮外膜，子宮腺



## 1. 生殖管・外部生殖器の構成

生殖管は卵管，子宮，膣からなり，卵管と子宮は卵巣で産生された生殖細胞の輸送路で，受精と胎子発育の場となる。膣前庭，陰核，陰唇を含む外部生殖器と膣は交接器官として機能し，膣と膣前庭は出産時には胎子が通る産道になる。

## 2. 卵管

卵管oviductは卵巣と子宮を結ぶ細管で，卵を子宮へ送り込む通路であると同時に受精の場となる。卵管は卵管漏斗infundibulum of oviduct，卵管膨大部ampulla of oviduct，卵管峡部isthmus of uterine tubeの3部に区分される。卵管漏斗はその端の卵管腹腔口で腹腔に開き，その遊離縁にある卵管采fimbriae of uterine tubeで，排卵された卵母細胞を確保して卵管に収容する。卵管膨大部は卵管漏斗に続く管径が太く壁の薄い部分で，受精の場となる(図12-3)。卵管峡部は子宮へと続く筋膜性の細い部分で，受精卵を子宮へと運搬する通路である。

卵管は粘膜，筋層，漿膜の3層構造からなる。粘膜は卵管(粘膜)ヒダmucosal fold of uterine tubeと呼ばれる複雑な粘膜ヒダを形成し，このヒダは膨大部で発達するが，子宮口に近づくと小さく単純になる。粘膜上皮は一般に単層円柱上皮で主に2種類の細胞を含む(図12-4)。一つは線毛を有する線毛上皮細胞ciliated epithelial cellで，細胞中央部に丸い核を有する。もう一つは微絨毛を有する微絨毛上皮細胞microvillous epithelial cellで，細胞基底部に細長い核を有する。両者の占める割合は性周期に伴って変化する。卵管は粘膜筋板がないため，粘膜固有層と粘膜下組織は連続しており，これら

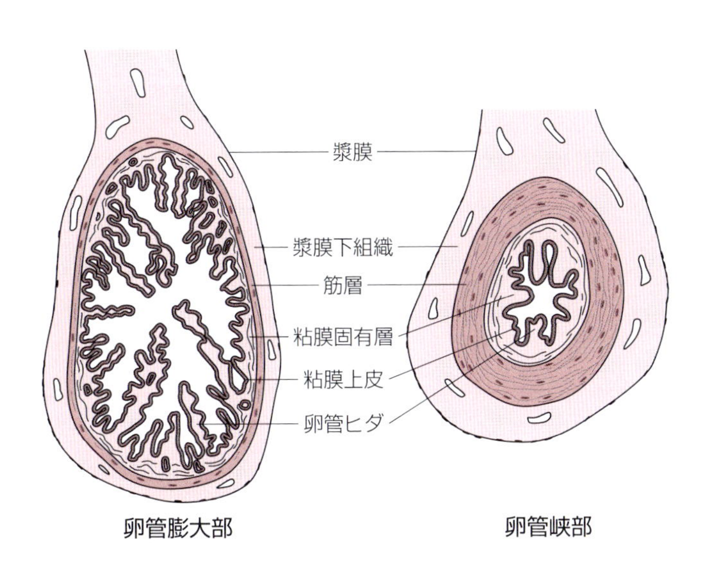


図12-3　卵管膨大部と峡部

卵管膨大部は峡部より発達した卵管(粘膜)ヒダを有する。筋層は峡部でより厚く発達する。

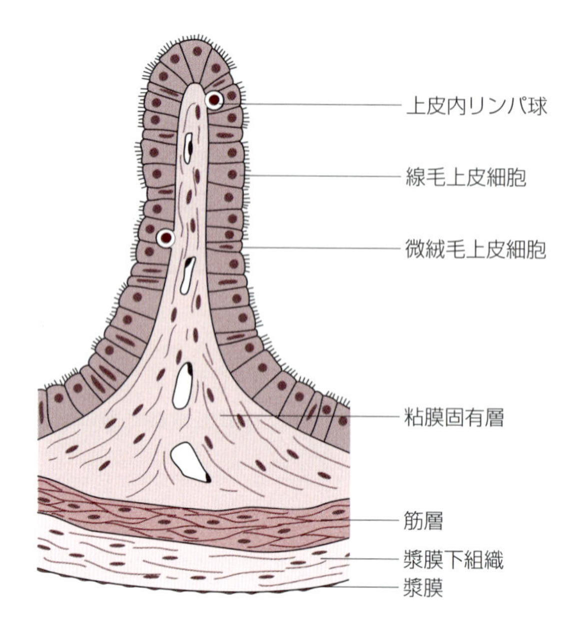


**図12-4　卵管の拡大図**

卵管の粘膜上皮は一般に単層円柱上皮で，線毛上皮細胞と微絨毛上皮細胞からなる。

の下に2層の筋層がある。筋層はよく発達した平滑筋からなり，子宮口に近づくにつれ，次第に厚みを増す。筋層の外側を薄い疎線維性結合組織からなる漿膜下組織と漿膜が包む。

## 3. 子宮

受精卵の着床の場で，卵管で受精した受精卵は子宮まで下降してきて着床し，胎盤を形成する。子宮は，卵管が開口している一対の子宮角uterine horn，1本の管状構造部である子宮体uterine bodyおよび膣へと続く子宮頸部uterine cervixの3部位からなる。

子宮uterusは，粘膜，筋層，漿膜の3層構造をとり，それぞれ子宮内膜endometrium，子宮筋層myometrium，子宮外膜perimetriumと呼ばれる（**図12-5**）。子宮内膜は，粘膜上皮とその下の厚い粘膜固有層から構成される。粘膜上皮は少数の線毛上皮細胞と微絨毛上皮細胞からなる。ウマ，イヌ，ネコ，霊長類などの粘膜上皮は単層円柱あるいは立方上皮であるが，ブタや反芻動物では偽重層円柱あるいは重層円柱上皮である。粘膜固有層には粘膜上皮が落ち込んで形成された多数の子宮腺uterine glandが見られ，筋層の近くまで達している。反芻動物では子宮角の内腔側に子宮小丘caruncleと呼ばれる隆起が観察される。子宮小丘は血管が豊富であるが子宮腺を欠き，胎子胎盤と密着して胎盤節を形成して母体と胎子間の代謝的交換を行う。月経の見られる霊長類の子宮内膜は，月経の度に剥離する機能層functional layerと，常に存在する下層の基底層basal layerの2層に区分される。

子宮内膜は，性周期，繁殖期，妊娠期でステージに伴って性状が変化する。性周期では2つのステージが認められる。卵胞が成熟する発情前期ならびに交尾と排卵の時期である発情期には，子宮は妊娠に備えて発達し増殖期proliferative stageと呼ばれる。増殖期では子宮腺の数が増し，腺細胞は円柱状となる。その後，黄体が発達し，受精，初期胚の発育，着床の時期である発情後期から発情間期には，子宮腺の発達と分泌が最盛となるため，分泌期secretory stageと呼ばれる。

子宮筋層は厚い平滑筋の層で，内側から輪筋層circular muscle layer，血管層vascular layer，縦筋層longitudinal muscle layerの3つに区分される。イヌなどの肉食動物では3層は明瞭であるが，反芻動物では輪筋層の中に血管層が介在し，ブタには血管層はない。妊娠中は，子宮筋層の平滑筋は細胞分裂

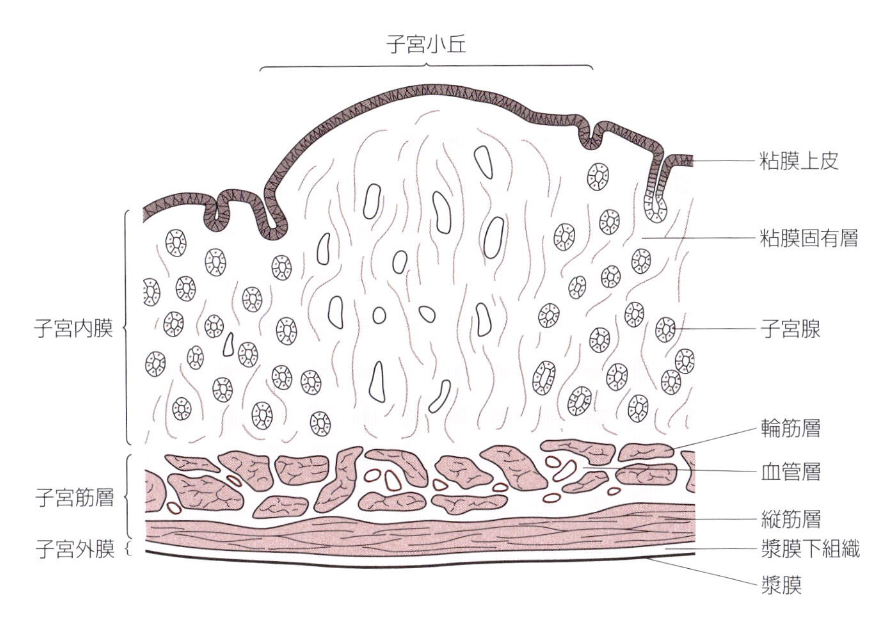


**図12-5　子宮（反芻動物）**

子宮小丘は子宮腺を欠くが，血管が豊富である。その他の部位では豊富な子宮腺が観察される。

により増加し，平常時の数十倍の長さと数倍の太さを示す。また，妊娠期間中はプロゲステロンが平滑筋の収縮性を抑制して，流産が起こりにくい状態が保たれている。子宮の最外層は漿膜である子宮外膜でおおわれている。

## 4. 膣および膣前庭

膣vaginaは内側から，粘膜，筋層，漿膜または外膜の3層構造をとる。粘膜上皮は厚い重層扁平上皮である。粘膜固有層は，膠原線維と弾性線維に富む密線維性結合組織で，筋層は厚い内輪走筋層と薄い外縦走筋層の2層の平滑筋層からなる。

膣前庭vaginal vestibuleは内膜，筋層，外膜の3層構造を有する。粘膜上皮は重層扁平上皮で，壁には外尿道口，大前庭腺greater vestibular gland，小前庭腺lesser vestibular gland，卵巣上体epoophoronなどが見られる。大前庭腺は反芻動物とネコの粘膜下組織に見られる粘液性の管状胞状腺であり，小前庭腺は，ほとんどの動物で粘膜固有層に散在する粘液腺である。膣前庭の筋層は膣から続く平滑筋に加え，横紋筋が発達する。

## 5. 陰核

陰核clitorisは陰核海綿体cavernous body of clitoris，陰核亀頭glans of clitoris，陰核包皮prepuce of clitorisからなる。陰核海綿体は全体が白膜で包まれ，中隔により左右に分けられる。陰核海綿体は静脈性の洞と洞壁に分散する平滑筋束からなる。陰核海綿体の近傍には，包皮や陰核亀頭部に向かって走行する多数の神経線維束が見られる。粘膜固有層には触覚小体に似た陰部神経小体が多数観察される。陰核包皮は膣前庭粘膜の続きである。陰核亀頭は薄い重層扁平上皮でおおわれ，毛，脂腺，汗腺は認められない。陰唇pudendal labiaは体の外面に位置する外陰部で，重層扁平上皮でおおわれ，脂腺とアポクリン腺が豊富に見られる。

# 12-3　鳥類の生殖器

到達目標：ニワトリの雌性生殖器系の組織構造と機能を説明できる。

## 1. 生殖器の構成

卵巣，卵管，排泄腔cloacaに区別され，卵管は家畜の卵管，子宮，膣に相当する。ニワトリでは，左側の卵巣と卵管だけが発達する(図12-6)。

## 2. 卵巣の構造

卵巣には微小な皮質卵胞が皮質に分布するほか，多数の白色卵胞white follicle，5～10個の黄色卵胞yellow follicle，排卵後卵胞postovulatory follicle，閉鎖卵胞atretic follicleが卵巣表面に突出して見られる。白色卵胞と黄色卵胞は，細い卵胞茎stalk of follicleによって卵巣皮質と連絡する。黄色卵胞の大きさはすべて異なり，発育に序列がある。卵胞茎の反対側の卵胞表面には太い血管を欠く領域が帯状に見られ，破裂口(スチグマ)stigmaと呼ばれる。破裂口の破裂により排卵が起こる。

## 3. 卵胞の発育と排卵

産卵期の卵巣皮質には，卵細胞と単層上皮からなる顆粒層および薄い卵胞膜層によって構成される皮質卵胞が観察される。卵胞膜層には間質細胞が出現し，顆粒層細胞は2～3層の重層配列を示すようになる。

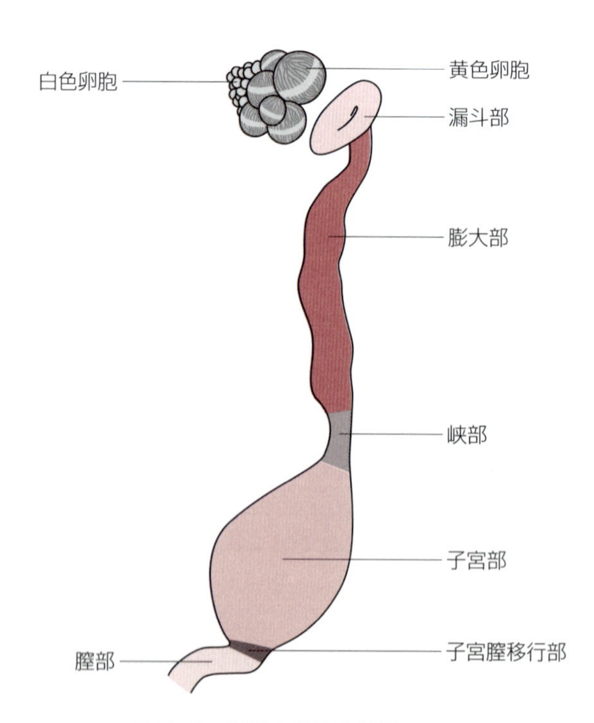


**図12-6　鳥類の雌性生殖器**

卵巣には卵巣表面に突出したさまざまなステージの卵胞が見られる。卵管は漏斗部，膨大部，峡部，子宮部，膣部に分けられる。

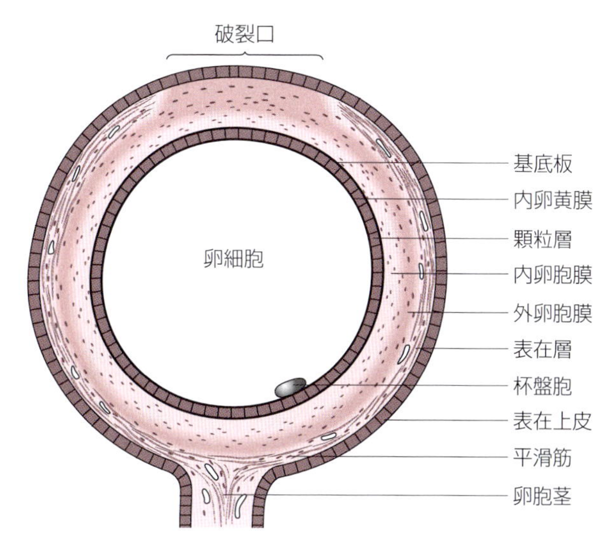


**図12-7　黄色卵胞**

卵胞壁は内側から外側に向かって順に，内卵黄膜，顆粒層，基底板，内卵胞膜，外卵胞膜，表在層，表在上皮で構成される。

次の発育段階である白色卵胞では，顆粒層が単層に変化し，卵胞膜は内卵胞膜と外卵胞膜に分化して，間質細胞は内卵胞膜に局在するようになる。卵細胞の発達に伴い，卵黄が多量に細胞質内に蓄積されるため，卵細胞の核（卵核胞）と細胞小器官が卵細胞の動物極に偏在して胚盤 germinal disc が形成される。

黄色卵胞になると卵細胞（卵黄と胚盤）は層状の卵胞壁で包まれる。卵胞壁は内層から外層に向かって順に，内卵黄膜 perivitelline membrane（卵黄周囲層），顆粒層 granular layer，基底板 basal lamina（基底膜 basal membrane），内卵胞膜 theca interna，外卵胞膜 theca externa，表在層 superficial layer（疎線維性結合組織 loose collagenous connective tissue），表在上皮 superficial epithelium で構成される（図12-7）。内卵黄膜は網状構造を示し，ヒアルロン酸や受精時に必要な種々のタンパク質を含む。顆粒層は単層立方上皮で形成され，ステロイド代謝と卵細胞への卵黄成分の運搬を担う。顆粒層と内卵胞膜の間には厚い基底板が観察される。内卵胞膜の内側には紡錘状の線維芽細胞ならびに毛細血管網が，外側にはステロイド代謝を行う大型の間質細胞が見られる。外卵胞膜は線維芽細胞と重層に配列した膠原線維からなる緻密な結合組織である。表在層には血管，神経線維，卵巣皮質から連続する平滑筋線維が走行する。破裂口では表在層が極めて薄く，外卵胞膜が厚い。このため，表在層で見られる太い血管はここでは見られない。表在上皮は単層扁平上皮で卵胞全体の表面をおおう。

卵胞内の卵細胞は減数分裂の第一分裂前期で分裂を停止した状態で，最大卵胞まで至る。排卵準備が整った最大卵胞の卵細胞は黄体形成ホルモンの刺激により，第一分裂を再開し，卵核胞崩壊が始まる。やがて第一極体が放出され，排卵できる状態の卵細胞になる。排卵直前の破裂口では，外卵胞膜が伸展し，顆粒層，内卵胞膜および表在上皮に亀裂が生じ，著しく薄くなった外卵胞膜が破れて排卵が起こる。哺乳動物とは異なり，排卵後卵胞は黄体を形成することなく退行する。

## 4. 卵管

卵管は，漏斗部 infundibulum，膨大部 magnum，峡部 isthmus，子宮部 uterus（卵殻腺部 shell, eggshell gland），膣部 vagina に大別される。漏斗部は卵巣付近の腹腔に開き，膣部は排泄腔に開口する（図12-6）。いずれも，内側から粘膜，筋層，漿膜の3層構造をとる。

漏斗部は排卵卵子を受容し，卵細胞周囲に外卵黄膜とカラザ成分 chalaza を沈着させる。壁は薄く，

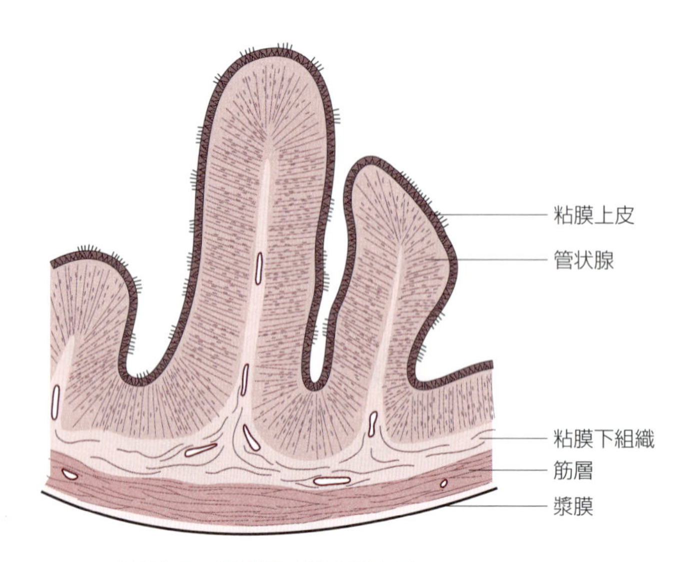


**図12-8　卵管膨大部の拡大図**

粘膜上皮は線毛上皮細胞と非線毛上皮細胞からなり，粘膜固有層は管状腺で占められる。

上方のラッパ状に広がる采部と下方の管状部からなる。采部では粘膜上皮は線毛上皮細胞からなり，粘膜固有層に管状腺は認められない。管状部では粘膜上皮は線毛上皮細胞と非線毛上皮細胞からなる偽重層円柱上皮で，粘膜固有層には管状腺が見られる。

膨大部から子宮部の粘膜上皮は管状部と同様，線毛上皮細胞と非線毛上皮細胞からなる偽重層上皮であるが，粘膜固有層の管状腺が発達している。膨大部は卵白egg albumenを分泌する部位で，管径が太く，ラセン状に縦走する粘膜ヒダが見られる特徴を持つ。(**図12-8**)。峡部は膨大部より径が小さく，粘膜ヒダが小さい。峡部では形成中の卵の卵白表面に内卵殻膜と外卵殻膜が形成される。子宮部は卵白への水分添加と卵殻成分の分泌を行う。

子宮部から下方は子宮膣移行部utero-vaginal junctionを経て膣部となる。子宮膣移行部では，固有層に精子を長期間貯蔵する精子細管spermatic tuzbule（精子貯蔵腺sperm storage tubule）が分布する。精子細管は管状構造を呈し，単層立方上皮で構成される。膣部の粘膜上皮は線毛上皮細胞と非線毛上皮細胞からなり，粘膜固有層は管状腺を含まず，疎線維性結合組織で占められる。

## 5. 卵殻

子宮部で卵殻膜上に形成される卵殻egg shellは，炭酸カルシウムを主成分とする乳頭層mamillary layerと海綿層spongy layer, および糖タンパクを主成分とするクチクラ層cuticle layerから構成される。有色卵を産卵するトリでは，ポルフィリンporphyrinが子宮部粘膜上皮の線毛上皮細胞によって分泌され，これが卵殻色素eggshell pigmentとなる。

## 演習問題

**1. 家畜の卵巣に関する記述として誤っているのはどれか。**

a. ウマは皮質と髄質が逆転しており，卵細胞は排卵窩から排卵される。
b. 新生子の卵巣に含まれる卵母細胞は二次卵母細胞である。
c. 二次卵胞の卵胞上皮細胞は重層上皮である。
d. 透明帯は卵母細胞と卵胞上皮細胞の間に形成される。
e. 黄体は顆粒層黄体細胞と卵胞膜黄体細胞を含む。

**2. 家畜の卵管あるいは子宮に関する記述として誤っているのはどれか。**

a. 卵管の粘膜上皮は線毛上皮細胞と微絨毛上皮細胞からなる。
b. 卵管漏斗部は排卵された卵細胞を確保して卵管に収容する。
c. 卵管膨大部は峡部に比べて卵管ヒダが低く，単純である。
d. 反芻動物の胎盤節は子宮小丘で形成される。
e. 子宮筋層は輪筋層，血管層，縦筋層の3層の厚い平滑筋層からなる。

**3. ニワトリの卵管に関する記述として正しいのはどれか。**

a. 膣部では内卵殻膜と外卵殻膜が形成される。
b. 漏斗部では卵白成分が分泌される。
c. 峡部では外卵黄膜が形成される。
d. 子宮部では卵殻成分と卵殻色素が分泌される。
e. 膨大部ではカラザ成分が分泌される。

## 解　答

**1.**

**正解**　b

**解説**　新生子の卵巣に含まれる卵母細胞は，第一成熟分裂のディプロテン期で停止しているため，一次卵母細胞である。

**2.**

**正解**　c

**解説**　卵管ヒダは膨大部で特に大きく複雑に発達し，峡部では小さく単純になる。

**3.**

**正解**　d

**解説**　外卵黄膜およびカラザ成分は漏斗部，卵白成分は膨大部，内および外卵殻膜は峡部，卵殻成分および卵殻色素は子宮部でそれぞれ分泌・形成される。

（金田 正弘）

# 13章　内分泌系



**一般目標：各種内分泌器官の組織構造と機能を修得する。**

内分泌器官endocrine organは，内分泌細胞からなる内分泌腺で構成される分泌器官のことである。内分泌細胞で産生された分泌物(ホルモン)は，導管を介さずに，組織液もしくは血液を介して標的器官(細胞）に到達して作用する。導管を有する場合の分泌を外分泌exocrineという。ホルモンは，そのホルモンが特異的に結合する受容体を発現する器官や細胞に作用し，さまざまな生理活動や恒常性を保つ働きを持つ。内分泌系は，内分泌の分泌様式や分泌物などの共通部分によって分類されるが，各内分泌系特有の構造もある。

## 13-1　内分泌系の分類

到達目標：内分泌系の基本構造と機能を説明できる。
キーワード：開口分泌，ホルモン，内分泌腺，内分泌細胞，ペプチドホルモン，ステロイドホルモン，ペプチドホルモン産生細胞，ステロイドホルモン産生細胞

内分泌腺endocrine glandは導管を持たない腺である。上皮細胞が内分泌を行う場合，分泌物は細胞の基底面に放出され，周囲の組織液から血中に入る。多くの内分泌腺は上皮に由来するが，生殖腺の内分泌細胞など結合組織の細胞に由来するものもある。通常は，発生過程で内分泌細胞は上皮から離れて連絡を失うため導管がなくなるが，胃腸内分泌細胞のように外分泌を行う上皮の構成細胞となり内分泌するものもある。内分泌腺には下垂体，甲状腺，副腎のように単独の内分泌器官として独立するものや，膵島や胃腸内分泌細胞のように外分泌など他の機能を持つ器官の中で構成細胞・組織の一部として存在するものがある。内分泌腺は，腺の構造，標的器官への経路(到達様式)と分泌されるホルモンの種類によって細分できる。

### 1. 内分泌腺の構造による分類

内分泌腺は構造により，次の4種類に大別できる(図13-1)。まず，甲状腺などに見られる①小胞(濾胞)型の構造をとるタイプの内分泌腺である。内分泌細胞が中央に大きな腔を囲んで球状に配列し，この構造を小胞(濾胞)と呼ぶ。小胞が集まって内分泌組織・器官が形成される。次に，②明瞭な小胞構造をとらず内分泌細胞が集まって塊を形成するタイプの内分泌腺であり，腺性下垂体や膵島など多くの内分泌腺がこのタイプである。3つ目に③上皮の中に内分泌細胞が散在し，分泌物が組織側に分泌されるタイプで，胃腸内分泌細胞などに見られる。また，特に④神経細胞自身が内分泌を行うことを神経分泌といい，視床下部－腺性下垂体系における性腺刺激ホルモン放出ホルモンの分泌などで見られる。

### 2. 標的器官・標的細胞への経路による分類

内分泌腺から分泌され生理作用を持つ物質をホルモンhormoneと呼び，ホルモンが作用する器官を標的器官target organという。標的器官では，ホルモンに対する受容体receptorを発現している標的細胞target cellsに対してホルモンはその作用を発揮する。ホルモンが標的器官・標的細胞へ達する経路は3種類に大別できる。第1の経路は，ホルモンが血中に入り大循環によって全身を巡り標的器官に達

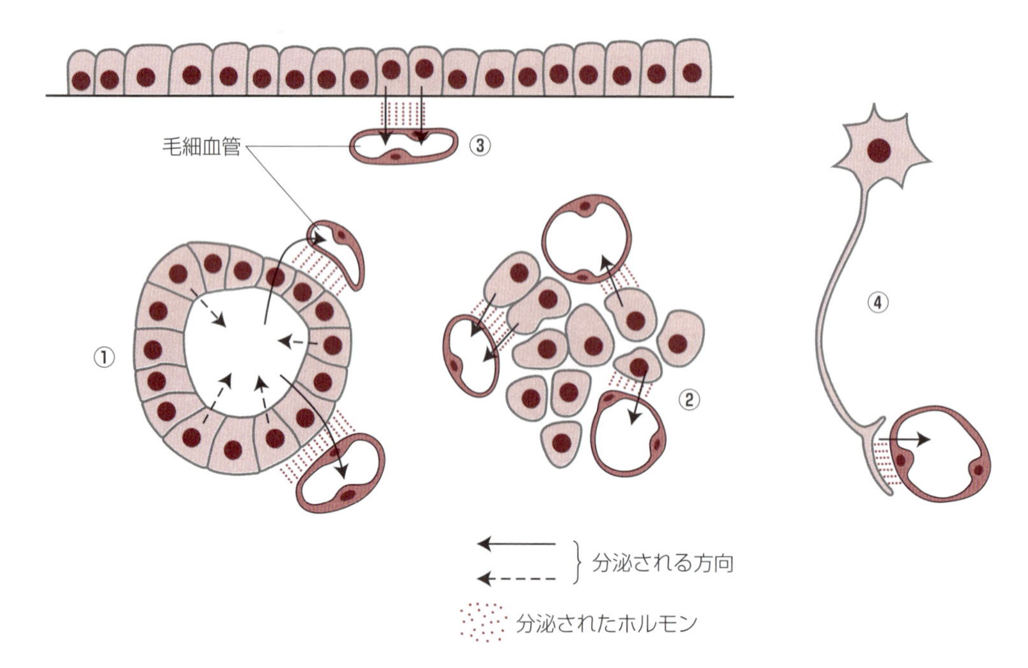


**図13-1　内分泌腺の構造による分類**

①小胞(濾胞)構造をとる内分泌腺，②内分泌細胞が集塊して形成された内分泌腺，
③上皮内に散在する内分泌細胞，④神経分泌

して標的細胞に作用する典型的な経路で，狭義の内分泌endocrineがこれにあたる(**図13-2**)。第2は標的細胞が内分泌細胞の周辺に存在する場合で，ホルモンは組織液を介して標的細胞に運ばれる経路で，これを傍分泌paracrineと呼ぶ。第3は標的細胞が内分泌細胞自身である場合で，これを自家分泌autocrineと呼ぶ。

## 3. ホルモンの種類と内分泌細胞の特徴

ホルモンは化学的性状によって，ペプチドホルモン(ないしタンパク質ホルモン)，アミン，ステロイドホルモン，ヨード化アミノ酸誘導体に大別される。内分泌細胞endocrine cellは産生・分泌されるホルモンの種類によって細胞の微細構造が類似している。

### 1) ペプチドホルモン

アミノ酸残基の数によりペプチドホルモンとタンパク質ホルモンを分ける場合もあるが，一般にペプチドホルモンpeptide hormoneとしてまとめる場合が多い。ペプチドホルモン産生細胞peptide hormone-producing cellは，粗面小胞体やゴルジ装置が発達し分泌顆粒が見られる。ペプチドホルモンは分泌顆粒の中に貯蔵され開口分泌exocytosisにより分泌される。

### 2) アミン

ドーパミン，アドレナリン，ノルアドレナリン，セロトニンなどのモノアミンがある。一般にアミンamineを分泌する細胞はペプチドホルモンも産生・分泌するため，同一の細胞集団として扱われ，共通の形態的特徴を持つ。

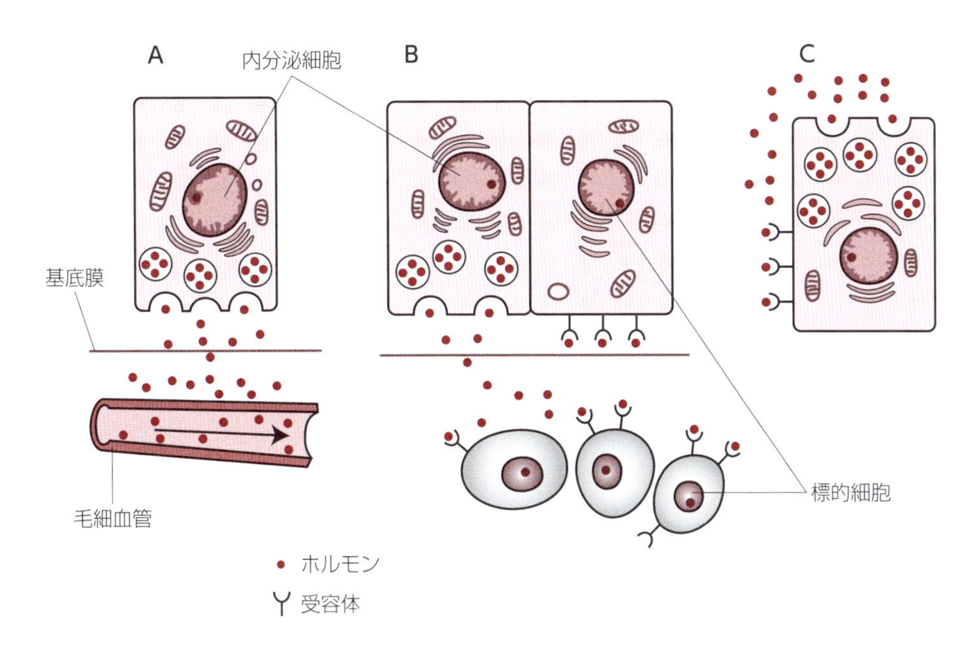


図13-2　ホルモンの標的細胞への到達様式による分類

A. 分泌物が毛細血管から血中に入り大循環を経て標的細胞に運ばれる様式(狭義の内分泌),
B. 分泌物が組織液を介して内分泌細胞周辺の標的細胞に運ばれる様式(傍分泌),
C. 標的細胞が内分泌細胞自身である場合(自家分泌)

### 3) ステロイドホルモン

副腎皮質から分泌されるコルチコイドと性腺などから分泌される性ホルモンがある。ステロイドホルモン steroid hormoneは脂溶性で，分泌顆粒には貯蔵されず細胞膜を透過して細胞外に分泌される(透出分泌diacrine secretion，2章293頁「2. 腺」参照)。ステロイドホルモン産生細胞steroid hormone-producing cellsは小管状の滑面小胞体が発達し，小管状のクリスタを持つミトコンドリアを有するという特徴がある。

### 4) ヨード化アミノ酸誘導体

ヨード化アミノ酸誘導体のホルモンは甲状腺ホルモンのみで，分泌様式も特殊である(420頁「5. 甲状腺」参照)。

# 13-2　内分泌器官

到達目標：各内分泌器官（視床下部，下垂体，副腎，甲状腺，上皮小体，松果体，膵島，胃腸内分泌細胞）の組織構造と機能を説明できる。

キーワード：視床下部，視索上核，室傍核，ヘリング小体，神経分泌，下垂体門脈，下垂体，腺性下垂体(前葉)，主部(末端部)，隆起部，中間部，神経性下垂体(後葉)，神経葉，漏斗(ロート：ロート柄＋正中隆起)，成長ホルモン産生細胞(GH細胞)，プロラクチン産生細胞(PRL細胞)，甲状腺刺激ホルモン産生細胞(TSH細胞)，性腺刺激ホルモン産生細胞，副腎皮質刺激ホルモン産生細胞(ACTH細胞)，松果体，松果体細胞，副腎，副腎皮質，球状帯，束状帯，網状帯，副腎髄質，甲状腺，小葉，小胞(濾胞)，小胞上皮(濾胞上皮)，小胞細胞(濾胞細胞)，小胞腔(濾胞腔)，コロイド，小胞傍細胞(濾胞傍細胞，C細胞)，鰓後体，小皮小体，主細胞，酸好性細胞，膵島，膵内分泌細胞，A細胞(アルファ細胞，$\alpha$細胞)，B細胞(ベータ細胞，$\beta$細胞)

## 1. 視床下部

視床下部hypothalamusは間脳の一部が下方に突出したもので第三脳室の腹壁と側壁を形成し，神経性下垂体の一部である漏斗(ロート)infundibulumによって下垂体の本体と繋がっている。ロートはさらに正中隆起median eminence(狭義のロート：視床下部側)とロート柄infundibular stalkに分けられる。視床下部には視索上核supraoptic nucleus，視索前野，室周囲核，弓状核，室傍核paraventricular nucleusなど神経内分泌を行う重要な神経核がある。これらの神経核の神経細胞の神経終末は正中隆起あるいは神経葉(後葉)に分布し，神経ホルモンneurohormoneを毛細血管に向けて分泌する。神経細胞が分泌することを神経分泌neurosecretionという。正中隆起に分泌された神経ホルモンは，血流を介して腺性下垂体の内分泌細胞の分泌を制御するが，この系は視床下部－腺性下垂体系(視床下部－正中隆起系)と呼ばれる(図13-3)。一方，神経葉で分泌された神経ホルモンは体循環に入る。この系は視床下部－神経性下垂体系と呼ばれる。

### 1) 視床下部-腺性下垂体系

視床下部からは各種の放出ホルモンreleasing hormone(性腺刺激ホルモン放出ホルモン：GnRH，副腎皮質刺激ホルモン放出ホルモン：CRH，成長ホルモン放出ホルモン：GHRH，甲状腺ホルモン放出ホルモン：TRH)と放出抑制ホルモンrelease inhibiting hormone(成長ホルモン放出抑制ホルモン：GHIH〈ソマトスタチン〉，プロラクチン放出抑制ホルモン：PRIH〈ドーパミン〉)が正中隆起に分泌される。分泌された放出ホルモンおよび放出抑制ホルモンは下垂体門脈系hypophysial portal systemと呼ばれる微小循環系で腺性下垂体に運ばれる。正中隆起には下垂体門脈系の一次毛細血管網(洞様毛細血管網)があり，分泌されたホルモンは一次毛細血管網から下垂体門脈hypophysial portal vainを経て腺性下垂体の二次毛細血管網(洞様毛細血管網)に運ばれ，標的細胞に達して，分泌を制御する。これらの刺激を受けた標的細胞からはホルモンが分泌され，そのホルモンは下垂体門脈の二次毛細血管網を介して体循環に入り，それぞれの標的器官・細胞に作用する。

### 2) 視床下部－神経性下垂体系

視床下部の視索上核と室傍核には，後葉ホルモンであるオキシトシン oxytocin(平滑筋の収縮作用：子宮筋の収縮と乳汁の分泌)とバゾプレッシン vasopressin(血圧上昇作用と抗利尿作用)の分泌を行う神経細胞が存在する。これらの軸索はロートを経由して神経葉に入り，神経終末は神経葉の洞様毛細血管

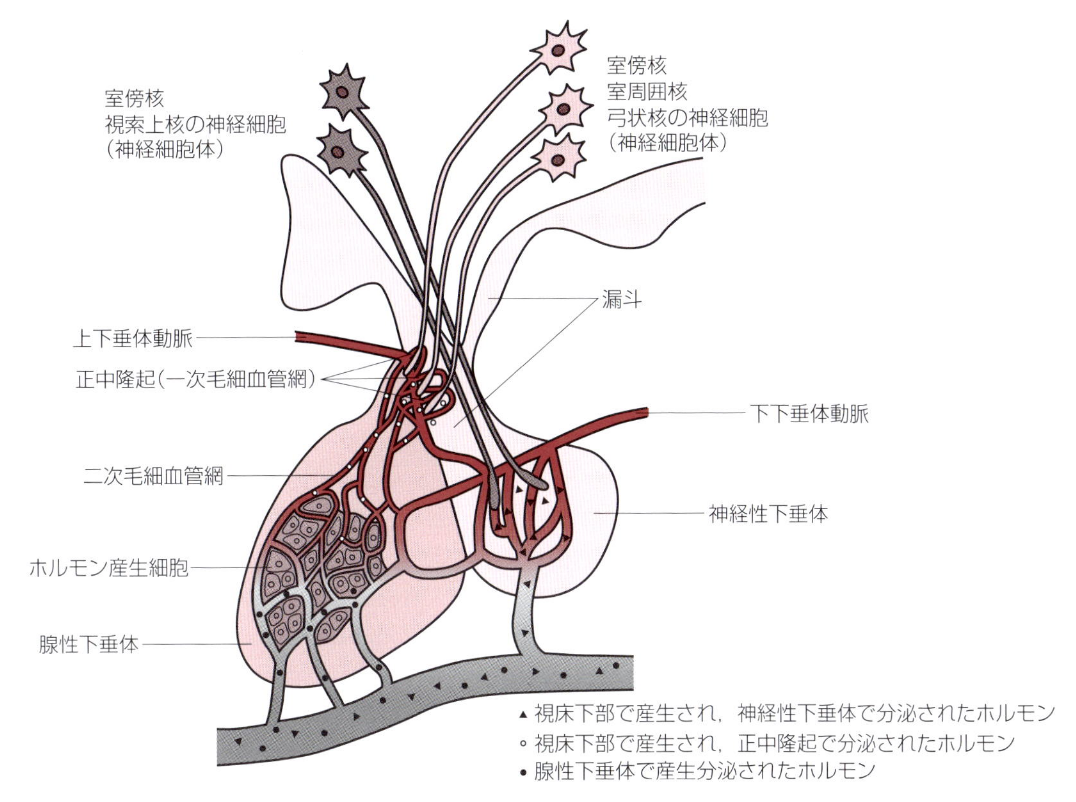


図13-3　視床下部-腺性下垂体系と視床下部-神経性下垂体系

の周囲に分布する。オキシトシンとバゾプレッシンは軸索輸送により神経葉に輸送され，神経終末より洞様毛細血管網に神経分泌される（図13-3）。軸索には走路の途中でヘリング小体Herring's body（神経分泌物蓄積小体accumulation corpuscle of neurosecretory substance）と呼ばれる数珠状の膨らみが見られる。ヘリング小体は分泌顆粒が集積した構造である。

## 2. 下垂体

下垂体hypophysisは腺性下垂体と神経性下垂体に大別される。発生学的に腺性下垂体は口腔天蓋の上皮に由来し，神経性下垂体は間脳の視床下部から突出した部分である。

### 1) 腺性下垂体

腺性下垂体adenohypophysisは主部（末端部），隆起部と中間部に分けられる。主部と隆起部をあわせて前葉anterior lobeと呼ぶ。一般に主部と中間部は下垂体腔で隔てられている。ウマでは下垂体腔が，鳥類では下垂体腔と中間部がない。腺性下垂体からは他の内分泌腺の発達と活動を調節する数種の刺激ホルモンが分泌されるが，刺激ホルモンの分泌は視床下部の支配を受ける。下垂体から分泌された刺激ホルモンを受容した内分泌腺はホルモンを分泌するが，その内分泌腺からのホルモンに対する受容体が視床下部と下垂体の細胞に存在しており，ホルモンの血中濃度が一定レベル以上になると下垂体からの刺激ホルモンの放出は抑制され，結果として内分泌腺のホルモン分泌は抑制される。これをネガティブフィードバックという。

#### (1) 主部（末端部）

主部（末端部）distal partは，腺性下垂体の主要な部分である。ウマやイヌでは神経葉を取り囲んでい

表13-1　腺性下垂体における細胞の染色性と分泌するホルモン

| 細胞名 | 染色性と細胞の大きさ | 分泌するホルモン |
|---|---|---|
| 成長ホルモン産生細胞 | 酸好性，やや小型の細胞 | 成長ホルモン(GH) |
| 乳腺刺激ホルモン産生細胞 | 酸好性，大型の細胞 | プロラクチン(PRL) |
| 性腺刺激ホルモン産生細胞 | 塩基好性，PAS染色陽性，やや小型の細胞 | 卵胞刺激ホルモン(FSH)，黄体形成ホルモン(LH) |
| 甲状腺刺激ホルモン産生細胞 | 塩基好性，PAS染色陽性，大型の細胞 | 甲状腺刺激ホルモン(TSH) |
| 副腎皮質刺激ホルモン産生細胞 | 弱い塩基好性，大型の細胞 | 副腎皮質刺激ホルモン(ACTH) |
| 色素嫌性細胞 | 色素嫌性，小型の細胞 | |

るが，ウシやブタでは神経葉の前下方に位置し，ヒトと同様に神経葉を取り囲まない。主部からはペプチドホルモン・タンパク質ホルモンが分泌される。主要な内分泌細胞は，成長ホルモンgrowth hormone(GH)を分泌する成長ホルモン産生細胞(GH細胞)somatotroph，プロラクチンprolactin(PRL)を分泌するプロラクチン産生細胞(PRL細胞)mammotroph, prolactin-producing cell，性腺刺激ホルモンgonadotropic hormone(GTH〈卵胞刺激ホルモンfollicle stimulating hormone: FSHおよび黄体形成ホルモンluteinizing hormone: LH〉)を分泌する性腺刺激ホルモン産生細胞gonadotroph，甲状腺刺激ホルモンthyroid stimulation hormone(TSH)を分泌する甲状腺刺激ホルモン産生細胞(TSH細胞)thyrotroph，副腎皮質刺激ホルモンadenocorticotropic hormone(ACTH)を分泌する副腎皮質刺激ホルモン産生細胞(ACTH細胞)corticotroph, corticotropic cellの6種類である。成長ホルモン産生細胞とプロラクチン産生細胞は酸好性細胞，性腺刺激ホルモン産生細胞と甲状腺刺激ホルモン産生細胞は塩基好性細胞，副腎皮質刺激ホルモン産生細胞は弱塩基好性の細胞である(表13-1)。これらの細胞以外に，比較的小型の細胞で種々の腺細胞に分化する幹細胞と考えられている色素嫌性細胞chromophobic cellが存在する。また，濾胞星状細胞folliculo-stellate cellと呼ばれる小さな濾胞を囲む濾胞細胞と腺細胞の間に突起を伸ばす細胞が見られる。濾胞星状細胞は内分泌細胞との傍分泌による相互作用や内分泌細胞の幹細胞としての役割があると考えられているが，星状膠細胞系の神経膠細胞であるとの考えもあり，詳細は不明である。

#### (2) 隆起部

隆起部tuberal partは正中隆起を取り囲む領域で，性腺刺激ホルモン産生細胞や甲状腺刺激ホルモン産生細胞が見られる。

#### (3) 中間部

形態は動物による差が大きい。魚類や両生類では発達しており，中間部intermediate partの細胞はメラニン細胞刺激ホルモンmelanocyte stimulating hormone: MSHを分泌して皮膚の色調を調節する。哺乳動物の中間部には色素嫌性細胞と塩基好性細胞が見られ，ACTH抗体やMSH抗体に対する免疫反応の陽性細胞が検出される。

### 2) 神経性下垂体

神経性下垂体neurohypophysis(後葉posterior lobe)は漏斗と神経葉neural lobeに分けられる。神経性下垂体には神経分泌を行う神経細胞の細胞体は存在しない。

#### (1) 漏斗(ロート)

漏斗(ロート)infundibulumは神経葉と視床下部を結ぶ部分で，視床下部の神経核に存在する神経細胞から伸びる軸索と神経終末，神経膠細胞である後葉細胞pituicyteで構成される。前述のように，ロートは正中隆起(狭義のロート)とロート柄に区分され，正中隆起には下垂体門脈系の一次毛細血管網が見られる。

#### (2) 神経葉

神経葉neural lobeはロートと同じく，視床下部の神経細胞から伸びる軸索および神経終末と後葉細胞で構成され，ヘリング小体と洞様毛細血管網が見られる。この神経終末より毛細血管へとオキシトシンとバゾプレッシンが分泌される。



## 3. 松果体

松果体pineal bodyは視床上部にあたる第三脳室の後背壁の正中部が突出した卵形の小さな器官である。軟膜に続く結合組織によって小葉に分かれ，神経細胞である松果体細胞，神経線維，神経膠細胞で構成される。松果体細胞はメラトニンを分泌する。脊椎動物では，概日リズムcircadian rhythm(約24時間周期で変動する生理現象)に従って，また光の刺激に対応してメラトニン分泌が調節されている。この点から体内時計は松果体に存在すると考えられ，魚類から鳥類においては実際にその存在が明らかにされた。哺乳動物では視交叉上核に体内時計biological clockが存在し，そのリズムは交感神経を介して伝達されメラトニン分泌が調節される。

### 1) 松果体細胞

魚類，両生類，爬虫類および鳥類の松果体細胞pineal cellは光の受容能を備え，求心性神経とシナプスを形成している。直接受容した光の情報は求心性神経を介して間脳に伝達されるとともに，メラトニンを合成・分泌する。哺乳動物の松果体細胞には光の受容能はない。比較的大きな核とエオジンに淡染する細胞質を持つ。哺乳動物においてメラトニンは，性腺機能の抑制作用や催眠作用，生体リズムの調節作用を示す。

### 2) 脳砂

松果体細胞や神経膠細胞の細胞間には，カルシウムのリン酸塩，炭酸塩，アンモニウム塩などの沈着物である脳砂brain sandがしばしば見られる。脳砂の役割はよくわかっていない。

## 4. 副腎

副腎adrenal glandは被膜で包まれ，中胚葉由来の副腎皮質と外胚葉(神経堤)由来の副腎髄質からなり，毛細血管がよく発達している(図13-4)。

### 1) 副腎皮質

副腎皮質adrenal cortexは組織学的に3層の構造をとり，外側から順に球状帯，束状帯，網状帯に分けられる。視床下部のCRHにより下垂体主部からACTHが分泌されて，副腎皮質でステロイドホルモン(糖質コルチコイド)の合成・分泌が行われることから，この内分泌の経路を視床下部-下垂体-副腎系という。

#### (1) 球状帯

被膜の直下の薄い層で，ヒトやサルでは細胞が球状に配列することから球状帯zona glomerulosaと呼ばれる。細胞の形状と配列は動物種によって異なり，肉食動物やブタ，ウマなどでは円柱形の細胞が弓状に配列することから弓状帯zona arcuata，反芻動物では多角形な細胞が多形の細胞塊を形成することから多形帯zona multiformisとも呼ばれる。いずれも酸好性の細胞質を持つ細胞で構成され，電解質代謝にあずかるミネラルコルチコイド(鉱質コルチコイド：アルドステロンなど)mineral corticoidを産生・分泌する。腎臓の遠位尿細管と集合管に働きNaイオンと水の再吸収を促すアルドステロンの分泌はアンギオテンシンIIによって促進されるが，この系をレニン-アンギオテンシン-アルドステロン系と呼び，血圧や細胞外液量の調整に深くかかわる(10章382頁「4. 糸球体傍複合体」参照)。イヌや

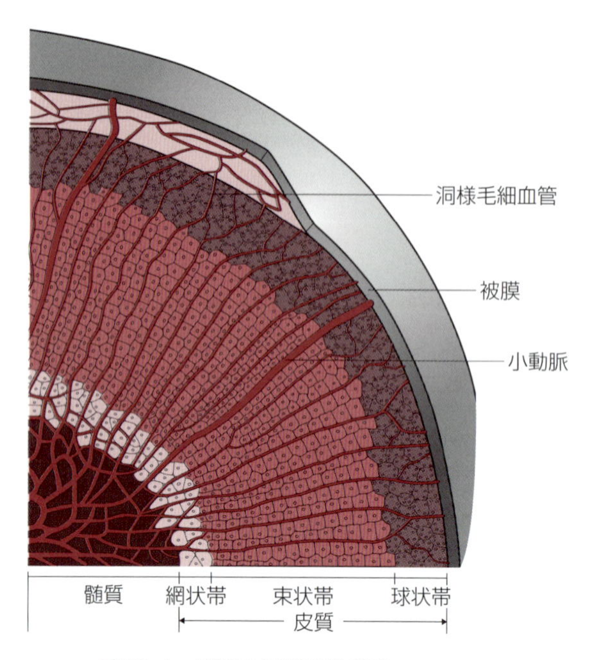


**図13-4　副腎の組織学的構造**

副腎は皮質と髄質に分かれ，皮質は球状帯，束状帯，網状帯の3層よりなる。

ウマでは，球状帯と束状帯の境界に未分化な細胞で構成される中間帯zona intermediaが発達している。

#### (2) 束状帯

束状帯zona fasciculateは，1列もしくは2列に並んだ塩基好性細胞からなる細胞索が放射状に配列した厚い層で，細胞索の間には洞様毛細血管が発達する。束状帯の外側の2/3の層の細胞は大型で脂肪滴を多く含む。グルココルチコイド(糖質コルチコイド：コルチゾールやコルチコステロンなど)glucocorticoidを産生・分泌する。グルココルチコイドはタンパク質からの糖新生，基礎代謝の維持，脂肪合成の抑制，抗炎症・抗アレルギー作用など多様な作用を持つ。

#### (3) 網状帯

網状帯zona reticularisは，不規則な配列の細胞索よりなる比較的薄い層である。細胞は束状帯の細胞に類似した形状を示すが，脂肪滴は少なく暗調の核と細胞質を持つ。性ホルモンsex hormoneを産生・分泌する。

### 2) 副腎髄質

副腎髄質adrenal medullaは，クロム親和(性)細胞chromaffin cell，交感神経節細胞，毛細血管などで構成される。クロム親和細胞は副腎髄質の主な内分泌細胞で，分泌は交感神経節前線維により制御される。クロム親和細胞には，塩基好性を示す明るい細胞質を持ちアドレナリンadrenalineを分泌するA細胞(明細胞)A cellとクロム親和性が強く暗調の細胞質を持ちノルアドレナリンnoradrenalineを分泌するNA細胞(暗細胞)NA cellが存在する。これらの他にA細胞・NA細胞と神経節細胞との移行型とされる小果粒性クロム親和細胞small granule chromaffin cell: SGC cellが見られる。

## 5. 甲状腺

甲状腺thyroid glandは被膜でおおわれ，被膜の結合組織が実質中に入ることで小葉に分けられている。小葉lobuleは，円形ないし卵円形の大小不同の小胞(濾胞)からなる。小胞の構成細胞は小胞細胞(濾

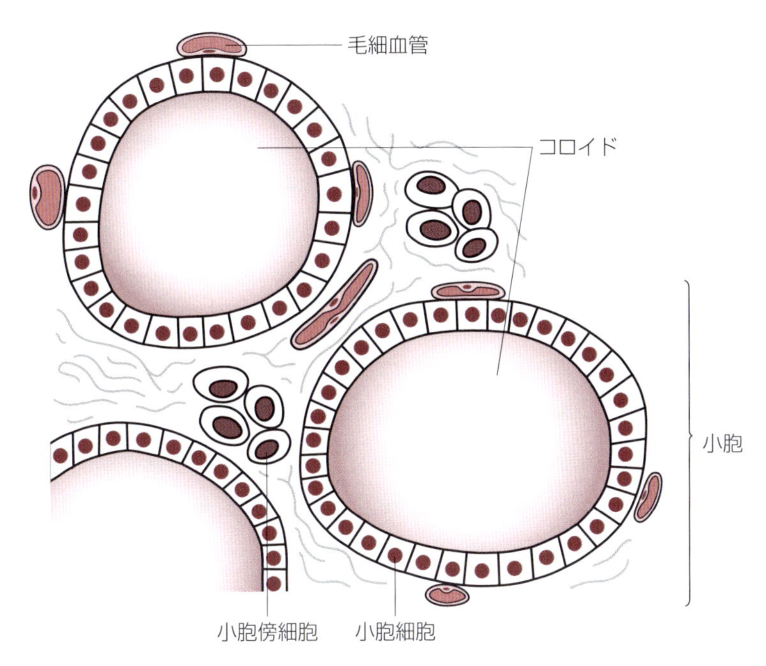


図13-5　甲状腺の組織学的構造

胞細胞）で，小胞細胞間や小胞間には小胞傍細胞（濾胞傍細胞）が見られる。甲状腺ホルモンthyroid hormone（トリヨードサイロニン：$T_3$とテトラヨードサイロニン〈サイロキシン〉：$T_4$）には，新陳代謝の増進，成長促進，心機能亢進，神経興奮性の亢進作用があり，受容体は標的細胞の核に存在する。

### 1）小胞（濾胞）

小胞（濾胞）follicleは単層立方上皮である小胞上皮（濾胞上皮）follicular epitheliumと小胞腔（濾胞腔）follicle lumenからなる（図13-5）。小胞上皮は小胞細胞（濾胞細胞）follicular cellから構成され，小胞腔を取り囲む。小胞腔にはコロイドcolloidと呼ばれるゼリー状の物質が蓄えられている。コロイドはエオジン好性でH-E染色では淡赤色を示し，主成分は小胞細胞から分泌されたサイログロブリンである。小胞細胞の丈の高さは機能状態を反映し，休止状態では低い立方状であるが，甲状腺刺激ホルモンで刺激されると活性化状態になり立方状・円柱状になる。小胞腔でサイログロブリン分子の中のチロシンがヨード化され，2分子のヨード化チロシンが縮合し，$T_3$と$T_4$がサイログロブリンの分子の中に作られる。ヨード化サイログロブリンは甲状腺刺激ホルモンの刺激により小胞細胞に取り込まれてライソゾームに運ばれ，そこで加水分解されて$T_3$や$T_4$が遊離し，甲状腺ホルモンとして基底側にある毛細血管に向けて分泌される。

### 2）小胞傍細胞（濾胞傍細胞，C細胞）

小胞傍細胞（濾胞傍細胞）parafollicular cellは，小胞の間に単独もしくは集塊として存在し，小胞細胞よりも大型で明るい細胞である（図13-5）。C細胞C cellとも呼ばれ，血中カルシウム濃度を下げるカルシトニンを分泌する。小胞傍細胞は小胞上皮の中に存在することもある。ニワトリの小胞傍細胞は細胞集団を作り，甲状腺とは独立した器官となって鰓後体ultimobranchial bodyを形成する。一般に，鰓後体は鳥類以下の脊椎動物で見られる。

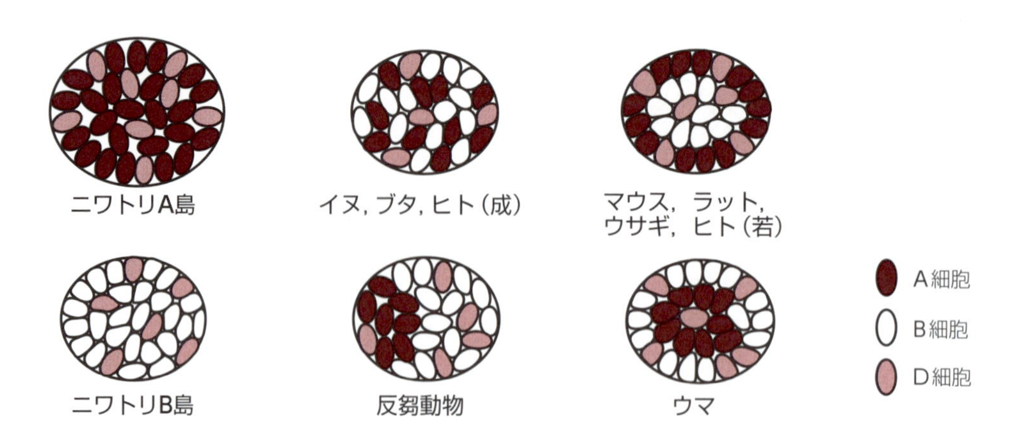


**図13-6　膵島内分泌細胞の分布**

膵島における内分泌細胞の局在は動物種で異なる。

## 6. 上皮小体

哺乳動物の上皮小体parathyroidには，第三咽頭嚢に由来する一対の外上皮小体と第四咽頭嚢に由来する一対の内上皮小体がある。外上皮小体は疎線維性結合組織の被膜で包まれている。内上皮小体は固有の被膜を持たず，甲状腺の疎線維性結合組織によっておおわれている。実質には主細胞と酸好性細胞が見られ，これらの細胞は濾胞構造，索状構造などの細胞集団を形成し，毛細血管が発達している。

### 1）主細胞

主細胞principal cellは，明るい球形の核とH-E染色では難染性で上皮小体ホルモン(パラソルモンparathormone: PTH)を含む分泌顆粒を持つ。上皮小体ホルモンは血中カルシウム濃度を上げる作用がある。

### 2）酸好性細胞

酸好性細胞acidophilic cellは分泌顆粒を持たない大型の細胞で，多数のミトコンドリアを持つため細胞質がエオジンによく染まり酸好性を示す。イヌ，雄ウシ，ウマ，サル，ヒトなどによく見られる。機能は不明である。

## 7. 膵島

膵臓pancreasは外分泌部と内分泌部に分かれる。膵島pancreatic islet(ランゲルハンス島islet of Langerhans)は内分泌部で，外分泌部の中に島状に点在する。A細胞，B細胞，D細胞，PP細胞と呼ばれる4種類の膵内分泌細胞pancreatic endocrine cellが膵島に見られる。A細胞とB細胞の膵島内の分布は動物種によって異なる特徴を示す(図13-6)。マウス，ラット，ウサギではA細胞がB細胞を取り囲むように存在し，ウマではA細胞の周りをB細胞が取り囲むように存在する。反芻動物では，A細胞が小塊状に集まって偏在し，イヌやブタでは，A細胞とB細胞が混在している。ニワトリでは，ほぼA細胞のみからなる大型のA島と，ほぼB細胞のみからなる小型のB島が見られる。

### 1）A細胞(アルファ細胞，α細胞)

A細胞(アルファ細胞，α細胞)alpha cellは，酸好性の細胞質を持ちB細胞よりも小型の細胞で，血糖上昇ホルモンであるグルカゴン glucagonを分泌する。A細胞を電子顕微鏡で観察すると，α顆粒と呼ばれる直径200～250 nmの顆粒が見られる。α顆粒の特徴は電子密度が高い黒い球形の芯を持つことで，芯の中にグルカンゴンが含まれる。

表13-2　胃腸内分泌細胞の主な細胞型と分布[a]

| 細胞型 | ホルモン | 胃体 | 幽門部 | 近位小腸 | 遠位小腸 | 大腸 |
|---|---|---|---|---|---|---|
| A | グルカゴン | ＋[b] | | | | |
| D | ソマトスタチン | ＋ | ＋ | ＋ | ＋ | ＋ |
| EC | セロトニン | ＋ | ＋ | ＋ | ＋ | ＋ |
| ECL | ヒスタミン | ＋ | | | | |
| G | ガストリン | | ＋ | ＋ | | |
| K | 胃抑制ペプチド | | | ＋ | ＋ | |
| L | グルカゴン様ペプチド | | | ＋ | ＋ | ＋ |
| M | コレシストキニン | | | ＋ | ＋ | |
| Mo | モチリン | | | ＋ | ＋ | |
| N | ニューロテンシン | | | ＋ | ＋ | |
| S | セクレチン | | | ＋ | ＋ | |
| X, A-like | グレリン | ＋ | | | | |

a：成人を基準としヒト以外の動物種も考慮して作成した。動物種によっては分布が異なる場合がある。
b：ヒトの胎児と一部の動物

### 2) B細胞（ベータ細胞，β細胞）

B細胞（ベータ細胞，β細胞）beta cellは，細胞質が塩基好性を示すやや大型の細胞で，血糖を低下させるインスリン insulinを分泌する。B細胞を電子顕微鏡で観察すると，β顆粒と呼ばれる直径250～350 nmの顆粒が見られる。イヌ，ネコ，ニワトリなどのβ顆粒は電子密度の高い針状・棒状で結晶状の芯を持つが，ネズミやウサギでは球形の芯が見られる。

### 3) D細胞（デルタ細胞）

D細胞（デルタ細胞）delta cellは，A細胞やB細胞と比較すると小型で，色素嫌性を示す細胞であり，ソマトスタチン somatostatinを分泌する。ソマトスタチンは，直径200～250 nmで比較的電子密度の低い顆粒に含まれており，芯は見られない。この顆粒をδ顆粒という。ソマトスタチンはグルカゴンとインスリンの分泌を抑制する作用があり，局所ホルモンとして働くと考えられているが詳細は不明である。

### 4) PP細胞

PP細胞 pancreatic polypeptide cellは，膵島の中にある膵ポリペプチド pancreatic polypeptideを分泌する細胞で，数が少なくほとんど見つからない。膵ポリペプチドを含む分泌顆粒の形状は動物種で差があり，電子顕微鏡によるPP細胞の同定は難しい。膵ポリペプチドは食物の吸収を遅らせる作用があるといわれているが，詳細は不明である。PP細胞は，膵外分泌部や膵管，胃などの粘膜上皮内にも散在している。

## 8. 胃腸内分泌細胞

胃腸内分泌細胞 gastrointestinal endocrine cellは，胃から大腸にわたり単層円柱上皮の粘膜上皮内に散在する内分泌細胞で，細胞の基底部に消化管ホルモンを含んだ分泌顆粒を持つことから，基底顆粒細胞とも呼ばれる。分泌された消化管ホルモンは，基底膜を通過して粘膜固有層の毛細血管に入り体循環を経て標的器官に作用する場合（内分泌）と，局所ホルモンとして隣接する上皮細胞や平滑筋，神経などの標的細胞に作用する場合（傍分泌）がある。分泌するホルモンによって胃腸内分泌細胞はいくつかの細胞型に分類され，器官によって分布が異なる（**表13-2**）。

## 演習問題

### 1. 内分泌に関する記述のうち正しいのはどれか。

a. 内分泌腺は導管を介してホルモンを分泌する。
b. 内分泌器官は毛細血管が発達していない。
c. ペプチドホルモンは開口分泌，ステロイドホルモンは透出分泌により分泌される。
d. 内分泌器官は内分泌細胞のみからなる独立した器官である。
e. ホルモンとはすべての細胞に広く作用する生理活性物質のことである。

### 2. 視床下部および下垂体に関する記述で正しいのはどれか。

a. 視床下部の神経細胞が分泌したホルモンを受容する細胞は下垂体の神経葉に存在し，そのホルモンの刺激で下垂体ホルモンである各種の刺激ホルモンを分泌する。
b. 視床下部には，腺性下垂体の内分泌細胞を標的とするホルモンを分泌する神経細胞がある。
c. 神経細胞はホルモンを分泌しない。
d. 神経性下垂体には神経葉のみが含まれ，腺性下垂体にはロートおよび下垂体の主部，隆起部と中間部が含まれる。
e. ヘリング小体は神経葉に見られ，好塩基球が毛細血管内で凝集した小体のことである。

### 3. 内分泌器官に関する記述で正しいのはどれか。

a. 甲状腺の小胞細胞はカルシトニンを分泌し，小胞傍細胞は甲状腺ホルモンを分泌する。
b. 膵島は内分泌細胞であるA細胞，D細胞とPP細胞のみから構成されており，毛細血管が発達している。
c. 副腎は皮質と髄質に分かれ，皮質は球状帯，束状帯，網状帯に分かれる。
d. 胃腸内分泌細胞は，一般に消化管の粘膜固有層内に存在し，粘膜上皮内に見られる場合もある。
e. パラソルモンは上皮小体の酸好性細胞が分泌する。

## 解　答



**1.**

正解　c

解説　内分泌腺には導管はない。ホルモンは毛細血管に入り血液を介して標的器官・標的細胞に運ばれるため，内分泌器官には毛細血管が発達している。主に内分泌細胞で構成される内分泌器官として甲状腺や副腎などがあるが，膵臓など，内分泌細胞以外の細胞を数多く含む器官もある。ホルモンは受容体を持つ細胞だけに作用する。

**2.**

正解　b

解説　下垂体の神経葉には視床下部の神経細胞に由来する神経終末が分布し，神経終末から洞様毛細血管網にホルモンが神経分泌される。ヘリング小体は神経性下垂体に見られ，後葉ホルモンを含む分泌顆粒が軸索に集積した構造である。神経性下垂体にはロートと神経葉が含まれる。

**3.**

正解　c

解説　甲状腺ホルモンは小胞細胞から分泌され，カルシトニンは小胞傍細胞から分泌される。B細胞は膵島の代表的な内分泌細胞である。一般に胃腸内分泌細胞は粘膜上皮内に散在する。パラソルモンは主細胞から分泌される。

（坂上 元栄）

# 14章　感覚器

**一般目標：各種感覚器の組織構造と機能を修得する。**

感覚は触覚にかかわる皮膚感覚や運動感覚にかかわる深部感覚から構成される体性感覚，内臓痛覚などにかかわる内臓感覚，そして視覚器，平衡聴覚器，味覚器，嗅覚器，鋤鼻器から構成される特殊感覚に大別される。本章では，この特殊感覚に分類される感覚器sensory organについて，光や音といった物理的刺激を受容する器官である視覚器と平衡聴覚器，味や匂いといった化学的刺激を受容する器官である味覚器，嗅覚器および鋤鼻器の2つに分類して記述する。



## 14-1　視覚器および平衡聴覚器

到達目標：眼，耳の組織構造と機能を説明できる。

キーワード：眼球，眼球線維膜，眼球血管膜(ブドウ膜)，眼球内膜，前眼房，後眼房，硝子体眼房，眼房水，硝子体，角膜，角膜前上皮(角膜上皮)，角膜固有質，角膜後上皮(角膜内皮)，強膜，虹彩，瞳孔，毛様体，小帯線維，脈絡膜，輝板，網膜，色素層，視細胞層，視細胞，杆状体細胞，錐状体細胞，外境界層(膜)，ミューラー細胞，外顆粒層，外網状層，双極細胞，内顆粒層，内網状層，視神経細胞層，視神経線維層，内境界層(膜)，水晶体，水晶体上皮，耳，外耳，中耳，内耳，鼓膜，耳小骨，ツチ骨，キヌタ骨，アブミ骨，鼓室，前庭窓(卵円窓)，骨迷路，膜迷路，外リンパ，内リンパ，前庭，卵形嚢，球形嚢，平衡斑，有毛細胞，平衡砂(耳石)，骨半規管，半規管，(膜)膨大部，膨大部稜，ゼラチン頂(クプラ，小帽)，蝸牛，蝸牛管，前庭階，鼓室階，ラセン器(コルチ器)，内有毛細胞，外有毛細胞，蓋膜

### 1. 眼球の構造

視覚器である眼球eyeballは，外側から眼球線維膜，眼球血管膜(ブドウ膜)および眼球内膜の3層の膜によって形成される球体で，各層は下記のようにさらに細分化される。また，3層の膜によって囲まれた眼球内部は，角膜と虹彩の間の空間である前眼房anterior chamber，虹彩と水晶体の間の空間である後眼房posterior chamber，水晶体後方の空間である硝子体眼房vitreous chamberの3室に分けられる(図14-1)。前眼房および後眼房は眼房水aqueous humorで満たされており，硝子体眼房には水分と多糖類を主成分とする粘稠で透明なゼリー状物質である硝子体vitreous bodyが充満している。

#### 1) 眼球線維膜

眼球線維膜fibrous tunica of eyeballは膠原線維を主体とする眼球最外層の膜で，前方約1/5を占める角膜と残りの後方約4/5を占める強膜に分けられる。

##### (1) 角膜

角膜corneaは，眼球に入射する光を屈折させることにより，視野に入った像を網膜上に適切に結像させる固定レンズのような働きを有している。そのため，強膜に比べ強く湾曲し，血管など光路を妨げるものを含まない透明な膜として眼球の前方を占めている。角膜は表層から角膜前上皮anterior epithelium of cornea(角膜上皮corneal epithelium)，前境界板anterior limiting membrane(ボウマン

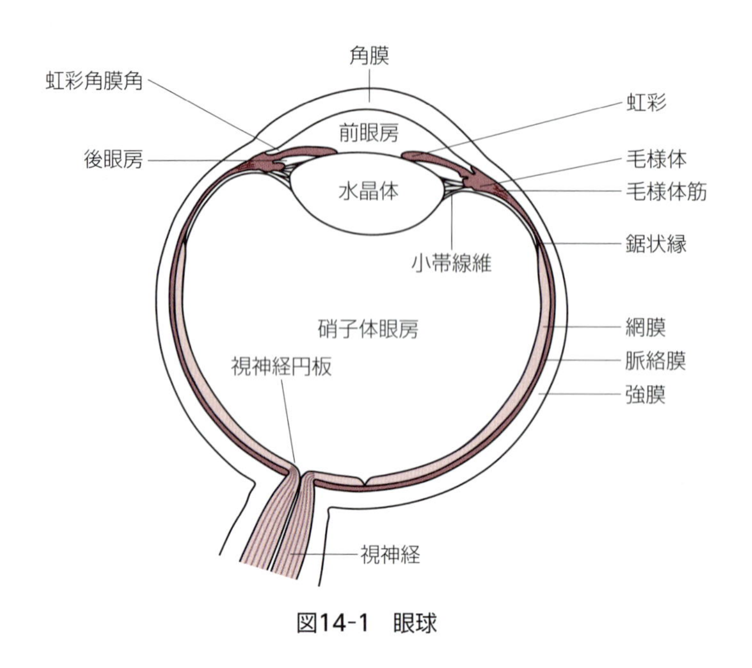


図14-1　眼球

膜Bowman's membrane)，角膜固有質proper substance of cornea，後境界板posterior limiting membrane(デスメ膜Descemet's membrane)，角膜後上皮posterior epithelium of cornea(角膜内皮corneal endothelium)の5層構造からなる。角膜前上皮は5～7層の重層扁平上皮で，表面に向かうにつれ細胞体は扁平になる。上皮細胞間には知覚神経線維が分布するため，角膜は刺激に鋭敏で，眼球の保護に役立っている。前境界板は膠原線維が不規則に走行している層で，ヘマトキシリン-エオジン染色(H-E染色)では淡赤色無構造の層として観察される。角膜固有質は角膜の8割程度を占める密線維性結合組織(平行線維性)の層で，膠原線維が層板上に重なって形成され，層板間に角膜細胞が介在する。角膜細胞はコラーゲンを合成し，古いコラーゲンを貪食・処理して，膠原線維の維持に重要な役目を果たしている。後境界板は角膜後上皮の基底膜であり，H-E染色で淡赤色に染まる無構造の層である。角膜後上皮は単層扁平上皮細胞で構成され，細胞は細胞内小器官に富み，血管を持たない角膜における物質代謝に重要な働きを担っている。

**(2) 強膜**

強膜scleraは真皮のような密線維性結合組織(交織線維性)で，約30～300 nmにわたる種々の太さの膠原細線維の束により形成されている。強膜には血管が分布する。視神経の通過部位は強膜篩板perforated layer of scleraと呼ばれ，多数の穴が開いている。外から観察できる部位の強膜は，表面が結膜(眼球結膜)でおおわれており，結膜は角膜前上皮および眼瞼結膜へと繋がっている。

### 2) 眼球血管膜(ブドウ膜)

眼球血管膜vascular tunica of eyeballは，色素と血管に富み，その色調からブドウ膜uveaとも呼ばれ，網膜を裏打ちしている脈絡膜，その連続である毛様体と虹彩から構成される(図**14-2**)。

**(1) 虹彩**

虹彩irisは，水晶体の前方に位置する眼球血管膜の最前部をなす組織で，カメラの絞りにあたる。虹彩中央の穴が瞳孔pupilであり，瞳孔の形は動物差が大きい。虹彩の前面は虹彩支質stroma of irisと呼ばれ，前眼房に面している。虹彩の後面は2層性の色素上皮層pigmented epithelial layerによっておおわれており，後眼房に面している。この2層の色素上皮層は網膜虹彩部iridial part of retinaとも呼ばれ，虹彩支質に接する前面の細胞層は色素性筋上皮細胞pigmented myoepithelial cellとも呼ばれる

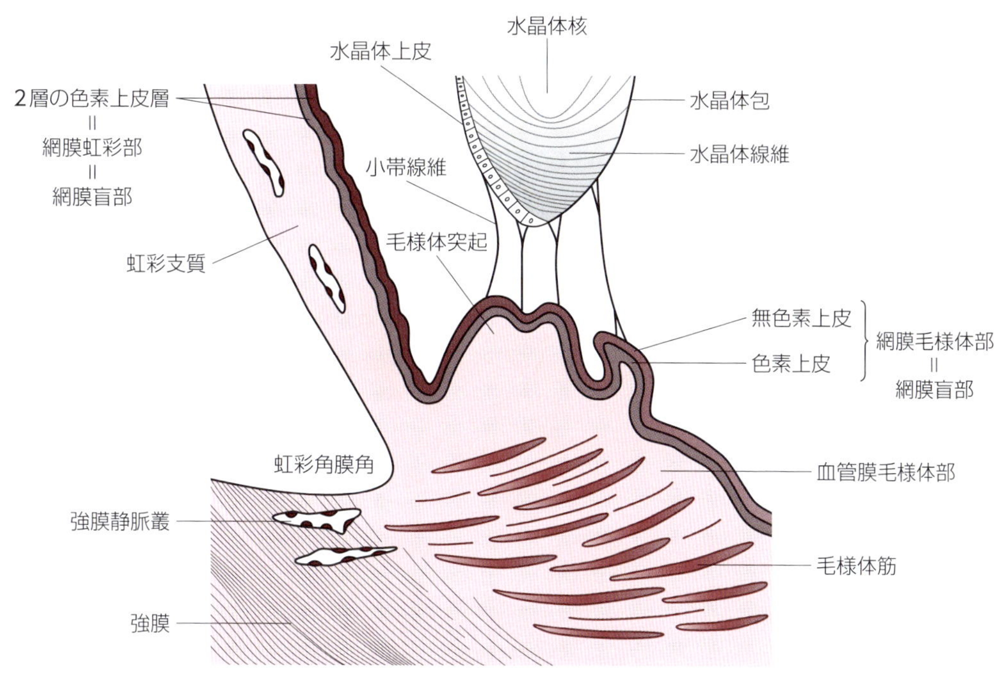


図14-2　虹彩，毛様体，水晶体

平滑筋様細胞で形成され，瞳孔散大筋dilator muscle of pupilに該当し，毛様体の色素上皮層へと繋がる。後眼房に接する後面の細胞層は色素性であるが，毛様体に至り無色素上皮となる。

### (2) 毛様体

毛様体ciliary bodyは，水晶体へ毛様体突起ciliary processを多数走らせる毛様体冠ciliary crownと毛様体冠後方の扁平な毛様体輪ciliary ringに分けられる。いずれも，脈絡膜に繋がる外層の血管膜毛様体部と網膜に繋がる内層の網膜毛様体部ciliary part of retinaで構成される。網膜毛様体部は，眼球の内面(後眼房および硝子体眼房に接する面)をおおう2層性の上皮であり，前方で網膜虹彩部に繋がる。2層のうち眼球内面の上皮は無色素上皮nonpigmented epitheliumで，網膜へと繋がる。血管膜毛様体部に面する上皮は色素上皮pigment epitheliumであり，網膜の色素層に繋がる。網膜毛様体部に見られる毛様体突起は，水晶体に向かって小帯線維zonular fiberを発している。血管膜毛様体部は筋層と血管層からなる。筋層には毛様体筋ciliary muscleが存在し，この筋の伸縮は毛様体突起，小帯線維を経て水晶体に波及し，結果的に水晶体の厚みが変化して焦点が調節される。血管層は脈絡膜固有質に連続する層で，有窓性毛細血管が豊富に含まれる。

### (3) 脈絡膜

脈絡膜choroidは眼球血管膜のうち最も広い領域を占め，鋸状縁が脈絡膜と毛様体の境となる。外側から内側に向かって脈絡上板，脈絡膜固有質，輝板tapetum，脈絡毛細血管板，基底複合板(ブルック膜)の5層から構成される。脈絡上板は血管を含まない色素細胞に富んだ層で，強膜と緩やかに接着している。脈絡膜固有質は血管，色素細胞に富む疎性結合組織である。輝板は主に視神経円板(乳頭)背側部の脈絡膜中に存在し，網膜を通過して入射してきた光を反射させて，もう一度網膜に感受させる。輝板を持つ動物は，光に対する感受性が増強されている。

## 3) 眼球内膜

眼球最内面側の虹彩および毛様体の上皮，すなわち網膜虹彩部および網膜毛様体部は網膜に繋がって

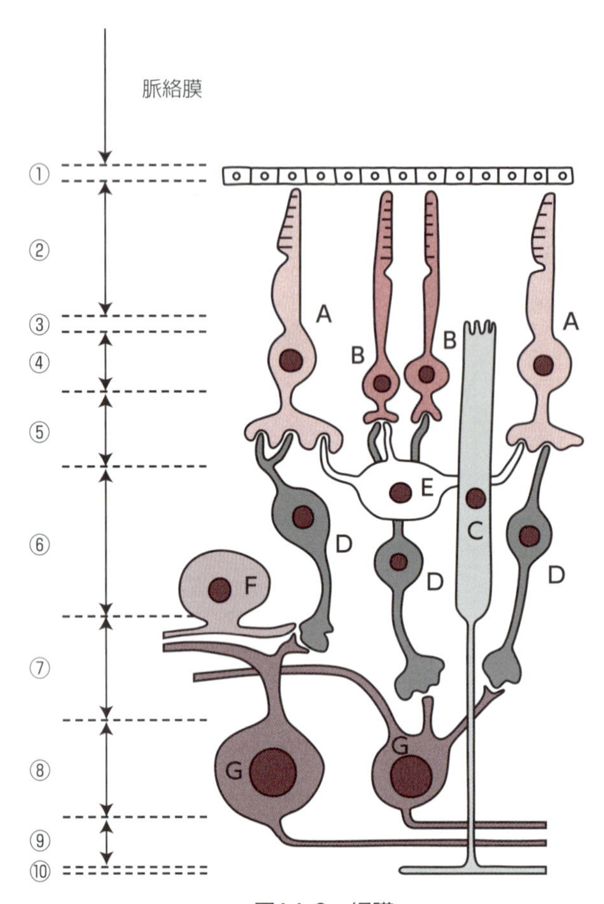


図14-3　網膜

図の上側が脈絡膜で下側は硝子体眼房。①色素層，②視細胞層，③外境界層(膜)，④外顆粒層，⑤外網状層，⑥内顆粒層，⑦内網状層，⑧視神経細胞層，⑨視神経線維層，⑩内境界層(膜)，A. 錐状体細胞，B. 杆状体細胞，C. ミューラー細胞，D. 双極細胞，E. 水平細胞，F. 無軸索細胞，G. 視神経細胞

いる。広義では，これら上皮も眼球内膜(すなわち網膜)internal tunica of eyeballに含まれるが，これら上皮は光を感受する領域ではないために網膜盲部とも呼ばれる。一般に網膜retinaといえば，光を実際に感受する網膜視部を指す。

網膜は外側から色素層，視細胞層，外境界層(膜)，外顆粒層，外網状層，内顆粒層，内網状層，視神経細胞層，視神経線維層，内境界層(膜)の10層構造をとる(図14-3)。

### (1) 色素層

色素層pigment cell layerは単層の色素細胞からなる。色素細胞は密着帯でお互いに強固に接着して，強膜や脈絡膜で生じた炎症が網膜へ波及しないよう防いでおり，血液網膜関門blood-retinal barrierを形成している。色素細胞は，視細胞で消費される視物質の再生にも重要な役割を果たしている。

### (2) 視細胞層

視細胞層visual cell layerは，視細胞photoreceptor cellの外節と内節からなる。視細胞はその形態から杆状体細胞rod cellと錐状体細胞cone cellに分けられ，両細胞とも色素層に向かって突起を出している。突起の細胞体に近い部分を内節と呼び，くびれた結合部を経て外節となる。杆状体細胞と錐状体細胞の外節の形状は異なり，それぞれ杆体，錐体とも呼ばれる。杆体にはロドプシン，錐体にはヨードプシンという視物質が豊富に存在し，光刺激を電気的信号に変換する重要な部位である。杆体は薄明視に，錐体は白昼視と色覚にあずかる。

#### (3) 外境界層(膜)

外境界層(膜) outer limiting layerは，視細胞間に規則正しく挟み込まれたミューラー細胞 Muller's cellと視細胞内節間の接着帯の列を指し，光学顕微鏡下では視細胞層と厳密に区別できない。ミューラー細胞は内境界層(膜)から視細胞の内節付近までを占める網膜を垂直に貫く細長いグリア細胞(神経膠細胞)である。

#### (4) 外顆粒層

外顆粒層 outer granular layerは，視細胞の核が密集した層である。

#### (5) 外網状層

外網状層 outer plexiform layerは，視細胞の軸索と双極細胞 bipolar cellの樹状突起や水平細胞 horizontal cellの突起がシナプスを形成する領域である。双極細胞は多くの視細胞の情報を統合し，視神経細胞へ伝達する。そのため，視細胞の数に比べて視神経細胞の数が少なくて済む。水平細胞は視細胞や双極細胞と連絡し，視覚情報を修飾する。

#### (6) 内顆粒層

内顆粒層 inner granular layerは，ミューラー細胞，双極細胞，水平細胞ならびに無軸索細胞 amacrine cellの核が密集した領域である。無軸索細胞は視神経細胞や双極細胞と連絡して，視覚情報を修飾する。

#### (7) 内網状層

内網状層 inner plexiform layerでは，双極細胞の軸索と視神経細胞の樹状突起がシナプスを形成し，また無軸索細胞も樹状突起を双極細胞や視神経細胞へと伸ばしてシナプスを形成している。

#### (8) 視神経細胞層

視神経細胞層 ganglionic cell layerは，大型の視神経細胞が単層に並んだ層である。星状膠細胞が観察できる。

#### (9) 視神経線維層

視神経線維層 layer of optic nerve fiberは，視神経細胞の軸索が形成する層である。軸索は視神経円板から視神経として脳へと向かう。星状膠細胞が観察できる。

#### (10) 内境界層(膜)

内境界層(膜) inner limiting layerは，ミューラー細胞の広がった細胞質の突起によって硝子体と網膜を区切る，網膜の最内層である。

### 4) 水晶体

水晶体 lensは凸レンズで，前極，後極，赤道，前面，後面に分けられる。赤道部に小帯線維が付着し毛様体と繋がる。水晶体全体は水晶体包 lens capsuleという膜に包まれ，水晶体の前面は単層の水晶体上皮 lens epitheliumでおおわれている。水晶体上皮細胞は赤道に近づくにつれ丈が高くなり，赤道を離れると細長い水晶体線維になる。古い水晶体線維は深部へと追いやられ，次第に細胞小器官と核を失ってクリスタリンと呼ばれるタンパク質で満たされ，水晶体中心部の硬い水晶体核が形成される。

### 5) 虹彩角膜角

角膜と強膜の移行部は虹彩と毛様体が合流する部位であり，虹彩角膜角 iridocorneal angleと呼ばれている。虹彩角膜角に隣接する強膜の中に強膜静脈叢 scleral venous plexusが存在し，眼房水は強膜静脈叢へ吸収されることで正常な眼球内圧が保たれる。眼房水は毛様体の無色素上皮から産生され後眼房に向かって分泌され，前眼房と後眼房を満たす。

## 2. 耳の構造

平衡覚と聴覚を司る耳earは，外耳，中耳，内耳に大別される。外耳で集められた音は中耳で増幅され，内耳の蝸牛に存在するラセン器(コルチ器)で感知される。内耳は平衡感覚器も収納している。前庭と呼ばれる骨性の小腔内に，頭の位置や直線運動の際の加速度を感じる卵形嚢および球形嚢が存在する。また，骨半規管の中に回転運動の際の加速度を感じる半規管が存在する。

### 1) 外耳

外耳external earは耳介auricle，外耳道external auditory canalおよび鼓膜tympanic membraneからなる。耳介は弾性軟骨である耳介軟骨auricular cartilageで形作られ，脂腺を多く含む薄い皮膚でおおわれている。外耳道は耳介から中耳に向かう細長い管で，中耳に近づくにつれ軟骨は骨へと移行する。外耳道の皮膚は比較的厚く，脂腺に加えてアポクリン汗腺の一種である耳道腺ceruminous glandが発達している。外耳道の終わりが非常に薄い膜である鼓膜であり，外耳と中耳の境となる。

### 2) 中耳

中耳middle earは3個の耳小骨auditory ossicles(ツチ骨malleus，キヌタ骨incus，アブミ骨stapes)を容れる鼓室tympanic cavity，および鼓室と咽頭を結ぶ耳管auditory tubeからなる。鼓室は薄い粘膜でおおわれた側頭骨内の小さな骨洞で，内耳に繋がる前庭窓(卵円窓)と蝸牛窓，耳管開口部の小孔が存在する。耳管は鼓室と咽頭を結ぶ管で，鼓室内の気圧を外気圧と平衡に保つ役割を果たしている。

鼓膜に伝わった音の振動は，ツチ骨(鼓膜と結合)，キヌタ骨，アブミ骨(末端が前庭窓にはまり込む)間の関節運動からテコの原理により増強され，前庭窓を通って内耳(前庭階)へ伝えられる。蝸牛窓は蝸牛の鼓室階に繋がる線維性結合組織で閉じられた小孔で，音の振動はここを通り抜ける。

### 3) 内耳

内耳inner earは，側頭骨の岩様部に存在し複雑な形の管状の構造をとる。骨性の壁を骨迷路bony labyrinthと呼ぶ。その中に膜性の閉鎖管である膜迷路membranous labyrinthが見られ平衡聴覚器が収まっている(図14-4)。骨迷路と膜迷路の間のすき間は外リンパ隙perilymphatic spaceと呼ばれ，細胞外液の性質を有する外リンパperilymphで満たされている。一方，膜迷路の中には細胞内液の性質を有する内リンパendolymphで満たされている。骨迷路は前庭，骨半規管，蝸牛の3部位に分けられる。

#### (1) 前庭

前庭vestibuleは前庭窓vestibular window(卵円窓oval window)で鼓室と隣り合い，前方で蝸牛，後方で骨半規管と連絡している。膜迷路として内部に卵形嚢utricleと球形嚢sacculeを収容し，両嚢は連嚢管で繋がっている。卵形嚢と球形嚢の肥厚した上皮領域(卵形嚢斑macula of utricle，球形嚢斑macula of saccule)は平衡覚を感知する部位で平衡斑maculaと呼ばれる。平衡斑の上皮は，Ⅰ型およびⅡ型有毛細胞hair cellが支持細胞に支えられて単層に配列した感覚上皮で，求心性および遠心性の神経支配を受ける。平衡斑の上皮は，平衡砂膜(ゼリー状物質からなる)でおおわれ，その上に平衡砂statoconia(耳石otolith)と呼ばれる炭酸カルシウムを主成分する小結晶が載っている。有毛細胞は1本の運動毛と数十本の不動毛を持ち，これらの平衡毛は平衡砂膜の中に侵入する。体の動きは内リンパの動きとして伝わり，平衡砂とともに平衡砂膜が動くと平衡毛を介して有毛細胞にその刺激が伝わる。前庭神経の樹状突起は有毛細胞とシナプスを形成し有毛細胞の興奮を求心性に伝える。

#### (2) 骨半規管

骨半規管osseous semicircular canalsは3つの半輪状の管で，膜迷路の前半規管，後半規管，外側半規管を収容している。各々の半規管semicircular ductは両端とも卵形嚢に開口しているが，片方だけ肥厚しており，その肥厚部を(膜)膨大部membrane ampullaeという。膜膨大部では管腔内面に向かって結合組織が一部鞍状に隆起しており，この隆起部を膨大部稜ampullary crestという。膨大部稜の上

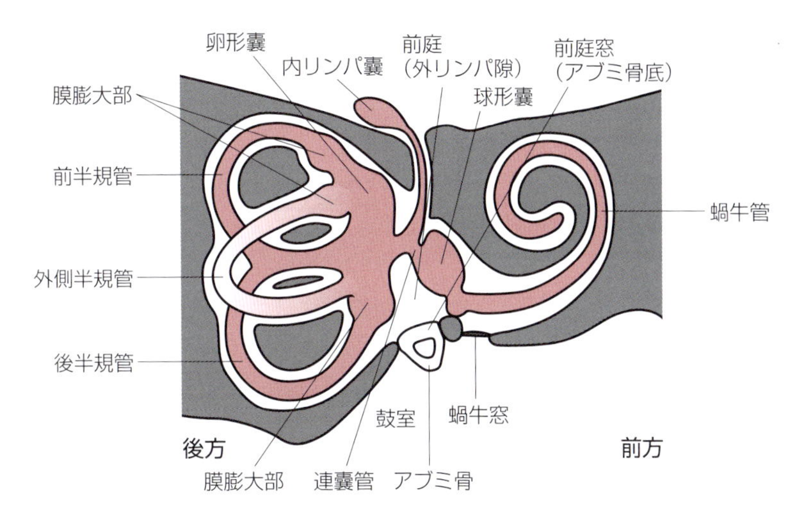


**図14-4　内耳の膜迷路**

灰色の領域は骨迷路，ピンク色の領域は膜迷路である。アブミ骨がはまり込む穴は前庭窓である。この図には，内リンパの流れの終点である内リンパ嚢も描いてある。

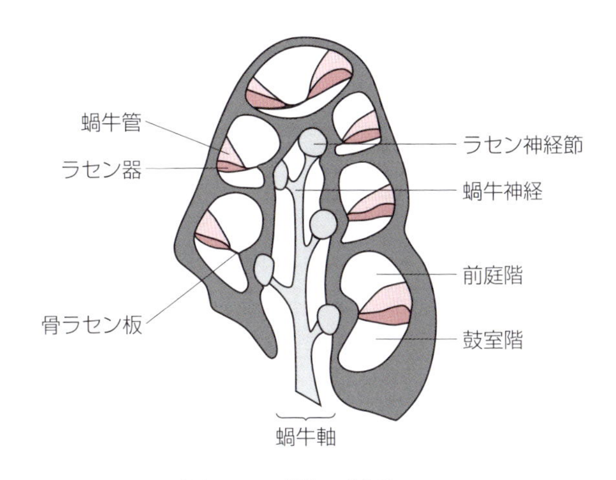


**図14-5　蝸牛の断面**

灰色の領域が骨迷路(蝸牛)である。蝸牛軸には有毛細胞からの情報を脳へ送る蝸牛神経が走行する。蝸牛の中の管は，骨ラセン板と膜迷路の蝸牛管により前庭階と鼓室階に分けられる。外リンパは前庭階と鼓室階の中を，内リンパは蝸牛管の中を流れている。蝸牛管の上皮は一部が特殊化しラセン器を形成する。

皮は平衡斑と同様にⅠ型・Ⅱ型有毛細胞が支持細胞に支えられて単層に配列しており，その表面はゼラチン頂(クプラ，小帽)cupulaと呼ばれるゼリー状物質でおおわれている。平衡斑と同様に，内リンパの動がゼラチン頂の動きを介して有毛細胞に感知される。

**(3) 蝸牛**

蝸牛cochleaは，カタツムリの殻のような渦巻き状の構造物で，蝸牛軸modiolusという骨性の軸を中心に，イヌ，ネコ，ウシなどでは3～3.5回転，マウスやヒトでは2～2.5回転する。蝸牛は，骨ラセン板とそれに繋がる蝸牛管cochlear ductと呼ぶ膜迷路によって，前庭階scala vestibuliと鼓室階scala tympaniに二分される(図14-5)。前庭階と鼓室階には外リンパが流れている。アブミ骨を経て前庭窓から伝えられた音の振動は，前庭階の外リンパを経て鼓室階の外リンパへと伝えられ蝸牛窓

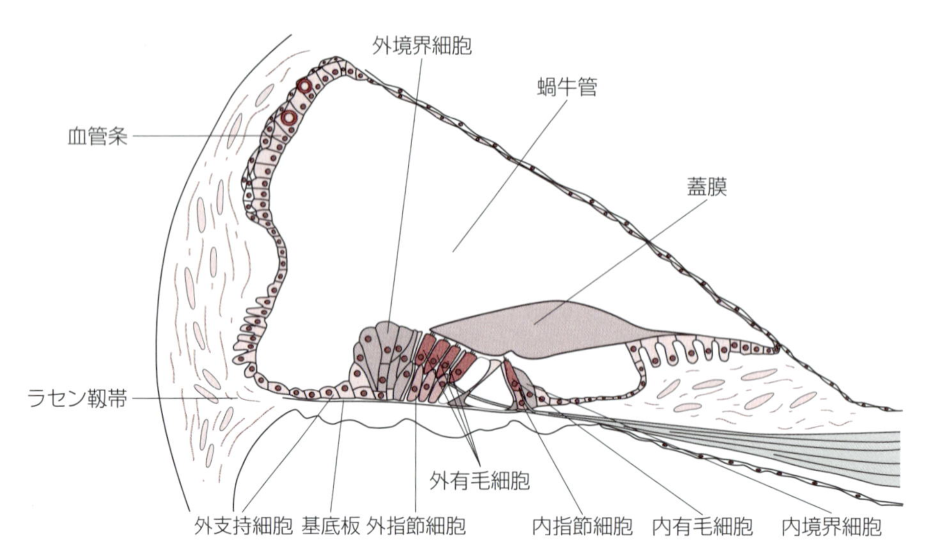


**図14-6　蝸牛管とラセン器**

濃いピンク色が有毛細胞である。内有毛細胞は内指節細胞に，外有毛細胞は外指節細胞に支えられ，これらはさらに内境界細胞と外境界細胞に支えられる。有毛細胞の強固な支持は，無用なノイズの発生を防ぐのに有効であると考えられている。

cochlea windowへと抜ける。その際，前庭階と鼓室階に挟まれた蝸牛管に振動が伝わり，蝸牛管の中のラセン器（コルチ器）Corti's organが振動を感知して脳へ伝達する。

蝸牛軸から伸びる骨ラセン板は，蝸牛の壁をおおうラセン靱帯に近づくと基底板basal lamina（強靱な線維を含む構造体）に移行する。ラセン器は基底板の上に載る形で存在し，基底板は外リンパの振動に共鳴することでラセン器に振動を伝える。

ラセン器は蝸牛管の上皮が高度に分化して形成された聴覚受容器で，2種類の感覚細胞（内有毛細胞inner hair cellと外有毛細胞outer hair cell）と，これらを直接支持する内指節細胞・外指節細胞や内境界細胞・外境界細胞などの一連の細胞群で構成される（図14-6）。内有毛細胞は細胞自由面に聴毛auditory hairと呼ばれる数十本の不動毛を持ち，音刺激を電気的信号に変換する。外有毛細胞は細胞自由面にV字もしくはW字型に並ぶ100本あまりの不動毛を持ち，ラセン器の感度を調節すると考えられている。ラセン器の上部は蓋膜tectorial membraneと呼ばれる膜状構造物でおおわれ，蓋膜が内・外有毛細胞の聴毛を刺激することで内・外有毛細胞に興奮が生じる。ラセン神経節から伸びる蝸牛神経の樹状突起は有毛細胞とシナプスを形成し有毛細胞の興奮を求心性に伝える。ラセン靱帯に接する蝸牛管の壁には血管条が見られ，内リンパを産生すると考えられている。

# 14-2　味覚器，嗅覚器および鋤鼻器

到達目標：味蕾，嗅覚器，鋤鼻器の組織構造と機能を説明できる。
キーワード：味蕾，味蕾乳頭，味腺（フォンエブナー腺），味細胞，嗅上皮，嗅細胞，鋤鼻器



## 1. 味蕾

味覚器である味蕾 taste bud は舌の味蕾乳頭 gustatory papilla に密集して見られるが，口腔や咽喉などの粘膜にも広く分布する。味蕾乳頭は，舌尖や舌背の外側縁に多数存在する茸状乳頭，舌背後位に存在する大型円形の有郭乳頭，舌根外側縁に存在する葉状乳頭の3種類に分類される。有郭乳頭や葉状乳頭には純漿液性の舌腺である味腺 gustatory glands（フォンエブナー腺 von Ebner's glands）が見られ，次の味覚刺激に備えて味腺からの分泌物が味蕾表面を洗浄していると考えられている。茸状乳頭の味蕾は顔面神経の分枝である鼓索神経，有郭乳頭および葉状乳頭の味蕾は舌咽神経に支配されている。

味蕾は味蕾細胞が集まってできた樽状の構造物として上皮内に観察され，先端には味孔 taste pore という小孔が口腔に向かって開口している（図14-7）。味孔の自由縁には味毛 taste hair と呼ばれる微絨毛が見られる。光学顕微鏡では，味蕾細胞は明調の核を持つ味細胞 taste cell，暗調の核を持つ支持細胞 supporting cell，基底部に位置する基底細胞 basal cell に区別される。電子顕微鏡では，Ⅰ～Ⅲ型細胞と基底細胞に分けられ，Ⅰ型細胞は支持細胞，Ⅲ型細胞が味覚受容細胞（味細胞）とされている。

## 2. 嗅覚器

嗅覚器は一般的な匂いを感知する器官で，鼻腔の最も奥の部分で中鼻甲介（篩骨甲介）と鼻中隔をおおっている鼻粘膜がこれにあたる。この粘膜は嗅上皮 olfactory epithelium と呼ばれ，偽重層上皮であり，嗅覚受容細胞である嗅細胞 olfactory cells，支持細胞と基底細胞から構成される。神経細胞である

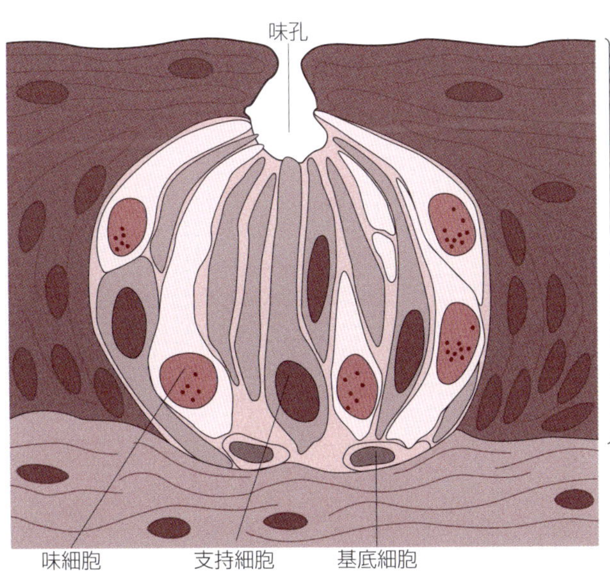


図14-7　味蕾

味蕾は味蕾乳頭の重層扁平上皮内に埋まる樽状の構造物である。光学顕微鏡で味細胞と支持細胞を見分けるためには非常に薄く薄切された標本が必要である。

嗅細胞は円形の核を持ち，核は嗅上皮の中央部を占める。支持細胞は細長い核を持ち，核は上皮の上部1/3の位置に列をなして存在する。基底細胞は基底側に散在する小型の円型核を持つ細胞である。基底細胞は嗅細胞の幹細胞で，嗅細胞に分化する。電子顕微鏡では，嗅細胞の樹状突起は粘膜面に突出して球形に膨隆しており，嗅小胞olfactory vesicleと呼ばれている。嗅小胞からは長い線毛が複数伸びており，嗅線毛olfactory ciliaと呼ばれている。嗅線毛の細胞膜上に匂い受容体が発現している。

## 3. 鋤鼻器

鋤鼻器vomeronasal organはフェロモンを感知し，動物の生殖行動や社会行動に影響を及ぼす器官であると考えられている。鋤鼻器は魚類には見られず，爬虫類でよく発達するがワニの仲間では退化・消失しており，鳥類にも存在しない。哺乳動物では齧歯類でよく発達しており，イヌ，ネコ，ウシ，ウマなどの家畜でも発達しているが，クジラの仲間やヒトを含む高等な霊長類には存在しないといわれている。鋤鼻器は軟骨性または骨性の被嚢に包まれた管状の器官で，鼻中隔基部に位置している。感覚上皮は鋤鼻器の管腔内側壁をおおっており，感覚細胞，支持細胞，基底細胞から構成されている偽重層上皮で，嗅上皮に類似した構造をとる。

## 演習問題

**1. 眼球に関する記述で正しいのはどれか。**

a. 角膜の表層の角膜前上皮では，膠原線維が層板上に重なっており，層板間には角膜細胞が存在する。
b. 虹彩は水晶体の後方に位置する。
c. 毛様体からは硝子体に向かって小帯線維が発せられている。
d. 水晶体の前面は水晶体上皮でおおわれている。
e. 輝板は視神経円板付近の網膜内に存在する。

**2. 内耳に関する記述で正しいのはどれか。**

a. 前庭は前方で骨半規管，後方で蝸牛と連絡している。
b. 卵形嚢と球形嚢の有毛細胞には1本の運動毛と数十本の不動毛が管腔面に見られる。
c. 半規管の卵形嚢への開口部は両端とも肥厚しており，これを(膜)膨大部という。
d. 蝸牛の前庭階と鼓室階には内リンパが，蝸牛管には外リンパが収納されている。
e. ラセン器の有毛細胞は聴毛を有し，平衡砂(耳石)と呼ばれる小結晶を含むゼリー状物質が聴毛を刺激している。

**3. 味覚器，嗅覚器，鋤鼻器に関する記述で誤りはどれか。**

a. 味蕾乳頭の中には味腺(フォンエブナー腺)を備えるものもある。
b. 味蕾は味細胞，支持細胞，基底細胞から構成されている。
c. 嗅上皮の感覚細胞は嗅細胞である。
d. 鋤鼻器はフェロモンを感知し，動物の生殖行動や社会行動に影響を及ぼす器官である。
e. 鋤鼻器は移行上皮である。

## 解　答

**1.**

正解　d

**解説**　a. 角膜において膠原線維が層板上に重なり，層板間に角膜細胞が観察されるのは角膜固有質である。b. 虹彩は水晶体の前方に位置する。c. 毛様体からは水晶体に向かって小帯線維が伸びている。e. 輝板は脈絡膜に存在する。

**2.**

正解　b

**解説**　a. 前庭は前方で蝸牛，後方で骨半規管と連絡している。c. 半規管の両端は卵形嚢に開口するが，肥厚しているのは片方だけである。これを(膜)膨大部という。d. 蝸牛の前庭階と鼓室階には外リンパが，蝸牛管には内リンパが収納されている。e. 平衡砂(耳石)と呼ばれる小結晶を含むゼリー状物質により聴毛が刺激される有毛細胞を有するのは平衡斑である。

**3.**

正解　e

**解説**　e. 鋤鼻器は偽重層上皮である。

(齋藤 正一郎)

# 15章 神経系



**一般目標：神経系の組織構造と機能を修得する。**

神経系nervous systemの主要な構成細胞は神経細胞と神経膠細胞である。神経細胞は神経情報の受容・処理・伝達を行い，神経膠細胞は神経細胞を構造的・機能的に支持し生体防御にもあたる(3章参照)。神経系は，中枢神経系と末梢神経系に区別される。中枢神経系は脳と脊髄に分かれ，末梢神経系には脳から出る脳神経と脊髄から出る脊髄神経がある。末梢神経系は興奮伝導の方向から遠心性神経と求心性神経に分けられる。遠心性神経は興奮が標的器官に向かう神経で，運動神経とも呼ばれる。求心性神経は末梢の受容器の興奮を中枢に伝える神経で，知覚神経(感覚神経)とも呼ばれる。また，末梢神経系は機能面から体性神経系(動物神経系)と自律神経系(植物神経系)に分類される。体性神経系は随意的に反応する機能を担い，感覚器などにより外界からの刺激を受容して随意的に骨格筋を収縮させる神経系である。自律神経系は，消化・吸収，代謝，呼吸，循環，生殖，体温の維持など生命活動に必須の機能を自律的(無意識)に制御する神経系で，交感神経系と副交感神経系に分けられる。自律神経系は交感神経幹や自律神経節など走路の中で独立した構造を持つ場合もあるが，多くの自律神経系の神経線維は脳神経・脊髄神経に混在しているので，その場合は，体性神経系と自律神経系を肉眼で明確に区別することはできない。

中枢神経は髄膜と呼ばれる結合組織でできた膜で包まれ，脳脊髄液に浸されることによって機械的な衝撃から保護されている。末梢神経も神経線維が束となる領域では神経周膜と呼ばれる結合組織でできた膜で包まれ，その中は脳脊髄液に浸されている。本章では，中枢神経系の基本構造を中心に記述する。

## 15-1 神経系の基本構造と機能

到達目標：神経系の基本構造と機能を説明できる。
キーワード：脳室，中心管，灰白質，白質，神経核(核)，髄膜，硬膜，クモ膜，軟膜，クモ膜下腔，脳脊髄液，脈絡叢，クモ膜顆粒，前脳，大脳，間脳，中脳，橋，小脳，延髄，脳幹

### 1. 中枢神経系の基本構造

脳と脊髄は胎生初期に出現する神経管に由来する。神経管は神経上皮細胞(神経幹細胞)からなる多列上皮である。神経上皮細胞は分裂と移動を繰り返すとともに神経細胞と神経膠細胞に分化して神経管の壁は厚くなり，神経管の外面は軟膜で，内面は上衣細胞層でおおわれることによって脳と脊髄が形成される。神経管の管腔は，脳では脳室brain ventricle，脊髄では中心管central canalになる。将来の脳になる神経管の前端には3カ所の膨隆部が見られ，前脳(前脳胞)prosencephalon，中脳(中脳胞)mesencephalon，菱脳(菱脳胞)rhombencephalonが形成される。前脳胞からは終脳と側脳室および間脳diencephalonと第三脳室が，中脳胞からは中脳mesencephalonと中脳水道が，菱脳胞からは小脳cerebellum，橋pons，延髄medulla oblongataと第四脳室が形成される。終脳(大脳半球と嗅脳)と小脳を除いた脳の幹となる部分(間脳，中脳，橋，延髄)を脳幹brainstemと呼ぶ。大脳cerebrumは，本来は終脳，間脳，中脳をあわせた領域を指すが，今日では終脳と間脳をあわせた前脳胞に由来する領域

を指す場合が多い。

脳と脊髄の断面を肉眼で見ると，灰白色と白色に見える領域に大別できる。灰白色の領域を灰白質，白色の領域を白質と呼ぶ。脳幹と脊髄には灰白質と白質の混ざった領域も見られ網様体と呼ぶ。

### 1）灰白質，白質と神経核

灰白質gray matterは有髄神経線維を欠くか疎な有髄神経線維しか見られない神経組織で，神経細胞体，神経膠細胞，ニューロピルneuropil，毛細血管などで構成される。神経細胞体を多く含む領域でもあり，大脳や小脳の表層（皮質）や脊髄の深部（髄質）に見られる。ニューロピルとは神経細胞の軸索終末や樹状突起と神経膠細胞の突起が隙間なく密に集まったもので，シナプスはニューロピルに存在する。

白質white matterは髄鞘に包まれた軸索，すなわち有髄神経線維が密になっている領域で，髄鞘が脂質に富むため肉眼的に白色に見える。大脳や小脳の深部（髄質）や脊髄の表層（皮質）に見られる脚，索，束，路と呼ばれる種々の神経連絡路は白質からなっている。

脊髄や脳幹には形態的にも機能的にも類似した神経細胞体が島状に存在する灰白質の塊があり，このような神経細胞群を神経核（核）nucleusと呼ぶ。灰白質に限らず白質にも存在する。大脳と小脳の白質には複数の神経核が存在し，それらをまとめて，それぞれを大脳基底核および小脳核という。

### 2）網様体

網様体reticular formationは，脊髄および脳幹の特定の機能を持つ神経核や神経路を除いた部分で，それぞれ脊髄網様体，脳幹網様体という。網様体では，神経細胞体が散在し，軸索は吻尾方向に走行する。

## 2. 髄膜

頭蓋骨や椎骨は中枢神経系を保護する働きがある。脳と頭蓋骨，脊髄と椎骨に介在して脳・脊髄の外表面をおおい，それらを保護する結合組織の膜を髄膜meningesという。髄膜は3層の構造をとり外側から順に，硬膜，クモ膜，軟膜と呼ばれる。脳の髄膜は脳硬膜，脳クモ膜，脳軟膜（図15-1），脊髄の髄膜は脊髄硬膜，脊髄クモ膜，脊髄軟膜と呼ばれる（図15-2）。

### 1）硬膜

硬膜dura materは密線維性結合組織の厚い膜で，血管，リンパ管，知覚神経が分布している。外板と内板の2層構造をとる。脳硬膜では外板と内板が密着しており，頭蓋骨の内面をおおい骨膜の役目を果たす。特定の場所では外板と内板の間に硬膜静脈洞と呼ばれる腔洞が見られ，内腔は内皮でおおわれ静脈血が流れている。硬膜静脈洞には脳の静脈から血液が流入し内頸静脈へと排出する。脊髄硬膜では内板と外板は分離して，その間に硬膜上腔と呼ばれる広い腔が介在し，ここに脂肪組織や静脈叢が見られる。硬膜外注射とは硬膜上腔に薬液を注射することである。硬膜の外板は頭蓋骨の内面と椎孔表面をおおうとともに頭蓋骨の孔および椎間孔の内面をおおい，頭蓋骨・椎骨の外面をおおう骨膜に移行する。一方，硬膜の内板は脳・脊髄神経の神経根の表面を包み神経上膜に移行する。脳硬膜からは大脳鎌および小脳テントと呼ばれる突出部が形成され，大脳鎌は左右の大脳半球，小脳テントは大脳と小脳を分けている。脊髄硬膜の内板は外板に比べて厚く，狭義の脊髄硬膜に相当する。

### 2）クモ膜

クモ膜arachnoidは，硬膜の内側をおおう血管を含まない結合組織からなり，その外表面は内皮細胞様の細胞でおおわれている。硬膜の内側表面も内皮細胞様の細胞でおおわれる。クモ膜との間にリンパ液を含む狭い腔所が見られ硬膜下腔と呼ばれるが，現在では，潜在的な空間であると考えられている。一方，軟膜との間には広いクモ膜下腔subarachnoid spaceが見られ，ここは脳脊髄液で満たされている。

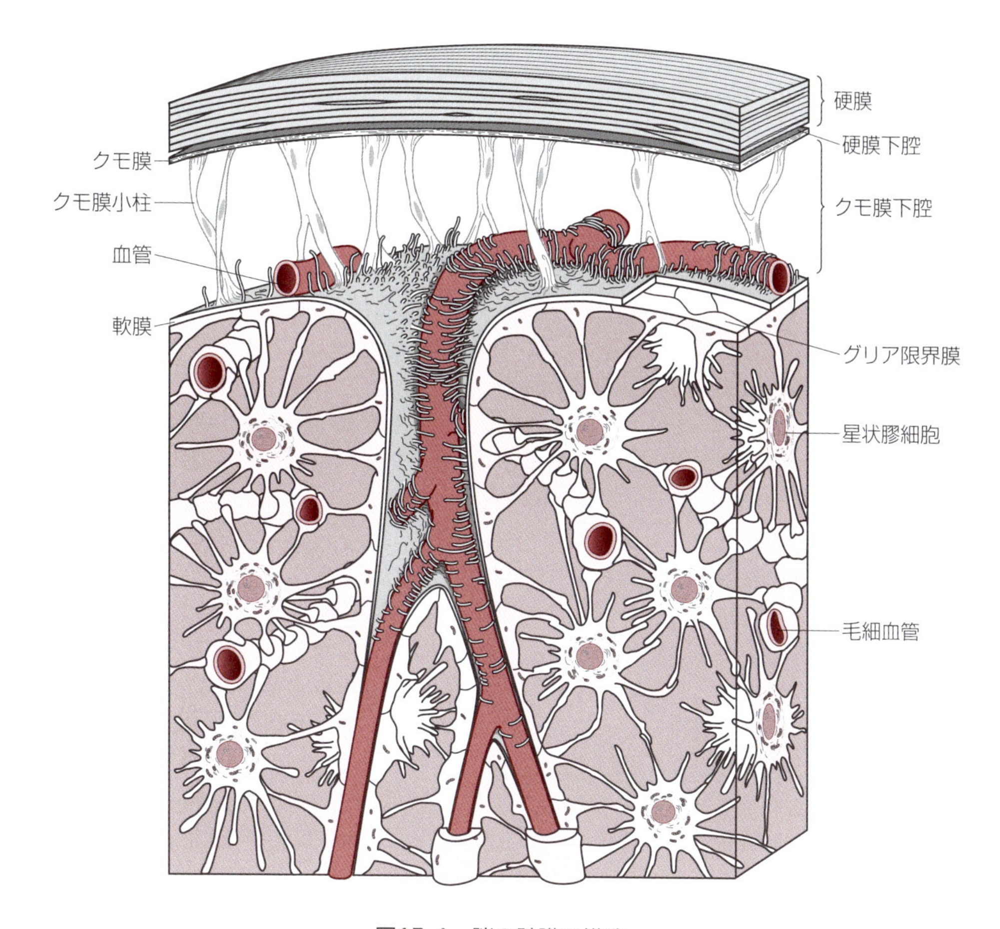


図15-1　脳の髄膜の構造

神経細胞の周りには，星状膠細胞によって3次元的なネットワーク状の構造が作られる。本図には，神経細胞は示していない。毛細血管は，複数の星状膠細胞の突起に包まれるように隙間なく囲まれている。

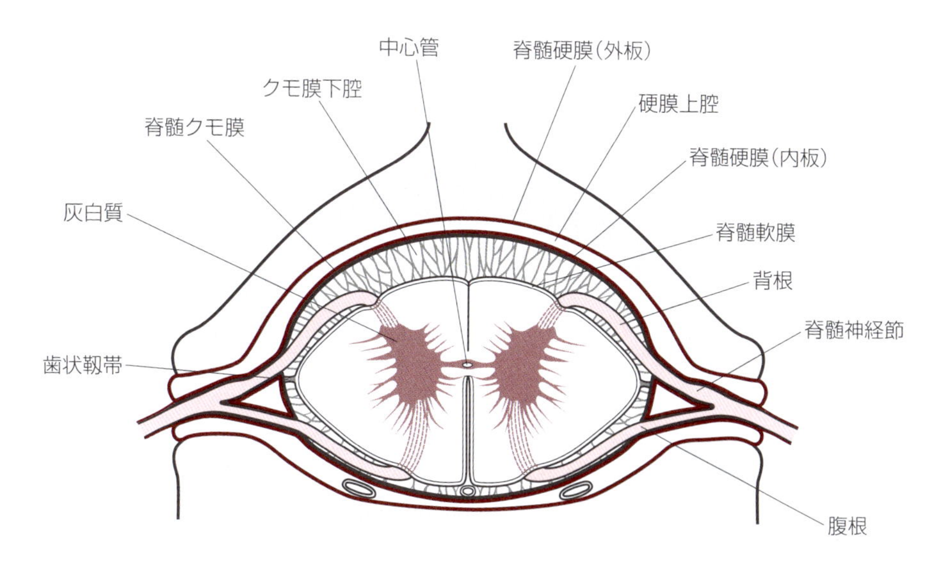


図15-2　脊髄の髄膜

クモ膜と軟膜の間には，クモ膜小柱arachnoid trabeculaと呼ばれる結合組織性の架橋が見られ，構造的な支えとなっている。クモ膜下腔は場所によって大きく広がり，クモ膜下槽を形成する。クモ膜は脳・脊髄神経が出る部位で神経周膜に移行する。

### 3）軟膜

軟膜pia materは血管が豊富な薄い結合組織の膜で中枢神経の表面に密着し，溝や裂の中にも入り込む。軟膜には1～2層の線維芽細胞様の細胞からなる薄い細胞層が見られ，脳・脊髄の外表面をなすグリア限界膜glial limiting membrane（星状膠細胞の突起で形成）との間に基底膜が見られる。軟膜内を走行する血管は小動脈となって結合組織を伴い脳・脊髄の実質内に入り込むが，すぐに毛細血管になり結合組織はなくなる（図15-1）。軟膜とクモ膜は外胚葉由来の間葉組織で組織構造が類似していることから，軟髄膜と呼ばれることがある。また脊髄の軟膜は，左右両側で外側面が肥厚して歯状靱帯を形成し，歯状靱帯は脊髄クモ膜を貫いて脊髄硬膜に付着し脊髄を支えている（図15-2）。

## 3. 末梢神経の被膜

脳神経と脊髄神経は脳・脊髄から離れるとすぐに「根」としてまとまり，結合組織性の被膜によって包まれる。肉眼で見える太い脳・脊髄神経の最外層は神経上膜epineuriumでおおわれる。神経上膜は動脈，静脈，リンパ管などを含み，硬膜の内板に続く結合組織からなる膜である。神経上膜はさまざまな太さの神経束を1本の神経として束ねており，周囲の組織に境界なく移行する。神経上膜で包まれ束ねられた個々の神経束は，神経周膜perineuriumと呼ばれる緻密な結合組織で包まれる。神経周膜はクモ膜に続く膜で内表面は内皮細胞様の細胞でおおわれ，神経周膜の内部は脳・脊髄液で満たされている。神経周膜で包まれた神経線維束の中に見られるまばらな結合組織を神経内膜endoneuriumと呼ぶ。末梢神経は有髄神経線維と無髄神経線維に分けられるが，これらの線維は1本または数本が1つのシュワン鞘により包まれている（3章316頁「3. 神経膠細胞」参照）。このシュワン鞘の間を埋める結合組織が神経内膜である。

## 4. 脈絡叢と脳脊髄液

### 1）脈絡叢

脳室は神経管の管腔に由来する腔所で側脳室，第三脳室，第四脳室が存在し，上衣細胞層でおおわれている。脳室内は脳脊髄液で満たされる。脳室の特定の部位では脳室と軟膜が直接接している。これは，発生期に神経上皮細胞が神経細胞・グリア細胞に分化・増殖しないため神経管の壁が上衣細胞だけで構成されたためであり，結果として軟膜と接することになる。このような部位では，軟膜の毛細血管が発達して叢をなし，脳室に膨隆し上衣細胞層とともに絨毛様構造が形成される。これを脈絡叢choroid plexusと呼び，この部分の上衣細胞層を脈絡上皮という。脈絡上皮は単層の立方ないし円柱上皮で，細胞間には密着結合が見られる。脈絡叢の毛細血管は有窓型である。

### 2）脳脊髄液

脳脊髄液cerebrospinal fluidはクモ膜下腔，脳室，脊髄中心管を満たしている。脳脊髄液は，脳室の脈絡叢で能動的分泌と限外濾過によって産生される，タンパク質，ブドウ糖，カリウム，ナトリウム，マグネシウムを含む無色透明な液体である。物理的衝撃から脳と背髄を保護し，リンパ液の代用や神経細胞間隙から分泌された老廃物，薬物，神経ペプチドなどの運搬路にもなっている。脳室で産生された脳脊髄液は，第四脳室外側孔と第四脳室正中孔を通ってクモ膜下腔に流れる。脳脊髄液はクモ膜顆粒arachnoid granulation（クモ膜の硬膜静脈洞内への突出部でクモ膜絨毛を形成）から硬膜静脈洞に流れ，静脈血へと循環すると考えられている。

# 15-2　中枢神経系の構造

到達目標：大脳，小脳，脊髄の組織構造と機能を説明できる。
キーワード：大脳，大脳皮質，等皮質(新皮質)，不等皮質，分子層，外顆粒層，外錐体層(外錐体細胞層)，内顆粒層，内錐体層(内錐体細胞層)，多形細胞層(紡錘細胞層)，大脳髄質，小脳，小脳皮質，分子層，梨状細胞層(プルキンエ細胞層)，梨状細胞(プルキンエ細胞)，顆粒層(顆粒細胞層)，顆粒細胞，小脳髄質，脊髄，背角，側角，腹角，背索，側索，腹索，中心管



## 1. 大脳

大脳cerebrumの表面は神経細胞が密集した厚さ3～4 mmの大脳皮質(灰白質)と大脳皮質に出入りする神経線維が集まった大脳髄質(白質)からなり，大脳髄質の深部には大きな大脳基底核が存在する。

### 1) 大脳皮質

大脳皮質cerebral cortexには，下等動物からすでに存在する古い脳と高等動物になって出現する新しい脳が見られ，大脳の古い皮質を不等皮質(古皮質と原皮質)，大脳の新しい皮質を等皮質(新皮質)と呼ぶ。両者には大脳皮質の組織学的構造に大きな差があり，働きも異なる。

大脳皮質の神経細胞は，ニッスル染色により円錐形の細胞体を持つ錐体細胞pyramidal cellと，球形ないし多角形の細胞体を持つ顆粒細胞などに分けられていた。ゴルジ鍍銀法による染色で顆粒細胞は多様な形状を示すことがわかり，現在では，錐体細胞と非錐体細胞に大別されるようになった。錐体細胞は興奮性アミノ酸(グルタミン酸，アスパラギン酸)を神経伝達物質とする興奮性ニューロンである。錐体細胞は軸索が終わる部位により3つに大別され，皮質下の神経核や脊髄に軸索を伸ばす投射ニューロン，同側の大脳皮質の異なる領域に終わる連合ニューロン，対側の大脳皮質に終わる交連ニューロンに分けられる。非錐体細胞は樹状突起棘が豊富な有棘型星状細胞とそれ以外の非錐体細胞(無棘型)に分けられる。樹状突起棘dendritic spineとは樹状突起に見られる棍棒状の突起で，シナプス入力を受ける部位である。有棘型星状細胞はグルタミン酸を神経伝達物質とする興奮性ニューロン，それ以外の非錐体細胞はγ-アミノ酪酸(GABA)を伝達物質とする抑制性のニューロンである。非錐体細胞の軸索は細胞体近くの皮質内にとどまり，介在ニューロンとして働く。

#### (1) 等皮質(新皮質)

等皮質isocortex(新皮質neocortex)は発生の段階で必ず6層構造をとるが，その後，それぞれの領域に特有な層の発達や小さな構造の変化などが起こる(図15-3)。以下に表面から順に層の特徴を記す。

①Ⅰ層(分子層molecular layer)：錐体細胞などの樹状突起と皮質への入力線維の終末分枝からなる層。

②Ⅱ層(外顆粒層outer granular layer)：主に小型の錐体細胞が密集する層。その軸索は同側の大脳皮質に投射する(連合ニューロン)。

③Ⅲ層(外錐体層〈外錐体細胞層〉outer pyramidal layer)：主に中型の錐体細胞からなる層。Ⅲ層は皮質内の連絡を担い，錐体細胞の軸索は同側の大脳皮質(連合ニューロン)と反対側の大脳皮質に投射する(交連ニューロン)。

④Ⅳ層(内顆粒層inner granular layer)：有棘型星状細胞(介在ニューロン)が密集し，視床からの入力線維が主に終末する層。視覚，聴覚，体性感覚など多数の感覚性入力線維が終わる領域では厚い層を形成する。

⑤Ⅴ層(内錐体層〈内錐体細胞層〉inner pyramidal layer)：中型から大型の錐体細胞からなる層。軸索

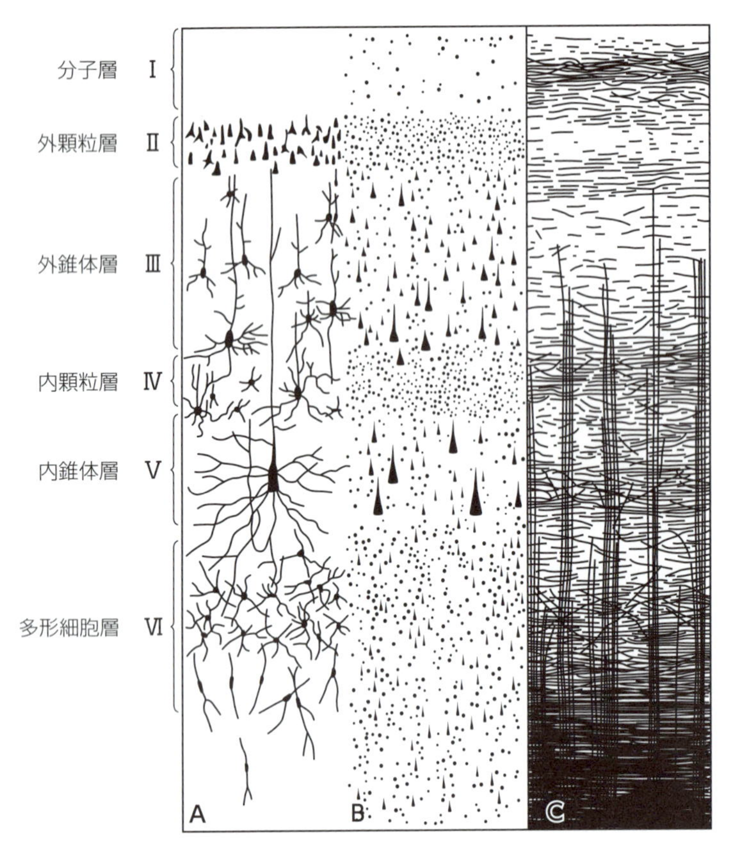


**図15-3　大脳皮質（新皮質）の層構造**

AはGolgi鍍銀染色，BはNisslの神経細胞染色，CはWeigertの髄鞘染色。

は皮質外に投射する（投射ニューロン）。運動領では厚い。

⑥ Ⅵ層（**多形細胞層** multiform layer，**紡錘細胞層** fusiform layer）：中型の錐体細胞と紡錘細胞 spindle cell（錐体細胞の亜型と考えられる）からなる層。軸索は主に視床などに投射する（投射ニューロン）。

### (2) 不等皮質

**不等皮質** allocortexは，系統発生的に古い皮質で生涯のどの時期にも一度も6層構造をとらない。不等皮質は古皮質（旧皮質）paleocortexと原皮質archicortexに分けられる。古皮質には嗅球，梨状葉皮質など，原皮質には海馬（歯状回，アンモン角〈海馬足〉：狭義の海馬，海馬台〈海馬支脚〉），脳梁灰白層などがある。

## 2) 大脳髄質

**大脳髄質** cerebral medullaは主に大脳皮質へ向かう上行性（求心性）神経線維と大脳皮質から出る下行性（遠心性）神経線維で構成される。大脳髄質の中に神経細胞体の集合体が存在し，大脳基底核basal ganglionと呼ばれる。大脳基底核は大脳皮質と視床などを結びつける神経核の集まりである。大脳基底核には，尾状核caudate nucleus，被核putamen，淡層球globus pallidus，前障claustrum，扁桃体amygdaloid bodyなどの神経核を含む。尾状核と被核をあわせて線条体corpus striatum，被核と淡層球をあわせてレンズ核lentiform nucleusと呼ぶ。機能的には，臓性機能，内分泌，本能行動に関係する扁桃体と運動を調節する線条体と淡層球に分けられる。前障は知覚性の大脳皮質と連絡している。

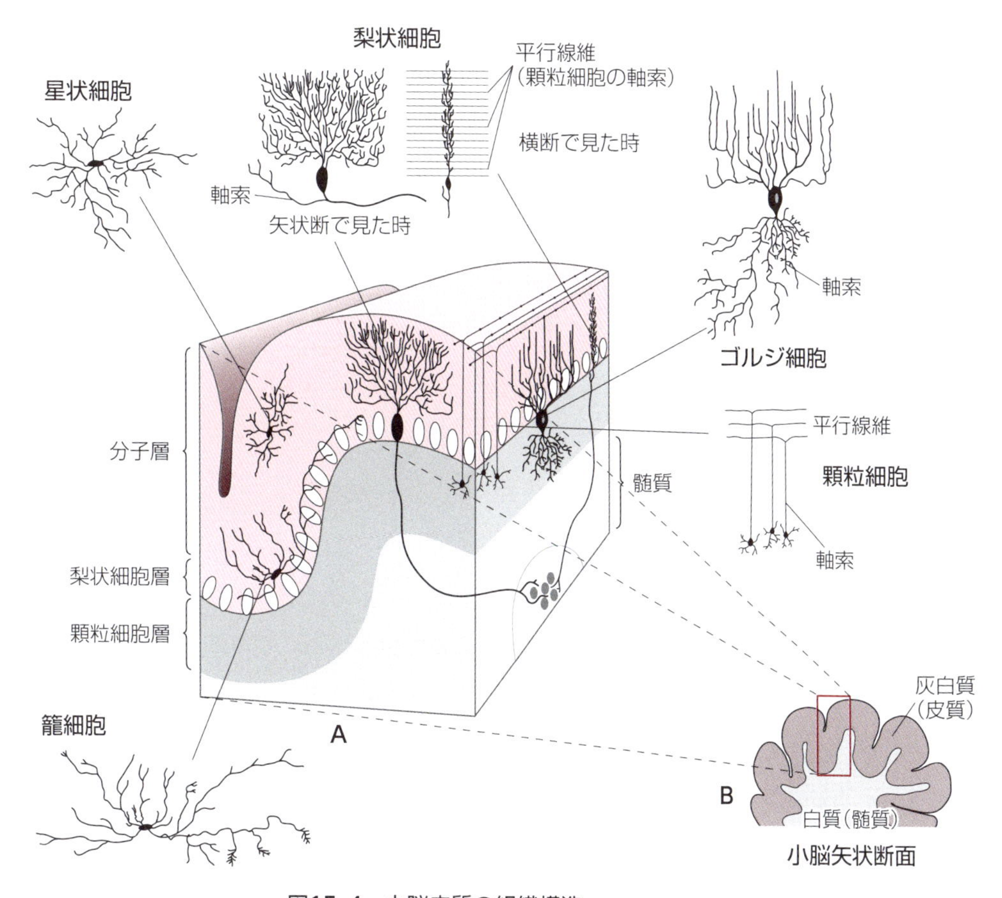


図15-4　小脳皮質の組織構造

Aは小脳矢状断面図Bの囲み部分の拡大で，小脳皮質に見られる神経細胞を描いている。

## 2. 小脳

小脳cerebellumは系統発生学的に古い虫部と新しい左右の小脳半球からなり，いずれも表面には数多くの小脳回と小脳溝が走る。断面を見ると，表層は灰白質からなる小脳皮質でおおわれ，内部は白質からなる小脳髄質が見られる。小脳髄質には4対の小脳核が存在する。

### 1）小脳皮質

小脳皮質cerebellar cortexは，表層から分子層，梨状細胞層（プルキンエ細胞層），顆粒層（顆粒細胞層）の3層からなる（**図15-4**）。

#### （1）分子層

分子層molecular layerは最も厚い皮質の層で，神経細胞は少ない。梨状細胞の樹状突起が広がり，この樹状突起に顆粒細胞から伸びている軸索（平行線維）が入力しシナプスが形成され，顆粒細胞の興奮が梨状細胞の樹状突起に伝わる。梨状細胞の樹状突起には延髄（下オリーブ核）から軸索が小脳髄質を経て入力するが，この軸索は登上線維climbing fiberと呼ばれる。分子層の浅層に小型のニューロンである星状細胞stellate cell，深層に中型のニューロンである籠細胞basket cellが存在し，両細胞は梨状細胞に対して抑制的に働く（**図15-5**）。

#### （2）梨状細胞層（プルキンエ細胞層）

梨状細胞層piriform cell layer（プルキンエ細胞層Purkinje cell layer）は，梨状細胞piriform cellまた

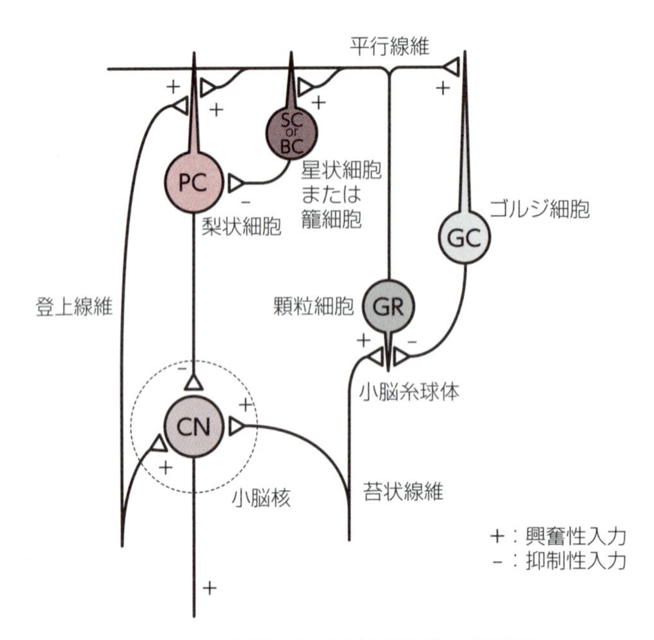


図15-5　小脳皮質における神経回路の概略図

はプルキンエ細胞Purkinje cellと呼ばれる大型のニューロンが1列に並んだ層である。梨状細胞の樹状突起は分子層に伸び，小脳回の長軸に垂直な面(矢状面)で団扇のように大きく広がる。梨状細胞はGABAを伝達物質とする抑制性のニューロンで，その軸索は小脳皮質からの唯一の出力線維であり，軸索の大部分は小脳核に終わるが，一部小脳を出て前庭神経核など橋に達する。

(3) 顆粒(細胞)層

顆粒層(顆粒細胞層)granular layerは，顆粒細胞granular cellsと呼ばれる小型の神経細胞の細胞体が密に存在する層である。顆粒層の表層には中型の神経細胞であるゴルジ細胞Golgi cellsが散在する。顆粒細胞の軸索は上行して分子層に入りT字型に分岐し小脳回の長軸に平行に走って平行線維を形成し，梨状細胞の樹状突起を通過しつつシナプスを形成する。平行線維は，星状細胞や籠細胞の樹状突起にもシナプスを形成する。顆粒細胞の樹状突起は，顆粒層に存在する小脳糸球体cerebellar glomerulusに終わる。ゴルジ細胞は，GABAとグリシンを伝達物質とする抑制性の介在ニューロンである。樹状突起は梨状細胞とは異なりあらゆる方向に伸びて分子層に広がり，主に顆粒細胞の平行線維から興奮入力を受ける。ゴルジ細胞の軸索は顆粒層で分岐して広がり，小脳糸球体cerebellar glomerulusを形成する。小脳糸球体は，苔状線維mossy fiberの軸索終末を中心として顆粒細胞の樹状突起とゴルジ細胞の軸索終末で形成される大きなシナプスの複合体である。嗅覚を除くあらゆる感覚情報が苔状線維として小脳に集まる。

### 2) 小脳髄質

小脳髄質cerebellar medullaは，主に遠心性と求心性の有髄神経線維とグリア細胞からなる。有髄神経線維には，下オリーブ核や前庭神経核などから小脳皮質に入る神経線維およびプルキンエ細胞の軸索などがある。小脳髄質には4つの小脳核cerebellar nucleus(歯状核，栓状核，球状核，室頂核)が見られる。

## 3. 脊髄

脊髄神経は，腹根と背根と呼ばれる束を形成して脊髄spinal cordから出入りする。脳からの遠心性

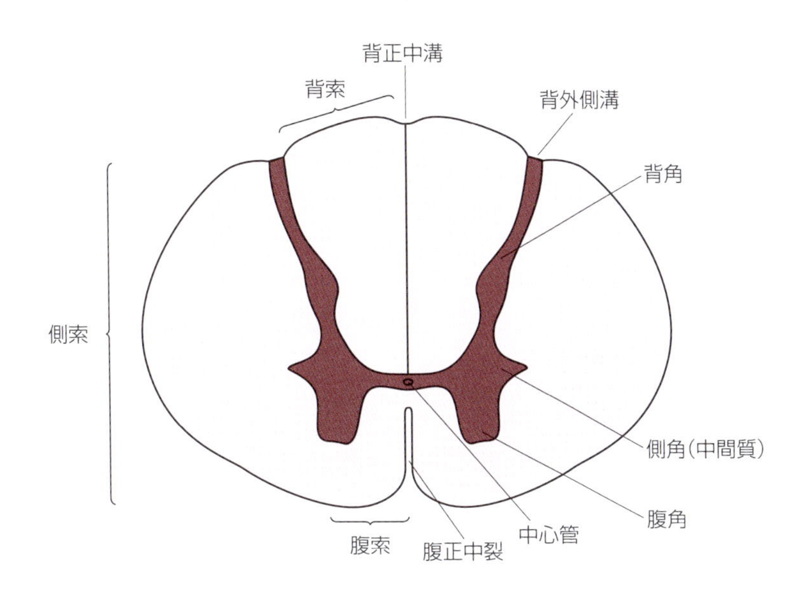


図15-6　イヌの胸髄の横断面

の情報は脊髄から脊髄神経を通って末梢の器官に伝わり，求心性の情報は脊髄神経から脊髄を通って脳へ伝わる。脊髄反射のように末梢の器官からの求心性の情報が脊髄で処理され，末梢の器官へ遠心性に伝達される経路もある。

### 1）脊髄の区分

脊髄は脊髄神経に対応して多くの分節に分けられる。この分節は椎骨に対応し，各分節は頸髄cervical(spinal)cord，胸髄thoracic(spinal)cord，腰髄lumbar(spinal)cord，仙髄sacral(spinal)cordに区分される。脊髄から各椎骨間に1対の脊髄神経が出入りし脊柱管から椎間孔を通って外に繋がる。四肢に分布する分節では特に灰白質が膨大化し，前肢への分布に対応した頸膨大cervical enlargement, cervical intumescenceと後肢への分布に対応した腰膨大lumbar enlargement, lumbar intumescenceが見られる。

### 2）脊髄の組織構造

脊髄は皮質と髄質に分けられる。髄質は灰白質で形成され中央部を，皮質は白質で形成され表層部を占める。脊髄の横断切片では，灰白質はH型を形成し，中心管central canalは灰白質に包まれてH型の中心部に位置し上衣細胞で内張りされている(**図15-6**)。H型の灰白質の腹側に出る太く短い突起を腹角ventral horn，背側に出る細長い突起を背角dorsal hornという。腹角と背角の境は中間質intermediate substanceと呼ぶが，胸髄と腰髄の近位部では中間質から外側に向かう左右の小さな突起が見られ，これを側角lateral hornという。脊髄には体性運動性，知覚性，自律性の3種類のニューロンが存在し，それぞれ腹角，背角，側角(中間質)に局在している。腹角には，$\alpha$運動ニューロンと呼ばれる大型の多極神経細胞と$\gamma$運動ニューロンと呼ばれる小型の神経細胞が見られ，遠心性神経として腹根を形成する。$\alpha$運動ニューロンは脊髄の腹根から出て骨格筋に分布し，伝達物質としてアセチルコリンを放出し骨格筋を収縮させる。$\gamma$運動ニューロンは筋紡錘にある錘内筋線維に分布する(3章312頁「5）筋紡錘」参照)。背角には背根から求心性神経が入り，内側部には圧覚・触覚や筋・腱・関節からの固有知覚を伝える神経線維が，外側部には温覚・痛覚や内臓知覚を伝える神経線維が走る。背角には介在ニューロンと投射ニューロン(脳や遠位脊髄に投射)が存在する。側角には小型の多極ニューロン(多極神経細胞）が存在し，交感神経系の節前ニューロンとして腹根から内臓や血管に向かう。

脊髄の表面にはグリア限界膜が見られ，その外面を脊髄軟膜がおおう。脊髄の表面には肉眼で識別できる切れ込みや溝が見られ，背側の正中部を縦走する背正中溝 dorsal median sulcus，腹側の正中部を縦走する腹正中裂 ventral median fissure があり，脊髄を左右に分ける。外側面には腹根と背根が出入りする浅い溝が縦走し，それぞれ腹外側溝と背外側溝と呼ぶ。脊髄の白質は主に縦走する有髄神経線維の束で形成され，これらの溝と裂により3つの領域に分けられる。背正中溝から背外側溝までを**背索** dorsal funiculus，背外側溝から腹外側溝までを**側索** lateral funiculus，腹外側溝から腹正中裂までを**腹索** ventral funiculus という。これらの索の中を脳に上行する感覚性，脳から下行する運動性，分節間を連絡する連合性の神経路が走る。

## 演習問題

**1. 神経系の構造に関する記述で正しいのはどれか。**

a. 白質は神経細胞体が多く有髄神経線維（髄鞘）がほとんどない部分であり，灰白質は髄鞘によって灰白色を呈する部分のことである。
b. 髄膜とは，クモ膜下腔，クモ膜，硬膜をあわせたものである。脳脊髄液はクモ膜下腔を流れる。
c. 脳脊髄液は，脳室にあるクモ膜顆粒で産生され，脈絡叢で吸収される。
d. 白質の中に灰白質が島状に存在し神経細胞体が密に集合する部分があり，その部分を神経集合という。
e. 脳の内部には，脳脊髄液が流れる脳室などの腔があり，腔に面する部位に単層立方から円柱状を呈する上衣細胞が存在する。

**2. 脊髄に関する記述で正しいのはどれか。**

a. 脊髄の横断像では，白質はH型を形成し，その周りに灰白質が見られる。
b. 末梢からの求心性の神経線維は，一般に腹根から脊髄内に入る。
c. 背根神経と腹根神経をあわせて脊髄神経という。
d. 腹角は求心性の神経細胞で構成されており，遠心性の神経細胞はない。
e. 脊髄では脳脊髄液は脊髄クモ膜下腔を流れ，中心管の中をリンパが流れる。

**3. 大脳皮質に関する記述で正しいのはどれか。**

a. 大脳皮質は等皮質（新皮質）と不等皮質（古皮質および原皮質）で構成される。
b. 新皮質は，分子層，顆粒層，錐体細胞層，多形細胞層の明瞭な4層構造を示す。
c. 錐体細胞の軸索は，すべてが視床に投射する。
d. 大脳皮質はどの領域でも，ほぼ同じ層構造を示す。
e. 嗅球は等皮質に含まれる。

## 解　答

**1.**

**正解**　e

**解説**　a. 白質は，有髄神経線維が密に存在し，そのため白く見える。灰白質は，有髄神経線維が疎であるか，全く認められず，灰白色に見える。b. 髄膜は，軟膜，クモ膜，硬膜の3つの膜で構成される。c. 脳脊髄液は，脳室にある脈絡叢で産生される。d. 白質の中の神経細胞体が密に集まる部分を神経核という。

**2.**

**正解**　c

**解説**　a. 脊髄の横断面を見ると，H型の灰白質の周りに白質が取り囲んでいる。b. 末梢神経からの求心性の神経線維は，背根から脊髄内に入る。d. 腹角には骨格筋の支配をする体性遠心性神経細胞が存在する。e. 脳脊髄液は脊髄クモ膜下腔と中心管を流れる。

**3.**

**正解**　a

**解説**　b. 大脳の新皮質は一般に6層構造を示す。c. 大脳皮質内の局在部位により錐体細胞の軸索が投射する部位は異なる。d. 大脳皮質は等皮質と不等皮質では層の数や形状が大きく異なり，等皮質でも領域によっての各層の厚さやそれぞれの層の比率が異なる。e. 嗅球は不等皮質に分類される。

（坂上 元栄）

# 16章　外皮



**一般目標：外皮の組織構造と機能を修得する。**

外皮 integumentは動物の体表をおおっている器官で，皮膚および付属器官の毛，蹄，角，鉤爪などの角質器と皮膚腺，乳腺などの皮膚変形腺からなる。本章では動物の外皮の一般的な組織構造とその主な機能について説明するとともに，ニワトリの外皮の組織構造の特徴について概説する。

## 16-1　外皮

**到達目標：皮膚，付属器官，皮膚腺，乳腺の組織構造と機能を説明できる。**
**キーワード：** 皮膚，表皮，真皮，皮下組織，角質化細胞(ケラチノサイト)，基底層，有棘層，顆粒層，角質層，触覚小体(マイスナー小体)，触覚上皮様細胞(メルケル細胞)，自由神経終末，層板小体（ファーター・パチニ小体），メラニン（産生）細胞(メラノサイト)，表皮内大食細胞(ランゲルハンス細胞)，乳頭層，網状層，角質器，毛，被毛，触毛(洞毛)，毛幹，毛根，毛包，毛乳頭，毛母基，毛包血洞，蹄，蹄鞘，蹄真皮，一次表皮葉，一次真皮葉，鉤爪，爪縁，爪床，爪鞘(爪表皮，爪真皮)，爪母基，皮膚腺，脂腺，脂腺細胞，汗腺，汗腺管，アポクリン汗腺(大汗腺)，エックリン汗腺(小汗腺)，乳腺，乳腺葉，乳腺小葉，乳腺細胞，腺胞，乳腺胞管，乳管，乳管洞

### 1. 皮膚の構造

皮膚 skinは外胚葉に由来する表皮，中胚葉に由来するその下の真皮，真皮の下層に存在する皮下組織からなる。

#### 1）表皮

表皮 epidermisは重層扁平上皮で，角質化細胞(ケラチノサイト)keratinocyteの中にメラニン細胞など少数の非角質化細胞が散在して形成される。表皮は層構造をとり，深層から順に基底層，有棘層，顆粒層，角質層が区別できる(図16-1)。厚い表皮においては顆粒層と角質層の間に淡明層が見られる。

##### (1) 角質化細胞の層構造

角質化細胞は各層においてさまざまな形態をとり，基底層から約3～4週間で角質層へ分化し落屑する。

①基底層 basal layer：有糸分裂像がしばしば見られ，表皮の新生が起こる場であるので胚芽層ともいう。基底膜に接する立方ないし円柱状の細胞からなる。細胞質内に褐色のメラニン顆粒 melanin granulesを持つ細胞が多い。基底膜と半接着斑(ヘミデスモゾーム)，隣接細胞間に接着斑(デスモゾーム)が形成される。

②有棘層 spinous layer：楕円ないし多角形の細胞からなる。接着斑が発達し隣接細胞間に細胞間橋が見られる。有棘層の名はこの棘状に見える細胞の形状に由来する。

③顆粒層 granular layer：やや扁平で紡錘状の細胞からなる。細胞質内にはヘマトキシリンに好染するケラトヒアリン顆粒 keratohyalin granulesが観察される。ケラトヒアリン顆粒は表皮の角質化

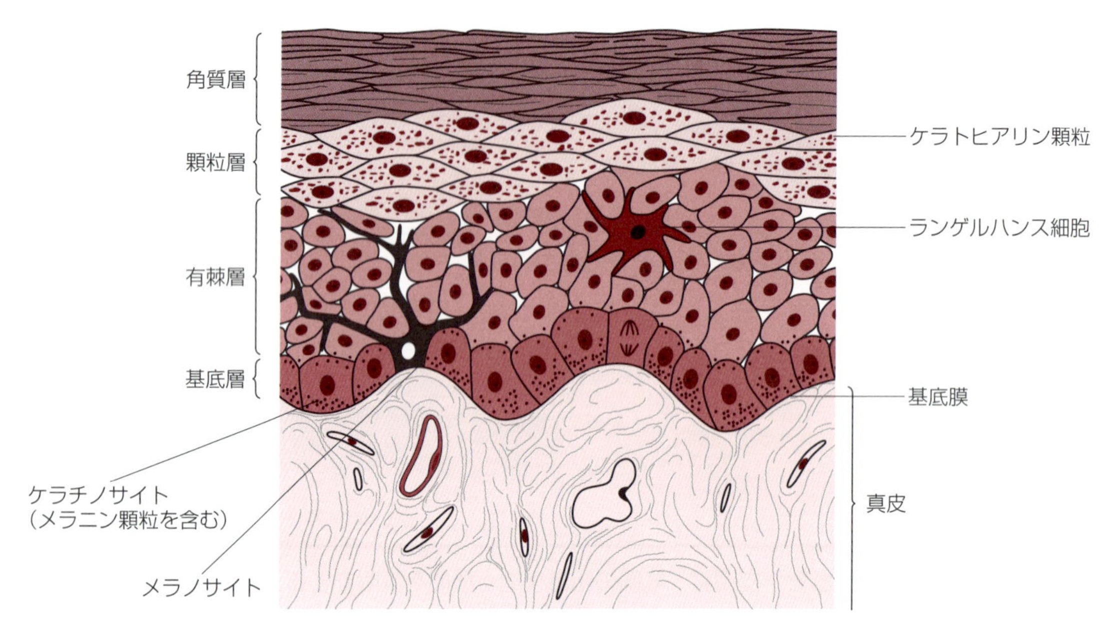


**図16-1　表皮の構造**

表皮は層構造を形成し，深層から基底層，有棘層，顆粒層，角質層が区別される。角質化が進行するにつれ角質化細胞は扁平化し，やがて角質となり落屑する。表皮内には非角質化細胞としてメラノサイトやランゲルハンス細胞が存在する。

に関与すると考えられている。

④淡明層 clear layer：厚い皮膚に存在する層で，一般的な皮膚ではほとんど見られない。核や細胞小器官に乏しいために色素に染まりにくく，明るい層として見られる。

⑤角質層 corneal layer：エオジンに強染する著しく扁平な死細胞の堆積からなる層で，核や細胞小器官は観察されず多量のケラチンが細胞質に含まれる。角化した細胞は絶えず表層から剝がれ落ちる。

**（2）非角質化細胞**

表皮には角質化細胞以外に以下の非角質化細胞が存在する。

①メラニン（産生）細胞（メラノサイト）melanocytes：メラニン色素 melanin を産生する細胞で，表皮の他に毛母基や毛の外根鞘にも観察される。普通の染色では明るい細胞として見られる。この細胞は長い枝分かれした突起（樹状突起）を持つ。角質化細胞にはメラニン産生能力はない。メラニンはメラニン細胞の突起の先から基底層や有棘層の角質化細胞に分配される。

②ランゲルハンス細胞 Langerhans cells（表皮内大食細胞 intraepidermal macrophage）：有棘層に見られる。ヘマトキシリンに濃染する核，明るい細胞質と樹状突起を持ち，細胞質にはバーベック顆粒 Birbeck granules と呼ばれる特異な小体が散在する。メラニン産生能を失ったメラニン産生細胞と考えられていたが，抗原提示能を有する樹状細胞である。

## 2）真皮

真皮 dermis は表皮の下に存在する密線維性結合組織である。表皮内に突出する乳頭層 papillary layer と深部の網状層 reticular layer に分けられるが境界は不明瞭である。毛包，立毛筋，脂腺，汗腺，血管，リンパ管，神経などを含み，線維芽細胞や大食細胞，形質細胞などが見られる。ウマやウシの皮膚では網状層の下に交織線維性結合組織からなる網状下層 cordovan layer が見られる。

### 3）皮下組織

皮下組織subcutaneous tissueは真皮の下にある疎線維性結合組織である。膠原線維や弾性線維が疎に配列した構造で，皮膚の伸張性や弾力性を担う。膠原線維の間に大小さまざまな脂肪細胞が存在し皮下脂肪を形成する。

## 2. 皮膚の知覚装置

皮膚には多くの知覚神経が分布し，皮膚感覚（触覚，圧覚，温覚，冷覚，痛覚）を感知する以下の知覚装置が分布する。触覚小体など複雑な知覚装置は，シュワン細胞に由来すると考えられている薄板細胞が層板状構造をとって小体を形成し，その中に髄鞘を外した神経線維が進入し分枝・屈曲して終わる（3章319頁「7. 知覚神経終末」参照）。

### 1）自由神経終末

特別な神経終末を形成せずに終わる知覚神経線維の樹状突起の末端で，自由神経終末free nerve endingといわれ，真皮の表層部に多数存在する。主として痛覚に関与する。

### 2）触覚上皮様細胞（メルケル細胞）

触覚上皮様細胞tactile epithelioid cell（メルケル細胞Merkel cell）は表皮の基底層の細胞の間に分布する感覚細胞で，表皮に持続的にかかる機械的刺激（遅順応性で触れている間は触覚・圧覚が持続）を受容する。明るいドーム状の細胞で，基底面で1本の感覚神経終末とシナプスを形成して結合し触覚円板を作る。メルケル細胞が集団をなし，隆起した皮膚の部分を特に触覚小球tactile torulusと呼ぶ。

### 3）触覚小体（マイスナー小体）

触覚小体tactile corpuscle（マイスナー小体Meissner's corpuscle）は真皮乳頭の中に収まる楕円形の神経終末で，速順応性の機械的刺激受容器（触れた瞬間は感知するが，すぐ慣れて感じなくなる）といわれる。

### 4）クラウゼ小体（クラウゼ終棍）

クラウゼ小体Krause's terminal bulbは主に陰部周辺の皮膚に存在し，真皮乳頭層より深部に分布する。触覚小体よりやや大型の丸い小体で触覚小体の亜型ともいわれる。速順応性の機械的刺激受容器である。

### 5）層板小体（ファーター・パチニ小体）

層板小体lamellar corpuscle（ファーター・パチニ小体Vater-Pacini corpuscle）は，真皮の深層や皮下組織に存在する径1 mmほどの楕円形の知覚装置で，速順応性の圧力受容器と考えられている。

## 3. 皮膚の付属器官

皮膚の付属器官skin appendagesとは，皮膚から分化・発達した器官である。表皮から角質化して形成された器官を特に角質器cornified organと呼び，毛，蹄，鉤爪，角horn，附蝉chestnutsなどがある。皮膚腺は表皮の基底細胞の増殖と分化により形成された腺で，脂腺や汗腺およびそれらの変形腺がある。

### 1）毛

毛hairは角質化細胞の堆積からなり，毛（毛幹と毛根）と毛包をあわせて毛器官と呼ぶ。毛には被毛と触毛があり，被毛は保温や物理的な保護，触毛は触覚受容に関与する。

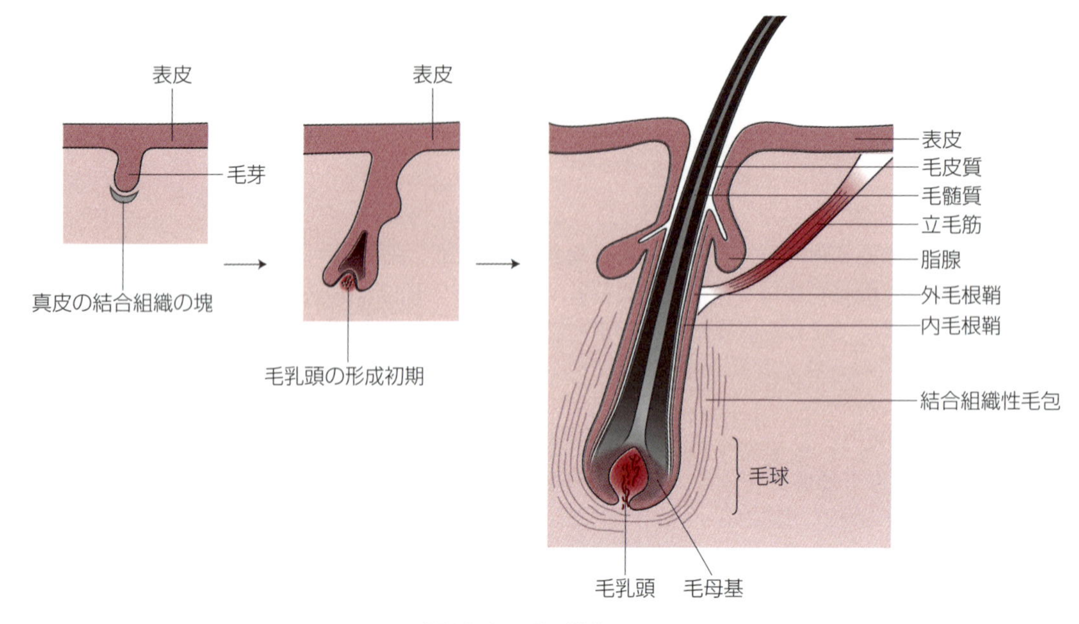


**図16-2　毛の発生**

毛の発生は表皮が肥厚した毛芽の形成で始まる。毛芽の直下に真皮の結合組織が集塊を形成する。その後，毛芽は急速に発達し，毛芽先端の真皮の結合組織から毛乳頭が形成し始める。さらに進むと，脂腺や毛包が分化し，毛母基は毛乳頭の刺激を受け活性化し毛を伸長させる。

#### (1) 被毛

被毛ordinary hairは表皮の角質化細胞が増殖し真皮内に向かい毛芽を伸ばすことで発生する(図16-2)。毛のうち，表皮から表に出ている部分を毛幹hair shaft，毛幹の先端を毛先tip of hair(毛尖apex of hair)，皮膚の中に埋まる部分を毛根root of hairと呼ぶ。毛根は毛包hair follicleで包まれる。毛幹は内側から毛髄質，毛皮質，毛小皮の3層からなる。毛包は毛根を直接包む内層の上皮性毛包と外層の結合組織性毛包(真皮性毛包)に分けられる。上皮性毛包は，毛根の毛小皮と接する内側の内毛根鞘(内根鞘)と外側の外毛根鞘(外根鞘)に分けられる。内毛根鞘は表皮の角質層と顆粒層，外毛根鞘は有棘層と基底層に相当する。毛根の先端は丸くなり毛球bulb of hairと呼ばれる。毛球には，盛んに増殖し毛や内毛根鞘に分化する毛母基hair matrixと毛球の中心部に深く嵌入し毛母基の増殖や分化を支える真皮由来の毛乳頭hair papillaがある。毛包周囲には立毛筋と呼ばれる平滑筋線維の小束がしばしば観察される。立毛筋は交感神経支配を受け寒冷や恐怖・驚きなどにより収縮する。

#### (2) 触毛

一般に触毛tactile hairでは立毛筋を欠く。触毛は主に動物の顔面に見られる太くて長い大型の毛で，毛包周囲に毛包血洞hemarocele of hair follicleと呼ばれる大型の血管洞が存在することから洞毛sinus hairとも呼ばれる。

### 2) 蹄

蹄hoofは，有蹄類の指や趾の末端をおおう硬く発達した角質器である。ここでは蹄壁・蹄壁真皮の組織構造を中心に記載する。

#### (1) ウマの蹄

表皮にあたる蹄鞘hoof capsule，真皮にあたる蹄真皮hoof dermisと皮下組織で形成される。部位により，蹄鞘は蹄壁wall(蹄冠corona，蹄縁limbusを含む)，蹄底soleと蹄叉frogに，蹄真皮は蹄縁真皮，

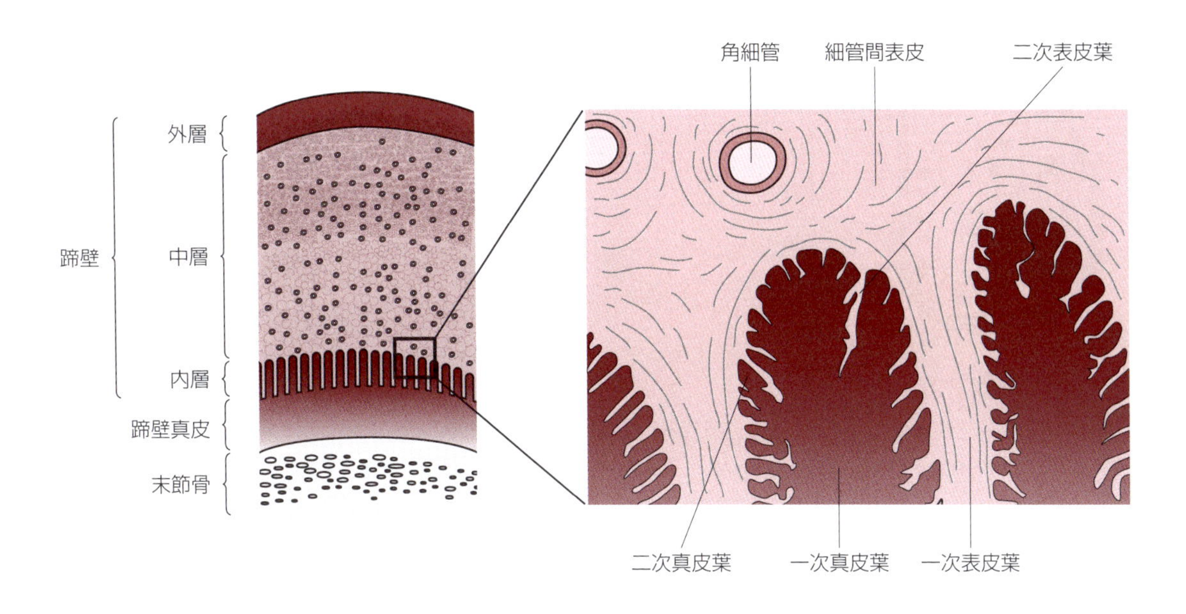


**図16-3　ウマの蹄壁の水平断面**

蹄壁の中層は外層とともに表皮の角質層に相当し質が緻密で厚い。内層は蹄冠縁から蹄底縁に向かって走行する一次表皮葉とそれらから規則的に派生する二次表皮葉で構成された葉状表皮となり，対応する蹄真皮の一次真皮葉，二次真皮葉と嵌合し強固に結合する。

蹄冠真皮，蹄壁真皮 parietal dermis，蹄底真皮と蹄叉真皮に区別される。蹄鞘は著しく厚い角質層，有棘層と基底層よりなる。蹄壁の上縁は蹄冠縁で通常の皮膚へと移行する。蹄真皮は蹄の発達に重要な部分で，血管や神経組織が豊富である。蹄壁は組織学的に外層，中層，内層の3層に分けられる（**図16-3**）。外層は角質層に相当し，表皮細管 epidermal tulule と細管間表皮 intertubular epidermis からなる。中層も角質層に相当し，角細管 horn tubules と細管間表皮からなり，緻密で厚い層である。内層は葉状層（角葉層）とも呼ばれ，蹄冠縁から蹄底縁に向かって走行する一次表皮葉 primary epidermal lamella とそれらから規則的に派生する二次表皮葉 secondary epidermal lamella で構成された葉状表皮 lamellar epidermis を形成し，蹄壁真皮に形成された対応する一次真皮葉 primary dermal lamella・二次真皮葉 secondary dermal lamella（葉状真皮）と嵌合し強固に結合する（**図16-3**）。また，真皮葉は蹄鞘の中層内に伸び角細管に連絡する。蹄壁真皮を除く蹄真皮では真皮乳頭 dermal papilla が密生する。真皮乳頭も蹄鞘内に侵入しその先端が角細管に連絡する。蹄の皮下組織は蹄縁，蹄冠，蹄叉，蹄球 bulb of hoof の各部に存在する。皮下組織は多量の膠原線維と弾性線維がほとんどで，血管は乏しい。蹄叉や蹄球では脂肪組織や蹄軟骨がさらに加わり，蹠枕 digital cushion を形成する。蹠枕は蹄を持たない動物の肉球皮下組織に相当し，蹄球蹠枕 bulbar cushion とその前方の蹄叉蹠枕 frog part of digital cushion に分けられる。

#### (2) 反芻動物およびブタ

各肢端は一対の主蹄 main hoof と2個の副蹄 smaller hoof からなるが，その組織構造はほぼウマの蹄に類似する。しかし，各主蹄に軸側と反軸側の区別があり，蹄叉は存在しない。

### 3) 鉤爪

鉤爪 claw は，肉食動物などが持つ肢端の角質器で，その形は側方から圧扁された円錐形の爪縁 claw fold

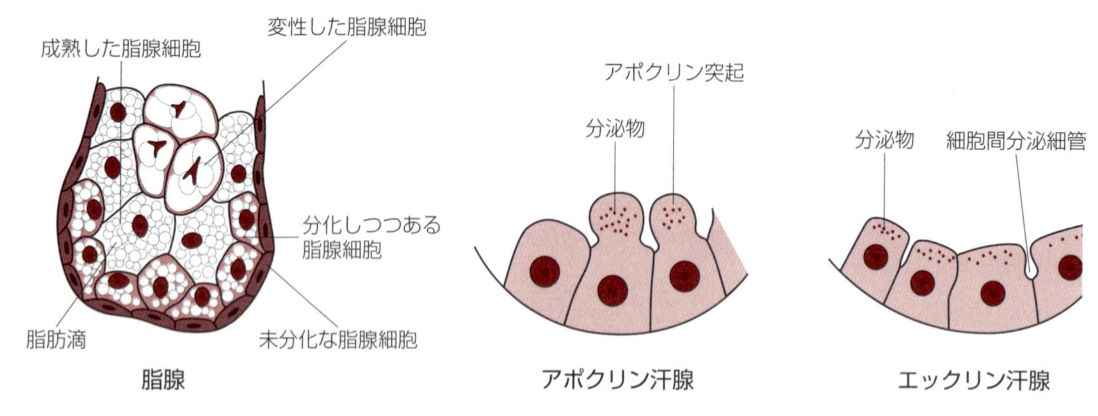


**図16-4　皮膚腺の模式図**

脂腺は外側の暗調で扁平な未分化脂腺細胞，その内側の大型で明るい細胞質を持ち核の明瞭な分化しつつある脂腺細胞，その内側にあり脂質が細胞質内に充満し成熟した脂腺細胞，腺のほぼ中心部にあり核が崩壊し変性した脂腺細胞が観察され，典型的な全分泌像が見られる。アポクリン汗腺にはアポクリン突起と呼ばれるドーム状の隆起が細胞頂部に見られる。エックリン汗腺では細胞間分泌細管が発達している。

で爪壁が著しく湾曲し先が鋭く尖った構造をしている。爪縁に収まる末節骨も同様の円錐形を呈しており，爪縁基部の上爪皮がはまり込む。この部分を爪床nail bedという。鉤爪は組織学的に爪表皮epidermis of clawと爪真皮dermis of clawからなる。これらをあわせて爪鞘claw capsuleという。爪表皮は爪縁深部の爪母基claw matrixにある最下層の基底細胞，有棘細胞，角質化細胞により構成される。爪真皮は密線維性結合組織で緊密に末節骨の骨膜に付着する。

#### 4）肉球

肉球footpadは肉食動物や小型動物に見られ，前肢には手根球，掌球，指球，後肢には足根球，足底球，趾球がある。ウマに見られる附蝉は毛や皮膚腺を欠き，他の動物の手根球および足根球に相当する。距毛におおわれる痕跡的な距ergotは掌球および足底球に相当すると考えられる。肉球は表皮，真皮，著しく発達した皮下組織からなる。肉球には毛が見られない。肉球は地面と接地することから表皮は厚く角質層が発達している。真皮乳頭も多く見られ，皮下組織には発達した脂肪組織が観察される。肉球腺や各種の知覚神経終末が見られる。

### 4. 皮膚腺

皮膚腺cutaneous glandは表皮基底層の細胞が真皮内に侵入し分化・増殖して形成され，脂腺，汗腺およびその他の変形腺がある（図16-4）。

#### 1）脂腺

脂腺sebaceous glandは皮脂を分泌し被毛や皮膚に油分を与え，防水効果や個体識別の臭いを生み出す皮膚腺で，一般に毛に付随して存在する。毛のない部分にある脂腺を独立脂腺という。腺は全分泌を行う典型的な房状腺である。終末部の辺縁には暗調で扁平な未分化脂腺細胞，その内側には脂肪滴を蓄え大型で明るい細胞質と明瞭な核を持つ分化中あるいは成熟した脂腺細胞sebaceous gland cellが見られる。終末部のほぼ中心部には核が崩壊し脂質が細胞質内に充満した変性細胞や，さらに変性が進んで細胞が崩壊した脂腺細胞が観察される。

### 2）汗腺

汗腺sweat glandは，アポクリン汗腺とエックリン汗腺に分けられる。アポクリン汗腺は離出分泌apocrineの分泌様式を，エックリン汗腺は漏出分泌eccrineの分泌様式をとることに名前の由来があるが，両汗腺ともに2つの分泌様式があることが明らかにされたため，現在では毛包に導管が開口するものをすべてアポクリン汗腺，表皮に直接開口するものをエックリン汗腺として定義される。

#### （1）アポクリン汗腺

アポクリン汗腺apocrine sweat gland（大汗腺）は代表的な汗腺で，ヒトでは腋窩や陰部に限局して存在するが動物ではほぼすべて体表に分布している。ウマで特に発達する。終末部はラセン状の管状構造をとり，立方状の汗腺細胞と終末部を囲む紡錘状筋上皮細胞fusiform myoepithelial cellからなる。導管は汗腺管sweat ductと呼ばれ，1ないし2層の細胞から形成され，真皮内を直走し毛包に開口する。

#### （2）エックリン汗腺

エックリン汗腺eccrine sweat gland（小汗腺）はイヌやネコの肉球腺，ブタの手根腺，有蹄類の蹄叉などに限局して存在する。ヒトでは体表ほぼ全体に分布する。分枝管状腺で管腔は狭い。終末部は立方状の明調細胞と暗調細胞からなり，紡錘状筋上皮細胞が腺を囲む。汗腺管の構造はアポクリン汗腺と類似しているが，表皮に直接開口する。

### 3）変形腺

皮膚の特定の部位には皮膚腺が特に分化した変形腺modified skin glandが存在する。縄張りや性行動に関連する種特有の臭いを出す腺であることが多い。以下に腺の名称，代表的な動物種，腺の種類を示す。

吻鼻腺：ブタ，エックリン汗腺。
鼻唇腺：ウシ，エックリン汗腺。
鼻腺：ヒツジ，エックリン汗腺。
瞼板腺（マイボーム腺）：動物全般，眼瞼の縁にある脂腺。
口周囲腺：ネコ，脂腺。
オトガイ腺：ブタ，脂腺＋アポクリン汗腺。
オトガイ下腺：ネコ，脂腺。
眼窩下洞腺：ヒツジとニホンカモシカ，脂腺＋アポクリン汗腺。
耳道腺：動物全般，アポクリン汗腺。
包皮腺：ブタ，脂腺＋アポクリン汗腺。
肛門傍洞腺：肉食動物，脂腺＋アポクリン汗腺。
肛門周囲腺（肝様腺）：肉食動物，肝細胞に類似した脂腺細胞が層状に配列した特殊な構造をとる脂腺。
尾腺：イヌ，脂腺。
手根腺：ブタ，エックリン汗腺。
蹠枕腺：ウマ，エックリン汗腺。
肉球腺：イヌ，エックリン汗腺。

## 5. 乳腺

乳腺mammary glandは哺乳動物に特有の皮膚の変形腺で，分泌物の乳汁は新生子の栄養源となり，乳汁に含まれる移行抗体により受動免疫が賦与される。乳腺はまとまって乳房を形成し，乳房には乳頭が付属する。乳房は脂肪を含む結合組織により葉に分けられ（乳腺葉mammary gland lobe），葉はさらに小葉に区分される（乳腺小葉mammary gland lobule）。乳腺は複合管状胞状腺で乳汁を合成・分泌する乳腺細胞mammary gland cellから形成される腺胞alveolusと乳汁の排出路となる導管系（乳管）から構成され，葉を単位として導管系はまとまる。腺胞には星状筋上皮細胞stellete myoepithelial cellが腺胞を取り囲むように存在する。この筋上皮細胞は下垂体後葉から分泌されるオキシトシンに反応して収縮し，腺房全体を圧縮させることで乳汁を導管系へ排出させる働きを持つ。処女期の乳腺は大部分が脂肪組織で占められ，脂肪組織の中に導管系が樹枝状に分枝し，先端は膨んで乳腺蕾 mammary bud を形成している。乳腺蕾は未分化な乳腺細胞の塊である。妊娠初期には導管系は分枝を増やし，乳腺蕾は分化・増殖する。妊娠中期には乳腺蕾の分化・増殖はさらに進み腺胞および小葉が形成される。妊娠末期になると腺胞はさらに拡大し，脂肪組織は消失する。泌乳期には腺腔は多量の乳汁で満たされ，拡張した腺胞で占められる。導管系は乳腺小葉内の乳腺胞管 lactiferous alveolar duct から始まる。乳腺胞管は1層の立方上皮からなり，星状筋上皮細胞で取り囲まれる。乳腺胞管は小葉間を走る乳管 lactiferous duct に移行し，葉内の乳管，葉間の乳管，集合乳管を経て乳管洞 lactiferous sinus に繋がる。乳管洞は乳頭管を経て乳頭口で乳頭表面に開口する。導管系の細胞は細胞小器官が未発達で比較的明るい細胞質を有し，導管の太さによって単層から重層となる。

# 16-2　ニワトリの外皮

到達目標：ニワトリの外皮の組織構造の特徴について説明できる。
キーワード：表皮，真皮，皮下組織



## 1. 皮膚

ニワトリの皮膚は哺乳動物同様に表皮epidermis，真皮dermis，皮下組織subcutaneous glandからなる。真皮にメラニン色素が存在するが，一般の皮膚には皮膚腺（汗腺や脂腺）を欠いている。表皮は表層から角質層，中間層（有棘層に相当），基底層に区別される。角質層と中間層の間に移行層（顆粒層）を区別することがあるが，中間層と基底層をまとめて胚芽層と呼ぶこともある。羽区の表皮は薄く，無羽区で厚くなる。肉冠や耳朶（じだ），肉垂の皮膚はとりわけ厚く，発達した角質層を見る。真皮は表在層と深層の緻密層，疎網層，弾性板からなる4層構造をとる。表在層は一部を除いて真皮乳頭を欠いており，膠原線維と弾性線維で形成される緻密層よりは疎性を示す。疎網層は疎線維性結合組織で脂肪，羽運動の平滑筋，羽包が見られ，鳥類特有の神経終末であるヘルブスト小体が存在する。弾性板は薄い弾性線維が板状構造をなし，羽区では羽包の先端が連結している。

## 2. 尾腺

尾腺uropygial glandは尾端骨の背位にある大型の腺で，油壺，油腺とも呼ばれる脂腺の変形腺である。尾腺は水鳥で発達している。尾腺の皮膚面は盛り上がり，1本の尾腺乳頭が後方に向かって突出する。尾腺は左右の葉からなり，両葉の導管は尾腺乳頭に開口する。各葉の中央には広い腺腔が見られ，腺腔を囲むように分枝管状腺が配列している。終末部は哺乳動物の脂腺と同様の構造を示す。

## 3. 羽

羽featherは表皮から発達した鳥類特有の角質器で爬虫類の角質鱗と相同の器官である。羽は羽鞘feather sheath，羽皮質cortex，羽髄質pithからなる。また，羽の形状から正羽，綿羽，毛羽に区別される。

### 1）正羽

正羽contour featherは典型的な硬い羽で，中央の硬い羽軸を支柱に両側に羽弁が張り出す。羽の基部は羽軸根といい羽弁がなく羽包に包まれる。羽軸根の末端である下臍で真皮が小さい乳頭を作り血管を伴って侵入する。羽弁は羽軸から発生した羽枝，羽枝から出た小羽枝からなり小羽枝が互いにからみ合って膜状の羽弁となる。羽軸根の上端を上臍といい，周囲には本羽よりも柔らかい後羽が密生する。

### 2）綿羽

綿羽down featherは正羽と比べ羽軸が柔らかく，羽枝や小羽枝も柔らかい。衣服の保温材として用いられる。

### 3）毛羽

毛羽tufted featherは非常に繊細な羽軸だけを残し羽枝，小羽枝を欠いている。

## 演習問題

**1. 表皮に関する記述として正しい組み合わせはどれか。**

a. 表皮 — 偽重層上皮
b. 基底層 — 半接着斑
c. 有棘層 — ケラトヒアリン顆粒
d. ランゲルハンス細胞 — 角質層
e. メラノサイト — バーベック顆粒

**2. 皮膚に存在する知覚装置のうち痛覚受容に関与しているのはどれか。**

a. 触覚小体
b. クラウゼ小体
c. 層板小体
d. メルケル細胞
e. 自由神経終末

**3. ニワトリの外皮に関する記述で誤っているのはどれか。**

a. 皮膚は表皮，真皮，皮下組織で構成される。
b. 真皮の疎網層には鳥類特有の神経終末であるヘルプスト小体を認める。
c. 羽は爬虫類の角質鱗と相同の鳥類特有の角質器である。
d. 尾腺は典型的な脂腺である。
e. ニワトリは哺乳動物と同様に体表全体に皮膚腺を持つ。

## 解　答



**1.**

正解　b

**解説**　表皮は重層扁平上皮である。深層から基底層，有棘層，顆粒層，角質層が認められる。ケラトヒアリン顆粒が明瞭なのは顆粒層である。抗原提示能を有する表皮内大食細胞は，主に有棘層に見られる。メラノサイトにはメラニン顆粒が認められ，バーベック顆粒があるのはランゲルハンス細胞(表皮内大食細胞)である。

**2.**

正解　e

**解説**　触覚小体およびクラウゼ小体は速順応性の機械的刺激受容器，メルケル細胞は遅順応性の機械受容器，層板小体は速順応性の圧力受容器，自由神経終末は痛覚に関与している。

**3.**

正解　e

**解説**　ニワトリを含めた鳥類は体表の皮膚腺は未発達で，尾腺や耳道腺など一部の領域に皮膚腺が発達する。

(辻尾 祐志)

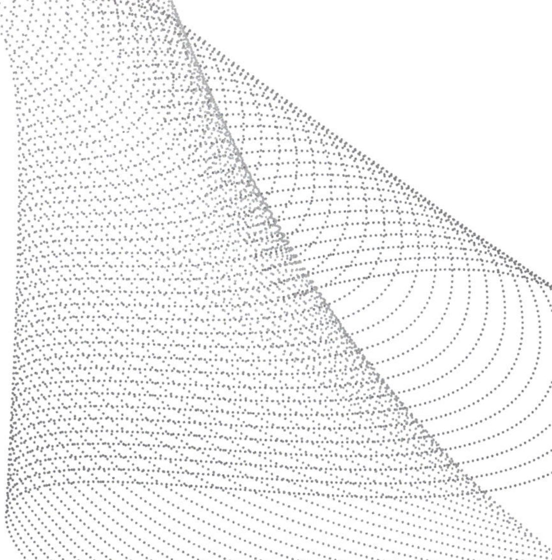

# 獣医発生学

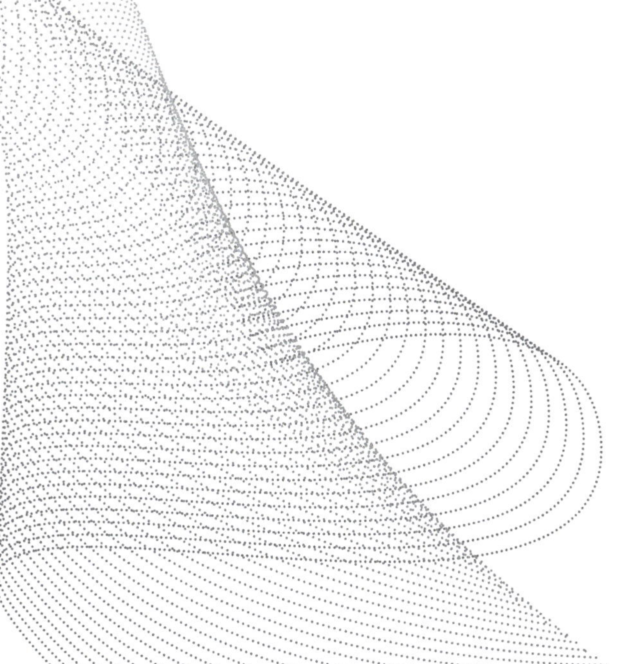

# 目　次

## 獣医発生学



**全体目標（発生学）**

獣医学で対象とする動物体を構成する組織や器官あるいは個体の発生過程を学習することにより，個体の発生，細胞・組織・器官の分化および成熟過程の調節の仕組みを理解するための基礎知識を修得する。

# 1章　原始生殖細胞の由来および精子発生と卵子発生，受精と卵割

一般目標：発生の起点となる原始生殖細胞の起源と雌雄の生殖細胞である精子と卵子の形成および受精と初期胚を形成する卵割の仕組みを説明できる。

原始生殖細胞とは，生殖細胞の元になる細胞のことで，発生初期に出現し，有糸分裂，減数分裂を経て，将来の精子あるいは卵子となる。これら生殖細胞は，受精，卵割を経て初期胚embryoを形成する。本章では，「生殖子発生」「受精」「卵割」について，発生過程とその構造について解説する。



## 1-1　原始生殖細胞の由来

到達目標：原始生殖細胞の起源を説明できる。
キーワード：原始生殖細胞，卵黄嚢，背側腸間膜，生殖腺堤，胚性内胚葉，減数分裂

原始生殖細胞primitive germ cellとは，有性生殖を行う生物で，配偶子の元になる未分化の細胞のことである。原始生殖細胞は上胚盤葉（胚盤葉上層）で形成された後，卵黄嚢yolk sacの胚性内胚葉embryonic endodermに移動する。その後，卵黄嚢や尿膜周囲の臓側中胚葉，後腸壁から背側腸間膜dorsal mesenteryの間葉中を遊走し，中腎の腹内側に隆起する未分化生殖腺である生殖腺堤genital ridgeに移入する。移動の間，原始生殖細胞は有糸分裂し，幹細胞となる。生殖腺堤に到達後，雄では原始生殖細胞の活動は春機発動期まで休止する。雌では，生前から第一減数分裂meiosisを開始し，一次卵母細胞となる（図1-1）。

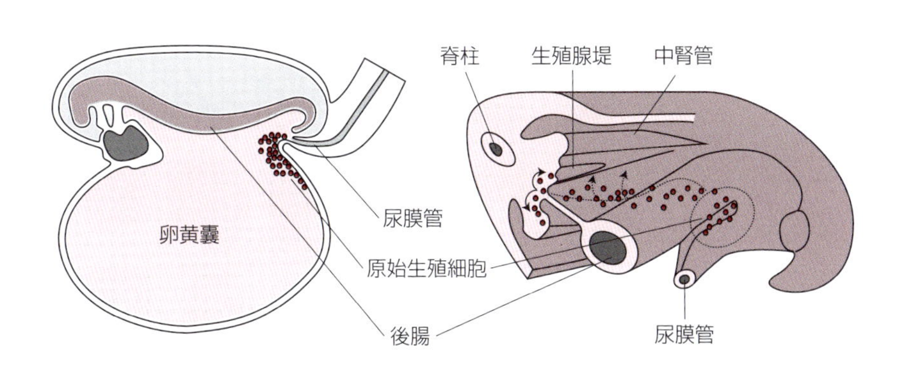


図1-1　原始生殖細胞の移動：原始生殖細胞が卵黄嚢尾側から背側腸間膜を経て，生殖腺堤に至る経路を示す模式図

# 1-2　精子発生と卵子発生

到達目標：精子と卵子の形成を説明できる。
キーワード：雄：精子発生，精子形成，先体
　　　　　　雌：卵子形成，第一極体，第二極体，排卵

## 1. 精子形成

精祖細胞から精子spermに至る一連の全過程を精子発生spermatogenesisという。精子発生は精細管内で行われ，精祖細胞は基底膜と接触を持つ。A型精祖細胞(2/4c)は有糸分裂し，B型精祖細胞(2/4c)が作られる。B型精祖細胞の有糸分裂で生じた一次精母細胞(4c)は減数分裂を開始する。第一段階を終えたものが二次精母細胞(2c)，第二段階を終えたものが精子細胞(1c)である。精子発生の最後の段階である，精子細胞から精子に形態変化する過程を特に精子形成spermiogenesisという。この段階において，先体acrosomeの出現と発達，尾部の形成，核の形状変化，さらに，精子細胞が備えていた細胞質の多くの部分が失われて精子が形成される。完成した精子はやがてセルトリ細胞を離れ，精細管の管腔内に遊出する(図1-2, 3)。

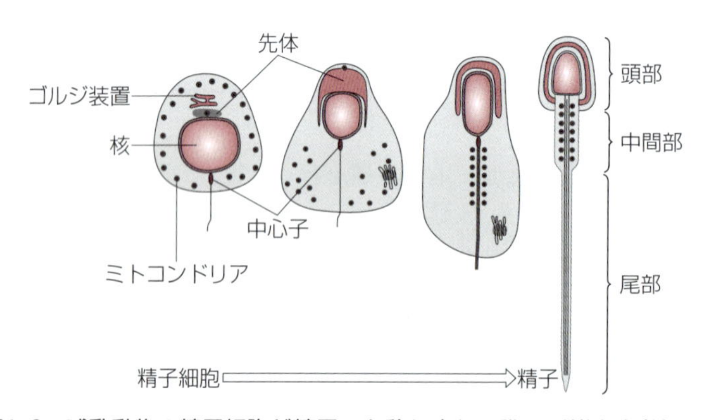


図1-2　哺乳動物の精子細胞が精子へと移り変わる際の形態変化(精子形成)

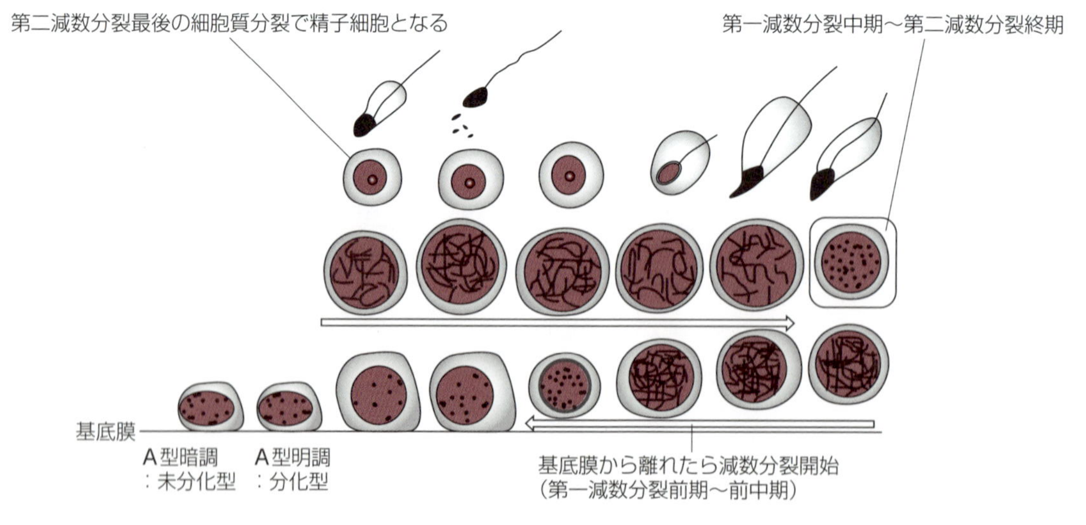


図1-3　精細管における精子発生

## 2. 卵子形成

胎生期初期の頃に原始生殖細胞が卵黄嚢より移動して卵巣原基へと到達し，卵祖細胞(2/4c)に分化し卵子形成 oogenesis を開始する。卵祖細胞は有糸分裂を繰り返すことにより卵胞上皮に囲まれた原始卵胞，さらに一次卵母細胞(4c)となる。一次卵母細胞が第一減数分裂を終え，二次卵母細胞(2c)と第一極体 primary polar body が作られる。二次卵母細胞は第二減数分裂中期で一旦停止し，その後卵子 ovum (1c)と第二極体 secondary polar body になる。排卵 ovulation は停止中の第二減数分裂中期に起こるが，イヌは例外で，第一減数分裂前期に起こる。受精は第二減数分裂途中に行われる(**図1-4, 5**)。

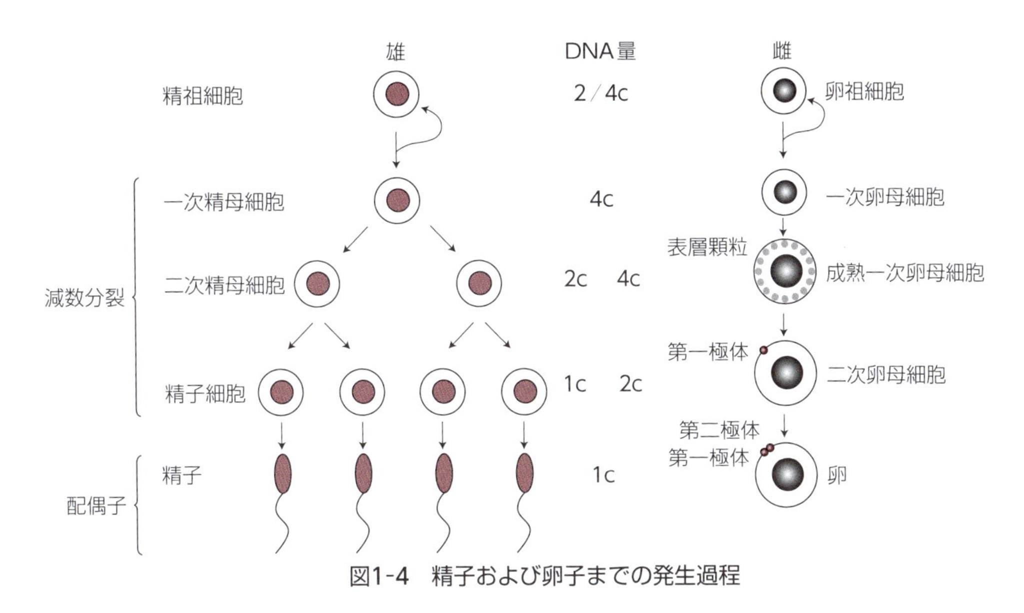


**図1-4　精子および卵子までの発生過程**

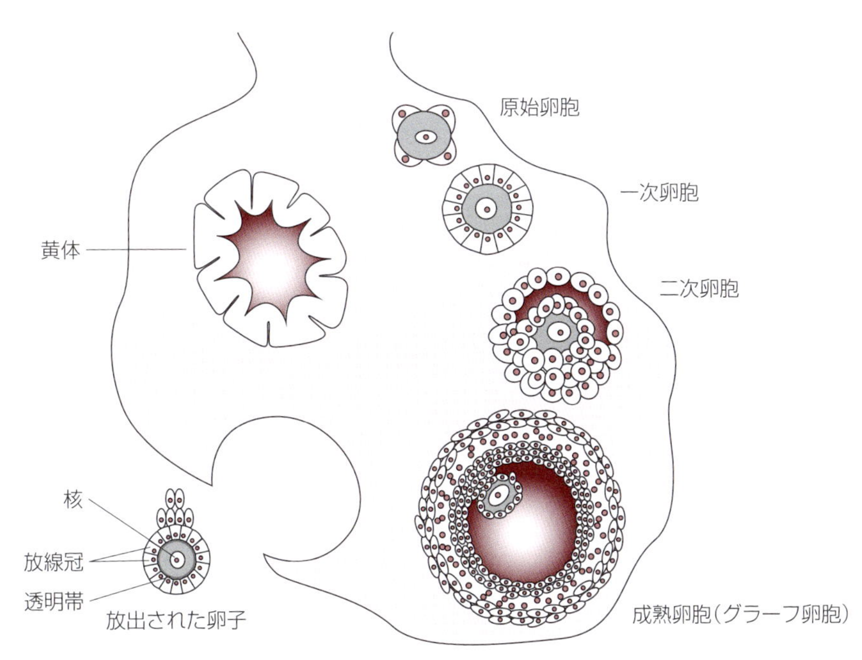


**図1-5　卵子形成：哺乳動物の卵巣における卵胞発育，排卵および黄体の形成と退行，放出卵子とその関連する構造**

# 1-3　受精と卵割

到達目標：受精と初期胚を形成する卵割の仕組みを説明できる。
キーワード：卵管膨大部，受精能獲得，先体反応，放線冠侵入，透明帯侵入，卵細胞膜侵入，性決定，端黄卵，不等黄卵，等黄卵，卵割（部分卵割〈盤状卵割〉，不等卵割，均等卵割，回転卵割），動物極，植物極，桑実胚，コンパクション（緊密化），胞胚，内細胞塊，外細胞塊，胚盤胞（胚結節，栄養膜）

## 1. 受精

射出精子は子宮から卵管峡部へ至る過程で精漿由来抑制因子を除去し，受精能を獲得capacitationする。

卵管膨大部ampulla of uterine tubeで，精子頭部の先体が二次卵母細胞透明帯に接し，先体反応acrosome reactionが起こる。すなわち，ヒアルロニダーゼやアクロシンが先体から放出され，精子は放線冠侵入や透明帯侵入が可能となる。精子が二次卵母細胞膜に接することで，透明帯反応が起こる。すなわち，二次卵母細胞皮質顆粒が放出され透明帯を変性させ，多精子受精を抑制する。精子の卵細胞膜侵入後，第二極体の分離が起こる。受精fertilisationによって第二極体が放出され，雄性前核と雌性前核とが融合し，DNAを複製し，1回目の卵割を行う(図1-6, 7)。

哺乳動物の性は，卵細胞が常に1本のX染色体を持つため，精子の性染色体(XあるいはY)の種類によって決定する(性決定sex derermination)。減数分裂のエラーは，付加的染色体(トリソミー)，染色体欠失(モノソミー)，染色体部分的転移(転座)，部分的欠失(欠失)などの異常をもたらす。精子以外の刺激によって卵細胞が活性化され，胚発生が起こった場合を単為発生という。

## 2. 卵割

多細胞動物の発生は，受精卵の細胞分裂，いわゆる卵割cleavageから始まる。均等かつ少量の卵黄を持つ卵を等黄卵isolecithal egg(少黄卵)という。多量の卵黄を持ち，胚形成細胞を動物極animal poleに偏在させる場合を端黄卵telolecithal egg(多黄卵)という。卵黄を中等度含有する場合を中黄卵(不等黄卵centrolecithal egg)という。

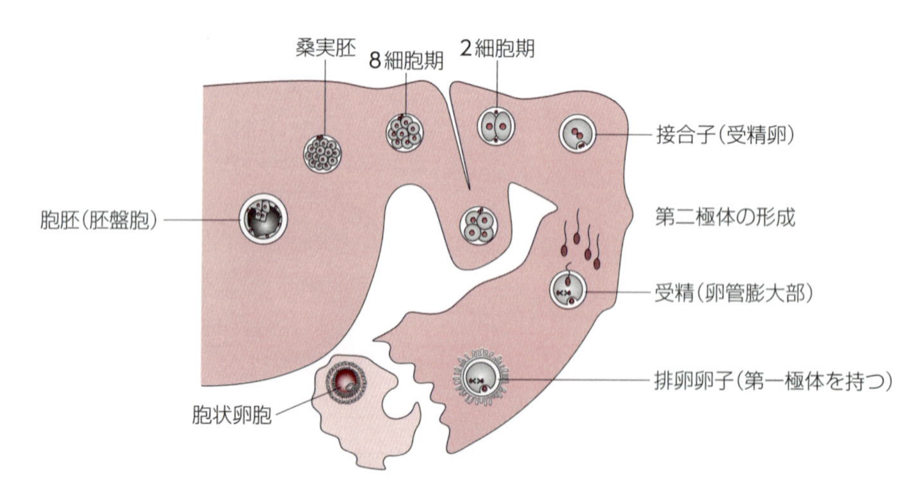


図1-6　受精から胚子の発生過程

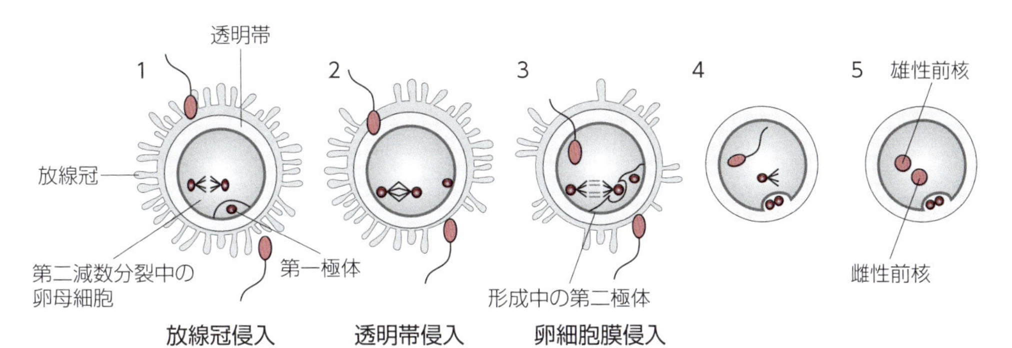


**図1-7　受精の概説**

1. 放線冠の通過：先体内のヒアルロニダーゼにより放線冠を融解する。2. 透明帯の通過：先体反応。先体内のアクロシン，ノイラミラーゼにより透明帯を融解する。3. 精子が卵母細胞膜に侵入し，同時に第二極体の分離が起こる。4. 精子は卵細胞内に侵入し，第二極体が出される。5. 精子の頭部が雄性前核，卵子の核が雌性前核となる。



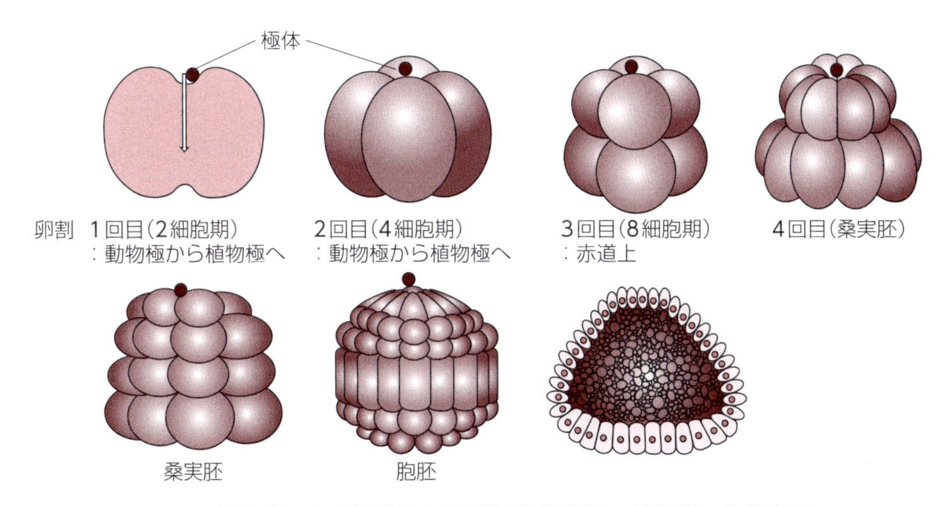


**図1-8　ナメクジウオの卵割(頭索動物)：等黄卵，均等卵割**

卵黄が少ないため，卵割は卵全体にわたって均等に進む。

哺乳動物は等黄卵で，その割球はおよそ等しい大きさである(均等卵割equal cleavage，**図1-8**)。両生類は中黄卵で，植物極vegetal poleの卵割は遅れ，不均等な大きさの割球が形成される(不等卵割unequal cleavage，**図1-9**)。等黄卵と中黄卵は全卵割する。魚類，爬虫類及び鳥類は端黄卵で，有糸分裂は卵黄がない動物極に限られ，植物極は分裂しない。この型の分裂は部分卵割meroblastic cleavageあるいは盤状卵割discoidal cleavageという(**図1-10**)。哺乳動物の卵割には特徴があり，第一卵割は普通の縦割り(経割)であるが，第二卵割では，2つの割球のうちの一つは経割であるがもう一つは水平に分裂する。このような卵割を回転卵割rotational cleavageという(**表1-1**)。

卵割初期において，割球はコンパクションcompactionによって桑実胚morulaを形成する(**図1-11**)。コンパクションとは，表面にある各割球が密着し，細胞境界が不明瞭となる反応で，その後，内細胞塊inner cell massと，上皮化した外細胞塊outer cell massを持つ胞胚blastulaとなる。外細胞塊からは，後に胎盤を形成する栄養膜trophoblastが生じる。内細胞塊はギャップジャンクションを形成し，割球から分泌された液が胞胚腔を満たすことで，栄養膜細胞に接着した状態を保持する。この段階の胚子を胚盤胞blastocystという。また，内細胞塊の細胞は胚部(胚結節)とも呼ばれるようになる。内細胞塊の

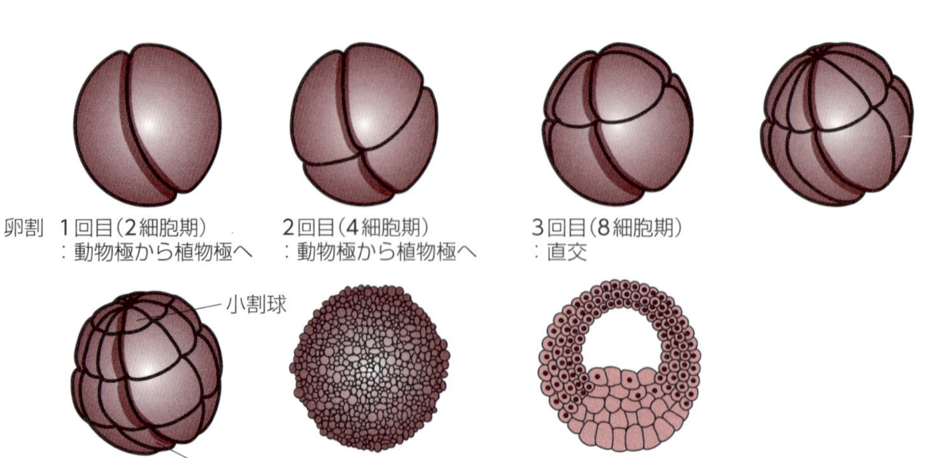


**図1-9　ヒキガエルの卵割(両生類)：中黄(卵黄中量)卵(＝不等黄卵)，不等卵割**

卵黄が中等度あるため，卵は全体にわたって不均等に卵割する。

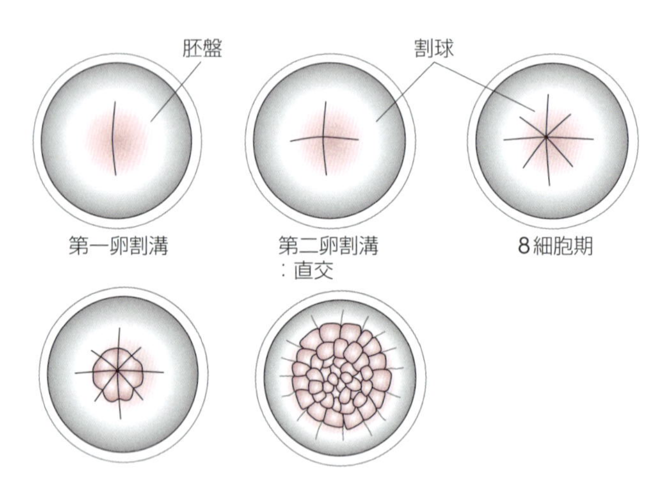


**図1-10　ニワトリの卵割(鳥類)：端黄卵，盤状卵割**

卵黄が多量で，動物極の一部だけが盤状に卵割する。

**表1-1　卵のタイプと卵割様式**

<table>
<tr><td>等黄卵<br>(小黄卵)</td><td>卵黄は少なく一様に分布</td><td rowspan="2">全割</td><td>均等卵割</td><td>8細胞期まで等割</td><td>哺乳動物<br>棘皮動物</td></tr>
<tr><td rowspan="2">端黄卵<br>(多黄卵)</td><td>卵黄が多く植物極側に偏っている</td><td>不等卵割</td><td>動物極側と植物極側で割球の大きさに違い</td><td>両生類</td></tr>
<tr><td>卵黄が極めて多く，極端に偏っている</td><td rowspan="2">部分割</td><td>盤状卵割</td><td>胚盤の部分だけで卵割</td><td>鳥類，爬虫類<br>魚類</td></tr>
<tr><td>中黄卵<br>(不等黄卵)</td><td>卵黄は多く，中心部に分布</td><td>表面卵割</td><td>核が分裂して増え，表面に並び卵割が進む</td><td>節足動物<br>昆虫類，甲殻類</td></tr>
</table>

細胞は多能性を有するため，これを処理して培養した胚性幹細胞(ES細胞)は移植医療への応用が期待されている。胚盤胞と胞胚はほぼ同義語として使用される(図1-8～11)。

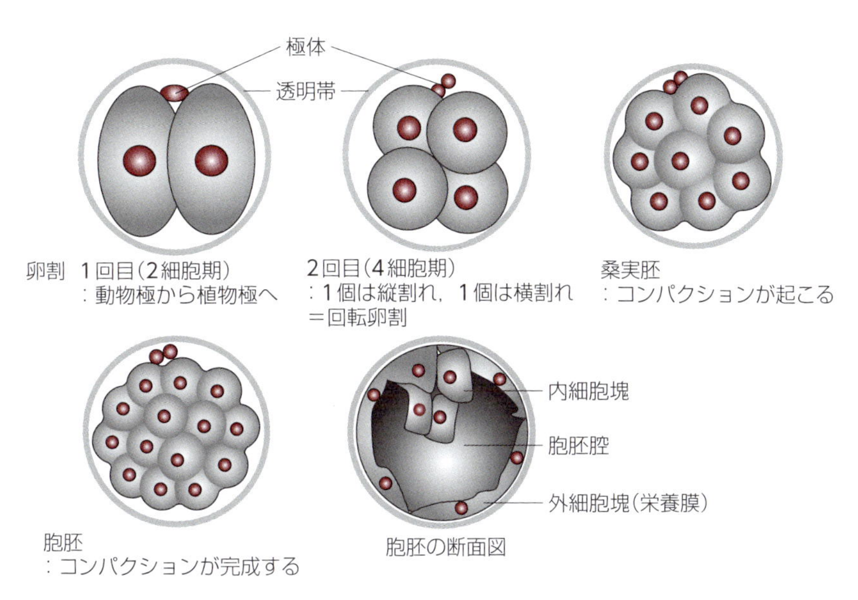


**図1-11　ブタの卵割（哺乳動物）：等黄卵，均等卵割**

卵黄が少ないため，卵割は卵全体にわたって均等に進む。

## 演習問題

**1. 原始生殖細胞が発生する部位はどれか。**

a. 生殖腺堤
b. 前腸
c. 卵黄嚢
d. 背側腸間膜
e. 中腎

**2. ニワトリの卵割形式，卵黄分布形式の組み合わせで正しいものはどれか。**

a. 均等卵割，等黄卵
b. 盤状卵割，端黄卵
c. 不等卵割，端黄卵
d. 均等卵割，中黄卵
e. 不等卵割，中黄卵

## 解　答

**1.**

正解　c

**解説**　原始生殖細胞は上胚盤葉（胚盤葉上層）で形成された後，卵黄嚢の胚性内胚葉に移動する。その後，卵黄嚢や尿膜周囲の臓側中胚葉，後腸壁から背側腸間膜 dorsal mesenteryの間葉中を遊走し，中腎の腹内側に隆起する未分化生殖腺である生殖腺堤 genital ridgeに移入する。

**2.**

正解　b

**解説**　鳥類は端黄卵で，有糸分裂は卵黄がない動物極に限られ，植物極は分裂しない。この型の分裂は部分卵割あるいは盤状卵割という。

（昆　泰寛）

# 2章　原腸胚期

**一般目標：着床から胚葉形成までの発生を学び，その仕組みを理解し説明できる。**

胞胚が透明帯から脱出して胚盤胞となり，子宮上皮に付着した後，胚盤胞は原腸胚形成の時期に入る。胞胚～胚盤胞が原腸胚形成の時期に入ると，外胚葉，中胚葉および内胚葉からなる3層の構造を形成する。本章では，胚盤胞が発生を維持するのに必要な「着床」から，3つの胚葉を形成する「原腸胚期」の胚組織の発生について概説する。

## 2-1　着床と原腸胚形成

到達目標：着床と原腸胚形成までの初期発生を説明できる。
キーワード：着床，中心着床，偏心着床，壁内着床，羊膜ヒダ，羊膜，羊膜腔，原始線条，原始結節，原始窩

### 1. 着床

着床implantationとは，子宮腔に侵入した胞胚が透明帯から脱出して胚盤胞となり，子宮内膜に付着することをいう。着床以前の初期胚発生に必要なエネルギーや栄養素は，主に卵管や子宮の分泌物(組織栄養素)から得られる。組織栄養素には，低分子代謝物や脂肪，グリコゲンが含まれる。着床後，胎盤が形成されると，組織栄養素に加えて母体循環系による血液性の栄養も与えられるようになる。齧歯類や霊長類のように血絨毛膜胎盤を有する動物では，大部分を血液性の栄養に依存するが，反芻動物やウマ，ブタのような上皮絨毛膜胎盤や結合組織絨毛膜胎盤を有する動物では，胎盤からの血液性の栄養だけでなく，妊娠期間を通して組織栄養素から栄養の供給も受ける。

着床する様式は，中心着床centric implantation，偏心着床eccentric implantation，壁内着床interstitial implantationの3つに分類される。中心着床は拡張した胚盤胞を有する動物種で見られる様式で，透明帯を脱出した胚盤胞の伸長および拡張に伴い，伸長した栄養膜が子宮内膜上皮の全体にわたって接する(図2-1A)。中心着床は反芻動物，ウマ，ブタ，イヌ，ネコ，ウサギで見られる。偏心着床は，胚盤胞がほとんど伸長しない齧歯類で見られる様式で，子宮粘膜の増殖によりできたヒダのくぼみに胚盤胞が付着する(図2-1B)。壁内着床は齧歯類と同様，胚盤胞がほとんど伸長しない霊長類で見られる様式で，胚盤胞は子宮内膜上皮を破って固有層に侵入し，子宮粘膜内に埋没する(図2-1C)。

中心および偏心着床では，胚盤胞が接着する方向や位置が常に一定している。中心着床の胚盤胞の内

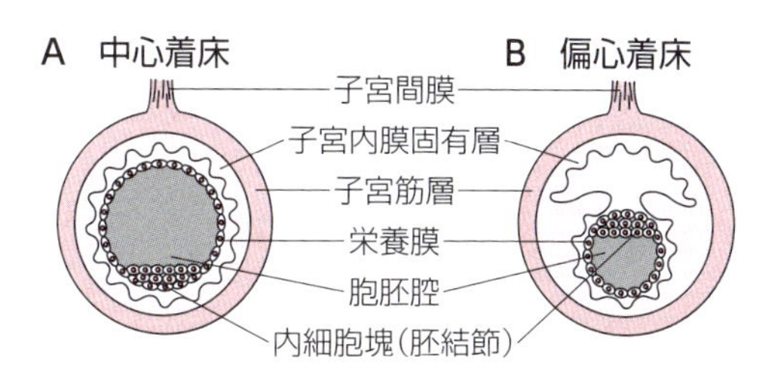

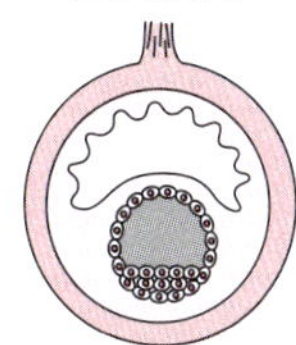

図2-1　着床の様式(子宮横断面)

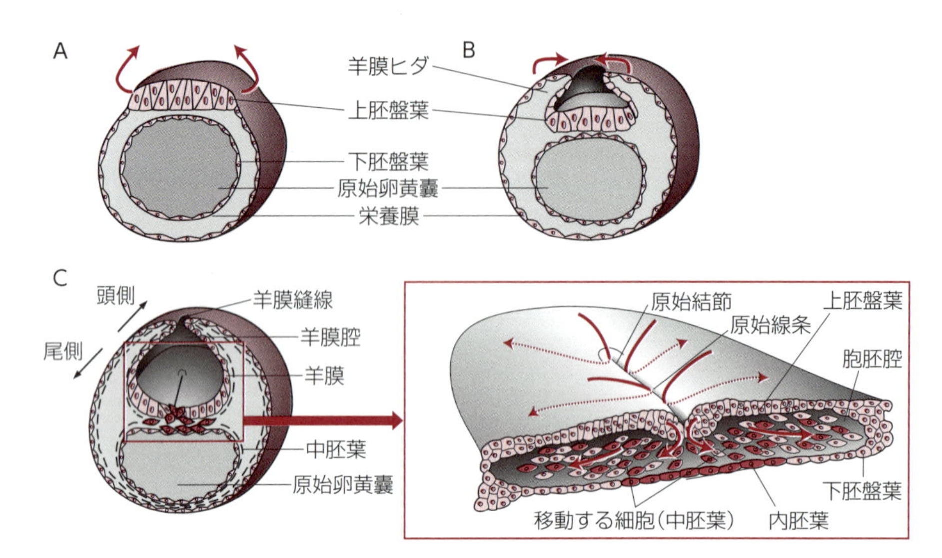


**図2-2　原始線条の形成**

A. 原腸形成過程の胚盤胞。矢印は羊膜ヒダの盛り上がりの方向を示す。B. 原始卵黄嚢が形成された二層性胚盤。
C. 原始線条および羊膜が形成された三層性胚盤。右図の矢印は原始線条から上胚盤葉の細胞の侵入を示す。

細胞塊(胚結節)は子宮間膜に対して反対側に位置するように着床する。一方，偏心着床では，胚盤胞が子宮間膜の反対側の子宮内膜に着床するとともに，その胚結節は子宮間膜側に位置する。

## 2. 原腸形成と原始線条形成

哺乳動物では，胚盤胞の胚結節から外層である上胚盤葉と内層である下胚盤葉の２種類の細胞集団が形成される。下胚盤葉の細胞集団の一部が，単層となり栄養膜の下方へ伸びる(図2-2A)。この細胞は胚盤胞腔の内側を被うように広がって原始卵黄嚢となり(図2-2B)，原始卵黄嚢の一部はのちに原腸を形成する。

上胚盤葉の細胞は胚盤の尾側正中に集結し，肥厚した領域を形成する。領域を原始線条 primitive streak と呼ぶ。原始線条の頭端部分では細胞が密集した原始結節 primitive node と呼ばれる局所的な肥厚部があり，そのすぐ尾側に原始窩 primitive fossa というくぼみが形成される。原始線条に集結する細胞は，原始線条の中心軸に沿った陥凹である原始溝から下胚盤葉に向かって侵入し，下胚盤葉の層まで移動した細胞は内胚葉，上胚盤葉と下胚盤葉の間に入り込んだ細胞は中胚葉となる(図2-2C)。

この原始線条の形成期には，胚盤の周囲が隆起した羊膜ヒダ amniotic fold が形成され，このヒダは成長を続けると，やがて胚盤を囲む様に上方に伸展し，胚盤上方で癒合する。これを羊膜縫線という。この過程で作られた胚盤を囲む腔を羊膜腔 amniotic cavity，羊膜腔を内張する膜を羊膜 amnion と呼ぶ(図2-2C)。齧歯類や霊長類の場合，前述のような羊膜ヒダは作られず，内細胞塊(胚結節)内にできた腔が拡張して羊膜腔となる(図2-4, 5参照)。

# 2-2　三胚葉の形成

到達目標：胚葉分化を理解し説明できる。
キーワード：二層性胚盤，胚性外胚葉，胚性内胚葉，三層性胚盤，外胚葉，内胚葉，中胚葉，［胚性中胚葉｛沿軸中胚葉，中間中胚葉，外側中胚葉(壁側中胚葉，臓側中胚葉)｝］，胚外中胚葉，体節，中胚葉由来の間葉(体幹部)，間葉(間充織)，脊索，原腸胚，原腸，卵黄嚢，胚外体腔



## 1. 原腸胚の形成

上胚盤葉と下胚盤葉で構成される胚盤を二層性胚盤bilaminar embryonic discという。さらに上胚盤葉から外胚葉ectoderm，中胚葉mesoderm，内胚葉endodermの3つの胚葉がつくられた胚盤を三層性胚盤trilaminar embryonic discいう。この時期に胚の造形運動によって原始卵黄嚢の一部から原腸primitive gutが形成される。この胚子を原腸胚gastrulaという。将来，外胚葉からは皮膚の表皮，神経組織などが分化し，中胚葉からは泌尿生殖器系，循環器系や結合組織が形成され，内胚葉からは消化管や気道上皮などが形成される。原腸胚形成の様式は，動物種により次のように異なる。

### 1) 反芻動物，ウマ，ブタ，イヌ，ネコの初期原腸胚形成

反芻動物，ウマでは，原始卵黄嚢の形成(前項参照)が開始されるとともに，胚結節の中心に腔所(胚結節腔)が形成され，胚結節をおおっていた栄養膜が退縮する。次に胚結節腔の縦開が起こり，やがて平板状に展開して胚盤(二層性胚盤)を作る(図2-3B)。ブタ，イヌ，ネコでは胚結節腔は形成されず，胚結節をおおう栄養膜の退縮後，直ちに二層性胚盤になる(図2-3C)。

二層性胚盤の上胚盤葉に原始線条が出現すると，間もなく三層性胚盤を形成する。すなわち，上胚盤葉の層にとどまるものは胚性外胚葉embryonic ectoderm，原始線条から侵入した上胚盤葉の細胞で，下胚盤葉まで移動したものは胚性内胚葉embryonic endoderm，上胚盤葉と下胚盤葉の間に移動したものは中胚葉に分化する。胚性内胚葉および下胚盤葉で形成される原始卵黄嚢は，後に胚の造形運動によって原腸primitive gut(後の前腸，中腸，後腸)および卵黄嚢yolk sacになる。また，栄養膜と原始卵黄嚢

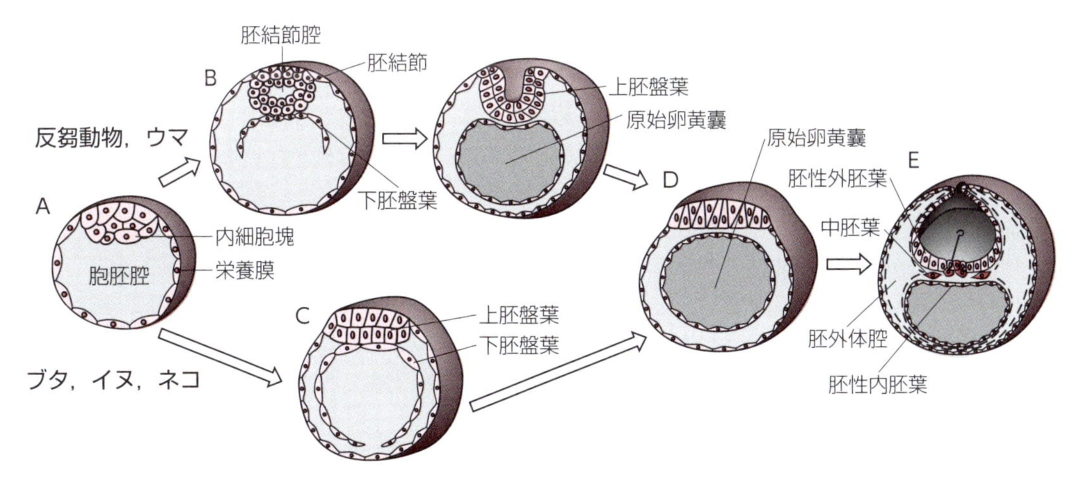


図2-3　反芻動物，ウマ，ブタ，イヌ，ネコの初期原腸胚形成

A. 胚盤胞。B. 反芻動物，ウマの初期原腸胚形成。胚結節内の腔所の出現から縦開の過程を示す。
C. ブタ，イヌ，ネコの初期原腸胚形成。D. 原始卵黄嚢が形成された二層性胚盤。
E. 原始線条からの上胚盤葉細胞の侵入と中胚葉・内胚葉形成を示す。

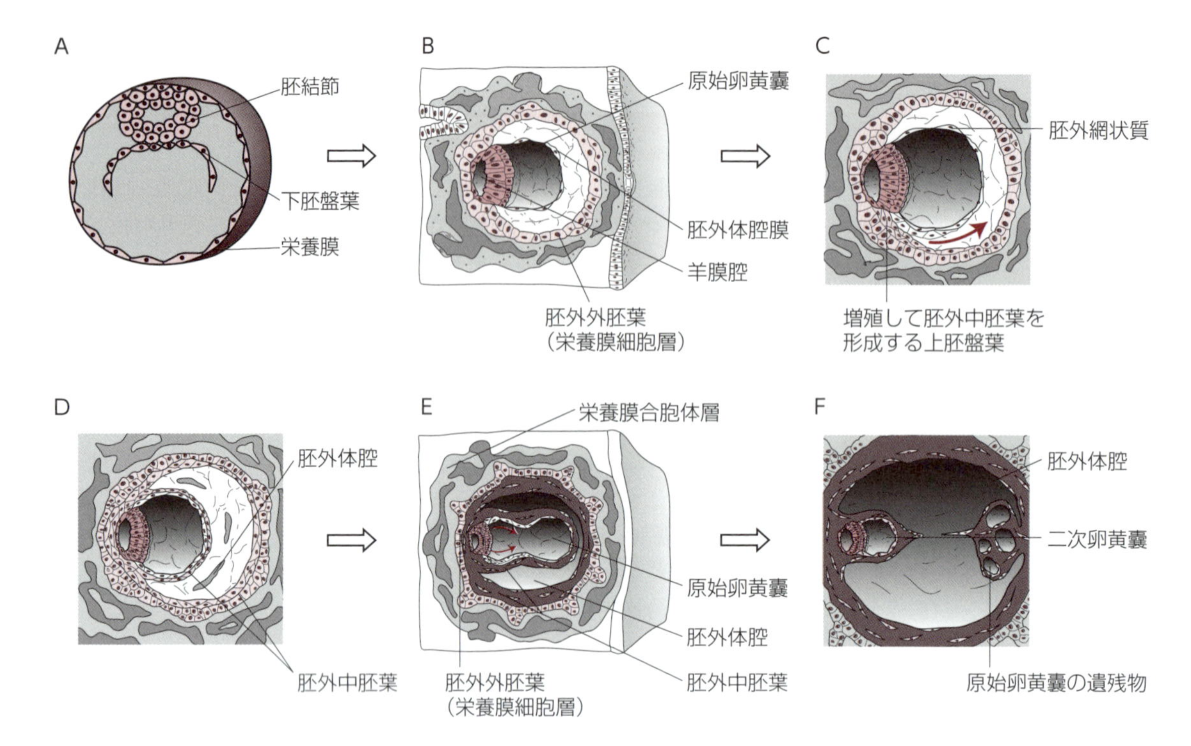


**図2-4　高等霊長類の初期原腸胚形成**

A. 胚結節内に腔所（羊膜腔）ができた胚盤胞。B. 羊膜と原始卵黄嚢が形成された二層性胚盤。
C. 原始卵黄嚢を形成する薄い膜状の胚外体腔膜にそって，将来胚外中胚葉となる上胚盤葉の細胞が移動。
D. 胚外中胚葉が形成され，胚外体腔が形成される。
E. 下胚盤葉がさらに細胞分裂・遊走し，原始卵黄嚢にくびれが形成される。
F. くびれから原始卵黄嚢が2つに分かれ，二次卵黄嚢が形成される。

の間の中胚葉の中には，胚外体腔 extraembryonic coelom が形成される（図2-3E）。

### 2）高等霊長類の初期原腸胚形成

高等霊長類の胞胚は，胚結節内に出現した胚結節腔が拡張して羊膜腔となる。これは結果的に胚結節腔の上壁が羊膜，下壁が胚盤を構成することになる。胚結節をおおう栄養膜の退縮は見られず，そのまま栄養膜として残存する（図2-4B）。胚結節から二層性胚盤が形成されると，胞胚腔（胚盤胞腔）内に下胚盤葉が遊走し，薄い膜状の胚外体腔膜となる。この膜と下胚盤葉により胚外体腔を囲うように原始卵黄嚢（一次卵黄嚢）ができあがる。これとほぼ同時に原始線条から中胚葉が形成される（図2-4C, D）。さらに下胚盤葉の細胞が細胞分裂・遊走し，もう一つの嚢である二次卵黄嚢を形成する（図2-4E）。中胚葉組織の中には腔所が出現して次第に大きくなり，胚外体腔ができる。原始卵黄嚢は，二次卵黄嚢の出現と胚外体腔の拡張に伴って次第に二次卵黄嚢から離脱し，対胚子極に押しやられ小さくなり退化する（図2-4F）。

### 3）齧歯類の初期原腸胚形成

齧歯類の胚結節は霊長類と同様，内部の腔所が直接羊膜腔となるが，その形態は著しく異なる。胚結節は平板状にはならず，円筒状で反り返った二層性胚盤を形成し，胚結節内の腔所も円筒状に伸びる。すなわち，上胚盤葉に相当する原始外胚葉が内側，下胚盤葉に相当する原始内胚葉が外側に位置した形

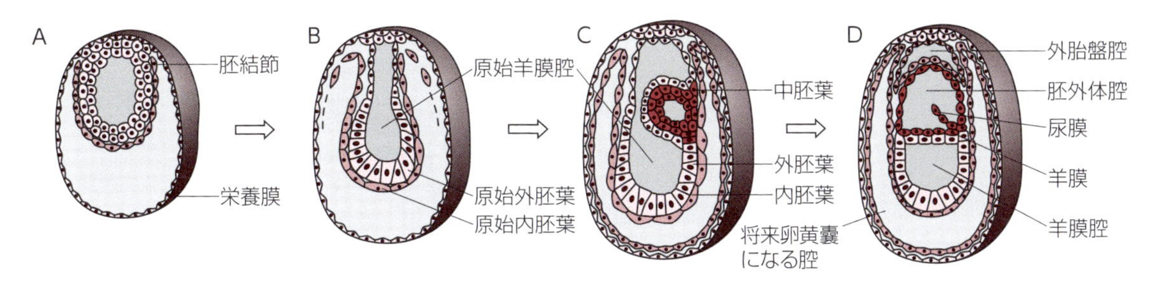


**図2-5　齧歯類の初期原腸胚形成**

A. 胚結節内に腔所ができた胚盤胞。B. 円筒状に伸びた二層性胚盤。
C. 中胚葉が形成された初期原腸胚。中胚葉の中には将来胚外体腔になる腔が形成される。
D. 胚外体腔と羊膜腔が形成された初期原腸胚。



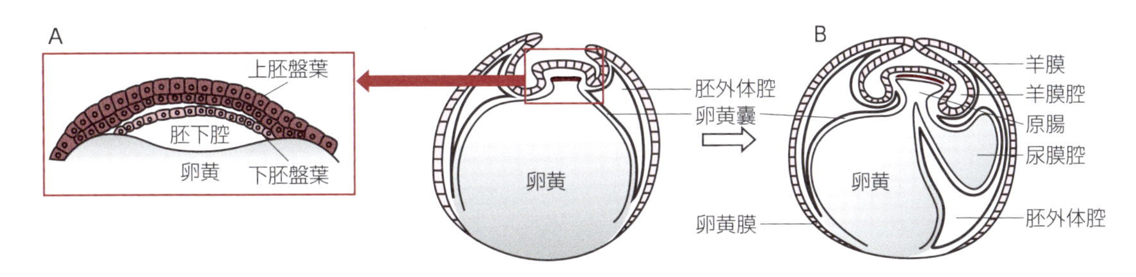


**図2-6　鳥類の原腸胚形成（縦断面）**

A. 脊索の形成。上図白矢印は，原始窩から陥入・形成される脊索の方向を示す。下図は上図破線で縦断した胚子の模式図。原始窩より頭側に伸長しつつある脊索突起と，尾側には原始線条から進入し分化した中胚葉を示す。
B. 羊膜が形成された初期原腸胚の横断図。中胚葉の分化の過程を示す。

態になる（図2-5B）。原始外胚葉の尾側で原始線条が形成されると，ここから中胚葉が増殖し，さらに中胚葉の中に胚外体腔を形成する（図2-5C）。胚外体腔を裏打ちする膜は胚子の成長とともに，胚子全体を包むようになり，卵黄嚢になる（図2-5D）。

#### 4）鳥類の原腸胚形成

鳥類の胞胚は，胚盤の細胞増殖とともに胚盤葉を形成する。胚盤葉と卵黄等の間に胚下腔を形成する。その後，胚盤葉は，外胚葉，中胚葉，内胚葉となる上胚盤葉，胚外内胚葉となる下胚盤葉の二層性胚盤になる（図2-6A）。二層性胚盤から三層性胚盤は哺乳類と同様に，原始線条から進入した上胚盤葉細胞が中胚葉，内胚葉となることで生じる。下胚盤葉は卵黄と腸管を結ぶ卵黄管や卵黄嚢などを含む胚外膜を形成する。（図2-6B）。

## 2. 中胚葉と体節の形成

原始線条が形成されると，上胚盤葉での細胞増殖に伴って，その細胞が上胚盤葉と下胚盤葉の間に入り込むように遊走し，二層性胚盤よりも外側に移動し続け，栄養膜と胚外体腔膜の間を埋めるようになる。これを胚外中胚葉 extraembryonic mesoderm という（図2-2C）。

原始窩から侵入した細胞は，脊索突起となって，上胚盤葉と胚性内胚葉の間を正中軸に沿って頭側へと突起状に伸長し，脊索 notochord を形成する（図2-7A）。脊索の形成とともに原始線条は退行するが，

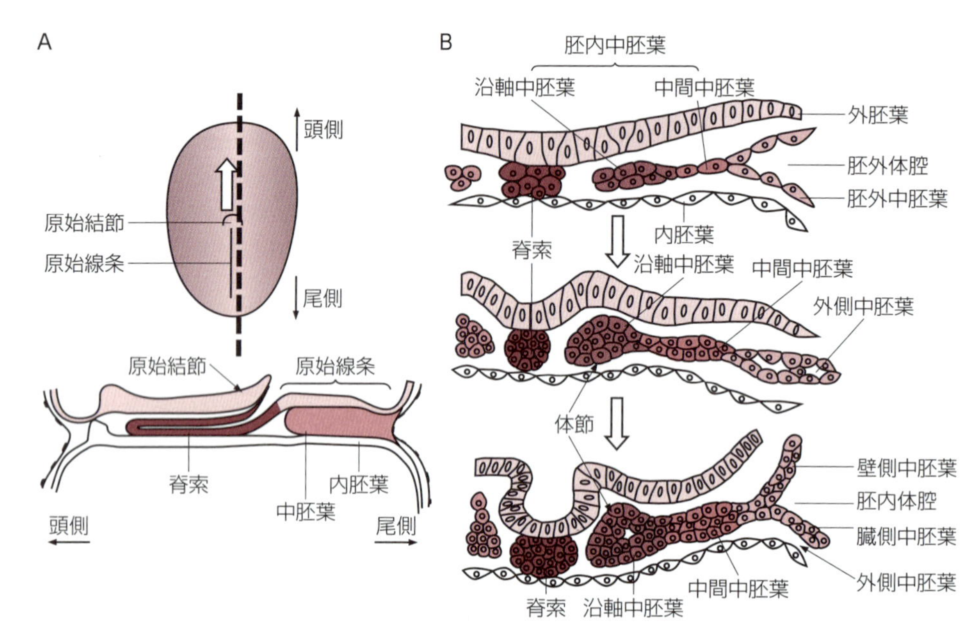


**図2-7　脊索の形成と中胚葉の分化**

A. 脊索の形成。上図白矢印は原始窩から陥入・形成される脊索の方向を示す。下図は，上図破線で縦断した胚子の模式図。原始窩より頭側に伸長しつつある脊索突起と，尾側には原始線条から進入し分化した中胚葉を示す。

B. 羊膜が形成された原腸胚の横断図。中胚葉の分化の過程を示す。

脊索が形成されると，原始から陥入した外胚葉から新たに生じた中胚葉は，胚性中胚葉embryonic mesodermを形成する。胚性中胚葉のうち，脊索の両側に沿って正中方向に長く伸びるものを沿軸中胚葉paraxial mesodermといい，発生に伴い連続した分節状の組織塊を形成する。この分節状構造を体節somiteと呼ぶ。沿軸中胚葉と胚外中胚葉は中間中胚葉intermediate mesodermで連結されており，さらに胚子の発達に伴って，中間中胚葉と胚外中胚葉の間には外側中胚葉lateral mesodermが形成される。外側中胚葉は，内部に腔(胚内体腔)が形成されると，外胚葉に接する壁側中胚葉parietal mesodermと，内胚葉に接する臓側中胚葉visceral mesodermに分かれる(図2-7B)。

頭部以外の部位の間葉は，中胚葉から生じる。からだの広範囲を占めており，例えば，神経系組織を除いて，消化管では，内胚葉由来の粘膜上皮と中皮の間にある構造は，臓側中胚葉由来の間葉より分化し，また，体幹および四肢においては，外胚葉由来の表皮より内部の構造，真皮，皮下組織，筋，血管，血液，骨などは，壁側中胚葉由来の間葉から生じる。これらの間葉を間充織mesenchymeと呼ぶことがある。

## 演習問題

**1. 着床に関する記述で誤っているのはどれか。**

a. 中心着床では，胚の栄養膜のほぼ全面が子宮内膜に接している。
b. 壁内着床とは，胚盤胞が子宮粘膜のヒダのくぼみに入り込んだ着床様式である。
c. 中心着床は拡張する胚盤胞を有する反芻動物で見られる。
d. 霊長類の着床様式は壁内着床である。
e. 偏心着床の胚盤胞は，子宮間膜の反対側に位置するように着床する。

**2. 原腸胚の形成に関する記述で誤っているのはどれか。**

a. 原始線条とは，上胚盤葉の細胞が胚盤の尾側正中方向へ収束し，肥厚した領域のことをいう。
b. ウマでは，原腸が形成されると胚結節内に腔所が出現し，栄養膜の退縮とともに腔所の縦開が起こることで平板状の胚盤を持つ二層性胚盤になる。
c. 霊長類や齧歯類では，胚結節内に出現した腔所がそのまま羊膜腔になる。
d. 原始窩から侵入した細胞が尾側に向かって遊走し，正中軸に沿った索状の構造を作る。これを脊索という。
e. 体節は沿軸中胚葉によって形成される分節状の組織塊である。

## 解　答

**1.**

正解　b

**解説**　子宮粘膜上皮がヒダを形成し，そのヒダが作ったくぼみに胚盤胞が収まった着床様式は偏心着床で見られる。壁内着床は胚盤胞が子宮粘膜の固有層にまで侵入し，粘膜内に埋没する着床様式である。

**2.**

正解　d

**解説**　原始窩から侵入した細胞が，頭側方向に胚の正中軸に沿って遊走しつつ伸長した突起索状の構造を形成することで脊索が作られる。

（坂上 元栄）

# 3章　外胚葉の分化

一般目標：神経管および神経堤の形成と発生を含む外胚葉由来の器官の発生分化を説明できる。

外胚葉ectodermは，原腸形成によって内胚葉が形成された後に外側に残存した栄養膜である。外胚葉からは，神経系の組織，口腔上皮および表皮とそれら由来の組織などが発生する。本章では，外胚葉由来の各組織の発生について概説する。

## 3-1　神経系の発生分化



到達目標：神経外胚葉に関連する神経管の発生分化を説明できる。
キーワード：神経胚，神経板，神経ヒダ，神経溝，神経管，神経上皮細胞，神経芽細胞，神経膠芽細胞，前脳(終脳，間脳)，中脳，菱脳(後脳:小脳＋橋，髄脳:延髄)，神経上皮細胞層(上衣層)，外套層(基板，翼板)，辺縁層，蓋板，底板，眼杯，神経堤，脳室

### 1. 外胚葉

上胚盤葉と下胚盤葉からなる二層性胚盤期を経て三層性胚盤が形成され，表層に外胚葉層が形成され，内側の内胚葉層の間に中胚葉層と脊索が形成される。次いで，外胚葉層は脊索に近い上部の外胚葉細胞が神経板に変化し，離れた部分では表面外胚葉を形成する。

### 2. 外胚葉由来の器官

神経系:中枢神経系，脳脊髄神経，末梢神経，自律神経，神経膠，上衣細胞，神経節，副腎髄質など。
口腔上皮由来：口腔上皮，口腔上皮由来の唾液腺，下垂体前葉，舌上皮(舌根部を除く)。
表面(皮膚)外胚葉由来：表皮，毛，歯のエナメル質，視器の網膜および水晶体，外耳および内耳。

### 3. 神経外胚葉に関連する神経管の発生分化

#### 1) 神経板

発生中の脊索の影響によって誘導され，胚性外胚葉が肥厚して形成されたものが神経板neural plateである。神経板からは中枢神経系が発生する。当初，神経板は原始結節付近に現れるが，脊索突起が頭側方向へ進展するに従って，神経板も頭方へと広がり，最終的に口咽頭膜まで達する(図3-1)。

#### 2) 神経ヒダと神経管

神経板は，正中軸に沿って陥没して神経溝neural grooveを形成し，神経溝の左右が隆起し2条の神経ヒダを形成する。

神経ヒダneural foldは背側正中に向かってさらに隆起し，左右の神経ヒダは互いに接近し，最終的には正中で融合する。この結果，神経溝を取り囲む管状の構造が形成される。これを神経管と呼ぶ(図3-2)。神経管の形成は，胚子のほぼ中央ではじまり，頭側および尾側方向へと進展していく。

神経管neural tubeは，表面(皮膚)外胚葉から遊離する。神経管の頭方と尾方は，しばらくの間，開いた状態を続ける。神経管の頭方の開口部を頭側神経口，尾方の開口部を尾側神経口と呼ぶ。

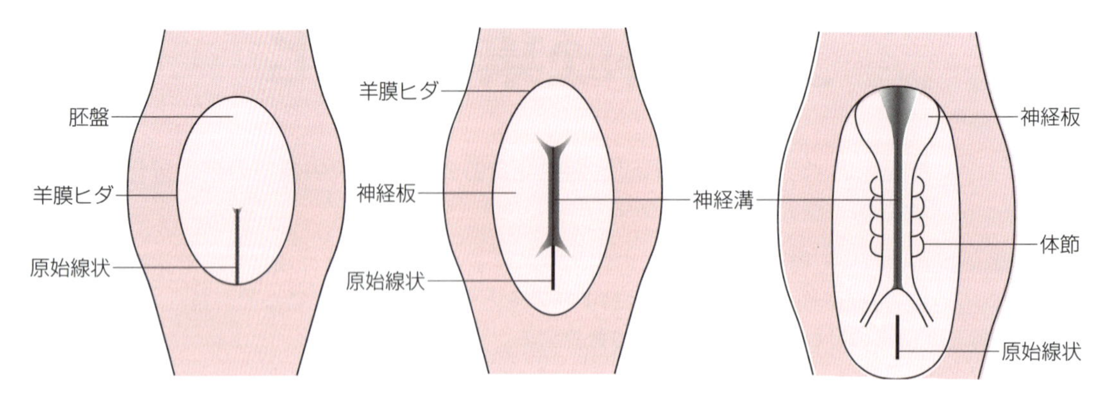


**図3-1　神経胚の形成（背側面）**

初期胚における神経板の形成と発達を示す。

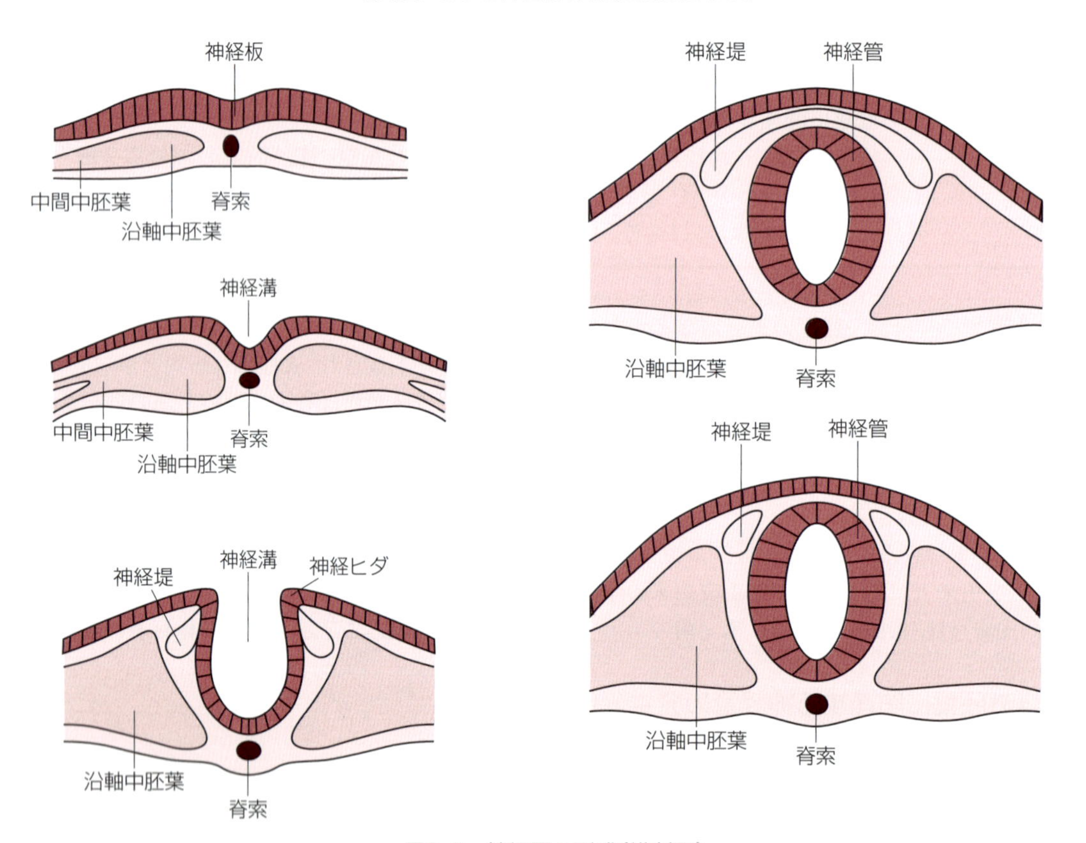


**図3-2　神経胚の形成（横断面）**

初期胚における神経管および神経堤の形成を示す。

神経管の形成が生じている時期の胚子を神経胚 neurala と呼ぶ。

神経管の頭側部は脳に，その尾方はすべて脊髄へと分化する。

### 3）神経堤

神経ヒダが融合し，神経管が形成される過程において，表層の外胚葉と神経管の形成から外れた細胞集団から，神経堤細胞が形成され，この過程で神経堤細胞集団は外側方向に突出した索状構造を呈し，

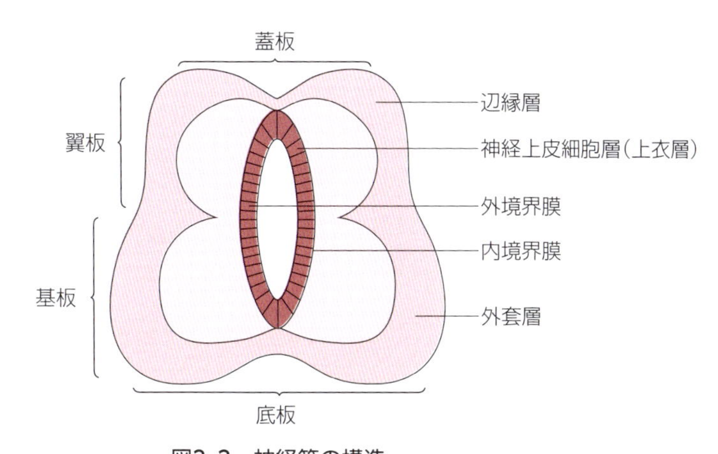


**図3-3　神経管の構造**

初期の神経管の層構造を示す。



この部位を神経堤 neural crestと呼ぶ。神経堤は，表層(皮膚)外胚葉と神経管の間に位置するが，神経管の両側に向かって分離し，前後方向に分節状に分かれて神経堤分節を形成される(図3-2参照)。

神経堤細胞は腹方に移動してさまざまな細胞に分化する。主なものは，中枢および末梢神経節であり，頭部の神経堤細胞から分化する脳神経の知覚神経節(Ｖ：三叉神経節，Ⅶ：顔面神経節，Ⅸ：舌咽神経節，Ｘ：迷走神経節)，脊柱部の神経堤細胞から分化する脊髄神経節，交感神経節，両者の神経堤細胞から分化する副交感神経節，腸管の神経節などがある。さらに，神経堤細胞は，末梢神経の神経鞘を形成する神経鞘細胞となり，神経細胞の伸長に伴って末梢に分布する。また，副腎髄質などの細胞であるクロム親和性細胞，皮膚の色素細胞，頸部顔面の間葉組織成分などにも分化する。

頭部神経堤から顔面頭蓋の間葉が形成され，脳神経節(Ｖ・ＶII・IX・Ｘ)の神経細胞，シュワン細胞，顔面頭蓋の骨格筋・骨・軟骨，血管平滑筋や血管周皮細胞，角膜や虹彩の実質，くも膜や軟膜などが形成される。咽頭弓・咽頭嚢に侵入した神経堤細胞は，甲状腺傍濾胞細胞，耳小骨，下顎骨，象牙芽細胞などを形成するとともに，胸腺や上皮小体の形成を誘導する。

### 4）神経上皮細胞，神経芽細胞

神経溝から神経管が形成される時，神経管は神経上皮細胞 neuroepithelial cellsで構成されている。神経上皮細胞は多列上皮様(偽上層様)構造を呈しており丈が高く，基底部は内境界膜に接し，先端は外境界膜に達している。細胞分裂の際は，神経上皮細胞は丈が低くなって先端が外境界膜から離れて縮み，内境界膜側で細胞分裂が生ずる。

その後，神経上皮細胞は自身が増殖するとともに神経芽細胞 neuroblastsへと分化する。神経芽細胞は神経上皮細胞層の外側へと押し出され，外套層 mantle layerを形成する。

神経芽細胞は，やがて神経突起を出し，神経線維となって，外套層のさらに外側に分布するようになる。この神経管最外層の神経線維の分布する層を辺縁層 marginal layerと呼び，神経管は，内境界膜に面した神経上皮細胞層 neuroepithelial layer，神経芽細胞からなる外套層，神経芽細胞の神経線維からなる辺縁層の3層から構成される。さらに将来，外套層は灰白質，辺縁層は白質となる。

その後，外套層は，神経芽細胞の増殖によって肥厚し，特に外側部の背方と腹方の肥厚が顕著となる。外套層の背方の肥厚部位を翼板 alar plateと呼び，腹方の肥厚部位を基板 basal plateと呼ぶ。翼板と基板の境界の溝は境界溝と呼ばれ(**図3-3**)，翼板は知覚性領域，基板は運動性領域を形成する。
神経管の背部と腹部の正中付近には神経芽細胞は存在せず，外套層も認められない。この部位は左右の神経細胞の神経線維の交通路となっており，背側を蓋板 roof plate，腹側を底板 floor plateという。

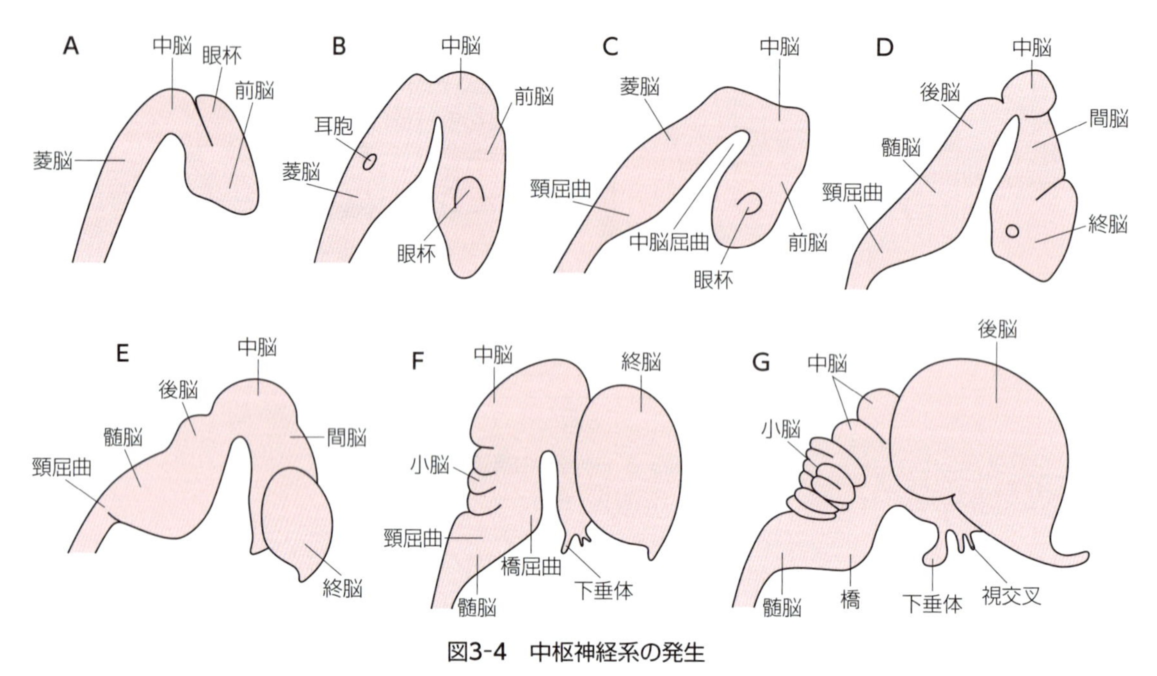


**図3-4　中枢神経系の発生**

A～C. 前脳，中脳および菱脳の発生。D～E. 前脳からの終脳と間脳の発生，および菱脳からの後脳と髄脳の発生。F～G. 後脳からの小脳と橋の発生。

### 5）神経膠芽細胞

中枢神経系の間質を構成する神経膠細胞には，星状膠細胞，希突起膠細胞，上衣細胞，小膠細胞がある。星状膠細胞，希突起膠細胞は，神経上皮細胞に由来する神経膠芽細胞neurogliablast（それぞれ星状膠芽細胞と希突起膠芽細胞）から分化し，上衣細胞は，神経細胞や神経膠細胞が発生した後の神経上皮細胞から分化する。したがって，星状膠細胞，希突起膠細胞および上衣細胞は外胚葉由来である。これに対し，小膠細胞は最後に現れ，間葉細胞由来であると考えられている。

### 6）中枢神経系の発生

神経管の発生過程において，頭側部には3個の膨隆部が形成され，それぞれ頭側から前脳prosencephalon，中脳mesencephalon，菱脳rhombencephalonと呼ぶ。その後，前脳は背側部が左右に袋状に拡張し，終脳telencephalonへと分化する。終脳が発生した後，前脳の基部は間脳diencephalonとなる。中脳はさらに強く屈曲し，菱脳との境界部はさらに深くくびれて菱脳峡となる。菱脳は，背側面がへこみ橋屈曲となり，これによって頭側の後脳metencephalonと尾側の髄脳myelencephalonが分離する。この結果，中枢神経系は終脳，間脳，中脳，後脳，髄脳から構成されるようになる。

次いで，後脳は背側の小脳cerebellumと腹側の橋ponsに分かれ，髄脳は延髄となる。中脳の背側壁は中脳蓋となり，4つの隆起が認められる四丘体が生ずる。また，終脳は活発に大きさを増し，前方に嗅脳が突出する。左右の終脳を境界している大脳縦裂は，さらに深く発達し，左右の大脳半球が明確になる。大脳半球の尾側は大脳横裂によって中脳と境界される。

一方，神経管頭側部が閉鎖される時期において，前脳は左右外側部に膨隆していき眼胞が形成される。前脳が拡大し，終脳が発達していくに従って，眼胞の発生部分は間脳に移る。眼胞はどんどん発達していき，基部がくびれ，先端部は体表の外胚葉と接するようになる。外胚葉に接した部位は杯状にくぼんで眼杯optic cupとなる。（図3-4）。

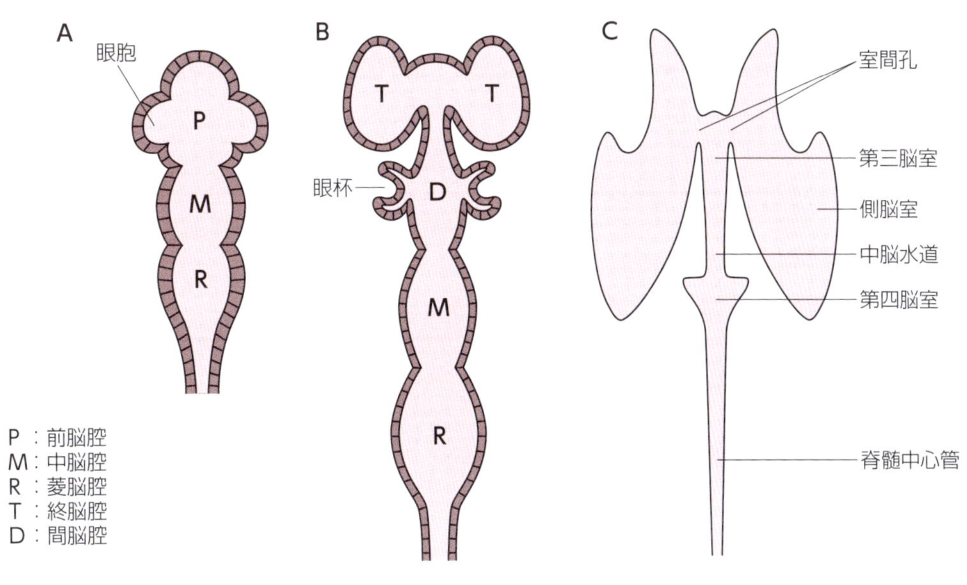


**図3-5　脳室の発生**

A. 前脳，中脳および菱脳形成時の脳室。B. 終脳，間脳，中脳，後脳および髄脳形成時の脳室。
C. 最終的な脳室の構造。



### 7）脳室 ventriclesの分化

前脳，中脳，菱脳が形成された時期において，それぞれの部位に対応して内腔は前脳腔，中脳腔，菱脳腔に分けられる。さらに終脳，間脳，中脳が発生した後においては，それぞれの各内腔は，終脳腔，間脳腔，中脳腔と呼ばれ，また後脳と髄脳の内腔は連続して菱脳腔は残存する。さらに終脳の発達に伴い左右の終脳腔と間脳腔の連絡口は狭まり，室間孔を形成する。その後，終脳腔は側脳室，間脳腔は第三脳室を形成し，中脳腔は徐々に細く管状となって中脳水道を形成する。菱脳腔は，後脳と髄脳，すなわち小脳と橋と延髄によって囲まれた第四脳室を形成し，中脳水道を介して第三脳室と連絡している（**図3-5**）。

# 3-2　神経系を除く表面(皮膚)外胚葉由来の器官の発生分化

到達目標：神経系を除く表面（皮膚）外胚葉由来の器官の発生分化を説明できる。
キーワード：口腔上皮，表皮，エナメル芽細胞，乳腺，水晶体板，水晶体窩，水晶体胞，耳板，耳窩，耳胞，外耳，内耳，下垂体嚢(ラトケ嚢)，副腎髄質

## 1. 口腔上皮

頭部腹側の将来口になる部分のへこみを口窩という。口窩の表面は表層の外胚葉におおわれている。口窩は徐々に深くなって，口窩の外胚葉と前腸の内胚葉が接するようになる。この表層の外胚葉と深層の内胚葉が接して形成された薄い膜を口咽頭膜という。やがて，口咽頭膜はやぶれて口窩と前腸腔は連続し，また，この裂孔部より前方の口窩はさらに深く陥入し口腔となる。外胚葉由来である口腔上皮 oral epithelium からは，腺性下垂体，唾液腺，舌上皮(舌根部を除く)などが発生する。

## 2. 下垂体の形成

下垂体は，腺性下垂体と神経性下垂体より構成されるが，腺性下垂体は口腔上皮に由来し，神経性下垂体は間脳に由来する。腺性下垂体の発生は，口腔背側壁の外胚葉の陥入によって開始される。この陥入した嚢胞状の部位を下垂体嚢 hypophysial sac(ラトケ嚢 Rathke's pouch)と呼ぶ。下垂体嚢の背側端は間脳底に接着し，この接着部位において間脳底からは漏斗が伸展してくる。漏斗は将来神経性下垂体へと分化する。神経性下垂体には神経線維の終末と神経膠細胞である後葉細胞から構成されている。

下垂体嚢は，基部の前面両側に外側葉が形成され，さらに前屈する。下垂体嚢の後壁は肥厚しないが，前壁は著しく肥厚する。下垂体嚢の前壁は将来前葉となり，後壁は中間部となる。左右の外側葉は左右があわさり，前方へ板状に伸び下垂体嚢前壁の本体との間に間葉が陥入する。腺性下垂体に取り込まれたこの間葉から毛細血管叢が形成される。前方へと伸びる外側葉の先端は間脳底に沿って前進および後進し，漏斗を包み，将来は腺性下垂体前葉の隆起部となる。口腔上皮から連続している下垂体嚢の基部は細くなって，次第に管状，索状となり原始茎となる。原始茎は口腔上皮から離れ，発生中の下垂体と口腔の背側壁の間には軟骨組織が生じ，原始茎は消失する。最終的に，腺性下垂前葉は翼状に外側方向に伸びて，神経性下垂体を包み込む。食肉目では，腺性下垂体前葉が神経性下垂体を完全に包み込む。当初認められた下垂体嚢の内腔は遺残腔として腺性下垂体前葉と中間部の間に残る(図3-6)。

## 3. エナメル芽細胞

口腔の背側壁となる前頭隆起が上方から突出し，左右上顎隆起と下顎隆起が形成される。上および下顎隆起の外側部は口唇へ，内側部は歯肉へと分化する。これらの口唇へ分化する隆起と歯肉へと分化する隆起の間を唇歯肉溝と呼ぶ。その後，唇歯肉溝の口腔上皮は徐々に肥厚し，上および下顎隆起に沿って帯状に下層の間葉組織内へと陥入する。この陥入部を歯堤という。歯堤は，歯の発生予定部位で，先端部は伏せた杯状に広がり，2層の上皮からなるエナメル器となる。エナメル器の外側壁を外エナメル上皮，内側壁を内エナメル上皮(エナメル芽層)と呼び，さらに外および内エナメル芽細胞へと分化する。また，外エナメル上皮と内エナメル上皮間の疎な細胞層をエナメル髄と呼ぶ。エナメル器の内側の間葉細胞は増殖して細胞密度の高い歯乳頭を形成する。歯乳頭の周縁部で内エナメル上皮に接している細胞は，ゾウゲ芽細胞となり，エナメル器側にゾウゲ質を分泌する。また，歯乳頭の内側部は歯髄を形成する。

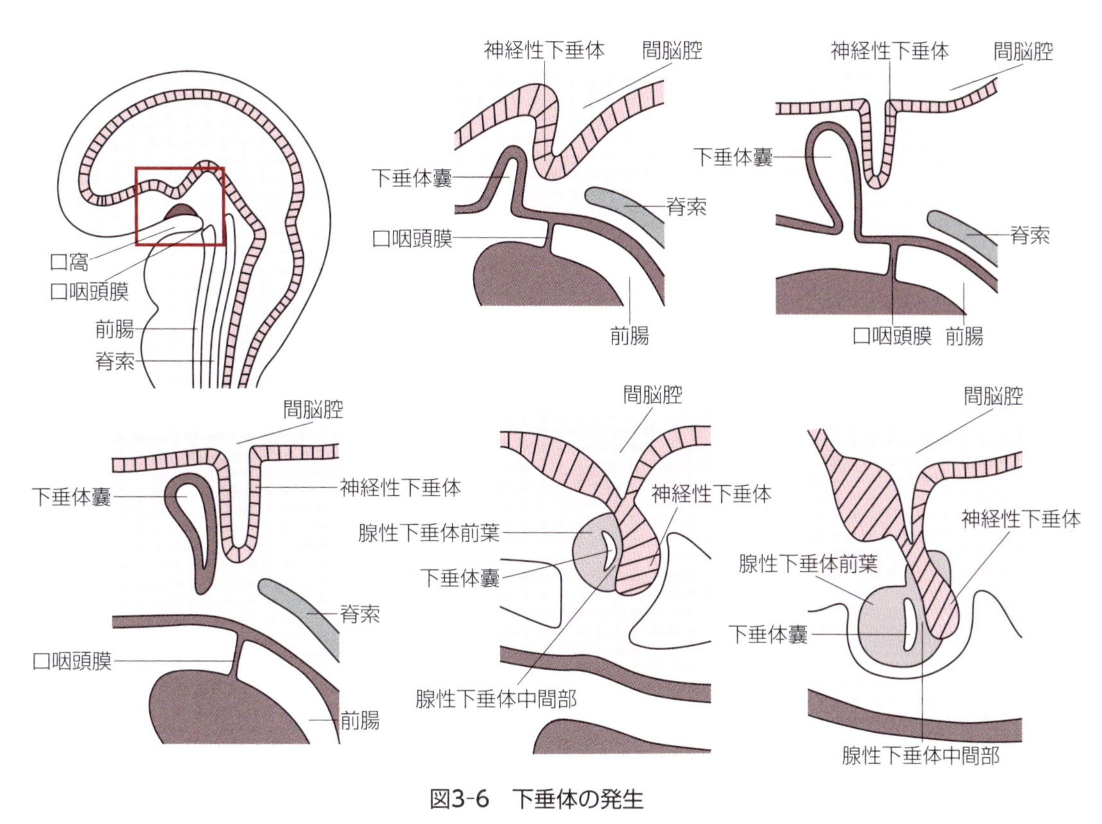


**図3-6　下垂体の発生**

口腔上皮からの腺性下垂体の発生，および間脳からの神経性下垂体の発生過程を示す。

エナメル器においては，エナメル髄は次第に薄くなり，エナメル芽細胞ameloblastは外エナメル上皮に接近する。このエナメル芽細胞は内層のゾウゲ質にエナメル質を分泌する（**図3-7**）。

## 4. 表皮

皮膚の表皮epidermisは胎生期の体表の外胚葉に由来し，真皮は皮板や中胚葉性間葉に由来する。体表の外胚葉は，最初，単層の立方上皮から構成されているが，次第に表層に1層の扁平な上皮からなる周皮が現れ，周皮下層の立方上皮は基底層となる。次いで，基底層の立方上皮は分裂増殖し，増殖した細胞は周皮と基底層の間に中間層を形成する。基底層は増殖し，中間層に細胞を供給し，基底層となり，中間層の細胞は分化し，上層に有棘細胞層，さらにその上層にケラトヒアリン顆粒を持つ顆粒細胞層が形成される。最表層の周皮は脱落し，顆粒層の細胞が死んで密に圧縮され，表層に角質層が形成される（**図3-8**）。

## 5. 乳腺

汗腺から分化した乳腺mammary glandは，汗腺と同様に表皮基底層の細胞が増殖し，下層の間葉内に陥入して形成される。乳腺の原基は腋窩から鼠径部までの乳腺堤と呼ばれる線状増殖帯に形成される。しかし，ウマやウシでは鼠径部のみが残り，霊長類では胸部のみ線状増殖帯が残る。また，食肉目や齧歯類では胸部から鼠径部の乳腺堤が残り，乳腺は皮膚の肥厚部が点状に残り乳点となる。さらに下層の間葉組織に突出し乳腺芽を形成し，上皮索を形成して乳頭管，乳槽（乳管洞），乳管などが形成される。

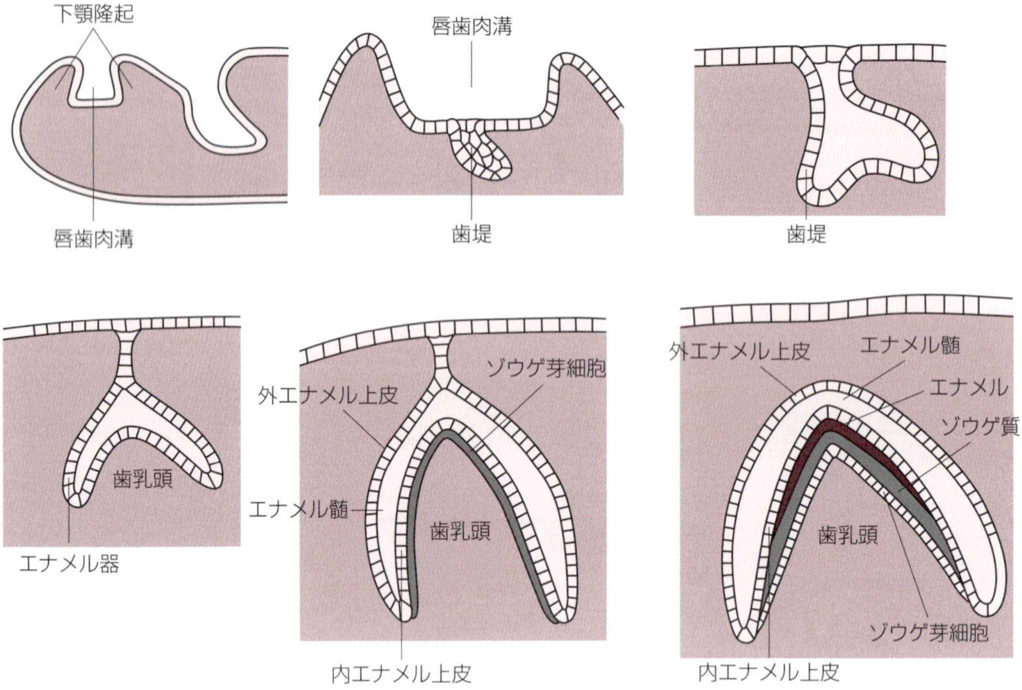

**図3-7　歯の発生**

下顎における初期の歯の形成過程を示す。

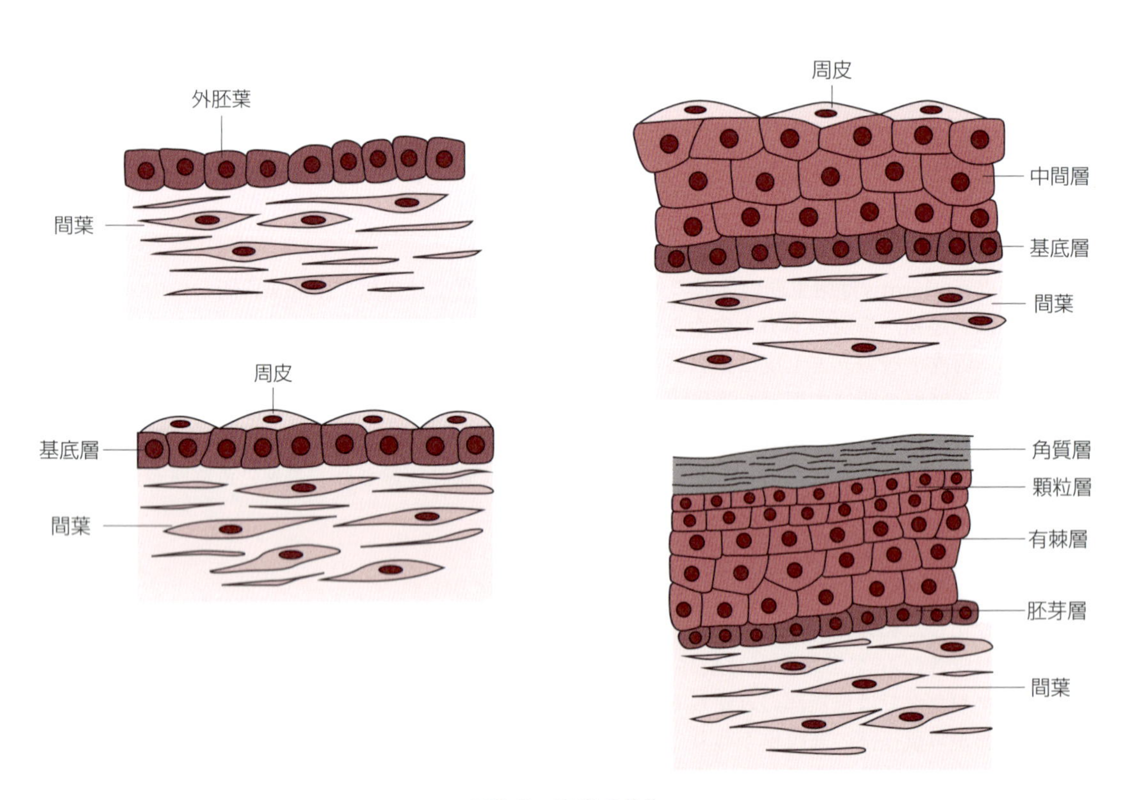


**図3-8　表皮の分化**

表皮の発生における各層の形成過程を示す。

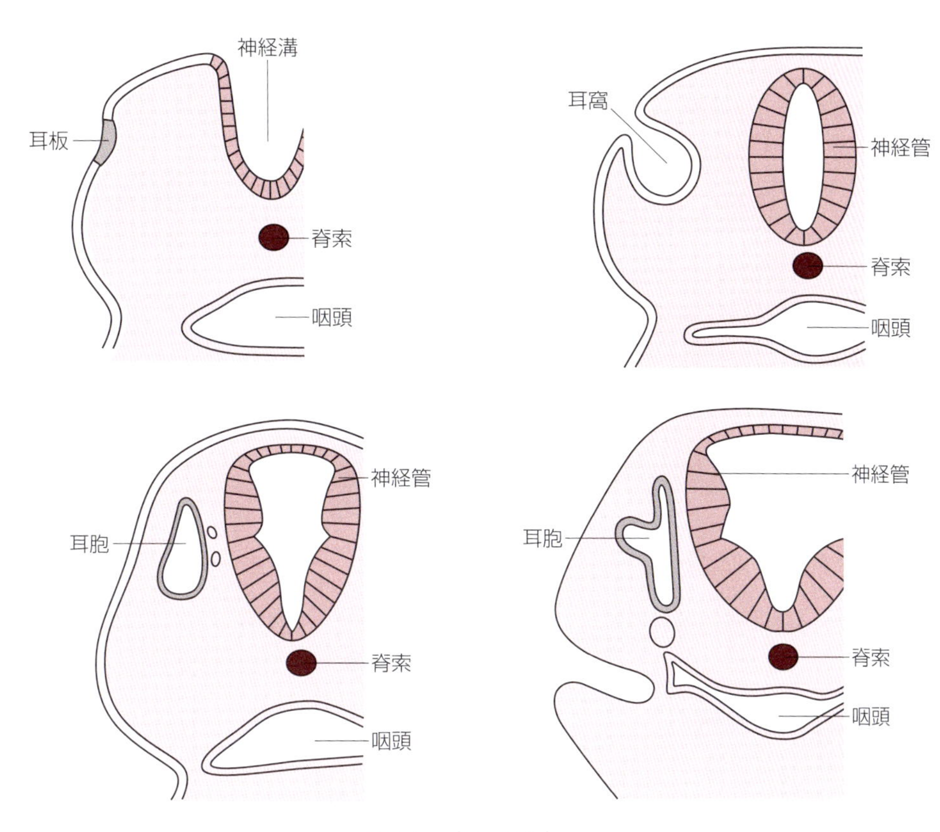


図3-9　内耳の発生

体表の外胚葉からの耳胞の発生過程を示す。

発生

## 6. 水晶体

前脳から発生した眼胞は体表の外胚葉に接触し，背の高い円柱上皮様のプラコードを形成する。この部位を水晶体板lens placodeと呼ぶ。次いで水晶体板は陥入し水晶体窩lens pitを形成する。さらに水晶体板の一部は完全に上皮から分離し水晶体胞lens vesicleを形成する。その後，水晶体腔は消失する。一方，水晶体の細胞は細胞内小器官が消失し水晶体線維を増殖し，同心円状の線維の層を形成する。

## 7. 内耳の発生

内耳internal earは，膜迷路と骨迷路によって構成されており，平衡感覚と聴覚に関連した器官である。神経溝が閉じて神経管が形成される時期に，頭側神経孔付近の左右外側において，体表の外胚葉が肥厚プラコードを形成し，これを耳板optic placodeと呼ぶ。次いで耳板は陥入して耳窩optic fossaを形成し，上皮から分離して耳胞optic vesicleを形成する。耳胞から内リンパ嚢，卵形嚢，球形嚢が分離発生し，卵形嚢と球形嚢の間がくびれて管状の連絡管を形成し，連絡管と内リンパ嚢の間も管状にくびれて内リンパ管を形成する(図3-9)。

卵形嚢は円盤状となり，3つの中空の弧状の管が形成される。これらを半規管と呼び，3つあわせ三半規管と呼ぶ。三半規管は前位の前半規管，後位の後半規管，外側の外側半規管からなる。体表外胚葉に由来するこれらの構造を総じて膜迷路と呼ぶ。膜迷路周囲から骨化して骨迷路が形成される。

蝸牛管の上皮細胞は外側隆起と内側隆起の2つの隆起を形成し，これらが将来コルチ器へと分化する(図3-10)。

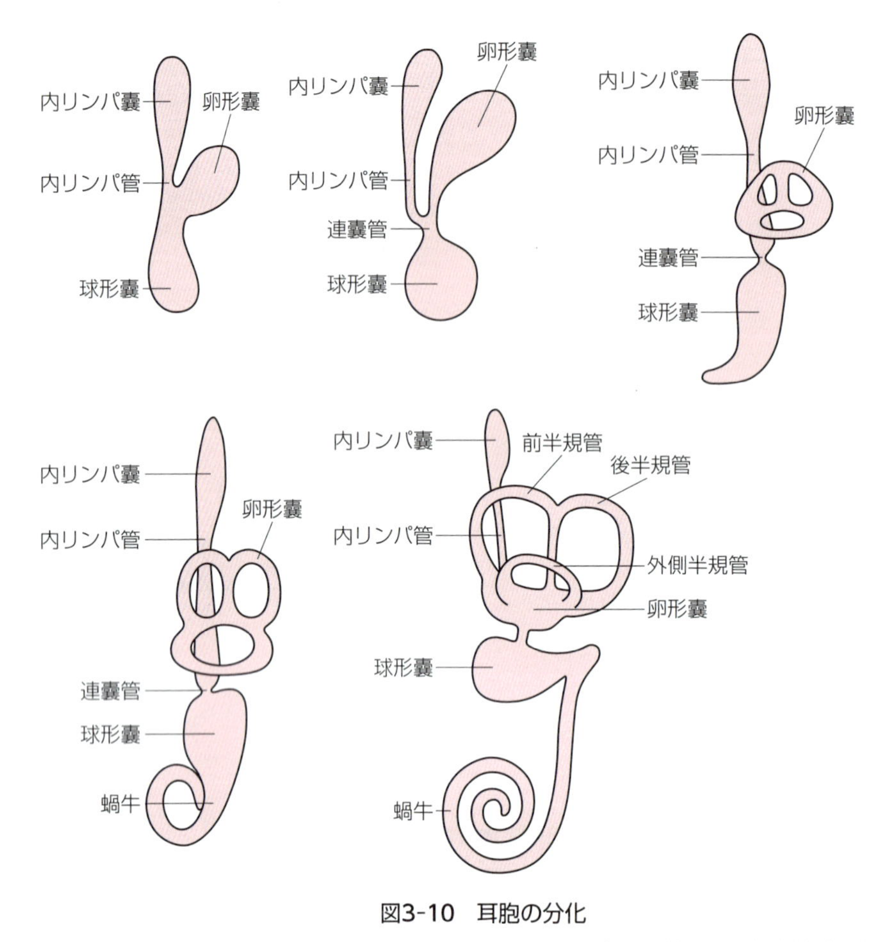


**図3-10　耳胞の分化**

耳胞からの膜迷路の形成過程を示す。卵形嚢からは三半規管が，球形嚢からは蝸牛管が発生する。

## 8. 外耳の発生

外耳 external earは外耳道と耳介からなる。第一咽頭溝を構成している表皮外胚葉の漏斗状の管から外耳道が形成される。盲端となっている外胚葉性の先端部は，薄い中胚葉の壁を介して鼓室の内胚葉性の壁と接し，外胚葉，中胚葉および内胚葉の3層からなる鼓膜が形成される。耳介は第一咽頭弓下顎隆起後縁および舌骨弓の前縁で第一咽頭溝を囲み，中に外耳道を入れて発生する。

## 9. 副腎髄質

副腎は，皮質と髄質とからなり，それぞれが異なった起源を持つ。副腎皮質は中間中胚葉の中胚葉性上皮から発生し，副腎髄質 adrenal medullaは，外胚葉由来の神経堤から発生する。まず，副腎皮質が生殖腺堤頭側端と背側腸間膜との間の副腎溝の中間中胚葉性上皮の肥厚として発生し，その後副腎皮質の原基となる細胞が間葉組織中に移動していく。副腎髄質は，神経堤から発生した交感神経筋に由来し，ここで発生した細胞が副腎皮質へと移動し，副腎皮質内へと侵入する。その後，皮質中心部に細胞が集まり，副腎髄質が形成される。

## 演習問題

**1. 神経組織の発生に関する記述で誤っているのはどれか。**

a. 星状膠細胞は神経上皮細胞に由来する神経膠芽細胞から分化する。
b. 橋は後脳の腹側部から発生する。
c. 中脳腔は，胚の発生とともに徐々に細く管状となって中脳水道となる。
d. 神経管の外套層は白質，辺縁層は灰白質となる。
e. 最初，神経管の頭側部には頭側から前脳，中脳，菱脳3個の膨隆部が形成される。

**2. 以下の記述で誤っているのはどれか。**

a. 表皮の有棘細胞層や顆粒細胞層は基底層の細胞が増殖・分化したものである。
b. 乳腺は表皮基底層の細胞が増殖し形成される。
c. 成熟後，下垂体嚢の内腔は遺残腔として腺性下垂体前葉と神経性下垂体の間に遺残する。
d. 下垂体嚢の前壁は将来腺性下垂体前葉となり，後壁は中間部となる。
e. 下垂体嚢を裏打ちしている細胞は口腔上皮由来である。

**3. エナメル芽細胞に分化するのはどの部位の細胞か。**

a. 外エナメル上皮
b. 内エナメル上皮
c. エナメル髄
d. ゾウゲ芽細胞
e. 歯乳頭

**4. 以下の記述で誤っているのはどれか。**

a. 眼胞は前脳に由来する。
b. 水晶体は，眼胞の一部の細胞が肥厚して形成される。
c. 肥厚した体表の外胚葉が陥凹して耳窩となり，その後，完全に体表の外胚葉から分離して耳胞となる。
d. 内耳は菱嚢胞の壁の一部から発生する。
e. 外耳道は第一咽頭溝を構成している表皮外胚葉が漏斗状の管となって内側に伸びて形成される。

**5. 口腔上皮由来ではないものはどれか。**

a. 神経性下垂体
b. 腺性下垂体
c. 唾液腺
d. 舌上皮（舌根部を除く）
e. 外耳道

① a, d　② b, e　③ d, e　④ a, c　⑤ a, e

発生

## 解　答

**1.**

正解　d

**解説**　神経管の外套層からは灰白質，辺縁層からは白質が形成される。

**2.**

正解　c

**解説**　下垂体嚢の内腔は遺残腔として腺性下垂体前葉と中間部の間に遺残する。

**3.**

正解　b

**解説**　内エナメル上皮の細胞がエナメル芽細胞へと分化しエナメルを分泌する。

**4.**

正解　d

**解説**　内耳は体表の外胚葉由来の耳胞から発生する。

**5.**

正解　⑤

**解説**　神経性下垂体は間脳由来，外耳道は第一咽頭溝表面の外胚葉由来である。

（添田 聡）

# 4章 沿軸中胚葉の分化：骨，骨格筋，結合組織の発生

一般目標：沿軸中胚葉の分化とこれに伴って形成される器官形成を説明できる。

沿軸中胚葉は，脊索周囲に形成される中胚葉であり，その後，体節となり，さらに体節からは皮板，筋板，椎板が生ずる。皮板からは皮膚結合組織，筋板からは骨格筋，椎板からは軸性骨格が発生する。本章では，沿軸中胚葉から各組織の発生過程について概説する。



## 4-1 骨格筋と骨の発生

到達目標：体節から形成される骨，軟骨，骨格筋，真皮を含む皮下結合組織などの発生を説明できる。

キーワード：皮板，真皮，筋板，骨格筋，体幹の筋(軸上筋，軸下筋)，四肢の筋，椎板，椎骨，膜性骨化(膜内骨化)，軟骨内骨化，置換骨

### 1. 沿軸中胚葉

初期の胚子において，脊索の両側から発育分化した中胚葉が頭外側方向に伸長し，外胚葉と内胚葉の間に広がり沿軸中胚葉paraxial mesodermと呼ばれる(図3-2参照)。その後，不連続的な節状構造が形成される。この節状構造を体節somiteといい，その内腔に体節腔が形成される。体節は上皮様組織から構成され，脊索に近い内側壁を筋板myotome，外側壁を皮板dermatomeと呼ぶ。次いで筋板は増殖し肥厚する。筋板内側の細胞は周囲の間葉系細胞とともに椎板を形成する。将来，皮板は真皮dermis，皮筋と皮下組織に，筋板は体幹や四肢の骨格筋skeletal muscleに，椎板は椎骨を形成する。

### 2. 体幹の筋

筋板は発達が進むと筋板中隔で隔てられた軸上筋epaxial musclature系と軸下筋hypaxial musclature系に分離する。軸上筋系は，脊柱の伸筋群である横突棘筋系，最長筋系，腸肋筋系を形成し，軸下筋系は，脊柱の腹外側部において屈筋系である頸長筋や頭長筋を形成する。さらに，その他の部分は，外，中，内層の3層に分かれて体壁を腹側方向に伸長し，頸部では胸鎖乳突筋や僧帽筋，胸部では外肋間筋，内肋間筋，胸横筋，背鋸筋，広背筋，腹部では外腹斜筋，内腹斜筋，腹横筋を形成する。さらに，腹側の体壁では，縦走する筋群が形成され，頸部では舌骨下筋群，胸部では胸骨筋，胸直筋，腹部では腹直筋が形成される。

### 3. 四肢の筋

体壁の中胚葉(壁側中胚葉)の間葉組織中に，体節の筋芽細胞が移動し，肢骨原基を挟んで四肢の筋muscle of limbsを形成する。

### 4. 膜性骨化

間葉性結合組織内で直接骨形成が生ずる現象を膜性骨化membranous ossificationと呼ぶ。骨形成は，

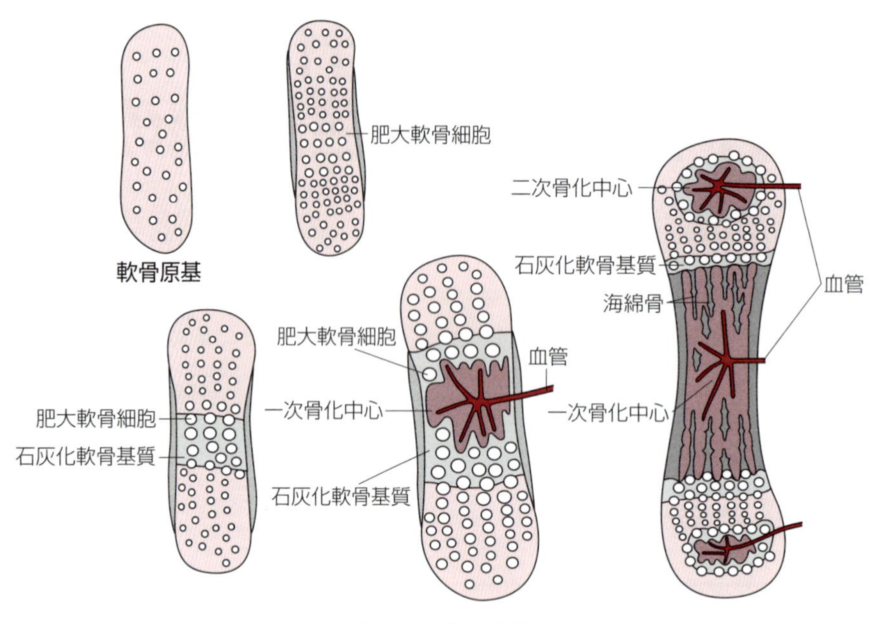


**図4-1　軟骨内骨化**

軟骨内骨化による長管骨の発生過程を示す。

間葉性結合組織内に間葉細胞が凝集し，その一部が骨芽細胞へと分化する。骨芽細胞から形成された類骨はその後カルシウムを沈着させ石灰化した骨基質を形成する。また，骨芽細胞の一部は形成された骨基質内で骨細胞へと分化する。膜性骨化による骨形成は，頭蓋の背側面および側面などを形成している前頭骨，頭頂骨，側頭骨などの一部である。

## 5. 軟骨内骨化

間葉性結合組織内でまず軟骨組織が形成され，軟骨組織が骨組織に置換されて骨 os, boneが形成される現象を軟骨内骨化endochondral ossificationと呼び，このような浮骨を置換骨replacing bone，軟骨内骨化において間葉性結合組織内の間葉細胞が凝集し，軟骨細胞へと分化する。この軟骨細胞は周囲に軟骨基質を分泌し，軟骨組織からなる軟骨原基が形成される。さらに中央部の軟骨細胞は肥大化して肥大軟骨細胞となり，カルシウムが肥大軟骨細胞周囲の軟骨基質に沈着し石灰化軟骨基質が形成される。その後血管が侵入し，破骨細胞と骨芽細胞が浸潤する。また，破骨細胞による骨基質の吸収と骨芽細胞による骨基質沈着と骨形成が繰り返され，骨髄腔を持った海綿骨が形成される。軟骨原基中央において最初に生ずる骨化部位を一次骨化中心と呼ぶ。さらに同様の骨化が骨端部においても起こり，これを二次骨化中心と呼ぶ(図4-1)。

## 6. 椎骨

椎板scleromereは分節状に配列した椎節を形成し，脊索を包むようになる。椎節と椎節の間の細胞密度は低く節間裂を構成する。椎節の細胞は各椎節の頭側と尾側の筋間裂に移動し，前後の椎節から移動してきた細胞があわさり節間裂に原始椎体が形成される。原始椎体の背側では神経管を包んで間葉細胞が凝集し原始椎弓となり原始椎体を結合する。これらはその後，骨組織が形成され椎骨vertebraeが形成される。

体節裂には，椎間円板が形成される。その後，脊索はほとんど消失するが，椎間円板の中の脊索の一部は残存し髄核を形成する。

## 演習問題

**1. 沿軸中胚葉に関する以下の記述で誤っているのはどれか。**

a. 沿軸中胚葉は脊索に近接している。
b. 沿軸中胚葉の節状の膨らみを体節という。
c. 体節は，筋板と皮板から構成されており，さらに筋板の内側に椎板が形成される。
d. 軸上筋は筋板から発生するが，軸下筋は椎板から発生する。
e. 原始椎体は筋間裂に形成される。

**2. 軸上筋由来の筋はどれか。**

a. 腸肋筋
b. 僧帽筋
c. 外肋間筋
d. 広背筋
e. 頭長筋

**3. 骨の発生に関する以下の記述で誤っているのはどれか。**

a. 前頭骨，頭頂骨は膜性骨化によって形成される。
b. 大腿骨，椎骨は軟骨内骨化によって形成される。
c. 軟骨内骨化では，軟骨細胞が骨基質を作る。
d. 椎節が徐々に肥大して原始椎体の一部となる。
e. 体節裂に侵入した間葉細胞が分化して椎間円板が形成される。

## 解　答

**1.**

正解　d

**解説**　軸上筋と軸下筋はともに筋板から発生する。

**2.**

正解　a

**解説**　軸上筋由来の筋は腸肋筋であり，僧帽筋，外肋間筋，広背筋，頭長筋は軸下筋由来である。

**3.**

正解　c

**解説**　軟骨内骨化では，軟骨基質表面に骨芽細胞が骨基質を添加し，骨組織が形成される。

（添田 聡）

# 5章　中間中胚葉の分化：泌尿生殖器の発生

**一般目標**：中間中胚葉の分化とこれに伴って形成される器官の発生過程を理解し説明できる。

中間中胚葉は体節の外側にある中胚葉が細胞索を形成したものであり，ここから泌尿器と生殖器の大部分と副腎皮質が発生する。特に腎臓の発生過程で出現する中腎管と中腎傍管は雌雄の生殖管分化の基礎となることから，泌尿器と生殖器が密接な相互関係にあることを理解することは重要である。本章では，腎臓，生殖腺，生殖管とその付属腺，副腎の発生について概説する。



## 5-1　腎臓の発生

到達目標：腎臓を含む泌尿器の発生を説明できる。
キーワード：前腎，中腎，後腎，中間中胚葉

体節が分離独立していない時期に，前腎 pronephros は頸部の中間中胚葉 intermediate mesoderm が背腹に分かれて形成された腎腔（腎節）から分節的に発生し，この背壁が突出し，前腎細管を形成する。前腎細管の先端は尾方に曲がり，後方の前腎細管は繋がり，前腎管を形成する。背側大動脈から各腎節に2本の側枝が出て，前腎細管に接して内および外糸球体を形成する（図5-1）。

前腎後位の下位頸分節から上位腰分節にかけて体節が分離独立するのに先立って中間中胚葉が肥厚するが，この肥厚部を中腎芽体という。この中腎芽体は分節状の腎節を形成するが，すぐに連続した非分節的構造となる。各分節に相当する位置に複数の中腎小胞が生じる。中腎小胞は伸展し中腎細管を形成し，先端は背側大動脈から出た側枝が形成する糸球体を囲んで中腎小体を形成し，末端は前腎管の続きである中腎管に連絡する。中腎管は排泄腔に非開放性に尿を尿膜腔へ運んでいる。中腎 mesonephros

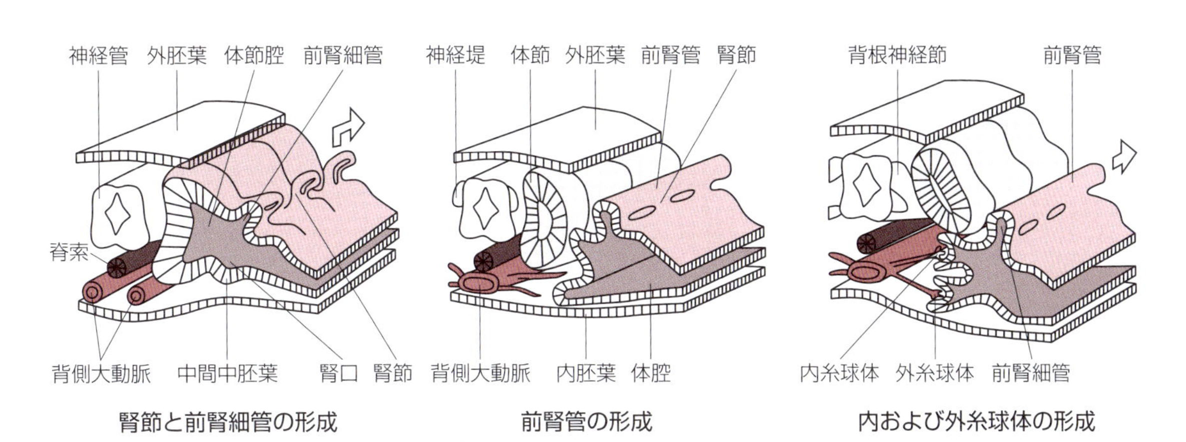


図5-1　前腎の発生（『動物発生学　第2版』図113より改変）

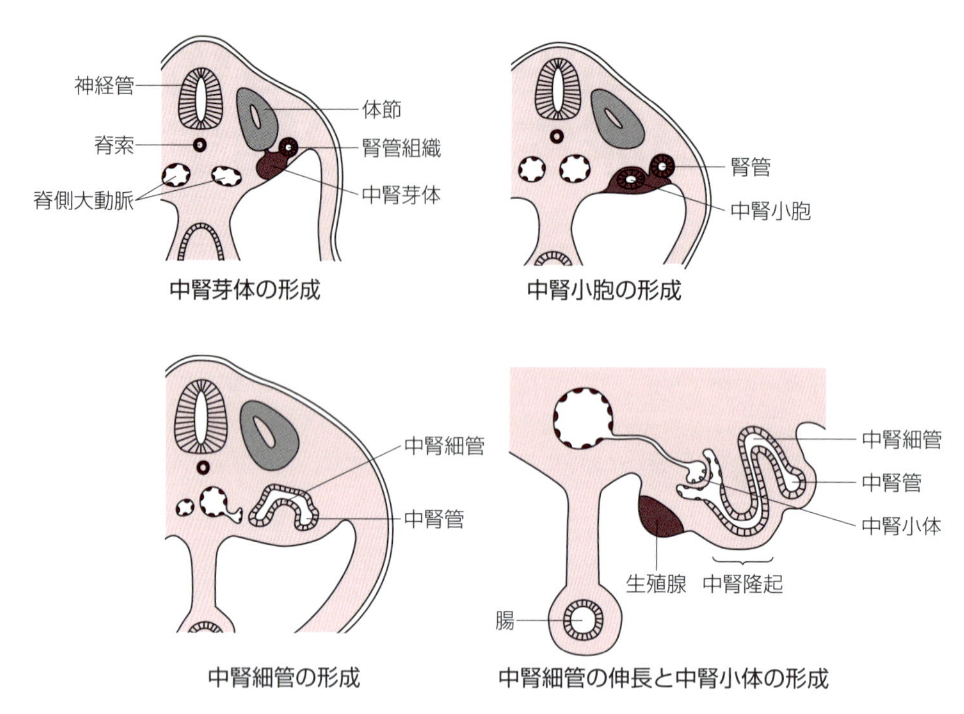


図5-2　中腎の発生(『動物発生学　第2版』図114より改変)

はさらに発達して体腔側に盛り上がり中腎隆起となり，胎生前期の泌尿器urinary organsとして主要な働きを持つ(図5-2)。

後腎metanephrosは爬虫類以上に見られ，その永久腎となるが，尿管芽と後腎芽体という2つの起源を持つ。尿管芽は中腎管尾側端の排泄腔に近い部分から1個出芽する。後腎芽体は中腎後位の中間中胚葉が肥厚増殖したもので，ここに尿管芽が侵入する。侵入した尿管芽の先端は膨らんで原始腎盤となり，そこから分枝が出て腎杯を形成する。ヒトやブタでは腎盤から大きく前後に分かれる大腎杯が形成され，その先がさらに分枝して小腎杯となり，ここから集合管が出て後腎芽体に侵入する。ウシでは腎盤の分枝はそのまま尿管に続くので，腎盤を欠くことになるが，その他の動物では腎杯が融合して大きな腎盤となるので，腎杯が見られない。後腎芽体に侵入した集合管は集合細管を分枝する。その先端は膨らみを形成し，その周囲に後腎芽体の細胞が密集して造腎帽を形成する。造腎帽は集合細管の側方に移動して，後腎小胞となり，やがて迂曲する後腎細管となり，先端は膨らんで杯状となり，後端は集合細管に繋がる。この迂曲した後腎細管が尿細管で，これがさらに伸長，迂曲して複雑な尿細管の構造を形成する。後腎ははじめ腰仙骨部に見られるが，周囲組織の発達との関係で頭方に移動する。これを腎上昇という(図5-3)。

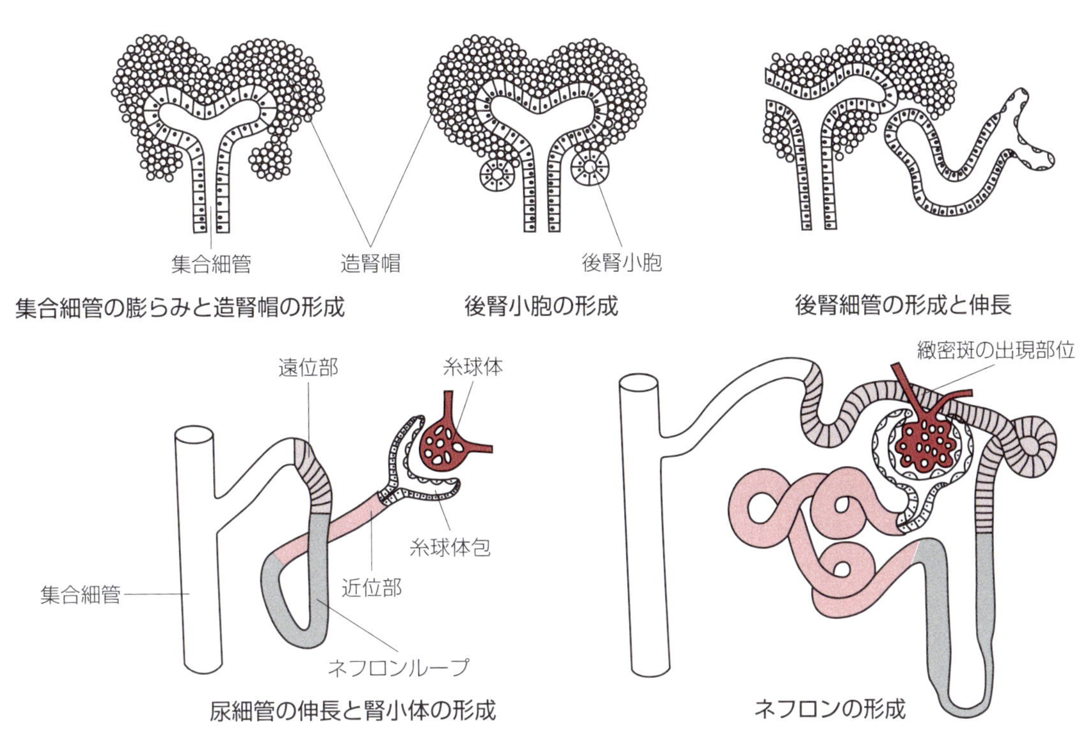


図5-3　尿細管の発生（『動物発生学　第2版』図118より改変）

# 5-2　生殖腺の発生

到達目標：雄と雌の生殖腺の発生を説明できる。
キーワード：性索（生殖索）

卵黄嚢後壁から発生した原始生殖細胞は後腸壁から背側腸間膜の間葉中を移動して，中腎腹内側に隆起する生殖腺堤に達する。生殖腺堤は中間中胚葉由来の中皮がその下層の間葉組織とともに隆起したもので，他の部位と異なり上皮は増殖肥厚して表面上皮となる。表面上皮は原始生殖細胞を伴って間葉組織中を中腎に向かって索状に伸びていく。これを性索（生殖索）gonadal cordsというが，特に一次性索ともいう。一次性索は深部で網索と呼ばれる索状構造物に繋がっている。この時期の生殖腺genital glandはまだ組織学的に精巣，卵巣の区別がつかないので，未分化生殖腺という。

雄の場合には，一次性索はさらに発達し，間葉細胞によって囲まれて精細管となり，表面上皮から分離する。表面上皮由来の細胞は支持細胞に，原始生殖細胞は精細胞に分化する。精細管ははじめ単純なループを形成しているが，やがて複雑に紆曲して曲精細管となり，まとまって精巣小葉を形成する。網索は精巣網となり，直精細管が曲精細管とこれを繋いでいる。精細管周囲の間葉細胞は間質細胞に分化する。

一方，雌の場合には，一次性索はすぐに退化して髄索となり，原始生殖細胞はほとんどがここで死滅する。その後すぐに表面上皮が再度増殖して二次性索が形成されると，そこに新たに原始生殖細胞が移動してくる。この時，原始生殖細胞はばらばらに配置し，周りを表面上皮由来の1層の扁平な細胞が囲んだ原始卵胞に分化する。原始卵胞は表面上皮の直下に集まり，卵巣の皮質となる（図5-4）。

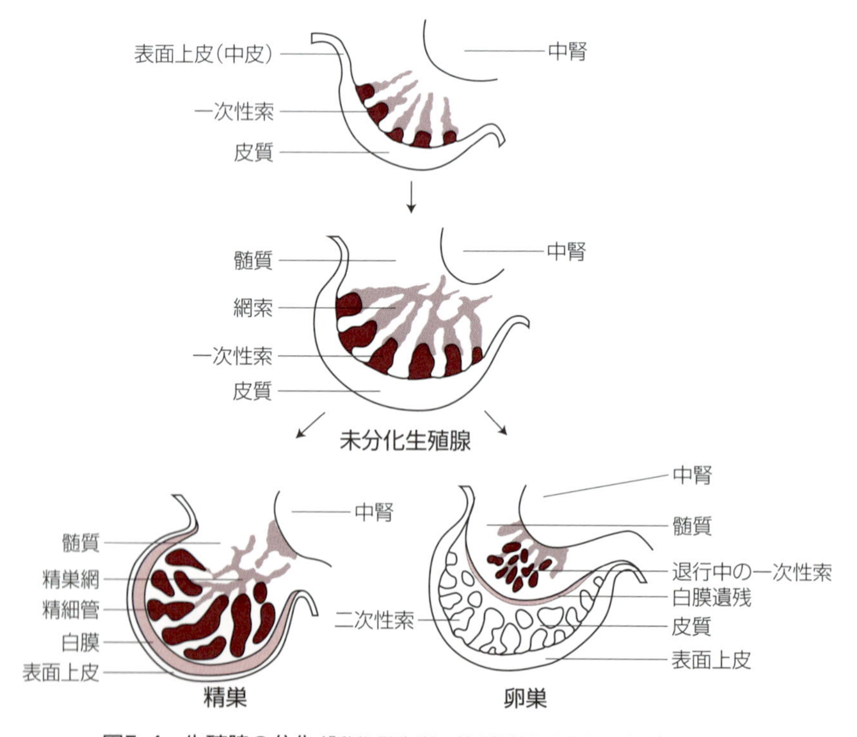


図5-4　生殖腺の分化（『動物発生学　第2版』図122より改変）

# 5-3　生殖管とその付属腺の発生

到達目標：生殖管とその付属腺の発生を説明できる。
キーワード：中腎管(ウォルフ管)，卵巣上体，卵巣傍体，ガートナー管，中腎傍管(ミューラー管)，精巣垂，前立腺小室，中腎横隔膜索，中腎鼠径索:精巣導帯，精巣下降，固有精巣間膜，精巣上体尾間膜，卵巣下降，卵巣提索，固有卵巣索(卵巣円索)，子宮円索，重複子宮，両分子宮，双角子宮，単一子宮

未分化な生殖腺が形成される時期に，中腎管(ウォルフ管)mesonephric ductと中腎傍管(ミューラー管)paramesonephric ductと呼ばれる雌雄両性の生殖管genital tractが形成される。雄では中腎管が，雌では中腎傍管が生殖管分化の基礎として発達する。

雄の場合，中腎管の頭端は精巣上体垂として成体において痕跡を残すが，頭部本体は精巣上体管となり，精巣領域では中腎細管が精巣輸出管となって精巣網を結ぶ。続きは精管となって尿生殖洞に射精口として開口する。中腎管の尾側部にはイヌを除いて精嚢腺が発生する。中腎傍管の頭端は精巣垂appendix of testisとなり，尾端は前立腺小室prostatic utriculus(雄性子宮)として残る。

中腎を支えていた中腎横隔膜索mesonephrodiaphragmatic ligamentは退化し，一方，中腎鼠径索mesonephroinguinal ligamentは発達して精巣導帯gubernaculumとして精巣を陰嚢内に納める精巣下降desent of testisの役割を果たす。精巣導帯の一部は精巣尾端と精巣上体間に固有精巣間膜proper ligament of testisとして，また精巣上体と精巣鞘膜壁側板の間に精巣上体尾間膜ligament of tail of epididymisとして残る。

一方，雌の場合には，中腎傍管が発達し，その頭側部は卵管采として腹腔に開口し，中間部は卵管，尾側部は子宮角と子宮体を形成する。中腎傍管ははじめ中腎管の外側を併走するが，尿生殖洞の付近で中腎管の腹側へ移動し，正中線で左右が融合し，その網端は尿生殖洞に繋がる。左右の中腎傍管の融合の度合いと尿生殖洞への繋がり方が，子宮の形態の違いの起因になっている。すなわち，左右の子宮管壁のみが融合し子宮腔が別々に膣に開口する重複子宮uterus duplex，子宮体腔は1つになっているが左右の子宮角の間に子宮帆として管壁の一部が残っている両分子宮bipartite uterus，子宮帆が見られない双角子宮bicornuate uterus，左右の子宮角と子宮体が完全に融合して1つの子宮になった単一子宮uterus simplexがある。中腎管の頭端は卵巣上体epoophoronとして残り，卵巣領域より尾側の中腎細管は卵巣傍体paroophoronとして残存する。それ以下の中腎管は通常退化するが，尾側部がガートナー管Gärtner's duct cystとして子宮あるいは膣壁に残ることがある。

中腎横隔膜索は卵巣提索round ligament of ovary, ovarian suspensory ligamentとなり，中腎鼠径索は卵巣下降descent of ovaryの途中で退縮して，卵巣と子宮の間に固有卵巣索proper ligament of ovary(卵巣円索)として，子宮と鼠径間に子宮円索round ligament of uterusとしてかろうじて遺残する(図5-5)。

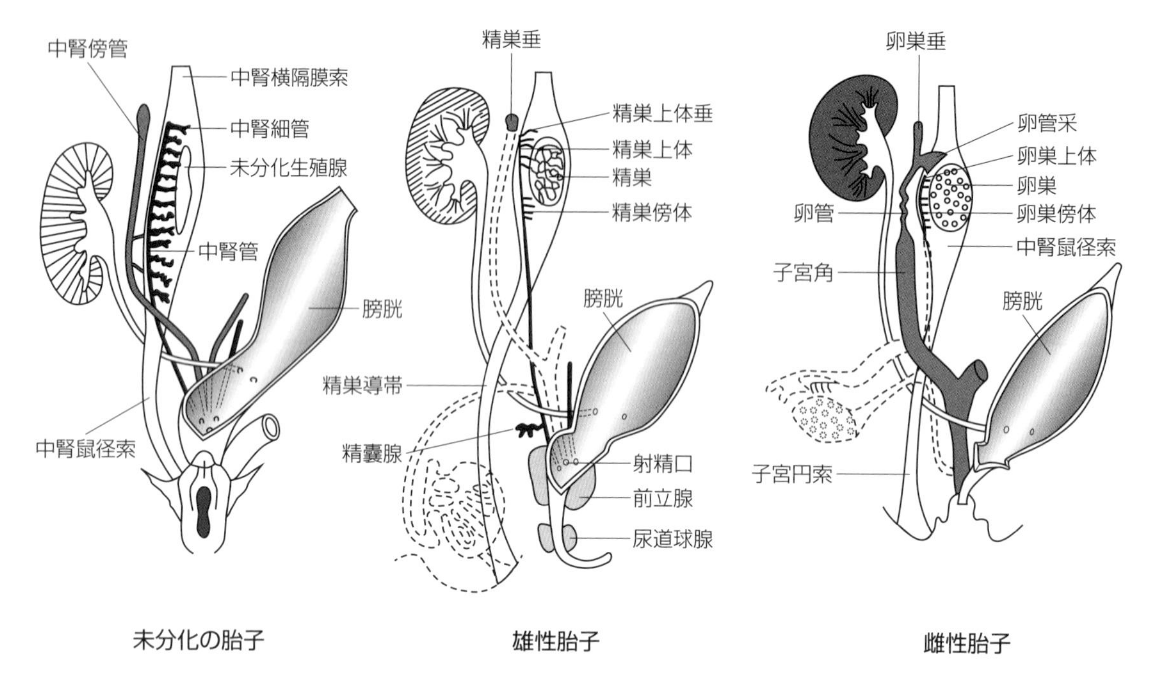


**図5-5　生殖管の分化**（『動物発生学　第2版』図123より改変）

# 5-4　副腎の発生

到達目標：副腎の発生を説明できる。
キーワード：副腎皮質

副腎adrenal glandは皮質と髄質から構成されるが，それぞれ異なった起源を持つ。副腎皮質cortex of adrenal glandは生殖腺堤の頭内側で背側腸間膜との間にできる副腎溝に形成され，中胚葉性上皮（中皮）の増殖肥厚部として発生する。皮質の原基はやがて中皮から離れて間葉組織中に埋まり，周囲組織から毛細血管と間葉細胞を取り込む。一方，副腎髄質は神経堤から発生した交感神経節に由来し，外胚葉由来の器官である（図5-6）。



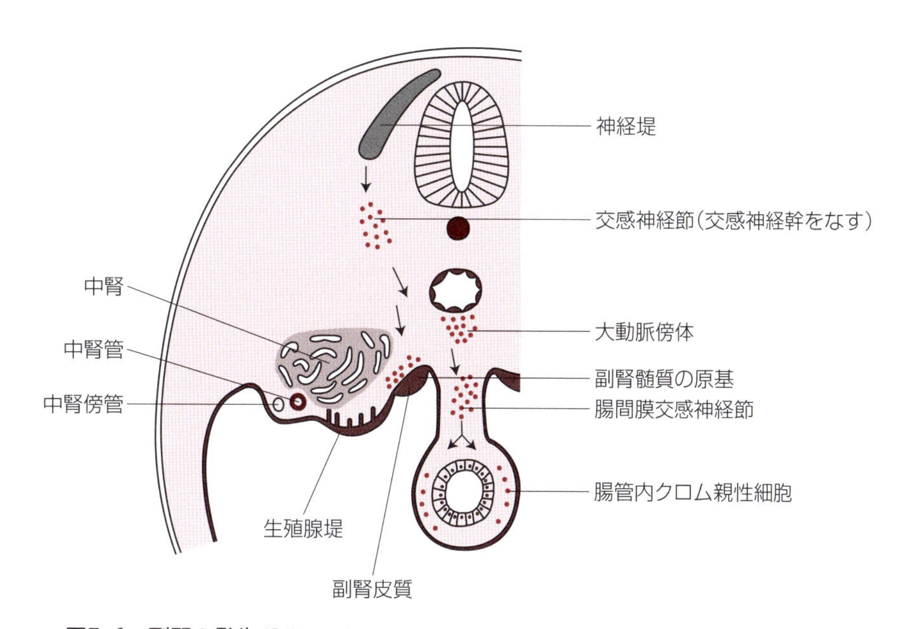


図5-6　副腎の発生（『動物発生学　第2版』図129より改変）

## 演習問題

**1. 中間中胚葉由来でない組織はどれか。**

a. 腎盤
b. 副腎髄質
c. 尿管
d. 膀胱
e. 尿細管

**2. 次の記述で正しいのはどれか。**

a. 支持細胞と間質細胞はともに間葉細胞に由来する。
b. 精巣上体管は中腎細管から，精管は中腎管から形成される。
c. 卵管漏斗は中腎管頭部から，それ以降の卵管，子宮は中腎傍管から形成される。
d. 左右の中腎傍管が融合して子宮が形成されるが，子宮角間に角間間膜が見られる子宮を両分子宮という。
e. 中腎横隔膜索は雄では退化するが，雌では卵巣提索となる。

## 解　答

**1.**

正解　b, d

解説　泌尿器系は内胚葉由来の膀胱，尿道を除いて中間中胚葉由来である。副腎髄質は外胚葉の交感神経節に由来する。

**2.**

正解　e

解説　支持細胞は表面上皮由来である。精巣上体間も中腎管由来であり，中腎細管は精巣輸出管となる。卵管漏斗も中腎傍管から形成される。両分子宮は子宮角の融合した管壁が子宮体腔に子宮帆として残っているタイプである。

（松元 光春）

# 6章 外側中胚葉(臓側中胚葉と壁側中胚葉)および胚外中胚葉の分化:循環器系と体腔の一部,および四肢の骨格の発生

一般目標:外側中胚葉(臓側中胚葉と壁側中胚葉)の分化とこれに伴って形成される器官の発生過程を説明できる。また,外側中胚葉に続く胚外中胚葉を説明できる。

外側中胚葉lateral mesoderm(臓側中胚葉と壁側中胚葉)は中間中胚葉の外側にある中胚葉で,臓側中胚葉と壁側中胚葉に分かれ,両者間に胚内体腔が形成され,ここから胸腔,心膜腔,腹腔が生じる。外側中胚葉からは循環器と体腔の一部および付属骨格が発生する。特に胎子循環と心血管系の変異や形成異常を解釈する上で,循環器の発生を理解することは重要である。本章では,一次造血器としての血島の発生,羊膜と将来の漿膜の胚外中胚葉の発生,臓側および壁側中胚葉の分化,心臓の発生と胎子循環について概説する。



## 6-1 羊膜,栄養膜,卵黄嚢膜の胚外中胚葉の発生

到達目標:胚外中胚葉と胎膜(羊膜と絨毛膜)の関連を理解し説明できる。
キーワード:羊膜,漿膜(絨毛膜)

原始線条から胚性中胚葉が生じるがこの時,尾側結節ないし原始線条の尾側から尾方ないしは側方へ胚外中胚葉extraembryonic mesodermとなる中胚葉細胞群が押し出され,胚盤を越えて広がっていくが,羊膜amnionや栄養膜を裏打ちするものを壁側板,卵黄嚢を裏打ちするものを臓側板と呼ぶ。この臓側板で裏打ちされた栄養膜は2層性の膜となり,これを将来の漿膜serosaあるいは絨毛膜chorionと呼ぶ。

# 6-2　血島

**到達目標**：卵黄囊壁に発生する血島と血液および血管の発生を理解し説明できる。
**キーワード**：血島(一次造血器)，血球芽細胞，内皮芽細胞

卵黄囊 yolk sacの臓側中胚葉から間葉細胞が分離するとそこから血管芽細胞が形成され，さらに原始血島が形成される。次いで血島の中心部の細胞が細胞突起を失って血球芽細胞 hemocytoblastとなり，さまざまな血球に分化する。一方，血球周辺部の細胞は内皮芽細胞 endothelioblastとなり血管内皮を形成する。次いで原始毛細血管は卵黄囊の至るところに生じ，次第に近くの毛細血管が吻合して原始毛細血管網を形成する。血島は尿膜壁，栄養膜，胚内の中胚葉層の間葉中にも現れ，吻合を繰り返して血管系の基礎を作る。すなわち血島 blood islandsが一次造血器 primary hematopoietic organである(図6-1)。

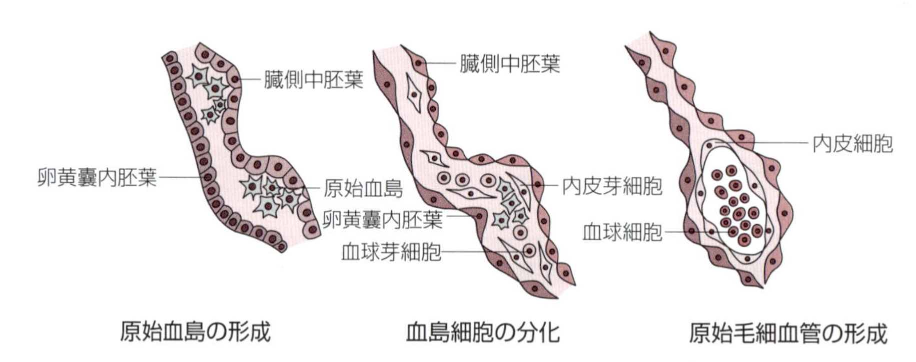


図6-1　血島の発生(『動物発生学　第2版』図37より改変)

# 6-3　臓側中胚葉の分化

到達目標：臓側中胚葉の分化に伴って発生する器官を理解し説明できる。
キーワード：臓側胸膜，臓側腹膜，心外膜，心筋層，心内膜

外側中胚葉は臓側中胚葉visceral mesodermと壁側中胚葉の２層に分かれ，その間に体腔が形成される。臓側中胚葉のうち心内膜管をおおっている肥厚部を心臓板といい，心内膜管が原始心(心筒)となると，内皮は心内膜endocardiumとなり，心臓板は心筋外膜となり，ここから心外膜epicardiumと心筋層myocardial layerが形成される(図6-2)。

その後体腔は胚子の側壁で臓側中胚葉と壁側中胚葉が接し，胚内に取り込まれた胚内体腔とそれ以外の胚外体腔に分かれる。胚内体腔は横中隔より頭側の胸膜心膜腔と尾側の腹膜腔に分かれる。胸膜心膜腔内において，心臓の後背側で左右の総主静脈の基部から胸膜心膜ヒダが正中および頭方へ伸びて，背側心間膜および気管分岐部に接着して，胸膜心膜腔を背側の胸膜腔と腹側の心膜腔に分ける。発生する肺や心臓および縦隔をおおう中皮を臓側胸膜visceral pleuraと呼ぶ(図6-3)。

腹膜腔では，腸管ははじめ背側および腹側腸間膜で保定されているが，その後腹側腸間膜は胃，十二指腸と肝臓の間，肝臓と腹壁の間を残して，比較的早期に消失する。その結果，左右の腹膜腔は交通して腹腔となるが，腸管，腸間膜，肝臓，膵臓をおおう中皮を臓側腹膜visceral peritoneumという。

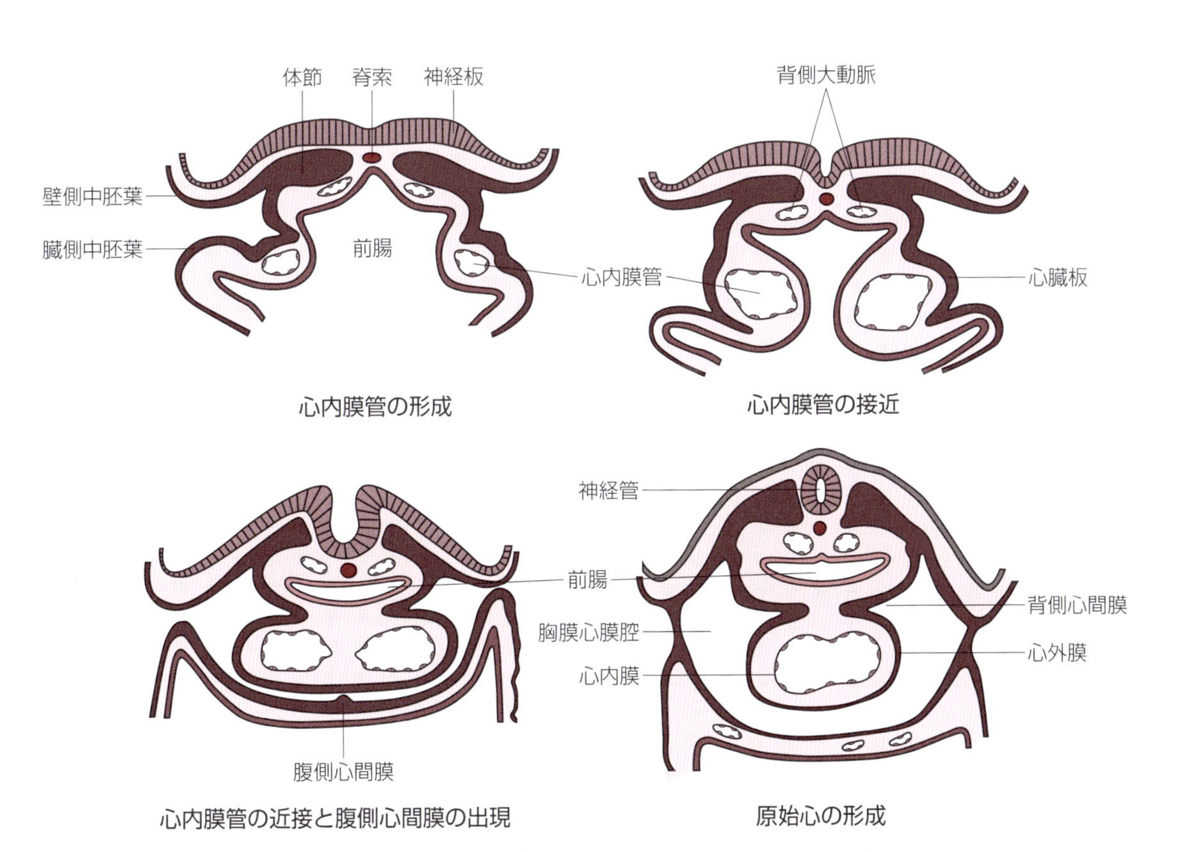


図6-2　心臓原基の発生(『動物発生学　第2版』図57より改変)

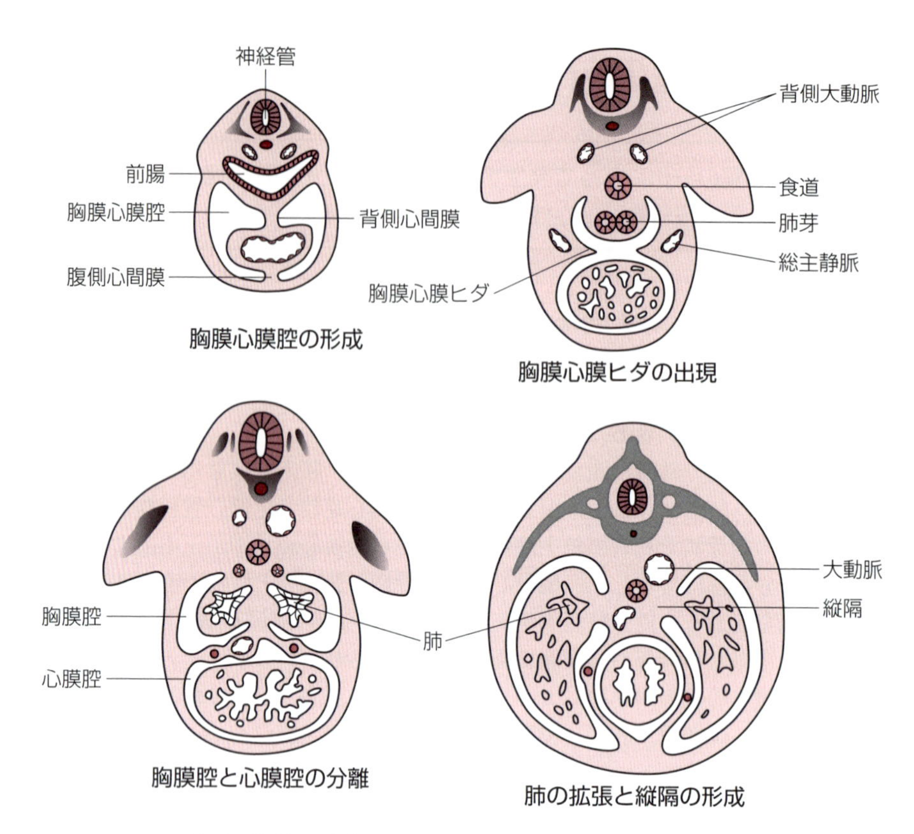


**図6-3　胸腔の形成**（『動物発生学　第2版』図109より改変）

# 6-4 壁側中胚葉の分化

到達目標：壁側中胚葉の分化に伴って発生する器官を理解し説明できる。
キーワード：壁側胸膜，壁側腹膜，心膜，四肢の骨格

形成された胸膜腔において，胸壁をおおう中皮を壁側胸膜parietal pleuraと呼ぶ。同様に腹腔において腹壁をおおう中皮を壁側腹膜parietal peritoneumと呼ぶ。

心膜pericardiumは心臓を包み込んでいる膜様構造物で，3層からなる。外層は壁側胸膜，中間層は胸膜心膜ヒダの内層に由来する線維層，内層は壁側心膜である。

四肢の骨格appendicular skeltonは，はじめ壁側中胚葉parietal mesodermの間葉組織が増殖肥厚して体表に盛り上がり，前肢および後肢の原基(体肢芽)となる。体肢芽は伸長すると，その近位部は円筒状になり，遠位部は平板状になるので，前肢板，後肢板と呼ぶ。体肢芽の発生は前肢の方がやや早く，次いで肢板に放射状に浅い溝が生じ，指趾の分化が始まる。体肢芽の中軸に間葉細胞が密集して索状構造を形成し，これが原基となって軟骨となる。この軟骨化は近位部にはじまり遠位部に及ぶが，前肢では肩甲骨が，後肢では腸骨，坐骨，恥骨の順に出現する。上腕骨と大腿骨は1条の軟骨から，前腕骨と下腿骨は2条の軟骨から形成が始まるが，それ以下の骨の形成は，動物種により異なる。軟骨は軟骨内骨化を経て四肢骨を形成する(図6-4)。

発生

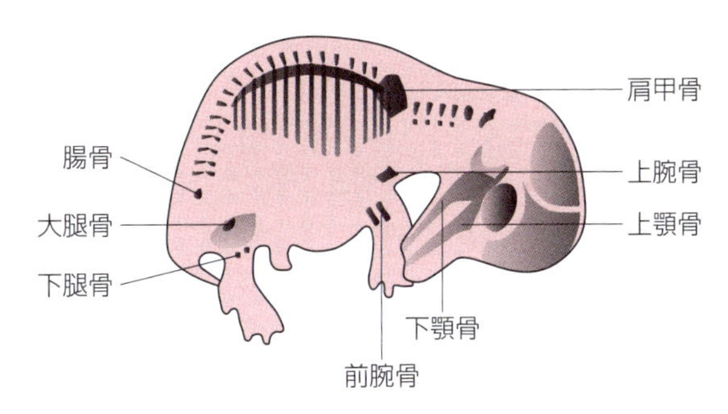


体肢芽の形成と四肢の近位骨格の軟骨出現

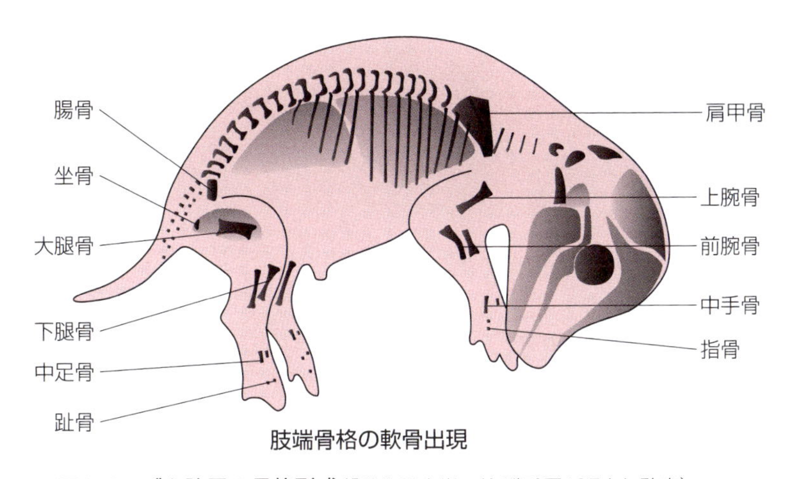


肢端骨格の軟骨出現

図6-4 ブタ胎子の骨格形成(『動物発生学 第2版』図137より改変)

# 6-5　心臓の発生と胎子循環

**到達目標**：心臓発生の概要と胎子循環を理解し説明できる。
**キーワード**：心内膜筒（管），原始心（心筒），心臓ループ（心球心室ループ），心球（一次右心室），原始心室（一次左心室），原始心房（一次左・右心房），心内膜隆起，一次心房中隔，二次心房中隔，卵円孔，動脈管，静脈管，臍静脈，臍動脈

胚盤がまだ扁平な時期に，神経板前方の中胚葉層中に馬蹄形の血管ループが出現する。これを心内膜管 endocardial tubeと呼び，胚子の前後の折り畳みによって180度回転し，頭方の両端に背側大動脈が，尾側から卵黄嚢静脈が連絡する。また，胚子の左右の折り畳みによって心内膜管も接近し，ほぼ中央部で左右が融合する。しかし，両端は分離したままである。この融合部を原始心primitive heartと呼ぶ。原始心は頭側から球室溝，房室溝という2カ所のくびれによって，心球cardiac bulb，原始心室primitive ventricle，原始心房primitive atriumと呼ばれる3カ所の膨らみが形成される。次いで原始心は心球心室領域でU字状に屈曲し，心臓ループbulboventricular loopを形成する。さらに原始心はS字状に曲がり，尾側にあった原始心房がせり上がって心球，原始心室の背側を占める。その後，最初にできた原始心室は一次左心室となり，心球の一部は一次右心室となる。背側から頭側へ回り込んだ原始心房は外観的には左右に分かれて見えるが，内腔の仕切りはないので，一次左心房および一次右心房と呼ぶ（**図6-5**）。

一次左心房および一次右心房が動脈幹および動脈円錐を挟み込む時期に，房室管領域で前後から心内膜隆起endocardial cushionが向かい合って伸び，融合する。これによって房室管は右および左房室口に分かれる。また，一次心房の背側から薄い三日月状の一次心房中隔primary interatrial septumが生じ，心内膜隆起に向かって伸びるが，中央に一次心房間孔と呼ばれる開口部を残す。やがてこの一次心房間孔も閉じると，一次中隔の起部に二次心房間孔が新たに開口する。続いて，右心房側で一次中隔に接して三日月状の二次心房中隔secondary interatrial septumが心内膜隆起に向かって伸びるが，中央部に卵円孔という開口部を残す。したがって，胎生期には右心房から卵円孔oval foramen，二次心

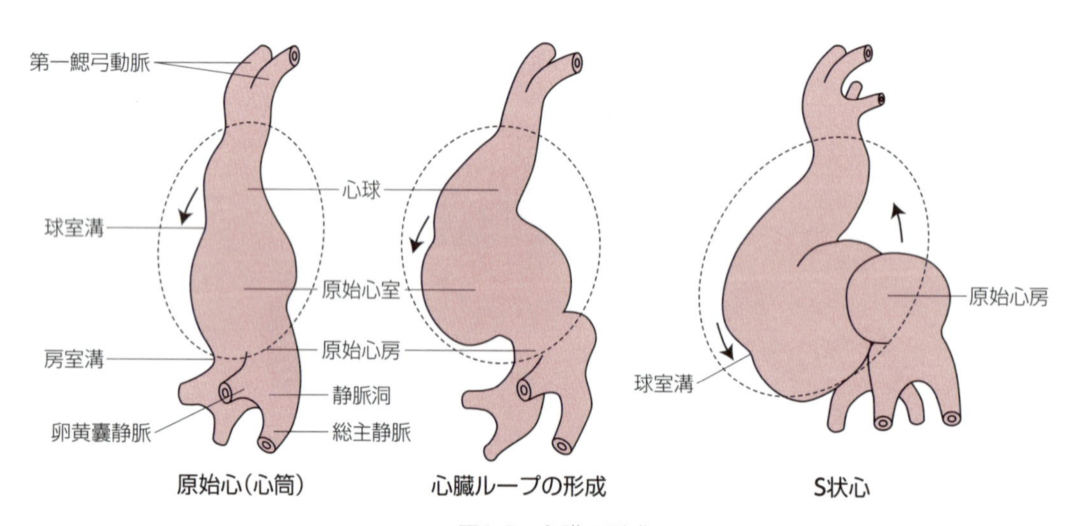


**図6-5　心臓の形成**
破線は心膜を示す（『動物発生学　第2版』図58より改変）。

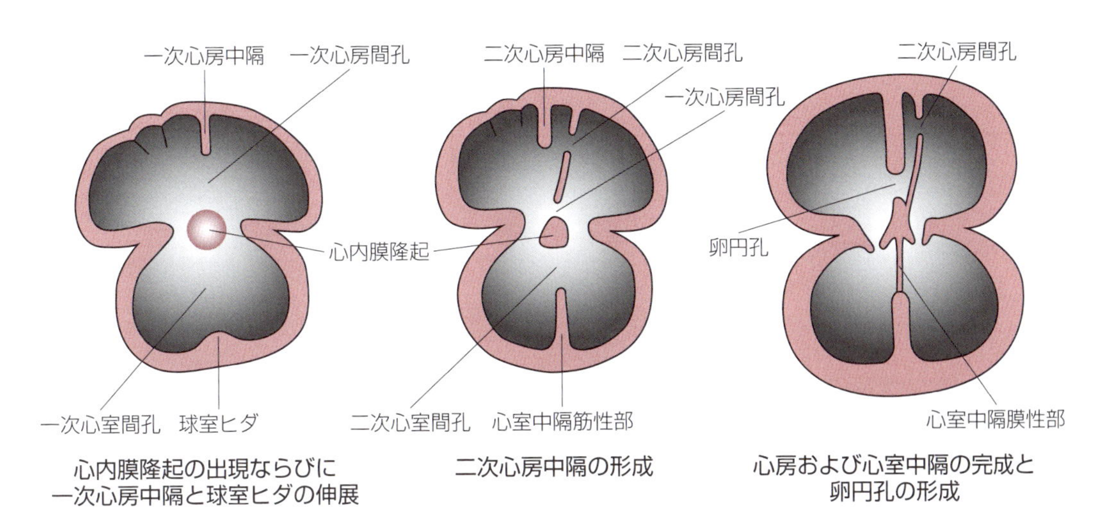


**図6-6　心房中隔および心室中隔の形成**(『動物発生学　第2版』図65より改変)



房間孔を通って左心房に達する血液循環が存在する。生後一次中隔と二次中隔は肺呼吸の開始によって左右の心房間の血圧差が逆転するために自動的に閉じ融合するので，卵円孔は閉鎖して卵円窩となる。

一次左心室と一次右心室は広い一次心室間孔で交通しており，わずかに球室ヒダで境されている。左右心室が拡張するにつれて，ヒダは筋性の厚みを帯びた心室中隔筋性部となり，二次心室間孔を形成する。同じ時期に，動脈円錐の中にも心内膜隆起と似たような仕方で形成された中隔が，動脈円錐を二分し，心内膜隆起からの心室中隔膜性部に合する。そのために一方は左心室に繋がる大動脈円錐に，他方は右心室に繋がる肺動脈円錐を形成する。この中隔は動脈幹の中にできる中隔とも融合するので，動脈幹が大動脈と肺動脈に分かれる。心室中隔筋性部は心内膜隆起に向かうが到達せず，逆に心内膜隆起から心室中隔膜性部が伸びて筋性部と合する(**図6-6**)。

第六大動脈弓は肺動脈を分枝するが，右側は背側大動脈との連結部が退縮し，左側は残り動脈管 arterial duct を形成し，肺への血液流入を阻止している。動脈管は生後閉鎖して動脈管索となって遺残する(**図6-7**)。

胎盤からの血液を運んでくる臍静脈 umbilical vein は左右1対あってそれぞれ総主静脈に注いでいる。臍静脈は肝臓の発達に伴い，肝臓内毛細血管網と吻合枝によって結合する。その後吻合枝から頭側の総主静脈に合流していた部分は消失する。左側の肝臓内毛細血管網はやがて太い血管となり，左臍静脈血を右肝心臓路に直結させるバイパスとなる。このバイパスを静脈管 venous duct といい，門脈枝と吻合する。やがて右臍静脈は退化して，胎盤からの静脈血は左臍静脈を介して運ばれる(**図6-8**)。

静脈管は肝臓内毛細血管網から形成されたものであり，通常肝臓に入ったところにある括約筋から先を指している。静脈管は生後完全に閉じて，静脈管索となる。

臍動脈 umbilical artery は，はじめ左右の背側大動脈から分岐して尿膜に分布する尿膜動脈として胎盤循環にかかわるが，その後内腸骨動脈からの二次的分枝に変わり，はじめの起始部は消失する。生後は退化して膀胱円索として外側膀胱間膜に含まれるが，前膀胱動脈として膀胱に分布する。

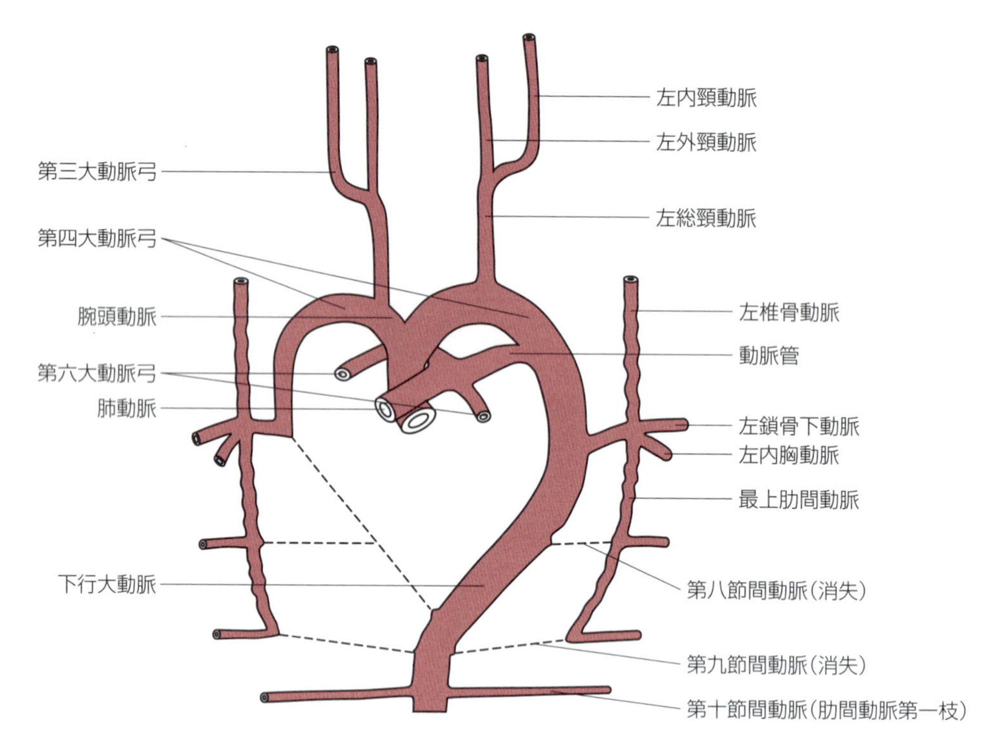


**図6-7　胎生期の大動脈弓の基本形**（『動物発生学　第2版』図67より改変）

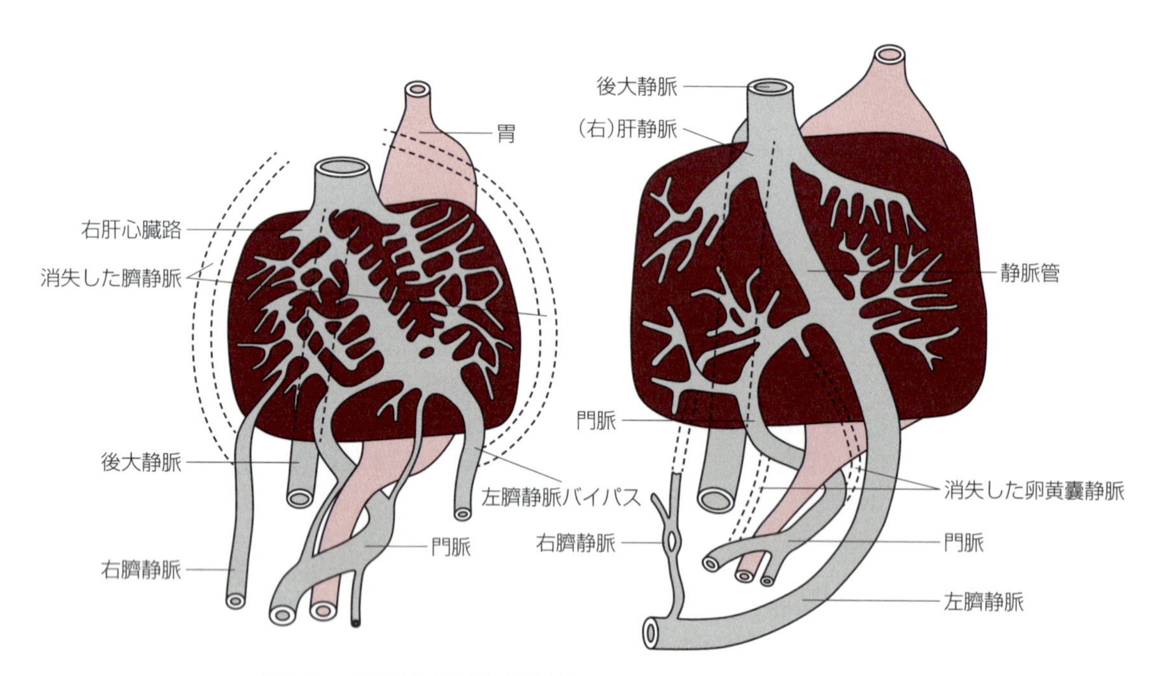


**図6-8　臍静脈と静脈管の形成**（『動物発生学　第2版』図72より改変）

## 演習問題

### 1. 外側中胚葉から分化するものはどれか。

a. 肺
b. 椎骨
c. 尿膜
d. 四肢骨
e. 表皮

### 2. 次の記述で正しいのはどれか。

a. 卵円孔は二次心房中隔に形成される二次心房間孔である。
b. 静脈管は右臍静脈血を右肝心臓路に運ぶバイパス路である。
c. 動脈管索は左第六大動脈弓と背側大動脈の連結部が残ったものである。
d. 心室中隔は心内膜隆起からのみ形成される。
e. 肝円索は臍動脈の遺残である。

## 解　答

**1.**

**正解**　d

**解説**　肺，尿膜は内胚葉，表皮は外胚葉に由来する。椎骨は体節(沿軸中胚葉)由来である。

**2.**

**正解**　c

**解説**　卵円孔は二次心房中隔に形成される孔で，二次心房間孔は一次心房中隔に形成される。静脈管は左臍静脈血を右肝心臓路に運ぶバイパス路である。心室中隔は球室ヒダ由来の筋性部と心内膜隆起由来の膜性部から形成される。肝円索は臍静脈の遺残である。

(松元 光春)

# 7章 内胚葉の分化

一般目標：内胚葉の分化とこれに伴って形成される器官の発生過程に関する基本的知識を説明できる。

胚の発生に伴う胚盤の折り畳みによって卵黄嚢が胚内へ取り込まれて原腸が発生する。原腸はその後，前腸 foregut，中腸 midgut，後腸 hindgut に分化し，消化管や呼吸器が形成される。本章では原腸由来の器官形成過程について概説する。

## 7-1 消化器系器官の発生



到達目標：消化器系器官の発生を理解し説明できる。
キーワード：前腸，中腸，後腸，卵黄嚢茎，尿膜，消化管上皮，背側腸間膜，腹側腸間膜，一次腸ループ(臍ループ)，二次腸ループ，大網，横中隔，肝憩室，背側膵，腹側膵，肝臓，膵臓

### 1. 食道の発生

食道は，鰓下隆起から胃の噴門までの前腸 foregut 部分から発生するが，発生初期は偽重層円柱上皮におおわれ，後に重層扁平上皮に変わる。

### 2. 胃の発生

胃は，食道とともに前腸部から発生する。胃の背側部には背側腸間膜 dorsal mesentery 内に脾臓が形成され同間膜により吊られる。後に同間膜は網嚢を形成し大網 greater omentum となる。一方，腹側は肝臓との間に腹側腸間膜 ventral mesentery が形成され，後に小網となる。一般的な単胃とは異なり，反芻動物の胃は小室を形成し複胃を形成する。前胃部の裏打ちは重層扁平上皮へと変化し，後胃部は単層円柱上皮へと変わる。

### 3. 肝臓の発生

前腸の終わりの部分にあたる十二指腸領域に肝憩室 hepatic diverticulum が形成され，ここから肝細胞が増殖し，横中隔 transverse septum の後部に肝臓 liver が形成される。

### 4. 膵臓の発生

肝臓の発生とほぼ同時期に膵臓 pancreas 原基として膵憩室が十二指腸壁から形成され，背側膵 dorsal pancreas が発生する。次いで総胆管の基部に腹側膵が発生する。背側膵と腹側膵 ventral pancreas は合体し，背側膵から小十二指腸乳頭へ向かって副膵管が開口し，腹側膵からは，膵管が胆管とともに大十二指腸乳頭に開口する。なお，偶蹄目のウシやブタでは，膵管は退行し，副膵管のみ残る(図7-1)。

### 5. 腸管の形成

腸管は原始腸管が発生初期に卵黄嚢から形成されるが，十二指腸は前腸から，続く中腸 midgut から形成される空腸と回腸の一部は卵黄嚢と腸管を結んだ卵黄嚢茎 yolk sac stalk をつくる卵黄嚢腸管を挟

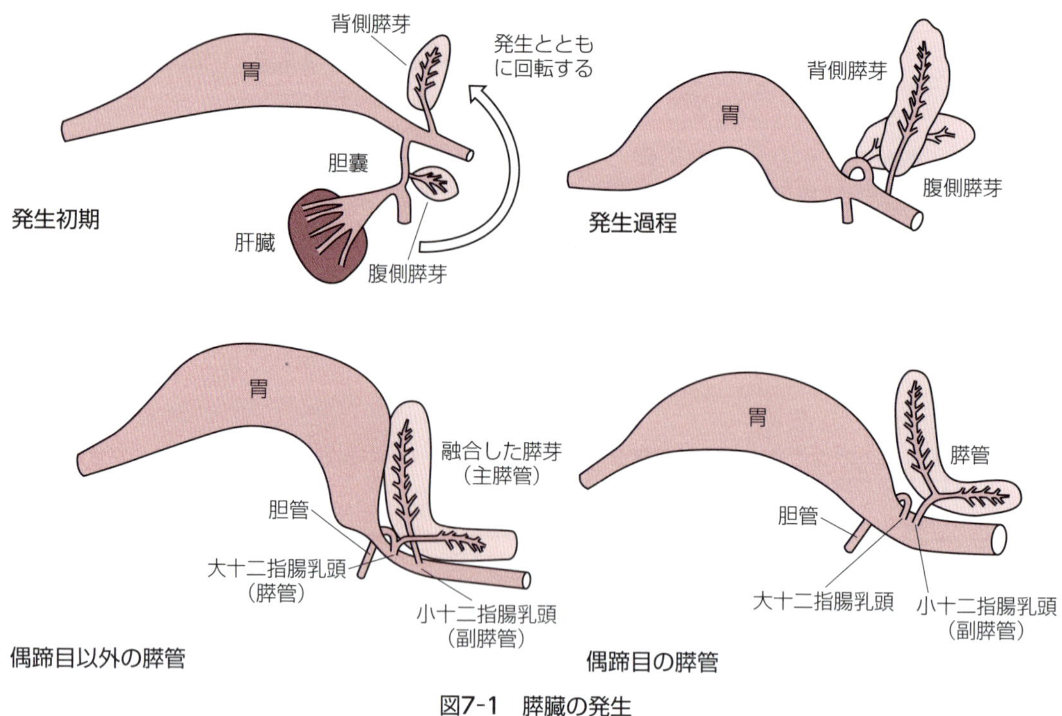


図7-1　膵臓の発生

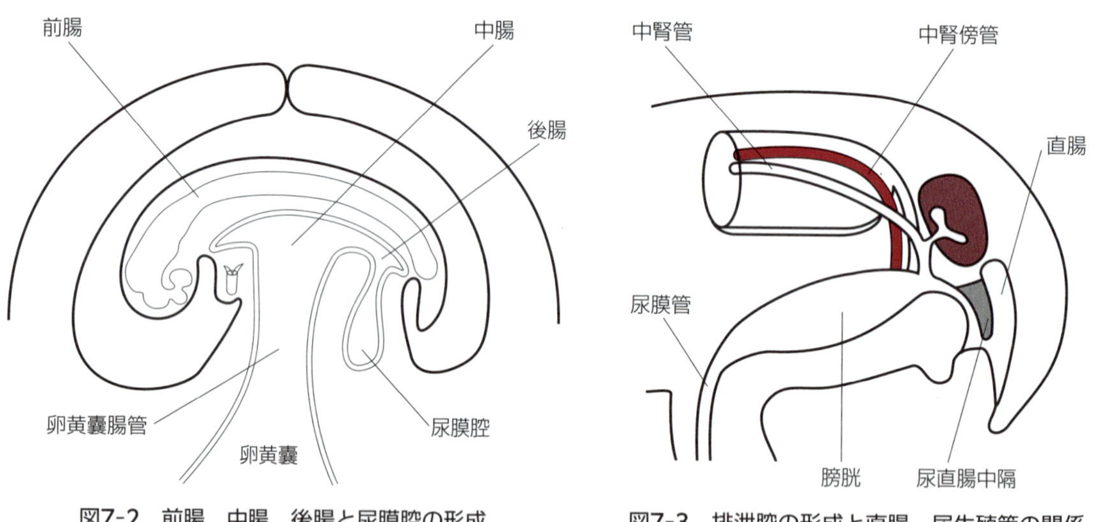


図7-2　前腸，中腸，後腸と尿膜腔の形成

図7-3　排泄腔の形成と直腸，尿生殖管の関係

んで残りの回腸，盲腸，後腸 hindgut から形成される下行結腸を除く結腸を形成する（図7-2～4）。

## 6. 腸ループの形成

はじめ，卵黄嚢腸管と繋がった回腸部分は腹側へ延び一次腸ループ（臍ループ）primary bowel loop を形成する。その後このループは時計回りに回転し二次腸ループ secondary bowel loop を形成する。これによって十二指腸下行部と下行結腸が重なり，十二指腸結腸ヒダが形成される（図7-5）。

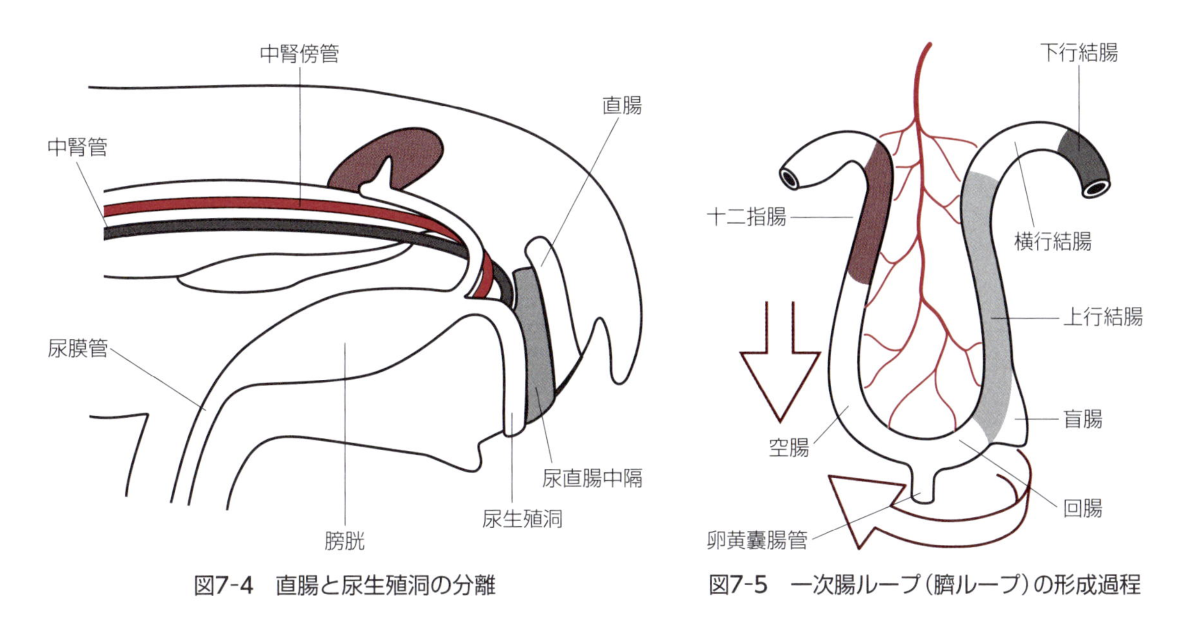


図7-4　直腸と尿生殖洞の分離

図7-5　一次腸ループ（臍ループ）の形成過程

発生

## 7. 消化管上皮の形成

消化管上皮gut epitheliumははじめ原始腸管上皮として形成されるが，食道までは重層扁平上皮にそれに続く胃以降の消化管上皮は前胃を持つ反芻動物などを除いて単層円柱上皮となる。また，反芻動物などでは前胃部は重層扁平上皮となる。

## 8. 尿膜の形成

尿膜allantoisは後腸の憩室として胚外体腔中に形成され，羊膜と絨毛膜の間に広がる。この尿膜の血管を含む中胚葉部分が絨毛膜と融合すると絨毛膜尿膜が形成され，これが子宮内膜と接触することにより絨毛膜尿膜胎盤が形成される（図7-2）（8章の胚盤形成も参照。）。

# 7-2　咽頭嚢および泌尿生殖器の一部と関連する器官の発生

到達目標：咽頭嚢および泌尿生殖器の一部と関連する器官の発生を理解し説明できる。
キーワード：咽頭嚢，咽頭弓，耳小骨，ライヘルト軟骨，メッケル軟骨，上顎，下顎，耳管，口蓋扁桃，胸腺，甲状腺，上皮小体，鰓後体，一次口蓋，排泄腔，排泄腔膜（尿生殖膜，肛門膜），肛門窩，尿生殖洞，尿道球腺，膣上皮（一部），口咽頭膜

## 1. 咽頭弓と咽頭嚢

咽頭弓pharyngeal archは哺乳動物で5対形成され，その後，咽頭嚢pharyngeal pouchが形成される。体外側の咽頭嚢間の溝を咽頭溝と呼ぶ。第一咽頭弓から上顎maxillaと下顎mandibleが形成され，一部はメッケル軟骨Meckel cartilageを形成し，その後，ツチ骨とキヌタ骨を形成する耳小骨auditory ossicleが発生する。第二咽頭弓からは，耳小骨のアブミ骨を形成するライヘルト軟骨Reichrt's cartilage，側頭骨茎状突起，角舌骨が発生する。第三咽頭弓は甲状舌骨を発生し，第四咽頭弓は喉頭軟骨を発生する。次いで第一咽頭嚢は耳管auditory tubeと鼓室を形成する。第一咽頭溝から外耳道が発生し，第二咽頭嚢は口蓋扁桃faucial tonsil，第三咽頭嚢は上皮小体parathyroid glandと胸腺thymusesの一部，第四咽頭嚢は胸腺の一部，第五咽頭嚢は鰓後体ultimobranchial bodyが発生し，甲状腺thyroid組織中のC細胞（濾胞傍細胞）を発生する。また，甲状腺は咽頭腸底部に発生するが，口蓋扁桃，上皮小体，胸腺，鰓後体もまた鰓原器と呼ばれ咽頭腸部から発生する（図7-6）。

## 2. 口腔の形成

口腔天蓋は，はじめ一次口蓋primary palateが形成されるが，その後鼻腔と口腔を分ける二次口蓋が口腔外側より外側口蓋突起として形成され，口腔と鼻腔が分離される。

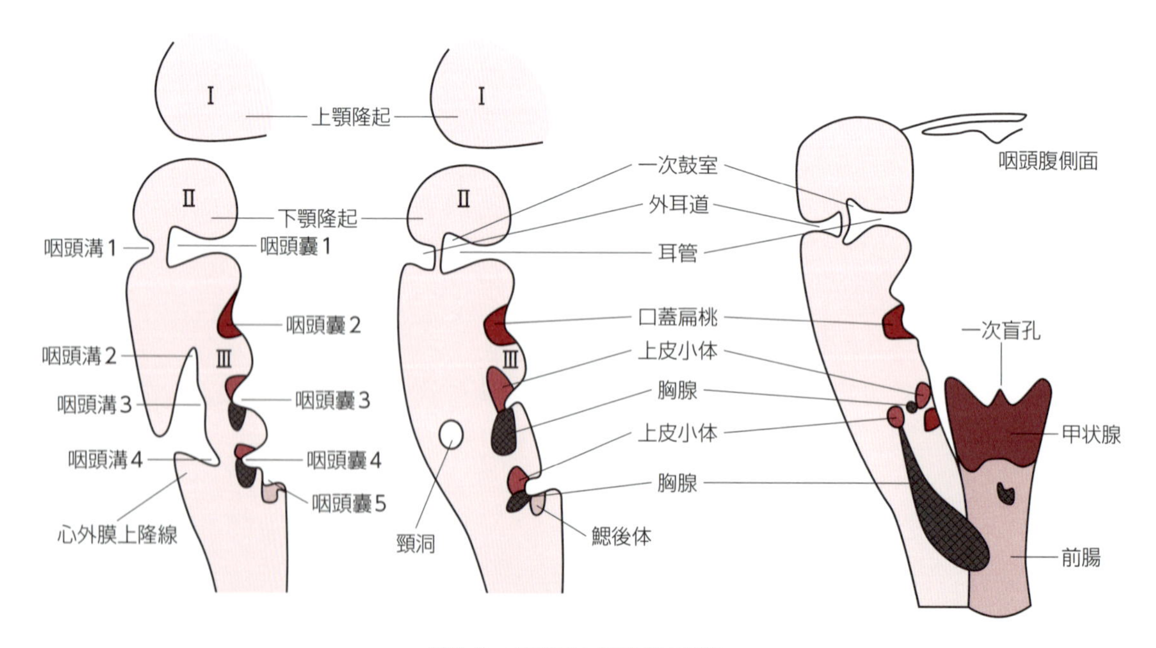

図7-6　咽頭弓と咽頭嚢の発生

### 3. 排泄腔膜の形成

後腸の後端は，口咽頭腸の前端が体表面の陥凹した口窩との間の口咽頭膜oropharyngeal membraneで仕切られているように，体表が陥凹した排泄腔cloacaの後腸端側，肛門窩anal fossa部に肛門膜anal membraneが形成され，泌尿器系との間には尿生殖膜urogenital membraneが形成される。いずれの境界膜もその後，破れ口腔から肛門まで連続する管状構造が完成する。

### 4. 排泄腔の形成

排泄腔（単層円柱上皮）は表皮の陥凹部（重層扁平上皮）との間に排泄腔膜を挟んで後腸後端と膀胱（移行上皮）と繋がった尿路は共に排泄腔に繋がっている。両者の間に尿直腸中隔が次第に形成され，それぞれが分離して排泄腔膜cloacal membraneは肛門窩と接する肛門膜より外側の肛門と尿生殖洞urogenital sinusと接する尿生殖膜側に尿道口を形成する。

さらに尿生殖洞（重層扁平上皮）は雌で膣上皮vaginal epitheliumの一部（重層扁平上皮），雄で尿道球腺bullbourethral glandを形成する（図7-2～4）。

# 7-3　呼吸器系器官の発生

到達目標：呼吸器系器管の発生を理解し説明できる。
キーワード：鰓下隆起，肺芽，呼吸器系憩室，気道上皮

呼吸器系は，はじめ食道の前端部の鰓下隆起 hypobranchial eminence にはじまり，その後，肺芽 lung bud（呼吸器系憩室 respiratory diverticulum）は左右の気管支に発達し肺を発生する。これら気道上皮 respiratory epithelium は，初期消化管と同様に偽重層円柱上皮によりおおわれ，その後線毛を持った偽重層円柱上皮として完成する。一方，鼻腔は二次口蓋が形成後背側より下垂した鼻中隔によって左右の独立した鼻腔と鼻甲介が形成されている。

## 演習問題

**1. 食道と胃に関連する発生に関して正しいのはどれか。**

a. 食道部分は咽頭腸管から発生する。
b. 食道と胃の筋層はすべての種で横紋筋層である。
c. 大網は背側腸間膜から形成される。
d. 腹側腸間膜は成体までに完全に消失する。
e. 前胃の裏打ちは，はじめ単層円柱上皮でおおわれている。

**2. 肝臓と膵臓に関連する発生に関して正しいのはどれか。**

a. 肝臓は前腸から発生する。
b. 肝臓内部の小葉間結合組織は横中隔成分を含まない。
c. 小網は，胃の背側腸間膜から形成される。
d. 腹側膵からは副膵管が出る。
e. 膵臓は中腸から発生する。

**3. 咽頭弓と咽頭嚢に関連する発生に関して正しいのはどれか。**

a. 耳小骨はすべてメッケル軟骨から発生する。
b. 第四咽頭弓から喉頭軟骨が形成される。
c. 第二咽頭溝から外耳道が形成される。
d. 胸腺は第二咽頭嚢から形成されている。
e. ライヘルト軟骨は第三咽頭弓から発生する。

**4. 口腔と肛門に関連する発生に関して正しいのはどれか。**

a. 切歯管は生後すべての動物で鼻腔と口腔間を繋いでいる。
b. 口腔の裏打ちは内胚葉から発生している。
c. 肛門管の裏打ちは内胚葉から発生している。
d. 口蓋ははじめ一次口蓋として形成される。
e. 尿生殖膜は直腸と生殖管の間に形成される。

**5. 呼吸器に関連する発生について正しいのはどれか。**

a. 気道上皮は，発生初期は単層円柱上皮でおおわれる。
b. 肺は中胚葉由来の器官である。
c. 鼻腔は口窩と同様に内胚葉由来の器官である。
d. 鼻甲介は中胚葉由来の器官である。
e. 肺は発生初期の食道から発生している。

## 解　答

**1.**

正解　c

**解説**　食道から胃は前腸部分から発生し，前端は鰓下隆起に始まる。また，これらの消化管の内腔面は発生初期にいずれも偽重層上皮であるが，食道と前胃分は後に重層扁平上皮に，後胃部分は単層円柱上皮化する。また，胃を含む腹腔前部の器官は当初，背側腸間膜，腹側部は腹側腸間膜で保定されているがその後前者から大網が，後者から小網が形成される。

**2.**

正解　a

**解説**　膵臓と肝臓はともに前腸の後端部にあたる十二指腸から発生し，肝臓の前端部は横中隔に接触し，一部の横中隔からの成分は小葉間結合組織を形成する。また，膵臓は腹側膵と背側膵から発生するが，その後合体し，背側膵からは副膵管が小十二指腸乳頭に開口し，腹側膵からは胆管とともに膵管が大十二指腸乳頭に開口する。

**3.**

正解　b

**解説**　第一咽頭弓の一部からメッケル軟骨が形成され，ツチ骨とキヌタ骨が発生する。第二咽頭弓からは，アブミ骨を形成するライヘルト軟骨，側頭骨茎状突起，角舌骨が発生する。第三咽頭弓は甲状舌骨を発生し，第四咽頭弓は喉頭軟骨を発生する。第一咽頭嚢は耳管と鼓室を形成し，第二咽頭嚢は口蓋扁桃，第三咽頭嚢は上皮小体と胸腺の一部，第四咽頭嚢は胸腺の一部，第五咽頭嚢は鰓後体が発生する。

**4.**

正解　d

**解説**　口腔は，はじめ吻端部で上顎隆起が閉じた後，切歯管を含んで切歯乳頭が形成され，ウマのみ成熟後も口腔と鼻腔管を繋いでいる。口咽頭腸の前端は，口窩との間を口咽頭膜が仕切っており，排泄腔の後腸端側は肛門膜が肛門窩との間を仕切っており，泌尿器系との間は尿生殖膜が排泄腔との間を仕切っている。

**5.**

正解　e

**解説**　気道は，食道の前端部の鰓下隆起から生じた肺芽により発生し，初期消化管と同様に線毛を持つ偽重層円柱上皮でおおわれる。一方，鼻腔は二次口蓋が形成後，背側より下垂した鼻中隔によって左右の独立した鼻腔と鼻甲介が形成される。

（尼崎 肇）

# 8章　胚盤形成と機能

**一般目標：哺乳動物の発生において重要な働きを持っている胎盤の形成過程と比較動物学的な違いおよび胎盤の構造と仕組みを説明できる。**

哺乳動物の胎盤には胎子側の胎膜と母胎の子宮内膜からなる胎膜間の接触構造の違いから半胎盤と真胎盤が存在する。また，さらに接合構造の違いから汎毛胎盤，叢毛胎盤，帯状胎盤，盤状胎盤などの胎盤があり，それぞれ特有の構造を持っている。



## 8-1　胎膜と胎子付属物

到達目標：胎膜と胎子付属物を理解し説明できる。
キーワード：胎膜(絨毛膜，羊膜)，栄養膜，胎盤胎子部，胎子付属物(尿膜，卵黄嚢，臍帯)，卵黄嚢茎，尿膜茎，付着茎，臍(帯)動脈，臍(帯)静脈，臍輪

胚子体以外の受精卵から形成され組織を胚子膜(胎膜embryonic membrane)と呼ぶ。これには①栄養膜(後の絨毛膜)，②羊膜，③卵黄嚢，④尿膜が含まれている。さらに胚子外の母体の子宮組織の一部から形成されるものを胎子付属物appendages of the fetusと呼び，⑤臍帯などがこれに相当する(図8-1)。

### 1. 栄養膜

栄養膜trophoblastは，栄養膜外胚葉とも呼ばれ胚盤胞の最外側に形成される。栄養膜細胞は胚外中胚葉の壁側板により裏打ちされた2層性の絨毛膜chorionを形成する。絨毛膜は胎盤胎子部fetal placentaとして栄養，老廃物の移動やガス交換を行う。

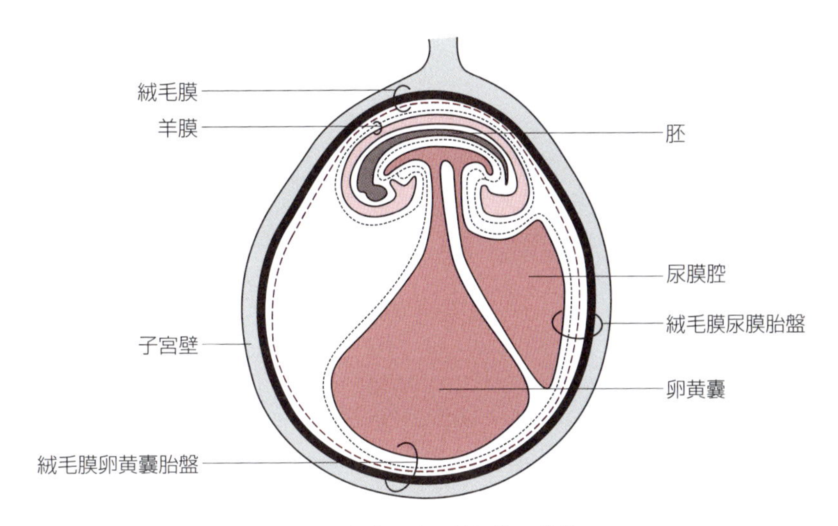


図8-1　胎膜と胎子付属物の構造

## 2. 羊膜

栄養膜外胚葉から羊膜ヒダが生じ羊膜腔が形成される。この羊膜腔を囲む単層の細胞膜が羊膜amnionとなる。また，羊膜腔内には羊水が満たされる。

## 3. 卵黄嚢

胚性内胚葉は原腸を形成し，この時胚子内の原腸部と胚外部の卵黄嚢yolk sacを結ぶ卵黄管が形成される。また，血島は卵黄嚢壁の胚外中胚葉中に形成され，初期の血球と血管網を形成する。また，卵黄嚢壁の内胚葉細胞から原始生殖細胞が発生する。

## 4. 尿膜

尿膜allantoisは，後腸から排出した袋状の構造物。絨毛膜と接する場合，尿膜絨毛と呼ばれる。

## 5. 臍帯

臍帯umbilical cordは，胎子と羊膜との連結部の構造体で卵黄嚢茎yolk stalkと尿膜茎allantoic stalkを含み胚の内外を繋ぐ連絡路で、胚子の一端と栄養膜間を付着茎connecting stalkと呼び疎性中胚葉組織により形成されている。また臍帯は内部に羊膜腔の一部を含むものを一次臍帯と呼び，内部を疎性中胚葉組織である間葉細胞が埋めたものを二次臍帯と呼び、胎子と臍帯の付着部には臍輪umbilical ringが形成され、生後次第に収縮し臍帯は締め付けられ脱落する。

# 8-2　胎盤の分類および胎膜と胎盤の関係

到達目標：胎盤の分類および胎膜と胎盤の関係を理解し説明できる。
キーワード：半胎盤，真胎盤（胎盤母体〈子宮〉部，脱落膜），汎毛半胎盤，叢毛半胎盤（子宮小丘），帯状胎盤，盤状胎盤：上皮絨毛膜胎盤，結合組織絨毛膜胎盤，内皮絨毛膜胎盤，血絨毛膜胎盤（迷路性，絨毛性），栄養膜細胞層，栄養膜合胞体層，絨毛膜卵黄嚢胎盤，絨毛膜尿膜胎盤

胎盤placentaは複雑な構造の絨毛膜が母体側に由来し，脱落膜decidual membraneを持たない無脱落膜胎盤（半胎盤semiplacenta）と脱落膜を持つ脱落膜胎盤（真胎盤placenta vera）がある。前者には有蹄類が挙げられ中心着床を示す。一方，後者には肉食動物，齧歯類，霊長類が挙げられ，着床様式は中心着床，偏心着床，壁内着床とさまざまである。



## 1. 絨毛膜絨毛の分布による分類（図8-2）

### 1）汎毛半胎盤

ウマ，ブタが汎毛半胎盤diffuse placentaに相当し，絨毛膜全体に絨毛が形成される完全汎毛半胎盤（ウマ）と無毛部を持つ不完全汎毛半胎盤（ブタ）がある。

### 2）叢毛半胎盤

反芻動物が叢毛半胎盤cotyledonary placentaに相当し，絨毛膜有毛部と無毛部を持つ多胎盤で有毛部を絨毛叢と呼び，子宮内面に子宮小丘caruncleと呼ばれる構造がある。

### 3）帯状胎盤

肉食動物が帯状胎盤zonary placentaに相当し，絨毛膜絨毛部の帯状周縁部は周縁血腫が存在する。

### 4）盤状胎盤

齧歯類では偏心着床し，盤状胎盤discoid placentaを持つ。また，霊長類は壁内着床を示し，胎子側の血管は栄養膜合胞体層syncytiotrophoblastを介し，直接母胎側の血液槽と接触する。

## 2. 絨毛膜と子宮内膜の結合様式による分類（図8-3）

### 1）上皮絨毛膜胎盤

汎毛半胎盤の場合で，胎子側の絨毛上皮と母胎の子宮内膜が接している場合が上皮絨毛膜胎盤epitheliochorial placentaに相当する。

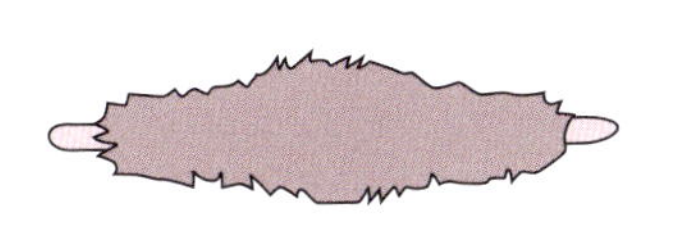

汎毛半胎盤（ブタ）

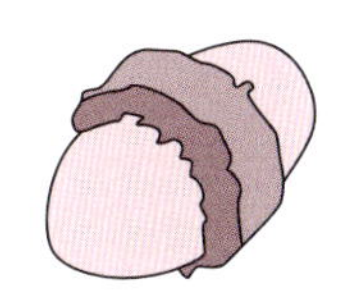

帯状胎盤（肉食動物）

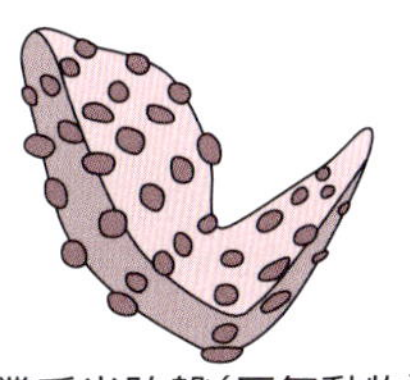

叢毛半胎盤（反芻動物）

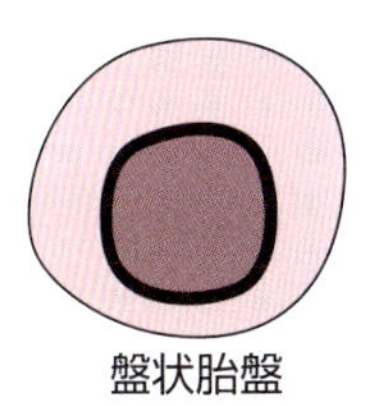

盤状胎盤（齧歯類，霊長類）

図8-2　絨毛膜絨毛の分布による分類

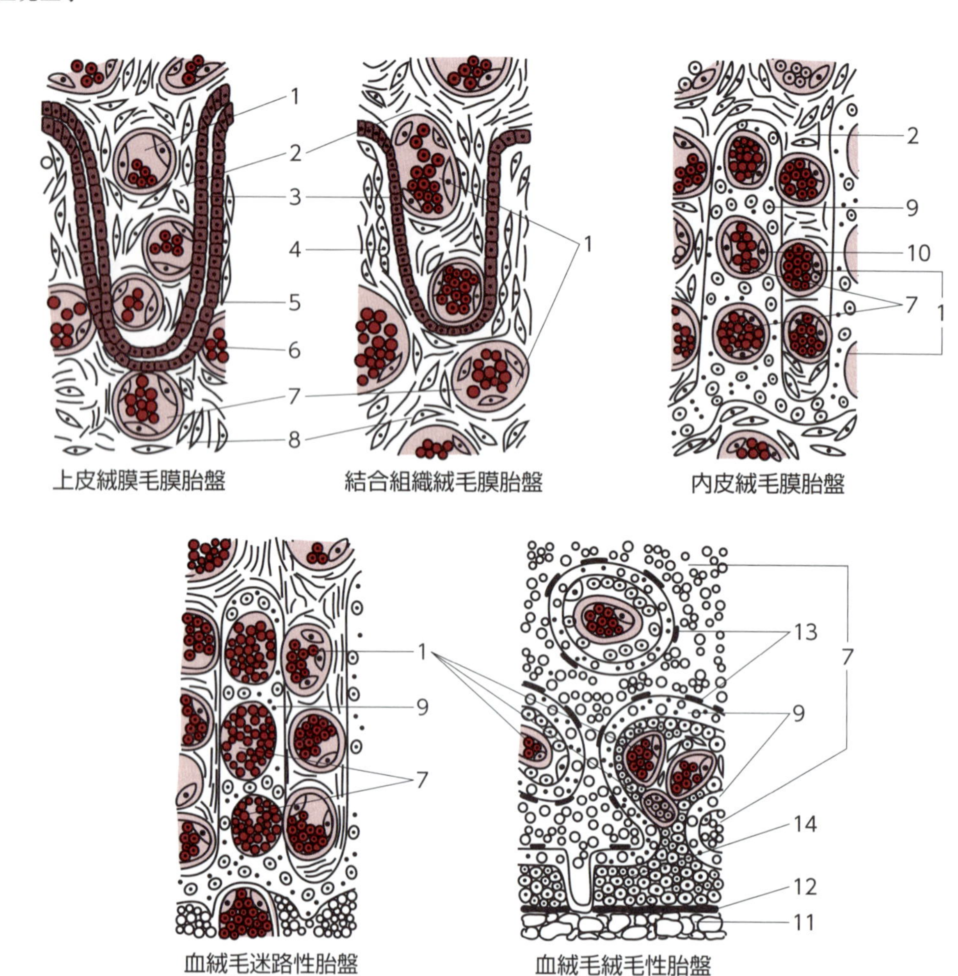


図8-3　絨毛膜と子宮内膜の結合様式による分類

1. 胎子血管，2. 胎子結合組織，3. 絨毛上皮，4. 崩壊中の子宮内膜上皮，5. 子宮内膜上皮，
6. 絨毛膜子宮内膜間腔，7. 母胎血管，8. 子宮内膜固有層，9. 栄養膜合胞体層，10. 母体血管内皮，
11. 脱落膜，12. 類フィブリン質，13. フィブリン，14. 栄養膜細胞層

### 2）上皮絨毛膜胎盤（ウシ，反芻動物）

子宮内膜の一部が有毛部で欠落し，胎子絨毛膜が子宮側の結合組織と直接接する場所がある結合組織絨毛膜胎盤 syndesmochorial placentaを叢毛半胎盤と呼ぶ。

### 3）内皮絨毛膜胎盤

胎子側の栄養膜細胞層が，栄養膜合胞体層を形成する場合で肉食動物が持つ帯状胎盤は内皮絨毛膜胎盤 endotheliochorial placentaに相当する。

### 4）血絨毛膜胎盤

血絨毛膜胎盤 hemochorial placentaは盤状胎盤に相当し,齧歯類の血絨毛迷路性胎盤 hemochorolabyrinthine placentaと霊長類の血絨毛絨毛性胎盤が相当する。さらに血絨毛絨毛性胎盤 hemochorochorial placentaでは類フィブリン質が栄養膜細胞層 cytotrophoblast layerと母胎脱落膜との間に存在する。

## 演習問題

**1. 胎膜と胎子付属物に関連する発生に関して正しいのはどれか。**

a. 栄養膜は沿軸中胚葉により裏打ちされる。
b. 羊膜は中胚葉由来の羊膜ヒダから形成される。
c. 原始生殖細胞は卵黄嚢壁の細胞に由来している。
d. 血島は内胚葉由来である。
e. 二次臍帯は内部に羊膜腔を含んでいる。

**2. 汎毛半胎盤を持つ家畜として正しいのはどれか。**

a. ウマ
b. ウシ
c. ヒツジ
d. イヌ
e. マウス

**3. 上皮絨毛膜胎盤の特徴について正しいのはどれか。**

a. ウマは上皮絨毛膜胎盤を有する。
b. ウシでは子宮小丘部に胎子胎盤の有毛部が形成される。
c. ヒツジでは，叢毛半胎盤とも呼ばれる。
d. 栄養膜合胞体層が発達している。
e. 類フィブリン層を持つ。

## 解　答

**1.**

正解　c

**解説**　胎膜には栄養膜(後の絨毛膜)，羊膜，卵黄嚢，尿膜が含まれ，胚子外の母体の子宮組織の一部から発生するものを胎子付属物と呼び，臍帯などがこれに相当する。栄養膜は胚外中胚葉に裏打ちされ，羊膜は栄養膜外胚葉に由来する。原始生殖細胞は卵黄嚢の内胚葉に由来し，血島は胚外中胚葉に由来し，尿膜は後腸由来の内胚葉から発生する。

**2.**

正解　a

**解説**　ウマ，ブタが汎毛半胎盤を持ち，絨毛膜全体に絨毛が形成される完全汎毛半胎盤(ウマ)と無毛部を持つ不完全汎毛半胎盤(ブタ)があるが，いずれも胎子側の絨毛膜と母胎側の栄養膜間にそれぞれ上皮層を持つ特徴がある。

**3.**

正解　b

**解説**　上皮絨毛膜胎盤は，ウマやブタで観察される。結合組織絨毛膜胎盤は叢毛半胎盤とも呼ばれ反芻動物が有する。内皮絨毛膜胎盤では栄養膜合胞体層が形成され肉食動物が持つ帯状胎盤が，これに相当する。血絨毛膜胎盤は盤状胎盤に分類され，齧歯類の血絨毛迷路性胎盤と霊長類の血絨毛絨毛性胎盤がある。

(尼崎　肇)

# 索　引

## 獣医解剖学

【き】

【く】



【け】



【こ】

【さ】



【し】

【す】



【せ】

【そ】



【た】

【ち】

【つ】



【て】



【と】



【な】



【に】

## 獣医組織学

## 【す】



## 【せ】

【つ】



【て】



【と】



【な】



【に】



【ね】



【の】



【は】

## 獣医発生学

【り】

獣医学教育モデル・コア・カリキュラム準拠
獣医解剖・組織・発生学 第2版

定価(本体9,000円+税)

2019年3月29日　第2版第1刷
2022年2月15日　第2版第2刷
2023年2月27日　第2版第3刷

---

編　集　日本獣医解剖学会
発行者　山口勝士
発行所　株式会社 学窓社
〒113-0024 東京都文京区西片2-16-28
TEL : 03(3818)8701
FAX :03(3818)8704
http://www.gakusosha.com
印　刷　株式会社シナノパブリッシングプレス

---

ISBN 978-4-87362-765-6

落丁本・乱丁本は購入店名を明記の上，学窓社営業部宛へお送りください。